AF862192

Die Reichsgerichtspraxis im deutschen Rechtsleben

Festgabe der juristischen Fakultäten zum 50jährigen Bestehen des Reichsgerichts (1. Oktober 1929)

in 6 Bänden

unter Mitwirkung der Professoren

Gerhard Anschütz, Heidelberg / Ernst Heymann, Berlin
Theodor Kipp, Berlin / Wilhelm Kisch, München / Alfred Schultze, Leipzig / Heinrich Siber, Leipzig

herausgegeben von

Otto Schreiber
weiland Professor in Königsberg i. Pr.

Vierter Band

Handels- und Wirtschaftsrecht

Berlin und Leipzig 1929

Walter de Gruyter & Co.

vormals G. J. Göschen'sche Verlagshandlung — J. Guttentag, Verlagsbuchhandlung — Georg Reimer — Karl J. Trübner — Veit & Comp

Nachdruck 1983

Roßberg'sche Buchdruckerei
in Leipzig

Vorwort

Viele Jahrhunderte hat den Deutschen ein wirksames oberstes Gericht gefehlt. Das Königsgericht verfiel im Mittelalter mehr und mehr; dann haben Reichskammergericht und Reichshofrat trotz ihrer Bedeutung keine ausreichende Stoßkraft üben können, und mit dem Zusammenbruch des Römischen Reichs Deutscher Nation sanken sie dahin. Ungleich glücklicher entwickelte sich in Frankreich durch Jahrhunderte die Judikatur seiner Parlamente, an die sich im 19. Jahrhundert die große Praxis des Kassationshofes anschließen konnte, und ebenso in England die Entscheidungskette des Königsgerichts, fortlaufend seit der normannischen Eroberung bis auf den heutigen Tag. In Deutschland dagegen wurde erst durch die Gründung des Reichsoberhandelsgerichts 1870, und mit vollem Akkorde erst durch die Entstehung des Reichsgerichts vor nunmehr einem halben Jahrhundert die alte nationale Sehnsucht nach Vereinheitlichung der höchsten Gerichtsbarkeit erfüllt. Seither aber hat sich eine großartige Rechtsprechung überraschend schnell immer voller und weiter entfaltet, und sie gibt der Judikatur der anderen Völker gewiß nichts nach.

Die deutsche Rechtswissenschaft blickt mit hoher Freude und mit tiefer Dankbarkeit auf die leuchtende Wirksamkeit des Reichsgerichts und seines handelsrechtlichen Vorgängers. Ist doch diese Judikatur, auch wo sie den Widerspruch herausfordert, ein sprudelnder Lebensquell geworden, aus dem die Rechtslehre immer aufs neue zu schöpfen vermochte. Der uralte Reichtum deutschen Rechtslebens gedeiht hier in ungetrübter Jugendfrische, und aus der inneren Kraft der Tatbestände wie aus ihrer sachkundigen Beurteilung wuchern in üppiger Fülle die Rechtsgedanken hervor.

Aber die deutsche Rechtswissenschaft hat an der Reichsgerichtspraxis auch ihren eigenen Anteil. Jahrhundertelang war die Lehre des römischen und deutschen Rechts das einzige feste Band, welches die Rechtseinheit Deutschlands einigermaßen sicherte. Seit den Anfängen der deutschen Universitäten haben ihre Rechtslehrer in ununterbrochener Arbeit die juristischen Grundlagen für die Tätigkeit der Territorialgerichte und für die allmählich anwachsende Landesgesetzgebung geboten. Auf ihrer eindringenden wissenschaftlichen Gedankenwelt konnte auch das neugegründete Reichsgericht vor fünfzig Jahren sein Werk aufbauen. Die deutsche Rechtswissenschaft hat seither emsig fortgearbeitet, in inniger Wechselwirkung mit den deutschen Gerichten: Rechtsprechung und Wissenschaft müssen eine Einheit bleiben, einen inneren Gegensatz zwischen brauchbarer Theorie und brauchbarer Praxis kann es nicht geben. An den wissenschaftlichen Bestrebungen haben in steigendem Maße die weitesten Kreise der Juristenschaft, wie Richter, Staatsanwälte, Rechtsanwälte, Verwaltungsbeamte, und vor allem die Mitglieder des Reichsgerichts selbst teilgenommen. Aber wie keine Wissenschaft ohne tiefgehenden Unterricht und ohne streng methodische Erziehung der jungen Juristen möglich ist, so haben die deutschen Rechtsfakultäten dauernd im Mittelpunkte der Forschung gestanden, und sie dürfen deshalb dem Reichsgericht ihre herzlichen und bewundernden Glückwünsche als Wortführer der gesamten deutschen Rechtswissenschaft darbringen.

Der Gedanke dieser Festschrift, zuerst gefaßt von dem am 24. Januar 1929 allzufrüh heimgegangenen Professor Dr. Otto Schreiber, Königsberg i. Pr., und von ihm mit opferfreudiger Unterstützung der Verlagsbuchhandlung durch mehrere Jahre kraftvoll gefördert, hat in den Kreisen der deutschen Rechtslehrer bereitwillige Aufnahme gefunden. Nach dem Tode Otto Schreibers hat Herr Dr. Alexander Elster die schwierige Schriftleitung zu Ende geführt. Wir bringen die Gabe in der festen Hoffnung dar, daß das deutsche Reichsgericht noch in langer Folgezeit seine Rechtsprechung schöpferisch fortsetzen möge: als unabhängiger Hüter der Heiligkeit des Rechts, als verständnisvoller Förderer deutscher Geisteskultur und deutscher Wirtschaft, als untrennbarer Freund der deutschen Rechtswissenschaft, als Fels in gärender Zeit, zu Ehre und Ruhm des deutschen Vaterlandes.

Gerhard Anschütz, Ernst Heymann, Theodor Kipp,
Wilhelm Kisch, Alfred Schultze, Heinrich Siber.

Vierter Band

Handels- und Wirtschaftsrecht

Inhaltsverzeichnis

Inhaltsverzeichnis der übrigen Bände

Ein Namen- und Sachregister
für alle sechs Bände befindet sich am Schlusse
jedes Bandes.

Über einige Grundfragen des Arbeitstarifrechtes

Eine Auseinandersetzung mit den Grundlehren Erwin Jacobis

von Rechtsanwalt und Professor Dr. Hugo Sinzheimer, Frankfurt

Die Überzeugung, daß der Positivismus in der Rechtslehre der Aufgabe der Rechtswissenschaft nicht voll gerecht werden kann, dringt immer weiter durch[1]). Die Aufgabe der Rechtswissenschaft ist auf die Erkenntnis des Rechtes gerichtet. Sie erfordert nicht nur die Kenntnis, sondern das Verstehen des Rechtes. Das Verstehen des Rechtes ist aber nicht nur aus dem Inhalt der Rechtssätze, ihrer Klarlegung und Ordnung zu gewinnen. Das Verstehen des Rechtes greift tiefer. Wollen wir das Recht verstehen, so müssen wir es auch als eine Wirkung aus den Kräften begreifen, die es geschaffen haben, und sein Wirken ins Auge fassen, das es im Gesamtprozesse des gesellschaftlichen Lebens entfaltet. Es kommt hinzu, daß sich die Aufgabe der Rechtswissenschaft, abgesehen von der Rechtsgeschichte und der Rechtsphilosophie, in der Erkenntnis einer gegebenen Rechtsordnung nicht erschöpft, daß sie ihren Blick auch in die Zukunft wenden muß, indem sie dem geltenden Rechte kritisch gegenübertritt, werdende Rechtsgedanken erfaßt und positiv neue Rechtsbildungen vorbereitet[2]). Doch auch auf dem eigentlichen Gebiete des Positivismus reicht die nur auf den Inhalt der Rechtssätze gerichtete Bearbeitung nicht aus, um allen Anforderungen einer rechtswissenschaftlichen Dogmatik zu entsprechen. Denn die volle geistige Beherrschung des Rechtes erfordert es, durch den Rechtsinhalt hindurch zu den rechtlichen Grundformen vorzudringen, die seinen Aufbau und seine Eigenart bestimmen. Nur so kann uns das Recht nicht nur als ein logisch-technischer Mechanismus, sondern in seiner vollen Bedeutung als der Ausdruck wirkender Zweckgedanken im Rahmen des allgemeinen Kulturgeschehens entgegentreten.

Die Arbeitsrechtswissenschaft ist seit ihrer Entstehung im Anfange dieses Jahrhunderts von dieser weiteren Auffassung der rechtswissenschaftlichen Aufgabe ausgegangen. Sie hat immer die Notwendigkeit und Berechtigung der positiven Rechtslehre anerkannt, zugleich aber danach gestrebt, das Arbeitsrecht aus seinen Ursachen und seinem Wirken zu begreifen, sowie auch mit der Untersuchung des geltenden Rechtes die Vorarbeit für seine weitere Entwicklung zu verbinden. Sie hat damit nicht nur die Grundlagen des arbeitsrechtlichen Denkens geschaffen, sondern auch, wie kaum ein anderer Zweig der Rechtswissenschaft, Einfluß auf die Gesetzgebung gewonnen. Als seit der Revolution eine überwältigende Fülle neuer arbeitsrechtlicher Vorschriften aufkam, war es verständlich und notwendig, daß sich die Arbeitsrechtswissenschaft vornehmlich der Klärung, Ordnung und Gesamtdarstellung des neuen Rechtsstoffes annahm. So groß das Verdienst der positiven Rechtslehre auf dem Gebiete der Rechtslehre in dieser Hinsicht ist, so groß ist ihre Gefahr, wenn sie

---

[1]) Vgl. z. B. neuerdings Gutzwiller, Gegenwart und Zukunft der Privatrechtswissenschaft, 1927.

[2]) S. dazu die trefflichen Bemerkungen in dem Vortrage von Rudolf Goldscheid über das Naturrecht auf dem 5. Deutschen Soziologentag im Jahre 1926 in Wien (Verhandlungen, Verlag von Mohr, S. 144ff.).

sich ihrer Gliedstellung im Ganzen der Arbeitsrechtswissenschaft nicht bewußt bleibt und eine Alleinherrschaft anstrebt. Die Gefahr besteht nicht nur darin, daß das arbeitsrechtliche Denken im Gegensatze zu seiner ursprünglichen umfassenderen Anlage künstlich verengt wird, sondern daß auch die Erforschung der einheitlichen, das Arbeitsrecht bestimmenden Grundgedanken, die nicht dem Inhalte der Rechtssätze oder ihrer Klassifizierung zu entnehmen sind, weil sie sich erst einer tieferen wissenschaftlichen Erkenntnis erschließen, notleidet. Eine solche Gefahr wäre für das Arbeitsrecht unerträglich. Denn es ist ein werdendes Recht, das sich immer neu an der Entwicklung des sozialen Lebens orientieren muß, und es ist ein neues Recht, dessen Eigenart für den Aufbau des Rechtes überhaupt eine bestimmende Kraft besitzt. Darum ist es hier von besonderer Bedeutung, daß der scheinbar lückenlosen, logischen Formelhaftigkeit der positiven Rechtslehre immer wieder die tiefere Problematik des Arbeitsrechtes gegenübergestellt und von neuen Gesichtspunkten aus ihre Lösung erstrebt wird.

Einer solchen tieferen Problematik des Arbeitsrechtes sind die „Grundlehren des Arbeitsrechtes" von Erwin Jacobi[3]) gewidmet, indem sie die dogmatischen Grundlagen des Arbeitsrechtes einer tiefbohrenden, mit den besten Mitteln der klassischen Rechtswissenschaft ausgeführten Durchforschung unterwerfen. Jacobi stellt vor allem ein Grundproblem in den Vordergrund. Es ist die Frage nach dem Verhältnis zwischen dem öffentlichen und privaten Recht im Arbeitsrecht. In der Tat ist die Behandlung und die Beantwortung dieser Grundfrage eine Grundlage für die Einsicht in die Struktur des Arbeitsrechtes und seine Einordnung in das Ganze des Rechtssystems. Jacobi kommt zu Ergebnissen, die der herrschenden Meinung in vielen Punkten widersprechen. Es ist deswegen die Pflicht einer weiteren arbeitsrechtlichen Forschung, sich mit den Gedanken Jacobis eingehend auseinanderzusetzen. Die folgende Auseinandersetzung begnügt sich damit, einen Kernpunkt der Jacobischen Lehre kritisch zu würdigen. Es ist die Lehre von dem Arbeitstarifrechte. Wir haben zu prüfen, ob der Kampf, den Jacobi als „ausgesprochener Vertreter des öffentlichen Rechtes" gegen das öffentlich-rechtliche Element im Aufbau des Arbeitstarifrechtes führt, begründet und ob es ihm wirklich gelungen ist, „dem positiven Rechte, das vielfach auf einem ganz anderen Standpunkte steht, durch sichere Herausarbeitung seiner Grundgedanken zur Geltung zu verhelfen." Wenn wir hierbei in die innerste Natur des Arbeitsrechtes eindringen und schließlich auch, um unseren Standpunkt zu begründen, die herrschende Rechtssystematik überhaupt einer kritischen Betrachtung unterwerfen müssen, so beweist dies nur die Tiefe der Anregungen, die von dem bedeutungsvollen Werke ausgehen, das gerade dadurch, daß es mit höchster Klarheit die Grundlagen der klassischen Rechtswissenschaft verteidigt, sichtbar ihre Grenzen aufweist.

I. Der Tarifvertrag als Rechtsquelle

Nach herrschender Meinung ist der Tarifvertrag nicht nur ein Rechtsverhältnis, sondern auch eine Rechtsquelle[4]). Als Rechtsquelle bringt er objektives

---

[3]) Leipzig 1927, 478 S.

[4]) Die „Rechtsquellentheorie", auf der § 1 TarifV. beruht, ist nicht, wie Kaskel, Arbeitsrecht, 3. Aufl., S. 19, Anm. 4 im Widerspruch mit den Tatsachen angibt, von ihm begründet, sondern in der langjährigen Gedankenarbeit vor ihm über die Neubildung des Tarifrechts geschaffen worden (vergl. Sinzheimer, Ein Arbeitstarifgesetz, 1916; Roman Boos, Der Gesamtarbeitsvertrag, 1916). Das mußte Kaskel schon deswegen wissen, weil sich bereits im Jahre 1917 kein Geringerer als O. v. Gierke kritisch zu dieser Theorie geäußert hatte (ArchSozW. 42, 820 ff.).

Recht hervor. In dieser normativen Auffassung wird der grundlegende Unterschied zu der früheren, nur schuldrechtlichen Auffassung des Tarifvertrages gesehen. Sie hebt den Tarifvertrag über das Privatrecht hinaus, weil die Tarifvertragsparteien durch ihn eine Rechtssetzungsfunktion ausüben und eine solche Funktion nur dem öffentlichen Recht angehören kann[4a]). Das Reichsgericht ist bisher dieser herrschenden Meinung gefolgt. Es spricht von dem „gesetzlichen und satzungsmäßigem Rechte" der wirtschaftlichen Vereinigungen, „im Vertragswege objektive Arbeitsrechtsnormen zu schaffen[5])". Es spricht von dem „öffentlich-rechtlichen Einschlage", den der Tarifvertrag in sich birgt[6]).

Dagegen wendet sich Jacobi. Er bestreitet, daß der Tarifvertrag objektives Arbeitsvertragsrecht erzeuge, weil seinen Arbeitsvertragsbestimmungen die „Selbstherrlichkeit" des Rechtes, die Unabhängigkeit ihrer Geltung von dem Willen der Unterworfenen, fehle, weil die Tarifverbände private Verbände seien, Privatpersonen objektives Recht aber nicht hervorbringen könnten, und weil schließlich ein Vertrag kein Instrument autonomer Rechtserzeugung sei. Er bestreitet damit den „öffentlich-rechtlichen Einschlag" im Tarifvertrag.

1. Jacobi verkennt nicht, daß die in einem Tarifvertrage vereinbarten allgemeinen Arbeitsbedingungen kraft der Unabdingbarkeit unabhängig vom Individualwillen der Arbeitsvertragsparteien des einzelnen Arbeitsvertrages gelten. Trotzdem nimmt er an, daß diese Geltung auf den Willen der Einzelnen zurückführe (S. 272). Dieser „Wille überhaupt" komme, abgesehen von der in § 1 Abs. 2 TarifV. vorgesehenen Tarifbeteiligung kraft Berufung auf den Tarifvertrag, durch den Eintritt in den Tarifverband zum Ausdruck. „Der Einzelne hat seinen Willen, sich unter die Arbeitsbedingungen des Tarifvertrages zu stellen, durch Eintritt in den Tarifverband oder durch Eintritt in einen Verband, der sich den entsprechenden Aufgabenkreis satzungsgemäß beilegen kann, bekundet. Er findet insofern in dem, was der Verband für ihn vereinbart, seinen eigenen Willen wieder" (S. 273). Deswegen erfüllen nach der Ansicht Jacobis die allgemeinen Arbeitsbedingungen eines Tarifvertrages „nicht den Tatbestand des selbstherrlich verbindenden Wollens des Rechtssatzes, sondern den des rechtsunterstellten Wollens des Rechtsgeschäftes" (S. 274).

Auch wenn man annimmt, daß dieser „Wille überhaupt" keineswegs nur Fiktion ist, die zu einem gewünschten Ergebnisse führt, kann man Jacobi nicht folgen. Der Nachweis, daß bestimmte Vorschriften nur Anwendung finden, wenn sie von den Unterworfenen gewollt sind, genügt nicht, um ihren objektivrechtlichen Charakter in Abrede zu stellen. Objektives Recht hört doch nicht auf, objektives Recht zu sein, wenn es nur Anwendung findet, falls die Betroffenen die Beziehungen, an die das Recht bestimmte Wirkungen anknüpft, willentlich herbeigeführt haben. Wenn § 559 BGB. dem Vermieter auf Grund eines Mietverhältnisses ein Pfandrecht einräumt, so wird der Charakter des § 559 als objektives Recht nicht dadurch berührt, daß er nur Anwendung findet, wenn ein Mietverhältnis vereinbart ist. Alle Bestimmungen, welche die Wirkungen von Rechtsgeschäften regeln, gehören dem objektiven Rechte an, trotzdem sie nur gelten, wenn ein rechtsgeschäftlicher Wille erklärt ist. Wo kämen wir hin, wenn alle Vorschriften als objektives Recht ausschieden, die nur wirken, wenn die ihnen unterworfenen Personen sie „gewollt" haben. Das Recht knüpft an die Erlangung der Staatsangehörigkeit die Anwendung bestimmter Rechtsvorschriften. Der Erwerb der Staatsangehörigkeit beruht auf Willensakt, wenn er durch Aufnahme oder Naturalisation erfolgt. Sind deswegen die

---

[4a]) Vgl. Sinzheimer, Grundzüge des Arbeitsrechtes, 2. Aufl. S. 273ff. und 3f.

[5]) RABl. 1926 S. 175.

[6]) RGZ. 111, 172 oben.

Wirkungen nicht objektives Recht? Das Strafgesetzbuch enthält Strafbestimmungen, die nur für Beamte gelten. Beamter kann nur werden, wer es werden will. Wer spricht davon, daß jene Strafvorschriften kein objektives Recht sind, weil sie nur wirken, wenn durch den Willen der Beteiligten ein Beamtenverhältnis begründet worden ist? Was in allen diesen Fällen dem Willen angehört, sind nicht diese Rechtswirkungen, sondern die tatsächlichen Willenserklärungen der Beteiligten. Diese Willenserklärungen enthalten nicht den Rechtsgrund für die Geltung der Rechtsvorschriften, sondern nur den „Tatbestand, auf den die Rechtsordnung Anwendung findet[7])". Ihre Geltung „knüpft sich an den von den Parteien geschaffenen Tatbestand ausschließlich kraft des Befehles der Rechtsordnung, und sie hat lediglich den von dieser gebotenen Rechtsinhalt[8])". Der objektive Charakter der Vorschrift zeigt sich darin, daß ihre Quelle allein die Verfügung über sie hat. Mag ein Wille eine bestimmte Vorschrift gewollt haben, sie versinkt, wenn sie durch eine andere Vorschrift ersetzt wird und diese Vorschrift die Weitergeltung jenes Willensinhaltes ausschließt. Das Wesentliche ist, wem die Verfügung über die Vorschrift zusteht. Steht sie ausschließlich dem Urheber der Vorschrift zu, so ist sie unabhängig vom Willen der Betroffenen. Sie ruht in sich. Sie ist selbstherrlich[9]). Dies gilt nicht nur für die zwingenden Vorschriften, sondern auch für ergänzende Vorschriften. Ergänzende Vorschriften können durch den Willen der Beteiligten zurückgedrängt werden. Deswegen sind sie doch von dem Willen der Beteiligten nicht abhängig, so daß ihre Geltung in deren Willen wurzelt. Das Gesetz hat sie geschaffen, nicht der Wille der Beteiligten. Das Gesetz kann sie ändern, es kann ergänzende Vorschriften zu zwingenden Vorschriften machen und damit die Vorschriften, die der Wille ausgeschaltet hat, in das Willensverhältnis wieder einfügen.

Geht man hiervon aus, so erhellt, daß die Annahme Jacobis, wonach die Arbeitsnormen eines Tarifvertrages nur gelten, wenn beteiligte Arbeitgeber und Arbeitnehmer ihren Willen, sie anzuerkennen, ausdrücklich oder stillschweigend bekundet haben, nicht das Geringste gegen den objektiv-rechtlichen Charakter der Arbeitsnormen aussagt. Das Entscheidende für ihre Geltung ist nicht dieser angebliche Willensausdruck, sondern die Frage, ob jene Normen einen Bestand außerhalb des Willens der Beteiligten haben. Und diese Frage ist zu bejahen. Die Beteiligten können bei ihrem Eintritte in den Verband ausdrücklich erklärt haben, daß sie die allgemeinen Lohn- und Arbeitsbedingungen eines Tarifvertrages anerkennen. Sie können auch ausdrücklich erklärt haben, daß sie diese Bedingungen nicht anerkennen. In beiden Fällen ist ihre Erklärung für die Geltung der Arbeitsnormen unwesentlich. Die Tarifvertragsparteien können trotz der Anerkennungserklärung durch die Beteiligten die Geltung der Arbeitsnormen für sie ausschließen oder abändern. Und der durch die Tarifvertragsparteien geschaffene Tarifinhalt findet auf sie, wenn sie durch den Tarifvertrag nicht von der Geltung der Arbeitsnormen ausgenommen sind, trotz ihrer Nichtanerkennung Anwendung. Dies zeigt mit aller Deutlichkeit, daß

---

[7]) S. statt aller Hellwig, Lehrbuch des Deutschen Zivilprozeßrechtes 2 § 89.

[8]) Hellwig a. a. O.

[9]) Jacobi ist offenbar bei seinen Ausführungen über das Wesen des objektiven Rechtes von den Grundauffassungen Rudolf Stammlers über den Rechtsbegriff geleitet. Aber Stammler schließt keineswegs den Willen der Unterworfenen aus, wenn er von der Selbstherrlichkeit des Rechtes spricht. Er hebt ausdrücklich hervor, daß das Recht nicht aufhört Recht zu sein, auch wenn sich der Einzelne durch seinen Willen dem Rechte entziehen kann. Das Wesentliche für den Rechtsbegriff sei, daß das Recht von sich aus, ohne nach dem Willen der Betroffenen fragen zu müssen, die Voraussetzung seiner Geltung bestimmen könne (Wirtschaft u. Recht 1896 S. 132). Dies entspricht der Auffassung, die im Texte gegen Jacobi vertreten wird.

nicht den Beteiligten, die sich den Arbeitsnormen unterworfen haben, die Verfügung über die Arbeitsnormen zusteht, sondern den Tarifvertragsparteien, die den Tarifinhalt geschaffen haben. Der Kollektivwille, nicht der Individualwille hat die Arbeitsnormen in der Hand und leitet sie. Er bindet die Einzelnen und löst die Einzelnen. Dieser Kollektivwille ist nicht eine Summe von Einzelwillen, sondern eine überindividuelle Macht, die nicht aus individuellen Willensakten entstehen, sondern nur auf einem Rechtssetzungsakt beruhen kann.

Nur diese Auffassung hält auch gefährliche Folgen fern, die für das Tarifrecht entstehen können, wenn die Willenstheorie Jacobis richtig wäre. Jacobi nimmt mit Recht an, daß es eine „gewollte Tarifunfähigkeit" nicht gibt (S. 166ff.). Wenn nun ein Arbeitgeber oder Arbeitnehmer einem Arbeitgeber- oder Arbeitnehmerverband beitritt, dessen Satzungen ausdrücklich den Abschluß von Tarifverträgen ausschließt, so ist anzunehmen, daß das beitretende Mitglied die Geltung tariflicher Lohn- und Arbeitsbedingungen nicht gewollt hat. Schließt ein solcher Verband trotzdem einen Tarifvertrag ab oder wird ihm ein solcher durch verbindlich erklärten Schiedsspruch, der nicht den mangelnden Willen der Verbandsmitglieder, sondern nur den der Verbände ersetzt, nach § 6 SchlichtV. auferlegt, so sind die Verbandsmitglieder nach der Willenstheorie Jacobis der Tarifgeltung nicht unterworfen. Denn die Annahme, ihr Unterwerfungswille sei durch den Beitritt zu dem Verbande bekundet, ist grundlos, wenn der Verband satzungsgemäß den Abschluß von Tarifverträgen ausgeschlossen hat. Sie wären hiernach in der Lage, Ansprüchen aus den Arbeitsverträgen mit dem Hinweise darauf entgegenzutreten, daß in Ermangelung eines Tarifunterwerfungswillens eine Tarifbeteiligung für sie nicht vorliegt. Daß hierdurch ein großer Teil des Tarifrechtes praktisch wirkungslos gemacht würde, bedarf keiner Ausführung. Nach der normativen Auffassung können sich die Verbandsmitglieder der Tarifgeltung nicht entziehen, weil die Unterwerfung unter die Arbeitsnormen ohne Rücksicht auf ihren Willen kraft der normativen Funktion des Tarifvertrages besteht. Sie ist daher nicht nur dogmatisch begründet, sondern auch durch die Bedürfnisse eines dem Wesen des Tarifvertrages entsprechenden Tarifrechtes gerechtfertigt.

2. Die Verbände der Arbeitgeber und Arbeitnehmer, die den Tarifvertrag schaffen, sind Privatverbände. In meisterhafter Darstellung hat Jacobi den Nachweis für den privatrechtlichen Charakter dieser Verbände erbracht (S. 395ff.). Mit ihr sind alle auf die öffentlich-rechtliche Behandlung der Koalitionen gerichteten Versuche, wie sie neuerdings in Anknüpfung an Kaskel besonders von Kandeler unternommen worden sind, als endgültig gescheitert anzusehen. Jacobi weist nicht nur nach, daß das geltende Recht trotz seiner völlig veränderten Haltung den Koalitionen gegenüber ihren privatrechtlichen Charakter unberührt läßt, sondern daß auch das innerste Wesen ihrer Anerkennung als öffentliche Verbände widerspricht. „Die freien Arbeitgeber- und Arbeitnehmerverbände haben die Interessen ihrer Mitglieder wie Private beim Kampfe um ihre Existenz wahrzunehmen, nicht ist es ihre Aufgabe, öffentliche Verwaltung zu führen" (S. 406, 407). „Man bedenke . . ., daß bei der Annahme öffentlich-rechtlicher Verbände sich als unausweisliche Konsequenz die Einführung einer besonderen Aufsicht ergeben würde; es müßte dafür Sorge getragen werden, daß der öffentliche Verband die ihm überwiesenen Aufgaben öffentlicher Verwaltung erfüllt. Damit würde aber das Element der staatlichen Bureaukratie, gegen das sich alle politischen Bestrebungen auf ‚wirtschaftliche Selbstverwaltung' und nicht zuletzt auch die Arbeitgeber- und Arbeitnehmerverbände selbst richten, in die Tätigkeit dieser Verbände seinen Einzug halten" (S. 406). Das sind goldene Worte, die Jacobis tiefes Verständnis für das Koa-

litionswesen unserer Zeit offenbaren. Mit Recht weist Jacobi darauf hin, daß das Neue in der nachrevolutionären Rechtslage der Berufsvereine nicht in der Verschiebung jenes öffentlichen Rechtes liegt, sondern darin, daß der Staat die privaten Koalitionen an dem Aufbau seiner eigenen Organe und an dem Aufbau der Organe anderer öffentlicher juristischer Personen teilnehmen läßt. „Die Rechtsordnung beginnt zu erkennen, daß es eine Verarmung und Verfälschung bedeutet, wenn bei der Organisation der öffentlichen Gewalt alles auf die Individuen zurückgeführt wird, wenn immer nur der von allen lebendigen Beziehungen losgelöste Einzelne Anteil am Aufbau der öffentlichen Ordnung erhält, als ob man es nur mit einem in seine Atome aufgelösten Volke, mit einem Aggregat von Individuen, zu tun hätte" (S. 407, 408). Darin sieht Jacobi den neuen und fruchtbaren Gedanken, der sich vorläufig besonders auf dem Gebiete des Arbeitsrechtes geltend macht. Er bildet den juristischen Niederschlag des politischen Prinzips der „wirtschaftlichen Selbstverwaltung". „Hier wird ein die bisherige Selbstverwaltungsformen ergänzendes Moment lebendig, das in ganz besonderem Maße geeignet ist, als Gegengewicht gegen die Gefahr der staatlichen Bureaukratisierung zu wirken" (S. 408).

Wenn nun aber Jacobi aus dem privatrechtlichen Charakter der Koalitionen die Folgerung zieht, daß sie echte Rechtssätze im Wege des Tarifvertrages nicht erzeugen können, weil dies „eine grundstürzende Neuerung von unübersehbarer Tragweite" (S. 258) wäre, so müssen wir dieser Auffassung widersprechen. Es ist durchaus möglich, daß der Staat Privatpersonen oder Privatverbände mit der Befugnis ausstattet, objektives Recht zu schaffen. Richtig ist es, daß die in der normativen Funktion des Tarifvertrages vorausgesetzte Rechtssetzungsgewalt der Verbände auf öffentlich-rechtlichem Grunde ruht. Eine solche Verbindung von öffentlichem und privatem Rechte, von privater Trägerschaft öffentlich-rechtlicher Rechte, ist aber keineswegs eine „grundstürzende Neuerung". Schon Georg Jellinek hat von derartigen „Inkorporierungen öffentlichen Rechtes in die individuelle Sphäre" gesprochen[10]). Ihr Wesen besteht darin, daß Privatpersonen, die in keinem Dienstverhältnisse zum Staate stehen, verpflichtet oder berechtigt sind, Imperium auszuüben. Die Privatpersonen hören damit nicht auf, Privatpersonen zu sein. Sie erlangen aber die rechtliche Fähigkeit, über den privaten Willensbereich hinaus zu wirken. Eine solche Inkorporierung öffentlichen Rechtes kommt in dem Abschlußakt des Tarifvertrages zum Ausdrucke, soweit er Arbeitsvertragsbestimmungen hervorbringt[11]). Selbst wenn sie bisher nicht anerkannt gewesen wäre, müßte sie für die normative Funktion des Tarifvertrages anerkannt werden, denn sie liegt im Wesen des Tarifrechts, das sich aus der Idee der sozialen Selbstbestimmung erschließt[12]). Sie entspringt auf der einen Seite dem Triebe der freiorganisierten gesellschaftlichen Kräfte, ihre Verhältnisse selbst zu regeln, auf der anderen Seite dem Bedürfnisse des Staates, durch Anerkennung dieses autonomen Triebes sich selbst von der Fülle der ihnen zugeschriebenen Regelungsaufgaben zu entlasten. Sie ist ein Instrument des neuen sozialen Rechtes, das nicht Einzelinteressen, sondern das Wirken gesellschaftlicher Kräfte zu binden sucht, um den Einzelnen durch autonome Bindung von den automatischen

---

[10]) System der subjektiven öffentlichen Rechte, 2. Aufl. 1905 S. 247, in dem Kapitel: „Ausübung staatlicher Hoheitsrechte durch Private" (S. 245ff.).

[11]) Vgl. meine „Grundzüge des Arbeitsrechtes", 2. Aufl. S. 273f. Zu demselben Ergebnis kommt Dersch, Öffentlich-rechtliche Bestimmungen in Tarifverträgen (Hauptfragen des Tarifrechtes, Arbeitsrechtliche Seminarvorträge II, herausgegeben von Kaskel, S. 186 unter I, Ziff. 1).

[12]) Vgl. dazu ausführlich mein „Ein Arbeitstarifgesetz. Die Idee der sozialen Selbstbestimmung im Rechte" 1916 S. 181ff.

Bindungen eines ungeregelten Gesellschaftslebens zu befreien. Die Durchführung dieses Gedankens ist nur in überindividueller Bindung der Einzelnen durch koalierte Machtkörper als Regulatoren möglich. Solche Bindungen können nur durch Normen geschaffen werden. Die Inkorporierung öffentlichen Rechtes in die Sphäre der Tarifverbände ist daher keine willkürliche Konstruktion, sondern in der Aufgabe des Tarifvertrages begründet. Deswegen hat auch das Reichsgericht in seiner Entscheidung vom 30. Nov. 1923 (RGZ. 107, 247ff., 249) den Tarifvertrag mit Recht als die Ausprägung eines neuen „autonomen Selbstverwaltungskörpers und der durch die Beteiligten selbst ein Arbeitsrecht schaffenden Berufsgesetzgebung" anerkannt.

Indem der Staat Privatverbände mit öffentlich-rechtlicher Rechtsetzungsgewalt begabt, gibt er seine Rechtssouveränität nicht auf. Mit Recht geht Jacobi davon aus, daß die Einheit des Staates ein Gut ist, auf das wir nicht verzichten dürfen, wenn wir das Aufkommen eines neuen Feudalismus verhindern wollen. Auch wir lehnen alle Bestrebungen ab, die danach trachten, den Staat den großen Wirtschaftsmächten unterzuordnen und ihn in eine Schreibstube für sie zu verwandeln. Indessen läßt die den Tarifverbänden zugeschriebene Rechtsetzungsgewalt diese Rechtssouveränität des Staates völlig unberührt. Man kann diese Rechtsetzungsgewalt mit den privaten Satzungsgewalten, die zur Auflösung des mittelalterlichen Staates führten, nicht vergleichen. Denn diese Gewalten waren originär, sie waren einer Staatsgewalt nicht unterworfen und standen ihren Inhabern zu eigenem Rechte zu. Davon ist bei der Rechtsetzungsgewalt der Tarifverbände keine Rede. Ihre Rechtsetzungsgewalt ist keine originäre, außerstaatliche, zu eigenem Rechte bestehende Gewalt. Sie ist aus dem Staatswillen abgeleitet, durch den Staatswillen begrenzt und, wenn wir an die staatliche Gerichtsbarkeit und das richterliche Nachprüfungsrecht denken, durch den Staatswillen kontrolliert. Die „Konzentration der Rechtssatz schaffenden Kraft auf den Staat" (S. 258), die ein wertvolles Ergebnis der modernen Staatsentwicklung ist, wird durch soziale Rechtsetzungsgewalten der vorliegenden Art nicht beeinträchtigt oder zerstört, so wenig sie durch politische Selbstverwaltung beeinträchtigt oder zerstört worden ist. Wir lesen mit Erstaunen die folgenden Sätze Jacobis (S. 270): „Werden jetzt noch Rechtsgeschäft und Rechtsquelle, privates und öffentliches Rechtsverhältnis, privates und öffentliches Recht vermengt, so handelt es sich entweder um Rückfälle in Anschauungen, die einer vergangenen Epoche der deutschen Staatsentwicklung entsprechen und deshalb abzulehnen sind, oder um ein Bekenntnis zu der Anschauung, daß Staatsgedanke und Staatsgewalt heute wieder ähnlich abgeschwächt seien wie im Mittelalter." Jacobi übersieht hierbei gänzlich den Unterschied zwischen originärer und staatlich delegierter Rechtsetzungsgewalt[13]). Die letztere bedeutet keineswegs eine Schwächung der Staatsgewalt. Was heute die einheitliche staatliche Willensbildung bedroht, ist das Übermaß der Normen, die unmittelbar durch den Staat geschaffen werden sollen. Wer die Wirksamkeit des modernen Staatsgedankens erhalten will, muß heute gerade darauf sinnen, den Staat durch ein

[13]) Dieses Übersehen wäre nicht möglich, wenn sich Jacobi bei seiner Polemik nicht auf Formulierungen aus zweiter Hand (vgl. S. 258 Anm. 28 S. 270) beschränkt hätte, sondern die ursprünglichen Ausführungen über die soziale Selbstbestimmung im Rechte zugrunde gelegt hätte. Ich habe in meinem „Arbeitstarifgesetz" nicht nur das Wesen der neuen sozialen Selbstbestimmung im Rechte ausführlich besprochen, sondern insbesondere auch ihr Verhältnis zum Staate behandelt (S. 189ff.), und zwar in einem Sinne, der unmöglich so verstanden werden kann, wie Jacobi ihn in Anknüpfung an andere Autoren, für deren Formulierungen ich nicht verantwortlich bin, darlegt. Das Entscheidende über das Verhältnis originärer und delegierter Rechtssetzungsgewalt hat bereits Gg. Jellinek a. a. O. S. 254 ausgesprochen.

System staatlicher Delegationen an die Träger sozialer Autonomie zu entlasten. Der Staat gibt seine Oberhoheit nicht auf, wenn er auf diese Weise für bestimmte Gebiete die inhaltliche Regelung der in Frage kommenden Verhältnisse innerhalb seiner zwingenden Gesetze sozialen Selbstbestimmungen überläßt. Im Gegenteil ist gerade in der Fortführung der Idee der sozialen Selbstbestimmung in mannigfacher Art die Grundlage für eine organische Reform des heutigen Staates und insbesondere des Parlamentarismus zu erblicken. Deswegen habe ich in dem Tarifvertrag niemals nur eine Erscheinung des Arbeitsrechtes, sondern vielmehr das Aufleuchten eines großen allgemeinen Rechtsgedankens gesehen. Es ist bedauerlich, daß sich Jacobi selbst, der auf der einen Seite so klar die neue Bedeutung der Koalitionen für die staatliche Willensbildung gesehen hat, den Weg zur Erkenntnis ihrer weiteren, in der nichtstaatlichen normativen Willensbildung gelegenen Bedeutung durch unhaltbare Theorien verschlossen hat. Und doch erscheint uns der Weg von jener „wirtschaftlichen Selbstverwaltung", die Jacobi anerkennt, zu dieser sozialen Selbstbestimmung, die er verwirft, so nahe zu sein.

3. Jacobi bestreitet schließlich, daß autonomes Recht im Wege des Vertrages entstehen könne. Die Vertragsautonomie beruht auf der Arbeitsverfassung. Sie fügt die Parteien des Tarifvertrages zu einer Gemeinschaft zur gesamten Hand zusammen. Die in Frage kommende Rechtsetzungsgewalt steht ihnen nicht als Einzelparteien, sondern als Mitträgern dieser Gemeinschaft zu. Sie können die ihnen durch den Staat übertragene Rechtsetzungsgewalt nicht allein, sondern nur zusammen geltend machen. Dieses Zusammenwirken beruht auf Willenseinigung. Sie ist die Vertragsautonomie[14]). Man kann über die Berechtigung dieser Bezeichnung streiten. Vielleicht wird jene Willenseinigung besser eine „rechtsetzende Vereinbarung" oder ein „konstitutiver Gesamtakt" genannt. In jedem Falle bleibt der Kern, um den es sich handelt, bestehen, daß es nämlich stets eine Willenseinigung ist, die das autonome Arbeitsrecht hervorbringt[15]). Dieser Auffassung der Vertragsautonomie entspricht nicht die Auffassung eines schuldrechtlichen Vertrages mit normativen Wirkungen, wie dies Jacobi annimmt. Der Gedanke der Vertragsautonomie führt vielmehr zu der Vorstellung, daß durch den Tarifvertrag objektives Recht gesetzt und zugleich durch einen schuldrechtlichen Vertrag gesichert wird. „Durch den Abschluß des Tarifvertrages wird eine Rechtsordnung errichtet, zugleich aber ein Schuldverhältnis zwischen den Tarifparteien erzeugt, das diese Rechtsordnung sichert[16])." Das Primäre ist die Rechtsetzung; die Schuldschöpfung steht in ihrem Dienste[17]). Die Tarifvertragsparteien handeln als Träger einer

[14]) Vgl. im einzelnen meine „Grundzüge", 2. Aufl. S. 48, vor allem S. 207ff.

[15]) Der Umstand, daß für die Rechtswirkung des Tarifvertrages im normativen Sinne nur Schriftlichkeit, nicht aber auch eine Veröffentlichung des Tarifvertrages, eine Erklärung nach außen hin, vorgeschrieben ist, kann dem Tarifvertrage die Eigenschaft einer Rechtsquelle nicht nehmen. Das Gesetz knüpft eben an den schriftlich abgeschlossenen Tarifvertrag ohne Rücksicht auf seine Veröffentlichung die normative Wirkung und erkennt damit den Tarifvertrag in dieser Erscheinungsform als Rechtsquelle an. Ich kann deswegen die Bedenken Jacobis, die er dem Mangel einer Publikation des Tarifvertrages gegen seine normative Natur entnimmt (S. 259ff.), nicht teilen. Übrigens könnten diese Bedenken, wenn sie begründet wären, ohne weiteres dadurch gegenstandslos gemacht werden, daß die Tarifvertragsparteien die Gültigkeit des Tarifvertrages an seine Veröffentlichung anknüpften. Dann müßte Jacobi jedenfalls für diese Tarifverträge den Charakter als „rechtsetzende Vereinbarung" anerkennen. Von einer solchen zufälligen Zutat kann aber das Wesen des Tarifvertrages nimmermehr abhängen.

[16]) Vgl. meine „Grundzüge" S. 256.

[17]) Dafür bezeichnend ist, daß die erste wissenschaftliche Untersuchung des Tarifvertrages, die uns Lotmar geschenkt hat, eine schuldrechtliche Wirkung des Tarifvertrages überhaupt noch nicht kennt und alles auf die von ihm begründete Unabdingbarkeit abstellt. Erst in den späteren wissenschaftlichen Untersuchungen kam die obligatorische Wirkung des Tarifvertrages zum Ausdruck.

Gemeinschaft und zugleich als voneinander getrennte Parteien. Sie bringen in der ersten Eigenschaft objektives Recht hervor und geloben in der zweiten Eigenschaft gegenseitig dafür einzustehen, daß dieses Recht von ihnen nicht gebrochen wird. Für das erstere setzen sie einen Gemeinschaftswillen, für das letztere ihr Privatvermögen ein. Es handelt sich also um öffentlich-rechtliche Rechtschöpfung, verbunden mit privatrechtlicher Haftung.

Geht man hiervon aus, so kann die rechtliche Möglichkeit der Rechtsetzung durch die Tarifvertragsparteien in der Form des Vertrages nicht bestritten werden. Jacobi stützt sich auf Ausführungen v. Gierkes, der den Satz ausspricht[18]): „Aber auch der Staat kann nicht einfach den Vertrag als solchen mit Satzungskraft ausrüsten, sondern muß zunächst irgendeine Gemeinschaft als Trägerin einer Autonomie anerkennen, kraft deren sie in der Form des Tarifvertrages für die Beteiligten Satzungsrecht zu schaffen vermag." Prüft man diesen Satz, so ist die Auffassung, daß der Staat nicht einfach den Vertrag als solchen mit Rechtsetzungskraft ausrüsten könne, unhaltbar. Der Staat kann die Voraussetzungen, unter denen eine nichtstaatliche Rechtsetzungsgewalt bestehen soll, beliebig festsetzen. Er kann einseitige und zweiseitige Willenserklärungen, Beschlüsse oder Verträge mit der Kraft der Rechtsetzung begaben. Er ist durch keine geschichtliche Überlieferung, durch keinen Begriff und kein Dogma in dieser Freiheit beschränkt. Wenn es bisher üblich gewesen sein mag, nur öffentliche Korporationen mit autonomer Setzungsgewalt zu belehnen, so schließt dies nicht aus, daß der Staat dazu übergeht, auch Verträge mit Rechtsetzungskraft zu versehen. Doch kommt es hierauf nicht an. Denn die von v. Gierke geforderte Gemeinschaft als Trägerin der Satzungsgewalt ist bei dem Tarifvertrage nach dem Gesagten vorhanden. Gierke bestreitet nicht die Möglichkeit, daß der Tarifvertrag Rechtsquelle sein könne. Wogegen er sich wendet, ist nur die Bezeichnung des tariflichen Rechtsetzungsaktes als eines Vertrages. Es ist bereits darauf hingewiesen, daß es auf die Bezeichnung nicht ankommt, sondern nur auf die Grundauffassung, wonach objektives Arbeitsrecht durch Willenseinigung der Tarifvertragsparteien entsteht. Diese Grundauffassung wird von v. Gierke geteilt. Er spricht ausdrücklich davon, daß der Tarifvertrag „ein autonomischer Akt" sein kann, den „eine durch das Gesetz dazu ermächtigte Gemeinschaft vornimmt[19])". Diese Gemeinschaft ist für ihn, wie für uns, eine „kollektive Einheit der Verbundenen", keine Verbandseinheit[20]). Daß der Tarifvertrag zugleich ein Rechtsverhältnis ist, schließt auch nach v. Gierke die Annahme einer „Satzungsfunktion" des Tarifvertrages nicht aus. Denn in einer „Gesamthandsgemeinschaft" ist auch nach v. Gierke „für Vertragsrechte und Vertragspflichten der Gemeiner gegeneinander Raum[21])". Damit hat bereits v. Gierke mit der nur ihm eigenen Tiefe intuitiver Anschauung das Wesen des Tarifvertrages durchschaut.

Die Folge dieser Auffassung ist allerdings die „Vermengung" öffentlichen und privaten Rechtes. Diese Vermengung besteht darin, daß der Tarifvertrag in dem Rechtsetzungsakte ein öffentlich-rechtliches Element aufweist, während er im übrigen dem Privatrechte unterworfen bleibt. Insofern ist der Tarifvertrag ein „gemischtes Rechtsinstitut", dessen Möglichkeit im Hinblick auf den Tarifvertrag nicht länger mehr bestritten werden kann und auch von Jacobi an sich nicht bestritten wird (S. 383 Anm. 19 am Schlusse). Damit ist die begriffliche Scheidung zwischen öffentlichem und privatem Rechte nicht preisgegeben.

[18]) ArchSozW. 42, 822.
[19]) A. a. O. S. 832.
[20]) A. a. O. S. 832.
[21]) A. a. O. S. 832.

Der begriffliche Gegensatz der beiden Rechtsarten besteht auch für das Arbeitsrecht. Jene „Vermengung" bedeutet nur die Feststellung, daß an dem rechtlichen Aufbau des Tarifvertrages beide Rechtsarten beteiligt sind, wie ein Bauwerk in verschiedenen Stilarten errichtet sein kann. Sie bedeutet weiterhin, daß der Tarifvertrag nicht aus zwei voneinander getrennten Rechtsteilen besteht, sondern ein einheitliches Lebensgebilde ist, das seine Einheit nicht verliert, wenn es unter doppeltem Gesichtspunkte betrachtet wird. Der Dualismus von öffentlichem und privatem Rechte, den wir nicht leugnen, ist ein Dualismus der Begriffe, nicht auch notwendig ein Dualismus getrennter Lebensgebiete[22]). Es ist ein Mißverständnis, wenn Jacobi die Vertragsautonomie einer Zurückführung unseres Rechtes auf das „einartige" Recht des Mittelalters beschuldigt. Das „einartige" Recht des Mittelalters beruhte auf der individuellen Gestaltung aller Rechtsverhältnisse. Die Herrschaft über Menschen war ein individuelles, dem einzelnen für sich zustehendes, kein hoheitliches, einem öffentlichen Gemeinwesen allein zugeschriebenes Recht. Das öffentliche Gemeinwesen hatte in dieser Zeit noch kein eigenes Recht gefunden. Es bedarf keiner Ausführung, daß es ein unverlierbares Ergebnis der Rechtsentwicklung ist und bleiben muß, daß diese Einartigkeit des Rechtes nicht wiederkehrt.

II. Der Tarifvertrag als kollektiver Schuldvertrag des Privatrechtes

Jacobi begnügt sich nicht damit, die Rechtsquellennatur des Tarifvertrages zu bestreiten. Er entwirft auch positiv mit scharfen Strichen die Gestalt, die der Tarifvertrag nach seiner Auffassung hat. Den Weg dazu bahnt ihm der Begriff der Regelungsvereinbarung, deren Wesen darin besteht, im Wege des Rechtsgeschäftes nicht konkrete Einzelbeziehungen zu ordnen, sondern abstrakte Vertragsbedingungen aufzustellen. Diese Regelungsvereinbarung stellt er der Vertragsautonomie entgegen. Mit ihr will er die „Vermengung" öffentlich-rechtlicher und privatrechtlicher Elemente im Tarifvertrage ausmerzen und damit seine einheitliche, ausschließlich privatrechtliche Natur begründen.

1. Geht man von der rechtsgeschäftlichen Regelungsvereinbarung aus, so kann sie als gewöhnlicher Schuldvertrag nicht die Wirkung erzeugen, auf die es bei der Regelung der allgemeinen Arbeitsbedingungen im Tarifvertrage ankommt. Sie ist in dieser Hinsicht für den Tarifvertrag nur verwendbar, wenn sie die dem Tarifvertrage eigentümliche Wirkung auf Dritte, die nicht Vertrags-

---

[22]) Ich gehe deswegen grundsätzlich von einer anderen Systematik des Arbeitsrechtes aus als Jacobi. Für Jacobi ist die Scheidung zwischen öffentlichem und privatem Rechte die Grundlage für die Betrachtung des Arbeitsrechtes. Ich bin der Ansicht, daß die Grundlage eines Systems des Arbeitsrechtes nur die Lebensgebilde selbst sein können, daß deswegen nur die Lebensgebilde voneinander unterschieden werden können, nicht aber ihre Rechtsformen, daß daher die Lebensgebilde in ihrer ganzen rechtlichen Gestalt zu erfassen sind, also sowohl in ihren öffentlich-rechtlichen als auch in ihren privatrechtlichen Erscheinungen. Diese systematische Betrachtung hat den Vorteil, daß wir nicht nur zu einem Verständnis der Formen, sondern vor allem auch der Grundgedanken des Rechtes kommen. Ich behaupte nicht, daß Jacobi mit seinem wachen und lebendigen Geiste nicht auch den Sinn des Arbeitsrechtes zu erfassen sucht und erfaßt. Ich meine nur, daß er sich dieses Verständnis erschwert und auch teilweise verbaut, wenn er die einheitlichen Lebensgebiete der Arbeit dualistisch zerschneidet. Das Arbeitsrecht ist, wenigstens nach dem gegenwärtigen Stande der rechtswissenschaftlichen Erkenntnis, kein anderes Recht als Privatrecht oder öffentliches Recht. Es zeichnet sich aber dadurch aus, daß in ihm öffentliches und privates Recht nicht nur eng nebeneinanderliegen, sondern auch miteinander verschlungen sind, so daß die Arbeitsrechtswissenschaft weder der Zivilistik noch der Publizistik angehört, sondern zivilistisch und publizistisch zugleich ist. Nach meiner Auffassung muß deswegen die Zerreißung des Arbeitsrechtes in eine öffentlich-rechtliche und in eine privatrechtliche Lehre bekämpft werden, auch wenn beide Lehren in so vorbildlicher Weise, wie an dem von Jacobi geleiteten Institute für das Arbeitsrecht an der Universität Leipzig, miteinander verbunden sind.

parteien sind, erklären kann. Eine Regelungsvereinbarung im gewöhnlichen schuldrechtlichen Sinne kann diese tarifliche Wirkung nicht erklären. Sie reicht dazu aus, eine obligatorische Verpflichtung der Vertragsparteien zu erzeugen, ihr Verhalten den allgemeinen Vertragsbedingungen entsprechend einzurichten. Sie kann aber nicht den Effekt herbeiführen, daß sie über ihren Vertragsbereich hinaus die Beziehungen von Personen unabdingbar ordnet, die an ihrem Abschlusse nicht beteiligt sind[23]). Bekanntlich lag diese Auffassung der rechtlichen Behandlung des Tarifvertrages vor dem Inkrafttreten der Tarifverordnung zugrunde. Nachdem diese Verordnung die Unabdingbarkeit festgelegt hat, scheidet die Übertragung des gewöhnlichen Schuldrechtes auf den normativen Teil des Tarifvertrages aus.

2. Jacobi geht deswegen nicht von der Regelungsvereinbarung im gewöhnlichen schuldrechtlichen Sinne aus. Auch für ihn ist die Regelungsvereinbarung kein gewöhnlicher Schuldvertrag, sondern ein durch die Tarifverordnung neu geschaffener Schuldvertrag. Er nennt diesen neuen Schuldvertrag einen „kollektiven Schuldvertrag", weil er zu einer Kollektivwirkung, d. h. zu einer Wirkung über die Vertragsparteien hinaus, gesteigert ist (S. 275ff.). Damit will er die Unabdingbarkeit des Tarifvertrages, auf deren rechtliche Erklärung es ankommt, erklären. Der kollektive Schuldvertrag erweitere die rechtsgeschäftliche Autonomie. Der Tarifvertrag falle in das Gebiet der kollektiven rechtsgeschäftlichen Privatautonomie. Die Rechtsordnung erkenne mit ihm nicht mehr ausschließlich den Vertrag der Individuen als für diese maßgebend an, sondern auch den Vertrag der Verbände, denen das Individuum angehört und zu deren Aufgabenkreis die Gestaltung der Vertragsbestimmungen für die Verträge der Individuen zählt. Kraft dieser kollektiven rechtsgeschäftlichen Privatautonomie erhalte der Kollektivwille rücksichtlich des Inhaltes der Arbeitsbedingungen eines Einzelarbeitsvertrages den Vorrang vor dem Individualwillen. Die Verbandserklärung sei für das Individuum maßgebend. Es müsse die von dem Verbande vereinbarten Arbeitsbedingungen gegen sich gelten lassen, ohne an ihnen durch individuelle Willenserklärung etwas ändern zu können.

Wir fragen erstaunt, wodurch sich im Kerne dieser „kollektive Schuldvertrag" von der Vertragsautonomie unterscheidet. Alles was hier Jacobi über den Vorrang des Kollektivwillens sagt, entspricht der normativen Auffassung. Was ist denn dieser Vorrang des Kollektivwillens anderes als die ihm innewohnende Kraft, den Inhalt von Individualverhältnissen vorzuschreiben? Was den „kollektiven Schuldvertrag" von der normativen Auffassung unterscheidet, ist nicht ein sachlicher Unterschied in der Auffassung jenes Vorranges, sondern nur eine andere Erklärung für die Vormachtstellung des Kollektivwillens. Die normative Auffassung erklärt aus Rechtssetzung, was Jacobi aus Rechtsgeschäft zu erklären sucht. Er kann dies nur dadurch tun, daß er stillschweigend den Begriff des Rechtsgeschäftes in einer Weise ausdehnt, die dem Begriffe des Rechtsgeschäftes widerspricht. „Rechtsgeschäfte sind Willenserklärungen zur Ordnung der Rechtsverhältnisse des Erklärenden[24])." Das Rechtsgeschäft ist „das Instrument der privatrechtlichen Selbstbestimmung[25])". Der Tarifvertrag hat, soweit die Vereinbarung allgemeiner Arbeitsbedingungen in Frage kommt, mit diesem Begriffe des Rechtsgeschäftes nichts zu tun. Er regelt nicht die Verhältnisse des Erklärenden (nämlich der Tarifvertragsparteien), sondern Dritter (der Arbeitsvertragsparteien). Er ist auch

[23]) Vgl. dazu im einzelnen ausführlich meinen „Korporativen Arbeitsnormenvertrag" II, 54ff., 72ff.

[24]) Dernburg, Pandekten 1, 215, 4. Aufl.

[25]) Dernburg a. a. O.

kein Instrument privatrechtlicher Selbstbestimmung, sondern ein Instrument der Fremdbestimmung. Gerade in dieser Fremdbestimmung, in dieser überindividuellen sozialen Lebensgestaltung, liegt sein Eigenwert. Wir müssen den Begriff des Rechtsgeschäftes in sein Gegenteil umkehren, wenn wir eine solche Autonomie noch als rechtsgeschäftliche Autonomie ansprechen wollen. Ist aber die Autonomie keine rechtsgeschäftliche, so kann sie nur eine Autonomie im eigentlichen Sinne sein. In sie ordnet sich zwanglos der unbestrittene Vorrang des Kollektivwillens vor dem Einzelwillen ein. Sie erklärt ohne weiteres die Unterordnung des einzelnen unter den Willen der Organisation. Sie bringt die Unterwerfung der einzelnen hervor, die der Tarifvertrag anordnet[26]). Der „kollektive Schuldvertrag" Jacobis hat sein volles Recht in der obligatorischen Funktion des Tarifvertrages, ja er könnte hier vielleicht den Ansatzpunkt für einen weiteren Ausbau derselben im Sinne tariflicher Einzelpflichten außerhalb der Arbeitsverträge bilden[27]), er ist aber nicht dazu geeignet, die normative Funktion des Tarifvertrages zu erklären[28]).

Wäre die rechtsgeschäftliche Auffassung richtig, so müßten aus ihr alle Folgerungen gezogen werden, die sich aus der Annahme ergeben, daß der Tarifvertrag nur ein Rechtsgeschäft ist. Daß dies nicht angängig ist, zeigt die Anfechtung des Tarifvertrages, die bisher noch keine genügende rechtliche Würdigung gefunden hat. Sie zeigt, daß das öffentlich-rechtliche Element bei der rechtlichen Behandlung des Tarifvertrages nicht entbehrt werden kann.

Ist der Tarifvertrag nur ein kollektiver Schuldvertrag des Privatrechtes, so richtet sich seine Anfechtung ausschließlich nach den Bestimmungen des Bürgerlichen Gesetzbuches. Es kommt § 142 Abs. 1 zur Anwendung. Danach ist der Tarifvertrag, wenn er mit Erfolg angefochten wird, als von Anfang an nichtig anzusehen. Der Tarifvertrag wird auch in seinem normativen Teile rückwirkend aufgelöst. Die Folge davon ist, daß die Arbeitgeber und Arbeitnehmer nach den Grundsätzen über die ungerechtfertigte Bereicherung die Mehrleistungen zurückverlangen können, die sie auf Grund der nichtigen Tarifbestimmungen gemacht haben. Eine weitere Folge ist, daß die allgemeine Verbindlichkeitserklärung eines Tarifvertrages hinfällig wird, weil ihr durch die Anfechtung der Boden entzogen worden ist. Es bedarf keiner Ausführung, daß diese Folgen einer einseitigen privatrechtlichen Auffassung untragbar sind. Die Erschütterungen, die die Anfechtung eines Tarifvertrages nach sich ziehen würden, wären unüberseh-

---

[26]) Es ist ein merkwürdiger Widerspruch in den Ausführungen Jacobis, indem er auf der einen Seite den Vorrang des Kollektivwillens feststellt, auf der anderen Seite aber wieder eine Unterordnung der einzelnen leugnet (S. 285). Einem Vorrange des Kollektivwillens entspricht notwendig eine Unterordnung des Individualwillens.

[27]) Vgl. bei Jacobi S. 242 Anm. 44.

[28]) Die rechtsgeschäftliche Auffassung Jacobis kann auch nicht die rechtliche Fähigkeit des Tarifvertrages erklären, wonach durch Tarifvertrag öffentlich-rechtliche Bestimmungen außer Kraft gesetzt bzw. abgeändert werden können (vgl. z. B. §§ 2, 5, 11 ArbZeitV.). Man darf zwingendes Recht mit öffentlichem Rechte nicht identifizieren, wie dies durch Jacobi (S. 285) geschieht. Gewiß reicht die Annahme eines kollektiven Schuldvertrages aus, um zu erklären, daß zwingende Rechtssätze durch Tarifvertrag abgeändert werden können. Sie reicht aber nicht aus, um die Außerkraftsetzung oder Abänderung öffentlichen Rechtes durch Tarifverträge zu erklären. Die z. B. zitierten Bestimmungen der Arbeitszeitverordnung sind nicht nur zwingendes, sondern öffentliches Recht. Daß aber öffentliches Recht durch einen privatrechtlichen Vertrag außer Kraft gesetzt oder abgeändert werden kann, ist ausgeschlossen. Wir können uns diese Einwirkung des Tarifvertrages auf öffentliches Recht nur erklären, wenn wir die Arbeitsnormen als echte Rechtssätze und ihre Hervorbringung als öffentlichen Rechtssetzungsakt ansehen. Dann liegt in der Befugnis der Tarifvertragsparteien, nicht nur Privatrecht zu schaffen, sondern auch öffentliches Recht zu gestalten, eine Erweiterung der tariflichen autonomen Setzungsgewalt durch besondere Delegationen (vgl. dazu Dersch a. a. O. S. 187 f.).

bar. Es gibt auf privatrechtlichem Boden keine Lösung dieser Schwierigkeiten, wenn man keinen Weg findet, § 142 Abs. 1 BGB. auszuschalten.

Diese Schwierigkeiten entstehen nicht, wenn die tariflichen Arbeitsnormen als das Ergebnis eines öffentlich-rechtlichen Rechtsetzungsaktes angesehen werden. Sieht man die Normen, wie dies der normativen Auffassung entspricht, als echte Rechtsnormen an, so kann eine Anfechtung des normativen Teiles nicht erfolgen. Normen können von ihren Erzeugern nicht angefochten werden[29]). Sie können, wenn sie nicht nichtig sind, nur zurückgenommen oder abgeändert werden. Die Anfechtung eines Tarifvertrages ist nur insoweit möglich, als sein verpflichtender Teil in Frage steht. Denn hierin wirkt der Tarifvertrag nicht als Rechtsquelle, sondern als Rechtsgeschäft. Wird ein Tarifvertrag angefochten, so bleibt sein normativer Teil bestehen, während sein obligatorischer Teil wegfällt. Durch eine solche Anfechtung werden also weder die tariflichen Arbeitsverträge noch die allgemeine Verbindlichkeitserklärung eines Tarifvertrages berührt. Die Folge der Tarifanfechtung beschränkt sich darauf, daß die Tarifvertragsparteien von ihren schuldrechtlichen Verpflichtungen frei werden. Sie können von neuem durch Arbeitskampf versuchen, die Arbeitsnormen zu beseitigen oder abzuändern. Da ein vollgültiger Tarifvertrag nicht mehr besteht, kann auch die Schlichtung tätig werden und durch verbindlich erklärten Schiedsspruch eine neue Tarifordnung herbeiführen. Gewiß wird durch eine solche Anfechtung der Glaube zerstört, daß tarifliche Arbeitsnormen ohne die Friedenspflicht nicht bestehen können. Die Gestaltung der tariflichen Anfechtung zeigt uns, daß ein Tarifvertrag in seiner Tarifordnung weiterbestehen, während er in seinen Tarifpflichten beseitigt sein kann. Aber solche „Fragmente" von Rechtsgebilden sind dem Rechte nicht unbekannt[30]). Jedenfalls entspricht das fragmentarische, in den Arbeitsnormen wirkende Weiterleben eines Tarifvertrages den praktischen Bedürfnissen.

3. Indem Jacobi den Tarifvertrag als kollektiven Schuldvertrag auffaßt, der ausschließlich dem Privatrechte angehört, gelingt es ihm, das Arbeitsrecht in seinem ganzen Umfange der überkommenen Zweiteilung des Rechtssystems einzuordnen. Danach besteht das Arbeitsrecht aus zwei voneinander getrennten Rechtsmassen, von denen die eine Privatrecht, die andere öffentliches Recht ist. Rechtsgebilde, die sowohl dem öffentlichen als auch dem privaten Rechte angehören, gibt es für Jacobi nicht. Nur ein Zugeständnis macht er der Eigenart des Arbeitsrechtes. Es liegt in der Anerkennung eines besonderen Privatrechtes, das er „soziales Privatrecht" nennt. Es umfaßt das soziale Privatrecht (Verbandsrecht) und das kollektive Recht (Tarifvertrag und Betriebsvereinbarung). „Gerade diese Erscheinungen des sozialen Privatrechtes sind etwas dem Arbeitsrechte Eigentümliches, ein Kennzeichen dieses Teilrechtsgebietes" (S. 424).

Ich sehe ein besonderes Verdienst Jacobis darin, daß er die Grundlehren des Arbeitsrechtes bis dorthin geführt hat, wo die Frage entsteht, ob das herrschende Rechtssystem ausreicht, um das Arbeitsrecht restlos in sich aufzunehmen. In der Tat müssen wir fragen, ob jene getrennte Zweiteilung allen Rechtes begründet ist, oder ob ein Zwischengebiet besteht, auf dem Privatrecht und öffentliches Recht nicht getrennt, sondern miteinander verbunden ist. Gibt es außer den beiden vonein-

---

[29]) Kormann, System der rechtsgeschäftlichen Staatsakte 1910 S. 19: „Ein Gesetz kann nichtig oder gültig, niemals aber anfechtbar sein."

[30]) v. Gierke, Genossenschaftstheorie und Deutsche Rechtsprechung S. 472ff., insbesondere S. 475.

ander getrennten Gebieten nicht auch ein drittes Gebiet, auf dem wir in einheitlicher Verbindung, wie bei dem Tarifvertrag, privates und öffentliches Recht zusammenfinden, und zwar so, daß sie untrennbare Bestandteile eines einheitlichen Rechtsganzen sind? Die Frage hat, wie wir schon oben hervorhoben, nichts mit der Frage zu tun, ob wir den herrschenden Dualismus durch einen Monismus im Rechte ersetzen wollen. Denn nicht jener Dualismus im Rechte wird durch die aufgeworfene Frage zugunsten eines einartigen Rechtes angegriffen. Die Frage, um die es sich handelt, ist lediglich die Frage, ob wir nicht Gebiete anerkennen müssen, auf denen die sie ergreifende rechtliche Ordnung nicht nur aus privatrechtlichen, sondern auch aus öffentlich-rechtlichen Teilen besteht, so daß sie nicht auseinandergerissen werden dürfen, ohne daß die „organische Anschauung" der Rechtsinstitute zerstört wird. Gewiß gibt es kaum ein Lebensgebiet, auf dem nicht öffentliches und privates Recht nebeneinander besteht. Aber nicht dieses äußerliche Nebeneinanderbestehen kommt hier in Frage. Was hier in Frage kommt, ist die durch die Natur des Lebensverhältnisses gegebene innere Verbindung von öffentlichem und privatem Rechte, die nicht die Möglichkeit ihrer begrifflichen Unterscheidung, aber die Möglichkeit ihrer Trennung ausschließt, weil es im Wesen des Lebensverhältnisses liegt, privat zu sein und zugleich über den privaten Lebensbereich hinausführen.

Diese letzte systematische Frage sei noch kurz im folgenden behandelt.

III. Das soziale Recht

Die Trennung der beiden Rechtsgebiete, die für Jacobi verbindlich ist, führt auf die Anschauung zurück, daß die Menschen für sich bestehende, allein in sich ruhende Einzelwesen und nur im Staate zu einer Einheit verbunden sind. Während sie sich dort als Einzelwesen in Einzelverhältnissen gegenübertreten, treten sie hier als Glieder eines öffentlichen Gemeinwesens auf. Nur in einem Punkte ist heute diese Anschauung erweitert. Zwischen dem Staate und dem Einzelnen existieren Verbände genossenschaftlicher und herrschaftlicher Art, die nichtstaatlich Einzelne organisatorisch zusammenfassen. Aber auch nach dieser Anschauung gibt es eine weitere Verbundenheit unter den Menschen nicht. Soweit sie nicht im Staate oder in jenen Verbänden zu Einheiten zusammengefaßt sind, existieren sie nur als isolierte, voneinander getrennte, einander gleiche Einzelwesen, die ihre Verhältnisse in freier Selbstbestimmung gestalten.

Und doch besteht eine solche Verbundenheit. Ja, sie ist die mächtigste aller Verbundenheiten. Wir nennen sie die Gesellschaft. Die Gesellschaft ist die unabhängig vom Willen der Einzelnen bestehende, in der Besitzverteilung und Gesamtwirkung alles menschlichen Handelns begründete, von keinem Gemeinwillen regulierte, über die Einzelnen und ihre Verbände hinausragende menschliche Verbundenheit. Sie ist das Apriori aller Verbindungen, eine Vorausbestimmung aller Selbstbestimmungen, die nicht durch das geltende Recht eingesetzte, aber von ihm vorausgesetzte Determinante, die den Anteil der Einzelnen am Produkte des Ganzen und ihre Wirkungsmöglichkeit im Prozesse des Ganzen bestimmt und gestaltet. Die Folge dieser Verbundenheit ist, daß die materielle und personelle Lage, in der sich der Einzelne befindet, von der Stellung abhängig ist, die er in jener Verbundenheit hat. Sein Lebensbereich und seine Lebensmacht sind nicht nur individuelle Willensprodukte, sondern Funktionen von Verbindungen. Das Sozialverhältnis ist individuell und überindividuell zugleich. Es ist individuell, indem es in den privaten Sphären des Einzelnen endigt. Es ist überindividuell, indem diese privaten Sphären aus einem Ganzen folgen, das unabhängig von den Einzelnen, ist[31]).

Lange glaubte der menschliche Geist, daß dieser überindividuelle gesellschaftliche Zusammenhang, der so tiefgreifend und entscheidend für die Lage der Einzelnen ist, der menschlichen Beherrschung entzogen sei. Es erschien als ein natürliches System, seine Ordnung als ein „ordre naturel", dessen Regelung naturgesetzlich erfolge[32]). Und nicht nur als ein natürliches System erschien diese Verbundenheit. Sie erschien so, wie sie gegeben war, auch als das beste System. „Ich möchte" — so sagt Bastiat in seinen „Harmonies Economiques" — die Harmonie der göttlichen Gesetze aufzeigen, die die menschliche Gesellschaft beherrschen. Was diese Gesetze harmonisch macht statt disharmonisch, ist das Zusammenwirken aller Grundsätze, aller Motive, aller Triebfedern und aller Interessen zu einem großen Endziel ... Ich glaube, daß Er, der die materielle Weltordnung schuf, auch der sozialen Weltordnung seine Aufmerksamkeit nicht vorenthalten hat. Ich glaube, daß Er die freien Kräfte ebenso kombiniert und in harmonische Bewegung gesetzt hat wie die leblosen Moleküle ... Ich glaube, zur allmählichen und friedlichen Entwicklung der Menschheit ist nichts weiter nötig, als daß man diese Tendenzen nicht durchkreuzt und ihre freie Bewegung nicht stört[33])." Der menschliche Geist, aufgescheucht durch die sozialen Disharmonieen, die im Gefolge eines solchen Standpunktes eintreten, erkennt diese „natürliche" Ordnung nicht mehr an. Er erblickt heute auch in den gesellschaftlichen Vorgängen und Zuständen Gegenstände, die der bewußten rechtlichen Gestaltung zugänglich sind und sein sollen. Er traut sich bis zu einem gewissen Grade nicht nur eine Beherrschung der Natur, sondern auch der gesellschaftlichen Verbundenheit zu.

Damit ist dem Rechte ein neuer Gegenstand gegeben. Dieser Gegenstand ist die gesellschaftliche Verbundenheit als solche. Ihm gegenüber ist die Aufgabe des Rechtes die bewußte Regelung dieser Verbundenheit durch bewußten Eingriff in den sonst automatisch verlaufenden gesellschaftlichen Lebensprozeß, um dadurch den Lebensbereich und die Lebensmacht der Einzelnen nach einem eigenen Maßstabe zu ordnen. Wir nennen dieses Recht das soziale Recht. Die Rechtswissenschaft steht angesichts dieses Rechtes vor neuen und großen Aufgaben. Die Rechtslehre, die bisher nur eine Lehre des Privatrechtes oder des öffentlichen Rechtes gewesen ist, wird sich, angetrieben durch die in dem Arbeitsrechte wirkenden Tendenzen, dem Aufbau einer neuen sozialen Rechtslehre nicht mehr entziehen können. Und die Arbeitsrechtswissenschaft ist in erster Linie dazu berufen, Bausteine dafür zu liefern und damit einen Beitrag zur allgemeinen Förderung der Rechtswissenschaft zu leisten, den sie aus der Bearbeitung ihres Stoffes gewinnt.

Dieses soziale Recht ist nicht das Sozialrecht, das wir insbesondere aus den Arbeiten v. Gierkes kennen. Das Sozialrecht ordnet die Innenverhältnisse von Verbänden, nicht die gesellschaftliche Verbundenheit, die über den Ein-

---

[31]) Eine auch für den Juristen treffliche Einführung in die im Texte kurz zusammengefaßten Gedankengänge ist die Schrift von Paul Vogel, Hegels Gesellschaftsbegriff und seine geschichtliche Fortbildung durch Lorenz Stein, Marx, Engels und Lassalle; gekrönte Preisschrift der Philosophischen Gesellschaft in Berlin, „Kantstudien" Nr. 59, 1925, 384 S.

[32]) Zusammenfassend: Dilthey, Gesammelte Schriften II, 243, 244.

[33]) Zit. nach J. M. Keynes, Das Ende des Laissez-Faire, S. 19, 20. Keynes macht dazu selbst die bissige Bemerkung: „Die Staatsphilosophie, welche das siebzehnte und achtzehnte Jahrhundert geschmiedet hatte, um Könige und Kurfürsten zu stürzen, hatte sich in Kindermilch verwandelt und buchstäblich in die Kinderstuben Einzug gehalten."

zelnen und ihren Verbänden besteht. Das soziale Recht ist auch nicht nur Privatrecht. Das Privatrecht hat es, wenn wir von dem privaten Verbandsrechte absehen, mit individueller Lebensgestaltung durch individuelle Willensakte zu tun. Das soziale Recht strebt auch die individuelle Lebensgestaltung an, aber es überläßt diese individuelle Lebensgestaltung nicht dem Einzelwillen und seinem individuellen Machtbereiche. Ausgehend von der Abhängigkeit der individuellen Lebenssphäre von dem Sozialen, gestaltet es die individuelle Lebenssphäre durch die Gestaltung des Sozialen, das in seiner überindividuellen Existenz der individuellen Verfügungsmacht nicht zugänglich ist. Wenn Jacobi diese überindividuelle Gestaltung des Individuellen dem Privatrecht zuordnet, und zwar einem neuen Privatrechte, das er das „soziale Privatrecht" nennt, so sprengt er den Begriff des Privatrechtes, das nur die individuelle Eigenbestimmung des Einzelinteresses kennt. Das Soziale ist keine Summe von Einzelverhältnissen, sondern ein objektives Gefüge. Daß ein privater Wille, der nur privat ist, in ein solches objektives Gefüge eingreifen kann, widerspricht dem Wesen des privaten Willens. Das soziale Recht ist auch nicht nur öffentliches Recht. Es ist öffentlich, indem es die gesellschaftliche Verbundenheit als solche ergreift. Es ist aber auch privat, indem es die Gestaltung des Sozialen überwiegend für private Interessen, die ihren Sitz in den Einzelnen haben, vornimmt. Wenn daher das soziale Recht als eine Einheit aufgefaßt wird, die aus privatem und öffentlichem Rechte zugleich besteht, so ist dies kein Notbehelf, wie Jacobi annimmt (S. 424), sondern der Ausdruck der inneren Natur seines Gegenstandes, der individuell und überindividuell zugleich ist.

Es ist hier nicht der Ort, die verschiedenen Gebiete des sozialen Rechtes zu untersuchen. Jedenfalls ist das kollektive, im Tarifvertrage zum Ausdrucke kommende Recht soziales Recht. Der Eingriff, den es vornimmt, bezieht sich auf den sozialen Personenzusammenhang, der die einzelnen nur als Atome zur Geltung bringt, wenn er dem „natürlichen" Spiel der Kräfte überlassen bleibt. Das kollektive Tarifrecht strebt danach, den einzelnen von dem Drucke aller einzelnen zu befreien, indem er innerhalb eines bestimmten Umkreises die freie Betätigung aller Einzelnen an allgemeine Bedingungen bindet, die im Wirken aller nicht durchbrochen werden dürfen. Durch eine solche rechtliche Vorausbestimmung der Selbstbestimmung der Einzelnen in ihrem Arbeitsverkehr bringt es die bewußte Gestaltung des Sozialen hervor, die funktionell die Lage der Einzelnen, unabhängig von ihrem Willen, bestimmt. Der Tarifvertrag gehört daher weder dem öffentlichen noch dem privaten Rechte an. Er ist ein Institut des sozialen Rechtes, das öffentlich und privat zugleich ist.

Abgeschlossen: Januar 1928.

Beschränkungen hinsichtlich Veräußerung und Vererbung von Geschäftsanteilen einer Gesellschaft mit beschränkter Haftung

von Rechtsanwalt und Professor Dr. August Saenger, Frankfurt

Die Übertragung und Vererblichkeit von Mitgliedschaftsrechten an einer Personenvereinigung ist im geltenden Recht bei verschiedenen Arten der Personenvereinigung ganz verschieden geregelt. Die Mitgliedschaft in einem Verein ist nach § 38 BGB. nicht übertragbar und nicht vererblich, sofern nicht, wie nach § 40 BGB. zulässig, die Satzung ausdrücklich ein anderes bestimmt. Erst die Prüfung der konkreten Vereinssatzung ergibt daher, ob die Mitgliedschaft ein höchstpersönliches Recht ist oder nicht. Das Gesetz begnügt sich damit, grundsätzlich die Übertragbarkeit und Vererbung auszuschließen und damit grundsätzlich die höchstpersönliche Natur des Rechtes festzustellen, ohne aber dieser Regelung eine solche Bedeutung beizumessen, daß sie nicht durch die Vereinssatzung in das Gegenteil verkehrt werden könnte.

Bezüglich der bürgerlich-rechtlichen Gesellschaft bestimmt § 727 BGB., daß die Gesellschaft durch den Tod eines der Gesellschafter aufgelöst wird, sofern nicht aus dem Gesellschaftsvertrag sich ein anderes ergibt. Nach § 717 BGB. sind die wechselseitigen Ansprüche der Gesellschafter aus dem Gesellschaftsverhältnis nicht übertragbar, ebenso ist die Übertragbarkeit des dem einzelnen Gesellschafter am Gesellschaftsvermögen zustehenden Anteils durch § 719 BGB. ausgeschlossen. Das Gesetz hat also hier eine weitgehende Beschränkung der Übertragbarkeit durch Rechtsgeschäft unter Lebenden vorgeschrieben, dagegen hinsichtlich des Rechtsübergangs beim Ableben eines Gesellschafters der Parteivereinbarung weitgehend freie Hand gelassen. Die häufigste Bestimmung, welche getroffen wird, um die Gesellschaft nicht durch den Tod eines Gesellschafters zur Auflösung zu bringen, ist die, daß die Gesellschaft mit den Erben des Verstorbenen fortgesetzt wird.

Für die offene Handelsgesellschaft ergibt sich aus § 131 HGB., daß der Tod eines Gesellschafters einen Auflösungsgrund bildet, sofern nicht aus dem Gesellschaftsvertrag sich ein anderes ergibt. Die §§ 138 und 139 HGB. bieten die Möglichkeit, die Gesellschaft unter den überlebenden Gesellschaftern allein fortzusetzen, ferner aber die Möglichkeit, eine Fortsetzung mit den Erben eines verstorbenen Gesellschafters schon von vornherein vorzusehen. Die Übertragung der Mitgliedschaft durch Rechtsgeschäft unter Lebenden ist nur unter Zustimmung und aktiver Mitwirkung aller Mitgesellschafter möglich, und zwar in einer Form, die wohl Wechsel, nicht aber eigentliche Abtretung der Mitgliedschaft bedeutet.

Die Anteilsrechte des Aktionärs an der Aktiengesellschaft sind grundsätzlich frei übertragbar (§ 222 Abs. 2 HGB.). Auch hier ist der Gesellschaftsvertrag frei hinsichtlich der Möglichkeit, die Übertragung zu erschweren, insbesondere von der Zustimmung der Gesellschaft oder bestimmter Gesellschaftsorgane abhängig zu machen. Für die GmbH.-Anteile bestimmt § 15 GmbH.-Gesetz grundsätzlich, daß die Geschäftsanteile veräußerlich und vererblich sind, mit der Maßgabe jedoch, daß auch hier wieder der Gesellschaftsvertrag die Abtretung an Voraussetzungen knüpfen, insbesondere sie genehmigungspflichtig gestalten kann. Die Handhabung und Auslegung dieser Bestimmung ergibt mannigfache Schwierigkeiten, welche sich bei der Veräußerung von Geschäftsanteilen unter Lebenden im wesentlichen auf Einzelfragen beschränken, während hinsichtlich der Vererbung und Vererblichkeit von Geschäftsanteilen grundsätzliche Fragen als noch nicht abschließend geklärt bezeichnet werden müssen.

Die Entstehungsgeschichte des Gesetzes zeigt deutlich (vgl. Begründung zum Entwurf S. 34/35), daß man bei einer Gesellschaftsform, deren Mitglieder mit der Kapitaleinzahlung von jeder weiteren Verbindlichkeit befreit werden, Vorschriften, wie sie bei der streng individualistischen offenen Handelsgesellschaft geboten sind, nicht als innerlich gerechtfertigt ansah. Bei der offenen Handelsgesellschaft ist die finanzielle Leistungsfähigkeit und persönliche Zuverlässigkeit des einzelnen für die Mitgesellschafter und für jeden mit der Gesellschaft in irgendeine Rechtsbeziehung tretenden Dritten von ausschlaggebender Bedeutung; bei der Aktiengesellschaft ist die Person des Aktionärs, solange er nicht als Großaktionär die Verwaltung und Geschäftsführung beherrscht, für Dritte überhaupt belanglos; bei der GmbH., dieser nicht zufällig erwachsenen, sondern bewußt als ein Mittelding, als ein Übergang der Gesellschaftsformen konstruierten Assoziationsform, empfand der Gesetzgeber die Notwendigkeit, sowohl der Vereinigung ganz weniger, im Unternehmen persönlich tätiger Gesellschafter, als auch der Beteiligung einer größeren Zahl und nur locker mit dem Unternehmen verbundener Personen die Benutzung der gleichen Rechtsform zu ermöglichen. Im ersteren Fall ist größtmögliche Erschwerung des Wechsels der Inhaberschaft erwünscht, im letzteren Fall ist sie nicht nur entbehrlich, sondern geradezu unzweckmäßig; sie wird zur lästigen, hemmenden Fessel. Daher rührt in der Hauptsache die bewußt gewollte Dehnbarkeit der gesetzlichen Vorschriften, die oft auch bei der Auslegung als Richtschnur dienen kann.

Eine Mittelstellung zwischen der rein kapitalistischen Aktiengesellschaft und der rein individualistischen offenen Handelsgesellschaft soll die GmbH. nach dem Willen des Gesetzgebers einnehmen. Hätte man entsprechend der Anregung des Handelstages jedem Anteilseigner Geschäftsführungsbefugnis und Vertretungsmacht eingeräumt und gleichzeitig dem von derselben Körperschaft gewünschten Grundsatz freier Übertragbarkeit der Anteile zugestimmt, so wäre ein praktisch unverwendbares Gebilde entstanden. Jeder Gesellschafter wäre in die Lage gekommen, durch fremde, ihm vielleicht unerwünschte Elemente Geschäfte, die auch die seinen sind, geführt zu sehen, ohne selbst als Besitzer der Majorität dagegen Einspruch erheben zu können. Es zeigt sich hierin, daß es nicht genügt, die Elemente verschiedener Gesellschaftsformen zu mischen, es vielmehr nötig ist, den Mindestschutz der Beteiligten durch z w i n g e n d e Vorschriften zu erreichen, im übrigen aber der Wirtschaft Spielraum zu lassen, den Rahmen nach den Bedürfnissen des Einzelfalles auszufüllen. Die oft so schematische und flüchtige Fassung der Satzungen zeigt, daß die Erkenntnis von den mannigfachen Möglichkeiten, in e i n e r Rechtsform sehr zahlreiche wirtschaftliche Bedürfnisse zu befriedigen, noch lange nicht genug verbreitet ist.

Das Gesetz stellt den Grundsatz auf, daß jeder Geschäftsanteil frei übertragbar ist. Von der Form der Übertragung, auf die Gesetz und Rechtsprechung zur Verhütung des Handels in Anteilen und vor allem zur Abwehr leichtfertiger Erwerbsakte, daneben auch zur Sicherung klarer Rechtsverhältnisse so großen Wert legen, soll hier nicht die Rede sein, sondern nur von solchen Beschränkungen der Übertragung, die nicht auf dem Gesetze, sondern auf dem Gesellschaftsvertrage beruhen. Als Beispiel einer solchen Beschränkung erwähnt § 15 Abs. 5 das Abhängigmachen von der Genehmigung der Gesellschaft. Es dürfte der praktisch wichtigste Fall sein (vgl. Liebmann-Saenger Anm. 17 zu § 15). Befremdlich ist, daß in der Begründung S. 60 ausgeführt wird, das Gesetz könne die Veräußerung nicht von der Genehmigung der Gesellschaft abhängig machen, weil ein solches „Zustimmungsrecht" mißbräuchlich zur Schädigung einzelner ausgenutzt werden könne; es müsse dem Gesellschaftsvertrag überlassen bleiben, da, wo wünschenswert, die Verfügungsbefugnis zu beschränken, z. B. auch durch Vorkaufsrecht oder Genehmigung der einzelnen Gesellschafter. Wenn der Gesetzgeber solche Mißbräuche, von welchen übrigens in praxi nichts Nennenswertes jemals hervorgetreten ist, ernstlich befürchtet hat, so ist eigentlich nicht einzusehen, warum eine Einschränkung der Vertragsfreiheit auf diesem Gebiet unterblieben ist. Sie ist aber unterblieben, kann also auch nicht aus Erwägungen bei Entstehung des Gesetzes irgendwie abgeleitet werden.

Für die Genehmigungserteilung kann die Gesellschaft selbst zuständig sein oder ein bestimmtes Gesellschaftsorgan, z. B. Geschäftsführer, Aufsichtsrat, Aufsichtsratsvorsitzender oder aber die Gesamtheit aller Gesellschafter oder auch einzelne Gesellschafter und schließlich auch Dritte, z. B. Kartellorgane oder staatliche und kommunale Behörden (vgl. Hachenburg Anm. 52, Liebmann-Saenger Anm. 17, Brodmann Anm. 5, Neukamp-Becker Anm. 10 zu § 15). Daß das Gesetz unter Genehmigung nicht nur versteht, was nach dem Sprachgebrauche des Bürgerlichen Gesetzbuches Genehmigung ist, sondern auch die vorgängige Zustimmung für zulässig erachtet, dürfte schon mit Rücksicht auf das zeitliche Verhältnis beider Gesetze und den Zweck der Vorschrift außer Zweifel sein (vgl. RG. 64, 151, Brodmann Anm. 5, Liebmann-Saenger Anm. 17). Daraus ist die Zulässigkeit einer im Gesellschaftsvertrag oder einer Abänderung desselben vorgesehenen Einwilligung zu ganz bestimmten künftigen Abtretungen zu folgern. Ausreichende Bestimmtheit im Sinne einer zweifelsfrei abgrenzenden Konkretisierung der zu genehmigenden Abtretungen ist immer erforderlich. Diese Bestimmtheit lassen zahlreiche Satzungen vermissen. Über die Auslegung der Satzung in dieser Frage hat das Reichsgericht in Band 101, 246 wichtige Grundsätze aufgestellt, welche bei der Abfassung der Gesellschaftsverträge mehr beachtet werden sollten, als dies erfahrungsgemäß im allgemeinen der Fall ist. Das Reichsgericht lehnt zwar die Behauptung ab, daß die Satzung einer GmbH. einer Auslegung über den Wortlaut hinaus überhaupt nicht fähig sei, betont aber die Grenzen, die durch Natur und Wesen des Gesellschaftsvertrages gezogen sind. Der Gesellschaftsvertrag ist auch im Verhältnis zu Dritten und nicht nur im Verhältnis von Gesellschaftern untereinander maßgebend. Deshalb ist, wie das Reichsgericht treffend sagt, da nur eine einheitliche Auslegung des Gesellschaftsvertrages denkbar ist, auch über den Wortlaut des Vertrages hinaus nur eine solche Auslegung statthaft, die aus der Urkunde selbst gewonnen werden kann. Nebenabreden und Verträge irgendwelcher Art zwischen den Gesellschaftern können zum Zwecke der Auslegung deshalb niemals herangezogen werden, weil sie ja dem Dritten, demgegenüber die Satzung ebenfalls Bedeutung hat, weder bekannt noch erkennbar sind. Diese Grundsätze, welche m. E. für das hier behandelte Problem in seinem ganzen Umfange bedeutsam sind, hat das Reichsgericht in einem Fall aufgestellt, in welchem es sich darum handelte, zu entscheiden, ob ein Gesellschaftsvertrag, welcher die Veräußerung von Geschäftsanteilen von einer Genehmigung der Gesellschaft abhängig machte, dahin auszulegen sei, daß auch die schenkungsweise Hingabe eines Geschäftsanteils als genehmigungspflichtig anzusehen sei. Das Reichsgericht sagt zwar, daß der Gedanke, wenn man schon die freie Veräußerlichkeit beschränken wolle, es sachlich keinen wesentlichen Unterschied mache, ob der Anteil verkauft oder verschenkt wird, naheliege, lehnt aber trotzdem aus den vorstehend wiedergegebenen Gesichtspunkten heraus die Erstreckung des Genehmigungszwangs auf die schenkungsweise Hingabe ab. Meines Erachtens ist dieser Entscheidung uneingeschränkt beizupflichten. Es ist wohl anzunehmen, daß die Verfasser derartiger Gesellschaftsverträge den an sich so seltenen Fall der schenkungsweisen Hingabe von Geschäftsanteilen überhaupt nicht in den Kreis ihrer Erwägungen gezogen haben, andererseits, wenn sie daran gedacht hätten, auch die Schenkung genehmigungspflichtig gestaltet hätten. Von einer eigentlichen Lücke im Vertrag kann man aber trotzdem nicht reden. Die Einführung der Genehmigungspflicht ist eine beschränkende Ausnahmevorschrift, und es spricht durchaus keine Vermutung dafür, daß die Beschränkung der Übertragungsfähigkeit in weiterem Umfange beabsichtigt gewesen sei, als es zum Ausdruck gekommen ist. Es müßten also in den übrigen Teilen des Gesellschaftsvertrags doch schon wesentliche Umstände zu finden sein, welche darauf schließen lassen, daß jede Art der Übertragung ohne Rücksicht auf die Beschaffenheit des Kausalgeschäfts genehmigungspflichtig sein solle. Schon diese Hinweise zeigen, wie notwendig es ist, scharf zwischen den Begriffen der Abtretung und des Verkaufs zu unterscheiden.

Die an sich ganz selbstverständliche Tatsache, daß die Abtretung eine Erfüllungshandlung ist, der entgeltliche und unentgeltliche Kausalgeschäfte verschiedener Art zugrunde liegen können, wird zwar sicher in der Regel nicht verkannt, aber bei Abfassung des Gesellschaftsvertrages oft nicht ausreichend berücksichtigt. Ist die Abtretung — was an sich das Nächstliegende und im allgemeinen auch das Zweckmäßigste ist — für genehmigungspflichtig erklärt, so kommt es für die Handhabung und Auslegung nicht darauf an, welcher Art das Grundgeschäft ist. Ist dagegen die Veräußerung als solche durch Genehmigungspflicht erschwert, so wird in der Regel nur die Auslegung möglich sein, daß die Abtretung auf Grund eines Veräußerungsgeschäftes der Genehmigungspflicht unterliegt, dagegen bedarf das Grundgeschäft, durch welches die Rechtspflicht zur Abtretung begründet wird, für sich allein noch keiner Genehmigung. Das Interesse der Mitgesellschafter und der GmbH. als selbständiger Rechtsperson wird durch obligatorische Bindungen eines Anteilseigners nicht berührt, so wenig berührt wie etwa durch Einräumung einer internen Unterbeteiligung am Gewinn und an der Liquidationsquote. Das rechtsschutzwürdige und schutzbedürftige Interesse der Mitgesellschafter wird vielmehr erst durch den dinglichen Übertragungsakt ausgelöst, durch welchen Rechtsbeziehungen des Erwerbers zur Gesellschaft und zu den anderen Gesellschaftern überhaupt erst erwachsen. M. E. wäre sogar die Rechtsgültigkeit einer Satzungsbestimmung zu verneinen, durch welche ausdrücklich der obligatorische Veräußerungsvertrag in seiner Wirksamkeit von der Erteilung der Genehmigung der Gesellschaft abhängig gestellt würde. Hierfür spricht nicht nur die Fassung der Absätze 4 und 5 des § 15, welche darauf schließen läßt, daß der Gesetzgeber bei dem kausalen Verpflichtungsvertrag, vom Formerfordernis abgesehen, irgendwelche Beschränkungen der Vertragsfreiheit — durch Satzungsbestimmung — nicht für möglich hält, sondern es spricht dafür vor allen Dingen die Erwägung, daß weder ein rechtspolitischer Anlaß vorliegt, obligatorische Verpflichtungen deshalb zu unterbinden, weil der Gegenstand, auf dessen Beschaffung sie sich beziehen, insofern nicht schlechthin lieferbar ist, als zunächst ein seiner Lieferbarkeit entgegenstehendes rechtliches Hindernis behoben werden muß, noch überhaupt die die Rechtsbeziehungen der Gesellschafter untereinander und zur Gesellschaft ordnende Satzung die Kraft und Wirkung haben könnte, auf schuldrechtliche

Beziehungen eines Gesellschafters zu Dritten irgendwie einzuwirken. Welches der Gegenstand der schuldrechtlichen Leistungspflicht ist, ist dabei völlig gleichgültig.

Zweifelsfragen anderer Art werden ausgelöst, wenn — wie sehr häufig — nur die Abtretung an Personen, die bisher nicht Gesellschafter waren, genehmigungspflichtig ist. Dieser Fall ist deshalb so häufig und ist gerade der typische Fall, weil das eigentliche Motiv für die Einführung der Genehmigungspflicht in dem Bestreben zu finden ist, fremde und aus irgendwelchen Erwägungen unerwünschte Erwerber von Anteilen der Gesellschaft fernzuhalten. Dieser Zweck könnte vereitelt werden, wenn der Nichtgesellschafter durch einen Gesellschafter als Strohmann Anteile erwerben und die gesamten gesellschaftlichen Rechte nach seinen Weisungen ausüben lassen könnte. Dieser dem Wortlaut vieler Satzungen nach ohne weiteres möglichen Umgehung tritt das Reichsgericht in einer über den behandelten Fall hinaus wichtigen Entscheidung (Bd. 103, 195ff.) entgegen und leitet aus Natur und Wesen solcher Gesellschaftsverträge ab, daß auch der Erwerb durch einen Gesellschafter als Treuhänder eines Nichtgesellschafters genehmigungspflichtig sei. Diese Entscheidung ist auch deswegen von erheblicher Tragweite, weil hiernach auch, wenn erst nachträglich das Treuhandverhältnis und die Strohmanneigenschaft aufgedeckt wird, noch jederzeit die Unwirksamkeit der Übertragung, die — außer durch Genehmigung — nicht heilbar ist, geltend gemacht werden kann.

Man wird Hachenburg (Anm. 51 zu § 15) nicht beipflichten können, wenn er entgegen der Auffassung des Reichsgerichts die Bindung zwischen Treugeber und Treuhänder für unbeachtlich erklärt und nur darauf abstellt, ob dem formellen Erfordernis des Gesellschaftsvertrages Genüge getan sei, daß der Erwerber des Anteils bereits Gesellschafter sei. Die Zulassung eines derartigen Verfahrens würde die Gutheißung einer Umgehung der gesetzlichen Vorschriften in einem recht wesentlichen Punkte bedeuten (vgl. Brodmann Anm. 5 zu § 15). Allerdings kann ich auch nicht so weit gehen wie Brodmann, der a. a. O. unter Umständen schon eine allgemeine Vollmacht an einen Nichtgesellschafter für unzulässig hält. Dies scheitert m. E. daran, daß sich eine satzungsgemäß nicht vorgesehene Einschränkung des Kreises der passiv vollmachtsfähigen Personen weder de lege lata noch de lege ferenda rechtfertigen läßt.

Der Hinweis Hachenburgs (Anm. 57 zu § 15), daß auch bei der Gründung die Mitwirkung eines Strohmannes nicht beanstandet werde, ist sicher sehr beachtlich; doch kann man m. E. mit Recht entgegenhalten, daß die bei jeder Gründung einer Kapitalgesellschaft gesetzlich vorgeschriebene Mindestzahl der Gründer zuweilen die formelle Zuziehung von Strohmännern erfordert. Vor allen Dingen aber ist die Beteiligung eines treuhänderischen Strohmannes bei der Gründung nicht darauf abgestellt, eine besonders gewollte und von den Gesellschaftern als wesentlich empfundene Bestimmung ihrer autonomen Satzung zu umgehen. Das liegt in der Natur der Sache und führt praktisch dazu, daß der Anteil des Strohmannes meist unmittelbar oder doch recht bald nach der Gründung an denjenigen Gesellschafter zurückgelangt, aus dessen Vermögen oder in dessen Auftrag die Einzahlung geleistet und für den der Anteil erworben ist.

Berechtigten wirtschaftlichen Interessen ist hinlänglich gedient, wenn nach interner Vereinbarung die geldlichen Vorteile, die in Gestalt von Dividende, Bonus und Liquidationsquote mit dem Anteil verbunden sind, von dem Gesellschafter einem Dritten ganz oder teilweise zugewendet werden. Dies kann unbeschadet der eigentlichen gesellschaftlichen Rechte geschehen (vgl. auch RG. 117, 2).

Sehr selten findet sich die Bestimmung, daß die Genehmigung nur unter bestimmten Voraussetzungen versagt werden dürfe. Liegt eine derartige Satzungsbestimmung aber vor, dann kann der Rechtsweg zur Entscheidung darüber, ob die Voraussetzungen in concreto gegeben sind oder nicht, beschritten werden (Hachenburg Anm. 55, Liebmann-Saenger Anm. 17a zu § 15). Das gleiche gilt, wenn nur bestimmte Fälle der Abtretung, z. B. Abtretung an Ausländer, überhaupt genehmigungsbedürftig sind und Streit entsteht, ob der Erwerber Ausländer ist oder nicht.

Im allgemeinen aber ist die Veräußerung (Abtretung) schlechthin genehmigungsbedürftig, und es fragt sich, ob die Genehmigung willkürlich versagt werden dürfe oder etwa im Rechtsweg erzwungen werden könne.

Man wird zu einer Entscheidung nur gelangen können, wenn man das Verhältnis zweier grundsätzlicher Feststellungen zueinander zu bestimmen sucht. Die eine ist die, daß grundsätzlich auf keinem Rechtsgebiet die Anwendbarkeit der §§ 826 und 226 BGB. ausgeschlossen und ausschließbar ist (Liebmann-Saenger Anm. 17a zu § 15). Andererseits ist die Gesellschaft in ihrer Entschliessung völlig frei, und die für die Entschließung zuständigen Gesellschaftsorgane sind nicht etwa verpflichtet, eine pflichtgemäße Abwägung der Interessen des Gesuchstellers gegen die Interessen der Gesellschaft selbst und der übrigen Anteilseigner vorzunehmen. Ganz bewußt hat das deutsche Recht eine Regelung vermieden, wie sie das österreichische Gesetz kennt, dessen § 77 vorsieht, daß die versagte Genehmigung durch Entscheidung des Handelsgerichts ersetzt wird, wenn weder ausreichende Gründe für die Versagung vorliegen, noch Interessen der Gesellschaft und ihrer Gläubiger und Anteilseigner durch die Genehmigung verletzt werden. Auch Art. 6 des polnischen Gesetzes sieht bei wichtigem Grunde Ersetzung der Genehmigung durch den Handelsregisterrichter vor (zitiert bei Hachenburg Anm. 49 zu § 15), abwendbar seitens der Gesellschaft durch Präsentation eines anderen Erwerbers, während das französische Gesetz vom 7. März 1925 vorsieht, daß jede Abtretung eines Anteiles an Nichtgesellschafter an die Zustimmung der Mehrzahl der Gesellschafter — nach Köpfen gerechnet — und gleichzeitig an die Zustimmung von mindestens 75% des Stammkapitals gebunden ist (Art. 22), wobei es dem Statut freisteht, darüber hinaus Erschwerungen der Abtretung einzuführen (Pic-Baratin: Des sociétés à responsabilité limitée S. 300—302 Nr. 257 ff.). Die Gesellschafter, welche bei Gesellschaften mit mehr als 20 Anteilseignern zu einer besonderen Versammlung einberufen werden müssen, sind in ihrer Entschließung frei. Ihr Veto kann nicht durch Richterspruch beseitigt werden.

Auch nach deutschem Recht ist die Gesellschaft in ihrer Entschließung frei. Reine Zweckmäßigkeitserwägungen können die Entschließung der zuständigen Gesellschaftsorgane ebensowohl bestimmen wie subjektive Werturteile, grundsätzliche Einstellung in wirtschaftlichen oder politischen Fragen oder rein gefühlsmäßige Erwägungen inbezug auf die Person des Anteilserwerbers. Nur wird man immer verlangen müssen, daß die ablehnende Entscheidung, deren Begründung nicht mitgeteilt werden muß, überhaupt irgendwie ernsthaft begründet ist — gleichviel ob die Begründung objektiv zutreffend erscheint. Man wird deshalb der Ansicht Hachenburgs (Anm. 55 a. a. O.), die Genehmigung könne willkürlich versagt werden, nur mit der Einschränkung zustimmen können, daß dem Gesuchsteller der Nachweis einer offensichtlich rein chikanösen oder nur in böswilliger Schädigungsabsicht ausgesprochenen, daher sittenwidrigen Versagung offenstehen muß (vgl. Brodmann Anm. 5, Liebmann-Saenger Anm. 17a zu § 15). Allerdings wird in diesem Falle die volle Beweislast auf der Seite desjenigen liegen, der gegen die Versagung ankämpft. Von ihm wird man, da er die Vermutung eines rechtmäßig zustande gekommenen Beschlusses ausräumen muß, den außerordentlich schweren Beweis verlangen müssen, daß andere als sittenwidrige Erwägungen den Beschluß der Gesellschaft nicht tragen und nicht herbeigeführt haben können. Er wird nicht nur positiv die Sittenwidrigkeit, sondern dazu auch negativ die Ausschließlichkeit solcher von der Rechtsordnung mißbilligter Motive darlegen und beweisen müssen. Ein solcher Beweis wird nur selten gelingen, immerhin mag es Fälle geben, deren persönliche und sachliche Lagerung die Annahme irgendeines schutzwürdigen und vernünftigen Ablehnungsgrundes schlechterdings ausschließt. In solchen Fällen liegt aber auch kein Bedürfnis vor, die willkürliche Ausübung der Handlungsfreiheit zuzulassen. Auch die Aktionäre sind in ihrer Abstimmung im Rahmen von Gesetz und Satzung völlig frei, und trotzdem hat das Reichsgericht mit allgemeiner Zustimmung ihrer Entschließungsfreiheit eine Grenze gezogen, wo durch Generalversammlungsbeschlüsse die guten Sitten verletzt, Rechte der Allgemeinheit geschädigt oder auch nur berechtigte Interessen der Minderheit in einer das Rechts- und Anstandsgefühl verletzenden Weise mit Füßen getreten wurden (vgl. hierzu RG. 91, 324; Bd. 107, 72; Bd. 111, 29; JW. 1916 S. 575; Recht 1915 S. 395; vgl. auch RG. 94, 214 betr. willkürliche Minderbewertung bei einer GmbH.).

Was die Durchführung der Nichtigkeitsklage gegen den Versagungsbeschluß anlangt, so steht mit der Rechtskraft des Urteils, welches die Versagung für unwirksam erklärt, nichts weiter fest als die Verneinung der Rechtswirksamkeit der bereits erfolgten Willenserklärung der Gesellschaft. Dagegen ist das Gericht nicht in der Lage, die Willenserklärung der Gesellschaft durch Richterspruch zu ersetzen und durch Gestaltungsurteil den Übergang des Anteils auf den Erwerber auszusprechen. Es bedarf vielmehr einer neuen Willenserklärung der Gesellschaft auf den nunmehr als unerledigt zu betrachtenden Antrag auf Erteilung der Genehmigung. Dabei ergibt sich eine neue Schwierigkeit. Es ist m. W. unbestritten, daß zwar ein Anspruch gegen die Gesellschaft besteht, sich zu erklären, daß aber nur ein Gesellschafter, nicht dagegen der gesellschaftsfremde Erwerber des Anteils in der Lage ist, eine Entschließung der Gesellschaft herbeizuführen; auch der Gesellschafter ist dazu nicht in der Lage, wenn nach der Satzung entweder der Aufsichtsrat oder die Geschäftsführung für ausschließlich zuständig zur Beschlußfassung und Erklärung bestimmt sind (vgl. die aktienrechtliche Entscheidung Bd. 117, 203ff.). Es gilt weiterhin als feststehend, daß Stillschweigen der Versagung gleich zu erachten ist (Hachenburg Anm. 55, Liebmann-Saenger Anm. 17a zu § 15). Es fragt sich daher, ob auch die stillschweigende Versagung in den oben gekennzeichneten Ausnahmefällen wegen Sittenwidrigkeit oder Verstoßes gegen das Chikaneverbot für nichtig erklärt werden kann. M. E. macht es rechtlich keinen Unterschied, ob die Erklärung als eine ausdrückliche oder durch absichtliches Schweigen erfolgt. Die Annahme eines Verstoßes gegen § 226 BGB. liegt sogar in letzterem Falle ziemlich nahe. In Konsequenz dieser Auffassung kann auch auf Feststellung geklagt werden, daß wegen des sittenwidrigen oder chikanösen Hintergrundes das Stillschweigen der Gesellschaft bzw. ihrer für die Erklärung zuständigen Organe nicht als konkludente Versagungshandlung anzusehen sei. Wird auf eine solche Klage hin gegen die stillschweigende Gesellschaft erkannt, so wird die Furcht vor den Kosten eines weiteren derartigen Urteils hinreichen, um eine Erklärung herbeizuführen, zumal die rechtskräftige Feststellung eines sittenwidrigen Nichthandelns dem Anspruch auf vollen Schadenersatz eine hinlänglich rechtliche Grundlage bietet.

Daß das Erfordernis der Genehmigung, sofern es nicht im ursprünglichen Gesellschaftsvertrag bereits enthalten ist, nicht durch einfachen oder qualifizierten Mehrheitsbeschluß, sondern nur durch einen einstimmigen Beschluß aller Gesellschafter eingeführt werden kann, weil die uneingeschränkte Veräußerungsbefugnis eines jeden Gesellschafters ein wohlerworbenes Sonderrecht darstellt, wird in der Rechtslehre allgemein angenommen (vgl. RG. 68, 210; RG. bei Holdheim 24, 124, Hachenburg Anm. 50 zu § 15; Neukamp-Becker a. a. O. Anm. 10, Crüger-Crecelius Anm. 7, Liebmann-Saenger Anm. 17, Neukamp in GoldschmidtsZ. für das gesamte Handelsrecht Bd. 57, 523; Brodmann Anm. 5). Dagegen ist die ebenfalls herrschende Meinung, daß eine die Abtretung durch Aufhebung oder Milderung der Genehmigungspflicht erleichternde Satzungsbestimmung mit der für jede Satzungsänderung erforderlichen qualifizierten Mehrheit eingeführt werden könne (RG. 100 S. 274; Brodmann Anm. 5; Hachenburg Anm. 50; Liebmann-Saenger Anm. 17 zu § 15), m. E. der Nachprüfung bedürftig. Selbstverständlich handelt es sich dabei überhaupt nur um den Fall, daß die Genehmigung der Gesellschaft, nicht etwa die aller Gesellschafter erforderlich ist. Letzterenfalls kann keinem Gesellschafter durch Mehrheitsbeschluß sein Sonderrecht genommen werden. Aber auch wenn die Genehmigung der Gesellschaft in Frage steht, bedeutet sicherlich die Erleichterung der Veräußerungsbefugnis für jeden einzelnen Gesellschafter eine Besserstellung bezüglich seines eigenen Anteils. Ein Recht, über welches sein Inhaber ohne Befragung und Zustimmung Dritter nach seinem Ermessen verfügen kann, wird grundsätzlich immer wertvoller als ein veräußerungsgebundenes Recht sonst gleichen Inhalts und Umfanges sein. Es ist aber zu bedenken, daß das Interesse des einzelnen Anteilseigners nicht nur durch die Beschaffenheit seines eigenen Rechtes, sondern auch durch die Rechtsstellung seiner Mitgesellschafter erheblich berührt wird. Das Fallenlassen der Veräußerungsbeschränkung kann einerseits den Wert des Anteiles, — für sich allein betrachtet — wesentlich erhöhen, kann aber trotzdem, ja sogar weil es auch den Wert aller anderen Anteile — jeder für sich betrachtet — ebenfalls erhöht, eben dadurch Nachteile mit sich bringen, die den erwähnten Vorteil erheblich übersteigen. Es ist etwas anderes, an einer Gesellschaft beteiligt zu sein, deren Anteile ihren Inhaber nicht wechseln können, ohne daß der Gesellschafter oder der sein Vertrauen genießende Geschäftsführer oder Aufsichtsrat um Erlaubnis gefragt werden müssen, oder an einer GmbH. beteiligt zu sein, deren Anteile jederzeit ohne Wissen der Beteiligten in einen Besitz gelangen können, der, um an ganz krasse Fälle zu denken, ihnen das Verbleiben in der Gesellschaft unerwünscht, vielleicht sogar moralisch unmöglich macht.

In einem so gelagerten Falle kann aber der Erwerb eines Anteils durch einen wegen seines Rufes oder seiner Stellung höchst unerwünschten Außenseiter allein schon alle übrigen Anteile stark entwerten, z. B. durch Einfluß auf Kredit, Verscheuchung tüchtiger Angestellter, Abschreckung wertvollster Kunden. Es fragt sich deshalb, ob nicht durch den Erwerb satzungsgemäß veräußerungsgebundener Anteile ebenfalls ein unentziehbares Sonderrecht auf Beibehaltung dieser, unliebsame Überraschungen zum mindesten erschwerenden Eigenschaft entsteht. Ich möchte die Frage — entgegen meiner Stellungnahme bei Liebmann-Saenger — nach nochmaliger Prüfung bejahen und die Aufhebung oder Einschränkung der Genehmigungspflicht ihrer Neueinführung völlig gleichstellen.

Für die Form der Genehmigung gibt das Gesetz entgegen der für Teilung der Anteile maßgebenden Vorschrift des § 17 Abs. 2 keine besonderen Bestimmungen; es genügt daher jede Form, in welcher empfangsbedürftige Willenserklärungen überhaupt abgegeben werden können, sofern nicht etwa die Satzung selbst eine bestimmte Form vorschreibt.

Mit dem Reichsgericht (Bd. 105, 154) ist gegen Hachenburg (Anm. 53 zu § 15) davon auszugehen, daß eine ausdrückliche Genehmigungserklärung erforderlich ist, die die eingetretene Veränderung im Bestande der Anteilseigner zweifelsfrei klarstellt. Da aber diese Erklärung nicht an den schriftlichen oder mündlichen Gebrauch bestimmter Worte oder Formeln gebunden ist, kann sie auch in konkludenten Handlungen gefunden werden, deren Sinn zweifelsfrei ist, und die im Bewußtsein ihrer Bedeutung zur Kenntnis mindestens des Erwerbers gebracht werden. Eintragung in ein von der Gesellschaft geführtes Verzeichnis der Anteilseigner ist überhaupt keine Erklärung, wohl aber die Einladung des Erwerbers — soweit er nicht seither schon mit einem anderen Anteile Gesellschafter war — zur Gesellschafterversammlung, desgleichen eine an den Erwerber gerichtete Aufforderung, eine auf den von ihm erworbenen Anteil rückständige Einzahlung zu leisten. In beiden Fällen handelt es sich um Rechtshandlungen, die wirklich keinen Zweifel darüber aufkommen lassen, daß die Gesellschaft den Erwerbsakt wirksam machen und gegen sich gelten lassen wollte (A. M. Brodmann Anm. 2 zu § 15, BauersZ. 18, 133; Recht 1910 S. 367). Auch das Reichsgericht in der oben angeführten Entscheidung (Bd. 105, 154) hält die Einladungen zu Gesellschafterversammlungen nicht für ausreichend, wohl dagegen die Mitteilung einer Gesellschafterliste, in der der Erwerber als Gesellschafter aufgeführt ist (RG. 85, 51), an ihn oder den Veräußerer. M. E. könnte es nur dann im Einzelfalle gerechtfertigt sein, die Einladung zur Gesellschafterversammlung im Gegensatz zur Übermittlung einer Abschrift der Gesellschafterliste als nicht ausreichende Willensäußerung zu behandeln, wenn irgendein erkennbarer Zweifel an der Willensrichtung des einladenden Gesellschaftsorgans besteht. Ein solcher Fall wäre denkbar, wenn beispielsweise die Einladung nach den Umständen des Falles so gedeutet werden könnte, daß der Erwerber schon während des Schwebens der Erwerbshandlungen gewissermaßen als Reflektant, als mutmaßlicher künftiger Anteilseigner habe herangezogen werden sollen. Solche Umstände können sowohl aus dem Wortlaute der Einladung selbst als auch aus den Begleitumständen entnommen werden und sind geeignet, die Beweiskraft des Einladungsschreibens als einer die Genehmigung zum Ausdruck bringenden Willenserklärung zu beseitigen. Im allgemeinen wird man m. E. auch in der Einladung zur Gesellschafterversammlung nichts anderes erblicken können als die förmliche Erklärung, daß der Einladungsempfänger nunmehr als Anteilseigner der Gesellschaft gelte, und eine solche Willensäußerung muß als Genehmigung dann gelten können, wenn die Eigenschaft des Empfängers als Anteilseigner in rechtlicher Hinsicht eben nur von dieser Genehmigung abhing. Für die selbstverständlich in erster Linie zu berücksichtigende Rechtssicherheit kann in der Zulassung der Einladung als ausreichende Genehmigungserklärung wohl kaum eine Gefahr liegen; wenn auch grundsätzlich Ausdrücklichkeit und Bestimmtheit der Genehmigungserklärung zu fordern ist, wird man diesen Grundsatz doch niemals dahin verstehen dürfen, daß die Verwendung des Wortes „Genehmigung" oder eines gleichlautenden Wortes gefordert werden müsse.

Wenn die Genehmigung in die Zuständigkeit des Aufsichtsrates, des Aufsichtsratsvorsitzenden, der Gesellschafter, aller Gesellschafter, eines einzelnen Gesellschafters, z. B. des Majoritätsbesitzers, oder etwa in die Zuständigkeit einer Behörde oder der Kartelleitung gestellt ist, können Zweifel darüber nicht entstehen, von wem die Genehmigung zu erklären ist. Dagegen ist streitig, wie sich der Genehmigungsvorgang abzuspielen hat, wenn die Gesellschaft schlechthin als zuständig für die Erteilung der Genehmigung in der Satzung bezeichnet ist. Darüber besteht allerdings keine Meinungsverschiedenheit, daß die Erklärung der Genehmigung, falls das Genehmigungsrecht der Gesellschaft zusteht, ebenso wie jede andere Willenserklärung der Gesellschaft durch einen oder mehrere vertretungsberechtigte Geschäftsführer zu erfolgen hat. Der Streit dreht sich vielmehr darum, ob die vertretungsberechtigten Geschäftsführer den Nachweis einer Beschlußfassung der Gesellschafterversammlung der Genehmigungserklärung bzw. der Versagung der Genehmigung beizufügen haben, und darum, ob die Geschäftsführer überhaupt verpflichtet sind, eine Beschlußfassung der Gesellschafterversammlung herbeizuführen. Zwei Meinungen stehen sich schroff gegenüber. Nach der einen Auffassung genügt die zustimmende oder ablehnende Erklärung der vertretungsberechtigten Geschäftsführer ohne Rücksicht darauf, ob die Geschäftsführer vorher eine Beschlußfassung der Gesellschafterversammlung herbeigeführt haben oder nicht, ohne Rücksicht ferner darauf, ob die Erklärung den Willen der Gesellschafter richtig oder nicht richtig wiedergibt. Nach der anderen Auffassung ist überhaupt nur eine solche zustimmende oder versagende Erklärung der Geschäftsführer rechtswirksam, welche sowohl einer vorgängigen Beschlußfassung der Gesellschafter entspricht, als auch den Inhalt dieser Beschlußfassung richtig und vollständig wiedergibt.

Man könnte meinen, daß die im wesentlichen dem § 235 HGB. nachgebildeten und in der Wirkung ähnlichen Bestimmungen der §§ 36 und 37 des GmbH.-Gesetzes, insbesondere § 37 Abs. 2 für die Entscheidung der Frage maßgebend seien. Nach diesen Bestimmungen ist es bei Willenserklärungen, die im Namen der Gesellschaft und für diese von dem vertretungsberechtigten Geschäftsführer abgegeben werden, für die Rechtswirksamkeit dritten Personen gegenüber ohne Belang, ob die Geschäftsführer den Gesellschaftern gegenüber ihre Befugnisse überschritten haben, z. B. in der Art, daß sie bei einer Frage, bei welcher die Einholung der Beschlußfassung der Gesellschafter satzungsgemäß geboten gewesen wäre, die Befragung der Gesellschafter unterlassen haben. Nach den angeführten Bestimmungen des GmbH.-Gesetzes ist es auch für das Rechtsverhältnis zu Dritten unerheblich, ob die Geschäftsführer bei ihren Willenserklärungen für die Gesellschaft sich an die Beschlußfassung der Gesellschafter gehalten haben oder von dieser Beschlußfassung abgewichen sind. Von diesem Grundsatze gibt es keine Ausnahmen. Die Vertretungsbefugnis des vom Gesetz einzig und allein zum rechtlichen Handeln für die Gesellschaft berufenen Organs, nämlich der Geschäftsführer, ist mit Wirkung gegen Dritte nicht beschränkbar. Hieraus folgt, daß, wenn die fragliche Genehmigungserklärung der Übernahme einer schuldrechtlichen Verpflichtung oder eines dinglichen Verfügungsaktes rechtlich völlig gleichstünde, kein Zweifel darüber bestehen könnte, daß es nur auf die Erklärung der Geschäftsführer ankommt, gleichviel ob diese ihre Befugnisse aus Satzung und Anstellungsvertrag überschritten, irgendwie ihre Pflichten verletzt haben oder nicht.

Es wird nun aber geltend gemacht, daß die Genehmigungserklärung — und das gleiche muß sinngemäß auch für die Versagungserklärung gelten — ein Rechtsakt ganz besonderer Art sei; es handle sich dabei um eine Willenserklärung des Sozialrechtes (Neukamp in GoldschmidtsZ. für Handelsrecht Bd. 57, 515), um einen Akt gesellschaftsrechtlicher Art (Hachenburg Anm. 52 zu § 15), um eine Handlung der Gesellschaft, bei der es sich nicht etwa nur um den Eintritt eines neuen Gesellschafters, sondern in erster Linie auch um das Ausscheiden des seitherigen Gesellschafters handle, wodurch auch Rechte gegenüber dem Veräußerer aufgegeben werden müßten (Brodmann Anm. 5 zu § 15). Mit Rücksicht hierauf erklären Hachenburg und Brodmann im

Gegensatze zur ständigen Rechtsprechung des Reichsgerichts und im Gegensatz zu Liebmann-Saenger (Anm. 17 zu § 15) die durch eine gültige Beschlußfassung der Gesellschafter nicht vollinhaltlich gedeckte Genehmigungserklärung der Geschäftsführer für schlechthin unwirksam. Trotzdem ohne weiteres einzuräumen ist, daß die Genehmigungserklärung der Gesellschaft weder eine schuldrechtliche Verpflichtung zu Lasten der Gesellschaft begründet, noch eine dingliche Verfügung über Rechte der Gesellschaft darstellt, erscheint der Standpunkt Hachenburgs und Brodmanns nicht zutreffend. Die Genehmigungserklärung ist ein rechtsgestaltender Akt, und zwar ein unvollkommen rechtsgestaltender, denn die Genehmigungserklärung schafft nicht den Rechtsübergang vom Veräußerer auf den Erwerber, sie schafft auch nicht das Ausscheiden des seitherigen und den Eintritt eines neuen Gesellschafters, sondern sie tritt nur hinzu zu den Rechtshandlungen des Veräußerers und des Erwerbers. Deren auf Übertragung und Erwerb von Rechten gerichtete Rechtshandlungen sind bedingt durch das Hinzukommen der Genehmigung. Die Genehmigung bildet den Schlußstein der gesamten Handlungen, die notwendig sind, um die Rechtsstellung des seitherigen Gesellschafters einschließlich seiner gesamten gesellschaftsrechtlichen Befugnisse auf einen bisher gesellschaftsfremden Dritten zu übertragen. Bis zur erfolgten Genehmigung ist dieser Dritte zweifellos kein Gesellschafter. Die Genehmigungserklärung erfolgt somit sowohl einem Gesellschafter gegenüber als auch einem Dritten gegenüber, der mit der Gesellschaft rechtlich bis dahin nicht verbunden ist. Letzterem, dem Erwerber, gegenüber kann sonach von einem Akte gesellschaftsrechtlicher Art nicht gesprochen werden. Gesellschaftsrechtliche Bindungen und Beziehungen bestehen nur zwischen den Gesellschaftern untereinander und zwischen ihnen und der Gesellschaft als juristischer Person. Ein gesellschaftsrechtlicher Vorgang setzt voraus, daß er sich ausschließlich zwischen Personen abspielt, die der Gesellschaft angehören und demgemäß deren Verfassung kennen oder sich doch rechtlich so behandeln lassen müssen, als ob ihnen die Verfassung bekannt sei. An dem hier in Rede stehenden rechtlichen Vorgang ist aber mindestens in gleicher Weise wie der veräußernde Gesellschafter auch der erwerbende Nichtgesellschafter beteiligt, bei welchem eine Kenntnis der gesellschaftsrechtlichen Innenvorgänge ebensowenig wie eine Kenntnis der Gesellschaftssatzung vorausgesetzt werden darf. Die Genehmigungserklärung der Gesellschaft enthält somit einen Bestandteil gesellschaftsrechtlicher Natur, und einen weiteren Bestandteil, der sie durchaus auf eine Stufe mit jeder anderen Willenserklärung stellt, welche die Gesellschaft im Rechtsverkehr Dritten gegenüber abzugeben Veranlassung hat. Es fragt sich daher, ob der gesellschaftsrechtliche Einschlag der Genehmigungserklärung aus irgendwelchen Gründen so bedeutsam und ausschlaggebend ist, daß man ohne Rücksicht auf die Bedürfnisse der Rechtssicherheit für die Prüfung und Beurteilung der Genehmigungserklärung einen Maßstab fordern und anlegen darf, der bei keiner anderen rechtsgeschäftlichen Erklärung an Dritte angelegt werden darf, indem man die Gültigkeit der von dem Geschäftsführer ausgehenden Willenserklärung von rechtlichen Vorgängen im Innenleben der Gesellschaft abhängig macht. Die Stellungnahme zu dieser Frage hängt m. E. eng mit der grundsätzlichen Auffassung der GmbH. zusammen. Wäre die GmbH. nach der gesetzlichen Gestaltung das geworden, was in den vorbereitenden Arbeiten der gesetzgebenden Körperschaften mehrfach beabsichtigt war, nämlich eine Personalgesellschaft, eine der offenen Handelsgesellschaft ähnliche Individualgesellschaft, ausgestattet mit dem dem Aktienrecht entlehnten Grundsatze der beschränkten Haftung, so wäre es vielleicht angängig, bei allen Vorgängen, die irgendwie rechtlich mit einem Wechsel der Teilhaberschaft zusammenhängen, unter Zurückdrängung aller anderen Erwägungen und Rücksichten das gesellschaftsrechtliche Moment in den Vordergrund zu rücken. Die GmbH. ist aber in der bestehenden Form des Gesetzes etwas anderes geworden, als ursprünglich beabsichtigt war. Sie ist heute eine Kapitalgesellschaft, welche sich von anderen Rechtsformen der Kapitalgesellschaft, insbesondere von der Aktiengesellschaft, nur in mehr oder minder wichtigen Einzelheiten unterscheidet. Diese Abweichungen beruhen auf verschiedenen Gründen, zu welchen auch die Voraussetzung einer verhältnismäßig beschränkten Zahl von Anteilseignern und der Wunsch, jeden Handel in Geschäftsanteilen zu unterbinden, zu rechnen sind. Es liegt aber im Wesen einer jeden Kapitalsgesellschaft, auch der GmbH., daß bei der Verwertung der in dem Anteile (Aktie bzw. Geschäftsanteil) verkörperten Rechte an der Gesellschaft das gesellschaftsrechtliche Moment stark zurücktritt. Wenn auch durchaus zuzugeben ist, daß der Wertpapiercharakter der Aktie den Wechsel der Inhaberschaft noch mehr seines sozialrechtlichen Charakters entkleidet, als dies bei dem wertpapiermäßig nicht verbrieften Recht des GmbH.-Anteilseigners der Fall ist, so liegt doch auch bei letzterem eine starke Verselbständigung des Anteilsrechtes vor. Diese Erwägungen lassen es nicht gerechtfertigt erscheinen, bei einem auf den Wechsel der Inhaberschaft bezüglichen Rechtsvorgang von allen Bestandteilen dieses Rechtsvorgangs gerade den ausschlaggebend sein zu lassen, der sich auf das Ausscheiden des seitherigen Gesellschafters aus der Gesellschaft bezieht.

Es kommt aber noch ein weiteres Moment hinzu: Die Rücksicht auf die Rechtssicherheit bei dem Erwerb von Geschäftsanteilen zwingt dazu, von übertriebenen Erfordernissen hinsichtlich der Nachprüfung der Erklärung der Geschäftsführer Abstand zu nehmen, besonders, wenn man berücksichtigt, daß der Erwerber des Anteils zu einer solchen Prüfung fast nie in der Lage sein wird, vor allen Dingen aber auch nicht die Notwendigkeit begreifen wird, sie vorzunehmen, da er weiß, daß die Geschäftsführer auch in jeder anderen Hinsicht zur uneingeschränkten Vertretung ihrer Gesellschaft befugt sind. Es erscheint nicht erträglich, den gesellschaftsfremden Erwerber darunter leiden zu lassen, daß eine Erklärung des vertretungsbefugten Geschäftsführers den Gesellschaftern gegenüber eine Zuständigkeitsüberschreitung oder selbst eine Pflichtverletzung bedeutet. Da somit höchstens gefühlsmäßige, nicht aber rechtliche Erwägungen dafür sprechen, daß das in der Genehmigungserklärung enthaltene sozialrechtliche Element gegenüber dem Veräußerer das Wesentliche, das Wichtigere und für die Rechtsnatur der Genehmigung ausschlaggebend Bestimmende ist, scheint es in einer solchen Lage geboten, die Entscheidung auf den Gesichtspunkt des zu befriedigenden praktischen Rechtsschutzbedürfnisses abzustellen, selbst wenn dabei die Berücksichtigung des sozialrechtlichen Einschlags der Genehmigungserklärung zurücktreten muß. Aus diesen Erwägungen halte ich entgegen Hachenburg und Brodmann die Stellungnahme des Reichsgerichts in den Entscheidungen Bd. 64, 149, Recht 1918 Nr. 582 und Bd. 104, 414 für zutreffend. Das Reichsgericht hat den in der Rechtslehre geltend gemachten Bedenken nicht stattgegeben und in einer, soviel ich feststellen kann, konstanten Rechtsprechung daran festgehalten, daß die Wirksamkeit der Genehmigungserklärung nur durch eine formgültige Erklärung der vertretungsberechtigten Geschäftsführer bedingt ist.

Daß durch diese — besonders strengen Anforderungen an die konstruktive Richtigkeit zugegebenermaßen nicht restlos genügende —, Lösung jemals berechtigte Interessen ernstlich und auf die Dauer geschädigt worden seien, ist nicht bekannt geworden. Sofern im Einzelfalle durch eine Pflichtwidrigkeit der Geschäftsführung der wahre Wille der Gesellschaftermehrheit verfälscht werden sollte, wird sich leicht durch Rückfrage bei den Gesellschaftern Aufklärung und auch Abhilfe schaffen lassen.

Wenn im Einzelfalle in einwandfreier und unanfechtbarer Weise die Genehmigung versagt ist, treten die beabsichtigten Rechtsfolgen der Abtretung nicht ein. Der Erwerber wird nicht Gesellschafter, der Geschäftsanteil verbleibt dem Veräußerer. Darüber kann eigentlich kein Zweifel bestehen. Steht die Versagung fest, so ist die geschuldete Leistung unmöglich (Hachenburg Anm. 57, Brodmann Anm. 5 zu § 15), der zu liefernde Geschäftsanteil kann nicht beschafft werden.

Wenn Hachenburg (a. a. O. Anm. 51 und 57) lehrt, es sei nun Tatfrage, ob bei versagter Genehmigung ein Verhältnis eintrete, wonach intern der Erwerber vom Veräußerer so behandelt werde, als ob er Gesellschafter geworden sei, so kann dem aus verschiedenen Gründen nicht beigepflichtet werden. Eine ausdrückliche Vereinbarung eines solchen Rechtsverhältnisses, welches etwas völlig anderes ist als die Gewährung einer Unterbeteiligung oder die generelle Zuwendung der geldlichen Erträgnisse eines gesellschaftlichen Anteilsrechtes, ist überhaupt unzulässig, gewiß aber in einem so gelagerten Falle, in welchem nur eine Umgehung der durch Gesetz und Gesellschaftsautonomie geschaffenen Rechtslage gutgeheißen würde (vgl. RG. 69, 136; Brodmann Anm. 5; Neukamp-Becker Anm. 10, Liebmann-Saenger Anm. 17 zu § 15). Es ist nicht angängig, daß ein Gesellschafter seine gesellschaftsrechtlichen Befugnisse nicht nur für fremde Rechnung, sondern auch nach fremden Willen und fremder Anweisung ausübt. Wo die Beschlußfassung der Gesellschafter entscheiden soll, muß deren Wille, nicht der Wille eines sich im Verborgenen haltenden, daher nicht verantwortlichen, auch nicht erkennbaren Fremden entscheiden. Aber selbst wenn man zulassen wollte, daß Gesellschafter diese Stellung nur als Treuhänder einnehmen, so läge in der Einräumung der Treugeberfunktion nicht etwa ein Minus, sondern ein aliud im Verhältnis zur Verschaffung der Gesellschaftereigenschaft. Man kann deshalb, gleichviel wie die Tatumstände liegen, die Abtretung eines Geschäftsanteiles nicht dahin auslegen, daß, wenn sie mangels Genehmigung unwirksam sein sollte, an ihre Stelle ein derartiges Treuhandverhältnis zu treten habe. Wer seinen Geschäftsanteil abtritt, will aus Rechten und Pflichten seiner gesellschaftlichen Beteiligung ausscheiden, er will auch aus seiner rechtlichen und seiner — praktisch oft wichtigeren — moralischen Verantwortung entlassen sein. Er will also etwas völlig anderes als den Verkauf seiner geldlichen Ansprüche an die Gesellschaft gegen vertragliche weitgehende Beschränkung seiner Handlungsfreiheit und Gewährung eines geldlichen Erstattungsanspruchs. Es muß vielmehr dabei bleiben, daß wenn die Genehmigung versagt wird, in bezug auf den Geschäftsanteil nihil actum est. Ob daneben Ansprüche des Erwerbers gegen den nichtliefernden Veräußerer bestehen, hängt davon ab, ob letzterer etwa eine Garantie übernommen oder eine positive Vertragsverletzung begangen hat. Eine solche kann darin gefunden werden, daß er gegen die Genehmigung stimmt oder sie durch Stimmenthaltung vereitelt. Von der Abstimmung bei der Beschlußfassung über die Genehmigung ist er nicht ausgeschlossen (Hachenburg Anm. 52; Liebmann-Saenger Anm. 17a, Brodmann Anm. 5 zu § 15). Es handelt sich nicht um ein mit ihm abzuschließendes Rechtsgeschäft.

Bei dem Normalfalle der Abtretung, nämlich als Erfüllung eines über den Geschäftsanteil geschlossenen Kaufvertrags, ist der Veräußerer schuldrechtlich verpflichtet, eine Entschließung der Gesellschaft über die Genehmigung herbeizuführen. Ob es dazu einer Beschlußfassung der Gesellschafterversammlung bedarf, hängt von Inhalt und Auslegung der Satzung ab, die sehr oft darüber eine ausdrückliche Bestimmung nicht enthält. Es ist dann zu prüfen, ob die Befugnisse der Gesellschafterversammlung über das gesetzliche Normalmaß hinaus erweitert sind. Ist dies der Fall, so wird im allgemeinen die Entscheidung dahin lauten, daß auch die nicht ausdrücklich erwähnte Genehmigung intern zur Zuständigkeit der Gesellschafter selbst gehört. Ein vorsichtiger Geschäftsführer wird — wozu er auch zweifellos berechtigt, wenn auch oft nicht verpflichtet ist — immer die Gesellschafter befragen, um die Verantwortung dem obersten Organe der Gesellschaft zu überlassen.

Ist satzungsgemäß die Genehmigung „der Gesellschafter" erforderlich, so steht damit zweifelsfrei fest, daß eine Beschlußfassung der Gesellschafter erforderlich ist. Dies gilt auch, wenn die Möglichkeit besteht, daß diese Fassung auf einer irrigen Auffassung oder unklaren Vorstellung beruht. Gegen den für Außenstehende klaren Wortlaut ist keine Auslegung möglich.

Streitig ist, ob zu den weiteren Voraussetzungen im Sinne des § 15 Abs. 5 des Gesetzes, von welchen durch den Gesellschaftsvertrag die Abtretung der Geschäftsanteile abhängig gestellt sein kann, auch die Voraussetzung der Übergabe des Anteilscheins zu rechnen ist. Aus der Entscheidung RG. Bd. 98, 278 ist zu schließen, daß das Reichsgericht bei vertraglichen Abtretungen eine solche Bestimmung nicht für ungültig und unwirksam hält. Auch Hachenburg (Anm. 60 zu § 15) bejaht die Zulässigkeit, a. M. Brodmann (Anm. 6). Übereinstimmung herrscht bezüglich der Rechtsnatur des Anteilscheins dahin, daß er kein Wertpapier ist, daß er keine Urkunde ist, welche die gesellschaftlichen Rechte, soweit sie an die Inhaberschaft eines Geschäftsanteils geknüpft sind, verkörpert. Unstreitig ist auch, soviel ich sehen kann, daß ein Aufgebot des Anteilscheins nicht möglich ist. Der Anteilschein ist eine reine Beweisurkunde. Durch die Übergabe des Anteilscheins kann zweifellos der Form der Abtretung niemals genügt werden. Die Übergabe des Anteilscheins allein ist völlig belanglos. Soweit Anteilscheine überhaupt ausgestellt sind, ist allerdings der Veräußerer verpflichtet, den Schein als ein zu dem Anteilsrecht zugehöriges, nur im Zusammenhange mit der Inhaberschaft am Anteile mit Existenzberechtigung ausgestattetes Beweismittel dem Erwerber zu behändigen. Geht der Anteilschein verloren, so ist es fraglich, ob die Gesellschaft einen neuen Anteilschein ausstellen kann. M. E. ist sie hierzu ohne weiteres berechtigt. Betrügerische Handlungen auf Grund eines im unrechten Besitze befindlichen Anteilscheins sind denkbar, ernsthafte rechtliche Schädigungen können allerdings nicht eintreten, da die strengen Vorschriften des GmbH.-Gesetzes die wirkliche Inhaberschaft stets klarzustellen vermögen. Wenn man zuließe, daß die Genehmigung von dem Erfordernis der Übergabe des Anteilscheins abhängig gestellt wird, so würde man — hierin stimme ich Brodmann ohne Einschränkung zu — dem Anteilschein in Wirklichkeit doch eine andere rechtliche Bedeutung geben als die einer reinen Beweisurkunde. Hinzu kommt, daß, wenn die Gesellschaft Ersatzanteilscheine nicht ausstellt, der Inhaber eines Anteils, der seinen Schein verloren hat oder dem er gestohlen worden ist, seinen Anteil überhaupt nicht mehr veräußern könnte. Diese Anteilscheine, die sich nicht immer bei den besten und solventesten Gesellschaften finden und die ohnehin zu einer gewissen Irreführung des unerfahrenen Publikums dienen können, die obendrein nach der Struktur des GmbH.-Gesetzes zum mindesten etwas Überflüssiges sind, können und dürfen m. E. nicht auf dem Umwege, daß man die Abtretung von ihrer Aushändigung abhängig macht, zu einer Urkunde umgedeutet werden, welche sich praktisch von einem Wertpapier nicht mehr unterscheidet. M. E. ist eine Bestimmung der oben angegebenen Art zum mindesten insofern rechtlich belanglos, als, wenn sich die Übergabe des Scheins als unmöglich oder undurchführbar erweist, die Gültigkeit des Rechtsübergangs am Anteil dadurch nicht beeinflußt wird. Daß die Verneinung der Gültigkeit dieser im praktischen Rechtsleben meines Wissens sehr seltenen Bestimmung für die Beteiligten mit Rechtsnachteilen verknüpft wäre, ist nicht vorstellbar. M. E. treffen die Erwägungen, die das Reichsgericht (Bd. 98, 278) veranlaßt haben, den Erwerb eines Anteils in öffentlicher Versteigerung nicht von der Aushändigung des Anteilscheins abhängig zu machen, in gleicher Weise auf vertragliche Abtretungen zu, und es wäre zu begrüßen, wenn der höchste Gerichtshof bei gegebener Gelegenheit auch in einem Falle vertraglicher Abtretung so entscheiden würde.

Die Frage, ob — zum mindesten durch den ursprünglichen Gesellschaftsvertrag — ein völliges Veräußerungsverbot für die Anteile ausgesprochen werden könne, wird von Neukamp-Becker (Anm. 10 zu § 15) bejaht, von Brodmann (Anm. 5 a. a. O.) verneint. In dieser Hinsicht ist die Entscheidung im Gesetz, (und zwar in Abs. 1 und 5 des § 15) zweifelsfrei getroffen. Die Geschäftsanteile sind veräußerlich, die Abtretung kann lediglich erschwert werden. Der Geschäftsanteil ist seiner Natur nach und gemäß dem jetzigen Aufbau des Gesetzes ein Anteilsrecht vermögensrechtlichen Inhalts, das grundsätzlich ebenso übertragbar ist wie jedes andere Vermögensrecht. Wenn der Gesetzgeber zuläßt, daß gewisse Sicherungen gegen den Erwerb von Anteilen durch unzuverlässige oder entsprechend dem Gesellschaftszweck unerwünschte Personen geschaffen werden, so kann das niemals dazu führen, daß der Anteil unlösbar an die Person des Gründers geknüpft wird. Die GmbH. ist eine Kapitalgesellschaft, deren Inhaber den Gläubigern persönlich nicht haften. Welche Gesichtspunkte könnten — auch nur de lege ferenda — dazu führen, den Geschäftsanteil als ein höchstpersönliches, unveräußerliches Recht auszugestalten und damit seinen Inhaber unwiderruflich auf Lebenszeit an die Gesellschaft zu binden, von der er sich selbst mit Opfern nicht mehr loslösen könnte? Selbst der offene Handelsgesellschafter kann mit Zustimmung seiner Teilhaber unter zeitlich begrenzter Fortdauer seiner Haftung jederzeit ausscheiden. Der Anteilseigner einer GmbH., deren Anteile satzungsgemäß nicht veräußerlich sein sollen, wäre viel schlechter gestellt. Auch de lege ferenda ist eine solche Bindung entschieden abzulehnen. De lege lata ist sie mit Wortlaut des Gesetzes und Wesen der Gesellschaftsform (Brodmann) gleichermaßen unvereinbar. Die Einräumung eines Vorkaufsrechts trägt schon dem weitestgehenden Abwehrbedürfnis der Gesellschafter Rechnung, ohne die Bewegungsfreiheit des einzelnen unbillig zu beschränken. Eine Satzungsbestimmung, wonach die Geschäftsanteile unveräußerlich und unübertragbar sein sollen, ist unwirksam und unbeachtlich, sofern nicht etwa nach den besonderen Umständen des Falles sogar Nichtigkeit des ganzen Vertrags (§ 139 BGB.) anzunehmen ist.

Auch die Vererblichkeit des Anteils kann nicht ausgeschlossen werden, wie sich klar und deutlich aus dem Gesetz ergibt. Zulässig sind nur satzungsgemäße Bestimmungen, die dem Erben unter bestimmten Voraussetzungen nicht gestatten, Gesellschafter zu bleiben, und auch nicht gestatten, in der Übergangszeit die Rechte eines Gesellschafters auszuüben. Diese Auffassung scheint mit der in Rechtslehre und Rechtsprechung herrschenden Meinung in Widerspruch zu stehen. Doch wird zu zeigen sein, daß dieser Widerspruch ohne praktische Bedeutung und vielleicht nur ein scheinbarer ist. In Wirklichkeit können m. E. auch diejenigen Autoren, welche grundsätzlich die Ausschließbarkeit der Vererbung zulassen wollen, nicht den Rechtsübergang der Anteile mit dem Tode des Gesellschafters auf seine Erben mit überzeugenden Gründen verneinen, sondern kommen nur auf Grund der Erwägung, daß Bestimmungen möglich sind, wonach der Geschäftsanteil diesen Erben nicht dauernd verbleibt, zu dem Ergebnis, daß die Vererbung ausgeschlossen werden könne. Neukamp-Becker (Anm. 10 zu § 15) sagen: Auch bezüglich der Vererblichkeit könnten im Gesellschaftsvertrag abweichende Bestimmungen getroffen, insbesondere die Vererblichkeit ganz ausgeschlossen werden, nur müßte im Gesellschaftsvertrag bestimmt sein, was mit den Geschäftsanteilen des Verstorbenen geschehen solle. Die Entscheidung des Reichsgerichts (Bd. 80, 179), auf welche sich Neukamp-Becker berufen, kann m. E. als Stütze dieser Auffassung nicht angesprochen werden. Hachenburg Anm. 2 zu § 15 sagt, der Gesellschaftsvertrag könne die Vererblichkeit ausschließen, er könne sie beschränken und ganz beseitigen. Auch Hachenburg beruft sich hierfür auf RG. 80, 179. Er führt aus, § 15 Abs. 1 sei kein zwingendes Recht. Die Vererblichkeit sei der Veräußerlichkeit gleichgestellt und könne gleich ihr aufgehoben werden. Werde sie aufgehoben, so werde das für die Körperschaften des bürgerlichen Rechts geltende Prinzip wiederhergestellt. Es liege auch kein Eingriff in die Testierfähigkeit des Erblassers vor, vielmehr entstehe der Geschäftsanteil mit dieser Beschränkung und sei ebenso sterblich wie sein Träger. Der Ausschluß der Vererblichkeit müsse allerdings im ursprünglichen Gesellschaftsvertrag oder gleichzeitig mit der Kapitalerhöhung geschehen. Später könne er nur einstimmig hergestellt werden. In einem gewissen Widerspruch mit dieser grundsätzlichen Einstellung scheint mir zu stehen, daß Hachenburg in Anm. 3 ausführt, daß ein Gesellschaftsvertrag, der die Vererblichkeit ausschließe, auch bestimmen müsse, was aus dem Geschäftsanteil beim Tod des Gesellschafters werden solle, da sonst die Bestimmung unvollständig, und wenn sie nicht im Wege der Auslegung ergänzt werden könne, auch unwirksam sei. Auch Hachenburg scheint somit gewisse, wenn auch nicht ausgesprochene Bedenken gegen die Ausschließung der Vererblichkeit gehabt zu haben. Wenn die Ausschließung der Vererblichkeit durch Satzungsbestimmung möglich wäre, so bedürfte es doch keiner Fürsorge für das Schicksal des Anteils. Im übrigen gibt Hachenburg selbst die Wege an, auf welchen praktisch ein Ergebnis erreicht werden kann, welches eine sehr weitgehende Beschränkung der Vererblichkeit bedeutet, ohne daß der Rechtsübergang des Anteils auf den Erben ausgeschlossen werden müßte. Brodmann (Anm. 7 zu § 15) dagegen sagt, daß die Vererblichkeit des Geschäftsanteils im Gesetz ausdrücklich anerkannt und dem rechtsgeschäftlichen Belieben der Parteien entzogen sei, auch mit Rücksicht auf den Wortlaut des Gesetzes nicht an weitergehende Voraussetzungen geknüpft werden könne. Unbenommen sei den Vertragschließenden nur, zu bestimmen, daß im Falle des Ablebens eines Gesellschafters das Rechtsverhältnis nicht mit den Erben fortgesetzt werden solle. Es müsse alsdann entweder der Geschäftsanteil veräußert oder eingezogen oder die Gesellschaft liquidiert werden. Die bei Liebmann-Saenger (Anm. 1 zu § 15) vertretene Auffassung, daß im Gesellschaftsvertrag auch die Verfügungsbefugnis der Gesellschafter von Todes wegen gänzlich ausgeschlossen werden könne, kann zum mindesten in dieser Form und der Konstruktion nach nicht aufrechterhalten werden, wenn auch zu zeigen sein wird, daß das gleiche Ergebnis in anderer Weise erreichbar ist. Allerdings scheint mir nach nochmaliger Prüfung der Satz nicht zutreffend, daß die Anteile der GmbH. grundsätzlich nur vererblich seien, soweit die Satzung es nicht ausschließe. Die Satzung kann vielmehr die in § 15 Abs. 1 ausdrücklich bestimmte Vererblichkeit nicht ausschließen. Die Gründer einer GmbH. können sich dieser Rechtsform nur so bedienen, wie sie vom Gesetz zur Verfügung gestellt wird. Sie können nicht, wie Hachenburg a. a. O. meint, durch eine Satzungsbestimmung die Grundsätze des Vereinsrechts in das GmbH.-Recht hineintragen. Darin, daß die §§ 38 und

40 BGB. die Anteile an Körperschaften für nicht vererblich erklären, während § 15 GmbH.-Gesetz ganz ausdrücklich die Anteile für vererblich erklärt, liegt eben ein tiefgreifender Unterschied, der nicht durch Satzungsbestimmung aus der Welt geschafft werden kann. § 15 Abs. 1 enthält vielmehr zwingendes Recht und stellt eine für die Struktur der GmbH. sehr wesentliche Vorschrift dar. Es ist überhaupt nur mit großen Einschränkungen richtig, wenn zuweilen gelehrt wird, die GmbH. sei keine eigentliche Kapitalgesellschaft, sondern ein Rechtsgebilde, welches aus dem Vereinsrecht zu ergänzen sei. Die Grundprinzipien der GmbH. sind vielmehr die gleichen wie die der Aktiengesellschaft (vgl. Hachenburg, Allg. Einleitung Anm. 10—24), und die Unterschiede sind, wie Hachenburg a. a. O. Anm. 17 sagt, weniger in den Grundprinzipien als in der einzelnen Ausgestaltung zu suchen. Allerdings setzt die GmbH. (vgl. RG. 105, 154) ein engeres Verhältnis zwischen der Gesellschaft selbst und den Mitgliedern voraus, als dies sonst bei ähnlichen Gesellschaftsformen, z. B. der Aktiengesellschaft, der Fall ist. Dieser Voraussetzung kann die GmbH., wie das Reichsgericht in dieser Entscheidung sagt, nur entsprechen, wenn sie sich auf eine verhältnismäßig geringe Zahl von Personen beschränkt und, soweit wie möglich, auch einen bestimmenden Einfluß auf den Bestand an Mitgliedern hat. Sie muß gegen ungemessene Vergrößerung der Mitgliederzahl und gegen den Eintritt von Personen geschützt werden, die das engere Verhältnis der Gesellschafter untereinander stören könnten. Letzterem ist ohne jede Einschränkung beizuspflichten. Zweifellos ist die GmbH. in ihrer normalen Erscheinungsform weit weniger unpersönlich als die Aktiengesellschaft, zweifellos gibt das GmbH.-Gesetz, dieser Tatsache Rechnung tragend, der Gesellschaft viel weitergehende Befugnisse in bezug auf die Auswahl der Gesellschafter und insbesondere hinsichtlich der Fernhaltung unerwünschter und für den Gesellschaftszweck unerträglicher Anteilseigner. Gerade die obigen Darlegungen zeigen, wie weitgehend die Befugnisse der Mitgesellschafter sein können, wenn es sich um die Abtretung durch Rechtsgeschäft unter Lebenden an einen Nichtgesellschafter handelt. Die Rechtsstellung der Gesellschaft gegenüber einem Erwerb von Todes wegen ist keineswegs ungünstiger und unfreier, nur ist selbstverständlich auch die GmbH. an die allgemeinen Rechtsnormen gebunden, auch an die Rechtsnormen des Erbrechts. Grundsätzlich ist jedes Vermögensrecht vererblich, es sei denn, daß es als ein höchstpersönliches zur Entstehung gelangt ist. Daß der GmbH.-Anteil aber kein höchstpersönliches Recht ist, geht daraus hervor, daß er grundsätzlich unter Lebenden übertragbar und auch vererblich ist. Diese beiden zweifelsfreien Kennzeichen schließen die Annahme der Höchstpersönlichkeit des Rechts aus. Wie oben zu zeigen versucht wurde, kann auch die Veräußerlichkeit unter Lebenden nicht völlig ausgeschlossen, sie kann nur durch erschwerende Bestimmungen eingeschränkt und praktisch gehemmt werden. Das gleiche gilt für den Erwerb von Todes wegen. Mit dem Tod des Anteilseigners wird der Geschäftsanteil ein Bestandteil seines Nachlasses und fällt als solcher kraft Universalsukzession dem Erben oder der Gesamtheit der Miterben an. Dieser Rechtsübergang läßt sich m. E. durch keine wie immer geartete Satzungsbestimmung verhindern. Ein GmbH.-Anteil, der mit dem Ableben des Anteilseigners überhaupt in Wegfall käme, also, um mich der Hachenburgschen Ausdrucksweise zu bedienen, so sterblich wäre wie sein Träger, wäre kein GmbH.-Anteil mehr; eine Gesellschaftssatzung, die derartiges bestimmte und erkennbar dieser Bestimmung erhebliche Bedeutung beilegte, dürfte m. E. nicht zur Eintragung der Gesellschaft in das Handelsregister führen, weil das nach dem Willen der Gründer geschaffene gesellschaftsrechtliche Gebilde nicht den zwingenden Vorschriften des GmbH.-Gesetzes entspräche.

Selbst wenn man aber nicht so weit gehen will, wäre zum mindesten die auf die Unvererblichkeit bezügliche Satzungsbestimmung ungültig.

Die Vertreter der gegenteiligen Meinung pflegen sich auf die Entscheidung des RG. in Band 80, 175 ff zu berufen. M. E. mit Unrecht! Das Reichsgericht hatte sich mit der speziellen Frage zu beschäftigen, ob im Gründungsvertrag einer GmbH. vereinbart werden könne, daß mit dem Ableben eines Gesellschafters dessen Geschäftsanteil nicht seinen Erben, sondern anderen Personen zustehen bzw. zufallen solle. Ohne Rücksicht auf die durch Testament geregelte Erbfolge sollten zwei bestimmte Enkel des Gesellschafters an seiner Stelle Gesellschafter werden, mit der Maßgabe, daß einem Mitgesellschafter ein Erwerbs- und Abfindungsrecht an diesem Anteil zustehen sollte. Das Reichsgericht hat zunächst geprüft, ob hierin etwa eine formungültige testamentarische Bestimmung zu finden sei, und hat diese Frage verneint. Es erblickt vielmehr in dem fraglichen Gründungsvertrag ein, dem Lebensversicherungsvertrage zugunsten Dritter ähnliches Rechtsverhältnis, durch welches der bedachte Dritte unmittelbar ein Recht erwerben sollte. Eine solche Vereinbarung sei grundsätzlich bei auf den Todesfall geschlossenen Verträgen zugunsten Dritter zulässig. Es handle sich um einen Vertrag, der zwar in seinen Rechtswirkungen dem Vermächtnis ähnlich sei, mit dem Unterschiede jedoch, daß der zugewendete Gegenstand schon mit dem Tode des Verfügenden sich von seinem Nachlaß trenne und nicht mehr zum Nachlaß gehöre. M. E. ist diese Entscheidung nur teilweise zutreffend. Das Reichsgericht selbst hat in Bd. 66, 97 und 98, 283 die Streitfrage, ob durch Verträge zugunsten Dritter auch dingliche Verfügungen getroffen werden könnten, verneinend entschieden. Durch Verträge zugunsten Dritter können zwar für die Bedachten Rechte, Forderungen, Ansprüche erwachsen, nicht aber eine unmittelbare dingliche Rechtswirkung erzielt werden. Wendet man diesen Grundsatz auf den hier vorliegenden Fall an, so käme man m. E. zu der Folgerung, daß sich der Geschäftsanteil des ursprünglichen Gesellschafters mit seinem Tod keineswegs von seinem sonstigen Vermögen loslöst, sondern mit dem übrigen Vermögen dem Erben anfällt, mit der Maßgabe jedoch, daß den in dem Vertrag als erwerbsberechtigt bezeichneten Enkeln ein Anspruch gegen die Erben auf Übertragung des fraglichen Geschäftsanteils zusteht. Es ist zum mindesten sehr fraglich, ob ein solcher Vertrag nicht doch ein Vermächtnis darstellt und wegen Nichtwahrung der testamentarischen Form ungültig ist. Es ist dies Tatfrage. Der vom Reichsgericht behandelte konkrete Fall mag die Entscheidung rechtfertigen, daß es sich um einen echten Vertrag zugunsten Dritter gehandelt habe. Man wird im allgemeinen bei Prüfung dieser Frage davon ausgehen müssen, ob für die Regelung ausschließlich oder mindestens ausschlaggebend die Wünsche desjenigen Gesellschafters maßgebend waren, der für den Fall seines Ablebens Bestimmungen über seinen Geschäftsanteil trifft, oder ob dafür auch Wünsche und Interessen der beteiligten Gesellschafter in bezug auf die Fortsetzung des Gesellschaftsvertrags entscheidend waren. Hierbei wird von einer gewissen Bedeutung sein, ob der Gesellschaftszweck so geartet ist, daß von der Staatsangehörigkeit, Berufsstellung, Parteizugehörigkeit oder sonstigen persönlichen Eigenschaften des Gesellschafters ein Einfluß auf das Gesellschaftsverhältnis und seine gedeihliche Entwicklung zu erwarten ist. Es wird auch nicht ohne Einfluß sein, ob solche Bestimmungen für die Rechtsnachfolge bei sämtlichen Geschäftsanteilen oder nur dem Anteil eines einzelnen Gesellschafters getroffen sind. Letzterenfalls wird es näherliegend sein, ein formungültiges Vermächtnis anzunehmen; bei Wechselseitigkeit und Gleichheit der Bestimmungen wird man eher einen Vertrag zugunsten Dritter annehmen dürfen. Aber selbst wenn man einen Vertrag zugunsten Dritter als gegeben ansieht, kann er nur schuldrechtliche Wirkungen haben, kann also nur dazu führen, daß dem bedachten Dritten ein ohne oder mit Gegenleistungsverpflichtung ausgestatteter Anspruch gegen die Erben des vertragschließenden verstorbenen Gesellschafters zusteht.

Nun ist allerdings zuzugeben, daß das Reichsgericht in Bd. 80, 179 auch grundsätzliche Erwägungen darüber angestellt hat, ob eine Bestimmung der oben geschilderten Art mit dem Recht der GmbH. vereinbar sei, und in diesem Zusammenhang ausgesprochen hat, die Vererblichkeit der Geschäftsanteile könne durch Gesellschaftsvertrag ausgeschlossen werden, sofern nur bestimmt sei, was mit dem Recht werde, von dessen Genuss die Erben eines Gesellschafters ausgeschlossen seien. Diese grundsätzliche Feststellung ist nicht näher begründet. Als Begründung findet sich nur der Hinweis auf das zweifellos vorhandene Interesse der Gesellschafter, den Eintritt unliebsamer Persönlichkeiten zu verhindern. Wenn das Reichsgericht damit sagen will, daß Bestimmungen nicht unzulässig seien, welche den Gesellschaftern gestatten, die Anteile eines verstorbenen Gesellschafters einzuziehen oder käuflich zu erwerben, sei es gegen eine von neutraler Stelle oder von den Erwerbsberechtigten zu bestimmende Vergütung, oder sie sogar äußerstenfalls unentgeltlich zu erwerben, so ist dagegen gewiß nichts einzuwenden. Ein Erwerbsrecht kann stets in der Weise bestellt werden, daß Rechte und Pflichten auf die Erben der Vertragsteile übergehen. Wenn das Reichsgericht aber sagen will, daß dem Geschäftsanteil durch Gesellschaftsvertrag die Eigenschaft eines höchstpersönlichen und daher unvererblichen Rechtes verliehen werden könne, so erscheint dies nicht zutreffend.

Vins in GoldschmidtsZ. für Handelsrecht Bd. 86, 334 vertritt die Auffassung, daß grundsätzlich durch Verträge zugunsten Dritter materiell ohne Einhaltung der Testamentsform eine erbrechtliche Verfügung getroffen werden könne, sodaß wegen Nichtbeachtung der erbrechtlichen Form in keinem Fall die Zuwendung eines Geschäftsanteils an einen Dritten durch den Gesellschaftsvertrag zu beanstanden sei. Aber auch Vins a. a. O. S. 434 ist der Ansicht, daß der Geschäftsanteil zunächst mit dem Tod des Gesellschafters in dessen Nachlaß fällt und lediglich von den im Gesellschaftsvertrag als künftige Gesellschafter vorgesehenen Personen herausverlangt werden könne. Den Enderfolg, daß die bedachten Personen Gesellschafter werden, hält also auch Vins für erreichbar. Nur kann ich Vins darin nicht zustimmen, daß er in dem Gründungsvertrag zugleich Auftrag und Vollmacht für die Gesellschaft erblickt, den bedachten Personen den ihnen im Endergebnis zugedachten Geschäftsanteil zu übertragen. Etwas derartiges könnte möglicherweise vereinbart werden, wenn es auch durchaus unüblich und unzweckmäßig wäre, bei solchen Verträgen die Gesellschaft, um deren Anteile es sich handelt, selbst zum Bevollmächtigten zu bestellen. Der vom Reichsgericht entschiedene Fall bietet jedenfalls keinen Anhaltspunkt dafür, daß der zugunsten von Enkeln eines Gesellschafters geschlossene Vertrag eine über den Tod hinaus wirksame, unwiderrufliche Vollmacht an die Gesellschaft, wobei noch fraglich sein könnte, ob an ein bestimmtes und evtl. an welches Gesellschaftsorgan, in sich enthielte. M. E. bedarf es auch einer solchen Vollmacht nicht, da, wenn durch den Gründungsvertrag eine rechtswirksame Erwerbsberechtigung für die Enkel geschaffen ist, diese ja selbst von den Erben die Leistung fordern können. Die Konstruktion von Vins würde darauf hinauslaufen, daß im Wege der Auslegung der Gesellschaft ein mandatum post mortem, somit eine auf einen bestimmten Aufgabenkreis beschränkte Testamentsvollstreckerschaft eingeräumt würde, was nach jeder Richtung hin außerordentlich bedenklich erscheint.

Wenn man aber auch die Konstruktion ablehnen muß, daß die Vererblichkeit des Geschäftsanteils ausgeschlossen werden könne, so ergibt sich aus dem Gesagten, daß die Gründer einer GmbH. das von ihnen gewünschte Ergebnis in einwandfreier Form auf andere Weise erreichen können, und zwar auf eine Weise, welche das berechtigte Interesse an Abwehr unerwünschter Gesellschafter ausreichend schützt. Es besteht nämlich nicht das geringste rechtliche Bedenken dagegen, bestimmten dritten Personen oder einzelnen Gesellschaftern oder der Gesamtheit der Gesellschafter, gleichviel in welchem Verhältnis untereinander, ein Erwerbsrecht auf den Geschäftsanteil eines verstorbenen Gesellschafters schon im Gründungsvertrag einzuräumen. Auch die Vertreter der Lehre von der Ausschließbarkeit der Vererbung erkennen ja an, daß eine Bestimmung, welche die Vererblichkeit ausschließt, unwirksam sei, wenn nicht zugleich bestimmt sei, was aus dem Geschäftsanteil werden solle. Jedenfalls kann der Geschäftsanteil als solcher, als quotenmäßige Beteiligung an einer Kapitalgesellschaft, gleichviel ob er einen großen oder geringen Wert hat, nicht mit dem Tod des Inhabers untergehen und erlöschen. Wer würde auf einen solchen Geschäftsanteil Einzahlungen machen wollen, und wem soll der kapitalmäßige Wert des Anteils zukommen? Etwa der Gesellschaft oder den Mitgesellschaftern? Wie soll die Lücke im Aufbau der Gesellschaft und des Stammkapitals ausgefüllt werden? Diese Fragen sind von den Anhängern der Ausschließbarkeit der Vererbung nicht beantwortet, können auch m. E. nicht befriedigend von ihnen beantwortet werden. Für die Beseitigung eines Geschäftsanteils kennt das Gesetz nur den Weg der Einziehung. Ein nicht eingezogener Anteil kann nicht subjektlos sein; er muß einen Träger haben. Es ist allerdings zulässig, auch für den Sterbefall eines Gesellschafters im Gründungsvertrag die Einziehung des Geschäftsanteils vorzusehen. Im übrigen bleibt nur der eine Weg, irgendeiner Personenkategorie oder einer bestimmten Person ein Erwerbsrecht auf den Anteil satzungsgemäß, d. h. vertraglich, einzuräumen und dabei auch den Fall zu regeln, was zu geschehen hat, wenn von diesem Erwerbsrecht kein Gebrauch gemacht wird. Gleichviel ob ein Erwerbsrecht begründet ist oder etwa die Einziehung des Geschäftsanteils vorgesehen ist, muß es aber dabei verbleiben, daß, wenn von diesen Befugnissen seitens der Berechtigten kein Gebrauch gemacht wird, der aus dem Erbrecht sich ergebende Rechtszustand eintritt und auch bleibt, daß nämlich der Erbe oder die Gesamtheit der Miterben Gesellschafter geworden sind. Für die Übergangszeit ist allerdings, wenn die Erreichung des von der Rechtsprechung anerkannten Zieles, unerwünschte Gesellschafter von der Gesellschaft fernzuhalten, voll gelingen soll, zuzulassen, daß eine Regelung im Gesellschaftsvertrag bestimmt wird, wonach bis zur Ausübung der Einziehungs- oder Erwerbsbefugnisse bzw. bis zu dem Zeitpunkt, in welchem feststeht, ob diese Befugnisse ausgeübt oder nicht ausgeübt werden, die Rechte der Erben auf Anteilnahme an Gesellschafterversammlungen und Ausübung des Stimmrechts ruhen (vgl. Hachenburg Anm. 3 zu § 15). Das ist eine vorübergehende Unbequemlichkeit, die in Kauf genommen werden kann. Auch die Rechte des Erben aus dem Anteil ruhen, bis er sich legitimiert hat.

Schließlich ist noch dazu Stellung zu nehmen, wie Satzungsbestimmungen zu behandeln sind, welche die Geschäftsanteile als unvererblich bezeichnen, gleichzeitig aber Vorsorge treffen, daß diese als unvererblich bezeichneten Anteile eingezogen oder von bestimmten Personen erworben werden können. M. E. ist in einem solchen Falle davon auszugehen, daß die Gesellschafter ein Ziel verfolgt haben, dessen Erreichung von der Rechtsordnung gestattet ist. Wenn dabei eine an sich unzulässige und undurchführbare Konstruktion gewählt ist, andererseits aber die Satzung alles das enthält, was zur Erreichung des von der Gesellschaft in legaler Weise angestrebten Ziels erforderlich ist, so darf die Erreichung des zu billigenden Ziels nicht daran scheitern, daß zufolge unklarer Vorstellung vom Wesen des G. m. b. H.-Anteils oder zufolge einer unzulänglichen Fassung der Satzung eine Ausdrucksweise gewählt ist, die rein dem Wortlaut nach etwas Unzulässiges bestimmt. Es kommt lediglich darauf an, ob man das, was die Gesellschafter gewollt haben und was sie wollen durften, mit genügender Bestimmtheit dem Vertrag entnehmen kann. Das Rechtsschutzbedürfnis muß alsdann auch gegenüber konstruktiven Bedenken entscheiden. Eine hinreichende Bestimmtheit liegt vor, wenn entweder die Voraussetzungen der Einziehung geregelt sind oder aber, wenn ein Erwerbsrecht besteht, die Person des oder der Erwerbsberechtigten, Form und Frist der Ausübung und die Methode der Preisfestsetzung aus der Satzung zu entnehmen sind.

Abgeschlossen: 20. Dezember 1927.

Der Weltkrieg im Spiegel der „Entscheidungen des Reichsgerichts in Zivilsachen"

von Professor Dr. Richard Weyl, Kiel

I.

Da von den 48 Jahren, während welcher das Reichsgericht bei Abschluß dieses Aufsatzes (Ende 1927) bestanden hat, rund der zehnte Teil in die Kriegszeit fällt, ist es wegen der engen Verwandtschaft zwischen Wirtschaft und Recht selbstverständlich, daß auch in der Sammlung der reichsgerichtlichen Entscheidungen der Krieg mit seinen Begleit- und Folgeerscheinungen einen sehr breiten Raum eingenommen hat; und es wird der Mühe wert sein, die Einstellung unseres höchsten Gerichtshofes zu diesen Angelegenheiten planmäßiger Prüfung zu unterziehen. Freilich beschäftigt sich das Reichsgericht mit derartigen Fragen noch nicht gleich in dem ersten Urteile, welches nach Kriegsbeginn und nach dem Ablaufe der damaligen Gerichtsferien erging — es wäre dies das Urt. v. 18. Sept. 1914 in RGZ. 85 Nr. 53 S. 265 —, denn dieses und die nächstfolgenden fußen natürlich auf vorinstanzlichen Entscheidungen und Tatbeständen aus einer viel weiter zurückliegenden Zeit. Immerhin wird der Krieg bereits in der Entsch. v. 26. Okt. 1914 (85 Nr. 84 S. 374) erwähnt, indem seine Einwirkung auf ausländische Patent-Prioritätsrechte zur Besprechung gelangt. Dann aber nimmt die Zahl der einschlägigen Erkenntnisse schnell zu, um in Bd. 91 vom Jahre 1918 und in Bd. 101 vom Jahre 1921 mit je 35 in Betracht kommenden Fällen (d. h. über einem Drittel aller Entscheidungen dieser Bände) den zahlenmäßigen Höhepunkt zu erreichen und zwar allmählich (etwa mit Bd. 105 und 106 vom Jahre 1923) abzuschwellen, aber doch auch noch im neuesten Bande (117 von Ende 1927) mehrfach entgegenzutreten: so im Urt. v. 10. Mai Nr. 16 S. 77ff., wo wegen Berechnung von Wartegeld und Pension darauf zurückgegriffen wird, daß Kläger, der im Frieden Oberintendantursekretär gewesen, im Kriege Vorsteher einer Feldintendantur geworden war, und im Urt. v. 21. Mai Nr. 26 S. 127ff., wo es sich um eine wegen Kriegsausbruches unausgeführt gebliebene Geldüberweisung vom 1. Aug. 1914 und deren Aufwertung handelt. — Unsere Betrachtungen dürfen aber keineswegs bereits bei den ersten Entscheidungen haltmachen, welche nach dem offiziellen Kriegsende ergingen, also bei den Entsch. v. 8. u. 9. Nov. 1918 in 94 S. 109, 111, 115, 162[1]); denn viele der späteren Urteile (erstmalig in 94, 159) knüpfen noch an Vorgänge aus der Kriegszeit an. Aber auch diejenigen, welchen Tatbestände aus der Nachkriegszeit zugrunde liegen, können nicht einfach alle außer Betracht bleiben. Denn, wie RG. selber 103, 165 in bezug auf den „Kettenhandel" (unten IX 3) sagt: „mit dem unglücklichen Kriegsende sind die wirtschaftlichen Zustände, aus denen das Verbot geboren ist, freilich nicht verschwunden"; vielmehr blieben die Nebenfolgen

---

[1]) Sie haben inhaltlich übrigens nichts mit dem Kriege zu tun.

des Krieges in Form von Zwangsbewirtschaftung, wirtschaftlicher Demobilmachung, Geldentwertung usw. noch viele Jahre über das eigentliche „Kriegsende" wirksam und ziehen sich, wie schon angedeutet, in manchen Fragen nachzitternd noch bis in die Gegenwart (Bd. 117 von Ende 1927)[2]) hinein[2a]).

II.

Wie unendlich groß die Fülle des einschlägigen Gesamtmaterials ist, lehrt schon ein flüchtiger Blick in die drei „Generalregister" aus der kritischen Zeit, nämlich zu Bd. 81—90 (erschienen 1918), zu Bd. 91—100 (vom Jahre 1921) und zu Bd. 101—110 (vom Jahre 1926), die der Abkürzung wegen hier als Reg. A, Reg. B und Reg. C bezeichnet werden mögen. Dabei sind es freilich weniger die „Alphabetischen Register", da sie (in A S. 333, B S. 356—358 und C S. 540f.) zum Worte „Krieg" nebst manchen (insgesamt über 30) Komposita[3]) doch nur recht dürftige Auskunft[4]) bieten. Minder klaren Überblick gewähren auch die „Quellenregister", welche (A S. 433—435, B S. 455—464, C S. 639—671) unter den einzelnen „Reichsgesetzen"[5]) zwar eine gewaltige Zahl von Sondernormen aus der Kriegs- und Nachkriegszeit aufzählen, aber gegen Schluß immer stärker durchsetzt sind von sonstigen Vorschriften ohne Zusammenhang mit Krieg oder Nachkriegszeit. Vielmehr sind es die „Systematischen Register", welche hier die ergiebigste Auskunft erteilen. Enthalten sie doch alle drei einen „Neunten Teil (Anhang) Krieg und Kriegsgesetze" (A S. 282—286, B S. 289—300, C S. 461—478), der in seinen §§ 380ff. stets in die drei Nummern gegliedert ist: 1. (§ 380) „Einwirkung des Krieges auf die Rechtsverhältnisse, Kriegsklausel, Versicherung gegen Kriegsgefahr"; 2. (§ 381) „Reichsgesetz vom 13. Juni 1873 über die Kriegsleistungen" und 3. (§§ 382—385 in A, §§ 382—387 in B und C) „Kriegsgesetze und -verordnungen". Und in diesen dritten Nummern zeigt sich schon äußerlich die allmähliche Erweiterung des Stoffes dadurch, daß § 386 der Register B und C den „kriegswirtschaftlichen Verordnungen" im besonderen gewidmet ist und daß in einem neuen § 387 in B „Der Friedensvertrag und seine Ausführung", in C „Der Waffenstillstandsvertrag" sowie „Der Versailler Vertrag und seine Ausführung" behandelt werden.

III.

Noch viel plastischer wird das Bild darüber, welche gewaltige Rolle der Weltkrieg innerhalb der Bände 85ff. spielt, wenn wir diese Bände selber durchforschen. Hier mögen als Beweis folgende sechs Beobachtungen dienen:

1. Zunächst wird sehr oft des „Kriegsausbruches" bzw. „Kriegsbeginnes" gedacht[6]) So außer in der oben I erwähnten Entsch. 85, 375 (auf S. 376) z. B. in 86, 397 wegen Rücktrittes von einer Zirkusmiete, in 87, 277 nebst

---

[2]) Vgl. daselbst in Bd. 117 wegen Versicherung eines Tabaktransportes gegen Kriegsgefahr S. 6ff., wegen Aufwertung S. 5, 34, 42, 97, 107 usw.

[2a]) Über die Entscheidungen aus der Zwischenzeit bis zur Korrektur dieser Abhandlung vgl. Näheres in der vorletzten Anmerkung (Anm. 130).

[3]) Davon in allen drei Generalregistern nur „Kriegsleistung", „Kriegsminister" und „Kriegsschäden"; dazu in Reg. A und B fünfmal, in Reg. B und C siebenmal gleiche Schlagworte.

[4]) Manche Schlagworte verweisen auf das systematische Register.

[5]) Landesgesetze mit einem auf den Krieg bezüglichen Inhalt sind in unseren Entscheidungen ziemlich selten. Vgl. wegen Preußen: 92, 290; 94, 159ff.; 96, 291f.; 97, 179; 99, 112ff.; 101, 134; ebenda 263 u. 405; 104, 260ff. u. 292; ferner unten XI 2 und Anm. 128 sowie (zugleich wegen Bremen) unten Anm. 118, wegen Lübeck unten Anm. 124, wegen Braunschweig unten XI, 1.

[6]) Dazu „Kriegserklärung" z. B. in 92, 252 und 104, 381.

91, 310 und 93, 144 wegen Minderung des Pacht- bzw. Mietzinses für ein Tanzlokal, für eine Gastwirtschaft, für einen Café-, Bodega- und Hotelbetrieb; vgl. ferner 91, 57 (trotz Kriegsbeginnes wurde in einem Theater zunächst weitergespielt); dann wegen des Versuches, Geld von Frankreich nach Rußland zu schmuggeln, in 91, 9; wegen Zerstörung des deutschen Botschafterpalastes in St. Petersburg in 90, 378[7]). Die „Mobilmachung" findet sich erwähnt z. B. 87, 357 und 89, 343. Später erfahren wir dann von der häufigen Anhaltung, Aufbringung und Kondemnation deutscher Handelsschiffe durch unsere Feinde[8]), von der Blockade (89, 316) nebst der Absperrung von Rohstoff- und Fertigwarenbezug (103, 164 und 98, 141); weiter von der Besetzung Tsingtaus durch die Japaner (117,52), von der Einnahme der Städte Antwerpen (92, 272) und Lodz (89, 208), von dem Flüchtlingsverkehr über die Dirschauer Eisenbahnbrücke beim Russeneinfall in Ostpreußen (99, 256), von der Schlacht bei Tannenberg (91, 348), dem Winterfeldzug 1914/15 (96, 128), der Versenkung eines Dampfers im Kamerunflusse (92, 65), von der Errichtung eines selbständigen Staates Polen (103, 233), vom Ausbruch des Krieges zwischen Österreich-Ungarn und Italien (92, 248) sowie vom Eintritt Rumäniens (96, 149), Chinas (117, 52) und der Vereinigten Staaten Nordamerikas (94, 47) in den Krieg, andererseits aber von dem Friedensschlusse mit Rußland zu Brest-Litowsk (105, 170). — Und aus der Zeit nach dem „Kriegsende" (113, 281) und nach der Revolution[9]) sind es dann der Rückzug der deutschen Truppen (104, 217; 105, 273 u. 339; 106, 44 u. 385 a. E.), die Demobilmachung (107,208), der Sturz der Monarchie (100, 15) sowie die Plünderungen und sonstigen Beschädigungen fremden Eigentums, welche zwischen dem 8. und 12. Nov. 1918 stattfanden (nach 98, 4 u. 120 sowie nach 99, 4 in Köln, nach 98, 204 in Breslau, nach 100, 244 und 105, 147 in Berlin, nach 100, 25 in Frankfurt a. M.; vgl. ferner 106, 53). Hierher gehören auch die Zertrümmerung der Kantine eines Militärgefangenenlagers im Landgerichtsbezirk Duisburg am 8. Nov. (99, 197), gewisse Plünderungen in Frankfurt a. M. am 9. Dez. 1918 (104, 257), ferner der Kampf gegen die Volksmarinedivision zu Berlin am 24. Dez. 1918 (102, 339), die Besetzung der Geschäftsräume des „Vorwärts" durch die Anhänger des Spartakusbundes[10]) und der unabhängigen Sozialdemokratie am 6. Jan. 1919 (100, 11 und 102, 380), die Berliner Spartakusunruhen vom 9. März 1919 (105, 115) und im Frühjahr 1920 im Zusammenhange mit dem Kapp-Putsch gewisse Unruhen in Berlin (103, 187), im Landgerichtsbezirk Duisburg (104, 198 und 108, 276) und im Landgerichtsbezirk Hagen (106, 217); vgl. ferner 105, 329. — Auch die „Kieler Matrosen" (98, 6) und die „rote Garde" („rote Armee") tauchen auf (letztere 101, 360 in Braunschweig, 104, 200 im Landgerichtsbezirk Duisburg und 105, 122 im Landgerichtsbezirk Essen), desgleichen die Volksmarinedivision (102, 339 in Berlin) und die Matrosendivision (101, 360 in Braunschweig) sowie die Räteherrschaft

---

[7]) Weitere Fälle zuletzt 105, 421; 106, 167 u. 278; 108, 210; 109, 358; 110, 380; 115, 75; 116, 330; 117, 127ff.; 121, 300. Vom „Weltkrieg" sprechen z. B. 109, 255 und 115, 75.

[8]) Namentlich die Engländer (89, 36; ebenda 221 u. 316; 90, 1 nebst 6, 141 u. 325; 93, 150; 94, 301; 97, 318; vgl. auch 89, 69). Bisweilen aber auch die Portugiesen (92, 252 u. 424; 94, 104), Italiener (96, 310; anders 94, 219), Russen (98, 141). In 91, 108 ist nicht gesagt, welcher der Feinde die Anhaltung vornahm. Auch Deutschland hat nach 93, 166 ein holländisches Schiff durch den Kreuzer „Dresden" und nach 108, 189 ein brasilianisches Handelsschiff versenken lassen; zur Schiffsversenkung im Kamerunflusse vgl. oben im Text. Anforderung eines deutschen Dampfers in Teneriffa als deutsches Hilfs- und Kohlenschiff 89, 221.

[9]) Die Revolution wird erwähnt z. B. in 98, 5 u. 205; 99, 115 u. 287; 100, 26; 102, 98 nebst 144 u. 415; 103, 200 (daselbst S. 61 „Staatsumwälzung"); 105, 147.

[10]) Spartakistische Unruhen auch in 103, 244 und 111, 3.

(105, 174 in München, bekämpft durch das „Freikorps Epp"), und es wird einmal (104, 258) ganz allgemein der „Räterepublik" und der „Diktatur des Proletariats" gedacht. Vor allem aber machen sich häufig[11]) die „Arbeiter- und Soldatenräte" bemerkbar[12]). Andererseits wird auch die „Technische Nothilfe" erwähnt (105, 70). — Später ist es dann noch die Besetzung des Rhein- und Ruhrlandes[13]) und der „Ruhrkampf" (114, 376) sowie der Zerfall (Zusammenbruch, Auflösung) von Österreich-Ungarn (106, 363; ebenda 367 u. 376), die Ablieferung der deutschen Auslandsschiffe (106, 278), die Fürstenabdankung (109, 8 u. 11), die Abstimmung in Oberschlesien (108, 236f.) und das deutsch-polnische Abkommen über Oberschlesien (117, 280ff.), mit denen sich das Reichsgericht gelegentlich zu beschäftigen hat. — An gesetzlichen Maßnahmen jener Zeiten werden insbesondere der Waffenstillstandsvertrag vom 11. Nov. 1918[14]), die Kundgebungen des Rates der Volksbeauftragten vom 12. Nov. 1918 (104, 259 u. 261) und vor allem der Versailler Vertrag vom 28. Juni 1919[15]) nebst den deutsch-amerikanischen und den deutsch-chinesischen Friedensvereinbarungen (107, 51 bzw. 117, 51) sowie auch das Republik-Schutzgesetz vom 21. Juli 1922 (110, 287) hervorgehoben.

2. Zahlreich sind auch die militärischen Einrichtungen, welche in den Entscheidungen genannt werden. In erster Linie die „Heeresverwaltung"[16]), ferner das preußische Kriegsministerium[17]) und seine Rohstoffabteilung[18]), der Große Generalstab (106, 167), das Reichsmarineamt (90, 321) nebst der Marineverwaltung (105, 192), die Feldzeugmeisterei (96, 127), das Kriegsernährungsamt (95, 29 und 96, 126), das Waffen- und Munitionsbeschaffungsamt (103, 269), das Oberkommando in den Marken (101, 323), das stellvertretende Generalkommando sowie das Proviantamt und das Kriegsbekleidungsamt in Altona (101, 127; 103, 72), das Militärbekleidungsamt in Breslau (105, 295), die Intendantur des 9. Korps in Hamburg (105, 285) sowie eine Feldintendantur (117, 78) und eine Etappenintendantur (105, 285 und 93, 177). Erwähnenswerte Einrichtungen sind ferner etwa ein Truppenübungsplatz (104, 117), eine Minenkammer (103, 423), eine Munitionsanstalt (106, 389), häufige Militärtransporte (105, 192; ebenda 276, 297 u. 349; 106, 351; 107, 271; 108, 244), ein Lazarettzug (105, 421), zahlreiche Gefangenenlager (94, 336; 99, 196; 102, 36 u. 304)[19]); sodann ein Flugplatz in Gleiwitz (104, 286), ein vom Reich gemieteter Flugplatz bei Hamburg (101, 370) und eine Fliegerschule in der Mark, die es übernahm, Militärpersonen im Führen von Flugzeugen auszubilden (100, 69)[20]). Und nach dem Kriegsende

[11]) In 100, 25ff.; 102, 415ff.; 104, 257ff., 346ff., u. 362ff.; 106, 220 u. 384; 111, 123; 112, 95ff. Daneben „Bauernräte" in 104, 260.

[12]) Bisweilen begegnen auch die Namen einiger aus der damaligen Entwicklung besonders bekannter Männer; so in 104, 261 Ebert und Haase (dieser auch in 119, 97), in 112, 95/96 Richard Müller, Molkenbuhr und Eichhorn, in 104, 429 Preuß.

[13]) Vgl. 102, 106 u. 370; 104, 106 u. 387; 105, 180; 107, 173; 114, 406. Ferner das besetzte Saargebiet in 103, 293.

[14]) 101, 330; 102, 107; 103, 102; 104, 55 u. 105; 105, 170; ebenda 172 u. 180; 106, 61; 107, 97 u. 283; 111, 43f.

[15]) 102, 403; 104, 225; ebenda 369 u. 381; 105, 180 u. 260; 107, 45; ebenda 77, 98, 207, 297 u. 385; 108, 50 u. 236; 110, 301; ebenda 315 u. 381; 111, 42; ebenda 44, 115, 204 u. 295; 112, 81; 114, 188 u. 421; 115, 97; 117, 55 nebst 195 u. 284; auch noch 118, 16ff; 119, 158ff; 120, 198 u. 298; 121, 7, 180, 204 u. 337.

[16]) 92, 241; 93, 106; 97, 236; 99, 162; 102, 391; 103, 423; 104, 55 u. 81; 105, 29 u. 274.

[17]) 88, 327; 89, 248; 91, 424; 93, 15; 103, 54 u. 423.

[18]) 95, 348; 98, 41; 99, 61; 103, 53.

[19]) Vgl. auch 97, 279. Kriegsgefangene, die in deutschen Schachtanlagen arbeiten, in 104, 346, andere Kriegsgefangene 102, 193 sowie 104, 362.

[20]) Wegen Flugzeuge auch noch 101, 302 und 104, 55.

sind es dann vor allem die Demobilmachungskommission[21]), die Rücklieferungskommission (105, 327), das Reichswehrministerium (108, 315) und die Reichswehr selber (106, 167; 108, 387), ferner die Internationale Luftüberwachungskommission (111, 403) und die Interalliierte Kontrollkommission (115, 48). — Mehr auf das wirtschaftliche Gebiet werden wir herübergeleitet durch Erwähnung zahlreicher „kriegswirtschaftlicher Organisationen" (96, 107) bezw. „Kriegsgesellschaften" (100, 144; 101, 21; 106 373), z. B. des Reichsverwertungsamtes (102, 57 und 106, 44), der Nahrungsversorgungskommission (94, 254), der Kriegsgesellschaft für Dörrgemüse (93, 140), der Reichsstelle für Gemüse und Obst (101, 20; 105, 35; 106, 374), des Kriegsausschusses für pflanzliche Öle und Fette (105, 68), der Reichsgetreidestelle (106, 16), der Reichsfuttermittelstelle (101, 20), der Erfassungsabteilung des Reichsschatzministeriums (105, 273) und des Staatskommissars für Volksernährung (104, 242), später des Reichskommissariats für Reparationslieferungen (116, 377).

3. Kriegerische Maßnahmen sind z. B. Torpedierung und Minenlegung (95, 127 u. 274; 97, 140) und vor allem die vielfachen Beschlagnahmen von „Kriegsbedarf"[22]) oder Heeresbedarf[23]), der nebst „Heeresgut", „Militärgut", „Heereslieferungen", „Kriegsmaterial" u. dgl. an zahllosen Stellen[24]) Erwähnung findet. Daneben werden aber noch allerhand für den Heeresbedarf wichtige Einzeldinge genannt von Militärstiefeln (100, 112) bis zu Helmbeschlägen (100, 197) und Rasierklingen (99, 90), von Graugußgranaten (93, 205) und Zündladungskapseln (96, 345) und Patronentaschen (95, 264) bis zu Papiersäcken (97, 158 und 100, 116). Übrigens begegnet auch ein Feldpostbrief (94, 1).

4. Die Schwierigkeiten der inneren Lage in der Kriegs- und Nachkriegszeit (116, 325) werden deutlich gekennzeichnet durch die gelegentliche Hervorhebung der außergewöhnlichen Wirtschaftsverhältnisse und ihrer mannigfachen Veränderungen (100, 129 u. 132; 102, 98), der Wohnungsnot (117, 431), der Zwangsbewirtschaftung (103, 165 und 116, 327) und der Übergangswirtschaft (102, 370), der wirtschaftlichen Demobilmachung (106, 115), der Bezugsscheine (105, 270: Zuckerkarten und -marken), der „Schiebungen" (107, 210), der „Schieber" (101, 25) und der Kriegsgewinnler (90, 402), des schwankenden Valutastandes (100, 80; 101, 123; ebenda 147 u. 319), des Währungssturzes (100, 81; 115, 96; 118, 373; 119, 321; 120, 76 u. 237), der Geldentwertung (119, 339), der Inflation (114, 188; 116, 324; 117, 8; 119, 170; 121, 235), aber auch der späteren Befestigung der Währung (110, 252; 115, 96; 118, 213; 119, 321[25])[26]).

5. Räumlich führen uns die Entscheidungen über das ganze in den Weltkrieg

---

[21]) 105, 331; 106, 115 u. 351; 104, 172; ebenda 231 u. 418.

[22]) 91, 423; 94, 82; 95, 347; 96, 124; 99, 41 u. 122; 101, 126.

[23]) 98, 260; 101, 111.

[24]) „Heeresgut" 102, 57; 105, 273; 106, 350; „Militärgut" 102, 57; 105, 192 u. 276; 106, 351; 108, 244; „Heereslieferungen" 95, 54 u. 97, 325; „Kriegslieferungen" 95, 134; „Kriegsbedarf" 99, 41 nebst 122 u. 147; 100, 159.

[25]) Über die Vorschriften gegen Kriegswucher, Preistreiberei, Kettenhandel usw. Genaueres unten IX 5. Dort wird in den Beispielen auch noch eine Menge verschiedenster Dinge begegnen, die im Kriege oder in der Nachkriegszeit von Erheblichkeit waren.

[26]) Vgl. auch noch: „Friedensmark" 116, 329; Kriegsanleihen 99, 43; 106, 161 u. 396; Vorkriegsbanknoten 114, 27; Hypothekeneintragung aus der „Vorkriegszeit" 117, 108 u. 227; auswärtige Depots deutscher Banken aus der Vorkriegszeit 112, 27; Unsicherheit der Postverhältnisse 99, 273; Wohnungsmangel 102, 161 u. 211; 105, 251; 106, 150; Personalabbau 116, 173; 118, 9; 119, 428; 120, 64; 121, 15 u. 147; Hauszinssteuer 116, 111; Erwerbslosigkeit, Erwerbslosenfürsorge 118, 95; 121, 285; Dawesgutachten 114, 27 sowie 117, 195.

verstrickte Gebiet. Von Deutschland (in seinem Umfange vor dem Versailler Vertrage) treffen wir außer den schon im Vorangehenden genannten vielen Orten noch beispielsweise an: die Insel Borkum (91, 54: Verbot des dortigen Badebetriebes und der Anstellung fremder Personen), Feste Boyen (97, 50: ihre Armierung), Dirschau (99, 255: Eisenbahnbrücke über die Weichsel, s. oben III 1), Ehrenbreitstein (96, 127: Traindepot), Gießen (97, 30: Holzlieferung ans dortige Militär-Neubauamt), Hannover (101, 131: Provinzialfleischstelle), Insterburg (93, 199: im August 1914 von den Russen bedroht), Kiel (99, 31: dortige Werft; vgl. auch 96, 83 und zu 98, 6 oben III 1), Mainz (98, 102: Besetzung des Brückenkopfes durch die Franzosen; ferner 101, 217: Armeekonservenfabrik), Münster (99, 63: Generalkommando des VII. Armeekorps), Posen (103, 423: Festungsinspektion), Spandau (97, 181 u. 236: Artilleriewerkstatt und Geschoßfabrik; ferner 100, 168: Verpflegungszentrale), Thorn (96, 215: Artillerieschießplatz und Minenwerferabteilung; ferner 107, 297: Option eines dortigen Einwohners für Deutschland). — Aber auch ins Ausland — das generelle Erwähnung findet wegen einiger auf dortigen Wohnsitz, dortige Unternehmungen, dortige Währung usw. bezüglicher Bundesratsverordnungen[27] —, ins Etappengebiet (105, 421), in das Gebiet der Entente (101, 330; 106, 59 u. 61; 115, 75), des Feindbundes (106, 278), der alliierten und assoziierten Mächte (104, 381; 105, 171; 117, 284) spielen die Entscheidungen sehr oft hinüber. So nach Argentinien (96, 231: von Buenos Aires nach Hamburg verladener Mais), nach Belgien (91, 237: neutrale, Belgien von Preußen trennende Straße; 97, 109 und 105, 326: Belgien als von den Deutsches besetztes Gebiet; 99, 41 und 106, 61: Generalgouverneur, Generalgouvernement; 101, 3: Zwangsverwaltung); nach Brasilien (108, 189: Zerstörung von Geschäftsgebäuden deutscher Handelshäuser in Porto Allegro durch eine wegen Versenkung eines brasilianischen Dampfers erregte Menge); nach Chile (104, 385: Festnahme eines deutschen Handelsschiffes zufolge des Krieges); nach China (117, 52, s. oben III 1); nach Dänemark (95, 248: Fettsäure von dort erwartet); nach Frankreich (94, 227: Wechselindossament an eine dortige Bank; 93, 177: Etappenintendantur in Valenciennes; 96, 74: Kraftwagenzusammenstoß zwischen Namur und Huy; 97, 109: besetztes Gebiet; vgl. ferner wegen zwangsweiser Verwaltung bzw. Liquidation französischer Unternehmungen 89, 391; ebenso 93, 136 u. 255ff. nebst 94, 51; sodann auch 93, 255 und 98, 249; über 91, 9 bereits oben III 1 a. A.); nach Italien (96, 310: Anlaufen des Nothafens Syrakus); nach Japan (117, 52 — oben III 1 — und 92, 17: Unmöglichkeit der Verschiffung von Metall dorthin); nach den Niederlanden (98, 86 u. 160: dortige Gulden; 100, 142: dortiger Grenzort nach Deutschland; 101, 46: Kohlenausfuhr dorthin); nach Nordamerika (98, 263: Abwesenheitspfleger für einen dort wohnenden Deutschen); nach Ostafrika (105, 260 und 107, 121: Grundstück- bzw. Bankniederlassung in Daressalam); nach Polen (95, 66: Kriegsrohstoffabteilung in Warschau; 100, 116: Kreischef des Kreisamtes Wielun; 103, 171 u. 231: deutsches Generalgouvernement in Warschau; 105, 156: polnische Regierung; 106, 210: polnisches Valutagesetz); nach Rumänien (96, 148 bzw. 117, 6: Mais bzw. Tabak von dort); nach Rußland (105, 421: besetztes russisches Gebiet; 111, 43: Sowjetregierung; 103, 287 und 121, 24: bal-

---

[27]) Vgl. z. B. 87, 168 und 90, 223 wegen der Bekanntmachung des Bundesrates vom 7. Aug. 1914 über Geltendmachung von Ansprüchen solcher Personen, die im Auslande ihren Wohnsitz haben; ferner 93, 136 zu den die Überwachung ausländischer Unternehmungen betreffenden Verordnungen vom 4. Sept. 1914 und 24. Juni 1915; 91, 128 zu den Verordnungen vom 10. Aug. und 22. Okt. 1914 und 18. Jan. 1915 über die Fälligkeit im Auslande ausgestellter Wechsel; wegen der Devisenverordnung vom 8. Februar 1917 noch 120, 399.

tische Provinzen; über 90, 378, über 91, 9, über 93, 199 sowie über 105, 170 bereits oben III 1); nach Schweden (98, 141: Unmöglichkeit der Warenverladung von dort nach Deutschland) und nach Serbien (104, 390: Bahnstrecke Nisch-Belgrad). — Vor allem aber ist es England, das in den Entscheidungen eine Rolle spielt, und zwar wegen seines „bekannten völkerrechtswidrigen Verhaltens" (88, 314), das sich in der schon oben III 1 erwähnten Beschlagnahme deutscher Schiffe und ihrer Ladung (bzw. 112, 27 auch deutscher Wertpapiere) sowie in der Absperrung Deutschlands vom Weltmarkte äußerte, aber auch Erwähnung findet wegen der deutschen Bekanntmachungen betr. Zahlungsverbot gegen England (vgl. 87, 189; 89, 212ff. u. 387) sowie über die zwangsweise Verwaltung britischer Unternehmungen (89, 66) bzw. über deren Liquidation (93, 255).

6. Endlich ist es aber auch lohnend, den Blick auf die zahlreichen Kriegsteilnehmer[28]) zu richten, die uns in den Entscheidungen entgegentreten. Wir finden hier ziemlich jeden militärischen Grad von Gemeinen (89, 18; 93, 309) bis zum Kaiser (92, 241; 100, 26; 103, 232) vertreten[29]) und erfahren oft Genaueres über ihre Schicksale[30]), indem die Rede ist von Wehrpflichtigen (108, 265) und militärisch Einberufenen bzw. Eingezogenen (102, 377; 109, 255; 121, 221), von Gestellung zum Kriegsdienste (104, 320), von der Dienstpflicht während des Weltkrieges (109, 255), von Kriegsfreiwilligen (102, 181), von Kriegsverwundeten (91, 124; 92, 289; ebenda 377 u. 395), von Kriegsgefallenen (87, 109; 89, 116 u. 263; 93, 15 u. 309; 94, 240; 96, 92; 97, 323; 98, 36; 107, 236; 110, 271), von Kriegsverschollenen (93, 108 und 107, 346; 121, 20), von Kriegsgetrauten (92, 289 und 104, 335); ferner von Urlaubern (100, 98 und 107, 236), von einem Kriegsgefangenen (104, 335) und von einem im Militärdienst Abwesenden (91, 26) sowie von Rückkehr aus dem Felde (103, 21).

IV.

Wenn wir nun dieses gewaltige Mosaikbild von Deutschlands wechselvollen Geschicken, das uns Bd. 85—117 enthüllten, daraufhin ins Auge fassen, welche Rechtsfragen aus dem Weltkriege und der Nachkriegszeit darin zur Erörterung gelangen, so ist zunächst festzustellen, daß als rechtlich bedeutsame Vorgänge keineswegs die sämtlichen vorgeführten Fälle in Betracht kommen. Nicht selten nämlich ist die Frage des Einflusses der erwähnten Angelegenheit auf die betreffende Entscheidung insofern ganz gegenstandslos, als der Vorgang aus dem Kriege gewissermaßen nur den Hintergrund des Gemäldes bildet — in welchen er oft auch nur mit ganz flüchtigen Strichen hineingezeichnet ist —, und weil er für den eigentlich rechtserheblichen Tatbestand ganz fortgedacht werden

[28]) „Kriegsteilnehmer" z. B. 89, 116; 94, 215; 95, 262; 102, 377; 104, 77; eine offene Handelsgesellschaft als „Kriegsteilnehmerin" in 106, 138 u. 140/141.

[29]) Kanonier 105, 231; Landsturmmänner 91, 382; 93, 15; 95, 2; 99, 196; Gefreite 92, 402; 93, 309; Unteroffiziere 92, 395; 97, 243; 99, 41; Vizefeldwebel 87, 109; 98, 36; Feldwebelleutnant 99, 196; Offiziersanwärter 98, 36; Offizierstellvertreter 90, 202; 93, 108; Kommandeur eines Militärgefangenenlagers 99, 196; Führer einer Minenwerfabteilung 93, 108; Oberleutnant der Reserve 98, 36; Reserveoffizier 94, 159; Hauptmann der Reserve 104, 76; Hauptmann bei einem Ersatzbataillon 91, 124; vgl. auch 95, 89; Adjutant beim Bezirkskommando 96, 84; verabschiedeter Oberarzt 101, 404; Marinestabszahlmeister bei der Seewehr 102, 406; Zahlmeisterstellvertreter 405, 78; Oberintendantursekretär und Intendanturrat 117, 78; Kommandeur eines Landsturmbataillons 97, 263; Festungskommandant von Marienburg 99, 255; Offizier bei der Schutztruppe in Ostafrika 108, 298; Marineintendanturrat 96, 305. — Gelegentlich auch ein Militärposten 91, 9; ein Schanzarbeiter 98, 208; ein Heizer der Reserve bei einem Matrosenregiment in Flandern 102, 30. Ob der 97, 131 erwähnte Flieger ein militärischer war, ist unersichtlich.

[30]) Von den Gefahren im Felde wird 93, 87 eine sehr genaue Schilderung entworfen.

könnte. So, wenn die zwei Briefe, um deren Wertung als eigenhändige Testamente im Sinne des § 2231 Nr. 2 BGB. es sich in 87, 109 handelt, von einem Kriegsgefallenen verfaßt sind, oder wenn in einer Testamentsangelegenheit 110, 271 nebenbei bemerkt wird, daß zwei Söhne des Testators ohne Hinterlassung einer letztwilligen Verfügung im Kriege gefallen seien, oder wenn in 100, 98 die Ehescheidung wegen Ehebruches einer Kriegersfrau stattfindet. Umgekehrt ist es im Gegensatze zur Benennung eines Dampfers (110, 224), einer Liegnitzer Brücke (103, 423), einer Elbinger (?) Straße (118, 379) nach Hindenburg nicht als unerheblich zu betrachten, wenn laut 92, 392 das Wortzeichen „Hindenberg" einer Kolberger Weinhandlung und das Wortzeichen „Hindenburg" einer Hamburger Kognak-Vertriebsgesellschaft aufeinandergestoßen waren, also ein unberühmter Name mit einem „weltbekannten" (a. a. O. S. 394)[31]). Und ein ähnlicher Gegensatz findet sich in 111, 77 einerseits wegen der Kriegsmemoiren von Lloyd George und in 115, 75ff. andererseits wegen eines Buches des Prinzen W.: „Vom roten zum schwarzen Prinzen. Mein Kampf gegen das k. u. k. System". Denn während das englische Buch und dessen deutsche Ausgabe nur die zufällige Basis des am angegebenen Orte in Frage kommenden und zu finanzieller Auseinandersetzung führenden Gesellschaftsvertrages zweier deutscher Verlagsfirmen bildet, ist der vom Reichsgerichte zum Teil wörtlich wiedergegebene Inhalt des österreichischen Buches die unwegdenkbare Grundlage eines Unterlassungsanspruches wegen übler Nachrede, die sich auf das dort näher geschilderte angebliche Verhalten des Klägers (heimliche Annahme von Geldern, die ihm die Feinde Österreich-Ungarns hätten zukommen lassen) stützt[32]).

V.

Trotz solcher Abzüge[33]) bleibt aber die Zahl derjenigen Entscheidungen, in welchen der Krieg wirklich eine rechtserhebliche Rolle spielt, natürlich ungemein groß. Und was hier insbesondere die zivilrechtlichen[34]) Fälle betrifft, so gehören die meisten dem Bürgerlichen Gesetzbuch an, und nur eine viel geringere Zahl

---

[31]) Hindenburg wird auch noch (zusammen mit der deutschen Heeresverwaltung, dem Kaiser und dem Grafen Zeppelin) in 92, 241 erwähnt wegen eines Beleidigungsverfahrens, das ihretwegen gegen jemand schwebte. Die Schlacht von Tannenberg in 91, 348 hat auch nur ganz entfernten Einfluß auf den behandelten Fall gehabt, indem die durch Sonderblätter des Berliner Tageblattes bekanntgewordene Tatsache des dortigen Sieges eine Menschenmenge auf einem Berliner Bahnhofe in freudige Erregung brachte und dies wiederum zu einem Wortstreite zwischen einem Schutzmann und einem Bürger und im weiteren Verlaufe zu einer tödlich wirkenden Mißhandlung des Bürgers führte, die in einer Schadenersatzklage der Hinterbliebenen ausmündete.

[32]) Andererseits werden sich aber viele Fälle, in welchen der Krieg mit seinen Neben- und Nachwirkungen gänzlich unerwähnt geblieben ist, letztlich damit doch in logische Verknüpfung bringen lassen. So bei den nach Ausbruch der Revolution (neben den oben III, 1 erwähnten Unruhen) entstandenen Plünderungen usw. von Mitte bzw. Ende November 1918 (105, 147 und 102, 151) und auch noch bei denen vom Januar 1919 (105, 123), vielleicht auch bei denen vom Mai 1920 (108, 236). Und die in 104, 87 als Verfehlung im Sinne von § 1568 BGB. betrachtete Beiseiteschaffung von Lebensmitteln durch die beklagte Ehefrau wird wohl mit der damaligen Lebensmittelknappheit zusammenhängen; ebenso war die in 102, 366 erörterte, zur Anfechtung der Ehelichkeit des Kindes benutzte Abwesenheit des Ehemannes während der Empfängniszeit möglichenfalls eine Kriegsabwesenheit. — Stark aus dem Rahmen des konkreten Anlasses fallen dagegen die auf den Weltkrieg anspielenden bevölkerungspolitischen Bemerkungen in 94, 126.

[33]) Über auszuscheidende Fälle vgl. auch noch unten XI 1 sowie Anm. 108 und 128.

[34]) Die mit dem Kriege zusammenhängenden Fälle aus dem öffentlichen Rechte (namentlich Zivilprozeß und Steuerwesen), welche ab und zu in Bd. 85—121 anzutreffen sind, muß ich sowohl aus Raummangel wie als nicht zu meinem Fachgebiete gehörig unbesprochen lassen. Beispiele wären zum Prozeßrechte wegen Zulässigkeit des Rechtsweges (§ 13 GVG.) Bd. 87, 357 und die unten X 1 u. 2 sowie Anm. 126 erwähnten Entscheidungen.

bezieht sich auf das Handelsgesetzbuch oder auf die Wechselordnung oder auf sonstige Nebengesetze, wie das Tumultschadengesetz und das Reichshaftungsgesetz. Und die ins Bürgerliche Gesetzbuch fallenden Entscheidungen sind wiederum nahezu ausschließlich dem Buche I oder Buch II einzureihen, während sachen- und erbrechtliche Vorgänge[35]) fast gänzlich, familienrechtliche Vorgänge vollständig fehlen. Es erklärt sich dieses Übergewicht von Buch I und II, die sich im Vergleiche miteinander ungefähr die Wage halten, natürlich sehr einfach aus dem Umstande, daß der Krieg einen so ungeheuren Einfluß gerade auf die wirtschaftlichen Angelegenheiten des täglichen Lebens ausübte, auf alles, was unter den Gesichtspunkt des Verkehrs im weitesten Sinne gehört. — Da es nun aber aus Raummangel unmöglich ist, alle in Bd. 85—117 vorliegenden Urteile zu besprechen, müssen wir unsere Betrachtung auf die typischen Fälle beschränken, d. h. auf diejenigen, für welche sich eine größere Zahl von Entscheidungen bietet[36]).

VI.

Hier wiederum steht im Vordergrunde — mit über 90 Entscheidungen[37])! — das Thema der Erschwerung oder Unmöglichkeit der Erfüllung von obligatorischen Leistungspflichten durch den Krieg und seine zahllosen Begleiterscheinungen, wie (vgl. oben III 1) Beschlagnahme von Waren durch den Feind oder durch die Kriegsämter, Absperrung Deutschlands vom Weltmarkt usw. Wenn — um an die oben III 1 a. A. gegebenen Beispiele anzuknüpfen — bei Miete oder Pacht von Räumen auf regen Verkehr des Publikums in ihnen gerechnet wird, müssen derartige Umstände zwangsläufig ihre Folgen gerade auf dem Gebiete des Obligationenrechtes äußern und dort zu Prozessen führen. Dabei wird dann derjenige Vertragsteil, welcher gern von dem Geschäfte loskommen oder mindestens eine Ermäßigung seiner Gegenleistung erzielen will, sich naturgemäß darauf berufen, daß „veränderte Umstände" vorliegen, deren Eintritt er beim Vertragsschlusse nicht ahnen konnte, und er wird mit einer stillschweigenden „clausula rebus sic stantibus" zu operieren versuchen. Und ebenso bei Lieferungsgeschäften, die sogar in den einschlägigen Entscheidungen des Reichsgerichtes weitaus die Mehrzahl der Tatbestände bilden, während andere Vertragstypen (außer der erwähnten Miete oder Pacht noch Dienst-, Werk-, Transport- und Versicherungsverträge) minder häufig in die Erscheinung treten. Die Entscheidungen des Reichsgerichtes ergeben nun von seiner Stellungnahme folgendes vielgestaltige Gesamtbild[38]) [39]):

---

35) Vgl. unten VII I b wegen 108, 83 und 116, 8. — Sehr auffallend ist es, daß nirgends von einem Kriegstestament geredet wird.

36) Doch auch von den Einzelfällen sind die meisten unten erwähnt, aber innerhalb der allgemeineren Zusammenhänge, insbesondere unter VI, VII 1b, IX 1 und 2 und XI. Außerdem kommen wohl nur noch in Betracht: zum BGB. Buch I die Entscheidung 93, 108 (Kriegsverschollenheit), zu Buch II die in 103, 269 (Verträge zugunsten Dritter), zu Buch III die in 113, 301 ff. (Ankerwerfen eines Kriegsschiffs als Fall zu § 904) sowie die in 103, 287, in 105, 295 und 106, 350 (kein Eigentumserwerb an gewissen mit dem Militärwesen zusammenhängenden Objekten); zum HGB. die Entscheidungen 109, 255 (Bezirksagent), 106, 140 f., sowie 117, 238 (offene Handelsgesellschaft), 103, 64 und 106, 374 (Gesellschaft m. b. H.), 97, 141 f. (Handelsgebräuche), 117, 34 (Kontokorrent), 103, 38 (Kommission), 104, 97 und 106, 385 (Eisenbahnfrachtrecht), 114, 283 (Havereibeitrag); zur WO. 91, 127 sowie 107, 44 und 112, 85 (Beziehungen zum Auslande betreffend).

37) Im allgemeinen von Bd. 86 vom Jahre 1915 (S. 398) bis Bd. 107 vom Jahre 1924 (S. 182) reichend und nur vereinzelt auch noch 1927 in Bd. 114 (S. 407), in Bd. 115 (S. 200), in Bd. 117 (S. 129/130) und 1928 in Bd. 120 (S. 348).

38) Besonders ausführliche Urteilsbegründungen z. B. in 95, 44 und 101, 76; Betonung der Fortschritte in der Judikatur 100, 131 f. und 101, 80.

39) Vgl. auch sehr eingehend den Kommentar der Reichsgerichtsräte S. 446 ff. (6. Aufl., 1928); dagegen nur kurz Oertmann, Kommentar II 1 (5. Aufl., 1928) S. 141.

1. Als — mit dem Kriege oder seinen Nachwirkungen zusammenhängende, zum Teil schon oben (III 1 a. A.) erwähnte — Gründe der Unmöglichkeit begegnen insbesondere die folgenden:

a) Die Ware kann wegen der Kriegsunruhen nicht zum Versand gebracht werden (99, 1: Eier aus Galizien nach Berlin) sie kann nicht verschifft werden (88, 37: Bretter von Hamburg nach Bombay; 98, 141: Aluminium von Schweden nach Deutschland); das Schiff ist unterwegs mit der Ladung liegengeblieben (88, 72: afrikanischer Bast zwischen Madagaskar und Hamburg); die Abladung und Beförderung der Ware (Chilesalpeter nach Hamburg) ist ausgeschlossen (90, 102); der Handel mit Deutschland ist von dem Feinde unterbunden (93, 183: England wegen Quebrachoextraktes). — Hier hat das Reichsgericht sogar einmal (102, 159) erklärt, grundsätzlich müßten alle vor dem Kriege abgeschlossenen Lieferungsverträge hinfällig erscheinen, soweit die Erfüllung den Bezug von Rohstoffen aus Übersee voraussetze; vgl. auch 94, 47 (Kupferdraht).

b) Es tritt zufolge der Unterbindung der Zufuhr aus dem Auslande und der dadurch hervorgerufenen Warenknappheit eine Betriebsstörung ein (94, 81: Strumpfkopsfabrik); vgl. ähnlich wegen Einwirkung des Mangels an Personal, an Waschutensilien, Kohlen und Pferden auf eine Dampfwäscherei 95, 37.

c) Es ist ein deutsches Ausfuhrverbot ergangen, und es sind die auf das Objekt bezüglichen Verträge außer Kraft gesetzt (92, 88: Schwefelsäure; 103, 14: Kakaoschalenpulver; ähnlich 102, 205: Verbot des Verkaufes von Kauffahrteischiffen ins Ausland; vgl. auch 98, 260: die Lieferung von Leichtspindeldrehbänken ist seitens des Waffen- und Munitionsbeschaffungsamtes verboten; vgl. auch 105, 156: Lieferung von Holz im abgetretenen Polen nur unter vertragsmäßig nicht vorgesehenen Bedingungen möglich).

d) Es ist eine behördliche Beschlagnahme[40]) erfolgt; so 92 370: Wolframerz durch das Generalkommando eines Armeekorps; 95, 264: Rohhäute durch den Kriegsminister; 96, 120[41]): Gummireifen, Schläuche und Decken für Kraftfahrzeuge durch die sämtlichen kommandierenden Generale; 106, 16: Hafer durch die Reichsgetreidestelle; 97, 325: Flacheisen durch die Heeresverwaltung; 105, 349ff.: Pferde durch die Erfassungsabteilung derselben Verwaltung; 105, 138: Rinds- und Kuhhäute durch das Reichswirtschaftsministerium; 93, 333 nebst 94, 46 und 97, 258: Thybetkunstwolle, Kupferdraht und Baumwollzwirn durch eine nicht genauer genannte Behörde; auch Beschlagnahmen durch feindliche Behörden kommen hier in Betracht in 92, 424 (eine Salpeterladung durch die portugiesische Regierung), 104, 224 (englische Grammophoneshares zufolge des Versailler Vertrages); 114, 406 (Stoffe im besetzten Köln durch die Franzosen) 117, 129 (ein Scheck durch die englische Regierung).

e) Es erfolgt eine Vorschrift, daß das Objekt an einen Dritten abzuliefern sei (88, 287: Kartoffelstärke an die Trockenkartoffelverwertungsgesellschaft m. b. H.; 92, 370 — s. oben d — an die Kriegsmetall-A.-G.; 93, 143 bzw. 95, 22: Melasse bzw. Zuckerschnitzel an die Bezugsvereinigung der deutschen Landwirte, G. m. b. H.; 91, 260ff.: Tranausbeute nach England).

---

[40]) Die Nebenfrage, welche Partei hier verpflichtet sei, die behördliche Bescheinigung über Freigabe der Ware bzw. die behördliche Erlaubnis zur Lieferung zu beschaffen, erörtern 97, 257 (wegen ostindischen Baumwollzwirnes) und 98, 260 (wegen Spindeldrehbänke); in letzterem Urteil bietet das Reichsgericht aber keine bestimmte Entscheidung, während es im ersteren nach den besonderen Umständen des Falles die Pflicht der Käuferin auferlegt.

[41]) In diesen beiden Fällen trat zwar ein anderes Ergebnis ein, aber aus besonderen Gründen (keine Unmöglichkeit, weil es sich um einen erst herzustellenden Gegenstand handelte; keine Vertretungspflicht des Verkäufers, weil sich Käufer zur Zeit der Beschlagnahme bereits in Abnahmeverzug befand).

f) Es ist auf Grund behördlicher Anordnung (Arbeitskräfte dürften nur noch zu Erntearbeiten verwendet werden) die Beschaffung der Ware (Scharren von Rohfichtenharz) verhindert (96, 159) oder es ist behördlich die Lieferung zu den übernommenen Vertragspreisen verboten worden (106, 115: durch Anordnung des Staatskommissars für die wirtschaftliche Demobilmachung in Darmstadt wegen eines Motorwagens).

g) Der Gegenstand ist nicht mehr der vertragsmäßige; so (88, 98 bzw. 89, 205 unter Bezugnahme auf § 537 BGB.), wenn eine Tanzwirtschaft unter behördlicher Herabsetzung der Polizeistunde bzw. behördlichem Tanzverbote litt, wogegen (90, 374) bei einer gewöhnlichen Bierwirtschaft die durch staatliche Verfügung erfolgte Einschränkung der Biererzeugung auf ein Drittel den Charakter des Betriebes nicht ändere. Ferner (91, 54) Ladenmiete in dem oben III 5 erwähnten Borkumer Falle.

2. Der reinen (faktischen) Unmöglichkeit stellt das Reichsgericht aber folgende Umstände gleich:

a) Die in ungefähr 30 Entscheidungen besprochene Unzumutbarkeit[42]). Bei einer Gattungsschuld — also einem besonders häufig vorliegenden Falle — sei es als Unmöglichkeit anzusehen, wenn die Beschaffung des Gegenstandes durch den Krieg so erschwert wird, daß sie nach den Grundsätzen von Treu und Glauben mit Rücksicht auf die Verkehrssitte (§§ 242, 157 BGB.) dem Leistungspflichtigen — jedoch (101, 83) unter Mitberücksichtigung der Interessen auch der anderen Partei — nicht „zugemutet" („angesonnen", heißt es in 91, 109, in 105, 388 und in 106, 119) werden kann. Beispiele sind: Preissteigerung für Zinntuben (92, 323), für Bankazinn (95, 439), für Saatkartoffeln (107, 21), für Grundstücke (106, 13), für Holzschrauben (107, 159), für Herstellung eines Büffets (107, 126) oder eines Radschleppdampfers (98, 21), eines Kraftwagens (101, 81 u. 13), einer elektrischen Bahn (106, 178 u. 181), für Filmverwertung (106, 368), für Abgabe von Elektrizität oder Dampf- oder Wasserkraft (99, 259 und 100, 131). Weitere Beispiele sind: Unzumutbarkeit der zeitweiligen Einstellung oder Verlegung des Geschäftsbetriebes (89, 206) oder der Benutzung des Seeweges bei Versendung von Brettern von Königsberg nach Rotterdam (95, 308), Unzumutbarkeit der Beseitigung der auf einem verkauften Grundstücke ruhenden Hypothek (112, 333) oder eines Konfliktes bei einer im bereits polnisch gewordenen Posen entgegen den Bestimmungen des polnischen Valutagesetzes stattfindenden Zahlung in deutscher Mark (103, 262), Unzumutbarkeit der Mitwirkung bei strafbaren Handlungen, wie verbotenem Vertrieb von Arzneimitteln (92, 358) oder wie Verbringung der Ware ins Ausland (106, 307) oder wie Preiswucher bzw. Kettenhandel (99, 157; 102, 257; 106, 318). Vgl. ferner 105, 388 (Kündigung des Vertrages mit einem zum Heere einberufenen Kassenarzte), 107, 371 (deutsche Goldmünzen sind nicht mehr im Umlaufe) sowie ganz allgemein wegen der Valutaverschlechterung und der völligen Veränderung aller Verhältnisse z. B. 106, 9 (Mietzins betreffend) und (Pachtzins betreffend) 107, 152. — Übrigens verlangte das Reichsgericht zeitweilig (Oktober 1920 und Juni 1921), daß die wirkliche Erfüllung den geschäftlichen Ruin des Verkäufers herbeiführen würde (100, 138 und 102, 273: Lieferung von Automobilen); diesen Standpunkt hat es aber alsbald (November 1921) in 103, 180 (Lieferung von Eisendraht) für bedenklich erklärt[43]).

---

[42]) In mehreren dieser Entscheidungen wird auch die Theorie von der Geschäftsgrundlage (103, 332; 106, 9; 108, 380 und 112, 333) bzw. vom Synallagma (103, 178 und 107, 22) gestreift; „Geschäftsgrundlage" neuestens auch in 120, 293f. und in 121, 146f.

[43]) Doch passen einige der dort zitierten Entscheidungen (93, 341; 94, 68; 100, 264) schlecht hin, weil sie den Sonderfall der Befreiungsklausel (unten 5a) behandeln.

b) Die bloß zeitweilige Unmöglichkeit, sofern nämlich die pünktliche Erfüllung wesentlich erscheint und durch die zeitweilige Unmöglichkeit die Erreichung des Vertragszweckes in Frage gestellt wird, weil die spätere Leistung nicht mehr als die von den Parteien „beim Vertragsschluß erwartete und gewollte" (90, 104: Chilesalpeter, sowie 94, 47: Kupferdraht; s. oben 1a), nicht mehr als „sinngemäße Erfüllung des ursprünglichen Vertrages gelten könnte" (90 a. a. O.) In solchen Fällen verwandle sich die zeitweilige Unmöglichkeit in eine endgültige (88, 74 u. 76: Verkauf afrikanischen Bastes, s. oben 1a; vgl. auch 88, 174 — Lammzinn — sowie 106, 119 wegen des oben 1f erwähnten Motorwagens und 107, 156ff., wegen Holzschrauben). — Alsdann entfalle auch bei Verlängerung der Lieferfrist (unten 5a) nicht das Recht des Verkäufers, die Lieferung gänzlich zu verweigern (90 a. a. O.).

3. Unmöglichkeit liegt nicht vor — abgesehen von dem Falle, daß die Ware jetzt wieder beschaffbar ist (102, 238: Rohbaumwolle) — in nachbenannten Fällen:

a) wenn der Schuldner in anderer Weise erfüllen kann (103, 262, oben 2a: durch Zahlung bzw. Hinterlegung in Meseritz);

b) bei bloßer, nicht unerwarteter Steigerung der Anschaffungs-(Herstellungs-) kosten (Lohnerhöhung; vgl. 101, 76, Drehstrommotoren, und 107, 109, Kugelfallmühle);

c) im Großhandel — der ja mit Preisschwankungen rechne (92, 323, vor allem aber 88, 175ff.) — bei bloßer Preissteigerung (88, 175: Lammzinn; 92, 323: Zinntuben, oben 2a; 93, 18: Braugerste; etwas milder 95, 44 — oben 2a — wegen Bankazinn; vgl. ferner 98, 22 — oben 2a — wegen eines Radschleppdampfers);

d) wenn Verkäufer zwar wußte, daß er nicht werde liefern können, aber nicht rechtzeitig Ersatz beschaffte (93, 18 — oben c —: bevorstehende Höchstpreise für Braugerste; 95, 267: Häute für Patronentaschenleder);

e) wenn er sonstwie die Leistung ungebührlich verzögerte und nunmehr erst die Verschlimmerung der Sachlage eintrat (95, 309: Holzverkauf, oben 2a: 103, 5: Automobillieferung);

f) im Falle der „Goldklausel" wegen des Verschwindens des deutschen Goldgeldes (101, 142; 107, 371; 108, 181; vgl. auch 100, 79 sowie 101, 122 und 103, 384).

4. Die Wirkung der Unmöglichkeit ist folgende:

a) Schuldner kann sich zwar vom Vertrage lossagen — „Rücktritt"[44]) bzw. „Kündigung"[45]) —, muß dies bei Geldentwertungsfällen aber (§ 242 BGB., vgl. unten VII 1 b) unter Aufforderung an den Gegner zur Erhöhung der Gegenleistung tun, es sei denn, daß dieser unzweideutig erklärt hat, die Erhöhung abzulehnen (103, 333 und 107, 182: Grundstückserwerb; 115, 200: Schrott).

b) Diese Wirkung bezieht sich aber nur auf den noch unerfüllten Leistungsteil (103, 331, oben a, und 100, 131: Dampflieferung).

[44]) „Rücktritt" in 86, 398 (Miete eines Zirkusgebäudes), 90, 391ff. (Schiffscharter, Bezugnahme auf § 692 I Nr. 2 HGB.), 101, 168 (Sektlieferung für ein Ballhaus), 106, 363 (Übertragung der Filmausnutzung, oben 2a).

[45]) „Kündigung" in 87, 349 (Dienstvertrag als Herausgeber und Schriftleiter einer Zeitschrift „Süd- und Mittel-Amerika"), 88, 96 (Miete eines Nachtlokales), 91, 58 und 94, 181 (einberufener Opernsänger bzw. Gutslehrer), 99, 259 (Beschaffung von Elektrizität und Dampfkraft). — Dabei werden aber dieses Kündigungsrecht bzw. das Rücktrittsrecht (vorige Anmerkung) aus besonderen Gründen in Einzelfällen geleugnet (vgl. oben 3): in 86, 397 (weil der Zirkusbetrieb durch den Krieg nicht unmöglich geworden war), 87, 349 (weil die Postverbindung mit den überseeischen Ländern nicht völlig gehindert war), 94, 181 (weil § 66 des Reichsmilitärgesetzes vom 2. Mai 1874/6. Mai 1880 eingreife), 99, 258 (weil bloße Preissteigerung und kein Großhandel vorliege) und 101, 168 (weil der Sektverkauf durch das Kriegsende betagt war).

c) Die Freiheit des Schuldners von der Erfüllung verwandelt sich jedoch in eine Vertretungspflicht bei nicht rechtzeitiger Ersatzbeschaffung (100, 258: Baumwollzwirn).

d) Der Anspruch des Gläubigers geht unter bzw. mindert sich (92, 176: Honorar für Propagandadienste wegen schwefelsauren Ammoniaks im besetzten Russisch-Polen, § 323 BGB.; vgl. ferner 87, 277: vorwiegend dem Tanzbetriebe dienende Gastwirtschaft; 91, 310: Hotel; 94, 267: Miete einer Benzintankanlage nebst Kellerräumen).

e) Die Gegenpartei hat gemäß § 281 Anspruch auf den überschießenden Gewinn des anderen Teiles (88, 289, oben 1e: Mehrerlös für die zugunsten der Trockenkartoffel-Verwertungsgesellschaft beschlagnahmten Kartoffelstärke) bzw. auf verhältnismäßige Nachzahlung (100, 130: für Abgabe von Wasserdampf, oben 2a).

5. Die Wirkung entfällt:

a) bei Verzicht des Verkäufers auf den Einwand der Unzumutbarkeit, der in Hinausschiebung der Lieferungsfrist bis nach Kriegsende zu erblicken sei. Beispiele (zum Teil bereits oben erwähnt): 92, 89 (Vaselinöl) und 423 (Dampfer), 93, 342 (Automobilgewebe), 94, 47 (Kupferdraht) und 68 (indische Baumwolle; vgl. dazu 102, 239), 95, 44 (Bankazinn), 98, 18 (Bau eines Radschleppdampfers), 99, 116 (Schwefelkies), 101, 168 (Sekt), 103, 182 (Automobile), 106, 87 (gesperrte Holzplatten); vgl. auch 102, 159ff. (Elektrolyt-Kupfer), 106, 249 (Geschäft in russischen Rubeln);

b) dagegen nicht bei bloßer Unterlassung der Aufnahme der „Kriegsklausel" (unten VIII) in den Vertrag; 91, 332 (Verkauf von Petroleum an Kleinhändler) und 100, 134 (Abgabe von Wasserdampf, oben 2a und 4b); vgl. auch 87, 93, wo der Eintritt eines Krieges an sich und unabhängig von der Unmöglichkeit der Leistung den Vertrag aufheben sollte.

6. Gelegentlich gerade dieser Erörterungen über die Unmöglichkeit der Erfüllung hat sich dann das Reichsgericht noch nach einigen anderen Richtungen in allgemeinerer Weise geäußert:

a) Der Richter habe nicht die Befugnis, zwecks Milderung der Härten des Krieges einen Ausgleich zwischen den Vertragsparteien zu schaffen (86, 398 vom Mai 1915 und 90, 375 — oben 1g — vom Juli 1917); indessen hat das Reichsgericht diese Auffassung in 100, 132 (oben 2a, 4b und e, 5b) vom September 1920 aufgegeben als „durch die Erfahrung überholt, die der Senat im weiteren Verlaufe des Krieges und insbesondere durch dessen ungeahnten Ausgang und die daran sich anschließende, ebenfalls ungeahnte Umwälzung aller wirtschaftlichen Verhältnisse gemacht hat"; denn „diese Verhältnisse erfordern unbedingt ein Eingreifen des Richters in bestehende Vertragsverhältnisse dann, wenn anders nicht ein Treu und Glauben und jedem Gebote von Gerechtigkeit und Billigkeit hohnsprechender, einfach nicht zu ertragender Zustand geschaffen werden soll". Gegenteilig erklärt RG. 103, 333 (Grundstückskauf, s. unten b) im Jahre 1922 als seine Ansicht, daß es nicht „in der Macht des Richters stehe, in anderen Fällen, als in denen das Gesetz es ausnahmsweise zuläßt, durch Gestaltungsakt in den Inhalt eines Rechtsgeschäftes einzugreifen".

b) Wenn sich das Reichsgericht bei diesem Anlaß auf §§ 242 u. 157 BGB. beruft, die in unserem Zusammenhange von der Erfüllungsmöglichkeit oder -erschwerung auch sonst noch oft angewendet werden[46]), so dienen diese auch als Stützen für die Stellungnahme des Reichsgesetzes zur sog. „clausula rebus

---

[46]) Vgl. unten VII 1.

sic stantibus"[47]) oder wohl richtiger ausgedrückt als Ersatzmittel für eine solche Klausel. Denn wenn schon das Reichsgericht nach anfänglicher deutlicher Leugnung ihrer Anerkennung in 99, 258 vom Jahre 1920 (Vermietung von Fabrikräumen nebst Betriebskraft und Beleuchtung) andererseits in 100, 131, gleichfalls vom Jahre 1920 (Abgabe von Wasserdampf, oben 5b) gemeint hatte, die Klausel trete im Gesetze ziemlich unverhüllt entgegen, und nachdem es sich auf sie auch 1921 in 102, 102 (Grundstückskauf) und in 103, 178 (Eisendraht) berief, so hat es doch alsbald im Jahre 1922 (103, 331: ebenfalls Grundstückserwerb) zugegeben, daß die Grenzen vorsichtig zu ziehen seien, innerhalb deren der Einwand Beachtung verdiene; desgleichen hat das Reichsgericht zu Anfang des schlimmen Inflationsjahres 1923 in 106, 10 festgestellt, daß es „in jedem einzelnen Fall vorsichtiger Prüfung bedürfen" werde, „ob die Voraussetzungen für die Lossagung des Schuldners vom Vertrage gegeben sind". Und um die gleiche Zeit hat das Reichsgericht zwar in 106, 235 bei Unterhaltsansprüchen gemeint, ihnen wohne regelmäßig die clausula rebus sic stantibus inne; es hat sie dann aber ebenfalls noch 1923 (im März) in 106, 403 (Abfindung eines unehelichen Kindes) bei „Geschäften mit stark spekulativem Einschlage"[48]) für ausgeschlossen erklärt und auch im Mai und November 1923 in 107, 142 u. 153f. (Pacht) ziemlich deutlich geleugnet, aber andererseits in 115, 96 vom Dezember 1926 (wirtschaftliche Folgeerscheinungen der Markstabilisierung) als „in Frage kommend" bezeichnet[49]).

VII.

§§ 242 und 157 BGB.

1. Der in diesen Zusammenhängen so häufig vom Reichsgericht — oft[50]) in Verbindung mit § 157, vielfach aber auch für sich allein[51]) — herangezogene § 242 wird von ihm auch noch nach anderer Richtung verwertet:

a) um aus ihm eine gegenseitige Hilfspflicht der Parteien zu entnehmen, z. B. (101, 47) indem Gläubiger mitwirken müsse zur Versilberung des Pfandes (bei Besorgnis einer weiteren Wertverminderung der verpfändeten Wertpapiere infolge der russischen Wirren im Dezember 1917) und

b) vor allem in der Frage der Geldentwertung und der Aufwertung; hier bieten die Bände 106ff. seit den beiden Entscheidungen des 5. Zivilsenates vom 6. Jan. 1923 Bd. 106 Nr. 3 S. 7ff. und Bd. 106 Nr. 4 S. 11ff. (letztere nennt allerdings den § 242 nicht ausdrücklich) eine Fülle von Beispielen, zunächst wiederum in 106, 424 und dann vor allem in 107 (S. 87, 88, 91, 127f., 149, 150, 151 u. 153) sowie in allen weiteren Bänden bis einschließlich der neuesten Bände 116 (S. 8, 189, 243, 306) und 117 (S. 9, 38, 143, 147, 211, 213, 238, 243, 293, 379 u. 381), dafür, daß sich

[47]) Nur erwähnt und nicht weiter besprochen wird die clausula in 109, 43 u. 45 sowie in 113, 139 (als anfangs in der Aufwertungsfrage verwendet) und bisweilen in den Überschriften der Fälle bzw. in den Seitenüberschriften (103, 3; 111, 157); völkerrechtlich in 112, 25ff. des „Anhanges". Unentschieden 107, 243, ihr günstig 107, 117 (Lebensversicherungsprämie) und 112, 213 (Schenkung unter Auflage).

[48]) Zu diesem Ausdrucke vgl. 103, 332 sowie 110, 251.

[49]) Auch der KommRGR. 1, 365 spricht sich deutlich gegen die clausula aus.

[50]) In 87, 279; 94, 69 u. 340; 95, 43; 99, 116; ebenda 118 u. 259; 100, 80 u. 136; 101, 81; 102, 274; 106, 8 u. 235; 107, 153; 110, 69; ebenda 101 u. 262; 117, 147 und 238; 121, 57. — Über 100, 131, über 106, 398ff. und über 107, 373 unten 2.

[51]) 88, 173ff.; 92, 322 und 324; ebenda 358 und 426; 94, 244; 96, 119 und 127; 97, 257 u. 280; 99, 1 u. 156; 102, 294 u. 298; 103, 5 u. 332f.; 105, 178; 106, 8; ebenda 181, 307, 318 u. 368; 107, 13 u. 182; 109, 158; neuestens auch in 119, 93 nebst 138, 141 u. 235; in 120, 10, 88, 293, 295, 357 u. 410; in 121, 146 u. 164. Geleugnet wird die Anwendbarkeit des § 242 neuestens z. B. in 119, 28 sowie 55, 96 u. 365.

das Reichsgericht unter Bekämpfung des „Irrglaubens" (112, 327), daß „Mark gleich Mark" sei[52]), für den Aufwertungsgedanken einsetzt. Im einzelnen kann auf diese Beispiele hier nicht näher eingegangen werden, ohne die ganze Aufwertungsfrage[53]) gründlicher zu erörtern, als es diese Skizze zuläßt. Angedeutet mag nur sein, daß es sich dabei um die allerverschiedensten Rechtsverhältnisse handelt, für welche vom Reichsgericht unser § 242 als Basis der Aufwertung in Anspruch genommen wird; nicht bloß um die berühmte Hypothekenaufwertung[54]), sondern auch — in noch zahlreicheren anderen Fällen — um Aufwertung des Kaufpreises[55]), auch gelegentlich um eine solche des Vorkaufspreises [108, 85; 109, 164 und 116, 189] und des auf Grund eines Wandelungsverlangens zurückzuerstattenden, 108, 281, und um Rückzahlung einer Anzahlung, 107, 182); sodann besonders häufig um eine Judikatsumme[56]), um Schadenersatz[57]), insbesondere auch im Eisenbahnfrachtrecht[58]), um eine Darlehnsforderung[59]), um Miet- oder Pachtzins[60]) sowie um Ansprüche aus Versicherung[61]) oder aus Gesellschaftsverhältnis[62]) und um Renten[63]); vereinzelt auch um folgende Ansprüche: persönliche Schuld des Hypothekenschuldners (116, 243), Honorar für Sprachunterricht (108, 157), Schuldübernahme (114, 304), abgetretene Forderung (113, 33), Bereicherungsanspruch (114, 344), Vermächtnisanspruch (108, 83; vgl. auch 115, 115), Pflichtteilanspruch (116, 8), Genußscheinrechte (115, 227ff.; 117, 384), Schiffsgläubigerrechte (114, 381), Rechtsanwaltsgebühren (111, 372), Ruhegehaltsbezüge (115, 146) und auch (113, 333) der feste Mindestzuschlag, welcher nach § 71 des Branntweinmonopolgesetzes vom 8. April 1922 den süddeutschen Brennern zu gewähren ist. In letzterem Falle hatte das Reichsgericht freilich wegen des nicht ausgesprochenen zivilrechtlichen Charakters der Forderung Bedenken gegen die Anwendbarkeit des § 242 zu überwinden, wogegen es in einigen anderen Zusammenhängen diese Anwendbarkeit leugnet, so wiederholt[64]) wegen Enteignung (denn hier handle es sich nur um einen gesetzlichen Anspruch auf Wertersatz und daher nur um die Frage der Errechnung derjenigen Geldsumme, die in ihrer inneren Kaufkraft zur Zeit des Urteils dem Wert entspräche, den das Objekt zur Zeit der Zustellung des Enteignungsbeschlusses gehabt hätte; 109, 261); ferner vereinzelt wegen Reichsbanknoten[65]) und wegen einer als Sicherheit hinterlegten Geldsumme[66]) [67]).

---

[52]) Vgl. hierzu 111, 63; 112, 326; 113, 33; 114, 172 u. 193; 117, 243; 119, 171 u. 233.

[53]) Seit 111, 321 (November 1925) wird sie dann mehr nach Maßgabe des Aufwertungsgesetzes vom 16. Juli 1925 behandelt, zuletzt in 121, 337 (Juni 1928).

[54]) 107, 87; ebenda 373 u. 403; 108, 181; 110, 87; 114, 151 u. 172; 116, 241; zuletzt 121, 337.

[55]) 106, 424; 108, 75 u. 379; 109, 39 u. 40; ebenda 71, 97, 146, 161, 224f., 241 u. 337; 110, 374 nebst 377 u. 379; 111, 156ff. u. 381; 112, 147 u. 198; 114, 402; 117, 213; 119, 138ff. u. 235; 120, 357 (ähnlich 120, 10); 121, 146.

[56]) 109, 345 u. 375; 110, 127 sowie 147 u. 391; 111, 361; 113, 55; 114, 193.

[57]) 110, 52; 112, 324ff.; 115, 198ff.

[58]) 109, 63; 110, 37 u. 39.

[59]) 110, 251 u. 255; 111, 332 sowie (Darlehnszinsen der Roggenrentenbank) 109, 179f.; ferner 117, 143 (ähnlich 117, 38 wegen Kontokorrent); 120, 88.

[60]) 107, 153; 108, 314; 111, 60ff.; vgl. auch (wegen des Inventarschätzungswertes) 104, 394ff.

[61]) 110, 262 und 112, 205 (Haftpflichtversicherung); 117, 9 (Transportversicherung).

[62]) 113, 201ff. und (Abfindung an die Erben eines offenen Handelsgesellschafters) 109, 41ff.; ferner 117, 243 und 120, 410.

[63]) Leibzuchtrente in 108, 294, Vergleichsrente in 110, 100ff., Unterhaltsrente in 106, 235.

[64]) 109, 258; 114, 185ff.; 116, 325.

[65]) 114, 27 u. 31; denn sie hätten keinen höheren Wert, als ihrem Nennbetrage nach dem damaligen Kursstande der deutschen Papiermark entsprach.

[66]) 112, 224; denn der Staat schließe mit den Hinterlegern keine nach privatrechtlichen Grundsätzen zu beurteilenden Verträge.

[67]) In 110, 41, wo das Reichsgericht die Aufwertung eines Wechsels versagt, wird § 242 BGB. nicht ausdrücklich genannt.

2. § 157 BGB., der Zwillingsparagraph zu 242, wird, wie schon oben 1 bemerkt, auch in unseren Kriegsentscheidungen meist in einem Atemzuge mit § 242 genannt. Nur in wenigen Urteilen ist eine ersichtliche Trennung zu finden; besonders auffällig geschieht dies in 107, 91/92; etwas näher gerückt sind beide Normen in 107, 373 mit den Worten „gemäß § 242 und auch § 157“[68]) sowie in 100, 131 dadurch, daß § 157 zwischen Klammerzeichen gestellt ist. Hieraus läßt sich wohl entnehmen, daß das Reichsgericht der Anwendbarkeit des § 157 in den beiden letzten Fällen, die sich auf Hypothekenaufwertung und auf die clausula rebus sic stantibus (oben VI 6b) beziehen, selber nicht ganz traut[69]). Im übrigen ist § 157 in Kriegsangelegenheiten für sich allein ohne § 242 nur in 6 Entscheidungen zu finden; hier bleibt es in 100, 260 (Freizeichnungsklausel wegen Baumwollzwirnes) unklar, worauf sich eigentlich die Erwähnung der Vorschrift beziehen soll; in 86, 399 geht sie auf das Rücktrittsrecht von einer Zirkusmiete, das abgelehnt wird, in 97, 140ff. (Versicherung einer Zuckersendung von Lübeck nach Königsberg zu Schiff) auf Auslegung des Briefwechsels der Parteien, aber nicht auf die dort gleichzeitig erwähnte Klausel „frei von Kriegsmolest“; dagegen in allen drei anderen Fällen auf Tragweite bzw. Auslegung von Klauseln; nämlich in 88, 145f. (Lieferung von Trockenschnitzeln) dahin, daß die Kriegsklausel dem sich auf sie Berufenden nicht gestatte, drei Monate lang auf Kosten des Gegners zu spekulieren; in 94, 81 (Strumpfkops; vgl. oben VI 1b) dahin, daß die Vertragsbestimmung, „Betriebsstörungen“ sollten zur Herausschiebung der Lieferung ermächtigen, auch anwendbar sei auf „Unterbindung der Zufuhr aus dem Ausland und die dadurch hervorgerufene Knappheit von Waren“; und endlich in 92, 318ff. auf Auslegung einer am 26. Aug. 1914 eingegangenen Verpflichtung, den Angehörigen eines Oberinspektors „das Gehalt während der Kriegsdauer weiterzuzahlen“; diese Verpflichtung könne nur auf kurze Dauer des Krieges verstanden werden, so daß der Prinzipal am 1. Nov. 1916 berechtigt gewesen sei, die weitere Gehaltszahlung zu verweigern und das Dienstverhältnis zu kündigen.

VIII.

Einige Male wurde bereits die „Kriegsklausel“ berührt[70]). Mit ihr beschäftigt sich begreiflicherweise das Reichsgericht aber noch sehr viel häufiger, insgesamt in etwa 20 Fällen[71]).

1. Diese Fälle lassen sich auf folgende Untergruppen verteilen:

a) Kaufverträge in 87, 92 (Mehl: der bloße Eintritt des Klauselfalles genüge, Unmöglichkeit der Erfüllung sei nicht erforderlich), 88, 143 (Trockenschnitzel: aber Beklagter habe — S. 146 — die Frist zur Lossagung vom Vertrage versäumt), 88, 261 (Roggenmehl: Käufer habe der verspäteten Anwendung der Klausel durch Verkäufer nicht widersprochen).

b) Bühnenengagementsvertrag, 91, 59 (Befugnis der Bühnenleitung, bei

---

[68]) Ganz ähnlich, aber ohne Bezug auf eine Kriegsangelegenheit, in 106, 398 („Berücksichtigung des § 242 und etwa noch des § 157“); vgl. auch daselbst S. 401.

[69]) Und dies mit Recht, weil beim Vertragsschlusse, von dessen Interpretation § 157 doch handelt, die Parteien überhaupt nicht daran gedacht haben werden, mit derartig katastrophalen Wirtschaftsverhältnissen künftiger Jahre zu rechnen.

[70]) Neben ihr begegnen noch in Angelegenheiten, die unser Stoffgebiet betreffen, die Klauseln „beschlagnahme- und verwendungsfrei“ in 93, 332 (Thybetkunstwolle), „Lieferungsmöglichkeit vorbehalten“ in 97, 325 (Flacheisen), „glückliche Ankunft vorbehalten“ in 98, 141 (Aluminium), „force majeure befreit von der Lieferungspflicht“ in 91, 108 (Kakao). — Wegen der „Goldklausel“ (und „Goldwertklausel“) vgl. oben VI 3f.

[71]) Hiervon können einige (94, 104 u. 304) unerörtert bleiben.

Krieg den Vertrag auch ohne behördliche Schließung der Theater nach achttägiger Kündigung aufzulösen).

c) Gütertransporte: 99, 115 (Schwefelkies von Spanien nach Deutschland), 104, 216 (Seildraht von Düsseldorf nach Chatelineau).

d) Versicherungsverträge; und zwar in erster Linie über Gütertransport (meistens Seetransport, vgl. unten 2; bisweilen Landtransport, 96, 310: Hanf von Syrakus nach Hamburg, und 117, 6: Tabak aus der Türkei nach Stuttgart) bzw. gemischter Transport zu Wasser und mit der Bahn; (so 94, 217: Schafsdärme auf Dampfer von Dedeagatsch [Rumänien] nach Venedig und dann zur Bahn nach Deutschland oder der Schweiz; 95, 79: Haselnußkerne auf der Bahn von Konstantinopel nach Hamburg mit Wasserreise von einem Donauplatze nach einem anderen; 96, 148: Mais aus Rumänien ans preußische Kriegsministerium; also in diesen Mischfällen zu 94, 217 mit Seeschiffen, zu 95, 79 und 96, 148 mit Flußschiffen); daneben: Feuerversicherung (92, 99: Rohölgrube in Galizien: die Klausel umfasse auch Inbrandsetzen durch Anordnung eines militärischen Gewalthabers), Einbruchs-Diebstahlversicherung (90, 378: die Klausel schließe auch Zerstörung durch den russischen Pöbel im deutschen Botschafterpalast zu St. Petersburg ein), Lebensversicherung (93, 84: ein Leutnant bei einer Etappenkommandantur; unter die Klausel falle auch Blinddarmentzündung und Operation in der Etappe) und Unfallversicherung (90, 319: ein gegen Unfall versicherter Bierverleger, der sein Automobil gemäß der ihm erteilten Anweisung zum Zwecke militärischer Verwendung abliefern soll, wird von dem Grenzwächter erschossen).

2. Dabei handelt es sich in sehr vielen dieser Fälle um Anwendbarkeit und Auslegung der betreffenden Klausel[72]) und um die Frage, ob diese im gegebenen Falle zutreffe (so 90, 319, oben 1 d; 90, 324: Versendung amerikanischen Weizens cif Rotterdam und Nichtankunft des Dampfers daselbst; 92, 272: der aus Bayern nach Antwerpen verkaufte Flinzgraphit wurde nach Kriegsausbruch in Nürnberg angehalten; 92, 414: die Klausel umfasse auch noch die Beschlagnahme der entlöschten Ware an Land mit nachfolgender Kondemnation; 104, 216: verlorengegangener Bahnwagen); insbesondere bei Seetransport steht zur Frage, das Verhältnis der Kriegsklausel zur Klausel „gegen Seegefahr" (88, 234 und 240; ebenda 313f.; 89, 34ff.; ebenda 68, 139 u. 142; 90, 140; 92, 251; 94, 105 u. 217; 95, 227 u. 274 — „direkte Kriegsgefahr" —; ähnlich wegen Flußtransport 95, 80. — Vgl. auch 101, 332).

IX.

Eine zusammenfassende Besprechung kann den mancherlei Entscheidungen über Nichtigkeit von Rechtsgeschäften wegen Sitten- oder Verbotswidrigkeit und den diesen Entscheidungen zugrunde liegenden Fragen des Kriegswuchers, des Kettenhandels, der Preistreiberei und der Höchstpreise gewidmet werden[73]); diese Entscheidungen fallen in die Zeit zwischen 1916 (Bd. 88) und 1923 (Bd. 108).

1. Der Kriegswucher.

a) Ihn erblickt das Reichsgericht in einer „unerlaubten und unsittlichen Ausnutzung der allgemeinen Schwierigkeiten des Geld- und Arbeitsmarktes, die

[72]) Meistens die Allg. Seeversicherungsbedingungen vom Jahre 1867 (88, 234; 89, 34 u. 68; ebenda 139 u. 142; 92, 251 u. 415; 94, 104; ebenda 217 u. 300; 95, 227 u. 274; 96, 310) und nur zweimal die Bremer Bedingungen vom Jahre 1875 (90, 140 und 92, 65) und einmal die Bedingungen des Vereins Hamburger Assekuradeure (92, 247), diese aber auch beim Landtransport in 96, 310.

[73]) Auch das Reichsgericht behandelt die Frage bisweilen gleichzeitig, s. unten 2 a.

durch den alle Wirtschaftsverhältnisse erschütternden Krieg geschaffen sind" (93, 29), in einer „Ausbeutung der durch den Krieg geschaffenen Lage zu einem die Grenzen alles Mäßigen und Zulässigen überschreitenden Gewinn" (93, 107), insbesondere in einer „Erschwerung und Beeinträchtigung der Verteidigung des Vaterlandes", z. B. „wenn Gegenstände des Kriegsbedarfes, die bereits beschlagnahmt, also bestimmt sind, zu Heereszwecken verarbeitet zu werden, dieser ihrer Bestimmung entzogen und in eigennützigem Interesse für bloße Privatzwecke bereitgestellt werden" (100, 249); wenn eine Vertragspartei „bewußterweise um ihres privaten Vorteiles willen im Augenblicke einer nationalen Gefahr den Bestrebungen zum Schutze des Vaterlandes in den Rücken gefallen sei" (89, 198; vgl. 93, 107), und wenn die Verkäufer „die durch den Krieg geschaffene Notlage der Heeresverwaltung und deren unmittelbarer[74]) Lieferanten, die die für die Kriegführung erforderlichen Waren in größter Eile beschaffen mußten, sich zu Nutzen gemacht haben, um Preistreibereien vorzunehmen" (90, 402); wenn sie „den drängenden Bedarf des Reiches zum besonderen Vorteile des einzelnen ausnutzen", um einen „erheblichen Verdienst ohne erhebliche eigene Mühewaltung und ohne irgendwelche wirtschaftlich wertvolle Leistung in die Tasche zu stecken und die Volksgemeinschaft um diesen Betrag zu schädigen" (93, 107).

b) In 104, 330 (vom Jahre 1922) wird dann noch hervorgehoben, es könne nicht anerkannt werden, daß der Begriff der guten Sitten infolge des Krieges „auf irgendwelchem Gebiete, insbesondere auf dem des wirtschaftlichen Lohnkampfes" ein anderer geworden sei.

c) Angewendet finden wir den Begriff des Kriegswuchers beim Handel mit Messingstellplatten (90, 402), mit Granaten (93, 28) bzw. Graugußgranaten (93, 208) für die Heeresverwaltung, mit Decken für sie (93, 107), mit Häuten (97, 83), mit Feldbohnen (106, 317), mit Gerste (89, 198), mit Bankazinn (100, 249) und auch betreffs des Mäklerlohnes (90, 402 und 93, 208) sowie bei einem Darlehn zu Kriegswucherzwecken (99, 163)[75]).

d) In eine „Notlage", die wucherlich ausgenutzt werde, könne auch eine Geschoß- und Metallverwertungsgesellschaft m. b. H. kommen (93, 27f.).

e) Geleugnet wird die Anwendbarkeit des Begriffes in den konkreten Fällen 96, 113 und 105, 182; dort, weil die vorgenommene Preissteigerung (für Haselnußkerne) allein noch keinen Verstoß gegen die guten Sitten enthalten habe (es wird also offenbar das subjektive Moment vermißt), hier, weil die in Betracht kommenden Verordnungen über Weineinfuhr (vom 16. Jan. 1917 und 23. März 1918) an Ort und Stelle, nämlich im besetzten rheinpfälzischen Gebiete, zur Zeit des Geschäftes nicht galten, da sie durch einen Befehl des Kommandierenden Generals der 10. französischen Armee vom 25. März 1919 außer Kraft gesetzt worden wären.

2. Die Verbotswidrigkeit.

a) Sie wird für den uns beschäftigenden Gedankenkreis gleichzeitig mit der Sittenwidrigkeit erwähnt und es werden also §§ 134 und 138 zusammen erörtert in folgenden Entscheidungen: 88, 254; 96, 330; 99, 52; 100, 248f.; 102, 323f.; 103, 110f. u. 250; 105, 67 u. 180; 106, 162 u. 307; 108, 243; vgl. auch 96, 345 sowie 100, 40 u. 42[76]).

---

[74]) A. a. O. heißt es unrichtig „unmittelbaren".

[75]) Dagegen wird es sich in 105, 65ff. (Sacharinverkauf, vgl. unten 2b) zwar (mit RG. a. a. O. S. 67) um Wucher, aber nicht gerade um Kriegswucher handeln, wiewohl der Vorgang in den Sommer 1918 fiel.

[76]) Wie bei anderer Gelegenheit (oben VII) §§ 242 und 157 BGB., aber in obigen Urteilen doch unter klarerer Unterscheidung, die nur in einigen Fällen (96, 332; 99, 52; 105, 180; 106, 162 u. 307) zu vermissen ist.

b) Die Verbotswidrigkeit (und damit die Nichtigkeit des Rechtsgeschäftes), die in Entscheidungen zwischen 1916 und 1923 begegnet, wird betont bei Verstößen gegen die Vorschriften über Kettenhandel (s. unten 3), über Schleichhandel (103, 110 bei Wein sowie 105, 66 bei Süßstoff), über Devisenhandel (98, 254; 104, 51 und 105, 299: mangelnde Einwilligung der Reichsbank in Geschäfte mit im Auslande wohnenden Personen), über Sicherstellung des Kriegsbedarfes (95, 348: holländisches Wollgarn).

c) Dagegen wird die Anwendbarkeit des § 134 geleugnet[77]): bei Höchstpreisüberschreitung in 88, 250 u. 254 (Kartoffeln), in 89, 198 (Gerste) und 97, 83 (Häute), in 98, 294 (Zigarren) und in 99, 124 (Gasreinigungsmasse), weil die einschlägigen Verordnungen — vom 4. Aug. und vom 17. und 19. Dez. 1914, vom 21. Mai 1915 und vom 8. Mai 1918 — nur eine Herabsetzung der Preise zugunsten des Publikums, aber keineswegs die Nichtigkeit entgegenstehender Verträge bezwecken; ferner bei Verstoß gegen das Nahrungsmittelgesetz vom 14. Mai 1879 und die Kaffee-Ersatzmittel-Verordnung vom 6. Dez. 1919, weil diese gleichfalls nur gegen einen der beiden Vertragschließenden und nicht gegen das Rechtsgeschäft als solches gerichtet seien (100, 40); bei Verstößen gegen ein Verbot der Einfuhr von Milch und Sardinen aus dem Auslande, weil der Einführende nur zur Anzeige an die maßgebende Stelle (Reichsstelle für Speisefette bzw. Sardinen-Einfuhr-Gesellschaft m. b. H.) bzw. zum Verkaufe an sie verpflichtet sei (102, 294 und 103, 152); sodann (96, 95: Seidenblusen), weil die in § 7 der Verordnung vom 10. Juni 1916 über die Regelung des Verkehrs mit Web-, Wirk- und Strickwaren vorgeschriebene schriftliche Auftragserteilung nicht etwa ein Formerfordernis bedeute, sondern lediglich eine Einschränkung der Lagerarbeit zugunsten von einzelnen Arbeitsbestellungen; endlich (102, 323: französische Stoffe), weil sich das Einfuhrverbot der Bekanntmachung vom 16. Jan. 1917 § 1 nur gegen die Tatsache der Einfuhr, nicht gegen ein den eingeführten Artikel betreffendes Rechtsgeschäft richte und nur gegen den Einführenden, nicht gegen den Lieferanten. — Endlich (102, 108: Hufeisen, Stollen und Nägel), weil der Waffenstillstandsvertrag vom 11. Nov. 1918 Art. VI Abs. 3 kein Verbotsgesetz (damals überhaupt noch kein Gesetz) wäre und ebensowenig (107, 174: Weindestillat) ein Verkaufsverbot des Kommandierenden Generals der amerikanischen Besatzungstruppen am Rhein ein Gesetz im Sinne des § 134 BGB.; weil die Verordnung vom 15. Febr. 1917 über den Verkehr mit Knochen usw. im besetzten Gebiete (Bonn) keine Gültigkeit gehabt habe (104, 107: Leinöl) und (105, 182, oben 1e: spanischer Wein), weil die deutschen Einfuhrbeschränkungen im besetzten rheinpfälzischen Gebiete unter der zeitlichen Herrschaft des Waffenstillstandsvertrages nicht gegolten hätten[78]).

d) Auffallend ist es, daß bei dem gleichen Tatbestande der fehlenden Erlaubnis zum Handel mit Lebensmitteln (96, 332 Kognak; 96, 344 Fischklöße; 110, 54 Roggen) das Reichsgericht zunächst (in Bd. 96: Entscheidungen vom Oktober 1919) die Nichtigkeit geleugnet, dann jedoch (in Bd. 110; Entscheidung vom Januar 1925) bejaht hat. Es erklärt sich dies aber daraus, daß inzwischen durch eine Verordnung vom 27. Nov. 1919 (über Wuchergerichte, RGBl. S. 1909) Art. III Nr. 1 § 4b die Nichtigkeit ausdrücklich festgesetzt worden war, während vorher ebenso wie oben c bei Höchstpreisüberschreitung argumentiert werden konnte.

---

[77]) Dahingestellt bleibt sie in 99, 52.

[78]) Etwas anders liegt der zwar den § 134 nicht ausdrücklich erwähnende, aber mit § 309 und 308 Abs. 2 BGB. arbeitende Fall 105, 138 (Rinds- und Kuhhäute, vgl. oben V1d), in welchem eine Beschlagnahmeverordnung des Reichskanzlers beim Anfangstermin der Leistung nicht mehr gegolten hatte.

3. Der Kettenhandel. Mit diesem Begriffe hat sich das Reichsgericht sehr oft (in mehr als 20 Entscheidungen) beschäftigt und ihn namentlich wiederholt definiert.

a) Danach ist der Kettenhandel begrifflich das Einschieben eines unnützen Zwischengliedes (99, 50; 101, 44 u. 418; 103, 17) in den Verteilungsprozeß[79]) der Ware, in die Kette des Absatzes (103, 17), eine unnütze Verlängerung der Kette (des Weges der Ware), ein unnützes (überflüssiges) Verhalten, das nicht einen gemeinwirtschaftlichen Zweck (96, 344), eine für die Gemeinwirtschaft wertvolle Sonderleistung (98, 2), ein arbeitsteiliges Zusammenwirken (98, 2) darstelle, das nicht den Weg vom Erzeuger zum Abnehmer fördere und beschleunige, sondern verlängere und verteuere (98, 62; 103, 163) und sich mithin als „gemeinwirtschaftlicher Leerlauf" (98, 2) erweise, als Verfolgung eigennütziger (eigensüchtiger, eigenwirtschaftlicher) Interessen (96, 331 u. 344; 98, 2; 99, 51) und (99, 51) Motive mit preissteigernder Wirkung (103, 163) und volkswirtschaftlich schädlichem Erfolge (101, 45). — Ein notwendiger und nützlicher Verteilungsvorgang (96, 344) läge nur vor, wenn die Ware einem ganz anderen Verbraucherkreise (101, 371; 107, 12) zugänglich gemacht, an einen anderen Bedarfsort überführt (96, 344) wurde. Dies sei aber nicht anzunehmen, wenn die Parteien (namentlich als Großhändler an demselben Orte: 98, 62 sowie 105, 177) im selben Wirtschaftsgebiete (103, 162ff.) gleichstehende Funktionen im Wirtschaftsleben ausüben (98, 2 u. 62; 103, 162; 105, 270) und es sei in derartigen Fällen der Gegenbeweis erforderlich (103, 17 u. 162; 105, 178), daß mit dem Geschäfte gleichwohl eine nützliche wirtschaftliche Arbeit geleistet würde (98, 2), während umgekehrt bei Ortsverschiedenheit eine Vermutung gegen den Kettenhandel spräche und erst der Beweis der Unwirtschaftlichkeit erbracht werden müßte (101, 371f. und 107, 12). — Zu diesem äußeren Tatbestande müsse dann aber noch der innere hinzukommen, daß (98, 63; 101, 383 u. 418; 103, 166; 105, 178; 109, 157)[80]) die Parteien sowohl Kenntnis vom Vorliegen der objektiv vom Gesetze mißbilligten Tatbestandsmerkmale (von der Möglichkeit unnötiger Preissteigerung durch ihr Verhalten: 103, 166) wie den Willen gehabt haben, sie zu verwirklichen. — Dagegen gehöre die tatsächliche Erreichung eines übermäßigen Gewinnes nicht zu den Voraussetzungen für den Begriff des Kettenhandels (96, 344).

b) Kein Kettenhandel liegt vor: α) bei dem Geschäfte zwischen dem Erzeuger und dessen Abnehmer (106, 318 wegen Feldbohnen und mit sehr ausführlicher Begründung 105, 270 wegen Verkaufes des erst aus dem gekauften Walde zu schlagenden Holzes, wo das Reichsgericht meint, daß der Käufer des Waldes „gewissermaßen erst Erzeuger des Holzes als einer Ware gewesen sei"); ferner β) bei Ankauf für den Kleinhandel (auch wenn sich nur der größere Teil des gesamten Geschäftes so darstelle: 101, 371 wegen Zigaretten) oder bei Herausnahme von Waren aus dem Kettenhandel und Weiterverkauf an Verbraucher und Kleinhändler, an die sie der erste Verkäufer nicht gebracht haben würde (96, 331); und vor allem γ), wenn es sich um einen Verkauf ins Ausland („für den Export"; 100, 236 wegen Hotelporzellanteller) handelt (der aber in 101, 381 — Verkauf von Weckern — nach der Sachlage nicht gegeben schien, andererseits jedoch in 103, 249 — Fördersteinsalz — angenommen wurde, wiewohl beim Vertragsschlusse die Preistreibereiverordnung vom 8. Mai 1918 [§ 19] noch nicht galt); denn die gesetzlichen Maßregeln zielen nur auf den

---

[79]) 96, 331; 98, 62; 99, 51; ferner „Verteilungsgang" in 102, 299, Verteilungsweg in 103, 164.
[80]) Hier werden zu Unrecht zitiert: 96, 330; 98, 1; 100, 237 und 101, 44.

Schutz des Inlandmarktes (103, 248), der Volksgenossen (ebenda) und der deutschen Volkswirtschaft (100, 236) und nicht auf einen solchen der ausländischen Verbraucher; dabei wird aber 100, 237 betont, daß, „sobald auch nur die Möglichkeit offenbleibt, die Ware gegebenenfalls auch an den inländischen Verbraucher abzugeben, ein Handeln mit dolus eventualis" vorliegen würde, „das die als Kettenhandel anzusehenden vorausgehenden Geschäfte zu unlauteren Machenschaften und daher nach § 134 BGB. ungültig machen würde".

4. Die Überschreitung der Höchstpreise[81]).

Hier sahen wir schon oben 2c an der Hand mehrerer Entscheidungen (88, 252; 89, 197; 97, 84; 98, 294; 99, 122), daß diese Überschreitung nicht etwa den betreffenden Vertrag nichtig macht (aus § 134 BGB.); hinzuzufügen ist, daß immerhin eine Herabsetzung des Vertragspreises auf den Höchstpreis erfolgt. — Weitere Entscheidungen ergeben folgendes: a) Die Anordnung von Höchstpreisen umfaßt nicht etwa auch ältere, gutgläubig und rechtswirksam abgeschlossene, aber noch unerfüllte Verträge, wenn die bedungenen Kaufpreise die später angeordneten Höchstpreise überschreiten (93, 316 wegen Altblei, 94, 284 wegen Militärtuch und 99, 64 wegen Vierkant-Flußeisen; vgl. auch 93, 140 wegen Karotten). b) Andererseits wurde der gemeine Handelswert bzw. der gemeine Wert, den eine Bahn für gestohlene Teile der Ladung (Fleisch- und Fettwaren) gemäß § 457 HGB. und § 88 EisenbVerkO. zu ersetzen hat, mit dem Höchstpreise gleichbemessen, weil nur dieser für Inlandswaren gleicher Art erzielt werden konnte (96, 125). c) Hinsichtlich konkreter oder abstrakter Schadenberechnung sei erstere (93, 134: amerikanischer Speck) als Geltendmachung eines positiven Schadens von etwaigen Höchstpreisen und vom Ergebnisse einer etwaigen späteren Weiterveräußerung unabhängig; bei letzterer (90, 305: gleichfalls amerikanischer Speck) dürfe dagegen nur der erzielbare Höchstpreis zugrunde gelegt werden, weil der entgangene Gewinn möglichenfalls übermäßig gewesen sein würde; aber (96, 284: Trossel- oder Warpkops) wenn er im Einzelfalle innerhalb des Höchstpreises in der Tat übermäßig sei, so könne dies von der Gegenpartei geltend gemacht werden.

5. Die in 1—4 besprochenen Entscheidungen bieten ein besonders deutliches Beispiel dafür, mit wieviel wechselnden und sich überstürzenden Normen[82])[83]) sich in den obigen Fragen das Reichsgericht zufolge des Krieges zu beschäftigen hatte. Am häufigsten treten uns entgegen die Bekanntmachung des Bundesrates gegen übermäßige Preissteigerung[84]) vom 23. Juli 1915 (RGBl. S. 467) nebst Änderung vom 23. März 1916 (RGBl. S. 183) und vor allem deren Nachfolgerin, die Bundesratsverordnung vom 8. Mai 1918 gegen Preistreiberei[85]) (RGBl. S. 395). Sodann die Verordnung des Reichskanzlers vom 24. Juni 1916 über den Handel mit Lebensmitteln und zur Bekämpfung des Kettenhandels[86]) (RGBl. S. 581). Ferner[87]) das gleich am 4. Aug. 1914 ergangene

[81]) Mindestpreise werden nur einmal (101, 45: Nußkohlen) erwähnt, Richtpreise in 97, 82 (für Häute).

[82]) Über die Frage ihrer rückwirkenden Kraft vgl. Bemerkungen in 89, 196ff., in 93, 316 und in 94, 282/283.

[83]) Und zugleich mit wie mannigfachen Objekten (vgl. auch z. B. schon oben III 3).

[84]) 90, 305 u. 402; 93, 107 u. 133ff.; 96, 237ff.; ebenda 284ff. u. 344; 98, 1ff. u. 61ff.; 99, 157; 103, 248.

[85]) 93, 208; 96, 237 u. 344; 98, 293; 99, 50; 100, 41 u. 103; 101, 371 u. 381; 102, 257; 103, 116 u. 248; 105, 18 u. 177; 107, 12; 109, 157.

[86]) 96, 330 u. 343; 98, 2; 101, 44; 103, 108ff.; 106, 317; 109, 156; 110, 54.

[87]) Hierher gehört auch die in 101, 417 begegnende Bundesratsverordnung über den Handel mit Tabakwaren vom 28. Juni 1917 (RGBl. S. 563) wegen ihres § 9 Abs. 1 Nr. 2.

Gesetz betr. Höchstpreise[88]) (RGBl. S. 339) mit seinen verschiedenen Fassungen (vom 17. Dez. 1914 [RGBl. S. 513] und 21. Jan. 1915 [RGBl. S. 25])[89]) sowie die Bundesratsverordnung vom 8. Febr. 1917 über den Zahlungsverkehr mit dem Auslande (RGBl. S. 105)[90]). Dazu kommt vereinzelt die kurzlebige[91]) Bundesratsverordnung vom 7. März 1918 gegen den Schleichhandel (RGBl. S. 112)[92]) und ferner eine Menge kleinerer Bekanntmachungen des Bundesrats bzw. des Reichskanzlers, die sich auf Kupfer, auf Roggen, Gerste und Weizen, auf Wolle und Wollwaren und auf Äpfel beziehen[93]), und schließlich aus der Zeit zwischen dem 2. Aug. 1914 und dem 22. Juni 1917 eine Anzahl über Höchstpreise handelnde Anordnungen militärischer Behörden[94]). — Manche der Entscheidungen beschäftigen sich übrigens gleichzeitig mit mehreren der oben erörterten Begriffe, so mit „Preistreiberei"[95]) bzw. „Preissteigerung" und mit „Kettenhandel" (96, 344 und 98, 62; 101, 381 und 115, 152) oder (103, 108ff.) mit „Preistreiberei", „Höchstpreisen" und „Schleichhandel", so daß also hier eine ebensolche Rechtslage gegeben ist, wie wir sie oben 2a wegen der Möglichkeit gleichzeitiger Anwendbarkeit von §§ 134 BGB. und 138 beobachteten.

X.

Beschlagnahme, Enteignung, Wohnungszwangswirtschaft. Diese können wegen innerlicher Beziehungen ebenso zusammengefaßt werden, wie die Gruppe IX. Und auch darin besteht eine Übereinstimmung, daß wir hier gleichfalls in den Entscheidungen des Reichsgerichtes eine besonders große Zahl von Kriegsnotvorschriften besprochen finden.

---

[88]) 88, 250; 89, 196; 103, 108; 105, 18.

[89]) Dazu auch noch zum Teil die in 99, 122 erwähnte Verordnung über Sicherstellung von Kriegsbedarf vom 26. April 1917 (RGBl. S. 375).

[90]) 98, 254; 102, 324; 104, 51ff.; 105, 298.

[91]) Sie wurde durch die Verordnung vom 13. Juli 1923 zur Ausführung des Art. VI Abs. 3 des Notgesetzes (vom 24. Febr. 1923), RGBl. I 699, Art. II Nr. 11 aufgehoben, lebte aber dann in § 9 der gleichzeitig ergangenen neuen Preistreibereiverordnung weiter, die auch noch in 118, 166f. u. 299 sowie in 120, 130 Erwähnung findet.

[92]) Der schon oben 2b gestreifte Schleichhandel findet sich nur in zwei aus 1921 bzw. 1922 stammenden Entscheidungen, nämlich 103, 108 und 105, 66. Von ihnen betont die erste, daß es sich hier nicht, wie bei Überschreitung der Höchstpreise (oben IX 4) bloß um die „Ausbeutung der einzelnen Käufer" handle, also auch nicht um bloße „Herabsetzung des vereinbarten Preises auf das erlaubte Maß unter Aufrechterhaltung des übrigen Vertrages"; in Betracht komme vielmehr der „Schutz der Allgemeinheit vor einer umfangreichen Abwanderung rationierter Ware an den Meistbietenden, dessen Preiswucher letzten Endes eine breite Schicht des verbrauchenden Publikums zu tragen hat"; der Schutz „gegen eine besonders geartete, die Gefahr der Wiederholung und einer größeren Ausdehnung in hohem Maße in sich tragenden Durchkreuzung der im Interesse der Allgemeinheit zur Kriegszeit getroffenen Maßnahmen" und die Verhinderung dieser „Durchkreuzung". — Untechnisch ist das Wort „Schleichhandel" in 96, 125 und 106, 384 gebraucht, von „Schleichwegen" ist in 93, 185 die Rede.

[93]) 89, 197 und 93, 17 sowie 94, 282 und (wegen der Äpfel) 96, 347.

[94]) Rohstoffabteilung des preußischen Kriegsministeriums (97, 82 für Häute), Waffen- und Munitionsbeschaffungsamt (98, 260: Objekt nicht näher bezeichnet), Oberbefehlshaber der Marken (91, 185 für Weizenmehl), Kommandierende Generäle des IV. bzw. VII. Armeekorps (93, 317 für Altblei und 97, 61 für Eisen und Stahl).

[95]) Nicht der offiziellen Ausdrucksweise der Gesetze entspricht es übrigens, wenn das Reichsgericht in 99, 157 und 105, 179 von einem (an den „Kriegswucher", oben 1, erinnernden) „Preiswucher" redet. In 103, 250 und 115, 151 sind es die Parteivorträge, welche diesen Ausdruck bringen. Natürlich ist die bloße „Preissteigerung", auch wenn man sie nicht mit 92, 322 lediglich objektiv, sondern mit der Verordnung selber (vgl. ihren § 1) unter Beimischung eines subjektiven Werturteiles auffaßt, nicht sofort mit „Kriegswucher" gleichbedeutend und kann es auch rein äußerlich darum nicht sein, weil ja die auf die Preissteigerung bezüglichen Vorschriften gar nicht mit dem Kriege erloschen sind.

1. Wegen der Beschlagnahme, welche uns schon (oben VI 1d) als Grund für die Unmöglichkeit der Lieferung[96]) beschäftigte[97]), kommt besonders[98]) die Bundesratsverordnung vom 24. Juni 1915 (RGBl. S. 357) über die Sicherstellung von Kriegsbedarf[99]) und deren Neufassung vom 26. April 1917 (RGBl. S. 375)[100]) in Betracht; aber auch das 1873 am 13. Juni ergangene Reichsgesetz über die Kriegsleistungen (RGBl. S. 129) tritt uns begreiflicherweise oft entgegen[101]), und aus der Zeit nach dem Kriegsende ist eine Verordnung des Rates der Volksbeauftragten vom 14. Dez. 1918 über die Zurückführung von Waffen und Heeresgut (RGBl. S. 1425) und eine Verordnung des Reichsministeriums vom 23. Mai 1919 betr. die Verwertung von Militärgut (RGBl. S. 477) zu beachten gewesen[102]). — Gegenstandlich beschäftigt sich nun weitaus die Mehrzahl der Entscheidungen mit beweglichen Sachen[103]), inhaltlich mit der Frage der Zulässigkeit des Rechtsweges in solchen Beschlagnahmeangelegenheiten, welche meistens verneint wird, weil es sich nicht um eine privatrechtliche Angelegenheit, sondern um Ausflüsse eines Hoheitsrechtes (Militärhoheit) für die höchsten Staatszwecke, zum öffentlichen Wohle (87, 359) handle[104]); und nur in einigen wenigen Sonderfällen[105]) wird die Zulässigkeit des Rechtsweges angenommen. — Eine andere mehrfach erörterte Frage ist die, ob durch die Beschlagnahme die nachträgliche Eigentumsübertragung an dem Objekte gehindert (weil als rechtsgeschäftliche Verfügung nichtig) sei, was das Reichsgericht[106]) bejaht. Darin liege (99, 124) eine Vorbereitung der etwaigen „Enteignung"[107]) [108]); die von vielen Kriegsverord-

[96]) Über den dabei auftauchenden Unterschied zwischen Erfüllungsunmöglichkeit und Gefahrtragung vgl. 106, 16 und 114, 405. = Über die Klausel „beschlagnahmefrei" (93, 332) oben Anm. 70.

[97]) Vgl. dazu wegen des Unterschiedes zwischen Beschlagnahme von Feindeshand und kriegswirtschaftlicher Beschlagnahme 114, 406. — Zur Frage der Haftung des Reiches (nach dem Gesetze vom 22. Mai 1910) bzw. des preußischen Staates (nach dem Gesetze vom 1. Aug. 1909) für die gelegentlich einer Beschlagnahme verursachten Schädigungen durch Unterorgane des Beschlagnahmeorganes vgl. RG. 105, 338 und 106, 373 bzw. 102, 392ff. — Über Auslegung einer behördlichen Beschlagnahmebekanntmachung (vom 16. Mai 1916 über Lumpen und neue Stoffabfälle) verbreitet sich RG. 91, 423ff.

[98]) Vgl. die Verordnungen betr. Öle (91, 280; 96, 108 u. 111; 104, 107) vom 8. Nov. 1915, über Lumpen (91, 423 und 100, 160) vom 16. Mai 1916 (siehe vorige Anmerkung), über Baumwolle (97, 257) vom 14. Aug. 1915 und über Fässer (94, 82) vom 6. bzw. 28. Juni 1917.

[99]) 89, 208; 91, 427; 92, 35 u. 370; 94, 83; 95, 348; 99, 43; 100, 160 u. 248; 101, 127; 103, 54.

[100]) 92, 122; 101, 127; 103, 54.

[101]) 87, 357; 89, 222; 90, 257; 92, 67 u. 95; 94, 20; 101, 127; 104, 18 u. 117.

[102]) Jene in 105, 274 und 106, 351; diese in 105, 192 u. 349 sowie in 108, 244; hierher gehört auch die in 105, 138 erwähnte auf Häute bezügliche Bekanntmachung des Reichswirtschaftsministeriums vom 1. Mai 1919.

[103]) Unbewegliche Objekte begegnen in 90, 257 (Mühlenbesitzung, beschlagnahmt für Lagerung von Lebensmittelvorräten), 92, 95 (Pachtgrundstück zur Errichtung einer Fabrikanlage für Heereszwecke), 104, 18 (Gasthof zur Unterbringung der Geschäftsbureaus eines Regimentes), 104, 117 (Waldgelände zur Erweiterung eines Truppenübungsplatzes), 105, 338 (gewerbliche Räume zur Unterbringung einer Heimatkolonne). Vgl. auch unten Anm. 104.

[104]) 89, 209 u. 222; 90, 257; 91, 291; 92, 95; 99, 41; 101, 127; 103, 52; 104, 117; 105, 275; 106, 385; vgl. auch 92, 172 und 104, 208. — Eigentümlich liegen die in die Nachkriegszeit (Februar und Juli 1919) gehörigen Fälle 102, 246 u. 251 über Beschlagnahme des Kronfideikommisses und des Sondervermögens der Häuser Sachsen-Weimar-Eisenach und Sachsen-Koburg-Gotha (und hierzu auch 111, 123).

[105]) 104, 18 (Beschädigungen und Entwendungen innerhalb der Beschlagnahmezeit), 105, 192 (Wertersatz für das beschlagnahmte Objekt), 108, 244 (Rückzahlung der Beträge, die an die Stelle von sichergestelltem Militärgute getreten sind).

[106]) 92, 34; 94, 82; 99, 124 (wo irrig 95, 348 zitiert wird); 100, 160.

[107]) Über Enteignung und Aufwertung vgl. oben VII 1b.

[108]) Nicht hierher gehören folgende Fälle: 1. der in 90, 361, welcher zwar die Festung Köln betrifft und dieserhalb das Rayongesetz v. 21. Dez. 1871 heranzieht, aber mit dem Weltkriege

nungen[109]) mit häufig wiederkehrender Bestimmung vorgesehene Übernahmeerklärung des Kriegsausschusses habe die Bedeutung eines staatlichen Enteignungsbeschlusses (96, 109) und ziehe Eigentumsverlust des bisherigen Eigentümers nach sich (105, 327).

2. Die Wohnungszwangswirtschaft. Das Mietrecht[110]) wurde schon mehrfach gestreift: einmal wegen der Frage, ob die durch den Krieg hervorgerufenen wirtschaftlichen Veränderungen dazu berechtigen, sich vom Vertrage loszusagen[111]); zweitens wegen der clausula rebus sic stantibus[112]); drittens wegen der Aufwertung[113]) und viertens soeben wegen der Beschlagnahme und der Enteignung, welche sich in mehreren Entscheidungen[114]) auf Mietgrundstücke bezieht. Nur dieser Punkt ist hier von Bedeutung; und zwar einmal wegen der Frage, ob bei Wohnungsbeschlagnahme der Rechtsweg zulässig ist, was das Reichsgericht stets bejaht (102, 212; 104, 159; 106, 150), und dann wegen des rechtlichen Verhältnisses zwischen Beschlagnahme und Enteignung[115]), das das Reichsgericht wiederholt[116]) gleichsetzt und daher zur Basis von Entschädigungsansprüchen des Grundstückseigentümers (bzw. auch — 105, 253 sowie 111, 224 — seiner bisherigen Mieter) macht. — Des weiteren beschäftigen sich die auf die Wohnungsnot bezüglichen, übrigens erst mit den Entsch. in 102, 161 u. 186 vom Frühjahr 1921 beginnenden Urteile im wesentlichen mit der Rechtsstellung der Miet- bzw. Pachteinigungsämter[117]), die an dieser Stelle genau zu prüfen kein Anlaß vorliegt. — Dagegen bedarf es der Betonung, daß wir auch hier wiederum das Reichsgericht mit einer großen Anzahl neuerer Gesetze befaßt finden, welche den schweren Mißständen der Zeitverhältnisse Rechnung zu tragen bemüht sind. Am häufigsten[118]) begegnet uns die Bundesratsverordnung vom 23. Sept. 1918 über Maß-

noch nichts zu tun hat; 2. der in 91, 388, der wegen Übernahme von Tee durch den Kriegsausschuß für Kaffee, Tee und deren Ersatzmittel die Frage des Rechtswegs prüft (sie bejahend), aber nicht Enteignung betrifft. — In 96, 104 und 102, 193 handelt es sich nur um Auslegung der einschlägigen Normen (Bekanntmachung des Reichskanzlers v. 7. Sept. 1916, RGBl. S. 999, über die Einfuhr von Walnüssen und Haselnüssen bzw. preußische Verordnungen v. 11. Sept. 1914 und 27. März 1915, GS. S. 159 bzw. S. 57, betr. ein vereinfachtes Enteignungsverfahren zur Beschaffung von Arbeitsgelegenheit und zur Beschäftigung von Kriegsgefangenen); endlich in 97, 181 um Anwendbarkeit von § 30 des preußischen Enteignungsgesetzes v. 11. Juni 1874 (GS. S. 221).

109) Die Entscheidung selber 96, 108 zählt deren nicht weniger als 9 (nebst allerlei Ausführungs- und Abänderungsvorschriften) auf, die sich sogar lediglich auf pflanzliche und tierische Öle und Fette beziehen.

110) Bzw. Pachtrecht (vgl. 107, 152).

111) Vgl. folgende zwischen den Mai 1915 und den November 1923 fallende Urteile: 86, 399; 88, 98; 89, 205; 90, 374; 91, 54; 107, 152 (oben VI 2a).

112) 99, 258; 100, 130; 107, 153 (oben VI 6b).

113) 107, 151; 108, 314; oben VII 1b.

114) 102, 212; 104, 159; 105, 253; 106, 150; 108, 253; 111, 224; 112, 189.

115) Sie geht aus: von der Stadtgemeinde (112, 189 und 108, 252), vom städtischen Wohnungsamte (104, 159; 106, 150; 111, 224; vgl. auch noch 118, 228) oder vom Bezirkswohnungskommissar (102, 212; 105, 251; 117, 44).

116) 105, 253; 111, 226; 112, 191; in 108, 253 unentschieden.

117) Die Entscheidungen betreffen z. B. das Verhältnis des Amtes zum Gerichte (101, 115; 104, 244), ältere und jüngere Beschlüsse desselben Amtes (103, 314), Zustimmungserklärungen des Amtes (103, 271; 104, 308; 104, 365); vgl. ferner 103, 307; 104, 153 u. 159; 107, 152 u. 284; 117, 42.

118) Vereinzelt findet man z. B. eine Bekanntmachung vom 15. Dez. 1914 betr. Einigungsämter (RGBl. S. 511) in 103, 272 und 107, 280; eine Verordnung vom 9. Dez. 1919 (RGBl. S. 1968) zur Behebung der dringendsten Wohnungsnot (102, 211; 108, 70; 117, 43 ff.), das Wohnungsmangelgesetz vom 26. Juli 1923 (RGBl. I 754) in 111, 9 u. 225 sowie in 112, 191; ferner an Landesrecht die preußische Höchstmietenverordnung vom 9. Dez. 1919 (GS. S. 187) in 103, 307 u. 117, 43 und eine Bremer Verordnung vom 14. Febr. und 14. Aug. 1919 in 102, 162 (Gesetzbl. der Hansestadt Bremen S. 25).

nahmen gegen Wohnungsmangel (RGBl. S. 1143)[119]), die Bekanntmachung des Reichskanzlers zum Schutze der Mieter vom gleichen Tage (RGBl. S. 1139) nebst ihrer Änderung vom 22. Juni 1919 (RGBl. S. 591)[120]), das Gesetz vom 11. Mai 1920 über Maßnahmen gegen Wohnungsmangel[121]) (RGBl. S. 949), das Reichsmietengesetz vom 24. März 1922 (RGBl. I 273)[122]) und das Mieterschutzgesetz vom 1. Juni 1923 (RGBl. I 353)[123]).

XI.

Tumultschäden; Reichs- und Staatshaftung.

1. Die Tumultschäden. In nicht weniger als 26 Fällen, die von Bd. 98 bis Bd. 108 reichen, hat sich das Reichsgericht mit ihnen zu beschäftigen gehabt. Etwa die Hälfte dieser Fälle trafen wir als im Zusammenhange mit der Revolution, den Spartakusunruhen und dem Kapp-Putsche stehend bereits früher (III 1) an; von den übrigen scheiden, als nicht mehr unter unser Thema fallend, drei Vorgänge aus dem Jahre 1920 in 107, 131 u. 257 sowie in 108, 235 bestimmt aus; desgleichen wohl, weil nicht mit Sicherheit, ja nicht einmal mit Wahrscheinlichkeit auf Nachkriegswirkungen zurückführbar, die in der Zeit zwischen dem 6. März 1919 und 8. Aug. 1920 liegenden Vorgänge aus 101, 260 u. 385; 102, 321; 105, 93 u. 329 sowie aus 107, 59. Andererseits wird man die Fälle 101, 358 (April 1919) und 102, 152 (November 1918) trotz ihres Schweigens über die angedeuteten letzten Ursachen noch in den Kreis unserer Betrachtungen hineinziehen dürfen. — In den danach für unser Thema belangreich bleibenden 17 Entscheidungen finden wir nun — von einer einzigen auf braunschweigische Gesetze (Städteordnung vom 19. Juli 1892 und Landgemeindeordnung vom 18. Juni desselben Jahres) bezüglichen Ausnahme (101, 358ff.) abgesehen — alle mit dem preußischen sog. Tumultschädengesetz (Gesetz vom 11. März 1850 betr. die Verpflichtung der Gemeinden zum Ersatze des bei öffentlichen Aufläufen verursachten Schadens, GS. S. 199) beschäftigt, mehrere aber auch schon das Reichsgesetz vom 12. Mai 1920 über die durch innere Unruhen verursachten Schäden (RGBl. S. 941) heranziehend, jedoch durchweg (100, 244; 101, 358; 102, 152ff. u. 340; 104, 199; 105, 117 u. 147) nur wegen der zeitlichen Kollision zwischen dem neueren und dem älteren Rechte. Und was das ältere, insbesondere preußische Recht betrifft, so wird hier einmal geprüft, ob die in § 5 des preußischen Gesetzes vorgesehene vierzehntägige bzw. vierwöchige Frist für die Schadensanmeldung bezw. -einklagung gewahrt sei (98, 120; 99, 194ff.; 102, 380ff. und 103, 244), ob im konkreten Falle die Ausnahmen aus §§ 2 und 3 Abs. 1 des Gesetzes (Eindringen der Menschenmenge von außerhalb der Tatgemeinde) platzgreifen (100, 12ff. und 106, 53ff.) und ob gemäß § 3 Abs. 2 auf eine gesamtschuldnerische Haftung der Tatgemeinde und derjenigen Gemeinde zu erkennen sei, von der aus der Überfall erfolgte (106 a. a. O.); und vor allem, was für unsere Gedankengänge das Wesentlichste ist, ob das preußische Tumultgesetz auch wirklich Anwendung finden könne auf Vorgänge, die mit Revolutionen zusammenhängen, was — zum Teil in sehr ausführlicher Begründung und unter eingehender Bezugnahme auf die Entstehungsgeschichte

[119]) 102, 161f.; 104, 159f. u. 366; 105, 251; 106, 149.

[120]) 102, 187; 103, 271; 104, 244 u. 309; 107, 286f. u. 301; 110, 126; 114, 137; 118, 111.

[121]) 102, 161; 103, 309; 104, 244 u. 309; 110, 126; 111, 9 u. 224; 112, 191; 114, 137.

[122]) 111, 8; 114, 137; 115, 47ff.; ebenda 220ff. u. 277ff.; neuestens 120, 21ff. sowie 121, 141 u. 212.

[123]) 107, 286; 111, 9; 113, 51ff. u. 160; 114, 136; 115, 277; 120, 130.

des Gesetzes — in allen diese Frage prüfenden Entscheidungen (98, 4ff. u. 204; 99, 4 u. 197; 100, 12ff. u. 244) aufs nachdrücklichste bejaht wird, denn (98, 9) „die Plünderung fällt zwar zeitlich mit der allgemeinen Umwälzung zusammen, wurde durch sie begünstigt und wohl auch erst ermöglicht, sie war aber als solche kein Teil der politischen Aktion".

2. Reichs- und Staatshaftung. Ähnlich wie das Tumultgesetz kommen auch das Reichshaftungs- und die Staatshaftungsgesetze (Reichsgesetz vom 12. Mai 1910, RGBl. S 798, und von Landesgesetzen namentlich[124]) das preußische Gesetz vom 1. Aug. 1909, GS. S. 691)[125]) [126]) in den Entscheidungen des Reichsgerichtes besonders zahlreich wegen gewisser Ereignisse unmittelbar nach der Revolution zur Sprache und hier insbesondere sehr oft wegen der Arbeiter- und Soldatenräte (99, 285; 100, 25; 104, 257 nebst 346 u. 362; 112, 95). Dabei[127]) war dann, zum Teil (vgl. namentlich 100, 26ff. und 104, 258ff.) mit sehr genauer Prüfung der Entwicklungsgeschichte dieser Räte, zu untersuchen, ob sie als Organe der Reichs- bzw. Landesregierung zu betrachten seien, die „in Ausübung der ihnen anvertrauten öffentlichen Gewalt" eine Amtspflicht gegenüber Dritten verletzt hätten. Dies wird nur einmal (104, 264) — wegen mangelnden Verschuldens bei Aufrechterhaltung der Ordnung — verneint, und dasselbe ist der Fall in dem schon oben III 1 gestreiften mit dem Kapp-Putsche zusammenhängenden Vorgange 106, 216. Die übrigen in unseren Betrachtungskreis gehörigen[128]) Entscheidungen, welche sich auf Vorgänge zwischen dem 4. Aug. 1914 (91, 9) und dem Frühling 1919 (105, 174 u. 230) verteilen, beziehen sich auf folgende Täter: a) der Oberbefehlshaber der Marken, welcher eine Schutz- bzw. Sicherheitshaft anordnete (92, 240 u. 304); b) das stellvertretende Generalkommando und c) der Polizeipräsident von Frankfurt a. M. in dem oben erwähnten Soldatenratsfalle 104, 257ff.; d) der Kommandant der Festung Marienburg, der den Dirschauer Brückenzoll aufheben ließ (99, 254); e) der deutsche Konsul in Montevideo, der die Sachen eines im Kriege abwesenden Deutschen verkaufen ließ (104, 239); f) Militärärzte bei der Untersuchung von Soldaten (98, 208 und 103, 59); g) der Aktionsausschuß mehrerer politischer Parteien, der gelegentlich des Kapp-Putsches die Beschlagnahme eines Kraftwagens anordnete (106, 216); h) die Angestellten einer Kriegsgesellschaft (für Gemüse und Obst), welche beschlagnahmte Pinienkerne veräußerten (106, 373); i) ein Proviantamtskontrolleur, der durch einen Vizefeldwebel zur Fortschaffung der Kasse des Proviantamtes einen Kraftwagen anfordern ließ (93, 198); k) Wachtmannschaften, welche bei einer Plünderung durch die von der Menge befreiten Militärgefangenen nicht einschritten, vielmehr mithalfen (104, 304); l) ein Landsturmmann, der aus Unzufriedenheit mit der Verpflegung

[124]) Daneben das Lübeckische Beamtenhaftpflichtgesetz vom 17. Febr. 1912 in 105, 334 (Sammlung der Lübeckischen Gesetze und Verordnungen S. 78).

[125]) Das gegenseitige Verhältnis der beiden Gesetze findet sich genauer in den drei Soldatenratsfällen aus Bd. 104, besonders S. 257ff., sowie in 91, 381 (unten Fall m) erörtert.

[126]) Sehr oft wird auch § 839 BGB. herangezogen. — Die Zulässigkeit des Rechtsweges (vgl. oben Anm. 34) prüfen 92, 304, ferner 93, 198 sowie 99, 255 und 104, 18.

[127]) Es handelt sich hier um folgende Vorgänge: Tötung eines Zivilisten (104, 257) bzw. Beschädigung von Häusern (100, 25) durch Gewehrkugeln bei den Unruhen in Frankfurt a. M.; Verfügung über fremde Waren — Eigentumsobjekte eines Soldaten in der Kantine (99, 285) und zurückgebliebene Lebensmittel für Kriegsgefangene (104, 362) —; Zwang zur Erhöhung der täglichen Löhnung für Kriegsgefangenenwachmannschaften (104, 346); Anordnung von Munitionslieferung an das Polizeipräsidium Berlin (112, 95).

[128]) Als nicht hierher gehörend bzw. inhaltlich für uns bedeutungslos finden sich immerhin noch allerlei Fälle sowohl zum Reichsgesetze (89, 225; 97, 245 u. 264; 98, 250; 102, 30 u. 167; 103, 429; 104, 18; 107, 59 u. 271; 108, 387) wie zum preußischen Gesetze (91, 237; 97, 179 u. 234; 101, 24; 102, 391; 104, 160; ebenda 243 u. 288; 106, 14).

des Arbeitspersonals auf einem militärischen Flugplatze den leitenden Bauführer anschoß (104, 286); m) ein anderer Landsturmmann, der beim Probieren eines Revolvers in einem Gasthofe einen Zivilisten tötete (91, 381); n) ein Kanonier, der in gleicher Situation die Gastwirtstochter tödlich verletzte (105, 230[129]); o) ein Soldat, der beim Kampfe des Freikorps Epp gegen die Münchener Räteherrschaft einen der Teilnahme am Aufstande verdächtigen Professor erschoß (105, 174); p) ein Militärposten, der bei Kriegsbeginn zufolge einer auf die Goldschmuggelversuche zwischen Frankreich und Rußland bezüglichen dienstlichen Weisung den Kutscher eines Fleischerwagens erschoß (91, 9); q) der Führer eines Militärkraftwagens, der einen Zivilisten überfuhr (94, 102); r) Mannschaften eines Militärtransportes, welche Güterwagen erbrachen und beraubten (107, 271); s) Leute einer Heimatskolonne, welche Diebstähle an den in den Unterbringungsräumen befindlichen Wagen und Werkzeugen begingen (105, 338). Diese Täter werden nun vom Reichsgerichte durchweg unter § 1 Abs. I („Reichsbeamter") oder III („Personen des Soldatenstandes") des Reichsgesetzes bzw. unter § 1 Abs. I („unmittelbarer Staatsbeamter") des preußischen Gesetzes gerechnet, und in den meisten Fällen (Ausnahmen nur für e, l und n) wird auch Ausübung anvertrauter öffentlicher Gewalt angenommen; und wenn trotzdem mehrfach der Schadenersatzanspruch abgewiesen wurde, geschah es entweder (106, 220) wegen fehlender tatsächlicher Unterlagen oder (92, 243/244; 98, 250; 99, 256; 104, 257; 105, 176) wegen mangelnden Verschuldens oder (98, 209 und 103, 60; als Gegenbeispiel vgl. 93, 199f.) auf Grund von § 6 des Reichsgesetzes, weil andere Reichsgesetze (z. B. Mannschaftsversorgungsgesetz) die Haftung des Reiches über einen gewissen Umfang ausschlossen.

XII.

Schlußbetrachtungen.

1. Unsere Untersuchungen haben uns gezeigt, daß das Reichsgericht zum Kriege und seinen Nachwirkungen in einer Fülle seiner Entscheidungen zwischen Oktober 1914 und Gegenwart[130]) Stellung genommen (II und III) und dabei insbesondere (IX 5; X 1 u. 2) auch die vielen in jenen Zeiten ergangenen Sonderverordnungen berücksichtigt hat. Selbst bei Beschränkung auf die typischen Fälle (V) des Zivilrechtes, die größtenteils dem Allgemeinen Teil und dem Obligationenrecht angehören, haben wir nicht weniger als 6 Gruppen (VI—XI) von Tatbeständen angetroffen, deren jede wieder in eine

[129]) Wegen eines sehr ähnlichen Vorganges (Matrosen in Flandern) in 102, 30 oben Anm. 29.

[130]) Nachtrag: Zwischen Abschluß dieses Aufsatzes (vgl. oben S. 178) und seiner Korrektur (Ende November 1928) sind die Bände 118 bis 121 der „Entscheidungen des Reichsgerichts in Zivilsachen" erschienen, welche noch in erstaunlich vielen Fällen des Weltkriegs und seiner Begleit- und Folgeerscheinungen gedenken. Diese Entscheidungen konnten nur zum sehr geringen Teil in der Abhandlung selber (Text und Anmerkungen) bei der Korrektur eingefügt werden. Im übrigen müssen hier ganz kurze Andeutungen in der Reihenfolge des Textes genügen. So ist namentlich zu verweisen: 1) Auf III 1 wegen „Vorkriegszeit" (121, 38), Einmarsch der Franzosen in Elsaß-Lothringen (121, 7), Kapp-Putsch (120, 337), Reparations-Sachlieferungen und deutsche Sachlieferungen an Frankreich (119, 156 ff.), Abtretung von Ost-Oberschlesien an Polen (120, 277) und von Nord-Schleswig an Dänemark (120, 399), verdrängte Deutsche und Kriegsschäden (121, 226), Kriegsgesetzgebung (120, 297 u. 299), Londoner Konferenz vom 16. August 1924 (119, 156), Nationalfeiertag, Beflaggung und preußische Notverordnung vom 8. August 1927 (121, Anhang S. 13 ff.), Zwangsauflösung der Familiengüter 119, 317). 2) Auf III 2 wegen Flüchtlingsfürsorge des Roten Kreuzes (121, 226). 3) Auf III 4 wegen Kriegskreditbewilligung (119, 97), Papiermark (119, 126, 137, 173, 231 f. u. 362; 120, 6; 121, 203, 235 u. 246), Papiermarkaktien (119, 171) und -hypothek (119, 313; 121, 153); „Friedensmiete" (119, 372, 377; 120, 21). 4) Auf III 6 wegen Kriegsbeschädigten- und -hinterbliebenenfürsorge (119, 36 u. 40).

mehr oder weniger große Zahl von Unterfällen zu zerlegen war. Besonders eingehende Untersuchungen seitens des Reichsgerichtes begegneten in VI wegen der Unmöglichkeit der Erfüllung und in VII 1b wegen der Aufwertung. Innerhalb der Judikatur des Reichsgerichtes hat sich bisweilen eine Schwenkung vollzogen, so wegen der clausula rebus sic stantibus (VI 6b), wegen der Aufwertung (VII 1b), wegen der Befugnis des Richters zum Härteausgleich (VI 6a) und wegen der Frage (VI 2a), ob für die „Unzumutbarkeit" geschäftlicher Ruin des Leistungspflichtigen zu verlangen sei. — Die allmähliche Entwicklung und Festigung seiner Rechtsprechung hat das Reichsgericht selber namentlich in 99, 115, in 100, 131, in 113, 139 und in 117, 213f. zusammengefaßt. Besondere Bedeutung und bleibenden Wert für den Ausbau des ganzen Zivilrechts — abklärende, fortbildende und befruchtende Wirkung — wird vor allem den Entscheidungen über die Erfüllungsmöglichkeit (VI) und hier wiederum denen über die Unzumutbarkeit (VI 2a) wie denen über die clausula (VI 6b) und über die Aufwertung (VII 1b) beizumessen sein. Der Hervorhebung bedarf es aber auch, daß das Reichsgericht sich in die mannigfachen und einschneidenden Veränderungen der schweren Zeitverhältnisse einzufühlen und sich ihnen anzupassen verstanden hat, und vor allem, daß viele seiner Entscheidungen (IX 1a; IX 3a u. b; ferner Anm. 92) eine warme vaterländische Empfindung atmen.

2. Die Erörterungen mußten sich aus Raummangel auf diejenigen zivilrechtlichen[131]) Entscheidungen beschränken, welche in der offiziellen Sammlung (s. oben I) abgedruckt sind. Die vielen daneben in Zeitschriften enthaltenen, gleichfalls den Weltkrieg und seine Folgen betreffenden Entscheidungen werde ich später, und zwar im Archiv für die zivilistische Praxis 1929 einer Nachprüfung unterziehen, um ein Gesamtbild von der reichsgerichtlichen Judikatur herzustellen. Als Beispiele seien einstweilen die ersten einschlägigen Mitteilungen folgender Zeitschriften genannt: 1. Beschluß vom 22. Sept. 1914 (die Bekanntmachung vom 7. Aug. 1914 über Geltendmachung von Ansprüchen von Personen, die im Ausland ihren Wohnsitz haben [RGBl. S. 362] enthalte zwingendes öffentliches Recht und sei daher der Privatwillkür entzogen): im „Recht" Jahrg. 18 Nr. 19/20 vom 10. Okt. 1914 S. 615, sowie in der Juristischen Wochenschrift Jahrg. 43 Nr. 19 vom 2. Nov. 1914 S. 988; 2. Urteil vom 6. März 1915 (Zulässigkeit des Rechtswegs wegen Verbotes von Immissionen aus der Widmung des störenden Werkes für Landesverteidigung und Kriegsleistung) in der Deutschen Juristenzeitung Jahrg. 20 Nr. 13/14 vom 1. Juli 1915 Spalte 713; 3. Urteil vom 29. Juni 1915 (Einfluß des Krieges auf einen Vertrag deutscher Firmen, durch den sie sich englischen Gerichten und englischem Recht unterwerfen) in Seufferts Archiv für Entscheidungen der obersten Gerichte Bd. 71 (1916) Nr. 4 S. 4.

Abgeschlossen: Dezember 1927.

[131]) Auch die Zahl der strafrechtlichen Entscheidungen in Kriegsangelegenheiten ist natürlich sehr groß; vgl. Generalregister zum 46. bis 51. Bande (1913—1921) S. 248ff., 409ff. und 517ff.

Landwirtschaftsrecht

von Professor Dr. Franz Dochow, Heidelberg

Landwirtschaft ist die Nutzung von Grundstücken zur Gewinnung pflanzlicher und tierischer Erzeugnisse. Zur Landwirtschaft gehört die Waldwirtschaft.

Landwirtschaftsrecht ist die gesetzliche Regelung wirtschaftlicher Tätigkeit in Feld und Wald. Das Waldwirtschaftsrecht ist ein Teil des Landwirtschaftsrechtes.

Die Landwirtschaft ist ein Gewerbe, selbständige für die Dauer bestimmte Tätigkeit zum Erwerbe. Sie wird auch als Urproduktion bezeichnet. Die Entwicklung der landwirtschaftlichen Maschinenindustrie in Verbindung mit dem Mangel an geeigneten Arbeitskräften hat zu einer Umgestaltung namentlich größerer Betriebe geführt, die man als Industrialisierung oder als Mechanisierung der Landwirtschaft zu bezeichnen pflegt[1]).

Der Gewerbeordnung wurde die Landwirtschaft nicht unterstellt, es gelten für sie aber die gewerberechtlichen Bestimmungen der Nebengesetzgebung über Herstellung und Verkauf selbstgewonnener Erzeugnisse. Die Grundlage für das Landarbeitsrecht bildet die vorläufige Landarbeitsordnung vom 24. Jan. 1919 (RGBl. S. 111). Man unterscheidet Haupt- und Nebenbetriebe. Für die Nebenbetriebe kann sich der Landwirt in das Handelsregister eintragen lassen.

Landwirtschaftliche Nebenbetriebe im eigentlichen Sinne sind nur solche Betriebsstätten, die innerhalb des Hauptbetriebes durch Vervollkommnung der technischen Einrichtungen ausgebaut sind, zur Verarbeitung von Milch, Kartoffeln und Rüben, die Trocknung dieser und anderer Erzeugnisse in Trockenanlagen, auch wenn sich deren Tätigkeit nicht ausschließlich, aber vorwiegend auf die Ver- und Bearbeitung im eigenen Betriebe gewonnener Erzeugnisse beschränkt. Verwertet eine mit einem Gute verbundene Brauerei nur fremde Kartoffeln, so handelt es sich nicht mehr um einen landwirtschaftlichen Nebenbetrieb, sondern um einen Nebenbetrieb gewerblicher Art, der wie ein gewerblicher Betrieb zu behandeln ist. Aktienzuckerfabriken und Genossenschaftsmolkereien sind keine landwirtschaftlichen Nebenbetriebe, auch wenn die Beteiligten nur Landwirte sind und nur deren Erzeugnisse verarbeitet werden[2]).

---

[1]) Molitor, Landwirtschaftsrecht, 2. Aufl. (1928); Dochow, Landwirtschaftsrecht (1927). — Man hat vorgeschlagen, in der Gewerbeordnung zu sagen, was unter Gewerbe zu verstehen ist (Dochow, Zur Überarbeitung der Gewerbeordnung, JW. 1928 S. 1645; Drews, Unstimmigkeiten in § 6 RGewO., RVBl. 49, 793 [1928]). Und im § 6 wären dann die Gewerbe und Berufe aufzuführen, für welche die Gewerbeordnung nicht gelten soll: Landwirtschaft, Waldwirtschaft, Bergbau usw. Für die rein landwirtschaftlichen Nebenbetriebe hätte das gleiche zu gelten wie für die landwirtschaftlichen Hauptbetriebe.

[2]) In einem Runderlasse des Reichsfinanzministers aus Anlaß der Durchführung des Industriebelastungsgesetzes vom 4. Nov. 1924 heißt es über den Begriff des Nebenbetriebes: Von einem unselbständigen Bestandteil eines Betriebes unterscheidet sich der Nebenbetrieb durch eine gewisse Selbständigkeit in der Organisation und durch einen eigenen Geschäftskreis von nicht unerheblichem

Das, was hier als Landwirtschaftsrecht im Sinne eines landwirtschaftlichen Betriebsrechtes bezeichnet wird, enthält Beschränkungen für die Landbewirtschaftung, die Waldbewirtschaftung, die Viehwirtschaft und für den Verkehr mit den gewonnenen Erzeugnissen.

I. Landbewirtschaftung

Im wesentlichen ist der Landwirt in der Bewirtschaftung seines Landes nicht beschränkt. Dem Nichtlandwirte kann die Genehmigung zum Erwerbe landwirtschaftlicher Grundstücke versagt werden, wenn anzunehmen ist, daß er sie nicht zweckentsprechend bewirtschaften wird. In Zeiten der Not kann verlangt werden, daß der Landwirt seine Grundstücke nicht ohne zwingenden Grund unbewirtschaftet liegenläßt. Vermengt liegende oder unwirtschaftliche Grundstücke verschiedener Eigentümer einer Feldmark können, wenn davon eine erhebliche Verbesserung der Landbewirtschaftung zu erwarten ist, zusammen- und umgelegt werden. Bodenverbesserungsgenossenschaften können errichtet werden. Der gebundene Grundbesitz unterliegt besonderen Beschränkungen. Die Erhaltung von Grünflächen und Waldungen in der Nähe von Städten kann angeordnet werden. Beschränkungen im Sinne des Naturschutzes sind zu beachten.

Der Landwirt hat seine Tätigkeit auf seine eigenen oder die von ihm gepachteten Grundstücke zu beschränken. Grenzüberschreitungen kommen in der Landwirtschaft häufig vor. Dies ist teilweise darauf zurückzuführen, daß die Grenze nicht durch eine Mauer, eine Hecke oder einen Zaun kenntlich gemacht ist, sondern die Grenze bildet lediglich die Linie, die beide Grundstücke trennen soll. Namentlich bei unebenem Gelände ist es oft schwer zu vermeiden, daß Meinungsverschiedenheiten über den Verlauf der Grenze entstehen. Dasselbe ist der Fall, wenn Wege und Gräben als Grenze dienen.

Wann jemand auf fremdem Grundstücke mit seinem Gespann wenden darf (Anwenderecht), bestimmt das Gewohnheitsrecht, das in Feldordnungen festgelegt sein kann. Verboten ist es, an die Gräben öffentlicher Wege zu nahe heran zu pflügen, und geboten, in einem bestimmten Abstande zum Wege zu wenden.

In bezug auf die Wasser- und Wegenutzung gelten für den Landwirt die gleichen Beschränkungen wie für andere Gewerbe. Was über den Gemeingebrauch hinaus verlangt wird, bedarf einer Erlaubnis.

Die Polizei hat für Ordnung in Feld und Wald zu sorgen, damit nach Möglichkeit Störungen in der Betriebsführung nicht eintreten, und wenn sie nicht zu vermeiden waren, beseitigt werden. Ihre Maßnahmen richten sich gegen die Personen, die beschränkt oder nicht nutzungsberechtigt sind, und sie hat dafür zu sorgen, daß von den Land- und Waldwirten die Vorkehrungen getroffen werden, die zur Durchführung einer geordneten Wirtschaftsführung erforderlich sind. Hierbei handelt es sich namentlich um die Bekämpfung von Unkraut und von Schädlingen.

Umfange, der seiner Art nach den Gegenstand eines selbständigen Unternehmens bilden könnte. — Zur Abgrenzung des landwirtschaftlichen Nebenbetriebes heißt es in der amtlichen Begründung zum § 26 des Entwurfes eines Einkommensteuergesetzes (Reichstagsdrucksache Nr. 974 S. 54), daß dies von Fall zu Fall zu entscheiden sei. Wenn lediglich die auf dem landwirtschaftlichen Grundstücke gewonnenen Erzeugnisse verarbeitet würden, so würde es sich um einen landwirtschaftlichen Nebenbetrieb handeln. Auch dann, wenn daneben in geringem Umfange fremde Erzeugnisse angekauft, verarbeitet und abgesetzt würden. Man habe absichtlich davon abgesehen, diese Begriffsmerkmal im Entwurfe zum Ausdrucke zu bringen, weil die Praxis dadurch zu sehr eingeengt werden könnte.

II. Waldbewirtschaftung

Waldbewirtschaftung ist die Nutzung von Waldgrundstücken. Was man unter einem Waldgrundstücke zu verstehen hat, ist von Fall zu Fall festzustellen.

Waldgrundstück ist eine mit Waldbäumen bestandene Fläche, die man nicht mehr als Feld, Grünland oder Ödland bezeichnen kann. Feld (Acker) ist ein Grundstück, das landwirtschaftlich genutzt wird oder werden soll, auch das planmäßig brachgelegte Grundstück bleibt landwirtschaftlich genutzt, es ist der Landbewirtschaftung nicht entzogen. Zum Grünlande rechnet man den Wiesen-, Weiden- und Feldfutterbau. Ödland ist ein Grundstück, das für die Feld-, Vieh- oder Waldwirtschaft nicht nutzbar gemacht werden kann.

Um ein Waldgrundstück als Wald bezeichnen zu können, muß es einen gewissen Umfang haben. Kleinere Waldgrundstücke pflegt man als Gehölz, Holzung, Busch zu bezeichnen. Seine Zweckbestimmung muß in erster Linie die Holzgewinnung sein, außerdem kann es dann noch Nebennutzungen geben.

Das Reichsgericht hat vor längerer Zeit, in den Jahren 1882 und 1884, festzulegen versucht, was man unter Wald zu verstehen hat. In der einen Entscheidung (RGSt. 6, 22) heißt es: Ein Wald ist ein hauptsächlich zur Holznutzung bestimmtes Grundstück. Er besteht aus dem auf einer Bodenfläche wachsenden bzw. durch Saat und Pflanzung gezogenem Holze und dem Waldboden mit den diesen deckenden sonstigen Walderzeugnissen (Gras, Moos, Laub, Strauchwerk usw.). Der Begriff des Waldes schließt diese auf dem Waldboden wachsenden bzw. befindlichen trennbaren Erzeugnisse in sich.

In der anderen Entscheidung (RGSt. 9, 381) heißt es: Ein Wald verliert nicht dadurch seine Eigenschaft als Wald, daß er nicht zur Holznutzung bestimmt ist. Wohl aber bilden nicht schon eine Mehrzahl einzeln stehender Waldbäume einen Wald. Voraussetzung ist eine umfangreichere, mit Bäumen bewachsene, in sich zusammenhängende Grundfläche. Von welchem Umfange diese Grundfläche sein müsse, um einen Wald darstellen zu können, läßt sich nach Rechtsregeln nicht bestimmen — es kann eine geringere, mit dichtem Waldwuchse bedeckte Grundfläche als ein Wald bezeichnet werden, während eine größere, nur spärlich bewachsene Grundfläche unter Umständen diese Bezeichnung nicht verdient — und es gehört darum diese Bestimmung zur tatsächlichen Entscheidung des Gerichtes[3]).

Ein Unterschied zwischen Wald und Waldung ist nicht zu machen, es kommt nur darauf an, von Fall zu Fall festzustellen, ob ein mit Walderzeugnissen bestandenes Grundstück noch oder schon als Waldgrundstück zu bezeichnen ist. Bei Heide, Moor und Ödland, auch bei Grünland ist dies oft nicht leicht festzustellen. Auf die Höhe oder auf die Dichtigkeit der Waldbäume wird es wohl ankommen, und auf die Zweckbestimmung. Waldgrundstück ist eine Fläche, die der Waldbewirtschaftung noch nicht entzogen ist. Das Reichssiedlungsgesetz hatte die Enteignung von Wald zur Siedlung nicht vorgesehen, ohne zu bestimmen, was man unter Wald verstehen muß. Feuermachen und Rauchen im Walde ist verboten. In diesen und in verschiedenen Fällen muß festgestellt werden, ob ein Grundstück als Waldgrundstück anzusehen ist oder nicht.

Aus der neueren waldwirtschaftlichen Literatur seien nur zwei Begriffsbestimmungen wiedergegeben:

Der gesamte Raum von den äußersten Verzweigungen der Krone bis zu den feinsten Verästelungen der Wurzelenden, alles, was in diesem Raume lebt und webt, an Pflanzen und Tieren, das alles gehört zum Walde. Das alles ist ein Teil

---

[3]) Vgl. hierzu die Bemerkungen von Rosenberg im Leipziger Kommentar zu StGB. § 293, 6 und zu § 308, 9; Frank zu § 308 II 8; Olshausen zu § 308, 3h und zu § 293, 4b.

von ihm, all die Fülle von Gestalten und Erscheinungen ist daran beteiligt, das zu schaffen, was wir „Wald" nennen[4]).

Der Wald hört da auf, wo Flächen nicht mehr unter dem Einflusse der Holzgewächse des Waldes stehen, wo Flächen nicht mehr von Holzgewächsen durchwurzelt, vom Schatten der Bäume wenigstens stundenweise beschirmt werden. Da ist das Waldwesen vernichtet[5]).

Die Waldwirtschaft ist ein Gewerbe wie die übrige Landwirtschaft auch. „Ziel und Streben der Waldwirtschaft erschöpft sich nicht mehr darin, Holz zu erzeugen und regelmäßig zu liefern, sondern die waldwirtschaftlichen Betriebe wollen durch Holzerzeugung und Holzverwertung regelmäßig einen Gewinn erzielen[6])." Der Wald ist sogar als Holzfabrik bezeichnet worden[7]). „Der Baum ist eine Vorrichtung, der Wald eine Fabrik zur Holzerzeugung. Aber die Vorrichtung — der Baum — besteht aus dem gleichen Stoffe wie das, was er erzeugt, ein stofflicher Unterschied zwischen Maschine und Produkt besteht demnach hier nicht. Es ist also der in der Technik einzigartige Fall gegeben, daß die Maschine selbst zum Fabrikat wird. Dieses kann man dann nutzen oder es auch, selbst wenn es nutzbar ist, noch belassen und zu weiterer Stofferzeugung verwenden; also recht einfach: man kann den Baum, den Bestand in ziemlich weiten zeitlichen Grenzen fortwachsen lassen, auch wenn eine gewisse Nutzbarkeit schon erreicht ist."

Man unterscheidet bei der Waldwirtschaft zwischen Haupt- und Nebennutzung. In der Holzgewinnung und Holzverwertung besteht die Hauptnutzung. Nebennutzungen können sein das Sammeln von Beeren und Pilzen, von Gras, Laubstreu soll nach Möglichkeit dem Walde erhalten bleiben, Waldweide kann in beschränktem Umfange zugelassen werden. Nebennutzung ist auch die Jagd im Walde.

Die Frage, ob die Errichtung von Waldgenossenschaften empfehlenswert ist, wird wieder erörtert werden, wenn der neue Entwurf zu einem preußischen Forstkulturgesetze vorliegt, der voraussichtlich eine Neuregelung der Bestimmungen über Waldgenossenschaften enthalten wird. Nennenswerte Erfolge wurden bisher in Preußen mit den Waldgenossenschaften nicht erzielt. Da es schwer ist, den waldwirtschaftlichen Kleinbesitz von seiner vielfach wenig erfolgreichen Art der Bewirtschaftung abzubringen, und da es wünschenswert ist, daß auch die kleinsten Waldgrundstücke zweckentsprechend bewirtschaftet werden, kann man nur durch Zwang etwas erreichen: Zwangsweiser Zusammenschluß zur gemeinsamen Bewirtschaftung. Von der Bildung einer Waldgenossenschaft kann abgesehen werden, wenn sämtliche Waldwirte einem Waldbauverein angeschlossen sind, oder wenn sie der Aufsicht der Forstabteilung einer Landwirtschaftskammer unterstehen.

Die reichsrechtliche Grundlage für die waldwirtschaftlichen Nutzungsbeschränkungen ist die Verordnung zur Förderung der Forst- und Weidewirtschaft vom 7. Februar 1924 (RGBl. I S. 50), die man als Reichsforstgesetz zu bezeichnen pflegt[8]). Sie lautet:

---

4) Feucht, Der Wald und wir S. 13, 2. Aufl. (1926).

5) Möller, Der Dauerwaldgedanke S. 32 (1922).

6) Eberbach, Die forstliche Erwerbswirtschaft, ihre betriebliche Ordnung und kaufmännische Überwachung S. 5 (1927).

7) Wappes, Der Wald als Holzfabrik und Kapital. „Der Deutsche Forstwirt" 1927 S. 740. — Biolley, Die Forsteinrichtung, deutsch von Eberbach, S. 71 (1922): Der Baum ist Werkzeug und Ziel der Holzerzeugung.

8) Erläutert von Peters in v. Brauchitschs Preußischen Verwaltungsgesetzen 4, 279, 17. Aufl. (1926).

Zur Förderung der Forstwirtschaft können die Landesgesetze außer dem Eigentümer auch dem Nutzungsberechtigten die Verpflichtung auferlegen:

1. bestimmte Maßregeln zur ordnungsmäßigen Bewirtschaftung der Waldungen auszuführen mit der Maßgabe, daß der Eigentümer oder Nutzungsberechtigte die Betriebsart und innerhalb der Grenzen einer pfleglichen Forstwirtschaft auch die Wirtschaftsziele, den Gang der Abnutzung und die technische Behandlung des Waldes nach seinem Ermessen bestimmen kann;
2. abgeholzte Flächen, Räumden und Ödländereien aufzuforsten.

Zur Förderung der Bergweidewirtschaft können die Landesgesetze außer dem Eigentümer auch dem Nutzungsberechtigten die Verpflichtung auferlegen, die Bergweiden als solche zu erhalten und ordnungsgemäß zu bewirtschaften. Die Landesgesetze können ferner Vorschriften zur Sicherung der Erfüllung der im Abs. 1 u. 2 bezeichneten Verpflichtungen treffen, insbesondere die Ausführung notwendiger Arbeiten auf Kosten der Säumigen, im Falle des Abs. 2 auch die Übertragung der Bewirtschaftung an hierfür geeignete Dritte und die zwangsweise Verpachtung der Grundstücke zum Zwecke der Bewirtschaftung vorschreiben.

Die amtliche Begründung zum Entwurfe dieser Verordnung (Reichstagsdrucksache Nr. 6229 [1920—23]) gibt einigen Anhalt dafür, was angeordnet werden darf und was nicht. Der Waldbesitzer kann die Betriebsart (Hochwald, Niederwald, Mittelwald, Plenterwald), die Wirtschaftsziele, den Gang der Abnutzung und die technische Behandlung (z. B. Durchforstung, Verjüngung) des Waldes nach seinem Ermessen bestimmen, soweit es mit einer pfleglichen Waldwirtschaft, namentlich auch in ihrer Einwirkung auf die nachbarlichen Waldungen vereinbar ist. Was unter einer pfleglichen Waldwirtschaft zu verstehen ist, bestimmt die Aufsichtsbehörde. Sie kann dies in ihren Maßregeln zum Ausdrucke bringen, die nach der Begründung bestehen können in allgemeinen Wirtschaftsregeln, Bestimmungen über Wirtschaftspläne, die den Interessen der Allgemeinheit Rechnung tragen, zur Regelung der Abnutzung, über Buchführungspflicht des Holzeinschlages usw., über die Anstellung genügend befähigter sachverständiger Personen, über die Einrichtung einer sachverständigen Beratung. Außerdem kann die Wiederaufforderung und die Neuaufforderung durchgesetzt werden. Genossenschaftsbildung ist dafür möglich. Die Übertragung von Waldgrundstücken zur vorübergehenden Nutzung an Dritte darf nicht erfolgen, sie ist nur bei Bergweiden zulässig.

Dieses Rahmengesetz läßt den Ländern ziemlich weitgehende Bewegungsfreiheit. Es kann bestimmt werden, daß alle Waldgrundstücke und Ödländereien nach genehmigten Plänen bewirtschaftet werden. Zersplitterung des Waldbesitzes wird man vorzubeugen suchen, bisher zusammenhängenden Waldbesitz in Zukunft auch in geeigneter Form ungetrennt bewirtschaften lassen. Wer kahl schlägt, wird in der Regel wieder aufforsten müssen.

III. Viehwirtschaft

Viehwirtschaft ist Viehzucht und Viehhaltung. Milchviehhaltung kann mit Zucht und Mast verbunden sein. Es gibt reine Abmelkwirtschaften, in denen Kühe so lange gehalten werden, bis sie keine Milch mehr geben. Dann werden sie verkauft. Es gibt auch reine Mastanstalten, die Vieh aufkaufen, um es gemästet weiterzuverkaufen. Diese Abmelkwirtschaften und Mastanstalten kann man vielfach — es ist dies von Fall zu Fall zu entscheiden — den landwirtschaftlichen Betrieben nicht mehr zurechnen, auch wenn sie einen Teil des Futters selbst gewinnen.

Die Viehwirtschaft wird beeinflußt durch den Seuchenschutz und durch die

Regelung der Benutzung der Vatertiere. Die Maßnahmen zur Bekämpfung der Viehseuchen stehen zur Viehwirtschaft in enger Beziehung, sie sind die Voraussetzung für ihre ungestörte Weiterentwicklung. Die Seuchenpolizei muß; wie jede polizeiliche Tätigkeit, Störungen zu beseitigen und ihnen vorzubeugen suchen. Seuchenpolizei ist Gesundheitspolizei, da die menschliche Gesundheit möglichst einwandfreie Lebensmittel verlangt, und Viehseuchen auch auf Menschen übertragen werden können.

Die Bekämpfung der Viehseuchen besteht im wesentlichen in Verkehrsbeschränkungen. Das Viehseuchengesetz vom 26. Juni 1909 bildet neben dem Rinderpestgesetz vom 7. April 1869 die reichsrechtliche Grundlage für die im Inlande zu ergreifenden Maßnahmen. Das Viehseuchengesetz bestimmt die Seuchen, für die eine Anzeigepflicht besteht, es sind dies u. a.: Milzbrand, Tollwut, Rotz, Maul- und Klauenseuche, Lungenseuche des Rindviehes. Die Anzeigepflicht kann auf andere Seuchen ausgedehnt werden. Die Ermittelung der Seuche erfolgt in der Regel durch den beamteten Tierarzt, der verdächtige Tiere einsperren und absondern läßt, sie impft, Blutproben entnimmt oder, wenn es ihm erforderlich erscheint, die Tiere tötet und zerlegt, um das Vorhandensein der Seuche einwandfrei feststellen zu können. Von weiteren Beschränkungen, die den gesamten landwirtschaftlichen Betrieb stark beeinflussen können, seien erwähnt: Einschränkungen des Verkehrs auf öffentlichen Wegen, Überwachung der Molkereien, Viehmärkte, Schlachthöfe, Abdeckereien. Zum Schutze gegen einzelne Seuchen dienen außerdem noch: polizeiliche Überwachung der Tiere, Beschränkung des Personenverkehrs in den Stallungen, Verbot oder Beschränkung des Handels mit Tieren, Einschränkung des gemeinsamen Weideganges, Sperre der Ställe, Gehöfte, Ortschaften und Gemarkungen, Reinigung und Desinfektion, Einstellung oder Beschränkung der Viehmärkte, öffentliche Bekanntmachung des Ausbruches und des Erlöschens der Seuche. Gegen die Einschleppung von Seuchen aus dem Auslande kommen Einfuhrverbote, Beschränkungen im Grenzverkehr, Revisionen und Kontrollen des Viehverkehrs zur Anwendung.

Die Beschränkung der Zucht erfolgt dadurch, daß verlangt werden kann, daß nur angekörte Vatertiere verwendet werden dürfen. Damit hat es die Verwaltung in der Hand, die Zucht so zu beeinflussen, wie sie es für richtig hält.

IV. Verkehr mit den gewonnenen Erzeugnissen

Wie andere Gewerbetreibende, will der Landwirt seine Erzeugnisse in den Verkehr bringen, er will sie verkaufen. Man darf ihn nicht als Kaufmann bezeichnen, aber als Gewerbetreibenden, wenn er auch der Gewerbeordnung nicht untersteht. Die Gewerbegesetzgebung hat für ihn eine zweifache Bedeutung: er ist ihr teilweise unterstellt, teilweise schützt sie ihn gegen Übervorteilung.

Die Gewerbeordnung bestimmt im § 59, daß eines Wandergewerbescheines nicht bedarf, wer selbstgewonnene oder rohe Erzeugnisse der Land- und Forstwirtschaft, des Garten- und Obstbaues, der Geflügel- und Bienenzucht sowie selbstgewonnene Erzeugnisse der Jagd und Fischerei feilbietet. Der Landwirt kann auch am Marktverkehr teilnehmen (§ 64 GewO.). Wer Lebensmittel absetzt, unterliegt den Bestimmungen der Lebensmittelpolizei über verfälschte oder verdorbene Lebensmittel. An gewerberechtlichen Nebengesetzen sind namentlich zu beachten das Gesetz über den Verkehr mit Lebensmitteln und Bedarfsgegenständen (Lebensmittelgesetz) vom 5. Juli 1927 (RGBl. I S. 134), das Futtermittelgesetz vom 22. Dez. 1926 (RGBl. I S. 525), das Gesetz zur Regelung des Verkehrs mit Milch vom 23. Dez. 1926 (RGBl. I S. 528), das eine neue Fassung erhalten wird, und das Gesetz über den Verkehr mit Vieh und Fleisch vom 10. Aug. 1925 (RGBl. I S. 186), durch welche der Absatz selbstgewonnener Erzeugnisse geregelt wird. Die Maß- und Gewichtsordnung vom 30. Mai 1908 (RGBl. S. 349) bestimmt im § 6, daß für das Messen und Wägen im öffentlichen Verkehr, sofern dadurch der Umfang von Leistungen bestimmt werden soll, nur geeichte Maße, Gewichte und Waagen angewendet und bereitgehalten werden dürfen. Dies gilt auch für die Ermittelung des Arbeitslohnes in fabrikmäßigen Betrieben. Wer in Ausübung eines Gewerbes diesen Bestimmungen zuwiderhandelt, wird bestraft. Der Landwirt, der selbstgewonnene Erzeugnisse absetzt, gilt nach herrschender Ansicht als Gewerbetreibender im Sinne des § 22 der Maß- und Gewichtsordnung. Absatz liegt vor, wenn das landwirtschaftliche Erzeugnis den Betrieb verläßt, nicht nur beim Verkaufe, auch beim Tausch gegen andere Waren und beim Deputatlohn des Arbeitnehmers des Betriebes. Werden Waren als Deputatlohn abgegeben, so verlassen sie den Betrieb, und es empfiehlt sich für den Landwirt, sich darauf einzurichten, daß er beim Wägen dieser Waren nur geeichte Geräte verwendet.

Durch die Futter- und Düngemittelgesetze soll der Landwirt gegen Übervorteilung beim Einkaufe geschützt werden.

Die Gewerbegesetzgebung wird mehr und mehr auf die Landwirtschaft ausgedehnt werden. Eine Bevorzugung gegenüber anderen Gewerben kann sie nur noch auf dem Gebiete des Arbeitsrechtes beanspruchen.

Abgeschlossen: Juni 1928.

Reichsgericht und Steuerrecht

von Professor Dr. Walther Merk, Marburg a. d. L.

1. Bedeutung der Rechtsprechung des Reichsgerichtes in Steuersachen

Der Vergrößerung des Wirkungsfeldes und dem Zuwachs an Wirkungskraft, welche die fortschreitende Ausdehnung der Reichsgesetzgebung dem Reichsgerichte verschafft hat, stehen teilweise auch Gebietsverluste gegenüber. Am 1. Okt. 1918 ist die vom Reichsgerichte seit vier Jahrzehnten gehandhabte höchstrichterliche Rechtsprechung in Reichssteuersachen in der Hauptsache auf den Reichsfinanzhof übergegangen (Reichsgesetz über die Errichtung eines Reichsfinanzhofes vom 26. Juli 1918 [RGBl. 959] §§ 7, 25)[1]. Nur die Zuständigkeit in Steuerstrafsachen und in preußischen Landesstempelsteuersachen ist dem Reichsgerichte verblieben (s. unten § 2).

Obwohl diese steuerrechtliche Rechtsprechung bloßes Anhängsel der bürgerlich- und strafrechtlichen Spruchtätigkeit des Reichsgerichtes war, ist die Zahl allein schon der veröffentlichten steuerrechtlichen Entscheidungen des Reichsgerichtes eine stattliche gewesen. Wer nur einzelne dieser Entscheidungen für sich betrachtet, ohne sie in größere Zusammenhänge einzustellen, wird freilich leicht den Eindruck einer vergänglichen Fragen des Tages zugewandten Kasuistik erlangen, und es mag ihn der Zweifel beschleichen, ob hier der höchste Gerichtshof des Reiches nicht allzuviel Kraft und Zeit an Eintagswerk zu vergeuden genötigt war. Handelte es sich doch dabei oft um geringfügige Streitwerte, mitunter von wenigen Pfennigen und Mark[2]. Indes vermöchte eine derartige Betrachtungsweise der wirklichen Bedeutung der steuerrechtlichen Rechtsprechung des Reichsgerichtes nicht gerecht zu werden. Die Hauptaufgabe der Steuergerichtsbarkeit ist der rechtsstaatliche Schutz der Bürger. „Das Interesse des Staates an dem einzelnen Steuerbetrag tritt zurück hinter dem viel wichtigeren Interesse an der gerechten, dem Gesetz entsprechenden Veranlagung und der Verhütung willkürlicher Überbürdungen" (Laband, Staatsrecht des Deutschen Reiches, 5. Aufl., 3, 380 Anm. 1 [1915]). Bei der vorbildlichen Erfüllung dieser Rechtsschutzaufgabe hat das Reichsgericht zugleich seines Amtes als oberster Hüter deutscher Rechtseinheit gewaltet und auf einheitliche und gleichmäßige Anwendung des Reichssteuerrechtes hingewirkt, wenn auch naturgemäß Schwankungen der Rechtsprechung zwischen den einzelnen Senaten und innerhalb desselben Senates nicht ausgeblieben sind. Nicht minder große Verdienste hat sich das Reichsgericht durch die spruchrechtliche Entfaltung und Fortbildung des lückenhaft und dürftig geregelten Steuerrechtes erworben zu einer Zeit, da noch kaum die bescheidensten Ansätze für eine wissenschaftliche Bearbeitung des Steuerrechtes vor-

[1] Die Zuständigkeit in Zoll- und Verbrauchssteuersachen ist dem Reichsgerichte noch bis zum 1. Okt. 1919 belassen worden.

[2] So RG. 79, 191: 10 Pfennig; 11, 93: 20 Pfennig; 88, 94: 40 Pfennig; 89, 244: 45 Pfennig; 11, 96: 60 Pfennig; 18, 25: 1 Mark.

handen waren. Was das Reichsgericht durch seine Rechtsprechung auf dem Gebiete der indirekten Steuern und des Finanzstrafrechtes geleistet hat, darf der Rechtsprechung des Preußischen Oberverwaltungsgerichtes auf dem Gebiete der direkten Steuern zur Seite gestellt werden. Von der Wissenschaft ist allerdings dieser Zweig der reichsgerichtlichen Spruchtätigkeit vor 1918 wenig beachtet worden. Um so nachhaltiger hat sie auf die Gesetzgebung eingewirkt. Spätere Steuergesetze haben nicht selten bewährte Formeln des Reichsgerichtes übernommen oder unzulängliche Fassungen und Lücken der Steuergesetze, die durch reichsgerichtliche Entscheidungen aufgedeckt wurden, zu verbessern gesucht[3]). Die Rechtsprechung des Reichsfinanzhofes konnte trotz der inzwischen erfolgten völligen Umwälzung der Steuergesetzgebung in vielem an Rechtsgedanken und Grundsätze anknüpfen, die zuerst vom Reichsgericht entwickelt worden sind[4]), so wie andererseits auch das Reichsgericht in mancher Beziehung die Rechtsübung des früheren Preußischen Obertribunals fortgeführt hat[5]). Namentlich hat die „wirtschaftliche Auslegung" der Steuergesetze durch den Reichsfinanzhof durchaus ihren Vorläufer in der stempelrechtlichen Rechtsprechung des Reichsgerichtes (s. unten § 3 II 4).

Ein bedeutsames Stück Entwicklungsgeschichte des deutschen Steuerrechtes ist in den Bänden der zivil- und strafrechtlichen Entscheidungen des Reichsgerichtes beschlossen. In ihnen spiegelt sich zugleich der Wandel nicht nur der Gesetzgebung und der hinter ihr stehenden finanzpolitischen Anschauungen, sondern vor allem auch des Geistes des Rechtes und der Rechtsanwendung wider. Die Feier des fünfzigjährigen Bestehens des Reichsgerichtes erscheint als geeigneter Anlaß, rückschauend auch einmal Entwicklung und Ergebnisse der Rechtsprechung des Reichsgerichtes in Steuersachen an der Hand einiger Grundfragen des Steuerrechtes im Zusammenhang zu würdigen. Von einer Erörterung von Fragen des Steuerstrafrechtes und des Steuerstrafverfahrens mußte wegen des beschränkten für diese Abhandlung zur Verfügung stehenden Raumes abgesehen werden.

2. Zuständigkeit des Reichsgerichtes in Steuersachen

A. Bis zur Errichtung des Reichsfinanzhofes

I. Die Zulassung des Rechtsweges für Reichssteuersachen ist eine rechtsschöpferische Tat des Reichsgerichtes gewesen. Die Steuergesetzgebung des Deutschen Reiches hatte ursprünglich über die Zuständigkeit der ordentlichen Gerichte in Reichssteuersachen nichts bestimmt. Das Reichsgericht erklärte aber auch ohne ausdrückliche reichsrechtliche Vorschrift den Rechtsweg in Steuerstreitigkeiten grundsätzlich für zulässig. Es knüpfte dabei bewußt an

---

[3]) Vgl. z. B. Motive zu § 10 des Entwurfes des preußischen Stempelgesetzes von 1895, sowie RG. 49, 315; 51, 355; 55, 46f.; Begründung des Entwurfes zur Änderung des Reichsstempelgesetzes v. 3. Juli 1913, Reichstagsdrucksache Nr. 1463 (13. Legislaturperiode II. Session 1914/1918 Bd. 324) S. 39.

[4]) Siehe u. a. RFH. 1 A S. 3, 5, 8, 18, 19, 30, 33, 58, 63, 92, 97, 98, 110, 122, 127, 129, 222; B S. 13; 2 S. 13, 34, 51, 150; 3 S. 250f., 274; 4 S. 46f., 63ff., 132, 155ff., 214f., 272ff.; 7 S. 193, 209; 9, 16; 12 S. 33, 55, 224; 16, 24; 22 S. 109, 127. Nach § 212 Abs. 4 RAO. darf eine Neuveranlagung nicht auf eine nach Entstehung des Steueranspruches erlassene Entscheidung des Reichsfinanzhofes begründet werden, in der die Steuerpflicht im Gegensatze zu einer früheren, einen gleichen Tatbestand betreffenden höchstrichterlichen Entscheidung bejaht wird. Als solche früheren höchstrichterlichen Entscheidungen kommen auch Reichsgerichtsurteile in Betracht. Vgl. RFH. 4, 20; 5, 133 sowie Bühler, Steuerrecht 1, 402 Anm. 9.

[5]) Siehe Lassar, Der Erstattungsanspruch im Verwaltungs- und Finanzrecht S. 132f. (1921). Über die entsprechende Einwirkung der reichsgerichtlichen Rechtsprechung auf die Rechtsprechung des Preußischen Oberverwaltungsgerichtes vgl. Lassar a. a. O. S. 33ff.

Gedankengänge des älteren deutschen Rechts- und Justizstaates an und stützte sich zugleich auf „die Forderungen des gegenwärtigen Bewußtseins vom Wesen des Rechtsstaates", wonach „im Falle ungerechtfertiger Abgabenerhebung der dadurch in seiner individuellen Rechtssphäre gegenüber dem Gesetze Verletzte grundsätzlich berechtigt erscheine, sein Recht vor Gericht zu suchen" (Urt. d. 1. ZS. v. 2. Febr. 1884, RG. 11, 70). Zum Ausschluß des Rechtsweges in derartigen Fällen bedarf es daher nach der Ansicht des Reichsgerichtes einer ausdrücklichen Gesetzesvorschrift, die das Reichsgericht als „anomale positive Satzung" (RG. 11, 70) als eng auszulegende Ausnahmevorschrift (RG. Gruchot 40, 1177) bezeichnet. Bei der rechtstechnischen Konstruktion dieser justizstaatlichen Anschauungen, die in der ersten Hälfte und in der Mitte des 19. Jahrhunderts in Deutschland vorherrschten und ihren Niederschlag unter anderem auch in der Frankfurter Reichsverfassung von 1849 § 182 gefunden haben, berührt sich diese ältere Rechtsprechung des Reichsgerichtes zum Teil mit Formulierungen in Otto Bährs berühmter Schrift „Der Rechtsstaat" (1864). Nach RG. 11, 70 enthält die objektiv rechtswidrige Erhebung einer öffentlichen Abgabe „einen im Namen des Staates durch dessen Organe verwirklichten, objektiv rechtswidrigen Eingriff in die individuelle Vermögensrechtsphäre des Herangezogenen. Dieses Unrecht ist aufzuheben durch Wiedererstattung des zu Unrecht entzogenen Vermögenswertes aus Staatsmitteln." Nach der jahrzehntelang festgehaltenen Auffassung des Reichsgerichtes ist dieser Ersatzanspruch privatrechtlicher Natur; unter dem Einfluß der Fiskuslehre des Polizeistaates behandelte das Reichsgericht alle vermögensrechtlichen Ansprüche, auch die im öffentlichen Recht wurzelnden, als bürgerlich-rechtliche Ansprüche (s. unten § 5). Daraus folgerte es die grundsätzliche Zulässigkeit des Rechtsweges auch für die auf öffentlich-rechtlichem Titel beruhenden Vermögensansprüche (RG. 22, 288; 25, 330; 41, 272 (VerZS.); 57, 353; 70, 81; 74, 192; 75, 41[6]). Unterstützt wurde diese Folgerung dadurch, daß das Gerichtsverfassungsgesetz es unterließ, den Begriff der „bürgerlichen Rechtsstreitigkeit", der von der damaligen Rechtslehre mit Vorstellungsgehalten der Fiskuslehre ausgefüllt wurde, näher zu erläutern, und in § 70 (heute § 71) Abs. 3 der Landesgesetzgebung ausdrücklich die justizstaatliche Ermächtigung erteilte, die Entscheidung über Ansprüche in betreff öffentlicher Abgaben ohne Rücksicht auf den Wert des Streitgegenstandes den Landgerichten ausschließlich zuzuweisen. (Vgl. PrAusfG. zum GVG. v. 24. April 1878 § 39 Abs. 1 Ziff. 4.)

Das Reichsgericht hat die Zuständigkeit der ordentlichen Gerichte grundsätzlich bejaht

1. in Zollsachen; die Vorschrift des § 12 Satz 2 des Vereinszollgesetzes, der die Beschwerden über die Anwendung des Zolltarifes ausschließlich den Verwaltungsbehörden zuweist, beschränkte es auf rein steuertechnische Fragen (RG. 5, 34ff.; 16, 37ff.; 42, 107ff.; 52, 159ff.);

2. für die übrigen indirekten Reichssteuern (RG. 11, 65ff.; Bolze 2 Nr. 1375, RG. 75, 40ff.).

Im Hinblick auf die Erhebung und Verwaltung der Reichssteuern durch Landesbehörden erklärte jedoch das Reichsgericht in allen diesen Fällen den Rechtsweg für zulässig nur, soweit nicht das Landesrecht ihn durch ausdrück-

---

[6]) Uneingeschränkt bejahte das Reichsgericht die Zulässigkeit des Rechtsweges nur in den Ausnahmefällen, in welchen Reichssteuern unmittelbar von Reichsbehörden erhoben wurden. Das war vorübergehend in den Hansestädten der Fall, solange sie dem Reichszollgebiete nicht angehörten und für sie Kaiserliche Hauptzollämter eingerichtet waren, welche den preußischen Zolldirektionen Altona und Hannover unterstanden. Siehe RG. 5, 44ff.; O. Stölzel, Rechtsweg und Kompetenzkonflikt in Preußen S. 135 (1901); Laband, Staatsrecht des Deutschen Reiches, 5. Aufl., 4, 395ff.

liche Vorschrift ausgeschlossen hatte (vgl. RG. 11, 93; 16, 38; 42, 109; 52, 161; 75, 44; JW. 1884 S. 149).

II. Da die verfahrensmäßige Behandlung von Steuerstreitigkeiten in den einzelnen Gliedstaaten sehr verschiedenartig geregelt war, ergab sich ein buntscheckiger Rechtszustand auch in bezug auf die Reichssteuersachen, so daß die Prozesse darüber aus den einzelnen Teilen des Reiches nicht gleichmäßig an das Reichsgericht gelangten.

1. Allgemein zugelassen war der Rechtsweg in Steuersachen in den Hansestädten, die am längsten an dem justizstaatlichen Gedanken der Entscheidung von Streitigkeiten des öffentlichen Rechtes durch die ordentlichen Gerichte festgehalten haben (vgl. RG. 11, 67; 42, 109; 52, 161).

2. Völlig ausgeschlossen war der Rechtsweg in Steuerstreitigkeiten in Baden (Verwaltungsrechtspflegegesetz v. 14. Juni 1884 § 2 Ziff. 3, § 3 Ziff. 1)[7]), in Württemberg[8]), in Bayern[9]) (auf Grund der ständigen Rechtsprechung im Anschluß an Art. 8 Nr. 19, 24, 27, 30 u. 31 des VGHGes. und an Vorschriften der Steuergesetze, welche die Entscheidung der Steuerpflichtigkeit besonderen Stellen übertragen) sowie in einigen kleineren Ländern, wie Schaumburg-Lippe (RG. JW. 1887 S. 493).

3. In Preußen[10]) hatten die Verordnungen v. 21. Juni 1713 und 25. April 1715 (Mylius CC. March. 2 Abt. 1 Nr. 131 u. 139) sowie das Ressortreglement v. 19. Juni 1749 (a. a. O. Contin. 4, 163 Nr. 66) die Steuersachen ausnahmslos dem Justizkollegium entzogen und den Kriegs- und Domänenkammern zugewiesen. Das PrALR. II, 14, 78 behielt den Ausschluß des Rechtsweges für Steuerstreitigkeiten grundsätzlich bei, ließ jedoch ausnahmsweise den Rechtsweg für den Fall zu, daß der in Anspruch genommene aus besonderen Gründen — Privileg, Vertrag, Verjährung — die Befreiung von einer solchen Abgabe geltend machte oder behauptete, in der Bestimmung seines Anteils über die Gebühr belastet zu sein (ALR. II, 14, 79). Ergänzend und erläuternd kamen Art. 36 u. 41 der Verordnung v. 26. Dez. 1808 und die Königliche Kabinettsorder v. 4. Dez. 1831 hinzu. Für die Rheinprovinz schloß das Rheinische Ressortreglement v. 20. Juli 1818 §§ 8 und 10 bei allen direkten Staats- und Gemeindesteuern den Rechtsweg aus. Unter dem Einfluß der justizstaatlichen Strömung wurde der Rechtsweg durch die §§ 9—11

[7]) In Baden hatte die Reitzensteinsche Verwaltungsordnung (Organisationsedikt v. 26. Nov. 1809; s. W. Andreas, Geschichte der badischen Verwaltungsorganisation und Verfassung in den Jahren 1802—1818, 1, 258ff. [1913]) den nach dem Vorbild der französischen Präfekturräte gebildeten Kreisdirektorien u. a. die Entscheidung über die Schuldigkeit und Größe des Beitrages der Untertanen zu direkten und indirekten Staatssteuern und Gemeindeumlagen übertragen, während früher darüber die ordentlichen Gerichte zu befinden hatten (vgl. § 40 Bad. Hofratsinstruktion von 1794). Gegen diese sog. „Administrativjustiz", d. h. Entscheidung von reinen Verwaltungsbehörden über öffentlich-rechtliche Streitsachen richtete sich auch in Baden die justizstaatliche Strömung. Vgl. insbesondere die Begründung des Antrages des Abg. Mittermaier über Aufhebung der Administrativjustiz von 1831 (9. öffentl. Sitzung der Badischen Zweiten Kammer v. 6. April 1831, Beilagenheft 1 S. 141ff.) und den Ausschußbericht des Abg. Merk (Sitzungsberichte der Zweiten Kammer 1831, Beilagenheft 4 S. 67ff.). Doch hat in Baden erst das Gesetz v. 5. Okt. 1863 betreffend die Organisation der inneren Verwaltung §§ 5, 15—18 an Stelle des bisherigen Rechtsmittels der Beschwerde einen wirksamen Klagschutz gebracht durch Zuweisung der Steuerstreitigkeiten an den neugebildeten Verwaltungsgerichtshof.

[8]) Siehe O. Bühler, Die Zuständigkeit der Zivilgerichte gegenüber der Verwaltung im württembergischen Recht und ihre Entwicklung seit Anfang des 19. Jahrhunderts S. 44, 83, 127 (1911).

[9]) Siehe O. v. Sarwey, Öffentliches Recht und Verwaltungsrechtspflege S. 566ff. (1880); G. Schmitt im WB. d. VR. von Stengel-Fleischmann (2. Aufl.) 3, 234.

[10]) Über die geschichtliche Entwicklung in Preußen s. RG. 4, 213ff.; 11, 67ff.; 48, 220; 60, 348ff.; 67, 402; 83, 305; E. Loening, Gerichte und Verwaltungsbehörden in Brandenburg-Preußen (VerwArch. 2 S. 217ff., 437ff.; 3 S. 94ff., 510ff.); Droop, Rechtsweg in Preußen S. 29ff. (1899); O. Stölzel, Rechtsweg und Kompetenzkonflikt in Preußen S. 100ff. (1901).

des G. v. 24. Mai 1861 erweitert[11]), insbesondere zugelassen für Streitigkeiten aus Kirchen-, Pfarr- und Schulabgaben, ferner für die Rückforderung von Staatsabgaben, falls geltend gemacht wird, die einzelne Forderung sei bereits früher getilgt oder verjährt, und allgemein für Stempelsteuerstreitigkeiten, falls es sich um einen Wertstempel oder einen nicht nach dem Betrage des Gegenstandes zu bemessenden Vertragsstempel handelt. Durch Verordnung v. 16. Sept. 1867 wurden die Bestimmungen des G. v. 24. Mai 1861 auch auf die 1866 einverleibten Landesteile ausgedehnt, durch G. v. 30. Mai 1873 die Anwendung der §§ 11—14 des G. v. 24. Mai 1861 auch auf die Erbschaftssteuer vorgeschrieben. Diese besonderen Ausnahmen zugunsten des Rechtsweges erfuhren aber bei den wichtigsten neueren Landessteuern eine Einschränkung zugunsten des Verwaltungsstreitverfahrens, insbesondere bei der Einkommensteuer (G. v. 24. Juni 1891 §§ 40 u. 44) und Ergänzungssteuer (G. v. 14. Juli 1893 §§ 33 u. 36)[12]). Überhaupt ausgeschlossen wurde der Rechtsweg für die Gemeindeabgaben (ZuständigkeitsG. v. 1. Aug. 1883 § 160 Abs. 1, KommunalabgabenG. v. 14. Juli 1893 § 69ff. Vgl. RG. 49, 220; 67, 402; Stölzel, Rechtsweg S. 138ff.). Nur für Stempelabgaben hat auch noch das PrStempG. v. 31. Juli 1895 § 26 den Rechtsweg nicht nur offen gehalten, sondern noch erweitert, wegen des engen Zusammenhanges dieser Steuerstreitigkeiten mit bürgerlich- und handelsrechtlichen Fragen, zu deren Beurteilung in erster Reihe der Zivilrichter sachverständig erschien; die Klage war bei Verlust des Klagrechtes binnen sechs Monaten nach Beitreibung oder geleisteter Zahlung zu erheben. Dasselbe galt für die Erbschaftssteuer (vgl. ErbschaftssteuerG. v. 30. Mai 1873 § 40, in der Fassung v. 19. Mai 1891/31. Juli 1895 § 42 sowie Stölzel a. a. O. S. 133).

III. Den ersten Schritt zur Beseitigung dieser verfahrensrechtlichen Zersplitterung in Reichssteuersachen tat das ReichsG. v. 29. Mai 1885. Es fügte auf Anregung des Reichstages in das RStempG. v. 1. Juli 1881 einen § 32 ein, der für den Bereich des Reichsstempelgesetzes die Rückforderung zu Unrecht erhobener Steuern durch Klagerhebung binnen sechs Monaten nach erfolgter Beitreibung oder mit Vorbehalt geleisteter Zahlung zuließ. Hierdurch sollte in allen Gliedstaaten gleichmäßig die Zuständigkeit der ordentlichen Gerichte — im ersten Rechtszuge der Landgerichte, im dritten Rechtszuge des Reichsgerichtes — in Reichstempelsachen begründet und auf diese Weise die Einheitlichkeit der Anwendung des Reichsstempelgesetzes gesichert werden (RG. 75, 43). Diese Bestimmung wurde auch bei den späteren Neufassungen des Reichsstempelgesetzes beibehalten (§ 33 der Fassung v. 27. April 1894, § 43 der Fassung v. 14. Juli 1900, § 70 der Fassung v. 3. Juni 1906, § 94 der Fassung v. 15. Juli 1909, § 110 der Fassung v. 2. Aug. 1913 und v. 15. Juli 1919). Auch die Neufassung des WStempG. v. 15. Juli 1909 § 17 erklärte in bezug auf die Verpflichtung zur Entrichtung des Wechselstempels den Rechtsweg für zulässig und schrieb im übrigen die entsprechende Anwendung des § 94 des RStempG. v. 15. Juli 1909 vor. Ebenso enthielt das ReichserbschaftsteuerG. v. 3. Juni 1906 in § 57 eine ausdrückliche Vorschrift über die Zulässigkeit des Rechtsweges. Im Gegensatz zu diesen Gesetzen ließ das ZuwachssteuerG. v. 14. Febr. 1911 § 44 als Rechtsmittel gegen den Zuwachssteuerbescheid zu 1. die Beschwerde, soweit sie nicht landesrechtlich ausgeschlossen wurde, 2. das Verwaltungsstreitverfahren oder ein durch die Landesgesetzgebung geordnetes anderweites Verfahren vor den Verwaltungsgerichten, und wenn ein verwaltungsgerichtliches

[11]) Über Vorgeschichte und Bedeutung des Gesetzes von 1861 vgl. Lassar, Erstattungsanspruch im Verwaltungs- und Finanzrecht S. 115ff.

[12]) Vgl. hierzu O. Stölzel a. a. O. S. 119.

Verfahren nicht bestand oder landesrechtlich ausgeschlossen war, Klage im Rechtswege. Im Zusammenhange mit der weitgehenden Aufhebung rechtsstaatlicher Sicherungen im Kriegswirtschaftsrechte hat das Kriegssteuergesetz von 1916 den Rechtsweg überhaupt ausgeschlossen (s. RG. 103, 303f.).

IV. Landessteuerstreitigkeiten konnten, auch soweit landesrechtlich der Rechtsweg für sie zulässig und die Landgerichte ohne Rücksicht auf den Wert des Streitgegenstandes zuständig waren, nur in sehr beschränktem Maße an das Reichsgericht gelangen. Zufolge des Erfordernisses der Revisibilität der verletzten Rechtsnorm (ZPO. v. 1877 § 511, v. 1898 u. 1924 § 549, Verordnung v. 28. Sept. 1879 § 1, vgl. auch RG. 65, 153; 78, 156) kann die Revision an das Reichsgericht nur darauf gestützt werden, daß die Entscheidung auf der Verletzung eines Reichsgesetzes oder eines Gesetzes, dessen Geltungsbereich sich über den Bezirk des Berufungsgerichtes hinaus erstreckt, beruhe. Da in Bayern der Rechtsweg in Steuersachen überhaupt ausgeschlossen war, kam für die letztinstanzliche Entscheidung von Landessteuerstreitigkeiten durch das Reichsgericht nur preußisches Stempelsteuer- und Erbschaftssteuerrecht in Betracht. Zu einer Prüfung von Rechtsfragen aus dem Bereiche der Landesgesetze über direkte Steuern gelangte das Reichsgericht — von Steuerstrafsachen abgesehen — nur, soweit diese steuerrechtlichen Fragen als Vorfragen bei der Entscheidung bürgerlich-rechtlicher Prozesse auftauchten (Beispiele: RG. 32, 244ff.; 46, 262ff.), oder, soweit es sich um klagweise Rückforderung solcher Steuerbeträge handelte, die unter Verletzung des Reichsgesetzes wegen Beseitigung der Doppelbesteuerung v. 13. Mai 1870 oder des Doppelsteuergesetzes v. 22. März 1909 erhoben worden waren (s. RG. 65, 153f. sowie unten § 9 II).

V. Der eigentliche Schwerpunkt der Steuergerichtsbarkeit des Reichsgerichtes lag in der Entscheidung von Reichsstempelsachen und preußischen Landesstempelsachen, wogegen die Zoll- und Verbrauchssteuerstreitigkeiten an Zahl und Bedeutung weit zurücktraten. Doch hat das Reichsgericht an der Zuständigkeit der ordentlichen Gerichte in Zoll- und Verbrauchssteuersachen trotz des Fehlens einer ausdrücklichen reichsrechtlichen Zuständigkeitsvorschrift auch festgehalten, nachdem es sich von den früheren justizstaatlichen Anschauungen und der Auffassung von der begrifflichen Privatrechtlichkeit aller Vermögensansprüche mehr und mehr abgewandt hatte. Es erklärte beim Fehlen ausdrücklicher Vorschriften die zurzeit der Erlassung des Steuergesetzes herrschende Rechtsübung hinsichtlich der Zulassung des Rechtsweges für maßgebend. So der 3. ZS. RG. 92, 314: „Die Rechtsauffassung über die Scheidung vom öffentlichen und Privatrecht hat sich im Laufe der letzten Jahrzehnte wesentlich geändert. Mehr und mehr sind Rechtsgebilde, die früher als privatrechtliche angesehen wurden, als dem öffentlichen Rechte angehörig erkannt worden. Dieser Wechsel der Auffassung kann unmöglich zur Folge haben, daß die Streitigkeiten aus solchen, früher als privatrechtlich angesehenen Rechtsgebieten nunmehr dem ordentlichen Rechtswege entzogen werden und damit jeder Rechtsschutz für die betreffenden Ansprüche wegfällt." Der 7. Zivilsenat hat sich dieser Auffassung angeschlossen (RG. 93, 203). Das Reichsgericht folgt hier einer Ansicht, die auch Otto Mayer in seinem Deutschen Verwaltungsrecht I. Bd. 1. Aufl. § 16 S. 213ff. vertreten, aber in der 2. Aufl. § 17 S. 180 Anm. 6 wieder aufgegeben hat. Im Ergebnis ist ihr zuzustimmen, doch ist ihre Begründung nicht unanfechtbar[13]). Trotz der Beibehaltung des Rechtsweges

[13]) Siehe über diese „Zivilprozeßsachen kraft Überlieferung" Lassar, Erstattungsanspruch S. 66ff., 81, 88ff.; Der Schutz des öffentlichen Rechtes (Veröffentlichungen der Vereinigung der deutschen Staatsrechtslehrer 2. Heft [1925]) S. 92; W. Jellinek, Der Schutz des öffentlichen Rechtes, daselbst S. 12.

für diese „Zivilprozeßsachen kraft Überlieferung" hatte sich aber inzwischen das Verhältnis von Regel und Ausnahme bei der Zulassung des Rechtsweges in Steuersachen völlig verschoben: Erschien ursprünglich dem Reichsgericht die Entscheidung von Steuerstreitigkeiten durch die ordentlichen Gerichte als die Regel, der Ausschluß des Rechtsweges als Ausnahme (RG. 11, 70), so betrachtet umgekehrt die spätere Rechtsprechung des Reichsgerichtes die Zulässigkeit des Rechtsweges in Steuersachen nur noch als eine besonders zu begründende Ausnahme (RG. 103, 304).

VI. Das Reichsgericht ließ die Klagerhebung nicht nur in Form der Leistungsklage auf Rückzahlung bereits entrichteter oder beigetriebener Steuer zu, sondern auch in Form der negativen Feststellungsklage darüber, ob der eingeforderte, aber noch nicht bezahlte Steuerbetrag mit Recht beansprucht werde (RG. 31, 30; 60, 348ff.; 72, 159; 111, 51; GruchotsBeitr. 43, 1140). Als den richtigen Beklagten der Rückforderungsklage betrachtete das Reichsgericht auch bei Reichssteuern den Landesfiskus (RG. 11, 75, 91, 94; 16, 85; 18, 128; 76, 15). Die sechsmonatige Klagfrist des Preußischen Stempelsteuergesetzes und des Reichsstempelgesetzes wurde vom Reichsgericht als Verjährungsfrist aufgefaßt (RG. 17, 206; 24, 200; 44, 208; anderer Ansicht Stölzel, Rechtsweg S. 130f.), dagegen die Klagfrist des ReichserbschaftssteuerG. v. 1906 § 57 als Ausschlußfrist (RG. 76, 274ff.).

B. Zuständigkeit des Reichsgerichtes in Steuersachen nach geltendem Recht

I. Nach Reichsabgabenordnung § 227 ist heute in Reichssteuersachen der Rechtsweg vor den ordentlichen Gerichten ausgeschlossen. Doch ist dadurch dem Reichsgericht nicht jegliche Zuständigkeit in Steuersachen entzogen worden.

1. Einmal sind die ordentlichen Strafgerichte uneingeschränkt zuständig geblieben in Steuerstrafsachen, soweit sie nicht im Verwaltungsverfahren vor dem Finanzamt (§§ 386ff. AO.) erledigt werden. Mit Recht hebt Bühler, Steuerrecht I S. 89 Wert und Bedeutung dieser Mitkontrolle der ordentlichen Gerichte neben der Tätigkeit der Steuergerichte hervor.

2. Bestehen geblieben ist die Zuständigkeit des Reichsgerichtes in preußischen Stempelsteuersachen auf Grund des preußischen Stempelsteuergesetzes in der Fassung v. 27. Okt. 1924 § 26 (vgl. RG. 111, 51; 115, 17, 21).

3. Auch in Reichssteuersachen ist der Rechtsweg vor den ordentlichen Gerichten ausnahmsweise offen geblieben für Widerspruchsklagen Dritter, die behaupten, am Gegenstand einer steuerlichen Zwangsvollstreckung (§ 301 AO.) ein die Veräußerung hinderndes Recht zu haben, sowie für die Entscheidung der Frage des Vorrechtes der Steuerforderung nach § 61 Ziff. 2 KO. (RG. 114, 372; 116, 368ff.; RFH. 20, 240[14]). Ebenso können Schadenersatzklagen gegen das Reich wegen Amtspflichtverletzung von Steuerbeamten bei den ordentlichen Gerichten erhoben werden; denn dieser Klaganspruch hat seine Rechtsgrundlage nicht in irgendwelchen steuerrechtlichen Normen, sondern in RV. Art. 131 Abs. 1 Satz 3 i. V. m. dem ReichshaftungsG. v. 22. Mai 1910 und

[14]) Über die Behandlung von Steuerforderungen im Konkurs vgl. im übrigen RFH. 16, 322 (dazu Dünkelsbühler und Bley in JW. 1926 S. 1685ff.); 19, 355; Enno Becker, Vorbem. 7 zu §§ 298ff. AO., Bem. 4 zu § 227 AO.; Bühler, Steuerrecht 1, 491ff.; Delbrück in JW. 1921 S. 1591; Kaatz in JW. 1923 S. 590; Kleinfeller in JW. 1924 S. 226; Fischer in JW. 1926 S. 1656ff.; Bley in ZZP. 51, 232f.; Boethke, Deutsches Steuerblatt 1926 S. 8ff.; 63ff., 113ff.

§ 839 BGB. (RG. 106, 43; 110, 430; 111, 64f.; RFH. Steuer u. Wirtschaft II Nr. 737[15]).

II. Immer berufen ist das Reichsgericht zur Prüfung steuerrechtlicher Vorfragen in den bei ihm anhängigen bürgerlichen Rechtsstreitigkeiten und Strafverfahren. Während das französische Recht die Entscheidung öffentlich-rechtlicher Vorfragen den Zivilgerichten entzogen hat, überläßt das deutsche Recht den Zivilgerichten grundsätzlich auch die Entscheidung über die öffentlich-rechtlichen Vorfragen, von denen die Erledigung der bei ihnen anhängigen Prozesse abhängt (RG. 14, 263; 15, 237ff.; 22, 288; 25, 330; 27, 179; 41, 272; RGSt. 7, 220; 12, 1). Das ordentliche Gericht ist zwar befugt, aber nicht verpflichtet, das Verfahren bis zur Erledigung eines verwaltungsrechtlichen Nebenpunktes auszusetzen (§ 148 ZPO. sowie § 262 StPO., der entsprechend auch auf öffentlich-rechtliche Vorfragen anzuwenden ist). Vgl. RG. 77, 412f.; 80, 372. Dieser Grundsatz ist durch wenige Ausnahmen durchbrochen[16]). Unter der Herrschaft des früheren Steuerrechtes hat das Reichsgericht wiederholt ausgesprochen, daß die ordentlichen Gerichte auch über steuerrechtliche Vorfragen ohne Rücksicht auf die dazu von den Steuerbehörden getroffenen Feststellungen frei entscheiden dürften und nur befugt seien, nach ihrem Ermessen das Verfahren bis zur Herbeiführung einer Entscheidung der dafür zuständigen Verwaltungsbehörden oder Verwaltungsgerichte auszusetzen (RG. 77, 412f.; 93, 202; RGSt. 17, 26; 39, 64; 43, 377; 52, 51). Diese Freiheit der Nachprüfung steuerrechtlicher Vorfragen ist aber für die Strafgerichte durch § 433 AO. eingeschränkt worden. Diese Bestimmung hat in bewußter Abweichung vom bisherigen Recht den Strafgerichten die unabhängige und selbständige Entscheidungsbefugnis hinsichtlich der äußeren Tatbestandsmerkmale der Steuerhinterziehung und Steuergefährdung entzogen (vgl. RGSt. 56, 108). § 433 AO. sollte dem unerwünschten Ergebnis vorbeugen, daß die Strafgerichte, wenn sie über Steuerhinterziehungen oder Steuergefährdungen zu befinden haben, das Bestehen eines Steueranspruches abweichend von der Stellungnahme der Steuerbehörde verneinen oder bejahen (RFH. 7, 290). Die darin vorgesehene Vorentscheidung ist nicht Prozeß-, sondern bloße Urteilsvoraussetzung für das strafgerichtliche Verfahren über die Steuerhinterziehung oder die Steuergefährdung. Der Mangel einer für das Strafgericht maßgebenden Vorentscheidung der Finanzstelle steht der Einleitung eines strafgerichtlichen Verfahrens und seiner Fortführung bis zur Aburteilung nicht entgegen. Nur ein strafgerichtliches Urteil soll vor der Vorentscheidung über die bezeichneten steuerrechtlichen Fragen ausgeschlossen sein (RGSt. 56, 108f.). Vom Standpunkte des Rechtsstaates aus bedeutet § 433 AO. freilich einen Rückschritt; die hier vorgesehene Aussetzungspflicht führt zu einer Verschlechterung des Rechtsschutzes, weil es im Finanzverfahren an einer vollwertigen gerichtlichen Tatsacheninstanz fehlt[17]). Reichsfinanzhof und Reichsgericht sind indes bestrebt, diese Ausnahmevorschrift eng auszulegen[18]). Überdies hat sich der Anwendungsbereich des § 433 AO. seit der 3. Steuernotverordnung v. 14. Febr. 1924 wesentlich verengert, da seitdem die Steuerstrafen in der Regel nicht mehr nach

---

[15]) Siehe K. Friedrichs, Schadensersatz gegen das Reich wegen Verschuldens von Steuerbeamten, Neue Steuerrundschau 5, 222f. (1924); Karger daselbst S. 323f.

[16]) Siehe W. Jellinek, Veröffentlichungen der Vereinigung der deutschen Staatsrechtslehrer 2, 73 (1925).

[17]) So treffend W. Jellinek a. a. O.

[18]) Vgl. die bei Koppe, Jahrbuch des Steuerrechts, und Kloß, Rechtsprechung und Schrifttum in Reichssteuersachen, zu § 433 AO. angeführten Entscheidungen des Reichsgerichtes in Strafsachen und des Reichsfinanzhofes. Gegen die Überspannung des Grundsatzes des § 433 AO. auch Enno Becker, Steuer und Wirtschaft 5. Jg. (1926) Sp. 491f.

einem Vielfachen der verkürzten Steuer zu bemessen sind. Es hängt daher die Verurteilung im Steuerstrafverfahren im allgemeinen nicht mehr von der Steuerfestsetzung ab, wenn es sich lediglich um die Höhe der Steuer handelt[19]).

III. Über die Zuständigkeit des Reichsgerichtes zur Nachprüfung der Vereinbarkeit von Landessteuergesetzen mit dem Reichssteuerrecht siehe unten § 9 II.

3. Rechtsfindungsverfahren des Reichsgerichtes in Steuerstreitigkeiten

I. Das Verhältnis von Gesetz und Richter war fast das ganze 19. Jahrhundert hindurch bestimmt durch das naturrechtlich-liberale Ideal möglichst weitgehender Einengung richterlicher Freiheit und richterlichen Ermessens. Es war das der natürliche Gegenschlag gegen die nicht selten an Zuchtlosigkeit grenzende Richterwillkür des 18. Jahrhunderts. Als wirksamste Sicherung gegen solche Ausschreitungen erschien ein streng durch Gesetze gefesseltes Richtertum, das als eine Art „Subsumtions- und Deduktionsapparat" mittels rein logischer Schlußfolgerung aus dem als lückenlos gedachten Gesetzesrecht die Entscheidungen jedes einzelnen Rechtsfalles entnehmen sollte. Es ist bekannt, wie eine um die Jahrhundertwende anschwellende Gegenströmung schließlich gegen die Einseitigkeit dieser Richtung Front machte, den Glaubenssatz von der logischen Geschlossenheit des Gesetzesrechtes bekämpfte und gegenüber der Überschätzung der logischen Tätigkeit des Richters das Schöpferische, die Wertung und Zweckgestaltung in der richterlichen Rechtsfindung, die Bedeutung der „Werturteile und Willensentscheidungen" betonte. Freilich schoß diese Gegenbewegung in Form der sogenannten Freirechtschule weit über das Ziel hinaus. Unter dem Einflusse dieser Strömung hat sich auch das Reichsgericht in der Kriegs- und Nachkriegszeit offen zu freieren Rechtsfindungsformen bekannt[20]).

Im Rahmen dieser Gesamtentwicklung empfängt die Rechtsprechung in Steuersachen ihr besonderes Gepräge vornehmlich durch den Widerstreit und die Notwendigkeit des Ausgleiches zwischen dem staatlichen Bedürfnisse nach voller Ausschöpfung der steuerpflichtigen Tatbestände und dem rechtsstaatlichen (genauer: gesetzesstaatlichen) Erfordernisse, daß Steuerauflagen nur auf Grund eines formellen Gesetzes zulässig sind, welches Voraussetzungen, Art und Umfang der Belastung genau umschreibt und jedem Untertan die genaue Vorausberechenbarkeit seiner Belastung ermöglicht. Zwischen diesen beiden Polen bewegt sich die Magnetnadel der steuerlichen Rechtsprechung hin und her.

Die reichsgerichtliche Rechtsfindung in Steuersachen stellte zunächst den Rechtsstaatsgedanken in den Vordergrund. Sie legte daher anfänglich die Steuergesetze eng und streng aus und scheute sich gegenüber dem klaren Wortlaute der Gesetze Zweck- und Billigkeitsgesichtspunkte zur Geltung zu bringen. Hierin berührt sie sich mit der Rechtsprechung des französischen Kassationshofes, der es in Stempelsteuer- und Gebührensachen ablehnt, außerhalb des nach seiner Auffassung streng und wörtlich auszulegenden Gesetzeswortlautes

---

[19]) Siehe Boethke in JW. 1926 S. 1634.

[20]) Vgl. insbesondere E. Jung, Das Problem des natürlichen Rechtes (1912); Rechtsregel und Rechtsgewissen (ArchZivPrax. 118, 1ff.); H. Reichel, Gesetz und Richterspruch (1915); A. Manigk, Formalismus und Freirechtschule (HWB. d. RW.); F. Geny, Méthode d'interprétation et sources en droit privé positif, 2. Aufl., 2 Bände (Paris 1919); Science et technique en droit privé positif 1. Bd., 3. Aufl. (1925), 2. Bd., 2. Aufl. (1927), 3. Bd. 2. Aufl. (1925), 4. Bd. (1925).

die Absicht des Gesetzgebers zu berücksichtigen[21]). Wegen der Dürftigkeit und Lückenhaftigkeit der Steuergesetze mußte das Reichsgericht freilich von Anfang an auf den Versuch verzichten, alle Lösungen unmittelbar oder mittelbar dem Gesetze zu entnehmen. Das Reichsgericht hat sich in Steuersachen keineswegs nur als „Lakai" oder „mechanisches Sprachrohr des Gesetzgebers"[22]) betätigt, sondern als lebendiges Organ des Rechtes mit offenem Blick für die Bedürfnisse des Rechtslebens auch bei der eigentlichen Auslegung von Steuergesetzen reichlich textfremde, insbesondere alogische, zweckhafte (rationale) und werthafte (irrationale) Gesichtspunkte berücksichtigt. Vor allem aber ist das Reichsgericht in Stempelsachen schon seit der Mitte der neunziger Jahre von seiner ursprünglich starren zu einer freieren, „wirtschaftlichen" Auslegung übergegangen.

II. Ausgang der Auslegung auch von Steuergesetzen ist für das Reichsgericht stets der Wortlaut der auszulegenden Vorschrift. Für die Feststellung des Wortsinnes kommt nach RG. 92, 176 grundsätzlich der zurzeit der Abfassung und Erlassung des Gesetzes allgemein gangbare Sprachgebrauch in Betracht. Für die aus dem bürgerlichen Recht entlehnten Ausdrücke legte das Reichsgericht ursprünglich, falls entgegenstehende Vorschriften fehlen, schlechthin die ihnen im Privatrecht zukommende Bedeutung zugrunde; erst später ist es zu freierer Auslegung solcher steuerrechtlichen Entlehnungsbegriffe vorgeschritten (s. unten § 6 I 2).

Ist der Wortlaut selbst völlig klar und unzweideutig, so ist er nach RG. 51, 128; 79, 46 maßgebend, selbst wenn das Ergebnis nicht ganz befriedigend erscheint oder auch ein bloßes Versehen des Gesetzgebers vorliegen sollte. Im Gegensatz dazu geht heute der Reichsfinanzhof in berichtigender Auslegung auch gegenüber einem unzweifelhaft klaren Gesetzeswortlaut sehr weit (s. RFH. 4, 46f., 63; 5, 60f.; 9, 160ff.; 11, 338; 14, 226, 272; 15, 183; 18, 353f.; dazu Max Lion, Vierteljahresschrift für Steuer- und Finanzrecht 1. Jg. [1927] S. 179). Das rechtfertigt sich als richterliche Notstandsmaßnahme gegenüber der Hochflut ungenügend vorbereiteter und technisch mangelhafter Steuergesetze der Nachkriegszeit (vgl. RFH. 4, 63; E. Becker, Steuer und Wirtschaft 3. Jg. [1924] Sp. 1009).

Nur wenn die Fassung des Gesetzeswortlautes ungenügend, unvollständig, dunkel ist oder sonst zu Zweifeln Anlaß gibt, gewährt die steuerrechtliche Rechtsprechung des Reichsgerichtes Spielraum für die Heranziehung weiterer Hilfsmittel zur Ermittelung des im Gesetze in unzulänglicher Weise, aber doch noch erkennbar zum Ausdrucke gelangten gesetzgeberischen Gedankens (RG. 54, 338f.), der nötigenfalls durch Einschränkung oder Erweiterung des bloßen Wortsinnes zur Geltung zu bringen ist (RG. 60, 433; 90, 57; 96, 327).

Als solche Hilfsmittel dienen dem Reichsgericht 1. vor allem die geschichtliche Sinnbestimmung durch Erforschung der Entstehungsgeschichte, insbesondere durch Heranziehung von gesetzgeberischen Vorarbeiten und Äußerungen gesetzgebender Faktoren (vgl. RG. 90, 57; 92, 176). Sie nimmt auch in der steuerrechtlichen Rechtsprechung des Reichsgerichtes teilweise einen breiten Raum ein (s. z. B. RG. 23, 65ff.; 45, 222ff.; 115, 242ff.), wenn auch nach ständiger Rechtsprechung des Reichsgerichtes den Gesetzesvorarbeiten eine selbständige formale Bedeutung für die Feststellung des Sinnes von gesetzlichen Bestimmungen nicht zukommt (RG. 27 S. 72, 411; VerZS. RG. 51, 3). Doch wird ihnen gelegentlich dann besonderes Gewicht beigelegt, wenn sämtliche bei dem Gesetzgebungsvorgang beteiligten Stellen sich über einen bestimmten Sinn der

[21]) Sirey 1892, 1, 465; 1893, 1, 533; 1894, 1, 519; 1899, 1, 418. Vgl. auch Dalloz, Rep. prat. Stichwort Enregistrement n. 45.

[22]) Ausdruck von Jhering, Geist des römischen Rechtes II, 2 S. 467 (5. Aufl. 1898).

Bestimmung einig gewesen sind (RG. 60, 433). Immer aber muß der Wortlaut für diesen Sinn der Vorschrift einen Anhalt bieten. „Die Entscheidungen sind nach dem Gesetze zu treffen, nicht nach den Ansichten und Absichten der an der Gesetzgebung beteiligten Personen. Was hiervon nicht erkennbar in das Gesetz übergegangen ist, muß außer Betracht bleiben" (RG. 94, 242)[23]. „Der Gesetzgeber kann nur in einer Sprache sprechen, durch Publikation des Gesetzes. Was nicht aus dem Gesetze entnommen werden kann, ist nicht gesetzliches Recht" (RG. 27, 411).

2. Die Stellung der Vorschrift im Zusammenhang eines Gesetzes und als Bestandteil eines zusammenhängenden Rechtsystems (RG. 89, 188; 96, 327; s. auch RFH. 4, 52).

3. Bei der Wahl zwischen mehreren nach dem Wortlaute möglichen Auslegungen stellt das Reichsgericht nicht selten auf den fiskalischen Zweck der Steuergesetze ab, insbesondere der 7. Zivilsenat. So betont RG. 47, 354; 84, 21 die Eigenschaft des Gesetzes als Finanzgesetz, das dazu bestimmt ist, dem Fiskus beim Vorliegen eines bestimmten Tatbestandes Einnahmen zuzuführen. Nach RG. 86, 167 ist es der Zweck der Steuergesetze, „dem Staate die erforderlichen Einnahmen zu verschaffen, und dieser Zweck muß auch — was trotz des dagegen im Schrifttume hervorgetretenen vereinzelten Widerspruches hier wiederholt hervorgehoben wird — für die Auslegung verwertet werden". RG. 79, 139: „Daß das neue Gesetz eine derartige Beschränkung seiner Anwendbarkeit und eine so empfindliche Beeinträchtigung des für die Staatskasse erstrebten Erfolges gewollt haben möchte, ist von vornherein wenig wahrscheinlich". Vgl. auch RG. 88, 230. Das Reichsgericht hat aber damit nicht den Satz „in dubio pro fisco" sich zu eigen gemacht, der auch schon in der Zeit des Usus modernus Pandectarum bei uns keineswegs anerkannt war[24]. Auch der Reichsfinanzhof hat diesen Satz abgelehnt (s. Kloß, Steuer und Wirtschaft, 1 [1922] Sp. 324f.), ebenso wie übrigens den umgekehrten Satz, daß der Steuerpflichtige unter allen Umständen Anspruch auf die ihm günstigste Auslegung des Gesetzes habe (RFH. 8, 338). Seine Schranke findet aber dieser fiskalische Zweck an dem klaren Wortlaut und an dem Rechtsstaatsgedanken. Siehe RG. 115, 245 (6. Zivilsenat): „Die Rücksicht auf den Ertrag der Steuer kann niemals dazu führen, die gesetzliche Vorschrift anders auszulegen, als ihr Sinn und Zusammenhang es erfordern und ihre Entstehungsgeschichte es bestätigt." Auch der 7. Zivilsenat erklärt es für „nicht angängig, den Steuerpflichtigen mit einer Abgabe zu belasten, wenn auf deren Erhebung zwar der Wille des Gesetzgebers gerichtet war, dieser Wille aber im Gesetze selbst nicht den geringsten Ausdruck gefunden hat" (RG. 80, 13).

4. Eine große Rolle spielen in den Entscheidungen des Reichsgerichtes auch die besonderen finanzpolitischen Aufgaben und Zwecke der einzelnen Steuern und sonstige wirtschaftliche Erwägungen, die den Gesetzgeber bei der Ausstellung der Steuertatbestände, der Befreiungs- und Ermäßigungsvorschriften geleitet haben. So wird bei der Auslegung u. a. verwertet der allgemeine Grundgedanke der Stempelgesetzgebung, das auf dem öffentlichen Markte sich zeigende Kapital mit einer Steuer zu belegen (RG. 94, 42), die Verschiedenheit der bei der Anwendung des Grunderwerbsteuergesetzes

[23]) Ebenso die Rechtsprechung des französischen Kassationshofes. Vgl. die bei Dalloz, Rép. prat. Stichwort, Enregistrement n. 46 angeführten Entscheidungen.

[24]) Siehe l. 10 D. 49, 14; A. Negusantius, Tractatus de pignoribus et hypothecis S. 199ff., n. 117ff. (4. Ausg. Köln 1653); D. Mevius, Decisiones super causis praecipuis ad summum tribunal regium Vismarense delatis, 1. Teil Entscheidung Nr. 107 S. 41 (4. Aufl. Frankfurt und Leipzig 1698); Kreittmayr, Anmerkungen über den Codicem Maximilianeum Bavaricum Civilem, 2. Teil S. 369f. Bem. 9 (München 1761); Sintenis, Das praktische gemeine Zivilrecht 1, 116 Anm. 48 (1868).

und des Zuwachssteuergesetzes maßgebenden Gesichtspunkte (RG. 108, 75), der auf sozialpolitische Fürsorge gerichtete Zweck einer Befreiungsvorschrift (RG. 79, 35), der wirtschaftliche Zweck einer Steuerauflage und Steuerbefreiung, nur Spekulationsgeschäfte steuerlich zu packen, aber Geschäfte der Erzeuger freizulassen (RG. 23, 65ff.).

Besondere Bedeutung hat die sog. wirtschaftliche Auslegung von Besteuerungstatbeständen in der reichsgerichtlichen Rechtsprechung in Stempelsteuersachen erlangt[25]). Die Verkehrssteuergesetze knüpfen bei der Umschreibung des steuerpflichtigen Tatbestandes an Rechtsvorgänge des bürgerlichen Rechtes an. Sie wollen damit aber in der Regel nicht den bürgerlich-rechtlichen Tatbestand als solchen, sondern nur seinen typischen wirtschaftlichen Erfolg treffen. Statt einer umständlichen Umschreibung dieser wirtschaftlichen Vorgänge bedient sich der Gesetzgeber der Einfachheit halber der knappen Rechtsbegriffe, die das bürgerliche Recht für diese Wirtschaftsvorgänge geprägt hat. Diese Anlehnung an bürgerlich-rechtliche Tatbestände hat indes den Nachteil, daß sich diese bürgerlich-rechtlichen Begriffe niemals vollständig mit den wirtschaftlichen Tatbeständen decken, welche der Gesetzgeber steuerlich erfassen will. Vielfach besteht die Möglichkeit, auch noch auf anderen bisher ungebräuchlichen rechtsgeschäftlichen Wegen, die das Gesetz nicht gleichfalls ausdrücklich zu Besteuerungstatbeständen erhoben hat, zum selben wirtschaftlichen Ziel zu gelangen, und der rechtsgeschäftliche Verkehr wandert dann zum Teil auf solche Nebenpfade ab (s. unten § 6 V). Da das Reichsgericht infolge des Grundsatzes enger und strenger Auslegung der Steuergesetze solche in Steuergesetzen vorkommenden bürgerlich-rechtlichen Begriffe zunächst beim Fehlen ausdrücklicher abweichender Vorschriften streng im Sinne des bürgerlichen Rechtes auslegte, war der Steuerschieberei Tür und Tor geöffnet. Diese hauptsächlich auf dem Gebiete der Grundstücksspekulation hervorgetretenen Mißstände veranlaßten den preußischen Gesetzgeber bei der Vorbereitung des preußischen Stempelgesetzes von 1895 im Gegensatze zur allzu engen Anlehnung des bisherigen Tarifs an formale bürgerlich-rechtliche Begriffe den wirtschaftlichen Zweck, der durch den stempelpflichtigen Geschäftsabschluß erreicht werden sollte, in den Vordergrund zu stellen und den Stempeltarif unter Loslösung von den Normen des bürgerlichen Rechtes mehr dem tatsächlichen Umsatz, insbesondere den tatsächlich erfolgten Eigentumsbewegungen anzupassen (s. die Begründung des Entwurfes S. 5ff.). Das gab dem Reichsgerichte den Anstoß, bei der Auslegung der Steuertatbestände des preußischen Stempelgesetzes im Sinne der Regierungsbegründung zu diesem Gesetze fortan die wirtschaftlichen Gesichtspunkte zu betonen und den Nachdruck nicht mehr auf die rechtliche Konstruktion des steuerlich zu erfassenden wirtschaftlichen Vorganges, sondern auf den wirtschaftlichen Erfolg selbst zu legen (Urt. des 6. ZS. RG. 45, 225f.; des 7. ZS. RG. 53, 288; 64, 135f.; 68, 379; 72, 161; des 2. ZS. RG. 54, 319).

Der 7. Zivilsenat hat diese wirtschaftliche Betrachtungsweise in einer großen Zahl von Entscheidungen auch auf das Reichsstempelgesetz übertragen. RG. 74, 189; JW. 1920 S. 493: „Von der wirtschaftlichen, nicht von der formalrechtlichen Seite aus will das Steuergesetz die geschäftlichen Vorgänge treffen." RG. 76, 66: „Für das Stempelgesetz kommt es nur darauf an, ob börsenmäßige

[25]) Über die Auslegung von Steuergesetzen vgl. Enno Becker, Erl. zu § 4 AO.; Zur Auslegung der Steuergesetze, Steuer und Wirtschaft 3. Jg. (1924) Sp. 145ff.; Bühler, Steuerrecht 1, 49ff.; Hensel, Steuerrecht (2. Aufl.) S. 39ff.; M. Lion, Steuerrechtliche Wirtschaftsbegriffe, Vierteljahrsschrift für Steuer- und Finanzrecht 39ff. (1927) S. 132ff.; Wilh. Merk, Steuerschuldrecht S. 48ff.; Schranil, Besteuerungsrecht und Steueranspruch S. 95ff. (1925); Wünschmann, Zur Auslegung der Steuergesetze, Steuer und Wirtschaft 1. Jg. (1922) Sp. 833ff..

Werte dem Verkehr neu zugeführt werden." RG. 80, 171: „Der Steuer sollte der Güterumsatz als solcher unterworfen werden ohne Rücksicht auf die Rechtsform, in der er sich vollzieht." RG. 84, 17ff. (Hohenlohe-Fall) behandelt die Bargründung einer Aktiengesellschaft mit nachfolgendem Unternehmenskauf stempelrechtlich als verschleierte Sachgründung: „Hier entscheidet in erster Reihe der aus dem Steuergesetz ersichtliche oder sonst als unzweifelhaft feststehende Zweck des Gesetzes und nicht bloß die von den Parteien willkürlich gewählte äußere rechtsgeschäftliche Form, insbesondere dann nicht, wenn diese von der sonst üblichen Form, deren Beobachtung als das gewöhnliche das Steuergesetz voraussetzt, abweicht." Ebenso RFH. 4, 212ff.; Steuer und Wirtschaft 1926 Sp. 895. S. auch RG. S. 98, 92ff., 185. Hier überall bemüht sich das Reichsgericht bei der Würdigung der stempelsteuerpflichtigen Tatbestände „das innere Schwergewicht der wirklichen Sach- und Rechtslage" (RG. 101, 206) zur Geltung zu bringen.

Diese wirtschaftliche Auslegung des Reichsgerichtes beschränkte sich jedoch auf die Rechtsprechung zum preußischen und zum Reichsstempelgesetz, und auch hier gab das Reichsgericht ihr nur soweit Raum, als das Stempelgesetz selbst erkennbar nicht den rechtlichen, sondern den wirtschaftlichen Gesichtspunkt in den Vordergrund stellt (RG. 79, 111). Das Reichsgericht lehnte es ab, einen mit den Worten des Gesetzes nicht mehr zu vereinigenden Sinn anzuerkennen (RG. 92 S. 275, 349f.). Insbesondere ist nach RG. 92, 275 die Frage, wer bei einem Kaufvertrag als Vertragschließender anzusehen sei, eine Rechtsfrage und deshalb nicht nach wirtschaftlichen Gesichtspunkten, sondern nach den durch das bürgerliche Recht gegebenen Rechtsgrundsätzen zu beantworten[26]). Ferner hat das Reichsgericht von einer wirtschaftlichen Betrachtungsweise abgesehen, wenn jemand zwischen sich und den Verkehr eine Aktiengesellschaft oder G. m. b. H. als Zwischenglied einschiebt, deren sämtlichen Aktien oder Anteile er besitzt (RG. 62, 70ff.). Beispielsweise verneinte das Reichsgericht die Steuerfreiheit der Einzahlungen auf Kuxe (auf Grund des Reichsstempelgesetzes vom 15. Juli 1909, Tarifnummer 1d), wenn sie zur Erhaltung eines Bergwerkes dienen, dessen sämtliche Kuxe sich in der Hand der ausschreibenden Gewerkschaft befinden (RG. 79, 108ff.). Es billigt hier die Ausführung des Landgerichtes, daß, wenn die Klägerin der Preußischen Bergbehörde gegenüber sich zu ihren Gunsten auf das Fortbestehen der Gewerkschaft St. berufe, sie auch zu ihrem Nachteil es sich gefallen lassen müsse, wenn die Steuerbehörde sich auf den gleichen Standpunkt stelle und Ausschreibungen der Klägerin nicht als solche der Gewerkschaft St. behandle. Im Anschluß an diese Rechtsprechung des Reichsgerichtes hat auch der Reichsfinanzhof (RFH. 7, 208ff.) den Satz aufgestellt: Wer zwischen sich und den Verkehr eine neue selbständige Zwischenperson einschiebt, muß, wie ihm die steuerrechtlichen Vorteile dieser Einrichtung zugute kommen, auch die steuerrechtlichen Nachteile (Umsatzsteuerpflicht der Umsätze, Grunderwerbsteuerpflicht bei Liegenschaftsveräußerung) tragen[27]). Über sonstige Fälle, in denen das Reichs-

---

[26]) Vgl. auch RFH. 14, 301f., wonach „es eine andere Rechtsnachfolge als eine formalrechtliche Rechtsnachfolge nicht gibt und der nur wirtschaftliche Übergang des gesamten Unternehmens in die Hand der Beschwerdeführerin eben keine Rechtsnachfolge ist".

[27]) Doch hat neuerdings der Reichsfinanzhof auch schon die Zwischeneinschiebung einer juristischen Person in solchen Fällen als leere Rechtsform behandelt. Siehe RFH. 13, 343: „Für das Steuerrecht kommt es, und das ist der besondere Sinn des § 4 AO., darauf an, die Auswirkung wirtschaftlicher Kräfte steuerlich zu erfassen, nicht leere Rechtsformen zu treffen." RFH. 14, 303: „Damit war die Form der Aktiengesellschaft nur noch eine Maske, hinter der sich der eigentliche, wirtschaftliche Unternehmer lediglich verbarg." Vgl. auch Enno Becker, Bem. 11 zu § 79 AO.; Lion a. a. O. S. 166, 187.

gericht eine wirtschaftliche Auslegung abgelehnt hat, vgl. RG. 73, 226f.; 79, 345. Nachdem § 4 AO. allgemein die Berücksichtigung des Zweckes, der wirtschaftlichen Bedeutung und der Entwicklung der Verhältnisse bei der Auslegung von Steuergesetzen vorgeschrieben hat, ist die wirtschaftliche Auslegung zum Grundpfeiler der Rechtsprechung des Reichsfinanzhofes geworden[28]. In ähnlicher Weise wie das Reichsgericht hat auch der österreichische Verwaltungsgerichtshof seit mehreren Jahrzehnten die tatsächlichen Verhältnisse ohne Rücksicht auf die bürgerlich-rechtliche Rechtsform berücksichtigt[29].

5. Auch der Gesichtspunkt der leichten und sicheren Anwendbarkeit der Steuergesetze[30] wird in den steuerrechtlichen Entscheidungen des Reichsgerichts häufig verwertet. Schon RG. 13, 163 verwirft eine zu unzweckmäßigen Ergebnissen führende Auslegung mit der Begründung: „Es ist der größte Fehler, welchen ein Steuergesetz besitzen kann, wenn es an Unbestimmtheit für die praktische Anwendung leidet und es ist eine alte Regel, daß man das Begehen großer Fehler bei dem Gesetzgeber nicht voraussetzen darf." RG. 65, 151ff. lehnt in einer Steuerrückforderungssache die „den staatlichen Interessen unerträgliche dreißigjährige Verjährungsfrist" ab: „Die letztere würde die Behörden zwingen, Belege und Akten jahrzehntelang aufzubewahren und noch nach langen Jahren sich in eine gerichtliche Erörterung darüber einzulassen, ob irgendeine Abgabe von unbedeutendem Betrag im einzelnen Falle zu Unrecht erhoben worden sei." Weitere Beispiele: RG. 69, 174: „Offenbar hat der Gesetzgeber mit Absicht aus steuertechnischen Gründen . . . eine durchschlagende, weitläufige Berechnungen ersparende, d. h. den Stempeleingang erleichternde Regel aufstellen wollen." RG. 70, 407f.: „Um weitläufige und unsichere Untersuchungen zu vermeiden, mußte ein in die Augen springendes Merkmal gewählt werden. Demgemäß bezeichnet § 13 VZG. als Schuldner des Zolles den ‚Inhaber (natürlicher Besitzer)' zur Zeit der Fälligkeit." RG. 76, 31: „Interesse des Fiskus an dem gesicherten Eingang der Stempelabgabe und an der Vereinfachung des Einziehungsgeschäftes". RG. 77, 434f.: „Diese Auslegung des Gesetzes kann nicht gebilligt werden. Sie würde . . . seine Handhabung in einer mit der Natur steuerlicher Normen kaum verträglichen Weise erschweren und die Entscheidung über die Steuerpflicht nicht von festen, für die Steuerbehörde ohne weiteres erkennbaren Merkmalen, sondern von einer Erörterung der Frage abhängig machen, ob eine bestimmungsgemäße Verwendung des Fahrzeuges, das Personen befördert, vorliegt, wobei es nach der Auffassung des Berufungsrichters auch auf die Absicht des Besitzers ankommen kann, die häufig nicht ohne weitläufige Ermittelungen festzustellen sein wird. Anscheinend will auch der Berufungsrichter den Besitzer eines Lastautomobils nicht von der Steuer befreien, der dieses zwar an den Wochentagen als solches, an den Sonntagen aber regelmäßig unter Schaffung von Sitzgelegenheiten für Personenfahrten benutzt. Dagegen soll er die Abgabe nicht bezahlen, wenn diese sonntägliche Benutzung nur in selteneren Fällen, vielleicht infolge besonderen Entschlusses in jedem Einzelfalle, stattfindet. Es ist klar, daß eine solche Scheidung für die Anwendung eines Steuergesetzes nicht wohl durchführbar ist und die von ihm verfolgten Zwecke gefährdet. Sie wäre nur gerechtfertigt, wenn das Gesetz nicht anders verstanden werden könnte. Dies trifft aber nicht zu."

---

[28]) Siehe Enno Becker, Erl. zu § 4 AO.

[29]) Siehe Schranil, Besteuerungsrecht und Steueranspruch S. 97 Anm. 2.

[30]) Vgl. über das Erfordernis der Leichtanwendbarkeit („Praktikabilität") des Rechtes vor allem Jhering, Geist des römischen Rechtes I S. 51ff. (6. Aufl. 1907); II 2, S. 328ff. (5. Aufl.)

6. Neben diesen zweckhaften Betrachtungen fließen nicht selten auch werthafte (irrationale) Erwägungen in die Auslegung hinein.

a) So vor allem der Gesichtspunkt der Billigkeit. Solange das Reichsgericht das Erfordernis strenger Auslegung der Steuergesetze betonte, zeigte es sich allerdings gegenüber Billigkeitserwägungen zurückhaltend. RG. 51, 210 bemerkt, daß das Ergebnis der Auslegung „auch vom Standpunkte der Billigkeit, soweit von einem solchen überhaupt bei einem dem Staate Einnahmen zuführenden Finanzgesetz die Rede sein kann", gerechtfertigt erscheine. Später hat aber das Reichsgericht Billigkeitserwägungen leichter Eingang gewährt (s. RG. 73, 123f.; 74, 291; 89, 176; 92, 339; 94 S. 43, 132; 109, 265). Doch hat es bei klarem Wortlaute trotz Unbilligkeit des Ergebnisses auch weiterhin an wörtlicher Auslegung festgehalten, z. B. RG. 77, 238ff. ausgesprochen, daß nach dem Reichserbschaftssteuergesetz von 1906 der Erwerb des Pflichtteilanspruches auch dann zu versteuern sei, wenn ihn der Pflichtteilsberechtigte nicht geltend mache. Gegenüber dem vorgebrachten Bedenken der Unbilligkeit dieser Lösung führte das Reichsgericht aus: „Dieses Bedenken kann gegenüber der klaren Vorschrift des Steuergesetzes und der rechtlichen Gestaltung, die das BGB. dem Pflichtteilsanspruche gegeben hat, nicht von ausschlaggebender Bedeutung sein ... Der zweimalige Versuch des Bundesrates, die durch das Steuergesetz verursachte Härte im Wege der Gesetzgebung dadurch zu beseitigen, daß dem § 1 die Bestimmung hinzugefügt wurde: „Der Anspruch auf den Pflichtteil gilt als Erwerb von Todes wegen nur, soweit er geltend gemacht wird", ist infolge Scheiterns der geplanten Finanzreform vereitelt worden ... Bis eine entsprechende Änderung des Gesetzes zustande kommen wird, muß das bestehende Gesetz angewendet werden". (Vgl. hierzu jedoch Henschel, DJZ. 1912 Sp. 393ff.; Oertmann, JheringsJ. 65, 101ff.). Das heute geltende ErbschaftssteuerG. § 2 Abs. 1 Ziff. 1 besteuert ausdrücklich nur den Erwerb auf Grund eines geltend gemachten Pflichtteilsanspruchs.

Mit Recht hebt das Reichsgericht gelegentlich hervor, daß der Billigkeitsgesichtspunkt unter Umständen hinter dem Bedürfnisse der leichten und sicheren Anwendbarkeit des Gesetzes zurücktreten müsse. „Der Gesichtspunkt, daß vielleicht die Anwendung des Stempelgesetzes im vorliegenden Falle zu einer Unbilligkeit führe, ist dem bestehenden Gesetze gegenüber ohne Bedeutung und könnte nur für eine künftige Abänderung des Gesetzes verwertet werden. Offenbar hat aber der Gesetzgeber mit Absicht aus steuertechnischen Gründen für die Versteuerung der Kaufverträge, die einen großen Teil der überhaupt stempelpflichtigen Urkunden bilden, eine durchschlagende, weitläufige Berechnungen ersparende und deshalb den Stempeleingang erleichternde Regel aufstellen wollen, ohne Rücksicht darauf, ob dadurch im einzelnen Falle der Steuerpflichtige stärker belastet wird, als er bei Aufstellung einer anderen Steuervorschrift belastet sein würde" (RG. 69, 174).

b) Der Gesichtspunkt der steuerlichen Gerechtigkeit wird RG. 22, 24ff.; 55, 300 betont. Ein Ausfluß dieses Gedankens ist auch der Grundsatz der Allgemeinheit der Besteuerung. Nach RV. 1919 Art. 134 tragen „alle Staatsbürger ohne Unterschied im Verhältnis ihrer Mittel zu allen öffentlichen Lasten nach Maßgabe der Gesetze bei". RG. 107, 377 legt die Worte „ohne Unterschied" in dieser Vorschrift dahin aus, daß nur die bisherigen Ausnahmen von der Beitragspflicht zu den allgemeinen Lasten — z. B. die Steuerbefreiungen der fürstlichen Häuser — beseitigt sind und neue Unterschiede dieser Art nicht eingeführt werden dürfen; keinesfalls folge daraus, daß alle Staatsbürger notwendig in gleichem Maße zu allen Steuern heranzuziehen seien.

c) Über die Heranziehung des Rechtsstaatsgedankens[31]) vgl. RG. 11, 70ff.; 60, 387; RGSt. 54, 51 sowie oben § 2 A. 1.

d) Auch der zwischenstaatliche Rechtsgrundsatz des gegenseitigen Entgegenkommens gesitteter und in Frieden lebender Staaten (comitas gentium) wird bei der Auslegung gelegentlich gestreift (RG. 22, 24).

III. Wenn die Rechtsfindung des Reichsgerichtes auch in Steuersachen reichlich außerpositiven Stoff, insbesondere ungeschriebene oberste Rechtsgrundsätze und andere „allgemeine Erwägungen" (vgl. RG. 72, 159ff.), „aus der Natur der Sache von selbst sich ergebende Vorschriften" (RG. 83, 395), „in der Natur der Sache liegende Grundsätze" (RG. 93, 271) herangezogen hat, so ist sie dabei doch im Sinne des älteren Auslegungsverfahrens von der Vorstellung ausgegangen, daß diese Gesichtspunkte ständig in der Gedankenwelt des Gesetzgebers hätten gegenwärtig sein müssen[32]). Daher ist das Reichsgericht nicht nur zurückhaltend gegenüber der Verwendung des Gleichschlusses (Analogie) in Steuersachen — vgl. RG. 83, 289: „Es erscheint zunächst schon zweifelhaft, ob eine solche entsprechende Anwendung der in einem Finanzgesetz enthaltenen Bestimmung, die sich als eine Ausnahmevorschrift darstellt, überhaupt zulässig ist" — sondern es hat auch eine eigentliche Lückenausfüllung im Dienste der Bekämpfung von Steuerumgehungen grundsätzlich abgelehnt (s. insbes. RG. 65, 321 f.). Im Streben nach möglichster Deckung durch das Gesetz hat indes die steuerliche Rechtsprechung des Reichsgerichtes nicht selten noch in das Gewand bloßer Auslegung gesetzten Rechtes gehüllt, was in Wirklichkeit schon freischöpfende Rechtsfindung war[33]). Auch in Steuersachen hat sich das Reichsgericht tatsächlich nicht nur auf bloße Klarstellung und Entwicklung des Gesetzesinhaltes beschränkt, sondern auch durch Rechtsneubildung und -fortbildung schöpferisch gewirkt. In das Gebiet dieser freien Rechtsfindung fällt insbesondere auch die Beibehaltung des Rechtsweges für die Zivilprozeßsachen kraft Überlieferung trotz nunmehriger Anerkennung der öffentlich-rechtlichen Natur dieser Ansprüche; es handelt sich hierbei um eine analoge Gleichstellung von Streitigkeiten über ehemals als privatrechtlich, heute als öffentlich-rechtlich aufgefaßte Ansprüche mit auch jetzt noch zum bürgerlichen Recht gehörenden Ansprüchen[34]). Erst nach dem Kriege hat das Reichsgericht neben der Auslegung des gesetzten Rechtes für die ordentlichen Gerichte auch die Befugnis zu freier schöpferischer Rechtsfortbildung ausdrücklich in Anspruch genommen (vgl. z. B. RG. 97 S. 44, 263ff.). Vor allem aber hat der Reichsfinanzhof kraft „der ihm als höchstem Steuergericht zufallenden Aufgabe der Fortbildung des Rechtes" (RFH. 14, 345) in weitem Umfange freie Rechtsfindung betätigt, nicht ohne dabei gelegentlich schon die durch den Rechtsstaatsgedanken gezogenen äußersten Grenzen zu streifen[35]).

---

[31]) Über die Bedeutung des Rechtsstaatsgedankens im Steuerrecht s. Hensel, Steuerrecht S. 32ff. (2. Aufl.); Veröffentlichungen der Vereinigung der deutschen Staatsrechtslehrer 3. Heft S. 77, 81ff., 89f. (1927); Bühler, Steuerrecht 1, 83ff.; Veröffentlichungen der Vereinigung der deutschen Staatsrechtslehrer 3. Heft S. 103; Wilh. Merk, Steuerschuldrecht S. 5, 9, 70; F. W. Prieß, Der Rechtsstaatsgedanke im Steuerrecht (Marburger Diss. 1926).

[32]) Vgl. F. Geny, Méthode d'interprétation 1, 33.

[33]) Siehe Lion a. a. O. S. 150.

[34]) Lassar, Erstattungsanspruch S. 74ff.

[35]) Doch hat auch der Reichsfinanzhof sich mit aller Schärfe gegen Versuche gewandt, zur Ausfüllung vermeintlicher Lücken des Steuergesetzes steuerfreie Tatbestände einer Steuer zu unterwerfen. Siehe RFH. 6, 298f.: „Wenn nun auch die Rechtsprechung bei Anwendung der Steuergesetze nicht nur auf Auslegung des gesetzten Rechtes beschränkt, sondern auch dazu berufen ist, vorhandene Lücken des Gesetzes im Wege freier Fortbildung des gesetzten Rechtes auszufüllen, so findet diese ihre Aufgabe doch ihre Begrenzung darin, daß es sich eben um Ausfüllung von Lücken des Gesetzes handeln muß. Soweit in Frage steht, ob ein bestimmter Tatbestand eine Steuerpflicht

4. Klärung steuerrechtlicher Grundbegriffe

Der Ausbau des Steuerrechtes zu einem selbständigen Zweige der Rechtswissenschaft ist erst in der Nachkriegszeit in Angriff genommen worden[36]. Welch wertvollen Rückhalt diese Bestrebungen an der Rechtsprechung des Reichsfinanzhofes haben, braucht hier nicht dargetan zu werden. Aber darüber darf man nicht übersehen, daß neben dem preußischen Oberverwaltungsgericht auch dem Reichsgerichte das Verdienst gebührt, als Wegbereiter künftiger Steuerrechtswissenschaft die steuerlichen Grundbegriffe, die zunächst von der Finanzwissenschaft geformt und bearbeitet worden waren, auch unter rechtlichen Gesichtspunkten geklärt und für die Rechtsanwendung fruchtbar gemacht zu haben.

I. Vor allem haben sich die Entscheidungen des Reichsgerichtes mehrfach mit der Klarstellung des Begriffes der öffentlichen Abgaben beschäftigt. Dieser Begriff wird in der Wissenschaft bald — entsprechend dem Begriff „allgemeine Anlagen" in § 78 PrALR. II 14 (RG. 36, 290) — in einem weiteren Sinne verwendet, der außer den Steuern auch die Gebühren und Beiträge mitumfaßt, bald in einem engeren Sinne, der sich auf die Steuern beschränkt. Im ganzen neigt die heutige Richtung der Finanzwissenschaft und des Steuerrechtes dazu, den Begriff der öffentlichen Abgaben im weiteren Sinne zu gebrauchen[37]. Auch die Entscheidungen des Reichsgerichtes folgen im Zweifel diesem weiteren Sprachgebrauche. Das Reichsgericht hat wiederholt ausgesprochen, daß darunter alle Leistungen von Geld oder anderen Vermögenswerten fallen, zu denen die Angehörigen eines Staates oder einer öffentlichen Körperschaft dem Staate oder der Körperschaft auf Grund einer dem öffentlichen Rechte angehörenden Norm verpflichtet sei (RG. JW. 1890 S. 40 Nr. 1; S. 78 Nr. 1; RG. 21, 46ff.; 42, 359; 52, 31). Doch ist diese Begriffsbestimmung nicht glücklich, weil sie auch strafrechtliche Geldstrafen, verwaltungsrechtliche Zwangsgeldstrafen und öffentliche Lasten miteinbegreift. Schärfer RG. 92, 176: „Die Verwaltungsrechtslehre und die Finanzwissenschaft verstehen unter öffentlichen Abgaben die zur Bestreitung öffentlichen Aufwandes vom Staate oder sonstigen öffentlichen Verbänden kraft der Finanzhoheit erhobenen Geldbeträge". (Vgl. auch RG. 110, 346.) Das Reichsgericht hat in ständiger Rechtsprechung angenommen, daß der Begriff „öffentliche Abgaben" im GVG. von 1877 § 70 Abs. 3 (= GVG. von 1898 § 71 Abs. 3) in diesem weiteren Sinne zu verstehen sei, dagegen in KO. von 1877 § 54 Ziff. 2 (= KO. von 1898 § 61 Ziff. 2) in engerem Sinne, so daß hier Schulgelder, Kirchensteuern, öffentliche Verbandsbeiträge u. dgl. nicht darunter fallen (RG. 21, 46ff.; 28, 87; 42, 359; 83, 206). Doch rechnet RG. 114, 373 auch noch die Forderung aus Verkauf von

---

auslösen soll, kann die Ausfüllung einer Lücke nur dann in Frage kommen, wenn der Gesetzgeber die Steuerpflicht für diesen Tatbestand selbst angeordnet, aber diesen sie bedingenden Tatbestand nicht völlig genau umschrieben hat. Nicht dagegen darf der Richter einen anderen Tatbestand, der nach seiner Ansicht möglicherweise den Gesetzgeber hätte veranlassen können, die gleiche Steuer auch auf diesen Fall zu erstrecken, der Steuerpflicht unterwerfen. Das würde auf eine materielle Abänderung des geltenden Rechtes, nicht mehr auf bloße Ergänzung durch Ausfüllung einer Lücke hinauskommen, und solche Gesetzesänderung ist jedenfalls bezüglich der grundlegenden Frage, auf welche Tatbestände die Steuerpflicht erstreckt werden soll, dem Gesetzgeber allein vorzubehalten."

[36]) Vgl. A. Hensel, Veröffentlichungen der Vereinigung der deutschen Staatsrechtslehrer Heft 3 S. 66ff. (1927); Lassar, ArchÖffR. N.F. 9, 371f.

[37]) Siehe A. Wagner, Finanzwissenschaft I² S. 500, II² S. 204; Bühler, Steuerrecht I S. 1ff.; Wilh. Merk, Steuerschuldrecht S. 4 Anm. 7. Die Bezeichnung „Reichsabgabenordnung" hat freilich diesem neueren Sprachgebrauch nicht Rechnung getragen.

Tabaksteuerzeichen zu den öffentlichen Abgaben (= Steuern und steuerähnliche Gefälle) im Sinne des § 61 Ziff. 2 KO.[38]).

Das Reichsgericht grenzt den Begriff „öffentliche Abgaben" ab:

1. Gegenüber den öffentlichen Lasten (z. B. Kriegsleistungen), die nach RG. 92, 176 für die Finanzbedürfnisse eines bestimmten Unternehmens, nicht für die des Staates im allgemeinen bestimmt sind[39]). Zweckmäßiger wären sie zu bezeichnen als nicht in Geld bestehende Zwangsleistungen an die öffentliche Gewalt.

2. Gegenüber der Enteignung und den enteignungsähnlichen Maßnahmen. Daher hat das Reichsgericht RG. 110, 346ff. die Zugehörigkeit der durch Verordnung des Reichspräsidenten vom 25. Aug. 1923 angeordneten Pflicht zur Ablieferung ausländischer Zahlungsmittel (Devisen, s. RGBl. 1923 I S. 833) zu den Steuern wie zu den öffentlichen Abgaben überhaupt verneint.

3. Gegenüber den staatlichen Monopolen. Mit Otto Mayer, Deutsches Verwaltungsrecht I² S. 350 ist der rechtliche Kern des Monopols zu erblicken in dem Befehle an die Untertanen, eine der staatlichen gleichartige Tätigkeit zu unterlassen. Die Monopoleinnahmen sind keine Steuern; das Entgelt für die Monopolerzeugnisse ist bürgerlich-rechtlicher Kaufpreis (RGSt. 55, 156; 57, 364; 60 S. 118, 396). Das Reichsgericht (RGSt. 55, 156 und 57 S. 6, 364) sowie der Reichsfinanzhof (4, 217; 6, 316; 15, 269) nehmen übereinstimmend an, daß auch der Branntweinaufschlag, der für den von der Ablieferung befreiten Branntwein zu entrichten ist (Branntweinmonopolgesetz vom 26. Juli 1918 §§ 12 und 13; Gesetz vom 8. April 1922 bzw. 9. Dez. 1922 § 78), keine Steuer darstellt[40]). Doch hat dessenungeachtet das Urt. RGSt. 57, 364 den § 433 AO. auch für das Verfahren wegen Hinterziehung des Branntweinaufschlages im Geltungsbereich des Branntweinmonopolgesetzes von 1922 für anwendbar erklärt; anders RFH. 15, 269. Einen Vertragschlußzwang der Branntweinmonopolverwaltung hat RG. 115, 253ff. abgelehnt.

4. Gegenüber den aus ehemaligen privaten Abhängigverhältnissen (insbesondere Grundherrschaft) fließenden privatrechtlichen Abgaben. So hat RG. 30, 203 die Abgabe, welche der Deutsche Orden laut Urkunde vom 29. Sept. 1297 der Stadt Preußisch-Holland bei ihrer Gründung auferlegt und diese Stadtgemeinde unter der Bezeichnung „Domänenzins" bis zum Jahre 1882 zur preußischen Staatskasse gezahlt hatte, nicht als privatrechtliche, sondern als öffentlich-rechtliche grundsteuerartige Abgabe im Sinne des § 2 Ziff. 2 des preußischen Gesetzes vom 21. März 1861 aufgefaßt, die mit dem Inkrafttreten dieses Gesetzes außer Hebung zu setzen gewesen wäre.

II. Finanzwissenschaft und Finanzrecht pflegen heute die öffentlichen Abgaben in Steuern, Gebühren und Beiträge zu gliedern[41]). Das Reichsgericht hat zwar gleichfalls von Anfang an Steuern und Gebühren unterschieden (vgl. RG. 21, 46ff.; 28, 87; 42, 359) und das Wesen der Gebühr in dem ihr zugrunde liegenden Gedanken der besonderen Entgeltlichkeit erblickt (vgl. RG. 34, 150; 36, 290), dagegen ursprünglich die Beiträge nicht weiter von den Steuern geschieden, z. B. die Straßenanliegerbeiträge als Gemeindesteuern aufgefaßt (RG. 17, 245; 22, 291). Später hat es aber die Sonderstellung der „Beiträge" anerkannt (vgl. RG. 42, 358ff.; 52, 31).

---

[38]) Vgl. dazu Bühler a. a. O. S. 496f.

[39]) In Anlehnung an Otto Mayer, Deutsches Verwaltungsrecht II², 382ff. Siehe auch Fleiner, Instit. des deutschen Verwaltungsrechtes § 25.

[40]) Ebenso Wilh. Merk, Steuerschuldrecht S. 4 Anm. 8; Bühler, Steuerrecht 1, 5.

[41]) Siehe A. Wagner, Finanzwissenschaft I³, 500; Otto Mayer, Deutsches Verwaltungsrecht I³ § 27, II³ §§ 48, 52, 60; Bühler, Steuerrecht 1, 1ff.

Die in der Finanzwissenschaft übliche Einteilung der Steuern in direkte und indirekte Steuern[42]) ist auch vom Reichsgericht übernommen worden. RG. 39, 12 folgt dabei der Lehre, daß direkte Steuern Steuern auf Besitzstände, indirekte Steuern Steuern auf Vorgänge seien, und hat von diesem Standpunkte aus die Erbschaftssteuer für eine indirekte Steuer erklärt, weil sie nicht von dem Vermögen als solchem, sondern von einem gewissen Rechtsvorgange erhoben werde, der sich in Ansehung der betreffenden Vermögensteile ereignet (zustimmend Otto Mayer, Deutsches Verwaltungsrecht 1 [2], 344 Anm. 6).

III. Auch über Rechtsnatur und Wesen der einzelnen Steuern hat sich das Reichsgericht in einer Reihe von Entscheidungen geäußert.

Hinsichtlich des Einkommensbegriffes hat sich das Reichsgericht der Quellentheorie angeschlossen, die den landesrechtlichen Einkommensteuergesetzen der Vorkriegszeit (Preußen, Bayern, Württemberg, Baden, Hessen) und auch der englischen Einkommensteuer zugrunde liegt (RG. 24, 232; 32, 247; 50, 97ff.; 61, 32), und demgemäß in Anlehnung an Fuisting (Die preußischen direkten Steuern, 7. Aufl., 1, 57f.) ausgeführt: „Unter Einkommen in steuertechnischem Sinne ist regelmäßig nur der Inbegriff derjenigen wirtschaftlichen Güter zu verstehen, die dem einzelnen wiederkehrend aus dauernden Erwerbsquellen zufließen und ohne Verminderung seines Vermögens zum Verbrauche für ihn und seine Familie, mit dem ersparten Betrage aber zur Bildung von Vermögen ihm zur Verfügung stehen" (RG. 67, 125f.). Im Gegensatze dazu folgte das Reichseinkommensteuergesetz vom 29. März 1920 der von G. Schanz (Der Einkommensbegriff und die Einkommensteuergesetze, Finanzarchiv 13. Jahrg. [1896] S. 1ff.) aufgestellten Reinvermögenszugangstheorie, wonach das Einkommen der Reinvermögenszugang eines bestimmten Zeitabschnittes unter Anrechnung des Verbrauches ist und demnach auch einmalige Einkünfte und außerordentliche Gewinne, die nicht aus dauernden Erwerbsquellen fließen, mitumfaßt (RGSt. 59, 92). Doch ist das geltende Reichseinkommensteuergesetz vom 10. August 1925 wieder im wesentlichen zur Quellentheorie zurückgekehrt.

Über das Wesen der Ertragsteuern und ihren begrifflichen Unterschied von der Einkommensteuer s. die eingehenden Ausführungen RG. 24, 232ff.

Als Grundgedanken der Reichsstempelsteuern (Reichsstempelgesetz von 1881 und spätere Neufassungen) bezeichnet das Reichsgericht treffend den Zweck, das auf dem öffentlichen Markte sich zeigende Kapital mit einer Steuer zu belegen (RG. 74, 188; 94, 42).

Über den Gegensatz von Urkunden- und Geschäftsgrundsatz bei den Verkehrssteuern s. RG. 65, 157 sowie unten § 6 III 2, über die Rechtsnatur der Kapitalrenten-, insbesondere Couponsteuer RG. 22, 19ff., des Talonstempels RG. 85, 387; 92, 334; 96, 327, über den Begriff der Umsatzsteuer und der Wertzuwachssteuer und die Unterschiede beider RG. 72, 395ff.

IV. Eine Reihe zollrechtlicher Grundbegriffe sind durch die Rechtsprechung des Reichsgerichtes geklärt worden, so die Begriffe „Eingangszoll" (RG. 42, 109), „gebundener Verkehr des Zollinlandes" (RG. 96, 28), „Privatzollager" und „amtliche Zollniederlage" (RG. 112, 38), „vorgeschobene Zollabfertigungsstelle" (RG. 42, 110ff.).

---

[42]) Vgl. über diese Einteilung RFH. 14, 76ff.; Fr. J. Neumann, Die Unterscheidung direkter und indirekter Steuern, Schmollers J. 6 (1882), 945ff., insbesondere S. 952ff.; A. Wagner, Finanzwissenschaft II [2], 237ff.; J. Conrad, Grundriß zum Studium der politischen Ökonomie, 3. Teil, Finanzwissenschaft, 8. Aufl., bearb. von H. Köppe, S. 22ff. (1921); Otto Mayer, Deutsches Verwaltungsrecht I [3], 319; Bühler, Steuerrecht 1, 13ff.

V. Eine Doppelbesteuerung, d. h. eine mehrfache Erfassung desselben Gegenstandes durch verschiedene Steuern ist nach RG. 86, 115; 103, 208 nur unzulässig, wenn und soweit sie durch besondere Rechtsnormen untersagt ist. Vgl. dazu Bühler, Steuerrecht 1 S. 80, 231 ff.

5. Einfluß der Grenzverschiebungen zwischen öffentlichem und bürgerlichem Recht auf die steuerrechtliche Rechtsprechung des Reichsgerichtes

I. Die steuerrechtliche Rechtsprechung des Reichsgerichtes ist nicht unberührt geblieben von den tief eingreifenden Wandlungen, die sich im Laufe des 19. Jahrhunderts in den Anschauungen über die Abgrenzung von bürgerlichem und öffentlichem Recht vollzogen haben[43]). Bis in die letzten Jahrzehnte des 19. Jahrhunderts wurde eine nicht unerhebliche Zahl von Rechtsgebilden, die wir heute dem öffentlichen Recht eingliedern, von der herrschenden Ansicht in Rechtslehre und Rechtsprechung zum bürgerlichen Recht gerechnet. Es hängt dies einmal mit der damaligen wissenschaftlichen Vernachlässigung und dürftigen gesetzlichen Regelung des Verwaltungsrechtes zusammen. Wenn auch die Zeiten schon weiter zurücklagen, da die Beschäftigung mit dem öffentlichen Rechte als bloßes „mantellum ignorantiae juris civilis" erschien[44]), konnte doch das Verwaltungsrecht noch lange der zivilrechtlichen Krücken nicht entraten. Bis zu den bahnbrechenden Arbeiten Otto Mayers und seiner Schule fehlte ihm jene scharfe begriffliche Durchdringung und jene Herausstellung leitender Rechtsgrundsätze, wie sie dem bürgerlichen und dem Strafrecht seit Jahrhunderten zuteil geworden war. Daher wurde eine Reihe von Begriffen, die zuerst von der Privatrechtswissenschaft geprägt und ausgebildet worden waren, wie Vertrag, Vergleich, Verjährung, condictio indebiti, Schadenersatzanspruch, als rein bürgerlich-rechtlich behandelt, auch soweit sie auf öffentlichrechtliche Grundverhältnisse angewendet wurden. Zu einer weiteren Ausdehnung des Zivilrechtes auf Kosten des öffentlichen Rechtes führte das praktische Rechtsschutzbedürfnis im Polizeistaat, in welchem die hoheitlichen Handlungen der Staatsgewalt gegenüber den Untertanen der bisherigen Gerichtskontrolle entzogen wurden und Klagschutz nur noch privatrechtlichen Ansprüchen gewährt wurde. Die Fiskuslehre des 18. Jahrhunderts gab den Untertanen, die einen staatlichen Eingriff in ihren Rechtsstand nicht mehr unmittelbar abwehren konnten, wenigstens einen Anspruch gegen den Fiskus auf Ersatz des Vermögensschadens, den der Staat ihnen durch Eingriff in ihre wohlerworbenen Rechte zugefügt hatte. Die vermögensrechtlichen Verbindlichkeiten und Ansprüche des Fiskus, den die Fiskuslehre als einen vom hoheitlichen Staat losgelösten selbständigen Träger staatlicher Vermögensrechte auffaßte, wurden als privatrechtliche, des Gerichtsschutzes teilhaftige Rechtsverhältnisse behandelt[45]). Auf diese Weise war ein großer Teil des staatlichen Lebensbereiches der Herrschaft des Zivilrechtes und der Zivilrechtspflege unterstellt.

Auch nach der Umwandlung der deutschen Länder in Verfassungsstaaten

[43]) Siehe darüber Otto Mayer, Deutsches Verwaltungsrecht I², S. 39ff., 56ff.; Fleiner, Über die Umbildung zivilrechtlicher Institute durch das öffentliche Recht (1906); W. Glässing, Das Recht der Rückforderung im Gebiete des deutschen öffentlichen Rechtes, AnnDR. 1896 S. 46ff., 279ff.; G. Lassar, Der Erstattungsanspruch im Verwaltungs- und Finanzrecht (1921).

[44]) Vgl. Stintzing-Landsberg, Geschichte der deutschen Rechtswissenschaft II S. 19 (1884).

[45]) Otto Mayer I², S. 53ff.; Fleiner, Institutionen des deutschen Verwaltungsrechtes (3. Aufl.) S. 36f.; O. Gierke, Genossenschaftsrecht III S. 60, 796f.; Deutsches Privatrecht I S. 476; G. Lassar, Erstattungsanspruch S. 3ff.

wirkte diese polizeistaatliche Art der Grenzziehung noch jahrzehntelang stärker oder schwächer in der deutschen Rechtslehre, Verwaltungsübung und Rechtsprechung nach. Das Reichsgericht hat sehr lange an der begrifflichen Privatrechtlichkeit gewisser Rechtseinrichtungen festgehalten und insbesondere ganz im Sinne der alten Fiskuslehre alle vermögensrechtliche Ansprüche und Verbindlichkeiten schlechthin als begriffsmäßig dem bürgerlichen Recht angehörig behandelt, auch wenn das Grundverhältnis, in dem sie wurzelten, öffentlich-rechtlich war (RG. 11, 65; 21, 192; 22, 288ff.; 25, 330; 41, 272; 57, 353; 70, 81; 75, 110)[46]. Insbesondere hat das Reichsgericht die Rückforderungsklage des Steuerzahlers gegen den Staat wegen überhobener Steuern als privatrechtliche Bereicherungsklage aufgefaßt (RG. 16, 37ff.; 22, 288; JW. 1887 S. 493)[47]. Ferner hat das Reichsgericht angenommen, daß es sich bei der Übernahme einer Begleitscheinverbindlichkeit (Vereinszollgesetz § 44) um einen bürgerlich-rechtlichen Vertrag handele (vgl. RGSt. 14, 198ff.). Durch Übergabe von Gütern zur zollamtlichen Behandlung wurde nach der älteren Rechtsprechung des Reichsgerichtes eine vertragliche oder vertragsähnliche Verpflichtung der Zollbehörde zu sorgfältiger Aufbewahrung begründet (RG. 48, 256ff.; 67, 340; 84, 339; vgl. auch RG. 51, 220; 112, 40; Otto Mayer II² S. 542). Daraus ergab sich die Folgerung, daß, falls die Ware während der amtlichen Innehabung verschlechtert oder vernichtet wurde, der Geschädigte einen privatrechtlichen im Rechtswege verfolgbaren Anspruch gegen den Zollfiskus hatte (RG. in BolzePr. 2 Nr. 1373; vgl. dazu Stölzel, Rechtsweg S. 137 Anm. 17).

II. Seit der zweiten Hälfte des 19. Jahrhunderts wuchsen die im öffentlichen Recht wurzelnden Vermögensansprüche und andere bisher als bürgerlich-rechtlich behandelten Gebilde des Verwaltungsrechtes mehr und mehr aus dem Privatrechte heraus. Zu dieser fortschreitenden Zurückdrängung des bürgerlichen Rechtes aus dem Bereiche der öffentlichen Verwaltungstätigkeit hat am meisten die von Otto Mayer begründete jüngere Richtung der deutschen Verwaltungsrechtswissenschaft beigetragen. Es ist reizvoll, das allmähliche Eindringen dieser neueren Verwaltungsrechtslehre in die Rechtsprechung des Reichsgerichtes zu verfolgen[48].

Schon verhältnismäßig früh ist das Reichsgericht den Versuchen entgegengetreten, die landesrechtlichen Zuständigkeitsvorschriften, welche für Abgabenstreitigkeiten Verwaltungsgerichte oder Verwaltungsbehörden für zuständig erklärten, dadurch zu umgehen, daß die Rückforderung überhobener Abgaben dieser Art in das Gewand einer bürgerlich-rechtlichen Bereicherungsklage gehüllt wurde, weil in diesen Fällen in Wirklichkeit „das Bestehen oder Nichtbestehen der öffentlich-rechtlichen Verpflichtung den Hauptbestandteil des Klaggrundes bildet" (RG. 25, 307; 32, 345; 49, 220ff.; 60, 353f.; 67, 402; 70, 398; 78, 419; 93, 206; 103, 134; 105, 40; 107, 367; 110, 164). In gleicher Weise

---

[46]) Vgl. dazu Otto Mayer I², S. 180 Anm. 6. Selbst die polizeistaatliche Vorstellung, daß der Fiskus ein besonderes selbständiges Privatrechtssubjekt neben dem Staate sei, lebte in der Rechtsprechung des Reichsgerichtes noch fort (vgl. SeuffA. 43, 333 Nr. 220; RG. 24, 235). Siehe auch O. Gierke, Genossenschaftstheorie S. 605 Anm. 2.

[47]) Siehe Lassar, Erstattungsanspruch im Verwaltungs- und Finanzrecht S. 11ff. Wie das Reichsgericht auch noch G. Jellinek, System der subjektiven öffentlichen Rechte, 1. Aufl. S. 59ff.; anders die 2. Auflage S. 63 Anm. 2 unter dem Einfluß der Abhandlung von Glässing in den AnnDR. 1896 S. 46ff.

[48]) Siehe insbesondere Lassar a. a. O. S. 49ff., sowie RG. 93, 203: „Die eingehendere wissenschaftliche Durcharbeitung des öffentlichen Rechtes, wie sie heute betrieben wird, führt nicht selten dazu, Ansprüche als öffentlich-rechtlich anzuerkennen, die früher für privatrechtlich gehalten wurden."

hat das Reichsgericht Schadenersatzklagen nicht zugelassen, wenn die Klage — offen oder verschleiert — darauf abzielte, der Richter solle durch seinen Spruch einen öffentlich-rechtlichen Staatsakt aufheben oder sonst irgendwie beseitigen (RG. 79, 429; 87, 120; 97, 180; 103, 134; 110 S. 166, 348). Umgekehrt hat das Reichsgericht auch Versuche von Steuergläubigern zurückgewiesen, nicht mehr zulässige Steuernachforderungen dadurch als bürgerlich-rechtliche Schadenersatzansprüche zu verkleiden, daß geltend gemacht wurde, der Beklagte habe durch wissentlich unrichtig abgegebene Steuererklärung das Steuerrecht der Klägerin, das sich als ein „sonstiges" Recht im Sinne des § 823 Abs. 1 BGB. darstelle, verletzt, sich auch der Verletzung eines Schutzgesetzes, nämlich des § 263 StGB. schuldig und dadurch nach § 823 Abs. 2 BGB. für den dem klagenden Steuergläubiger entstandenen Schaden haftbar gemacht, ferner durch diese Handlung, das Vermögen des Steuergläubigers vorsätzlich in einer gegen die guten Sitten verstoßenden Weise beschädigt (BGB. § 826). Siehe RG. 83, 306; sowie Lassar, Erstattungsanspruch S. 60f.[49]). Soweit aber für Steuerstreitigkeiten der Rechtsweg zulässig war, hat bis zuletzt namentlich der stark zivilistisch eingestellte 7. Zivilsenat an der Auffassung des Steuerrückforderungsanspruches als privatrechtlichen Bereicherungsanspruches nach § 812 BGB. festgehalten (RG. 76, 275; 93, 272; 119, 119; Recht 1913 Nr. 2851f.)[50]), ebenso auch der 6. Zivilsenat (RG. 109, 264; 110, 432)[51]). Hier überall sind noch Vorstellungen der alten Fiskuslehre lebendig. Im Gegensatze dazu hat der 3. Zivilsenat mit der Fiskuslehre gebrochen, insbesondere es als „durchaus rechtsirrig" bezeichnet, „als ob Geld oder überhaupt Vermögenswert an sich und ohne weiteres etwas Privatrechtliches anzeigen und darstellen" (RG. 99, 45; dazu Lassar, Erstattungsanspruch S. 92) und sich auch sonst mit Entschiedenheit gegen unzulässige privatrechtliche Analogien gewendet (z. B. RG. 97 S. 44, 268). Die Reichsabgabenordnung (§§ 127ff.) hat ganz im Sinne Otto Mayers den Steuerrückforderungsanspruch als rein öffentlich-rechtlichen Erstattungsanspruch ausgestaltet.

Die Frage der Haftung des Reiches aus Niederlegung von Zollgut hat ein neueres Urteil des 1. Zivilsenates (RG. 115, 419) nach rein öffentlich-rechtlichen Gesichtspunkten entschieden. Nach dieser Entscheidung entsteht, wenn eine Behörde in Verfolgung staatlicher Belange Sachen einer Privatperson in Verwahrung nimmt, ein ausschließlich nach öffentlichem Rechte zu beurteilendes Rechtsverhältnis, kraft dessen für den Staat und seine Organe die Verpflichtung zur Obhut über die in Verwahrung genommenen Sachen und zu ihrer Rückgabe in unversehrtem Zustande erwächst, soweit nicht öffentliche Belange entgegenstehen. Aus der Gestellungspflichtigkeit des Zollgutes ergibt sich ein einseitig durch die Staatsgewalt geordnetes Gewaltverhältnis, das das

---

[49]) Dagegen läßt das Reichsgericht eine Schadenersatzklage gegen den Fiskus unter dem Gesichtspunkte der Amtspflichtverletzung von Steuerbeamten zu (s. oben § 2 B 3). Vgl. auch RG. 99, 45: „Den Parteien ist nicht anheimgegeben, durch willkürliche Willensakte die Rechtsnatur der Dinge zu verändern, nämlich den wirklichen öffentlich-rechtlichen Streitgegenstand hinter einem scheinbar bürgerlich-rechtlichen Vorhang verschwinden zu lassen."

[50]) Vgl. über dessen „zivilistische Grundneigung" Lassar a. a. O. S. 25ff., 65, 140.

[51]) RG. 110, 432f.: „Wenn das Gesetz einen im Rechtsweg verfolgbaren Anspruch auf Zurückzahlung einer öffentlichen Abgabe wie der Stempelsteuer zuläßt, dann finden darauf auch die allgemeinen Vorschriften des bürgerlichen Rechtes über Schuldverhältnisse Anwendung und die Gerichte haben deshalb gegebenenfalls auch darüber zu entscheiden, ob die Steuerbehörden die Erstattungsanträge pünktlich und ordnungsmäßig erledigt haben, oder ob ein Schadenersatz wegen Verzuges begründet ist." Da zur Zeit der Schaffung des Bürgerlichen Gesetzbuches die Zugehörigkeit des Steuerrückforderungsanspruches zum bürgerlichen oder öffentlichen Rechte zweifelhaft erschien, hat EGBGB. Art. 104 ausdrücklich einen Vorbehalt zugunsten des Landesrechtes aufgestellt.

Reichsgericht unter den Gesichtspunkt der öffentlichen Anstalt bringt. Der Kläger hat sich durch die Benutzung den Anstaltseinrichtungen unterworfen. Folgerichtig wäre auch bei dem Begleitscheinverfahren der Gesichtspunkt der öffentlichen Anstalt und nicht eines bürgerlich-rechtlichen Vertrages anzuwenden[52]).

III. Daß das Reichsgericht so zähe an der rein privatrechtlichen Auffassung der vorgenannten steuerrechtlichen Gebilde festgehalten hat, auch nachdem sie von der aufblühenden Verwaltungsrechtswissenschaft schon längst erschüttert worden war, erklärt sich nicht bloß aus dem natürlichen Beharrungsstreben, das oberste Gerichtshöfe nicht leicht von den in ständiger Rechtsprechung entwickelten Rechtsgrundsätzen abgehen läßt. Vielmehr ist diese Zurückhaltung gegenüber dem neueren verwaltungsrechtlichen Schrifttum vor allem durch die Besorgnis mitbestimmt, daß für die im öffentlichen Rechte wurzelnden Vermögensansprüche, sobald sie nicht mehr als bürgerlich-rechtlich zu gelten haben, der Rechtsschutz stark verkümmert würde. Hat doch mit der Erweiterung des Bereiches des öffentlichen Rechtes nicht eine entsprechende Ausdehnung der Verwaltungsgerichtsbarkeit gleichen Schritt gehalten, da noch heute in fast allen deutschen Ländern die Zuständigkeit der Verwaltungsgerichte nicht durch eine allgemeine Klausel geregelt ist[52a]). Erst die Umdeutung des Begriffes der „bürgerlichen Rechtsstreitigkeit" (GVG. § 13) bot dem Reichsgericht die Handhabe, für diese bisher als privatrechtlich aufgefaßten Steuerrechtsgebilde trotz nunmehriger Anerkennung ihrer öffentlich-rechtlichen Natur den Rechtsweg beizubehalten (s. oben § 2).

6. Beziehungen zwischen Steuerrecht und bürgerlichem Recht

I. Für die Verflechtung von Steuerrecht und bürgerlichem Recht liefert die Rechtsprechung des Reichsgerichtes eine Fülle von Belegen. Solche Zusammenhänge bestehen zunächst auf dem Gebiete der Begriffsbildung. Das Steuerrecht hat die Bausteine für sein Begriffsgebäude teilweise dem bürgerlichen Recht entnommen.

Viele steuerrechtlichen Begriffe sind freilich vom Steuerrechte selbständig geprägte und geformte steuerrechtliche Sonderbegriffe, für die es an Entsprechungen in anderen Rechtsgebieten fehlt, z. B. Steuer, Steuermarke, Steuerzeichen, Steuererklärung, Steueraufsicht, Einkommen, Werbungskosten, Vermögenszuwachs, Umsatz, Zoll, Zollstraße, Zollager, Begleitschein I und II u.a. (s. auch oben § 4). Dem Wesen dieser steuerrechtlichen Sonderbegriffe wird die Bemerkung in RG. 61, 37 nicht völlig gerecht, daß der Begriff des Einkommens seinem Wesen nach wirtschaftlicher Art sei, demgegenüber formale juristische Gesichtspunkte in den Hintergrund treten müßten. Richtiger wird man privatrechtliche und steuerrechtliche Begriffe einander gegenüberstellen[53]). Allerdings stehen die letzteren, weil weniger durch jahrhundertelange wissenschaftliche Verarbeitung abgegriffen, vielfach den wirtschaftlichen Erscheinungen noch näher, entbehren dafür andererseits aber auch zum größten Teile der scharfkantigen Bestimmtheit der bürgerlich-rechtlichen Begriffe[54]). Treffend kommt

52) Vgl. Stenglein, Nebengesetze II[4], Bem. zu § 44 VZG.; Otto Mayer, Deutsches Verwaltungsrecht I[3] S. 354, 361.

52a) Vgl. Lassar a. a. O. S. 92.

53) K. Ball, Steuerrecht und Privatrecht (1924) S. 121f.; Bank, Steuer und Wirtschaft 4. Jg. (1925) Sp. 1031f.

54) Das gilt selbst von dem so wichtigen Einkommensbegriff. Siehe Bruno Moll, Probleme der Finanzwissenschaft (1924) S. 118: „Eine völlig einwandfreie, dazu womöglich knappe und elegante Formulierung des Einkommensbegriffes bildet eine Aufgabe, der unüberwindliche Schwierigkeiten entgegenstehen."

diese Gegenüberstellung zum Ausdruck RG. 22, 22; hier wird die Rechtsauffassung des Vorderrichters getadelt, weil er mit zivilrechtlichen Begriffen arbeite, wo allein öffentlich-rechtliche, insbesondere finanzrechtliche Gesichtspunkte in Betracht kommen.

Neben diesen steuerrechtlichen Sonderbegriffen gibt es aber im Steuerrecht eine große Zahl von Begriffen, die eine enge Verwandtschaft mit bürgerlichrechtlichen Begriffen aufweisen oder aus dem bürgerlichen Recht unmittelbar entlehnt sind. Wir können hierbei steuerrechtliche Entsprechungsbegriffe und Entlehnungsbegriffe unterscheiden[55]).

1. Steuerrechtliche Entsprechungsbegriffe

Manche steuerrechtlichen Begriffe und Gebilde stellen sich als öffentlichrechtliche Seitenstücke zu entsprechenden Begriffen und Einrichtungen des bürgerlichen Rechtes dar. Diese Verwandtschaft reicht teils in die Zeit des Mittelalters zurück, in welcher die heutige scharfe Sonderung von bürgerlichem und öffentlichem Rechte noch nicht durchgedrungen war, teils beruht sie auf bewußter Nachbildung bürgerlich-rechtlicher Vorbilder. Solche Entsprechungen bestehen namentlich zwischen dem Steuerschuldverhältnis und dem Schuldverhältnisse des bürgerlichen Rechtes[56]). Da früher infolge der mangelnden begrifflichen Durchgliederung des öffentlichen Rechtes die allgemeinen Lehren des bürgerlichen Rechtes zugleich die Aufgaben einer allgemeinen Rechtslehre mit versehen mußten, haben Rechtswissenschaft und Rechtsprechung auf diese steuerrechtlichen Entsprechungsbegriffe, die teilweise überhaupt dem Privatrechte zugerechnet wurden (s. oben § 5), unbedenklich die für die entsprechenden Gebilde des bürgerlichen Rechtes geltenden Privatrechtssätze unmittelbar oder sinngemäß angewendet. Diese steuerrechtlichen Entsprechungsbegriffe wurden grundsätzlich als reine Verweisungsbegriffe behandelt, als Blankettbegriffe, die ihre Füllung durch Normen des bürgerlichen Rechtes zu erhalten haben. Beispielsweise verweist nach RG. 96, 46 § 12 Abs. 2 des PrStempSteuerG. v. 30. Juni 1909 auf den bürgerlich-rechtlichen Begriff des Gesamtschuldverhältnisses. „Die hierfür maßgebenden Vorschriften sollen also auch für das Verhältnis der mehreren Stempelschuldner untereinander und dem Beklagten (= Steuergläubiger) gegenüber gelten." Das Reichsgericht faßt die genannte Vorschrift als echte Verweisung im Sinne des Art. 4 EGBGB. auf, „d. h. das Gesetz setzt hier zu seiner Ergänzung zwar das Vorhandensein von Normen für gewisse Rechtsverhältnisse voraus, nicht aber einen bestimmten Inhalt dieser Normen, es will durch diese Normen nicht nur in ihrer derzeitigen, sondern in ihrer jeweiligen Gestalt ergänzt sein". Die fortschreitende Steuergesetzgebung des Reiches hat allerdings mehr und mehr versucht, den Inhalt solcher Entsprechungsbegriffe selbständig auszufüllen und sie dadurch der Eigenart des Steuerrechtes besser anzupassen. Schon das DoppstG. v. 13. Mai 1870 § 1 hat den Wohnsitzbegriff des Steuerrechtes abweichend von dem bürgerlich-rechtlichen Wohnsitzbegriff des damaligen gemeinen Rechtes, der auch dem BGB. § 7 zugrunde liegt, geprägt, und durch Vermittlung des DoppstG. v. 1919 ist dieser besondere steuerrechtliche Wohnsitzbegriff auch in die AO. § 62 Abs. 1 übergegangen. Die Reichsabgabenordnung (§§ 127ff.) hat auch den steuerrechtlichen Erstattungsanspruch endgültig von dem bisherigen Zusammenhang mit dem bürgerlich-

[55]) Der Sache nach findet sich diese Unterscheidung auch schon in RG. 51, 103ff. angedeutet.

[56]) Siehe Wilh. Merk, Steuerschuldrecht (1926); E. Blumenstein, Die Bedeutung zivilrechtlicher Begriffe für das moderne Steuerrecht (Festgabe für Eugen Huber 1919) S. 205ff.; Schweizerisches Steuerrecht 1. Hlbbd. S. 24ff. (1926).

rechtlichen Bereicherungsanspruch gelöst. Seitdem vor allem durch die Arbeiten von Otto Mayer, Kormann u. a. ein allgemeiner Teil des öffentlichen Rechtes herausgearbeitet worden ist, hat sich mehr und mehr die Anschauung durchgesetzt, daß Lücken der öffentlich-rechtlichen Gesetzgebung in erster Reihe aus diesem allgemeinen Teil zu ergänzen sind und daß nur hilfsweise in letzter Reihe auf das bürgerliche Recht zurückgegriffen werden darf[57]).

2. Steuerrechtliche Entlehnungsbegriffe[58])

In großem Umfange verwendet das Steuerrecht auch unmittelbar bürgerlichrechtliche Begriffe, insbesondere bei der Bezeichnung der Besteuerungs-, Haftungs- und Befreiungstatbestände, z. B. die Ausdrücke Minderjährige, Sache, Schenkung, Eigentum, Eigentümer, Besitz, Eigenbesitzer, Nießbrauch, Verlobte, Ehe, Ehegatten, fortgesetzte Gütergemeinschaft, eheliche und uneheliche Abkömmlinge, Vorerbe, Nacherbe, Pflichtteilsanspruch, offene Handelsgesellschaft, Aktiengesellschaft, Versicherung, Wechsel usw. Die durch diese Begriffe bezeichneten Rechtsgebilde des bürgerlichen Rechtes werden dadurch nicht zu öffentlich-rechtlichen umgeprägt. Solche Begriffe erfahren durch ihre Herübernahme in die Steuergesetze keinen völligen Gestalt- und Wesenswandel. Es wird dadurch nicht ein besonderes steuerrechtliches Zivilrecht neben dem privatrechtlichen Zivilrecht geschaffen, wie Emge, Gratisaktien und Steuern (1923) S. 28ff. annimmt. Es besteht auch kein grundsätzlicher Unterschied zwischen bürgerlich-rechtlicher und steuerrechtlicher Begriffsbildung[59]). Wohl aber erhebt sich in derartigen Fällen die Frage, ob das Steuergesetz diese aus dem bürgerlichen Recht entlehnten Begriffe in demselben Sinne in bezug auf Voraussetzungen, Inhalt und Rechtsfolgen verwendet, wie er ihnen im bürgerlichen Rechte zukommt, oder in einer veränderten Bedeutung, insbesondere sie auf engere oder weitere Tatbestände bezieht, als dies nach dem bürgerlichen Rechte der Fall ist. Teilweise haben die Steuergesetze für ihren Bereich ausdrücklich eine veränderte Bedeutung solcher bürgerlich-rechtlichen Begriffe angeordnet, so das geltende Reichserbschaftssteuergesetz in § 3 für den Begriff der Schenkung, AO. § 80 für das Eigentum. Wo dagegen solche ausdrücklichen Bestimmungen in Steuergesetzen fehlen, bedarf es einer mitunter schwierigen Prüfung im Einzelfalle, welche Tragweite dem aus dem bürgerlichen Rechte entlehnten Begriff im Steuerrechte zukommt.

Die Rechtsprechung des Reichsgerichtes ist in dieser Hinsicht vielfach schwankend und uneinheitlich gewesen, indem sie hier bald ein geringeres, bald ein größeres Maß von Selbständigkeit des Steuerrechtes gegenüber dem Privatrecht angenommen hat. Ursprünglich zeigte das Reichsgericht im ganzen die Neigung, solche Entlehnungsbegriffe im engsten Anschluß an das bürgerliche

---

[57]) Vgl. Enno Becker, Vorbem. 1 zu § 79 AO.; Kormann, System der rechtsgeschäftlichen Staatsakte S. 8ff.; v. Scheurl, Einführung in das verwaltungsrechtliche Denken S. 55ff. (1927). Über die aushilfliche Heranziehung bürgerlichen Rechtes in der Rechtsprechung des französischen Staatsrates vgl. E. H. Perreau, Technique de jurisprudence en droit privé 1, 362 (Paris 1923).

[58]) Siehe K. Ball, Steuerrecht und Privatrecht; Enno Becker, Die Entwicklung des Steuerrechtes durch die Rechtsprechung seit 1919, Steuer und Wirtschaft 3. Jg. Sp. 1023ff. (1924); M. Lion, Steuerrechtliche Wirtschaftsbegriffe, Vierteljahresschrift für Steuer- und Finanzrecht 1. Jg. S. 132ff. (1927). — Neben den Begriffsübernahmen aus dem bürgerlichen Rechte finden sich im Steuerrechte — wenn auch in geringerer Zahl — Begriffsentlehnungen aus anderen Zweigen des öffentlichen Rechtes. Siehe RFH. 12, 224f.; Enno Becker, Steuer und Wirtschaft 3. Jg. Sp. 1010f., 1026 (1924).

[59]) A. A. Ball a. a. O. S. 117ff. Mit Recht weist Lion a. a. O. S. 161 darauf hin, daß es auch im Steuerrecht Fälle gibt, in denen die Form über die Sache gestellt wird, andererseits Fälle, in denen das bürgerliche Recht den Inhalt über die Form stellt, z. B. bei der Treuhänderschaft. Einen Fall „wirtschaftlichen Eigentums" kennt das BGB. in § 2169 Abs. 4.

Recht auszulegen. So geht das Urt. der VerZS. v. 8. Juli 1880 (RG. 2, 305) von der Erwägung aus, „daß die einzelnen Positionen im Tarife zum PrStempG. v. 7. März 1822 die Geschäfte, von deren Beurkundung der dort beigesetzte Stempel erhoben werden soll, nur mit den zivilrechtlichen Benennungen anführen und es demnach in Ermangelung irgendeiner entgegenstehenden Vorschrift des Gesetzes einem Zweifel nicht unterliegen kann, daß auch nur nach den Grundsätzen des Zivilrechtes zu beurteilen ist, ob in einem gegebenen Falle die Merkmale eines solchen Geschäftes — also beispielsweise eines Kaufvertrages vorliegen —, daß aber damit die Annahme ausgeschlossen ist, als ob ... der Begriff des Geschäftes in einem von dessen zivilrechtlicher Bedeutung verschiedenen Sinne aufzufassen sei". Im gleichen Sinne bemerkt RG. 4, 244: „In den einzelnen Positionen des Tarifes zu den verschiedenen preußischen Stempelgesetzen werden die Geschäfte von deren Beurkundung die beigesetzten Stempelbeträge entrichtet werden, mit den zivilrechtlichen Benennungen aufgeführt. Ob die Voraussetzungen und Merkmale eines solchen Geschäftes vorliegen, muß daher nach den Grundsätzen des Zivilrechtes beurteilt werden." Noch RG. 103, 253 führt aus, daß „bei Steuervorschriften für die in ihnen vorkommenden privatrechtlichen Begriffe das geltende Privatrecht maßgebend ist[60])". Andere Entscheidungen des Reichsgerichtes nehmen dagegen keine so weit gehende Bindung an das bürgerliche Recht an. So RG. 51, 103: „Bedienen mehrere Gesetze sich gleichartiger Ausdrücke, so ist deren Bedeutung für jedes besonders zu ermitteln. Grundsätzlich ist auch keine Ausnahme für solche Gesetze anzuerkennen, in denen die ursprünglichsten und wesentlichsten der eine Sache oder Handlung berührenden Beziehungen ihre rechtliche Regelung finden, und speziell nicht den Gesetzen sachenrechtlichen oder obligatorischen Inhaltes die Tragweite beizumessen, daß es ihr Wille wäre, die in ihnen aufgestellten Kategorien über das privatrechtliche Gebiet hinaus für die Gesamtheit aller Rechtsvorschriften, die sich in irgendeiner Weise, gleichviel für welche Zwecke und von welchen Gesichtspunkten aus, mit denselben Gegenständen beschäftigen, also namentlich auch für die steuerrechtlichen und sonstigen öffentlich-rechtlichen Vorschriften in maßgebender und bindender Weise festzulegen... Eine andere ... Frage aber ist die, ob es nicht der Wille eines Steuergesetzes ist, statt eigener Feststellung der Bedeutung gewisser von ihm angewendeter begrifflicher Bezeichnungen auf andere Gesetzesvorschriften zu verweisen und der dort angenommenen Bedeutung gleichartiger Ausdrücke auch für seinen Bereich Geltung seinerseits einzuräumen, und zwar mit der Maßgabe, daß selbst künftige Änderungen jener Bestimmungen davon nicht ausgeschlossen sind." Siehe ferner RG. 86, 14: „Wenn auch zugegeben werden kann, daß ein neues Stempelgesetz, soweit es sich mit privatrechtlichen Begriffen befaßt, in der Regel auf dem Boden des gerade geltenden bürgerlichen Rechtes stehen wird, so ist doch nicht ausgeschlossen, daß bei einzelnen Bestimmungen ein solcher Begriff einmal in einem anderen Sinne gebraucht wird." RG. 94, 209:

[60]) Siehe auch PrOVG. 64, 7: „Wo ein derartiges Gesetz ohne weitere Erläuterung Rechtsbegriffe anwendet, können diese keine andere Auslegung finden, als die, welche ihnen auf dem Rechtsgebiete zukommt, dem sie entstammen. Das ist hier das bürgerliche Recht. Nirgends deutet das Gesetz an, daß es den Ausdrücken Eigentum, Erwerb, Veräußerung, Veräußerer, Hypothekengläubiger und dessen ausgefallenen Forderungen eine von den allgemeinen Grundsätzen des bürgerlichen Rechtes abweichende Bedeutung beilege." Ebenso anfänglich auch der Reichsfinanzhof, vgl. RFH. 1 A, 207: „Soweit für die Erhebung von Steuern Rechtsvorgänge des bürgerlichen Rechtes maßgebend sind, ist grundsätzlich deren Begriff und Tragweite dem bürgerlichen Rechte zu entnehmen, es sei denn, daß die Steuergesetze selbständige Bestimmungen enthalten, die eine Abweichung von der nach den Grundsätzen des bürgerlichen Rechtes sich ergebenden Beurteilung begründen."

„Wenn auch bei der Auslegung eines Reichssteuergesetzes davon auszugehen ist, daß das Gesetz, wenn es einen der Reichsgesetzgebung bekannten Rechtsbegriff verwendet, diesen Begriff im Zweifel in dem bereits festgelegten Sinne gemeint hat, so ist doch in jedem einzelnen Falle zu prüfen, ob nicht das Steuergesetz erkennbar den Begriff in einem abweichenden sei es engerem oder weiteren Sinne gebraucht hat. Hier liegen Umstände vor, die für letzteres sprechen."

Dieselbe Zwiespältigkeit zeigt sich auch bei der Auslegung der einzelnen Begriffe. Unter Sachen versteht das Reichsgericht auch in Steuergesetzen grundsätzlich nur körperliche Gegenstände (RG. 83, 22, anders jedoch RG. 86, 14). Für den Begriff der unbeweglichen Sachen im Sinne der Tarifstelle 32a des PrStempSteuerG. v. 1895 und des RStempG. v. 1909 ist maßgebend der Begriff der unbeweglichen Sache nach dem Bürgerlichen Gesetzbuche (RG. 59, 20; 103, 253). Scheinbestandteile von Grundstücken (BGB. § 95 Abs. 1 Satz 1) sind auch steuerrechtlich keine Grundstücksbestandteile, sondern nur bewegliche Sachen und unterliegen daher nicht dem Stempel über Liegenschaften, sondern dem Stempel für bewegliche Sachen (RG. 59, 20). RG. 87, 355 betont die steuerrechtliche Selbständigkeit des Begriffes der stempelpflichtigen Generalvollmacht: „Eine besondere Rechtseinrichtung der Generalvollmacht ist dem Bürgerlichen Gesetzbuch unbekannt. Hierauf und ebenso auf den Sprachgebrauch kommt es aber für die Stempelpflicht nicht an. Denn die Tarifstelle gibt, wie ihr Wortlaut sagt, eine selbständige Begriffsbestimmung der stempelpflichtigen Generalvollmacht". Nach RG. 64, 346ff. deckt sich der Begriff der Erfüllung im Sinne des § 2 des PrStempSteuerG. nicht in allen Fällen notwendig mit dem zivilrechtlichen Begriff der Erfüllung einer Verbindlichkeit, nämlich dann nicht, wenn eine Schuldverbindlichkeit, die erfüllt werden könnte, überhaupt nicht vorliegt. Doch ist nach RG. 68, 77f. überall, wo es sich um eine erfüllbare Schuldverbindlichkeit handelt, daran festzuhalten, daß der nach den Bestimmungen des Bürgerlichen Gesetzbuches zu ermittelnde Erfüllungsort auch der Ort ist, an dem im Sinne des § 2 des StempelsteuerG. zu erfüllen ist. Nach RG. 79, 191ff. ist der Begriff der Quittung im Sinne der Tarifnummer 10 Abs. 2 des RStempG. v. 1909 „derselbe wie im bürgerlichen Recht" (BGB. § 368).

Als reiner Verweisungsbegriff wurde der Begriff der Schenkung im ReichserbschaftssteuerG. v. 1906 RG. 70, 16; 71, 141; JW. 1908 S. 754 Nr. 26 aufgefaßt; in Ermangelung besonderer Vorschriften dieses Gesetzes sei er nach Maßgabe des § 516 BGB. zu bestimmen. Ebenso RGSt. 54, 49. Anders RG. 54, 143ff. hinsichtlich des Schenkungsstempels des PrStempG. v. 1895 Tarifstelle 56; hier wurde eine nach dem 1. Januar 1900 erfolgte Beurkundung eines Stiftungsgeschäftes (BGB. § 81) dem Schenkungsstempel unterworfen. Gegenüber der Rüge der Revision, daß das Stiftungsgeschäft als einseitige Willenserklärung dem Schenkungsstempel nicht unterliege, weil die Schenkung im Sinne des Bürgerlichen Gesetzbuches ein Vertrag sei, bemerkte das Reichsgericht: Die Frage, ob ein Schriftstück als Beurkundung einer Schenkung stempelpflichtig sei, sei in erster Reihe nach den Vorschriften des Steuergesetzes zu entscheiden; das bürgerliche Recht sei erst dann heranzuziehen, wenn solche Vorschriften nicht vorhanden seien, vielmehr das Stempelgesetz ausdrücklich oder stillschweigend auf das bürgerliche Recht verweise. Der Abs. 2 der Tarifstelle 56 des PrStempSteuerG. v. 1895 stelle aber für das Stempelrecht eine eigene selbständige, vom bürgerlichen Recht abweichende Begriffsbestimmung auf, die vom Wechsel des bürgerlichen Rechtes nicht berührt werde.

Der Begriff Interimschein wird vom Reichsgericht als reiner Verweisungsbegriff behandelt, weil das Stempelgesetz, das eine Begriffsbestimmung des Interimscheins nicht enthält, sich in dieser Richtung lediglich dem bekannten in den Bestimmungen des Handelsgesetzbuches feststehenden Begriffe anschließen wollte (RG. 22, 119; 31, 32). Dagegen muß nach RG. 65, 348 der Begriff des Konnossements für die Anwendung des Reichsstempelgesetzes selbständig und unabhängig von den Bestimmungen des Handelsgesetzbuches entwickelt werden. Ebenso ist der Firmabegriff des Stempelrechtes zwar nicht hinsichtlich der Voraussetzungen, wohl aber hinsichtlich der Rechtsfolgen als selbständiger Begriff aufgefaßt (RG. 74, 380): „Wenn außerhalb des Stempelrechtes in reichsgerichtlichen Urteilen angenommen ist, daß das Recht zum Gebrauch einer Firma als des kaufmännischen Namens nicht selbst ein der Veräußerung fähiger Gegenstand sei (RG. 9, 106; JW. 1894 S. 317 Nr. 17), so ist dies für die Auslegung des Stempelgesetzes nicht ohne weiteres entscheidend. Daß die Firma nach § 23 HGB. nicht als selbständiges, vom Handelsgeschäft losgelöstes Gut Gegenstand des Verkehrs und insbesondere der Zwangsvollstreckung sein kann und daß sie nicht in die Konkursmasse fällt, schließt eine Betrachtungsweise nicht aus, die sie im Hinblick auf die Fassung und den Zweck des Stempelgesetzes dennoch zu den beweglichen Vermögensgegenständen zählt. Sie ist ein sachenartiges, gegen jeden Dritten dauernd wirkendes Recht, das, wenn schon nur in Verbindung mit dem Handelsgeschäfte, vermöge der Einwilligung des Veräußerers auf den Erwerber übergeht, nicht etwa in dessen Person neu entsteht und einen häufig recht erheblichen Vermögenswert darstellt." Im Gegensatze dazu muß nach RG. 72, 420, 428 der Begriff der Transportversicherung (PrStempSteuerG. v. 31. Juli 1895, Tarifstelle 70 Abs. 5) nach dem jeweiligen bürgerlichen Rechte beurteilt werden, weil das Stempelgesetz Sondervorschriften nicht enthält. Dagegen nimmt das Reichsgericht auch ohne ausdrückliche Vorschrift eine besondere Ausprägung des Gewerbebegriffes im Steuerrecht an (RG. 71, 376; 94, 209; 95, 323; 97, 74; 98, 154), bezeichnet insbesondere auch Post- und Eisenbahnbetrieb als Gewerbebetriebe im Sinne der Befreiungsvorschrift in Nummer 3 der Tarifstelle 32 des PrStempSteuerG. v. 1895 (RG. 71, 376) und die Rechtsanwaltstätigkeit als Gewerbe im Sinne des DoppStG. v. 13. Mai 1870 (RG. 55, 167).

Die wirtschaftliche Auslegung der Besteuerungstatbestände (s. oben § 3 II 4) hat endgültig den Ausschlag zugunsten selbständigerer Behandlung der zu ihrer Umschreibung benutzten bürgerlich-rechtlichen Begriffe gegeben.

II. Das Steuerrecht verwendet nicht nur Begriffe des bürgerlichen Rechtes, sondern faßt für seine Zwecke teilweise auch bürgerlich-rechtliche Erscheinungen unter eigentümlichen Gesichtspunkten zusammen, die im bürgerlichen Rechte keine Rolle spielen. So gliedert es für die Zwecke der Gesellschaftssteuer die Personenvereinigungen in Kapitalgesellschaften, sonstige Erwerbsgesellschaften und Nichterwerbsgesellschaften (Kapitalverkehrsteuergesetz §§ 2ff.) und begünstigt die Familiengesellschaften (vgl. Grunderwerbsteuergesetz § 8 Abs. 1 Ziff. 5). Ebenso hat es auch innerhalb der Rechtsgeschäfte selbst steuerrechtlich erhebliche Einteilungen und Gattungsbegriffe geschaffen wie Händler-, Kunden- und Privatgeschäfte (Kapitalverkehrsteuergesetz § 49), Gemeinschaftsgeschäfte (Kapitalverkehrsteuergesetz § 58 Abs. 5; vgl. dazu RFH. 14, 22ff.), Zweckzuwendungen (Erbschaftsteuergesetz in der Fassung v. 22. August 1925 § 1 Abs. 1 Ziff. 3 und § 4). Besondere Bedeutung erlangte der Begriff der „Anschaffungsgeschäfte", der aus dem RStempG. v. 1881 Tarifstelle 4a und b und über dessen verschiedene Fassungen schließlich auch in das geltende Kapitalverkehrsteuergesetz §§ 35ff. übergegangen ist. Dieser Begriff, der im Reichsstempelgesetz nicht näher erläutert war, ist in der Rechtsprechung des

Reichsgerichtes allmählich entwickelt und geklärt worden. Siehe RG. 20, 10; 21, 32; 35, 65; 22, 128; 24, 109; 26, 49; 31, 17ff. (VerZS.); 42, 13f.; 52, 323ff. Das Reichsgericht versteht darunter den auf den Erwerb von Eigentum an beweglichen Sachen gerichteten Schuldvertrag[61]).

III. Die ausgedehnte unmittelbare Verwendung bürgerlich-rechtlicher Begriffe im Steuerrecht ist in der Hauptsache der Niederschlag des praktischen Ineinandergreifens von Steuerrecht und bürgerlichem Recht. Bürgerlichrechtliche Tatbestände bilden vielfach zugleich Besteuerungs-, Haftungsbegründungs- und Steuerbefreiungstatbestände, insbesondere bei den Verkehrssteuern. Verbrauchssteuern knüpfen nicht an Rechtsvorgänge, sondern an rein tatsächliche Vorgänge (insbesondere das Verbringen der Erzeugnisse aus dem Herstellungsbetrieb in den freien Verkehr), direkte Steuern an bestimmte Besitzstände an, die wenigstens bei den Personalsteuern (Subjektsteuern) nicht notwendig auch bürgerlich-rechtliche Tatbestände zu sein brauchen.

1. Für die Abgrenzung solcher Besteuerungs-, Haftungs- und Befreiungstatbestände können teilweise auch feinere bürgerlich-rechtliche Unterscheidungen bedeutsam werden, z. B. ob der steuerlich zu beurteilende Tatbestand sich als Tauschvertrag darstellt oder als zwei Kaufgeschäfte, deren Bestand voneinander abhängig ist (RG. 50, 286f.), ob als belohnende Schenkung oder als nachträglich bewilligtes Entgelt für bereits geleistete Dienste (RG. 94, 322), ob als eine Mehrzahl einzelner Vermächtnisse oder als Errichtung einer unselbständigen Stiftung (RG. 96, 15). Ebenso kann es darauf ankommen, ob ein Lebensverhältnis als bürgerlich- oder öffentlichrechtlich aufzufassen ist. So hat das Reichsgericht mehrfach Verträge, welche die Überlassung der Benutzung öffentlicher Straßen zum Eisenbahnbetrieb betrafen, in der Zeit vor wie nach Erlassung des preußischen KleinbahnG. v. 28. Juli 1892 als privatrechtliche, dem Mietstempel unterworfene Mietsverträge behandelt (RG. GruchotsBeitr. 29, 689; preuß. JMBl. 1893 S. 285; RG. 40, 280; vgl. auch RG. 42, 209; 55, 297; 68, 370; GruchotsBeitr. 46, 361). Obwohl diese Auffassung im Schrifttum mehrfach angegriffen wurde (s. Hilse, EisenbE. 17, 174; Störk, daselbst 22, 306; 23, 205; Ullmann, GruchotsBeitr. 56, 250), hat noch RG. 88, 15ff. an der bürgerlichrechtlichen Auffassung des Verhältnisses festgehalten. Heute wird man hierin ein durch „Verleihung" begründetes öffentlich-rechtliches Nutzungsverhältnis zu erblicken haben (richtig Otto Mayer, Deutsches Verwaltungsrecht, 2. Aufl., II², 186 Anm. 11).

2. Für die verkehrssteuerpflichtigen Rechtsgeschäfte und Rechtshandlungen ist nach den Steuergesetzen teils der Geschäftsgrundsatz, teils der Urkundengrundsatz maßgebend. Im ersten Falle ruht die Verkehrssteuer auf dem Geschäft als solchem, ohne Rücksicht darauf, ob es beurkundet oder bloß mündlich abgeschlossen wird (RG. 65, 157). Im zweiten Falle unterliegen rechtsgeschäftliche Erklärungen nur dann der Steuer, wenn sie in einer schriftlichen Urkunde niedergelegt sind. Über die Frage, wie weit bei Verträgen dem Urkundenerfordernis durch Bestätigungsschreiben genügt ist, vgl. RG. 95, 194ff. Der Urkundengrundsatz, von dem das RStempG. v. 1881 ausging, ist bei den späteren Änderungen des Reichsstempelgesetzes immer stärker durch den Geschäftsgrundsatz zurückgedrängt worden. Das geltende Kapitalverkehrssteuergesetz hat die Urkundenbesteuerung nur noch ausnahmsweise beibehalten,

---

[61]) Vgl. auch Keerl, Der Begriff des Anschaffungsgeschäftes im Sinne des Börsensteuergesetzes, Holdheims Wochenschrift für Aktienrecht und Bankwesen 1 (1892), 335ff.; E. Greiff, RStempG. 1912 S. 31ff.; Wimpfheimer bei Marcuse, Das neue Reichssteuerrecht, 4. Aufl. (1924) S. 390ff.

während das preußische Stempelsteuergesetz auch noch in seiner jetzigen Fassung vom Urkundengrundsatz beherrscht wird (vgl. RG. 65, 157).

Soweit der Urkundengrundsatz gilt, ist die Beurkundung Voraussetzung der Besteuerung; den eigentlichen Gegenstand der Besteuerung bildet aber auch in diesen Fällen nicht die Urkunde als solche, sondern der beurkundete Vorgang (RG. 87, 345). Die reichhaltige Rechtsprechung des Reichsgerichtes zu den Fragen der Urkundenbesteuerung geht dabei von dem — allerdings in den Stempelgesetzen nicht rein durchgeführten — Grundsatz aus, daß lediglich der Inhalt der Urkunde sowohl für ihre Stempelpflichtigkeit als für das Maß ihrer Besteuerung maßgebend sei (RG. 31, 32; 47, 337; 83, 395). Diesen in § 3 Abs. 1 des PrStempSteuerG. festgelegten Grundsatz hat das Reichsgericht trotz des Fehlens einer entsprechenden Bestimmung im Reichsstempelgesetz auch auf die Urkundensteuern des Reiches angewendet, weil sich diese Vorschrift aus der Natur der Sache von selbst ergebe (RG. 83, 395).

Bei der steuerrechtlichen Auslegung der Urkunden sind außerhalb der Urkunde liegende Umstände — anders als bei der bürgerlich-rechtlichen Auslegung — im allgemeinen nicht zu berücksichtigen. Insbesondere ist regelmäßig der Nachweis unzulässig, daß die Urkunde nicht mit dem wirklichen Sachverhalt übereinstimme (RG. 83, 395). Ist der Wortlaut der Urkunde klar und bei objektiver Beurteilung des Inhaltes seinem Sinne nach nicht zweifelhaft, so kommt es für die Stempelpflichtigkeit auch nicht darauf an, was etwa die Vertragschließenden nebenher mündlich über ihre Vertragsabsicht geäußert haben (RG. 77, 47; RGSt. 32, 191). Doch ist es nach RG. 73, 91 zulässig und geboten, die Vertragsabsicht, wenn sie auch stempelrechtlich nicht entgegen dem objektiven Inhalt der Urkunde in Betracht zu ziehen ist, als Auslegungsmittel zur Ermittelung des objektiven Sinnes des Urkundeninhaltes zu verwerten.

Die für die Stempelpflicht erheblichen Umstände müssen aus der Urkunde hervorgehen. Jedoch sind auch die darin in Bezug genommenen anderen Urkunden mit heranzuziehen (Bolze, Praxis des Reichsgerichts 9 Nr. 593; RG. 31, 32). Folgerichtig kann eine Vertragsverlängerung, die dadurch herbeigeführt wird, daß beide Teile von der Ausübung des ihnen zustehenden Kündigungsrechtes übereinstimmend absehen, nur dann zur Versteuerung herangezogen werden, wenn diese die Fortsetzung des Vertrages begründende Willensübereinstimmung urkundlich zum Ausdrucke gelangt, es sei denn, daß das Steuergesetz für einzelne Arten von Verträgen etwas Abweichendes bestimmt (RG. 46, 308f.). Auch die Nichtigkeit des beurkundeten Rechtsgeschäftes ist nur zu berücksichtigen, wenn die Nichtigkeit sich aus der Urkunde selbst ergibt (RFH. 13, 26f.; anders RGSt. 43, 20). Ebenso ist der Mangel im Verfügungsrecht für die Stempelpflichtigkeit der Urkunde grundsätzlich ohne Bedeutung, es sei denn, daß das Vorhandensein des Mangels aus der Urkunde selbst ersichtlich ist (RG. 119, 115f.). RG. 53 S.214ff., 287 und 65, 356 haben das Erfordernis der Urkundlichkeit für die Steuerbefreiungstatbestände gemildert. Danach genügt es zur Anwendung einer Befreiungsvorschrift, die im öffentlichen Interesse gegeben ist, wenn sich ihre Erfordernisse objektiv feststellen lassen, mag sich auch hier das Vorhandensein nicht unmittelbar aus der Urkunde, sondern nur aus den tatsächlichen Umständen ergeben, unter denen sie errichtet ist. Strenger jedoch RG. 76, 302f.: Auch über das Vorliegen einer Befreiung vom Stempel entscheide der Inhalt der Urkunde; das Reichsgericht habe nur unter ganz besonderen Umständen eine anderweitige Feststellung der Voraussetzungen einer Befreiungsvorschrift zugelassen. Ist nur ein Teil der rechtsgeschäftlichen Erklärungen eines Vertrages beurkundet, z. B. bei einem gegenseitigen Vertrage nur die Erklärung der einen Vertragspartei herausgehoben und urkundlich festgelegt worden, so ist nur dieser Teil der Urkunde der Besteuerung unterworfen, vorausgesetzt, daß die urkundlichen Erklärungen für sich allein genügen, den Erfordernissen einer der Tarifbestimmungen des Gesetzes zu entsprechen (RG. 73, 265).

Schwächer ist die Bedeutung der Urkunde, soweit die Verkehrssteuer auf dem Geschäft selbst, nicht auf der darüber ausgestellten Urkunde, z. B. Schlußnote, beruht. Hier darf aber regelmäßig davon ausgegangen werden, daß der Inhalt des Geschäftes in der Schlußnote richtig wiedergegeben ist (RG. 73, 228).

3. Rechtsgeschäftliche Tatbestände, die der Verkehrsbesteuerung unterliegen, setzen sich oft aus einer größeren Zahl von Willenserklärungen zusammen[62]). In diesen Fällen stellt das PrStempSteuerG. § 10 Abs. 2 und 3 darauf ab, ob die in einer Urkunde enthaltene Mehrheit von Willenserklärungen sich als verschiedene steuerpflichtige Rechtsgeschäfte oder als bloße Bestandteile eines einheitlichen, nach dem Tarif steuerpflichtigen Rechtsgeschäftes darstellt. Im ersten Falle ist der Betrag des Stempels für jedes Geschäft besonders zu berechnen und die Urkunde mit der Summe dieser Stempelbeträge zu belasten (§ 10 Abs. 2). Im zweiten Falle ist nur der für das einheitliche Rechtsgeschäft vorgesehene Stempelbetrag zu entrichten (§ 10 Abs. 3). Das Reichsgericht hatte häufig über die Zugehörigkeit von Tatbeständen zur ersten oder zur zweiten Gruppe zu entscheiden. Für die Einheitlichkeit des Geschäftes ist nach ständiger Rechtsprechung des Reichsgerichtes nicht maßgebend der bloße Parteiwille, auch nicht die bloße äußere Zusammenfassung in einer Urkunde (RG. 50, 309), wenn auch steuerrechtlich Einheitlichkeit des Geschäftes ohne Einheit der Urkunde nicht anzunehmen ist, ebensowenig die Einheitlichkeit des Vertragsgegenstandes, die wirtschaftliche Zusammengehörigkeit der einzelnen Erklärungen oder die durch Parteivereinbarung — z. B. durch Beifügung einer Bedingung — herbeigeführte rechtliche Abhängigkeit derart, daß die eine Erklärung mit der andern zugleich stehen und fallen soll (RG. 42, 191; 58, 116). Vielmehr behandelt das Reichsgericht mehrere in einer Urkunde enthaltene Erklärungen nur dann als Bestandteile eines einheitlichen zusammengesetzten Rechtsgeschäftes, wenn die Gesamtheit dieser Erklärungen über den Rahmen eines im Rechtssystem mit bestimmtem Namen belegten individuellen Rechtsgeschäftes (Vertragstyps) nicht hinausgeht, und die einzelnen Erklärungen nur zur näheren Bestimmung des seiner rechtlichen Natur nach unverändert bleibenden Hauptgeschäftes dienen (RG. 42 S. 191, 242; 58, 112ff.; 69, 190[63]). Das Reichgericht hat z. B. Einheitlichkeit angenommen bei einem Verschmelzungsvertrag zwischen zwei Aktiengesellschaften (Übertragung des Vermögens und der Schulden der einen Aktiengesellschaft auf eine andere Aktiengesellschaft gegen Gewährung von Aktien dieser letzteren, RG. 33, 42f.), dagegen Mehrheit von Geschäften bei mehreren in derselben Urkunde niedergelegten Bürgschaftserklärungen, weil hier die Verpflichtung jedes Bürgen unabhängig von der des Mitbürgen übernommen wurde (RG. 77, 53ff.); desgleichen bei einem gemeinschaftlichen korrespektiven Testament zwischen zwei Ehegatten, obwohl dies zum Ergebnis führte, das dann dieses gemeinschaftliche Testament höher als ein Erbvertrag zu versteuern war (RG. 50, 308ff.), und bei der Aufnahme einer Schiedsvertragsklausel oder Zuständigkeitsvereinbarung in einen Hauptvertrag (RG. 14, 258f.; 42, 192;

---

[62]) Über ihre bürgerlich-rechtliche Behandlung vgl. Enneccerus, Lehrbuch I, 2 § 323; Fr. André, Einfache, zusammengesetzte und verbundene Rechtsgeschäfte, in Festgaben der Marburger juristischen Fakultät für L. Enneccerus (1913).

[63]) Siehe dazu Ernst Heinitz, Kommentar zum preußischen Stempelsteuergesetz, 3. Aufl. (1909) Erl. zu § 10.

JW. 1894 S. 482 Nr. 49; 1896 S. 277 Nr. 41; 1899 S. 19 Nr. 61 und S. 199 Nr. 59; 1903 S. 549 Nr. 15[64]), weil letzteres Übereinkommen einen dem Vertragszweck des Hauptvertrages (z. B. Mietvertrag) vollständig fremden Vertragszweck verfolge. Ebenso das Kammergericht OLG. 7, 270. Die Einheitlichkeit des Rechtsgeschäftes im Sinne des preußischen Stempelsteuergesetzes braucht sich keineswegs mit Einheitlichkeit im Sinne des Bürgerlichen Gesetzbuches zu decken (RG. 69, 190f.). Aus § 10 Abs. 3 PrStempSteuerG. zieht das Reichsgericht auch den Umkehrschluß, daß, wenn das einheitliche Gesamtgeschäft als solches stempelfrei ist, die Stempelfreiheit zugleich alle Bestandteile des Geschäftes deckt und eine Doppelbesteuerung desselben Vertrages nur zulässig ist, wenn das Gesetz es vorschreibt. RG. 93, 270f. hat den Grundsatz des § 10 Abs. 3 des PrStempSteuerG. auch auf das RStempG. v. 1913 ausgedehnt: „Zwar fehlt es im Reichsstempelgesetz an einer dem § 10 Abs. 3 LStempG. entsprechenden ausdrücklichen Vorschrift, aber selbstverständlich muß auch für das Reichsstempelrecht der in der Natur der Sache liegende Grundsatz gelten, daß neben der Besteuerung eines einheitlichen Rechtsgeschäftes in seiner Ganzheit nicht auch noch die unselbständigen Bestandteile des Geschäftes zur Besteuerung auf Grund desselben Gesetzes herangezogen werden dürfen. Eine solche Doppelbesteuerung desselben Rechtsvorganges kann nur dann erfolgen, wenn das Gesetz sie ausdrücklich vorschreibt.“ Dagegen hat der Reichsfinanzhof (RFH. 6, 133) auf Grund von § 7 Abs. 5 RStempG. angenommen, daß das Reichsstempelrecht auf einem vom preußischen Stempelrecht abweichenden Standpunkte stehe[65]).

Eine nicht seltene Form der Steuerumgehung besteht darin, daß die Parteien versuchen, den „erstrebten wirtschaftlichen Erfolg nicht mit einem Schlage, sondern stückweise in äußerlich selbständigen Teilstrecken, insbesondere durch getrennte Verträge“ zu erreichen (Enno Becker, Steuer und Wirtschaft, Jg. 3 Sp. 150), z. B. durch Zerlegung einer Sachgründung einer Aktiengesellschaft in Bargründung mit nachfolgendem Kauf. Reichsgericht und Reichsfinanzhof haben in derartigen Fällen die wirtschaftlich zusammengehörigen getrennten Verträge als Einheit behandelt (s. oben § 3 II 4).

4. Wie sehr sich im letzten halben Jahrhundert zum Teil auch grundsätzliche rechtspolitische Auffassungen gewandelt haben, tritt besonders bei der steuerrechtlichen Behandlung bürgerlich-rechtlich nichtiger Tatbestände zutage. Es kommen dabei vornehmlich folgende Nichtigkeitsfälle in Betracht:

a) Formnichtigkeit. Nach RG. 60, 400; 105, 293; RGSt. 10, 254; 43, 22 entsteht aus formnichtigen Rechtsgeschäften keine Stempelsteuerpflicht. Doch wird ein privatschriftlicher, durch nachfolgende Auflassung und Eintragung rechtswirksam gewordener Grundstücksveräußerungsvertrag (BGB. § 313 Satz 2) nach Tarifstelle 32 des PrStempSteuerG. v. 31. Juli 1895 stempelsteuerpflichtig (RG. 60, 398ff.). Entsprechend hat auch der Reichsfinanzhof zunächst (RFH. 1, 80) ausgesprochen, daß wegen Formmangels nichtige Rechtshandlungen eine Steuerpflicht nicht auslösen. Später jedoch hat er entschieden,

---

[64]) Hiergegen Heinitz a. a. O. Bem. III, 2 b γ.

[65]) In Frankreich ist durch das Einregistrierungsgesetz v. 22. Frim. VII Art. 11 gleichfalls die selbständige Abgabenpflichtigkeit von „plusieurs dispositions indépendantes ou ne dérivant pas nécessairement les unes des autres“ vorgeschrieben. Damit die Annahme einer Mehrheit stempelpflichtiger Geschäfte ausgeschlossen ist, fordert der französische Kassationshof „non pas seulement que ces dispositions aient été liées entre elles dans l'intention des parties contractantes, mais que, prises abstractivement, elles concourent ensemble à la formation d'un contrat et en constituent les éléments corrélatifs et nécessaires“ (s. Dalloz, Rép. prat. 5. Bd. Stichwort Enregistrement n. 103).

daß, wenn die Parteien trotz der Nichtigkeit das Geschäft vollziehen und die wirtschaftlichen Wirkungen nicht rückgängig machen, gleichwohl die im Steuerrecht gebotene wirtschaftliche Betrachtungsweise (AO. § 4) zur Annahme einer Steuerpflicht führen könne (RFH. 10, 241; 12, 100; 13, 26[66]).

b) Scheingeschäft. Das Reichsgericht hat angenommen, daß ein nach § 117 Abs. 1 BGB. nichtiges Scheingeschäft keine Verkehrssteuerpflicht auslöst, daß dagegen bei Geschäftsverdeckung (BGB. § 117 Abs. 2) das verdeckte Geschäft nach den dafür geltenden steuerlichen Bestimmungen steuerpflichtig ist (RG. 60, 242[67]). Diese steuerrechtliche Behandlung des Scheingeschäftes und der Geschäftsverdeckung ist teilweise ausdrücklich durch die Steuergesetze angeordnet. Vgl. badisches VerkehrssteuerG. v. 6. Mai 1899 § 1 Abs. 3, RZuwSteuerG. v. 14. Febr. 1911 § 6, GrunderwerbssteuerG. v. 12. Dez. 1919 § 7 (dazu RFH. 5, 250), ReichserbschaftssteuerG. v. 22. Aug. 1925 § 3 Abs. 4. Auch ohne solche ausdrückliche Gesetzesvorschrift erklärt der Reichsfinanzhof in Weiterführung der Auffassung des Reichsgerichtes, daß ein Scheinvertrag nach bürgerlichem Recht (BGB. § 117), nicht nach AO. § 5 außer acht zu lassen sei (RFH. Urt. v. 22. April 1925, Steuer und Wirtschaft 1925 S. 1061; Koppe, Jahrbuch des Steuerrechts 6, 27).

c) Verbots- und Sittenwidrigkeit des steuerpflichtigen Tatbestandes. In Übereinstimmung mit der damals herrschenden Rechtslehre hat das Reichsgericht früher die Erhebung einer Steuer von einem sittenwidrigen oder strafbaren Tun für mit der Rechtsordnung unvereinbar erklärt, also die im bürgerlichen Recht geltende Behandlung verbots- und sittenwidrigen Tuns[68]) auch auf das Steuerrecht übertragen. Im einzelnen hat das Reichsgericht diesen Standpunkt vertreten in bezug auf die Besteuerung des Einkommens aus dem Gewerbe (RGSt. 45, 97 — ebenso KG. DJZ. 1906 Sp. 1321) und aus dem Kapitalvermögen (RGSt. 46, 240) sowie auf dem Gebiete des Zollrechtes (RGSt. 2, 370; 17, 9; 45, 99), der inneren Verbrauchssteuern (Urt. v. 1. Dez. 1908, Zeitschrift für Zollwesen und Reichssteuern 1909 S. 229, angeführt bei Popitz, ArchÖffR. 40, 136) und der Verkehrssteuern (RGSt. 11, 9; 39, 273). Die Rechtfertigung dieses Standpunktes kommt klar zum Ausdruck RGSt. 54, 51: „Ausschlaggebend ist, daß das Wesen des Rechtsstaates, dessen Bestehen auf einem den Gesetzen und den guten Sitten entsprechendem Verhalten seiner Bürger beruht, verbietet, bei der Einschätzung zur Einkommensteuer das Weiterlaufen aus sittenwidrigem Tun entspringender Einnahmequellen ... zu vermuten und als Steuerquellen unter Anwendung staatlicher Machtmittel auszunutzen." Nur ganz vereinzelt hat das Reichsgericht eine abweichende Ansicht vertreten im Hinblick darauf, daß andernfalls der verbots- und sittenwidrige Erwerb durch Steuerfreiheit begünstigt würde. So bei den Verkehrssteuern RG. 60, 387: „Es ist ... nicht abzusehen, weshalb ein schon veranstaltetes Spielunternehmen, wenn es gegen die guten Sitten verstößt, dadurch gegen andere Ausspielungen begünstigt werden soll, daß es von der Besteuerung frei bleibt." Ebenso hat hinsichtlich der Kriegssteuern vom Besitz RGSt. 54 S. 49ff. u. 68ff. ausgesprochen, daß für die Besteuerung des Vermögenszuwachses innerhalb eines Zeitabschnittes die Herkunft des Vermögens aus sittenwidrigen Handlungen

[66]) Über Vorläufer dieser Auffassung vgl. PrOVG. in StStS. 5 S. 143, 221 ff.; 7, 61. Nach der ständigen Rechtsprechung des französischen Kassationshofes entsteht auch aus nichtigen und anfechtbaren Rechtsgeschäften schlechthin eine Abgabenpflicht. Vgl. die bei Dalloz a. a. O. N. 71 ff. angeführten Entscheidungen.

[67]) Über die Rechtsprechung des PrOVG. vgl. Ball, Steuerrecht und Privatrecht S. 52 ff., über die Behandlung des Scheingeschäftes und der Geschäftsverdeckung in der abgabenrechtlichen Rechtsprechung des französischen Kassationshofes Dalloz a. a. O. n. 30.

[68]) Siehe Josef Kohler, Die Ideale im Recht, ArchBürgR. 5, 161 ff.

bedeutungslos sei; es wäre mit dem Grundgedanken des Gesetzes unvereinbar, wenn man den aus wucherischen Rechtsgeschäften herrührenden Vermögenszuwachs von der Abgabe freilassen wollte, da das Gesetz in erster Reihe die sogenannten Kriegsgewinnler belasten wolle. Im Gegensatze zum Reichsgericht hat das Preußische Oberverwaltungsgericht vor dem Krieg das Einkommen aus Grundvermögen und Kapital schlechthin für steuerpflichtig erklärt ohne Rücksicht auf dabei vorkommende Verstöße gegen die guten Sitten, beispielsweise das Einkommen des Bordellbesitzers aus Zimmervermietung an Dirnen, Einkünfte aus Bordellhypothekenzinsen (OVG. in StS. 14 S. 121 und 124ff.), dagegen Arbeitseinkommen aus unerlaubtem Gewerbebetrieb, Erwerb der Dirnen, Wahrsagerinnen usw. für nichteinkommensteuerpflichtig erklärt (OVG. in StS. 1, 282; 14, 117)[69]). Das neuere Schrifttum ist im Hinblick auf die gegenwärtige hohe steuerliche Belastung des ehrlichen Erwerbes noch weiter gegangen, vor allem Popitz in seiner Abhandlung „Die Ideale im Recht und das Steuerrecht" (ArchÖffR. 40, 129ff. [1920]). Er hat den Grundsatz aufgestellt: Die Besteuerungsgewalt des Staates umfasse alle Tatbestände, soweit sie wirtschaftlich zur steuerlichen Ausnutzung geeignet sind, ohne Rücksicht darauf, ob ihre Form oder ihre Entstehung bürgerlich-rechtlich anerkannt ist. Dieser Strömung folgend hat auch der Reichsfinanzhof in weitem Umfang die Steuerpflichtigkeit verbotener und sittenwidriger Geschäfte und Tatbestände bejaht, sofern ihre Rechtswirkungen nicht rückgängig gemacht sind (RFH. 3 S. 173ff., 176ff.; 5, 228; 8 S. 21, 140ff.; 10, 218; 14, 251[70]). Doch hat der Reichsfinanzhof bisher sich noch nicht allgemein den Satz zu eigen gemacht, daß auf unsittliche oder strafbare Weise erzielter Erwerb stets steuerpflichtig sei, sondern ausdrücklich erklärt, daß sich dies nach dem jeweilig einschlagenden Steuergesetze richte (RFH. 8, 142ff.). Das Reichsgericht selbst hat neuerdings in einer eingehend begründeten Entsch. v. 19. Febr. 1925 (RGSt. 59, 90f.) sich der Rechtsprechung des Reichsfinanzhofes auch für das Gebiet der Einkommensteuer angeschlossen und die Frage bejaht, ob durch verbotene Geschäfte — verbotenen Handel mit ausländischen Wertpapieren — in einem sonst erlaubten Gewerbebetrieb erzielte Einnahmen einkommensteuerpflichtig sind; dagegen die Frage offengelassen, ob solche Einkünfte auch dann zu versteuern seien, wenn sie in einem verbotenen Gewerbebetriebe erzielt werden[71]). Ferner hat das Reichsgericht in einer strafrechtlichen Entsch. v. 28. April 1924 (Steuer und Wirtschaft 1925 S. 66) ausgeführt, daß die Verbotswidrigkeit des Devisenanschaffungsgeschäftes die Entstehung einer Börsenumsatzsteuerschuld nicht ausschließe. Auch das preußische Kammergericht hat in einem Urt. v. 2. Dez. 1921 (JW. 1922 S. 918) den Erwerb aus verbotenem oder strafbarem Handelsbetrieb als steuerpflichtiges Einkommen aus Gewerbebetrieb im Sinne des preußischen Einkommensteuergesetzes behandelt. Auf diesen Grundgedanken der neueren Rechtsprechung fußen auch einzelne ausdrückliche Gesetzesbestimmungen. So Rennwett- und Lotteriegesetz § 12: „Die Steuerschuld entsteht ohne Rücksicht darauf, ob das Totalisatorunternehmen erlaubt oder der Buchmacher zugelassen war." Siehe ferner Richtlinien zur PrGewStVO. v. 23. Nov. 1923 Abs. 1 Ziff. 3.

---

[69]) Siehe Ball, Steuerrecht und Privatrecht S. 44ff.

[70]) Ball a. a. O. S. 81ff.; Enno Becker, Steuer und Wirtschaft, 3. Jg. (1924) Sp. 1022f.; M. Lion, Vierteljahrsschrift für Steuer- und Finanzrecht, 1. Jg. S. 174ff.; Kießel, Die Steuerpflicht strafbarer, sittenwidriger oder rechtsungültiger Rechtsvorgänge nach der Rechtsprechung des Reichsfinanzhofes, Deutsche Steuerzeitung (1924) S. 333.

[71]) Vgl. hierzu W. Blümich und H. Schachian, Einkommensteuergesetz v. 10. Aug. 1925 (1925) Bem. 7 zu § 6.

5. Nach RG. 49, 112; 67, 392 begründen auch Rechtsgeschäfte, aus denen zwar nicht erzwingbare, aber doch wenigstens erfüllbare Verbindlichkeiten (Schulden ohne Haftung) entspringen, eine Steuerpflicht.

6. Es fragt sich, ob Vergleiche der Parteien über steuerpflichtige Tatbestände[72]) die Steuerschuld zu beeinflussen vermögen. Der Hauptfall ist der Vergleich über dem Bestand oder Umfang nach streitige erbrechtliche Ansprüche, insbesondere der Vergleich, durch den der eine Beteiligte, der gesetzliche Erbe gegen Gewährung einer Abfindungssumme das alleinige Erbrecht des im Testament bedachten anderen Beteiligten anerkennt. Binden derartige Vergleiche die Steuerbehörde derart, daß sie die durch den Vergleich geschaffene Rechtslage der Besteuerung zugrunde zu legen hat? Oder kann die Steuerbehörde bei einem erbrechtlichen Vergleich geltend machen, daß die Beteiligten von unrichtiger Rechtsauffassung ausgegangen seien und bei richtiger Auffassung zu einer anderen Regelung hätten gelangen müssen? Das Reichsgericht hat in ständiger Rechtsprechung anerkannt, daß ernstgemeinte Vergleiche zwischen den Erben und einem Nachlaßgläubiger über eine streitige Nachlaßforderung für die Steuerbehörde bindend sind (RG. 48, 301 und 69, 321ff. für das preußische ErbschaftssteuerG.; Urt. d. 7. ZS. v. 25. April 1918, Amtliche Mitteilungen über die Zuwachssteuer, die Reichsbesitzsteuern und die Reichsverkehrssteuern, herausgegeben vom Reichsschatzamt, 8. Jg. [1918] S. 51 für das ReichserbschaftssteuerG.). Dagegen ist es für die Steuerpflicht bedeutungslos, wenn die Beteiligten ein unzweifelhaft begründetes erbrechtliches Verhältnis durch Vertrag nachträglich abändern, z. B. der Testamentserbe freiwillig aus Freigebigkeit oder aus Billigkeitsgründen einem der Beteiligten eine von diesem angenommene Zuwendung aus der Erbmasse macht, z. B. ein Vermächtnis aus freien Stücken erhöht (RG. 48, 301; 69, 323; GruchotsBeitr. 24, 1083, JW. 1895 S. 365; ebenso RFH. 1, 30; 6, 341ff.). Siehe auch RFH. 16, 95 (Vergleich über Pflichtteilsansprüche); 15, 245 (Vergleich über streitige Lohnansprüche); Kipp, Komm. z. ErbschaftssteuerG. v. 10. Aug. 1925 Anm. 23 zu § 2.

7. Über den Einfluß des Gläubigeraufgebotes (BGB. § 1970f.) auf die Steuerforderungen gegen den Erblasser vgl. RG. 64, 248.

IV. Ein tatbestandsmäßiger Zusammenhang zwischen Steuerrecht und bürgerlichem Recht ist auch in der Weise möglich, daß aus steuerrechtlichen Tatbeständen bürgerlich-rechtliche Ansprüche und Verbindlichkeiten erwachsen.

1. Insbesondere können sich aus Steuerzahlungen privatrechtliche Ausgleichungs- und Ersatzansprüche ergeben. So möglicherweise bei der Zahlung einer Steuerschuld durch einen von mehreren steuerlichen Gesamtschuldnern. Auch beim Fehlen einer ausdrücklichen gesetzlichen Bestimmung ist hier im Zweifel dem Zahlenden ein Rückgriff gegen die Mitschuldner in entsprechender Anwendung des § 426 BGB. zu gewähren (RFH. 6, 171; 10, 163). Weiter kommen in Betracht Ausgleichungsansprüche von zahlenden Fremdhaftern gegen den Steuerschuldner sowie des Käufers einer beweglichen Sache gegen den Verkäufer, wegen der Steuern, die er auf die Sache nachzahlen mußte. Nach RG. 105, 390 haftet im letztgenannten Falle der Verkäufer dem Käufer aus § 434 BGB. ohne Rücksicht darauf, ob ausdrücklich Steuerfreiheit der verkauften verbrauchssteuerpflichtigen Waren zugesagt war oder nicht, im Hinblick auf die der Steuerbehörde zustehende Zugriffs- und Einziehungs-

[72]) Von diesen Vergleichen über den steuerpflichtigen bürgerlich-rechtlichen Tatbestand hat man zu unterscheiden Vergleiche über die Steuerschuld; letztere sind grundsätzlich unzulässig (RFH. 18, 92; Bühler, Steuerrecht 1, 352).

befugnis; unter „Rechten, die von Dritten gegen den Käufer geltend gemacht werden können", sind nicht bloß privatrechtliche Beschränkungen, sondern auch auf Titel des öffentlichen Rechtes sich gründende Befugnisse zu verstehen. Vgl. auch RG. 59, 406. Über Fälle des privatrechtlichen Rückgriffes des Steuerschuldners gegen einen Steuerträger, der vertraglich die Steuer übernommen hat — z. B. des Grundeigentümers, der städtische Grundsteuer entrichtet hat, gegen den Mieter — siehe RG. 119, 304ff.

2. Ungenügende Prüfung steuerlicher Rechtsfragen kann sich unter Umständen als Verletzung der dem privatrechtlichen Schuldner obliegenden Sorgfaltspflicht (BGB. § 276) darstellen und eine Schadenersatzpflicht auslösen. Siehe RG. LZ. 1925 S. 370; SeuffA. 79, 122.

3. Werden Verbrauchssteuern neu eingeführt oder bestehende erhöht, so werden dadurch die früher abgeschlossenen noch laufenden Lieferungsverträge in Mitleidenschaft gezogen. Es fragt sich hier, ob der Verkäufer einen der Höhe der nachträglich eingeführten oder erhöhten Steuer entsprechenden Zuschlag zum vereinbarten Kaufpreis dem Käufer auferlegen kann. Die Frage wurde brennend nach Erlassung des BranntweinsteuerG. vom 24. Juni 1887, das keine Bestimmung über die Einwirkung des neuen Gesetzes auf die schwebenden Lieferungsverträge enthielt. Der 3. Zivilsenat erkannte den Anspruch des Käufers auf nachsteuerfreie Lieferung des Spiritus an, indem für das Gebiet des gemeinen Rechtes der Einwand der nachträglichen Unmöglichkeit oder der Rücktritt vom Vertrage auf Grund der Klausel rebus sic stantibus versagt wurde (RG. 21, 178). Dagegen verneinte der 1. Zivilsenat für das preußische Rechtsgebiet den Anspruch des Käufers auf steuerfreie Lieferung von Spiritus und nahm hier zugunsten des Verkäufers eine unvorhergesehene Veränderung der Umstände im Sinne von § 378 PrALR. I 5 an (RG. 22, 81). Unter der Herrschaft des Bürgerlichen Gesetzbuches hat der Verkäufer ohne ausdrückliche Bestimmung des Steuergesetzes keinen Anspruch auf entsprechende Erhöhung des Vertragspreises. Doch pflegen heute neue Verbrauchssteuergesetze aus Billigkeitsgründen regelmäßig für die vor ihrem Inkrafttreten abgeschlossenen und noch bestehenden Lieferungs- und Ausschanksverträge die Abwälzung zu einer Rechtsfolge zu erheben und dem Steuerschuldner einen privatrechtlichen Abwälzungsanspruch einzuräumen.

4. Aus Amtspflichtverletzung von Steuerbeamten, z. B. Verletzung des Steuergeheimnisses, können Schadenersatzansprüche gegen den Steuerfiskus erwachsen (vgl. RG. 110, 430; 111, 64). Dagegen hat RG. 83, 306 es grundsätzlich abgelehnt, dem Steuergläubiger im Falle der Verjährung oder Hinterziehung als Ersatz für die nach den Steuergesetzen nicht mehr zulässige Nachforderung der Steuer einen privatrechtlichen Anspruch aus ungerechtfertigter Bereicherung oder unerlaubter Handlung gegen den Steuerschuldner zu gewähren. Vgl. dazu jedoch auch RG. 43, 325ff.

V. Steuerersparung und Steuerumgehung[73]). Neben der vom Gesetz-

[73]) A. Hensel, Zur Dogmatik des Begriffs Steuerumgehung in der Bonner Festgabe für Zitelmann (1923) S. 217ff.; Enno Becker, Erl. zu § 5 AO.; Zur Anwendung des § 5 AO.; Steuer und Wirtschaft 3. Jg. Sp. 441; E. Becker und M. Lion, Die Besteuerung der verschiedenen Unternehmungsformen (Zeitgemäße Steuer- und Finanzfragen 5. Jg. 5. Heft); W. Beuck, Steuerlich zweckmäßige Gesellschaftsformen, 3. Aufl. (1922): A. Karger, Steuerlich zweckmäßige Testamente und Schenkungen (1926); Wünschmann, Die Belastung der verschiedenen Gesellschaftsformen nach den neuen Steuergesetzen (Steuer und Wirtschaft 4. Jg. [1925] Nr. 11); Findeisen, Betriebskonzentration verursacht durch die Steuerwirtschaft (Allgemeine Steuerrundschau [1924] Sp. 135ff.); Rosendorff, Steuerersparung, Steuerumgehung, Steuerhinterziehung, 2. Aufl. (1920); Stamm, Zulässige Steuerersparnisse (Allgemeine Steuerrundschau 5. Jg. [1922] S. 810ff.); H. Hoeniger in Festschrift für Lenel (1921) S. 1ff.

geber gewollten und geregelten tatbestandsmäßigen Verknüpfung von Steuerrecht und bürgerlichem Recht gibt es auch gewisse dem Gesetzgeber mehr oder weniger unerwünschte Fernwirkungen des Steuerrechtes auf die Gestaltung des bürgerlichen Rechtslebens. Der Gedanke der Steuerersparung erweist sich als eine mächtige Triebkraft bei der rechtsgeschäftlichen Ordnung des Wirtschaftslebens. Der Verkehr bevorzugt solche Formen der Rechtsgeschäfte und des rechtlichen Aufbaues der Unternehmungen, mit denen keine oder doch nur eine möglichst geringe steuerliche Belastung verbunden ist. Hochgesteigerte Steuersätze rufen geradezu eine „Flucht in steuerfreie Geschäftsformen" (RFH. 13, 138) hervor. Das Reichsgericht hat grundsätzlich die Zulässigkeit von Rechtsgeschäften, welche eine Steuerersparung bezwecken, anerkannt. Der 7. Zivilsenat hat in mehreren Entscheidungen den Grundsatz der wirtschaftlichen und rechtsgeschäftlichen Gestaltungsfreiheit verkündet. So führt RG. 94, 41 aus: „Wie ein Unternehmen sich einrichten will, muß mangels einschlägiger gesetzlicher Bestimmungen ihm allein überlassen bleiben." Nach RG. 96, 329 darf dem Steuerpflichtigen der Weg nicht verschränkt werden, eine Abgabe dadurch zu ersparen, daß er das Zustandekommen des vom Gesetz als steuerpflichtig bezeichneten Tatbestandes vermeidet. Z. B. kann es den Steuerpflichtigen nicht verwehrt werden, die Urkunden, deren Fassung von ihrem freien Willen abhängt, so zu gestalten, daß auf sie die vom Staat aufgestellten Merkmale der Steuerpflichtigkeit nicht zutreffen (RG. 76, 255). Siehe auch RG. 73, 186. Noch in RG. 105, 106 bemerkt der 2. Zivilsenat, daß es dem Handelsverkehr nicht verwehrt werden könne, „sich zwecks Erreichung seiner geschäftlichen Ziele solcher Formen und Organisationen zu bedienen, welche ihm die geringstmöglichen Unkosten verursachen". Voraussetzung sei dabei lediglich, daß die von ihm gewählten Formen und Organisationen selbst nicht gesetzwidrig sind[74]). RG. 6, 186 erklärte einen zur Ersparung der Erbschaftssteuer abgeschlossenen Schenkungsvertrag für vollwirksam mit der Begründung: „Der Abschluß eines Schenkungsvertrages unter Lebenden ist eine erlaubte Handlung. Bei einem solchen Geschäfte kommt in privatrechtlicher Hinsicht der Beweggrund, welcher die Handelnden geleitet hat, an sich nicht weiter in Betracht. Es ist deshalb auch ein Vertrag, der zu dem Zwecke eingegangen wurde, um der Anwendung und den Nachteilen eines anderen bestimmten Gesetzes auszuweichen, deshalb allein noch nicht als zur Umgehung dieses Gesetzes (in fraudem legis) geschlossen anzusehen." Nach RG. 13, 265ff. ist eine bei dem Verkauf eines Apothekengrundstückes mit Konzession vorgenommene Kaufpreiszerlegung, bei der nur ein kleiner Teil des Kaufpreises für das Grundstück, der größte Teil für die Konzessionsentsagung gerechnet wurde, bürgerlich- und steuerrechtlich nicht zu beanstanden (anders RFH. Steuer und Wirtschaft 1922, S. 487). Siehe ferner Recht 1915 Nr. 2432 sowie RG. 105, 101ff. (betr. G. m. b. H. u. Cie.; dazu RFH. 10, 65). Die Rechtsprechung des Reichsgerichtes ging ebenso wie die des preußischen OVG. (vgl. Urt. v. 2. Dez. 1912, PrVerwBl. 34. Jg. [1913] S. 825) vor dem Kriege davon aus, daß es nicht Sache des Richters sei, Steuerumgehungen entgegenzutreten, sondern Sache des Gesetzgebers, hier durch Gesetzesänderung Abhilfe

[74]) Ebenso PrOVG. v. 11. Juli 1913, VII 669/12 (Karger a. a. O. S. 15 Anm. 8): „Rechtsgeschäfte, die geschlossen werden, um Steuern zu ersparen, sind nicht ohne nähere Begründung als gegen die guten Sitten verstoßend und deshalb als nichtig zu behandeln; denn jeder darf seine Angelegenheiten so regeln, daß ihm möglichst wenig Unkosten entstehen." Vgl. auch PrOVG. JW. 1918 S. 151. In gleicher Weise steht auch die französische Rechtsprechung auf dem Standpunkte, daß die Steuerpflichtigen, wenn sie ihr wirtschaftliches Ziel auf verschiedenen Wegen erreichen können, befugt sind, den mit den geringsten Unkosten und Steuern verbundenen Weg zu beschreiten (s. Dalloz, Rép. prat., Stichwort Enregistrement n. 37).

zu schaffen. Sie betonte vor allem die gesetzliche Grundlage der staatlichen Eingriffsbefugnisse und behandelte ähnlich, wie der liberale Strafgesetzgeber das Strafgesetzbuch als magna charta des Verbrechers betrachtete, die Steuergesetze als magna charta des Steuerpflichtigen[75]). Unter diesen Umständen konnte sogar die Frage auftauchen, ob nicht ein Notar sich gegenüber den Parteien schadenersatzpflichtig mache, wenn er stempelpflichtige Rechtsgeschäfte abschließe, obwohl er stempelfreie hätte abschließen können. Das Urt. des 7. ZS. v. 9. Nov. 1917 (WarnRspr., Jahrb. d. Entsch., Ergänzungsband 1918 S. 12; Zeitschrift des deutschen Notarvereins 1918 S. 326) ließ diese Frage offen. Dagegen bejahte das Urt. des 3. ZS. v. 19. Okt. 1917 (JW. 1918 S. 90 Nr. 11) ausdrücklich die Schadenersatzpflicht eines Notars, der bei der Abfassung von Rechtsgeschäften nicht die Beteiligten auf steuerliche Nachteile aufmerksam machte. Vgl. auch RGSt. 61, 261 f.

In späterer Zeit ist freilich das Reichsgericht manchen Steuerumgehungsversuchen durch wirtschaftliche Auslegung (s. oben § 3 II 4) entgegengetreten. So hat RG. 70, 237 angenommen, daß für bereits verstempelte bei Herabsetzung des Grundkapitals außer Kraft gesetzte Aktien, die zwecks Erhöhung des Grundkapitals von neuem ausgegeben werden, der Ausgabestempel (ReichsstempelG. Tarifnummer 1a) wiederholt zu entrichten sei. RG. 84, 17 ff. hat im sog. Hohenlohe-Fall eine scheinbare Bargründung einer Aktiengesellschaft als verschleierte Sachgründung behandelt (ebenso RG. JW. 1920 S. 643; RFH. 4, 212; 6, 150 ff.; 15, 9).

Die Reichs- und Landesgesetzgebung suchte zunächst durch Schaffung von Sonder- und Ersatztatbeständen, die auch bisher weniger gebräuchliche, aber zur Umgehung benutzbare, verwandte Rechtsformen ausdrücklich für steuerpflichtig erklärten, bei der Erlassung der Reichsabgabenordnung überdies durch eine Allgemeinklausel (AO. § 5) der Steuerumgehung zu Leibe zu rücken. AO. § 5 bietet, soweit seine Voraussetzungen vorliegen, „der Steuerbehörde die nötige Handhabe, um ungeachtet der gewählten Form die wahre wirtschaftliche Betätigung und deren Ergebnis im Sinne des Steuergesetzes zu erfassen" (RG. 105, 106). Viel zu weit geht jedoch die Behauptung RFH. 11, 115 f., daß AO. § 5 mit dem Satze aufgeräumt habe, daß jeder sich auch hinsichtlich der Wahl der Rechtsformen, an welche die Steuergesetze die Besteuerung knüpfen, so einrichten könne, daß er möglichst wenig Steuern zu zahlen brauche[76]). AO. § 5 hat zwar den Bereich der zulässigen Steuerersparung stark eingeengt, aber keineswegs völlig beseitigt. Insbesondere hat das Reichsgericht wiederholt ausgesprochen, daß AO. § 5 für die Landessteuern nicht in Betracht komme (RG. 117, 92; 119, 118).

VI. Steuerhinterziehung. Anders als die in Steuerersparungs- oder Steuerumgehungsabsicht geschlossenen Geschäfte hat das Reichsgericht Verträge behandelt, die nach dem Willen der Beteiligten Steuerhinterziehungen ermöglichen sollen. Steuerhinterziehung ist schuldhafte Nichterfüllung eines schon durch Verwirklichung des gesetzlichen Steuertatbestandes entstandenen

---

[75]) Lion, Vierteljahresschrift für Steuer- und Finanzrecht 1, 140. Der Reichsfinanzhof hat noch in dem bekannten Mitropa-Fall (RFH. 1 A, 127), der sich vor dem Inkrafttreten der AO. abspielte, entschieden: „Das Gesetz enthält keine Vorschriften dahin, daß Umgehungsgeschäfte so besteuert werden sollen, wie das Geschäft, dessen Versteuerung die Beteiligten ersparen wollten."

[76]) Gegen diese mißverständliche Wendung mit Recht Hensel, Bonner Festgabe für Zitelmann (1923) S. 269. Wesentlich zurückhaltender Reichsfinanzhof, Steuer und Wirtschaft 1926 Sp. 271. Nach diesem Urteil „stand es den Beteiligten durchaus frei, die verschiedenen unter ihrem Einflusse stehenden Betriebe in die Form getrennter Rechtspersönlichkeiten zu kleiden. Denn selbst wenn damit zugleich eine Steuerersparnis verbunden ist, so verletzt ihre Herbeiführung kein Gesetz, weil keine Verpflichtung besteht, die für den Steuerfiskus günstigste Form zu wählen."

Steueranspruches, wogegen der Steuerumgeher durch Vermeidung des gesetzlichen Steuertatbestandes die Entstehung des Steueranspruches zu verhindern sucht[77]).

a) Das Reichsgericht hat Sittenwidrigkeit und Nichtigkeit nach BGB. § 138 bei den eigentlichen Schmuggel- und Steuerhinterziehungsverträgen angenommen[78]), bei denen der ganze oder hauptsächlichste Zweck des Rechtsgeschäftes die Steuerhinterziehung ist (RG. 42, 295; 56, 181; 96, 282ff.; Recht 1917 Beilage Nr. 155f.; WarnRspr. 1923/24 S. 64 Nr. 49). Dagegen hat das Reichsgericht mit Recht die bloße Kenntnis des einen Teiles davon, daß der andere Teil mit der Ware Schmuggel treiben will, für belanglos erklärt (WarnRspr. a. a. O.), weil hier nicht der Vertrag objektiv gegen die guten Sitten verstößt, sondern nur subjektiv der einzelne Vertragschließende. Aus denselben Erwägungen rechtfertigt sich das Urteil des Reichsgerichts, SeuffA. 81, 2, JW. 1927 S. 1754: War der Verkäufer von Tabakwaren beim Kaufabschluß der Überzeugung, er dürfe die verkaufsfertige Ware unversteuert an den Käufer abgeben, weil dieser ein Tabaksteuerlager habe, so sind nicht beide Teile über eine Steuerhinterziehung einig gewesen; der Vertrag ist deshalb nicht wegen Verstoßes gegen die guten Sitten (BGB. § 138) nichtig. Das Reichsgericht hat in diesem Falle auch eine Nichtigkeit nach § 134 BGB. verneint, weil eine solche nicht eintritt, „wenn das Gesetz nicht sowohl die durch das Rechtsgeschäft eingeleitete Veränderung in den Privatrechtsverhältnissen verhindern will, als vielmehr andere Zwecke im Auge hat. Ein ausdrückliches Verbot des Verkaufes von unversteuerten, aber steuerpflichtigen Tabakwaren enthält das TabStG. nicht".

b) Im Gegensatz zu den Schmuggel- und den Steuerhinterziehungsverträgen nimmt das Reichsgericht nicht ohne weiteres Nichtigkeit nach BGB. § 138 bei den sog. Schwarzverträgen an, bei denen der eigentliche Zweck des Geschäftes selbst einwandfrei ist und die Parteien nur zur Erzielung von Steuerersparnissen einen anderen Inhalt, insbesondere einen niedrigeren Preis angeben, so vor allem bei Grundstücksveräußerungsverträgen. Die Parteien wollen hierbei bloß eine ihnen unerwünschte Nebenwirkung verhindern, die sich aus solchem Geschäftsabschlusse nach dem geltenden Steuerrecht ergibt (Oertmann, LZ. 1925 Sp. 1235). Das Reichsgericht ist der Ansicht, daß ein Grundstücksveräußerungsvertrag nicht um deswillen gegen die guten Sitten verstößt, weil in der notariellen Urkunde ein unrichtiger Kaufpreis zu dem Zwecke angegeben ist, dadurch Steuern zum Nachteile des Fiskus zu hinterziehen (RG. 107, 364; WarnRspr. 1921 Nr. 89; JW. 21, 624 Nr. 3; SeuffA. 79, 29; GruchotsBeitr. 65, 466ff.), dagegen können solche Verträge aus anderen Gründen, z. B. wegen Nichtbeachtung der Form des § 313 BGB., ungültig sein. Diese Nichtigkeit ist aber heilbar (vgl. RG. 114, 230ff.; 118, 113ff.) und erstreckt sich nicht auf das dingliche Erfüllungsgeschäft (RGSt. 56, 317). Durch Vorlegung eines den Kaufpreis zu niedrig angebenden Grundstückskaufvertrages an die Steuerbehörde zwecks Berechnung der Grunderwerbssteuer kann der Versuch einer Steuerhinterziehung begangen werden (RGSt. 56, 316f.; 57, 313; 58, 54). Dagegen gilt nicht ohne weiteres das gleiche auch schon von dem Abschluß eines derartigen Vertrages und seiner gerichtlichen oder notariellen Beurkundung. Damit hierin nicht eine bloße Vorbereitungshandlung, sondern schon der Anfang der Ausführung des Vergehens der Steuerhinterziehung ge-

---

[77]) Hensel, Steuerrecht, 1. Aufl. S. 138 Anm. 2.

[78]) Vgl. zum folgenden Oertmann, Allg. Teil, 3. Aufl. (1927), Bem. B 1 c β zu § 138 BGB.; LZ. 1925 Sp. 1233ff.

funden werden kann, ist zum mindesten noch der Nachweis erforderlich, daß sich die Beteiligten bewußt waren, der Vertrag werde der Steuerbehörde vorgelegt oder ihr zur Kenntnis gebracht, hierdurch aber eine zu niedrige Festsetzung der Grunderwerbssteuer herbeigeführt werden, und daß sie diesen Erfolg wollten (RG. LZ. 1925 S. 47)[79]).

7. Steuerschuldrecht

I. Das Reichsgericht bezeichnet das Rechtsverhältnis zwischen dem steuerberechtigten Gemeinwesen und der Person, die verpflichtet ist, die Steuer als eigene Schuldigkeit zu entrichten, als „öffentlich-rechtliches Schuldverhältnis", das Recht des Steuergläubigers auf die Leistung als „Steueranspruch" (RG. 76, 31f.). Auch der Reichsfinanzhof verwendet den Ausdruck „Steuerschuldverhältnis" (RFH. 7, 229). Diese Auffassung entspricht nicht nur dem mittelalterlichen deutschen Recht, welches hier — mangels einer durchgreifenden Scheidung zwischen öffentlichem und bürgerlichem Recht — ein echtes Schuldverhältnis angenommen hat, sondern auch der Gestaltung der heutigen Steuergesetzgebung. Zwar ist die Grundlage des Steuerschuldverhältnisses ein öffentlich-rechtliches Herrschaftsverhältnis, aber von dieser personenrechtlichen Grundlage löst sich die einzelne konkrete Steuerforderung als äußerlich und formell verselbständigtes Recht los und kann unter Umständen auch diese personenrechtliche Grundlage überdauern; z. B. besteht die Forderung wegen rückständiger Steuern auch nach dem Tode des Steuerpflichtigen oder nach seinem Wegzug aus dem Bereiche der räumlichen Herrschaft des forderungsberechtigten Gemeinwesens fort[80]).

II. Die beiden Hauptbeteiligten an diesem Steuerschuldverhältnis sind der Steuergläubiger und der Steuerschuldner (RG. 46, 278). Der Steuerschuldner wird in der Regel zugleich der materiell Steuerpflichtige sein, d. h. derjenige, dessen Verhältnisse besteuert werden sollen, derjenige, der in seiner Person die Merkmale verwirklicht, an welche das Gesetz die Entstehung der persönlichen Steuerpflicht knüpft. Die Steuerschuld entsteht auf der Grundlage einer persönlichen und sachlichen Steuerpflicht, deren Durchführung sie ermöglichen soll. Diese Steuerpflicht ist nichts anderes als die auf Grund der Erfordernisse des Rechtsstaatsgedankens konkretisierte Gewaltunterworfenheit der Untertanen. Der Träger der Steuerpflicht braucht jedoch nicht notwendig zugleich der Träger der Steuerschuld zu sein, wenn auch der Sprachgebrauch der Steuergesetze wie auch der Rechtsprechung des Reichsgerichtes meist die Begriffe „Steuerschuldner" und „Steuerpflichtiger" zusammenwirft[81]). Dagegen hat das Reichsgericht die Unterscheidung von Steuerschuldner und Steuerträger klar durchgeführt. Der Steuerträger ist die Person, welche wirtschaftlich die Steuer endgültig tragen soll. Die Steuergesetze begnügen sich in der Regel mit der Bestimmung der Person des Steuerpflichtigen

---

[79]) Vgl. über diese Schwarzverträge Oertmann a. a. O.; W. Strauch in LZ. 1926 Sp. 525ff.; Hedemann, Mitteilungen des Jenaer Institutes für Wirtschaftsrecht Nr. 11 S. 7 (Mai 1926).

[80]) Über die Rechtsnatur des Verhältnisses zwischen dem steuerberechtigten Gemeinwesen und den steuerleistungspflichtigen Untertanen s. Wilh. Merk, Steuerschuldrecht S. 8f., 11f.; Bühler, Steuerrecht 1 S. 6f., 85ff.; Hensel, Der Einfluß des Steuerrechtes auf die Begriffsbildung des öffentlichen Rechtes (Veröffentlichungen der Vereinigung der deutschen Staatsrechtslehrer Heft 3 S. 77ff.).

[81]) Über die Unterscheidung der Begriffe „Steuerpflichtiger", „Steuerschuldner" und „Steuerträger" vgl. Wilh. Merk, Steuerschuldrecht S. 17, 113; Schranil, Steuerpflicht, Steuerlast, Steuerschuld (FinArch. 37, 1ff. (1920); Besteuerungsrecht und Steueranspruch S. 70, 72, 74, 87, 91 (1925).

oder Steuerschuldners, kümmern sich aber gewöhnlich nicht darum, ob diesem die Steuerschuld endgültig zur Last fällt, oder ob es ihm gelingt, die Steuer auf Dritte zu überwälzen, sondern überlassen das dem wirtschaftlichen Machtkampfe[82]). Vgl. über die begriffliche und praktische Scheidung von Steuerschuldner und Steuerträger bei der Zigarettensteuer RG. 93, 132f., bei dem früheren Lotteriestempel (RStempG. v. 1. Juli 1881 Tarifnummer III 5a) RG. 16, 64ff., bei dem Vergütungs-, Tantiemenstempel (RStempG. v. 1906 Tarifstelle 9) RG. 67, 113. Zwischen dem Steuerschuldner und dem Steuerträger können sich allerdings privatrechtliche Ausgleichungsansprüche ergeben (vgl. RG. 67, 113). Insbesondere bei stempelsteuerpflichtigen Vertragsschlüssen wird die Frage praktisch, wer von den Vertragsparteien im Innenverhältnis untereinander den Stempel zu tragen hat. RG. 68, 43 hat angenommen, daß der Frachtbriefstempel (RStempG. v. 3. Juni 1906 Tarifstelle 6d) bei Kaufgeschäften mangels gegenteiliger Abrede der Parteien unter die im § 448 Abs. 1 BGB. vorgesehenen Kosten der Versendung der Kaufsache falle. Auch soweit der Rechtsweg für Steuerstreitigkeiten ausgeschlossen ist, ist er wenigstens zulässig für den Ersatzanspruch des Steuerschuldners gegen dritte Personen, die ihm gegenüber sich zur Tragung der Steuer verpflichtet haben oder kraft Gesetzes verpflichtet sind (vgl. RG. JW. 1882, S. 145).

Auch juristische Personen können Träger der Steuerpflicht und Steuerschuld sein (RG. 66, 34), insbesondere öffentlich-rechtliche Gemeinwesen und Körperschaften. Das Reichsgericht hat anerkannt, daß auch eine Selbstbesteuerung von Reich, Ländern und Gemeinden in der Weise möglich ist, daß sie ihre eigenen Steuerschuldner sein können; in Betracht kommt namentlich das Vermögen, das von ihnen nicht zu öffentlichen Zwecken verwendet, sondern finanziell verwertet wird (RG. 119, 304ff.). Siehe auch Reichsgesetz über die gegenseitigen Besteuerungsrechte des Reiches, der Länder und der Gemeinden vom 10. Aug. 1925. Die Person des Steuerschuldners ist regelmäßig durch besondere Vorschrift der Einzelsteuergesetze bestimmt. Bei Verbrauchssteuern ist Steuerschuldner der Hersteller (so für die Zigarettensteuer RG. 93, 132), bei Zöllen nach § 13 VZG. der „Inhaber" (natürlicher Besitzer) zur Zeit der Fälligkeit, womit der unmittelbare Besitzer der heutigen Rechtssprache gemeint ist, und zwar der unmittelbare Besitzer der zollpflichtigen Sache zur Zeit der Fälligkeit des Zolles (RG. 67, 218; 70, 407). Entgegen der Ansicht von Laband (Staatsrecht des Deutschen Reiches, 5. Aufl., 4, 434f.) nimmt das Reichsgericht neben der dinglichen Haftung des Zollgutes noch eine persönliche Zollschuld an[83]) (RG. 67, 216ff.). Im übrigen wird in der Rechtsprechung des Reichsgerichtes der Gegensatz von Schuld und Haftung bei Steuern selten berührt[84]). Über Fälle einer Personenhaftung für die Steuerschuld eines anderen vgl. RG. 46, 279; 111, 51; über Sachhaftung für Steuerschuld unten § 8 II.

III. Das Steuerschuldverhältnis ist wie das Schuldverhältnis des bürgerlichen Rechtes ein Spannungsverhältnis, das seiner Lösung durch Erfüllung zustrebt. Sein Werdegang ist gleichfalls durch Entstehung, Fälligkeit, Veränderungen und Erlöschen gekennzeichnet. Nach § 80 Abs. 1 AO. entsteht die Steuerschuld ohne weiteres kraft Gesetzes bei der Verwirklichung des gesetzlichen Tatbestandes. Im Gegensatze dazu nahm früher die herrschende Ansicht

---

82) Siehe Wilh. Merk, Steuerschuldrecht S. 18ff. Über ausdrückliche Gesetzesvorschriften im Falle der Neueinführung oder Erhöhung von Verbrauchssteuern s. oben § 6.

83) Vgl. dazu Karl Lamp, Die Person des Zollschuldners in der Zollrechtsgeschichte (Festgabe für Laband 1, 463ff. [1908]); Otto Mayer, Deutsches Verwaltungsrecht I[3] S. 340.

84) Siehe darüber Schranil, Schuld und Haftung bei den direkten Steuern (ArchÖffR. 39, 164ff.); Wilh. Merk, Steuerschuldrecht S. 74ff.

der Rechtslehre und ebenso die Rechtsprechung der deutschen obersten Verwaltungsgerichte an, daß bei Veranlagungssteuern der Steueranspruch erst durch den Verwaltungsakt der Veranlagung begründet werde. So PrOVG. Entsch. 23, 148; 28, 117, Urt. v. 31. Mai 1918, PrVerwBl. 39, 561ff. Auch das Reichsgericht hatte sich dieser Auffassung angeschlossen (47, 333; 96, 46); ebenso vor der Erlassung der Reichsabgabenordnung auch der Reichsfinanzhof (RFH. 1A S. 117).

Durch Rechtsgeschäft, insbesondere auch Vertrag, kann eine Steuerschuld nicht begründet werden, soweit das Gesetz nicht ausnahmsweise hierzu ermächtigt. RG. 70, 410 hat allerdings die Begründung einer Zollschuld durch Schuldanerkenntnis einer anderen Person als des ursprünglichen Zollschuldners angenommen. Doch kann einem derartigen Versprechen, Zollgefälle zu zahlen, höchstens die Bedeutung einer bürgerlich-rechtlichen Haftungsübernahme zukommen, auf Grund deren die Steuerbehörde keinen Steuerbescheid erlassen, sondern nur im Wege der Klage vor den ordentlichen Gerichten gegen den Haftungsübernehmer vorgehen kann (§ 100 Abs. 2 AO., RFH. 14, 3; Bühler, Steuerrecht 1, 224f.).

IV. Mit dem Zeitpunkte der Entstehung der Steuerschuld braucht der Zeitpunkt ihrer Zahlbarkeit und Fälligkeit nicht zusammenzufallen (RG. 116, 375). Möglich ist auch eine nachträgliche Hinausschiebung des Fälligkeitszeitpunktes durch Verwaltungsakt (Zahlungsaufschub und Stundung, §§ 105 u. 106 AO.; Stundungsordnung v. 23. Jan. 1923. Über ihre Wirkungen s. RG. 116, 375ff.; Wilh. Merk, Steuerschuldrecht S. 105ff.). Entstehung und Fälligkeit der Steuerschuld tritt bei den Verbrauchssteuern regelmäßig mit dem Übergange der Erzeugnisse aus den Herstellungsräumen oder dem bewilligten Steuerlager in den freien Verkehr des Inlandes ein (RG. 114, 373; RGSt. 58, 51; RFH. 11, 79; 16, 156).

V. Eine Veränderung auf der Gläubiger- oder Schuldnerseite hat das Reichsgericht bei Steuerschuldverhältnissen in folgenden Fällen angenommen:

1. RG. 70, 410 läßt einen nachträglichen Schuldbeitritt in gleicher Weise wie bei dem bürgerlich-rechtlichen Schuldverhältnis auch beim Steuerschuldverhältnis mit der Wirkung zu, daß der Beitretende neben dem ursprünglichen alleinigen Steuerschuldner Steuergesamtschuldner wird. In Wirklichkeit kann einer solchen Beitritts- und Übernahmerklärung, falls das Gesetz sie nicht ausdrücklich zuläßt, höchstens die Wirkung einer bürgerlich-rechtlichen Haftungsübernahme zuerkannt werden (so auch RFH. 1, 261; Bühler, Steuerrecht 1, 224f.; Wilh. Merk, Steuerschuldrecht S. 99f.).

2. Nach RG. 67, 215ff. und 70, 409 geht die Zollforderung nebst ihrem konkursrechtlichen Vorrecht kraft Gesetzes (BGB. §§ 1249, 1257, 401, 412) auf den Pfandgläubiger über, der die auf der verpfändeten Ware ruhende Zollschuld bezahlt. Auch diese Ansicht erscheint bedenklich und ist in Ermangelung einer gesetzlichen Stütze abzulehnen (richtig Bühler a. a. O. 1, 223). Nur ein bürgerlich-rechtlicher Rückgriffsanspruch des Ablösungsberechtigten kann in Betracht kommen.

VI. Die Fragen des Unterganges der Steuerforderung werden durch eine Reihe von reichsgerichtlichen Entscheidungen beleuchtet, so insbesondere

1. Wesen und Tragweite der Steuerentrichtung durch Stempelmarken und Steuerzeichen. Beide sind gesetzliche Zahlungsmittel für die Entrichtung gewisser Steuerschulden, insbesondere bei manchen Verkehrs- und Verbrauchssteuern vorgeschrieben oder zugelassen, daher relative Geldzeichen ähnlich der Briefmarke (vgl. Otto Gierke, Deutsches Privatrecht 2, 202;

Otto Mayer, Deutsches Verwaltungsrecht 1[3], 327ff.; Bühler, Steuerrecht 1, 468ff.; Wilh. Merk, Steuerschuldrecht S. 148ff.). Die bisherige Rechtslehre hat scharf geschieden zwischen dem Erwerb der Stempelmarken und Steuerzeichen einerseits und ihrer vorschriftsmäßigen Verwendung und Entwertung andererseits: beim Erwerb handelt es sich um einen gewöhnlichen bürgerlich-rechtlichen Kaufvertrag[85]), der noch keine Einwirkung auch auf eine bereits bestehende Verkehrs- oder Verbrauchssteuerschuld äußert, bei der Verwendung und Entwertung um das öffentlich-rechtliche Geschäft der Tilgung der Steuerschuld durch Entrichtung. Das Reichsgericht sucht jedoch neuerdings die Kluft, die hiernach zwischen dem bürgerlich-rechtlichen Geschäft des Erwerbes und dem öffentlich-rechtlichen Geschäft der Entrichtung besteht, zu überbrücken und eine innere Verbindung zwischen den beiden Geschäften herzustellen. RG. 114, 374f. nimmt an, daß nur die Verwendung bereits bezahlter Steuermarken, Stempelmarken und Steuerzeichen schuldtilgende Kraft hat, daß dagegen durch die Verwendung noch unbezahlter Steuerzeichen die Steuer wohl „entrichtet", aber nicht die Steuerschuld „getilgt" werde: „§ 11 Abs. 1 TabStG. sagt nicht, daß die Tabaksteuer durch Verwendung von Steuerzeichen „getilgt", sondern daß sie durch diese Verwendung „entrichtet" wird. Damit sollte nur die Form der Entrichtung der Steuer, eben durch Steuerzeichen, bestimmt werden. Durch Verwendung unbezahlter Steuerzeichen kann unmöglich die Steuerschuld getilgt sein." Die Forderung der Steuerbehörde auf Bezahlung gekaufter Steuerzeichen ist zwar nicht Geltendmachung einer Steuerforderung und kann daher auch nicht den Gegenstand eines Steuerbescheides bilden, gleichwohl ist sie nach RG. 114, 372ff. des Konkursvorrechtes des Steueranspruches teilhaftig, eine Forderung aus öffentlicher Abgabe im Sinne des § 61 Ziff. 2 KO. „Die Steuerzeichen, mögen sie nun Wertpapiere oder bloße Kontrollzeichen sein, werden nicht wegen ihres inneren oder Verkehrswertes gekauft, sondern lediglich zum Zwecke der Versteuerung von Tabakerzeugnissen von der Vertriebsstelle entnommen. Daher werden sie auch nur an Tabaksteuerpflichtige (Hersteller tabaksteuerpflichtiger Erzeugnisse, Inhaber von Tabaksteuerlagern und Händler) abgegeben (§ 21 der AusfBest.). Es handelt sich also um eine Entnahme zu dem ausschließlichen Zwecke der Tilgung einer demnächst entstehenden Steuerschuld. Der Anspruch auf Bezahlung der Steuerzeichen ist ein solcher aus dem Tabaksteuergesetz, also ein steuerrechtlicher Anspruch auch schon vor Entstehung der eigentlichen Tabaksteuerforderung (§ 10 TabStG.)." Beim Kaufvertragsverhältnisse zwischen Verkäufer und Abnehmer von Tabakerzeugnissen ist nach RG. 93, 132 das Vorhandensein der Steuerzeichen, aus denen die Erfüllung der Steuerpflicht zu entnehmen ist, an den in den Inlandsverkehr gebrachten Verpackungen von Tabakerzeugnissen eine notwendige und deshalb vom Verkehr vorausgesetzte Eigenschaft der gelieferten Ware. Die Gewährung dieser Eigenschaft kann der Abnehmer vom Hersteller auf Grund des Kaufvertrages fordern. Der gezahlte Steuerbetrag ist, falls ihn der Hersteller für diese Gewährung fordert, ebenso wie die Beträge, die als Entgelt für die Kosten der Anschaffung des verarbeiteten Tabakes, der Arbeitslöhne, der Verpackung usw. im Kaufpreise beansprucht werden, ein Teil des Kaufpreises selbst.

2. Aufrechnung mit oder gegen Steuerforderungen. Die früher herrschende Lehre und die Rechtsprechung der deutschen Verwaltungsgerichte hat grundsätzlich gegenüber öffentlich-rechtlichen Forderungen eines Gemeinwesens die

[85]) Siehe Wilh. Merk, Steuerschuldrecht S. 149. Anderer Ansicht Bühler, Steuerrecht 1, 470, der hier einen öffentlich-rechtlichen Kauf annehmen will.

Aufrechnung mit öffentlich- oder bürgerlich-rechtlichen Gegenforderungen für unzulässig erklärt[86]). Im Gegensatze hierzu hat das Reichsgericht die Aufrechnung auch mit und gegen Steuerforderungen zugelassen, und zwar sowohl die Aufrechnung durch den Steuergläubiger gegen einen vom Steuerpflichtigen eingeklagten bürgerlich-rechtlichen Anspruch (RG. 47, 330ff.; 77, 411ff.; 80, 372; JW. 1901 S. 95 Ziff. 44) — auch in Stempelsteuersachen, obwohl die zur Entrichtung der Stempelsteuer verbundenen Personen selbsttätig die ihnen obliegende Stempelsteuerschuld zu erfüllen haben (RG. 47, 333) — als auch die Aufrechnung durch den Steuerschuldner, jedoch nicht mit einer ihm gegen eine andere Station des Fiskus zustehenden Forderung (§ 368 ALR. I 16; § 395 BGB.); RG. 58, 118. Heute ist die Aufrechnung ausdrücklich durch AO. § 103, Beitreibungsordnung v. 23. Juni 1923 §§ 32—34 zugelassen.

3. Mit Fragen der **Verjährung** von Steuerforderungen beschäftigen sich RG. 24, 266ff.; 43, 325ff.; 65, 154.

VII. Das Steuerschuldrecht hat es nicht nur mit dem Anspruche des Steuergläubigers gegen den Steuerschuldner zu tun, sondern auch mit gewissen **Gegenansprüchen der Untertanen gegenüber dem Steuerfiskus, den Erstattungs- und Vergütungsansprüchen**, die heute durch § 127ff. AO. geregelt sind. In der Rechtsprechung des Reichsgerichtes haben nur die Erstattungsansprüche eine Rolle gespielt. Über ihre frühere Auffassung als privatrechtliche Bereicherungsansprüche s. oben § 5. Gläubiger der Erstattungsforderung ist nach RG. 74, 7 regelmäßig nur, wer die Abgabe selbst oder durch einen anderen, der für ihn handelt, entrichtet hat. Die Beweislast für die Steuerpflichtigkeit legte das Reichsgericht, falls der Inanspruchgenommene eine Stempelsteuer unter Vorbehalt zur Vermeidung drohender Zwangsbeitreibung gezahlt hat, dem Steuergläubiger auf (RG. 7, 182; 26, 55f.; 30, 174ff.; Bolze 1 Nr. 1752). Ob der Steuerfiskus den zurückzugewährenden zu Unrecht erhobenen Betrag zu verzinsen habe, war vor dem Erlaß der Reichsabgabenordnung strittig. Das preußische Oberverwaltungsgericht verneinte die Zinspflicht (Entsch. 8, 22; 28, 15). Das Reichsgericht bejahte sie auf Grund bürgerlichrechtlicher Bestimmungen (GruchotsBeitr. 41, 401), gewährte aber unter der Herrschaft des Bürgerlichen Gesetzbuches dem Erstattungsberechtigten einen Anspruch auf Zinsen nicht schon von der Mahnung, sondern regelmäßig erst vom Tage der Klagezustellung an (Prozeßzinsen), RG. 54, 25; 72, 152; 93, 272; 117, 92. Dagegen hat RFH. 1, 10 in einem noch auf Grund des früheren Reichsstempelgesetzes zu entscheidenden Falle die Zinspflicht verneint: „Wenn das Reichsgericht in dem bisher nach § 110 RStempG. zulässigen Streitverfahren vor den ordentlichen Gerichten im Falle der Verurteilung des beklagten Landesfiskus diesen auch zur Zahlung von Prozeßzinsen (§ 291 BGB.) verurteilt hat, so rechtfertigt sich das daraus, daß mit der Unterstellung des streitigen öffentlich-rechtlichen Steueranspruches unter die Regeln des Zivilprozesses die prozeß- und privatrechtlichen Grundsätze auf ihn anwendbar wurden. Für das verwaltungsgerichtliche Verfahren vor dem Reichsfinanzhofe kann eine derartige Übertragung privatrechtlicher und zivilprozessualer Normen nicht anerkannt werden. Auch die Grundsätze des Bürgerlichen Gesetzbuches über Verzug greifen nicht ohne weiteres für die Erstattung von öffentlichen Steuerbeträgen ein . . . Die bloße Tatsache, daß eine Steuerforderung sich nachträglich als unbegründet erweist und daß deshalb ein bezahlter Abgabebetrag zu erstatten ist, rechtfertigt den Anspruch auf Verzinsung nur, wenn das Gesetz

[86]) Siehe PrOVG. 56, 130; 75, 182; 76, 139; Friedrichs, ArchBürgR. 42, 67ff.; Josef, VerwArch. 22, 369ff.; 24, 324ff.; Mallachow, daselbst 28, 279ff.; Behr, DJZ. 1916 S. 772; Hartmann, LZ. 1915 Sp. 1295; 1916 Sp. 1533f.; Heine, GruchotsBeitr. 62, 212ff.

. . . es besonders anordnet." Gegen diese vom Reichsfinanzhof hier angenommene Parallelität des Verfahrenrechtes mit bestimmten Teilen des materiellen Rechtes wendet sich zutreffend Lassar, Erstattungsanspruch S. 110. Nach AO. § 132 i. V. m. §§ 128 u. 129 ist heute in Reichssteuersachen der zu erstattende Betrag schon vom Zeitpunkt der Entrichtung an zu verzinsen, falls er 100 RM. übersteigt.

8. Steuerliches Sachenrecht

I. Beim steuerlichen Sachenrecht[87]) handelt es sich einmal um die Verwendung und Abwandlung von Begriffen des Sachenrechtes des Bürgerlichen Gesetzbuches in Steuergesetzen, z. B. des Begriffes der Sache[88]) (RG. 56, 403ff.; 83, 22; 86, 14), der unbeweglichen Sache (RG. 103, 253ff.) und der Scheinbestandteile (RG. 59, 20). Auch in steuerlicher Hinsicht teilen, soweit nicht die Steuergesetze etwas anderes bestimmen, wesentliche Bestandteile des Grundstückes das rechtliche Schicksal des Grundstückes (RG. 103, 253ff.[89]).

Von besonderer Bedeutung ist die Ausgestaltung des Eigentumsbegriffes im Steuerrecht geworden. Entsprechend der Neigung des Steuerrechtes, möglichst an erkennbare äußere Merkmale anzuknüpfen, bestimmt § 80 Abs. 1 Satz 1 AO.: „Wer einen Gegenstand als ihm gehörig besitzt, wird im Sinne der Steuergesetze wie ein Eigentümer behandelt." Der Begriff dieses „wirtschaftlichen" oder „steuerrechtlichen Eigentumes" ist schon vom preußischen Oberverwaltungsgericht entfaltet worden. In ständiger Rechtsprechung behandelte das Oberverwaltungsgericht ein Grundstück, welches der Eigentümer auf Grund eines — sei es auch nur mündlich abgeschlossenen — Veräußerungsvertrages einem anderen zu eigenem Besitz und eigener Vollnutzung überlassen hatte, während der Dauer dieses Zustandes als steuerbares Vermögen und den Ertrag dieses Grundstückes als steuerbares Einkommen dieses anderen OVG. i. St. 5, 143, 221ff.; 7, 61; 14, 121). Auch schon in älteren Entscheidungen des Reichsgerichtes finden sich Vorboten solcher Behandlungsweise, vgl. RG. 38, 32f. in bezug auf die Hamburgische Liegenschaftswechselabgabe: „Die Verträge sind erfüllt, und wenn die Umschreibung der Grundstücke noch hinausgeschoben ist, so muß es der Landesgesetzgebung gestattet sein, den Zeitpunkt der Umschreibung nicht erst abzuwarten und die auf die Eigentumsveränderung gelegte Steuer auch dann definitiv zu erheben, wenn der Erwerber der Grundstücke alle Befugnisse eines Eigentümers ausübt, ohne daß es zur Umschreibung auf seinen Namen kommt, weil etwa infolge einer Weiterveräußerung die Umschreibung gleich auf den Namen des neuen Erwerbers erfolgt" (siehe auch RG. 29, 261ff.).Noch vor der Erlassung der Reichsabgabenordnung hat nach dem Vorgange der Rechtsprechung des preußischen Oberverwaltungsgerichtes RGSt. 54, 70f. sich voll zum Gedanken des wirtschaftlichen Eigentums bekannt: „Zum steuerpflichtigen Vermögen des Eigentümers kann eine ihm gestohlene oder sonst abhanden gekommene Sache unmöglich gerechnet werden. Aus seinem Vermögen sind sie nach steuerlicher Betrachtung ausgeschieden, mag ihm auch nach bürgerlichem Rechte gegen den — meist unbekannten — Besitzer ein Rückforderungsrecht zustehen." Und umgekehrt:

---

[87]) Siehe über diesen Begriff Bühler, Steuerrecht 1, 242.

[88]) Über die Verschiedenheit bürgerlich-rechtlicher und steuerrechtlicher Behandlung der Begriffe Sache, Gegenstand und wirtschaftliche Einheit vgl. Enno Becker, Steuer und Wirtschaft 5. Jg. Sp. 5ff. (1926).

[89]) Dazu Bühler, Steuerrecht 1, 246ff.

„Soweit körperliche Sachen in Betracht kommen, ist die Zugehörigkeit zum steuerbaren Vermögen nicht dadurch bedingt, daß der Steuerpflichtige ihr rechtmäßiger Eigentümer ist. Auch wenn ihr Erwerb nach bürgerlichem Rechte anfechtbar oder sogar nichtig ist, insbesondere wenn er auf sittenwidriger und selbst strafbarer Handlung beruht, steht die Zugehörigkeit der Sache zu seinem steuerpflichtigen Vermögen außer Zweifel, wenn er sie als seine eigene besitzt[90]).“

Das Steuerrecht kennt schließlich ihm eigentümliche öffentlich-rechtliche Beschränkungen des Grundeigentums, insbesondere kraft der Steueraufsicht (§ 193ff. AO.). Nach RGSt. 16, 248 dürfen die Grenzaufsichtsbeamten (§ 19 VZG.) aus dienstlichen Gründen auch Privatgrundstücke betreten, und zwar auch dann, wenn sie nicht in der Verfolgung eines Schmugglers begriffen sind.

II. Daneben gibt es im Steuerrecht auch bescheidene Ansätze zur Schaffung eines öffentlichen Sachenrechtes. In Betracht kommt hier:

1. Das materielle Bewertungsrecht. Da dieses seine Hauptbedeutung auf dem Gebiete der Besitzsteuern entfaltet, hat hier in erster Reihe die Rechtsprechung des preußischen Oberverwaltungsgerichtes bahnbrechend gewirkt. Doch sind bewertungsrechtliche Fragen mehrfach auch in Reichsgerichtsentscheidungen angeschnitten. Hingewiesen sei etwa auf RG. 67, 392 (Bewertung unvollkommener Verbindlichkeiten); 78, 294 (wirtschaftliche Einheit); 80, 435 (Verhältnis von Ertragswert und Verkehrswert); 101, 205 (über die Frage, ob der Staat sich mit den von Handelsgesellschaften aufgestellten kaufmännischen Bilanzen zu bescheiden hat oder ob er falsche Ansätze berichtigen darf)[91]). Nach RG. 42, 109 ist, soweit die Berechnung des Zolles von dem Zustande des einzuführenden Gutes abhängt, der Zustand maßgebend, in dem es sich zur Zeit der Überschreitung der Zollinie befindet.

2. Die dingliche Sachhaftung für Zoll und Verbrauchssteuerschuld (§ 14 VZG., § 109 AO.)[92]). Sie gewährt dem Steuergläubiger ein auch gegen gutgläubige Dritte wirksames, pfandrechtartiges Zugriffs- und Befriedigungsrecht, ist aber kein Pfandrecht im Sinne des bürgerlichen Rechtes, sondern eine öffentlich-rechtliche Haftung der Sache (RG. 67, 219). Bedenklich ist jedoch mindestens für das heutige Recht die Ansicht des Reichsgerichtes, daß auf denjenigen, der für den eigentlichen Zollschuldner den Zoll entrichtet, die Zollforderung nebst dem Konkursvorrecht und dem aus der dinglichen Sachhaftung entspringenden Zugriffsrecht des Fiskus übergehe (RG. 67, 221; 70, 409; richtig Bühler, Steuerrecht 1, 223 Anm. 3).

3. Die Beschlagnahme zoll- und verbrauchssteuerpflichtiger Sachen (AO. § 101), d. h. die Ingewaltnahme der Sachen durch Verwaltungsverfügung der Steuerbehörde. Die bereits der öffentlich-rechtlichen Sachhaftung unterliegende Sache wird hierbei durch eine öffentlich-rechtliche Besitzergreifungshandlung zugunsten des Reiches zur Sicherung der Feststellung und Erfüllung der Zollpflicht im öffentlichen Interesse einer verstärkten Verstrickung unterworfen (RG. 82, 129). Es handelt sich dabei nicht um eine Pfändung im Sinne des bürgerlichen Rechtes. Der Fiskus erwirbt dadurch weder Eigentum noch ein bürgerlich-rechtliches Pfandrecht. Die Beschlagnahme erzeugt zwischen

---

[90]) Über die Entfaltung des Begriffes des wirtschaftlichen Eigentums in der Rechtsprechung des Reichsfinanzhofes vgl. Ball, Steuerrecht und Privatrecht S. 92f.; Bühler, Steuerrecht 1, 243ff. Auch die Rechtsprechung des französischen Kassationshofes hat den Begriff eines besonderen steuerrechtlichen Eigentums (propriété apparente) ausgebildet; s. Dalloz, Périodique 1926, 1, 44; Rép. prat. Stichwort „Enregistrement“ n. 1705f.

[91]) Vgl. dazu Lion, Bilanzsteuerrecht (1922); Bühler, Steuerrecht 1, 278ff.

[92]) Wilh. Merk, Steuerschuldrecht S. 123ff.; Bühler, Steuerrecht 1, 249f.; Enno Becker, Erl. zu § 101 AO.

dem von ihr Betroffenen und dem Staat ein öffentlich-rechtliches Verhältnis, vermöge dessen die Verfügungsbefugnis des Sacheigentümers oder -inhabers beschränkt ist (Veräußerungsverbot im Sinne des § 136 BGB.), und zugunsten des Staates eine die Sache unmittelbar ergreifende, sie mit Wirkung auch gegenüber Dritten verstrickende öffentlich-rechtliche Sachherrschaft, eine Art öffentlich-rechtlicher Besitz begründet wird. Diese Sachherrschaft steht unter dem strafrechtlichen Schutze der §§ 136 und 137 StGB.[93]).

III. Über die privatrechtliche Bedeutung der Steuerbücher s. Reichsgericht GruchotsBeitr. 68, 68ff.

9. Steuerrecht und Staatsrecht

I. Die Reichssteuern wurden vor 1919 auf Grund von Reichssteuergesetzen durch Landesbehörden unter Reichsaufsicht eingezogen und verwaltet (vgl. alte Reichsverfassung Art. 38, Laband, Staatsrecht des Deutschen Reiches, 5. Aufl. 4, 502ff.,). Nach der ständigen Rechtsprechung des Reichsgerichtes haben die deutschen Einzelstaaten hierbei die Reichssteuern nicht in Vertretung des Reiches, sondern im eigenen Namen für Rechnung des Reiches erhoben (RG. 93, 63) und wurden Eigentümer der an sie entrichteten Abgabenbeträge (RG. 76, 17). Daraus folgerte das Reichsgericht 1. die Sachlegitimation des Landesfiskus in Rechtsstreitigkeiten über Zölle und andere Reichssteuern (RG. 5, 42ff.; 11 S. 65ff., 91ff.; 16, 85; 18, 128; 42, 109; 76, 15ff.; s. auch Wilh. Merk a. a. O. S. 21ff.), sowie 2. die Befugnis des Steuerschuldners, gegen die geltend gemachte Reichssteuerforderung mit einer Gegenforderung aufzurechnen, die ihm gegen den die Steuer einziehenden Einzelstaat zustand. Das Reichsgericht begründet dies damit, daß dem Steuerschuldner als Gläubiger der Reichssteuerforderung nicht das Reich, sondern der Einzelstaat gegenüberstehe (RG. 93, 63). Diese Konstruktion erscheint nicht unbedenklich. Richtiger wird man bloße Prozeßstandschaft[94]) des Landesfiskus für den Steuergläubiger, den Reichsfiskus, anzunehmen haben, so daß die Zulässigkeit der Aufrechnung mit Gegenforderungen des Steuerschuldners gegen den einzelstaatlichen Fiskus zu verneinen war[95]).

Über die Rechtsnatur der Zollgemeinschaft der deutschen Einzelstaaten nach der Entstehung des Norddeutschen Bundes und Schaffung des Deutschen Reiches s. RG. 5, 41ff.

II. Die richterliche Prüfung der Vereinbarkeit landessteuergesetzlicher Bestimmungen mit dem Reichsrecht war im Kaiserreich von geringer Bedeutung, weil die Steuerquellen von Reich und Gliedstaaten reinlich geschieden waren und der Steuergesetzgebung der Gliedstaaten in ihrem Bereiche freier Spielraum eingeräumt war. Nur das DoppelStG. v. 13. Mai 1870 und 22. März 1909 hatte ihr zur gegenseitigen Abgrenzung der Besteuerungsgewalten der Einzelstaaten gewisse Schranken gesetzt. Nach ständiger Rechtsprechung des Reichsgerichtes begründete das Doppelsteuergesetz nicht bloß eine staatsrechtliche Verpflichtung der einzelnen Gliedstaaten in bezug auf die von ihrer Steuergesetzgebung einzuhaltenden Grenzen, sondern

---

[93]) Wilh. Merk a. a. O. S. 124; Enno Becker a. a. O. Bühler, Steuerrecht 1, 488 verneint die Anwendbarkeit des § 137 StGB.

[94]) Vgl. über diesen Begriff J. Kohler, Enzyklopädie der Rechtswissenschaft von Holtzendorff, 7. Aufl. 3, 292f. (1913).

[95]) Diese Frage kann heute in umgekehrter Richtung praktisch werden im Falle der Übertragung der Erhebung von Landessteuern auf das Reich (AO. § 19). Hier nimmt Bühler, Steuerrecht 1, 222 mit Recht Unzulässigkeit der Aufrechnung mit Gegenforderungen gegen das Reich an.

Normen, die unmittelbar den etwa widerstreitenden Landesgesetzen nach Art. 2 der Reichsverfassung von 1871 vorgingen (RG. 15, 28; 27, 112; 29, 25f.; 65, 153). Hieraus folgerte RG. 61, 31: Wenn ein Bundesstaat in seiner Gesetzgebung die Grenzen des Begriffes des Einkommens aus Grundbesitz weiter steckt, als dieser Begriff nach dem Reichsgesetze reicht, so kann er insoweit sein Landesgesetz den Einwohnern anderer Gliedstaaten gegenüber nicht zur Anwendung bringen, sondern muß sich insoweit in den Schranken des Reichsgesetzes halten.

Infolge der umfassenden steuerlichen Grundsatzgesetzgebung des Reiches (RV. v. 1919 Art. 11, LandessteuerG. v. 1920, FinanzausgleichG. in der Fassung v. 27. April 1926) haben sich die Konfliktmöglichkeiten zwischen Reich und Landessteuerrecht wesentlich vermehrt. Nach Art. 13 Abs. 2 der RV. v. 1919 kann die zuständige Reichs- oder Landeszentralbehörde nach näherer Vorschrift eines Reichsgesetzes die Entscheidung eines obersten Gerichtshofes des Reiches anrufen, falls Zweifel oder Meinungsverschiedenheiten über die Vereinbarkeit einer landesrechtlichen Vorschrift mit dem Reichsrecht entsteht. Das zur Ausführung dieses Artikels ergangene ReichsG. v. 8. April 1920 (RGBl. S. 510) bestimmt, daß für diese Entscheidung das Reichsgericht zuständig ist und daß die Entscheidung Gesetzeskraft hat. Kurz zuvor war jedoch durch § 6 des LandessteuerG. v. 30. März 1920 bestimmt worden, daß im Falle von Meinungsverschiedenheiten zwischen dem Reichsminister der Finanzen und einer Landesregierung über die Frage, ob eine landesrechtliche Steuervorschrift mit dem Reichsrecht vereinbar sei, auf Antrag des Reichsministers der Finanzen oder der Landesregierung der Reichsfinanzhof entscheiden solle. RG. 111, 134ff. untersucht das Verhältnis des § 6 des LandessteuerG. (FinanzausgleichG.) zu Art. 13 Abs. 2 der RV. Das Reichsgericht kommt zum Ergebnis, daß § 6 des LandessteuerG. (jetzt FinanzausgleichG.) gegenüber Art. 13 Abs. 2 der RV. zwei Einschränkungen enthält. Nach letzterem Artikel ist die Anrufung des obersten Gerichtshofes sowohl im Falle von Zweifeln wie im Falle von Meinungsverschiedenheiten zulässig, während das LandessteuerG. § 6 nur von Meinungsverschiedenheiten spricht. Nach § 6 des FinanzausgleichG. müssen die Meinungsverschiedenheiten gerade zwischen dem Reichsminister der Finanzen und einer Landesregierung bestehen, während es nach Art. 13 Abs. 2 RV. genügt, wenn Zweifel oder Meinungsverschiedenheiten zwischen irgendwelchen sonstigen Stellen bestehen, die an der Angelegenheit ein Interesse haben, z. B. Gerichten, Verwaltungsbehörden, Kirchenbehörden usw. (RG. 106, 34; 111, 136). Nach RG. 111, 134ff. ist und bleibt das Reichsgericht zur Entscheidung anderer als der in FinanzausgleichG. § 6 geregelten Fälle zuständig, namentlich dann, wenn der Reichsminister der Finanzen nicht bei dem Reichsfinanzhof den Antrag auf Entscheidung gestellt hat.

III. Nach der ständigen Rechtsprechung des Reichsgerichtes enthalten die Ausführungsbestimmungen des Bundesrates zu den Reichssteuergesetzen (alte RV. Art. 37) regelmäßig keine für den Richter bindenden Rechtsvorschriften, sondern bloße Verwaltungsvorschriften[96]). Sie sind zwar bei der Auslegung der Steuergesetze heranzuziehen, weil sie von einer an der Gesetzgebung beteiligten Stelle ausgehen, sind aber gegenüber dem wahren Sinne des Gesetzes nicht beachtlich. Sie dürfen nicht das Gesetz sachlich ändern, sondern

---

[96]) Über die Verordnungen im heutigen Steuerrecht vgl. Bühler, Steuerrecht 1, 34ff. Der zulässige Inhalt von Ausführungsbestimmungen zu Steuergesetzen nach der Rechtsprechung des preußischen Oberverwaltungsgerichtes und derjenigen des Reichsfinanzhofes (Festgabe für das Oberverwaltungsgericht, herausgegeben von Triepel) S. 29ff. (1925); Enno Becker, Steuer und Wirtschaft 1926 Sp. 241ff., 481ff.

nur Voraussetzungen für eine der Billigkeit entsprechende Durchführung des Gesetzes schaffen (RG. 31, 24; 52, 60; 76, 19; 87, 430f.; 92, 340; 96, 328). Etwas stärker wird die Bedeutung der Verwaltungsvorschriften unterstrichen in der Entsch. RG. 56, 376, die sich auf die allgemeine Verfügung des preußischen Finanzministers und Justizministers vom 29. Febr. 1896 und 17. Juli 1900 betreffend das gerichtliche Stempelwesen bezieht. Es heißt hier: „Daß diese Bestimmungen im Rahmen einer Ausführungsvorschrift bleiben, kann keinem Zweifel unterliegen; denn sie ändern oder modifizieren das Gesetz nicht, sondern stellen sich nur als eine Maßregel dar, die zu einer geeigneten Handhabung des Gesetzes und zur Sicherung der Verwirklichung seiner Zwecke als geboten oder doch als empfehlenswert erscheinen konnte. Die Bestimmungen wirken daher, wie wenn sie in das Gesetz selbst aufgenommen wären.“ Doch können sich auch in Ausführungsbestimmungen echte Rechtsvorschriften finden; sie sind aber nur wirksam, wenn sie auf Grund besonderer gesetzlicher Ermächtigung erlassen sind. So hat RG. 96, 27 den § 158 der Ausführungsbestimmungen des Bundesrats v. 7. Sept. 1916 zum WarenumsatzStempG. v. 26. Juni 1916 als eine Rechtsverordnung aufgefaßt, die vom Bundesrat auf Grund gesetzlicher Anweisungen (RStempG. Tarif Nr. 10 Befreiungsvorschrift 2) zwecks Ergänzung des Gesetzes erlassen worden ist. „Die Gerichte sind daher an diese Vorschrift ebenso wie an das Gesetz gebunden, und daher kann die Revision auf eine Verletzung dieser Rechtsnorm gestützt werden.“

Strittig ist die rechtliche Bedeutung des amtlichen Warenverzeichnisses (VZG. § 12). Während Laband (Staatsrecht des Deutschen Reiches, 5. Aufl. 4, 433) das Warenverzeichnis als bloße dienstliche Anweisung für die Zollbehörden behandelt, der durch VZG. § 12 nicht die Kraft eines Ausführungsgesetzes beigelegt sei, hat Stenglein (Nebengesetze, 4. Aufl., Bd. 2, Bem. 2 zu § 12) dem amtlichen Warenverzeichnisse die volle Kraft einer Rechtsverordnung zuerkannt. Im gleichen Sinne nehmen RGSt. 13, 321 und 25, 8ff. an, daß den Bestimmungen des amtlichen Warenverzeichnisses rechtlich die volle Wirkung einer authentischen Auslegung des Zolltarifes zukommt. Dies gilt auch von den dem amtlichen Warenverzeichnisse vorgesetzten „Vorbemerkungen“ und von den „Anmerkungen“.

IV. Auch zur Frage der Zulässigkeit von Steuerverträgen der Gemeinden[97]) insbesondere mit neu zuziehenden Unternehmern hat das Reichsgericht Stellung genommen. RG. 12, 274 hat einen Vertrag zwischen einer rheinischen Gemeinde und einer Eisenbahngesellschaft, wodurch letztere von allen Gemeindesteuern befreit wurde, wegen Verstoßes gegen Code civil Art. 6 für rechtlich nichtig und wirkungslos erklärt. Nach RG. 82, 329ff. ergibt sich aus den Vorschriften des preußischen Kommunalabgabengesetzes als zwingender Rechtssatz, daß eine Gemeinde nicht im voraus auf die Regelung und Handhabung der Gemeindeabgabenverfassung ganz oder teilweise verzichten darf. Daher ist ein Abkommen, durch das sie jemanden auf lange Zeit hinaus Befreiung von jeder Gemeindeabgabe zusagt, rechtlich nicht bindend. Nur über die Leistung eines einzelnen bestimmten Abgabenbetrages kann die Gemeinde nach wie auch vor Entstehung der Leistungspflicht eine wirksame Vereinbarung mit dem Steuerpflichtigen treffen (vgl. KommunalabgabenG. §§ 7, 13, 20, 43; DeklarationsG. v. 24. Juli 1906; Entsch. des PrOVG. 33, 103; 38, 145; 53, 119). Das Reichsgericht behandelt aber auch als unwirksam einen privatrechtlichen Garantievertrag, durch den die Gemeinde gegenüber einem Steuerpflichtigen

[97]) Vgl. dazu Otto Mayer, Deutsches Verwaltungsrecht I² S. 351; W. Apelt, Der verwaltungsrechtliche Vertrag S. 109, 162; Kormann, System der rechtsgeschäftlichen Staatsakte S. 37f., 32 Anm. 15; Bühler, Steuerrecht 1, 351ff.

in Ansehung des Gemeindesteueraufwandes eine Garantiepflicht zur Schadloshaltung übernimmt, weil eine solche Garantiepflicht der Gemeinde auf öffentlich-rechtliche Beziehungen einwirkt, die nach dem Willen des Gesetzgebers unantastbar sein sollen; denn dieser Garantievertrag ist in seiner Wirkung nicht wesentlich verschieden von einem teilweisen Verzichte der Gemeinde auf die Ausübung des Besteuerungsrechtes und stellt nur einen anderen Weg, eine andere Form zur Erreichung des Ergebnisses der Befreiung des Steuerpflichtigen von der Gemeindesteuerpflicht dar.

10. Zwischenzeitliches und zwischenstaatliches Steuerrecht

I. Zwischenzeitliches Steuerrecht[98])

Als Grundsatz hat RG. 104, 30ff. aufgestellt: Eine Rückwirkung der gesetzlichen Steuervorschriften auf die zur Zeit ihrer Erlassung bereits abgeschlossenen, der Vergangenheit angehörigen Fälle, findet nur dann statt, wenn der Gesetzgeber selbst, sei es ausdrücklich, sei es sonstwie deutlich erkennbar, die Rückwirkung angeordnet hat. „Bereits abgeschlossene Rechtsvorgänge hinterher im Gegensatz zu allgemeiner Rechtsanschauung und Rechtsüberzeugung mit einer Abgabe zu belasten, auf die alle Beteiligten bei der Schaffung des Rechtszustandes nicht gefaßt sein konnten und den zu schaffen sie vielleicht unterlassen hätten, wenn sie die künftige Abgabe gekannt hätten, erscheint regelmäßig so unbillig und kann von so schädlichen Folgen begleitet sein, daß von vornherein gegen eine dahin zielende Absicht des Gesetzgebers zu vermuten ist." Vgl. auch RG. 24, 266ff. (Einfluß eines neuen Verjährungsgesetzes auf eine laufende Steuerverjährung) und 55, 297ff. Wie das Reichsgericht grundsätzlich auch RFH. 9, 162f.; 14, 191[99]).

II. Zwischenstaatliches Steuerrecht.

Nach RG. 11, 256 und 49, 227 erstreckt sich das Stempelsteuerhoheitsrecht grundsätzlich nur auf das eigene Gebiet jedes Staates, so daß grundsätzlich ausländische Verhandlungen nicht einem inländischen Stempel unterliegen. Eine Stempelsteuerpflicht greift daher insbesondere Platz, falls das steuerpflichtige Rechtsgeschäft im Inland abgeschlossen ist (RG. 18, 25ff.; 59, 335; 74, 240; JW. 1901 S. 657 Nr. 20) oder im Inlande von einer im Ausland errichteten Urkunde Gebrauch gemacht wird (RG. 64, 347) oder eine im Ausland errichtete Urkunde sich auf Gegenstände im Inlande bezieht (RG. 11, 256) oder auf Rechtsverhältnisse, die ihren Sitz an einem inländischen Orte haben (RG. 56, 407[100]).

Für die direkten Steuern hat RG. 22, 27 ausgeführt, daß der Staat nur insoweit jemandem wirksam eine Steuer auferlegen könne, als er auch die Machtmittel besitze, sie von ihm einzuziehen, daher bei Ausländern ohne inländischen Wohnsitz und Aufenthalt in der Regel nur hinsichtlich der Einkünfte aus inländischem Grundbesitz oder inländischem Gewerbebetrieb u. dgl. Über die Einkommensteuerpflichtigkeit ausländischer Konsuln, die sowohl Angehörige eines deutschen Einzelstaates als des ausländischen Staates sind, vgl. RG. 59, 46, über die Besteuerung von Reichsangehörigen im Auslande RG. 78, 155, über die Besteuerung des Nachlasses eines ausländischen im Reich wohnhaften Erblassers RG. 78, 158ff.

Abgeschlossen: Juli 1928.

---

[98]) Bühler, Steuerrecht 1, 58ff.

[99]) Ebenso die französische Rechtslehre und Rechtsprechung. Siehe Dalloz, Rép. prat. Stichwort Enregistrement n. 48.

[100]) Bühler a. a. O. 1, 54f.

Zum Begriff des Interesses im Versicherungsrecht*)

von Professor Dr. E. Bruck, Hamburg

*) Abkürzungen:

ADS.	= Allgemeine Deutsche Seeversicherungsbedingungen (1919).
Christoph	= Zur Seeversicherung „für Rechnung, wen es angeht" cif verkaufter Güter, in HGZ. 1917 S. 145ff.
Ehrenberg, Interesse	= Das „Interesse" im Versicherungsrecht, München und Leipzig 1915.
Ehrenberg, Versicherungsrecht	= Versicherungsrecht, Leipzig 1893.
Gerhard-Hagen	= Kommentar zum Deutschen Reichsgesetz über den Versicherungsvertrag, Berlin 1908.
HansRGZ.A.	= Hanseatische Rechts- und Gerichts-Zeitschrift, Abteilung A, Hamburg.
HansRZ.	= Hanseatische Rechts-Zeitschrift, Hamburg.
HGZ.	= Hanseatische Gerichtszeitung, Hamburg.
Kisch	= Handbuch des Privatversicherungsrechts, Bd. 3, München 1922.
Kisch bei Jhering	= Subjektives Versicherungsinteresse und Versicherung „für Rechnung wen es angeht", in Jherings Jahrbücher für die Dogmatik des bürgerlichen Rechts Bd. 63 (2. Folge Bd. 27) S. 361ff.
Lenné	= Das Versicherungsgeschäft für fremde Rechnung, Marburg 1911.
MJA.	= Marine Insurance Act.
ÖVVG.	= Österreichisches Versicherungsvertragsgesetz.
Ritter	= Das Recht der Seeversicherung, Hamburg 1922ff.
Sieveking	= Das deutsche Seeversicherungsrecht, Berlin 1912.
Sowjet BGB.	= Das Zivilrecht Sowjetrußlands.
SVVG.	= Schweizerisches Versicherungsvertragsgesetz.
VA.	= Veröffentlichungen des Reichsaufsichtsamtes für Privatversicherung, Berlin.
Voigt	= Das Deutsche Seeversicherungsrecht, Jena 1887.
Vorwerk	= Die Rechtsnachfolge in das versicherte Interesse, insbesondere die Veräußerung der versicherten Sache, Oelsnitz i. V. 1912.
VVG.	= Versicherungsvertragsgesetz.
Z.	= Zeitschrift für die gesamte Versicherungswissenschaft, Berlin.

Gegenstand der Schadenversicherung ist das versicherte Interesse, nicht mehr wie in dem vorgesetzlichen Binnenversicherungsrecht die versicherte Sache. Infolgedessen ist das versicherte Interesse zu dem Zentralbegriff der Schadenversicherung erhoben, von dessen Bestimmung die Anwendung des größten Teiles ihrer Sondernormen abhängt.

Eine erschöpfende Darstellung des Begriffes des versicherten Interesses im Lichte der reichsgerichtlichen Rechtsprechung verbietet sich von selbst. In den folgenden Bemerkungen soll Stellung nur zu zwei Problemen genommen werden: zu dem sog. objektiven Interesse und zu der Veräußerung der versicherten Sache.

§ 1. Interesse im Sinne der Schadenversicherung ist die gegen bestimmte Gefahren versicherte Beziehung zur Sache. Sieht man von der Gefährdungsmöglichkeit ab, so setzt sich der Begriff des Interesses aus zwei Bestandteilen, „Beziehung" und „Sache" zusammen, wobei unter „Sache" „Gegenstand" zu verstehen ist, da sich das versicherte Interesse auf körperliche Gegenstände und auf Rechte erstrecken kann. Die Beziehung erfordert ihrer Natur nach ein

Rechtssubjekt. Somit ist das Interesse eine Beziehung eines Rechtssubjektes zu einem Gegenstand.

In dieser Allgemeinheit ist das Interesse keine tragfähige Grundlage für das Versicherungsverhältnis. Die durch die Arten der Beziehung, des Rechtssubjektes und des Gegenstandes verursachte unübersehbare Fülle von Gestaltungsmöglichkeiten für das Versicherungsverhältnis schließt jede genauere Erfassung der Gefahrslage für den Versicherer aus. Da er auf sie nicht verzichten kann, so müssen vorbehaltlich weniger Ausnahmen Beziehung, Rechtssubjekt, Gegenstand genau bestimmt werden. Nicht irgendeine Beziehung irgendeines Rechtssubjektes an irgendeinem Gegenstand ist versicherungsfähig, sondern nur die der Art, dem Rechtssubjekt, dem Gegenstand nach genau bestimmte Beziehung spezialisiert die von dem Versicherer zu tragende Gefahr. Das versicherte Interesse erweist sich seiner Natur nach als subjektiv oder konkret.

Trotzdem soll auch das objektive Interesse versicherbar sein. Das objektive Interesse ist das Interesse an sich, bei dem vor allem von einem bestimmten oder bestimmbaren Interessenten abgesehen wird[1]). Dem objektiven Interesse fehlt jede subjektive Färbung. Das konkrete Interesse wird durch ein abstraktes Interesse ersetzt, das durch das Recht an der Sache als vermittelt gilt. Alles ist unbestimmt, nur der Gegenstand, auf den sich das Interesse bezieht, ist bestimmt.

Es mag vom Standpunkt der lex ferenda aus zweifelhaft sein, ob das objektive oder ob das subjektive Interesse als Ausgangspunkt für die gesetzliche Regelung zu nehmen ist. Ein Gesetzgeber, der sein System auf dem objektiven Interesse aufbaut, kann aller Vorschriften entbehren, die durch die Individualisierung des Interesses notwendig werden. Ob das objektive Interesse Eigentümerinteresse oder ein anderes Interesse ist, ob das objektive Interesse eigenes oder fremdes Interesse ist, ob das objektive Interesse seinen Interessenten wechselt oder nicht, bliebe sich gleich. Die Erwägungen pro und contra sind bei den Beratungen der handelsgesetzlichen Seeversicherung eingehend erwogen worden. Ihr Ergebnis ist die Ablehnung des objektiven Interesses als Grundlage der Seeversicherung gewesen[2]). Die spätere Gesetzgebung hat offensichtlich diesen Standpunkt nicht aufgegeben.

Wäre das objektive Interesse versichert, dann brauchte bei Vertragsabschluß nicht festgelegt zu werden, ob eigenes oder fremdes Interesse versichert wird. Die Versicherung eines Interesses an sich würde die Versicherung eigenen oder fremden Interesses einschließen. Die Vorschriften über die Versicherung für fremde Rechnung beweisen, daß der Versicherungsnehmer anzugeben hat, ob er im eigenen Namen für eigene Rechnung oder ob er im eigenen Namen für fremde Rechnung abschließt. Ergibt sich auch aus den näheren Umständen nicht, daß die Versicherung für einen anderen genommen werden soll, so gilt sie als für eigene Rechnung genommen (§§ 74, 80 Abs. 1 VVG.; § 781 HGB.; § 52 Abs. 1 ADS.).

Bei Versicherung des objektiven Interesses müßte es für den Versicherer gleichgültig sein, wem das Interesse zusteht und welcher Art die versicherte Beziehung ist. Die tatsächliche Gestaltung beweist, daß auch abgesehen davon, ob Versicherung für eigene oder für fremde Rechnung genommen wird, der Versicherer in allen Versicherungszweigen das größte Gewicht auf die Person des Interessenten legt. Ähnlich wie aus der Art des Gegenstandes, auf den sich das versicherte Interesse bezieht, ergeben sich aus den Eigenschaften des In-

[1]) RG. v. 11. Dez. 1884 (RG. 13 S. 99, 104; Ehrenberg, Versicherungsrecht S. 309; Ehrenberg, Interesse S. 55.

[2]) Protokolle HGB. S. 3657ff.

teressenten wichtige Anhaltspunkte für den Umfang der von dem Versicherer zu übernehmenden Gefahr. Wie es für den Versicherer einen Unterschied ausmacht, ob das versicherte Interesse an diesem oder an jenem Schiff besteht, ist es für ihn erheblich, wem das versicherte Interesse zusteht. Die Individualisierung des Versicherungsverhältnisses findet in gleicher Weise durch die Person des Interessenten und durch die Art des Gegenstandes statt. Darüber hinaus bedarf es der Festlegung des Interessenten, um die Verantwortung für die Erfüllung der Obliegenheiten einer bestimmten Person auferlegen zu können. Da die Versicherungstechnik nicht darauf verzichten kann, ein gewisses Verhalten gegenüber der bei Vertragsabschluß vorhandenen Gefahrslage zu fordern, muß der dem Versicherer Verantwortliche bezeichnet sein, anderenfalls gestaltet sich die Rechtslage des Versicherers höchst ungewiß, da er nicht ermitteln könnte, wem das vertragswidrige Verhalten zuzurechnen ist. Am stärksten tritt die Notwendigkeit der Individualisierung des Interessenten bei der Schadensliquidation hervor. Bei der Versicherung des objektiven Interesses kann jeder die Entschädigungsleistung verlangen, weil die Person des Interessenten unerheblich ist. Das bedeutet aber nichts anderes, als daß die Versicherung zu einer Wette herabgewürdigt wird, da der Nachweis, ob derjenige, der die Entschädigungsleistung einzieht, auch der wirklich Geschädigte ist, nicht gefordert werden kann. Die jedenfalls dem modernen deutschen Versicherungsrecht eigentümliche Verknüpfung zwischen Interesse und Schaden wäre gelöst. Entschädigt könnte auch der werden, dem die beschädigte Beziehung niemals zugestanden hat oder nicht mehr zusteht. Die Individualisierung des Versicherungsverhältnisses erfordert ferner außer der Bestimmung der Person und des Gegenstandes auch die Bestimmung der Art der zu versichernden Beziehung. Ob das Eigentümerinteresse an dem Schiffe oder ob das Provisionsinteresse im Falle seiner Ankunft, ob das Interesse an dem Herstellungswert des Filmnegativs oder ob das Interesse an seinem Verwertungswert, ob das Interesse des Erstversicherungsnehmers oder ob das Interesse des Rückversicherungsnehmers versichert ist, ist für die Ausgestaltung des Versicherungsverhältnisses von grundsätzlicher Bedeutung. Ohne Einigung über die Art der versicherten Beziehung muß der Versicherungsvertrag ebenso der Unwirksamkeit anheimfallen, wie wenn keine Einigung über die Person und über den Gegenstand vorhanden ist. Freilich findet sich eine positive Bestimmung hierüber seit alters her nur in der Seeversicherung (§ 779 Abs. 2 HGB.; § 1 Abs. 2, § 3 ADS.), aber auch in der Binnenversicherung hat niemals etwas anderes gegolten, weil nichts anderes gelten kann.

Der Grundsatz, daß das versicherte Interesse der Person, dem Gegenstand, der Art der Beziehung nach vollständig angegeben werden muß, findet seine Bestätigung in den für wenige Fälle zugelassenen Ausnahmen. Er ist in gewissem Umfange hinsichtlich der Person des Interessenten aufgegeben, wie zu zeigen sein wird, bei der Versicherung für Rechnung wen es angeht, er ist ferner aufgegeben hinsichtlich der Art der Beziehung bei der Versicherung für behaltene Ankunft des Schiffes und bei der Versicherung für behaltene Ankunft der Güter, und er ist auch hinsichtlich des Gegenstandes aufgegeben bei der Versicherung für behaltene Ankunft des Schiffes oder der Güter (§ 850 HGB.; § 120 ADS.). In allen übrigen Fällen bedarf es der vollständigen Angabe des versicherten Interesses, auf dessen erschöpfende Individualisierung nicht verzichtet werden kann.

Wäre das objektive Interesse versichert, dann müßte ohne weiteres der Interessent, der infolge Veräußerung des Gegenstandes in die Beziehung eintritt, versichert sein. Die Versicherung eines Interesses an sich würde jeden, der die versicherte Beziehung erlangt, ohne weiteres decken. Der Versicherer könnte keine Einwendungen aus der Tatsache des Eigentumswechsels herleiten, er dürfte insbesondere dem Erwerber nicht kündigen, der Eigentumswechsel wäre für ihn ein belangloses Ereignis. Die Vorschriften über die Veräußerung der versicherten Sache beweisen, daß das Gesetz den Versicherer zwingen muß, den Erwerber als versicherten Interessenten anzuerkennen, daß das Gesetz dem Versicherer die Möglichkeit eröffnet, sich des unliebsamen Erwerbers als Versicherten zu entledigen, daß das Gesetz die Veräußerung als ein anzeigepflichtiges Ereignis erklärt (§§ 69ff. VVG.; §§ 899f. HGB.; §§ 49ff. ADS.).

Aus der Versicherungsfähigkeit des objektiven Interesses würde sich ergeben, daß die Versicherung des Eigentümerinteresses sämtliche Konkurrenzinteressen an demselben Gegenstand einschließt. Als mitversichert hätten alle Interessen ten zu gelten, „deren Interesse in einer Schmälerung des Eigentümerinteresses besteht, wie Hypothekengläubiger, Nutznießer usw., mögen sie ihren Wertanteil an dem versicherten Interesse bei dem Abschluß des Vertrages bereits besessen oder später erst erworben haben, denn die Summe aller Konkurrenzinteressen macht erst das versicherte Eigentümerinteresse aus"[3]). Nach dem positiven Rechte ist keine Rede davon, daß die Versicherung des Eigentümerinteresses auch die Versicherung aller Konkurrenzinteressen umfaßt. Wenn § 1046 Abs. 1 BGB. ausdrücklich bestimmt, daß dem Nießbraucher an der Forderung gegen den Versicherer ein Nießbrauch nach den Vorschriften zusteht, die für den Nießbrauch an einer auf Zinsen ausstehenden Forderung gelten, wenn ferner §§ 1127ff. BGB. ausdrücklich bestimmen, daß sich die Hypothek (Grund-, Rentenschuld) auf die Forderung gegen den Versicherer erstreckt, so bestätigen diese Ausnahmen die Regel, nach der das Eigentümerinteresse nicht das Interesse des Nießbrauchers oder des Hypothekengläubigers einschließt, daß der Eigentümer das Interesse der übrigen Konkurrenzinteressenten nur im Wege der Versicherung für fremde Rechnung versichern kann.

Ebensowenig wie das Interesse des Eigentümers das Interesse der Konkurrenzinteressenten umfaßt, deckt das Interesse dieser das Interesse jenes. Die Ansicht, daß „das eigentliche Interesse des Beschränktberechtigten sich bis zum vollen Belange des Eigentümerinteresses erweitern kann durch die obligatorischen Beziehungen des Versicherungsnehmers zum Eigentümer"[4]), wenn er die empfangene Entschädigungsleistung an den Eigentümer auskehren muß, ist nur vom Standpunkte des objektiven Interesses aus erklärbar, das auf jede Individualisierung des versicherten Interesses verzichtet. Ihr steht aber gleichfalls die positive Rechtsordnung der Versicherung für fremde Rechnung und der obligatorischen Surrogation (§ 281 Abs. 1 BGB.) entgegen. Das geltende Recht erkennt nicht ein versicherbares Eigentümerinteresse des Beschränktberechtigten an, sondern verweist den Eigentümer auf den Ersatzanspruch, den der Beschränktberechtigte gegen einen Dritten haben kann[5]). Wenn der Kommissionär das Eigentümerinteresse an dem Kommissionsgut zu versichern übernommen hat, so kann er die Versicherung nur für fremde Rechnung abschließen[6]); sein eigenes Interesse ist ein Haftpflichtinteresse, das nur im Wege der Haftpflichtversicherung versicherbar ist[7]).

Schließlich kann aus der Tatsache, daß der Umfang der Entschädigungs-

---

[3]) Ehrenberg, Versicherungsrecht S. 309.

[4]) Gerhard-Hagen S. 241.

[5]) Kisch S. 46; Kisch bei Jhering S. 389; Ritter S. 64f.

[6]) Voigt S. 37ff. Anders RG. v. 6. Okt. 1894 (RG. 35 S. 48, 55), v. 29. Mai 1903 (VA. 1903 S. 150 Nr. 19).

[7]) Ritter S. 64.

leistung des Versicherers durch den objektiven Wert des Gegenstandes begrenzt wird, nicht auf das Vorhandensein eines objektiven Interesses geschlossen werden. Es folgt aus der Funktion der Versicherung als Schadensausgleichung, daß der Versicherer nur den durch Eintritt des Versicherungsfalles verursachten Vermögensschaden zu ersetzen hat. Ob und inwieweit ein Vermögensschaden entstanden ist, bestimmt sich nicht nach dem subjektiven Wert des versicherten Interesses, nach dem Wert, den der Interessent seiner Beziehung beimißt, sondern nach dem Wert, der dieser Beziehung objektiv zukommt. Insoweit ist zwar der bei der Schadensregulierung maßgebende Wert des Interesses unabhängig von der Person des Interessenten, aber hierdurch wandelt sich das subjektive Interesse nicht in ein objektives Interesse um, sondern für die Schadensregulierung kommen nur objektive Wertmaßstäbe in Betracht.

§ 2. Die Lehre von dem objektiven Interesse hat namentlich zu einer Verkennung der Versicherung für Rechnung wen es angeht verleitet.

I. Das Reichsoberhandelsgericht hat in seiner mustergültigen Entsch. v. 26. Juni 1874 (Bd. 14, 122) die Eigentümlichkeit dieser besonderen Art der Versicherung für fremde Rechnung richtig erkannt: bei Abschluß des Versicherungsvertrages ist ein individuell bestimmter, wenngleich nicht notwendig gekannter Versicherter vorhanden, dessen versicherungsfähiges und versichertes Interesse zur Zeit des Versicherungsfalles bestehen muß.

Anders die reichsgerichtliche Rechtsprechung des 1. Zivilsenates, die sich immer mehr und mehr zu der Versicherungsfähigkeit des objektiven Interesses bekennt, obschon gelegentlich auch eine andere Auffassung zutage tritt.

Den zeitlichen und sachlichen Ausgangspunkt bildet die Entsch. v. 11. Dez. 1884 (RG. 13, 99), auf die später wiederholt verwiesen wird. Ein Spediteur versichert auf die von ihm genommene laufende Versicherung für Rechnung wen es angeht im Auftrage und für Rechnung eines Kunden Güter, welche dieser verkauft und versendet. Der Kunde verlangt Ersatz der beschädigten Güter. Der Versicherer bestreitet sein Interesse; Eigentumsinteressent sei der Käufer. Das Reichsgericht spricht dem Kunden die Entschädigung zu mit der Begründung, die Versicherung sei für eigene Rechnung des Verkäufers genommen. Der Verkäufer habe zwar kein aktuelles Eigentumsinteresse (wenigstens kein zweifelloses) mehr, aber er könne für den Fall Versicherung nehmen, daß der Kauf aus irgendeinem Grunde rückgängig gemacht würde. Diese Auffassung ermögliche es, durch eine Versicherung das aktuelle und eventuelle Eigentumsinteresse des Verkäufers und des Käufers bzw. das ungewisse Interesse des einen oder des anderen zu decken. Der Versicherungsnehmer sei nicht verpflichtet, bei Abschluß der Versicherung anzugeben, daß das zu versichernde Interesse ein zweifelhaftes oder ein eventuelles sei, denn das Eigentumsinteresse sei und bleibe versichert. Die Lage des Versicherers werde dadurch, daß das Interesse des Versicherten ein unbestimmtes oder eventuelles sei, keine schwerere als beim Vorhandensein eines bestimmten und aktuellen Eigentumsinteresses[8]).

Dieselbe Auffassung vertritt die Entsch. v. 13. Juni 1888 (RG. 23, 81). Güter, die von ihrem Eigentümer für Rechnung wen es angeht versichert sind, werden nach ihrem Untergang in Unkenntnis hiervon gegen Bankkredit verkauft. Der Eigentümer verlangt Entschädigung. Das Reichsgericht spricht sie ihm zu, da die Güter erst nach dem Eintritte des Versicherungsfalles verkauft worden sind, mithin sein Eigentumsinteresse noch fortbestanden habe. Selbst wenn aber der Verkauf der Güter vor ihrem Untergang erfolgt wäre, hätte der

---

8) Das Berufungsurteil des OLG. Hamburg v. 11. Juni 1884 (HGZ. 1884 S. 177) beruht im wesentlichen auf den gleichen Erwägungen. — Dasselbe Ergebnis hätte sich richtiger mit der von dem Spediteur genommenen Versicherung für fremde Rechnung begründen lassen.

Verkäufer gemäß den in RG. 13, 99 entwickelten Grundsätzen das Eigentumsinteresse behalten[9]).

Noch einen Schritt weiter gehen die Entsch. v. 25. Okt. 1916 und v. 31. Jan. 1917 (RG. 89 S. 34, 68). Der Cif-Verkäufer deklariert Abladungen auf seine laufende Versicherung für Rechnung wen es angeht. Der Verkäufer verlangt Entschädigung. Das Reichsgericht spricht sie ihm in der Entsch. v. 25. Okt. 1916 zu: bei der Versicherung für Rechnung wen es angeht brauche zur Zeit der Eingehung des Vertrages die Person des Versicherten noch nicht festzustehen; diese Art der Versicherung diene insbesondere dem Falle, in dem es erst von zukünftigen Ereignissen oder Verfügungen abhänge, wer bei Eintritt eines Unfalles der Geschädigte sei. Für den Cif-Verkäufer höre das versicherbare Eigentumsinteresse erst mit der endgültigen Bezahlung der Ware oder mit der Eigentumsübertragung auf. Er müsse bei Versicherung für Rechnung wen es angeht, wenn er zur Zeit des Versicherungsfalles noch Eigentümer sei, ohne weiteres befugt sein zu erklären, daß er für eigene Rechnung versichert habe, und demgemäß die Rechte aus der Versicherung geltend zu machen. Es entspreche mehr der kaufmännischen Anschauung, daß der Cif-Verkäufer, der noch Eigentümer geblieben sei und keine Zahlung erhalten habe, zunächst bei der Versicherung für Rechnung wen es angeht sein Eigentumsinteresse ins Auge fasse, wenn ihm auch vorbehalten bleibe, hinterher in geeigneten Fällen zu erklären, daß die Versicherung für den Käufer gelte. Im Zweifel müsse mithin eine von dem Cif-Verkäufer genommene Versicherung als zur Deckung seines Eigentumsinteresses bestimmt erachtet werden[10]). Die Entsch. v. 31. Jan. 1917 hält diese Ansicht aufrecht, jedoch mit der Abschwächung, daß die für Rechnung wen es angeht von dem Cif-Verkäufer genommene Seeversicherung „im Zweifel als zur Deckung seines Eigentumsinteresses bestimmt zu erachten ist. Jedenfalls hat aber der Cif-Verkäufer im Regelfalle das Recht, nachträglich zu erklären, daß die Versicherung diese Bedeutung hat[11])."

Nicht ganz in Einklang mit diesen Entscheidungen stehen die Entsch. v. 29. Jan. 1887 (RG. 19, 207) und v. 21. Okt. 1916 (RG. 89, 21). Die erste Entscheidung betrifft folgenden Tatbestand. Ein Kaufmann versichert eine Ladung Hafer für Rechnung wen es angeht und verkauft die schwimmende Ladung cif. Das Berufungsgericht nimmt an, daß die von dem Verkäufer für Rechnung wen es angeht genommene Versicherung für fremde Rechnung, nämlich für diejenige des erst von ihm aufzusuchenden Käufers des Hafers genommen sei, während das Reichsgericht einen Zweifel für ausgeschlossen hält, daß der Verkäufer die Versicherung tatsächlich zunächst für eigene Rechnung genommen hat. „Denn einesteils war er, da er den Hafer erst mehrere Wochen nach der Versicherungsnahme verkauft hat, der damals allein Interessierte bei der in Frage stehenden Versicherung, welche er gültigerweise für fremde Rechnung gar nicht nehmen konnte, und anderenteils würde die Annahme des Berufungsrichters zu der als geradezu unmöglich zu bezeichnenden Konsequenz führen, daß der Verkäufer seiner eigenen Absicht beim Vertragschlusse zufolge seinerseits überall nicht versichert gewesen sei, sondern die Gefahr selbst gelaufen

---

[9]) Ähnlich ist das Berufungsurteil des OLG. Hamburg v. 24. März 1888 (HGZ. 1888 S. 243) begründet.

[10]) Ähnlich die Berufungsbegründung des OLG. Hamburg v. 24. März 1916 (HGZ. 1916 S. 145). Auch die Entscheidungen desselben Gerichtes v. 11. Okt. 1916 (HGZ. 1917 S. 5) und v. 30. März 1928 (HansRGZ. A 1928 S. 345) sind derselben Ansicht.

[11]) Berufungsurteil: OLG. Hamburg v. 5. Juli 1916 (HGZ. 1916 S. 269). Christoph S. 148 weist darauf hin, wie wenig sichere Rechtsverhältnisse geschaffen werden, wenn sich die Frage, ob eigenes oder fremdes Interesse versichert ist, nach der Erklärung des Versicherungsnehmers entscheidet.

haben würde, bis ihm der Verkauf des Hafers in schwimmendem Zustande gelang." Der Cif-Käufer könne hiernach nur als Rechtsnachfolger des Verkäufers in Betracht kommen. Das Reichsgericht gibt somit seine Ansicht, daß die Versicherung für Rechnung wen es angeht die Versicherung des jeweiligen Interessenten ist, auf. Von dem Standpunkte dieser Ansicht aus erwirbt der Cif-Käufer den Versicherungsanspruch nicht derivativ, sondern originär. Nach dem Tatbestande der zweiten Entscheidung versichert eine Reederei ihr mit einer Schiffshypothek belastetes Schiff für Rechnung wen es angeht auf behaltene Ankunft. Die nicht an Order lautende Police ist von der Reederei auf den Hypothekengläubiger indossiert worden. Der Hypothekengläubiger verlangt nach Eintritt des Versicherungsfalles die Entschädigungsleistung. Das Reichsgericht spricht sie ihm in Übereinstimmung mit dem Berufungsgericht[12]) ab. Der eigentliche Zweck der Versicherungsnahme habe darin bestanden, den Gläubigern der Reederei Sicherheit für ihre Forderungen zu verschaffen. Dieser Zweck könne durch Versicherung der Forderungen selbst oder durch Versicherung des Schiffes und durch Abtretung der Police erreicht werden. Der letzte Weg, der häufig gewählt werde, biete den Vorteil, daß die Reederei insoweit auf eine besondere Kaskoversicherung verzichten könne, so daß sie auch ohne eine solche dann gedeckt bleibe, wenn die Forderung inzwischen getilgt werde. Auch in dem vorliegenden Falle sei das Eigentumsinteresse der Reederei versichert, wie sich weiterhin aus einer Reihe von Umständen (Indossierung der Police, Fehlen einer anderweitigen Kaskoversicherung seitens der Reederei) mit aller Sicherheit ergebe. Wäre das Reichsgericht seiner Theorie von dem objektiven, alle nur denkbaren Beziehungen umfassenden Eigentumsinteresse treu geblieben, dann hätte es das Interesse des Hypothekengläubigers als mitversichert annehmen müssen.

II. Das Reichsgericht hat geglaubt, seine Ansicht über die Versicherung für Rechnung wen es angeht schließe nicht die Anerkennung des von dem Gesetzgeber verworfenen objektiven Interesses in sich[13]). Tatsächlich ist jedoch seine Konstruktion nichts anderes als die Versicherung des Interesses an sich, wie auch der ständig von ihm gebrauchte Ausdruck Eigentumsinteresse beweist, denn unter Eigentumsinteresse versteht das Reichsgericht die Versicherung des Gutes „schlechthin"[14]). Die Gleichstellung des Eigentumsinteresses mit dem Eigentümerinteresse ist zum Verhängnis geworden.

1. Seine Ansicht beruht, wie namentlich die Entscheidungen aus früherer Zeit in aller Deutlichkeit beweisen, auf der Versicherungsmöglichkeit eventueller (ungewisser) Interessen, die im Gegensatze zu aktuellen (zweifellosen) Interessen stehen[15]). Eine Versicherung könne die ungewissen Interessen mehrerer Interessenten umfassen. Bei dem Cif-Verkaufe, dem häufigsten Anwendungsfalle der

[12]) OLG. Hamburg v. 19. Jan. 1916 (HGZ. 1916 S. 93).

[13]) RG. 13, 104; 89, 37. Auch die Lehre von Kisch, der die Versicherungsfähigkeit des objektiven Interesses überzeugend ablehnt (Kisch S. 34ff.; Kisch bei Jhering S. 361ff.), läuft in seiner Auffassung über die Versicherung für Rechnung wen es angeht tatsächlich auf die Versicherung des objektiven Interesses hinaus. Er meint, die Ähnlichkeit sei äußerlich (Kisch bei Jhering S. 446), denn der prinzipielle Unterschied bestehe darin, daß bei einer Versicherung des objektiven Interesses die Erstreckung des versicherungsrechtlichen Schutzes auf die jeweiligen Beteiligten sich unmittelbar aus dem Gesetze, bei der Versicherung für Rechnung wen es angeht dagegen aus dem Vertrag ergibt (Kisch S. 609ff.; Kisch bei Jhering S. 448ff.). Abgesehen von der verschiedenen Grundlage ist also bei der Versicherung für Rechnung wen es angeht das objektive Interesse versichert.

[14]) RG. 13, 100; 23, 82; 26, 220.

[15]) Auch im Schrifttum (Christoph S. 145; Kisch S. 99; Ritter S. 55; Sieveking S. 7 u. A.; vgl. auch § 7 Abs. 1 MJA.) wird vielfach die Versicherungsfähigkeit schwebender oder eventueller Interessen angenommen. Dagegen Waldstein, HansRZ. 1927 S. 1, 8.

Versicherung für Rechnung wen es angeht, sei somit das eventuelle Eigentumsinteresse des Verkäufers und das eventuelle Eigentumsinteresse des Käufers versichert. Da die Interessen der verschiedenen Interessenten ihrer Natur nach nicht neutral nebeneinander, unbekümmert umeinander, bestehen können, so müssen sie gegenseitig aufeinander reagieren. Sie sind alternative Interessen. Die Ungewißheit, der Schwebezustand, der hiernach bei Vertragsabschluß vorhanden ist, soll durch ein zukünftiges Ereignis beseitigt werden. Nimmt der Cif-Käufer die Dokumente auf, so wird sein bis dahin nur eventuell vorhandenes Eigentumsinteresse zu einem aktuellen Eigentumsinteresse, das nunmehr als von vornherein für seine Rechnung versichert gilt. Weist umgekehrt der Cif-Käufer die Dokumente zurück oder sieht der Cif-Verkäufer aus irgendeinem Grunde nachträglich von der Begebung der Dokumente ab, so wird das bis dahin nur eventuell vorhandene Eigentumsinteresse des Verkäufers zu einem aktuellen Eigentumsinteresse, welches nunmehr als von vornherein für seine Rechnung versichert gilt.

Die Lehre von der Versicherungsfähigkeit eventueller Interessen setzt sich in Widerspruch zu dem Begriffe des versicherten Interesses als der der Person nach konkret bestimmten Beziehung.

In jedem Augenblicke der Versicherungsdauer muß der bestimmte Interessent vorhanden sein. Eine Beziehung ist ebensowenig ohne einen Interessenten wie mit mehreren Interessenten denkbar. Sie steht entweder dem einen oder dem anderen zu. Ist eigenes Interesse versichert, so kann nicht eventuelles fremdes Interesse mitversichert sein, ist fremdes Interesse versichert, so kann nicht eventuelles eigenes Interesse mitversichert sein. Die Versicherung des eventuellen Interesses ist nichts anderes als die Versicherung eines an sich bestehenden Interesses, das später seinen Interessenten erhält, also bis dahin ohne Subjekt ist. Auch die Versicherung für Rechnung wen es angeht kann nicht die Versicherung eines Interesses ohne Interessenten ermöglichen. Sie gestattet nur die Versicherung eines Interesses, dessen Interessent bei Vertragsabschluß subjektiv ungewiß ist. Objektiv muß auch bei ihr im Zeitpunkte des materiellen Versicherungsbeginnes feststehen, wer der Interessent ist. Ergibt sich, daß in diesem Zeitpunkte das Interesse dem Versicherungsnehmer zustand, so finden die Vorschriften über die Versicherung für eigene Rechnung Anwendung, ergibt sich, daß das Interesse einem anderen zustand, so finden die Vorschriften über die Versicherung für fremde Rechnung Anwendung (§ 80 Abs. 2 VVG.; § 781 Abs. 2 HGB.; § 52 Abs. 3 ADS.).

Die Lehre von der Versicherungsfähigkeit eventueller Interessen widerspricht ferner dem Begriff des versicherten Interesses als der der Art nach konkret bestimmten Beziehung.

Das Vorhandensein des versicherten Interesses ist nicht abhängig von einem dinglichen oder obligatorischen Rechtsverhältnis, sondern es reicht aus, wenn irgendwelche wirtschaftliche Vorteile von einem Gegenstand erwartet werden[16]). Aber selbst wenn rechtliche Beziehungen an dem Gegenstande bestehen, bewahrt das versicherte Interesse seine Selbständigkeit. Jemandem kann das Eigentümerinteresse zustehen, ohne daß er Eigentümer ist; es genügt die Beziehung, wie sie an sich der Eigentümer hat. Umgekehrt kann jemand Eigentum erwerben, ohne zugleich auch wirtschaftlich Eigentümer zu werden; das Eigentum muß nicht das Eigentümerinteresse vermitteln[17]). Somit ist das

---

[16]) Beispiele: Versicherung des Interesses der Werft, die ein Schiff repariert hat, an der wohlbehaltenen Ankunft des Schiffes (RG. 47, 173), Versicherung des Gewinnes, der von der Abstempelung von Briefmarken erwartet wird (RG. 100, 90).

[17]) RG. 7, 9.

Eigentümerinteresse nicht gleichbedeutend mit dem Eigentumsinteresse. Infolgedessen kann sich auch nicht aus der Versicherung des Eigentümerinteresses die Versicherung aller konkurrierenden Interessen ergeben, da nicht das Eigentum als Recht, sondern die wirtschaftliche Stellung als Eigentümer entscheidet.

Das Vorhandensein des versicherten Interesses ist auch nicht abhängig davon, ob der Interessent noch anderweitige denselben Gegenstand betreffende Rechte gegen Dritte hat. Mehrere auf verschiedenen Rechtsverhältnissen beruhende Ansprüche des Interessenten gegen verschiedene Personen bestehen nebeneinander. Ein Anspruch des Verkäufers aus dem Kaufvertrage gegen den Käufer berührt ebensowenig den Anspruch des Verkäufers als versicherter Eigentümerinteressent gegen den Versicherer, wie ein Anspruch des Eigentümers gegen den Dritten, welcher den Versicherungsfall schuldhaft herbeigeführt hat, den Anspruch des Versicherten gegen den Versicherer berührt. Die Beziehungen des versicherten Interessenten sind für den Versicherer eine res inter alios, aus welcher dieser keine Rechte herleiten kann[18]). Die Ausgleichung der mehrfachen Ansprüche des Interessenten und hiermit die Verhütung seiner ungerechtfertigten Bereicherung findet im Wege der Surrogation statt (§ 281 BGB.; § 67 VVG.; §§ 804, 822 HGB.; § 45 ADS.).

Das Schicksal des versicherten Interesses ist schließlich nicht davon abhängig, wer und von wann ab beim Kauf die Gefahr im Sinne des § 446 Abs. 1 BGB. trägt. Das versicherte Interesse ist die Beziehung an einem Gegenstand, also der Nutzen, den der Gegenstand dem Interessenten gewährt, wobei es hier dahingestellt bleiben kann, ob der Nutzen einen wirtschaftlichen Wert darstellt, mithin im Falle seiner Minderung ersatzfähig ist, oder ob der Nutzen nur in einer Liebhaberei besteht, mithin nicht ersatzfähig ist. Der Nutzen zeigt sich in der Fruchtziehung aus dem Gegenstand und in der Benutzung des Gegenstandes (§ 100 BGB.), aber auch in der tatsächlichen Verfügungsgewalt über den Gegenstand. Es entscheidet daher über die Frage, wer der versicherte Interessent ist und von wann ab er der versicherte Interessent ist, nicht ob und von wann ab er die Gefahr trägt (§§ 446, 447 BGB.), sondern wem und von wann ab die versicherte Beziehung, der Nutzen des Gegenstandes, zusteht. Hat die Nutzungen und/oder die Verfügungsgewalt der Verkäufer behalten, so ist der Käufer trotz der Übergabe oder ihrer Surrogate noch nicht in die versicherte Beziehung eingetreten, die versicherte Beziehung ist bei dem Verkäufer verblieben. Hat die Nutzungen und/oder die Verfügungsgewalt der Käufer, dann ist er bereits in die versicherte Beziehung eingetreten, ihm steht das Interesse, wie es an sich der Eigentümer hat, zu. Bei dieser Auffassung haben Verkäufer und Käufer nicht eventuelle oder schwebende Eigentumsinteressen, solange das Eigentum nicht übertragen ist oder solange noch der Kauf aus irgendeinem Grunde rückgängig gemacht werden kann, sondern der eine oder der andere hat das versicherte Eigentümerinteresse. Im allgemeinen wird der Zeitpunkt der Übergabe (oder ihrer Surrogate) der verkauften Sache auch der Zeitpunkt sein, von dem ab dem Käufer die Nutzungen und die Verfügungsgewalt zusteht, es muß jedoch nicht der Fall sein. So behält bei dem Cif-Verkauf der Verkäufer das (aktuelle) Eigentümerinteresse trotz der Abladung der Ware, denn er hat die Nutzungen und die Verfügungsgewalt über die Sache, solange der Cif-Käufer nicht Eigentümer geworden ist oder der Kauf rückgängig gemacht werden kann[19]).

[18]) OLG. Hamburg v. 12. Juli 1893 (HGZ. 1893 S. 256); bestätigt vom RG. v. 10. Febr. 1894 (SeuffA. 50, 76); v. 28. April 1914 (RG. 84 S. 409, 411 f.); LG. Hamburg (HGZ. 1898 S. 121).

[19]) Anderer Ansicht Christoph S. 146; Leo, HansRZ. 1918 S. 378, 379, die dem Cif-Käufer das Eigentumsinteresse zusprechen, weil er bereits die Gefahr trägt.

2. Die von dem Reichsgerichte entwickelte Ansicht, der sich der größte Teil des Schrifttums anschließt, zeitigt merkwürdige Auffassungen über die Wesensart der Versicherung für Rechnung wen es angeht. Während sonst die Gültigkeit des Schadenversicherungsvertrages von der Einigung der Parteien über die Person, die Art und den Gegenstand der versicherten Beziehung abhängt, soll es für den Abschluß der Versicherung für Rechnung wen es angeht ausreichen, wenn sich Versicherer und Versicherungsnehmer nur geeinigt haben über die „Art des Gegenstandes" und über „den Modus, nach dem die Begründung der verschiedenen Interessen erfolgen soll". Die Art des Gegenstandes sei genügend bezeichnet, wenn dem Versicherer beispielsweise die zu verladenden Waren, an die sich die das Interesse bildenden Beziehungen knüpfen, ihrer Art nach mit einer gemäß Verkehrssitte und gemäß Treu und Glauben zu fordernden Bestimmtheit bekanntgegeben werden, der Modus für die Begründung der verschiedenen Interessen soll sich beispielsweise aus der Angabe ergeben, daß Interessen des Absenders, Spediteurs, Frachtführers usw., in Frage kommen können[20]). Demgemäß ist die Versicherung für Rechnung wen es angeht die Versicherung eines Interesses, das hinsichtlich der Person und der Art des Interesses unbestimmt und nur hinsichtlich des Gegenstandes bestimmt ist. Also wird „im Ergebnis genau der gleiche Zustand herbeigeführt, den man mit der Anerkennung der Versicherung des objektiven Interesses erreichen würde"[21]).

a) Die Versicherung für Rechnung wen es angeht soll die Versicherung aller Interessenten ermöglichen, die bis zum Eintritte des Versicherungsfalles die versicherte Beziehung erwerben, wobei der jeweilige Interessent seine Rechte nicht von seinem Vordermanne, sondern unmittelbar aus dem Versicherungsvertrage herleitet[22]).

Dieser Ansicht steht das positive Recht entgegen. Das Gesetz hat in bewußter Abweichung von dem Grundsatze, nach dem jede Änderung des versicherten Interesses zur Aufhebung des Versicherungsverhältnisses führt, die Versicherung des jeweiligen Interessenten nur bei Veräußerung der versicherten Sache und mit der Maßgabe zugelassen, daß der Erwerber in das Versicherungsverhältnis des Veräußerers eintritt. Die Annahme, daß der Erwerber der für Rechnung wen es angeht versicherten Sache versicherungsrechtlich anders zu beurteilen ist als der Erwerber der für eigene oder fremde Rechnung versicherten Sache, findet in dem Gesetz auch nicht die schwächste Stütze und führt zu unhaltbaren Ergebnissen. Wenn bei einer Versicherung für Rechnung wen es angeht der Versicherungsnehmer die vorvertragliche Anzeigepflicht verletzt oder wenn die Vordermänner des jeweiligen Interessenten die Gefahr ändern oder sonstige Obliegenheiten nicht erfüllen oder den Versicherungsfall schuldhaft zum Teil herbeiführen oder irgend etwas tun, was auf den Bestand des Versicherungsverhältnisses einwirkt, oder auf den Anspruch aus der Versicherung verzichten, so soll der Versicherer hieraus keine Einwendungen gegenüber dem jeweiligen Interessenten herleiten können, weil der Anspruch aus dem Versicherungsverhältnis nicht derivativ, sondern originär erworben wird[23]). Wäre die Rechts-

---

20) Lenné S. 98f.; ähnlich Gerhard-Hagen S. 374; Schneider, Z. 1905 S. 230, 232; Vorwerk S. 100.

21) Gerhard-Hagen S. 375.

22) Gerhard-Hagen S. 374; Kisch S. 590, 598ff.; Kisch bei Jhering S. 410, 422ff.; Lenné S. 96; Voigt S. 31 u. A.

23) So Kisch S. 595ff., 601ff., Kisch bei Jhering S. 413ff., 427ff. Gegen ihn Ritter S. 67f., der auch darauf hinweist, wie willkürlich die Ausnahmen sind, die Kisch S. 602, Kisch bei Jhering S. 418, 432 von dem angeblichen Grundsatze des originären Erwerbes der Versicherung durch den jeweiligen Interessenten zuläßt.

lage für den Versicherer derartig ungünstig, dann wäre die Versicherung für Rechnung wen es angeht längst außer Anwendung, denn kein Versicherer würde imstande sein, zu den herkömmlichen Prämien dem jeweiligen Interessenten einen Versicherungsschutz zu gewähren, der von seinem Vor-Interessenten verwirkt ist. Auch die Versicherung für Rechnung wen es angeht vermag nur ein Versicherungsverhältnis und nicht so viele selbständige Versicherungsverhältnisse, als Interessenten auftauchen können, zu begründen. Wird die für Rechnung wen es angeht versicherte Sache nach Beginn der Versicherung veräußert, so vollzieht sich der Übergang des Versicherungsverhältnisses nach den Vorschriften über die Veräußerung der versicherten Sache, somit derivativ, nicht originär. Es kann auch nicht vertraglich vereinbart werden, daß die Versicherung für Rechnung wen es angeht als Versicherung des jeweiligen Interessenten zu gelten hat[24]), denn eine solche Vereinbarung würde darauf hinauslaufen, daß der Interessent durch einen Vertrag gebunden wird, der ohne seine Mitwirkung zustande gekommen ist. Nur bei Veräußerung tritt der Interessent kraft Gesetzes in das nicht von ihm begründete Versicherungsverhältnis ein, er hat allerdings die Möglichkeit, es zu kündigen.

b) Die Versicherung für Rechnung wen es angeht soll nicht nur die Versicherung aller Interessenten, sondern auch die Versicherung aller nur denkbaren Beziehungen an dem bestimmten Gegenstand ermöglichen[25]).

Dieser Ansicht steht entgegen, daß die Rechtsordnung seit jeher als einzige Ausnahme von dem Grundsatze, nach dem die Art der Beziehung bei Vertragsabschluß festgelegt sein muß, nur die Versicherung auf behaltene Ankunft des Schiffes und der Güter anerkannt hat, daß aber im übrigen Versicherer und Versicherungsnehmer einig sein müssen, welcher Art das versicherte Interesse ist. Der Interessent, der während der Dauer der Versicherung irgendeine Beziehung an dem Gegenstand erlangt, kann nicht durch die Versicherung einer andersartigen Beziehung seitens des Versicherungsnehmers versichert sein. Ist das Eigentümerinteresse versichert, dann kann nicht der Dritte, der Pfandrechte an dem Gegenstand erwirbt, versichert sein, denn die Versicherung des Eigentümerinteresses und die Versicherung des Pfandgläubigerinteresses sind verschieden geartete Beziehungen. Ebensowenig ist es möglich, zeitlich verschiedene Interessen durch die Versicherung für Rechnung wen es angeht zu versichern. Wie bei jeder anderen Schadensversicherung können auch bei ihr der Vergangenheit angehörige oder gegenwärtige oder zukünftige Interessen versichert werden, jedoch müssen sich die Parteien darüber einig sein, welche Interessen versichert sind. Ist ein gegenwärtiges Interesse versichert, dann kann der jeweilige Interessent nicht für eine Beziehung versichert sein, die bereits vor Vertragsabschluß bestand oder erst in der Zukunft entsteht, ist ein zukünftig entstehendes Interesse versichert, dann kann der jeweilige Interessent nicht für eine Beziehung versichert sein, die bereits vor Vertragsabschluß bestand oder bereits gegenwärtig besteht. Auch die Versicherung für Rechnung wen es angeht kann nicht auf die Bestimmung des Interesses in sachlicher und zeitlicher Hinsicht verzichten[26]).

c) Bei der Versicherung für Rechnung wen es angeht soll die Versicherungsforderung demjenigen zustehen, der sich im Augenblicke des Versicherungsfalles als Inhaber des versicherten Interesses erweist[27]).

---

24) So Ritter S. 67.

25) Gerhard-Hagen S. 373; Kisch S. 588, 602; Kisch bei Jhering S. 406, 433; Lenné S. 97f. u. A.

26) ROHG 20, 128; OLG. Hamburg v. 1. Dez. 1888 (HGZ. 1889 S. 239, 242).

27) So anscheinend Kisch S. 598 ff.; Kisch bei Jhering S. 422 ff.

Da man nicht wissen kann, ob der Versicherungsfall jemals eintritt und wer zur Zeit seines Eintrittes der Interessent ist, so besteht ein Interesse ohne Interessenten entweder während der ganzen Versicherungsdauer, wenn kein Versicherungsfall eintritt, oder bis zu seinem Eintritte. Hieraus ergibt sich die unmögliche Folgerung, daß die Verfügungsmacht des Versicherungsnehmers stark beschränkt, die Verfügungsmacht desjenigen, dem die versicherte Beziehung tatsächlich zusteht, völlig aufgehoben ist[28]). Der Versicherungsnehmer kann nicht über die Rechte aus der Versicherung nach den Grundsätzen der Versicherung für eigene Rechnung verfügen, da nicht feststeht, ob sich sein Interesse oder ob sich das Interesse eines anderen als versichert erweisen wird. Bei Anwendung der Grundsätze der Versicherung für fremde Rechnung kann er, wenn er nicht im Besitze des Versicherungsscheines ist, insoweit nicht verfügen, als er die Zahlung des Versicherers annehmen oder die Rechte aus der Versicherung übertragen will, da er für beide Handlungen der Zustimmung des Versicherten bedarf (§ 76 Abs. 2 VVG.; § 887 Abs. 2 HGB.; § 54 Abs. 2 ADS.), der Versicherte aber nicht oder noch nicht vorhanden ist. Der Versicherungsnehmer kann ferner die Zahlung der Entschädigungsleistung an sich nicht erzwingen, da der Versicherer hierzu nur verpflichtet ist, wenn ihm der Nachweis der Zustimmung des Versicherten zu der Versicherung erbracht wird (§ 76 Abs. 3 VVG.; § 887 Abs. 3 HGB.; § 54 Abs. 3 ADS.). Derjenige, dem das versicherte Interesse tatsächlich zusteht, kann selbst, wenn er im Besitze des Versicherungsscheines ist oder die Zustimmung des Versicherungsnehmers besitzt, über seine Rechte nicht verfügen, weil er sich, wenn überhaupt, erst bei Eintritt des Versicherungsfalles als Interessent herausstellt.

3. Die Versicherung für Rechnung wen es angeht gleicht insofern jeder anderen Schadensversicherung, als sich Versicherungsnehmer und Versicherer zu einigen haben über die Art der versicherten Beziehung und über den Gegenstand, an den die versicherte Beziehung anknüpft. Gemäß der zustande gekommenen Vereinbarung ist entweder die bestimmte Beziehung für die Vergangenheit (Rückwärtsversicherung) oder für die Vergangenheit und Gegenwart oder nur für die Gegenwart oder für die Gegenwart und Zukunft (künftig entstehende Beziehung) oder nur für die Zukunft versichert. Sie unterscheidet sich von jeder anderen Schadensversicherung, insbesondere der gewöhnlichen Versicherung für fremde Rechnung dadurch, daß bei Vertragsabschluß unbestimmt bleibt, wer tatsächlich der Interessent ist, ob die versicherte Beziehung dem Versicherungsnehmer oder einem Dritten zusteht oder zugestanden hat oder zustehen wird. Ähnlich wie bei der Rückwärtsversicherung die subjektive Ungewißheit über den möglicherweise schon eingetretenen Versicherungsfall oder über die Unmöglichkeit des Eintrittes des Versicherungsfalles die Wirksamkeit des Versicherungsverhältnisses nicht berührt, bleibt bei der Versicherung für Rechnung wen es angeht subjektiv unbestimmt, wer der Interessent ist, objektiv steht die Person des Interessenten fest. Es ist bei dem Beginn der Versicherung „ein individuell bestimmter, wenngleich nicht notwendig gekannter Versicherter vorhanden" (ROHG. 14, 122). Diese Ausnahme von dem Grundsatze, nach dem auch die Person des Interessenten bei Vertragsabschluß angegeben werden muß, greift nur Platz, wenn sich die Parteien darüber geeinigt haben, daß eigenes oder fremdes Interesse versichert wird. Hierbei braucht nicht gerade die Klausel „für Rechnung, wen es angeht" oder „für eigene oder fremde Rechnung" verwendet zu werden, obschon sich die Güterpolicen fast ausnahmslos dieser Klauseln bedienen, sondern es kann auch aus dem Versicherungs-

---

[28]) Ritter S. 744.

vertrag sonstwie hervorgehen, daß unbestimmt gelassen werden soll, ob eigenes oder fremdes Interesse versichert ist.

Da bei Vertragsabschluß unbestimmt bleibt, ob eigenes oder fremdes Interesse versichert ist, so ist die Versicherung wirksam, auch wenn sich herausstellt, daß der Versicherungsnehmer kein eigenes Interesse hat, gehabt hat oder erwirbt, sondern einem Dritten das versicherte Interesse zusteht, zugestanden hat oder von ihm erworben ist, oder umgekehrt, wenn sich herausstellt, daß ein Dritter kein Interesse hat, gehabt hat oder erwirbt, sondern dem Versicherungsnehmer das versicherte Interesse zusteht, zugestanden hat oder von ihm erworben wird. Mithin erübrigt sich bei dieser Versicherungsart der Abschluß von zwei Verträgen, von denen einer wegen mangelnden Interesses unwirksam sein würde (RG. 13 S. 99, 103), sie ermöglicht die Versicherung des Interesses des Versicherungsnehmers oder des Interesses des Dritten in demselben Versicherungsvertrage.

Ergibt sich, daß eigenes Interesse versichert ist, so finden die Vorschriften über die Versicherung eigenen Interesses Anwendung; ergibt sich, daß fremdes Interesse versichert ist, so finden die Vorschriften über die Versicherung für fremde Rechnung Anwendung. Diese Vorschriften bestimmen, wer die Rechtspflichten und Obliegenheiten, die durch den Versicherungsvertrag begründet werden, zu erfüllen hat. Bei Eigenversicherung liegt ihre Erfüllung nur dem Versicherungsnehmer ob. Bei Fremdversicherung hat der Versicherte nicht die Prämie und die gesetzlich oder vertraglich auferlegten Nebengebühren zu bezahlen, selbst dann nicht, wenn der Versicherungsnehmer zahlungsunfähig ist, denn durch den von dem Versicherungsnehmer im eigenen Namen abgeschlossenen Versicherungsvertrag kann keine Schuld oder Haftung des Versicherten gegenüber dem Versicherer begründet werden[29]). Der Versicherte hat auch nicht bei laufender Versicherung zu deklarieren. Ob und inwieweit der Versicherte dem Versicherungsnehmer die verauslagten Prämien und Nebengebühren zu ersetzen hat, richtet sich nach dem internen Verhältnis zwischen Versicherungsnehmer und Versichertem. Auch die Obliegenheiten wären gleichfalls nur von dem Versicherungsnehmer zu erfüllen, weil der von ihm mit dem Versicherer abgeschlossene Vertrag den Versicherten zu nichts „verpflichten" kann. Aber aus der Rechtsnatur der Obliegenheiten als Voraussetzungen ergibt sich, daß sie der Versicherte gleichfalls erfüllen muß, wenn er die Rechte aus dem Vertrag erwerben will[30]). Führt der Versicherte schuldhaft den Versicherungsfall herbei, so ist der Anspruch aus der Versicherung verwirkt, da insoweit das Verhalten des Versicherten dem Verhalten des Versicherungsnehmers gleichzustellen ist[31]).

Wird die für Rechnung wen es angeht versicherte Sache veräußert, so tritt der Erwerber nach den Grundsätzen über die Veräußerung der versicherten Sache in das Versicherungsverhältnis ein. Ergibt sich, daß der Veräußerer eigenes Interesse versichert hat, so erlangt der Erwerber die rechtliche Stellung des Versicherungsnehmers, ergibt sich, daß der Veräußerer fremdes Interesse versichert hat, so erlangt der Erwerber die rechtliche Stellung des Versicherten im Sinne der Versicherung für fremde Rechnung.

Wird die für Rechnung wen es angeht versicherte Sache cif verkauft, so bleibt der Verkäufer für eigene Rechnung versichert, solange die Dokumente seitens des Käufers noch nicht aufgenommen sind. Jede Einwirkung des Ver-

---

[29]) Die Sonderbestimmung der Seeversicherung (Art. 812 Abs. 3 ADHGB., § 812 Abs. 3 HGB. von 1897) ist aufgehoben.

[30]) Bruck, Z. 1926 S. 180, 199.

[31]) Bruck, JW. 1927 S. 2801.

sicherten während dieses Zeitraumes, die sich als Verletzung einer Obliegenheit oder als Herbeiführung des Versicherungsfalles erweist, kann dem Verkäufer nur nach den Grundsätzen zugerechnet werden, nach denen er für das Verhalten Dritter aufzukommen hat. Mit Aufnahme der Dokumente seitens des Käufers tritt dieser als Versicherter in das Versicherungsverhältnis ein, da sich nunmehr erweist, daß die Versicherung für sein Interesse genommen worden ist. Die Versicherung für Rechnung wen es angeht soll den Abschluß mehrerer Versicherungsverträge trotz subjektiver Ungewißheit über die Person des Interessenten unnötig machen. Nun ist zwar bei dem Cif-Verkauf die Person des Interessenten bei dem Beginne der Versicherung nicht bloß objektiv, sondern regelmäßig auch subjektiv gewiß. Die Berücksichtigung der eigentümlichen Lage beider Parteien zwingt aber dazu, den Eintritt des Cif-Käufers als eines bei Beginn der Versicherung subjektiv ungewissen Interessenten auf diesen Zeitpunkt zurückzubeziehen, da nur auf diese Weise klargestellt wird, daß der Cif-Käufer nicht etwa nach den Grundsätzen der Veräußerung der versicherten Sache in das Versicherungsverhältnis eintritt, noch auch während des Schwebezustandes eventueller Interessent ist. Die Zurückbeziehung des Versicherungsverhältnisses gibt dem Cif-Kauf seine versicherungsrechtliche Sondernote. Im Gegensatze zu der einfachen Veräußerung, bei der der jeweilige Interessent nach den Grundsätzen der Veräußerung der versicherten Sache versichert ist, sofern nicht das Versicherungsverhältnis durch Kündigung bereits aufgehoben ist, ist bei der Cif-Veräußerung der Versicherungsnehmer für eigenes Interesse bis zur Aufnahme der Dokumente und von da ab der Käufer als Versicherter versichert. Infolgedessen ist jede sich als Verletzung einer Obliegenheit oder fahrlässige Herbeiführung des Versicherungsfalles darstellende Einwirkung, die der Versicherungsnehmer von da ab vornimmt, dem Versicherten nur insoweit zuzurechnen, als er für das Verhalten Dritter aufzukommen hat.

§ 3. I. Aus dem Begriffe des versicherten Interesses als einer bestimmten Beziehung einer bestimmten oder bestimmbaren Person zu einem bestimmten Gegenstande ergibt sich folgerichtig, daß das Versicherungsverhältnis durch jede Änderung hinsichtlich der Beziehung oder hinsichtlich der Person oder hinsichtlich des Gegenstandes hinfällig wird. Also muß auch das Versicherungsverhältnis bei Veräußerung der Sache sein Ende finden, denn das versicherte Interesse des Veräußerers fällt weg, und der Erwerber steht in keinem Vertragsverhältnisse zu dem Versicherer.

Die Rücksichtnahme auf die Bedürfnisse des Verkehres zwingt jedoch zu einer Durchbrechung des Prinzipes. Hört das Versicherungsverhältnis mit Veräußerung der Sache auf, so vergeudet der Versicherungsnehmer Prämien, abgesehen von dem die seltenste Ausnahme bildenden Falle, daß die Veräußerung gerade mit dem Ende der letzten Versicherungsperiode, für die Prämien zu entrichten sind, zusammenfällt. Schwerer wiegt das Interesse des Erwerbers nach sofortigem Versicherungsschutze. Muß der Erwerber erst einen neuen Versicherungsvertrag abschließen, dann ist er in der Zeit zwischen Veräußerung und materiellem Beginne der Versicherung nicht geschützt.

Diese Erwägungen haben die moderne, auch die deutsche Gesetzgebung dazu bestimmt, in Abweichung von der Grundregel, nach der der Versicherungsschutz bei wegfallendem Interesse aufhört, den Übergang des Versicherungsverhältnisses bei Veräußerung der Sache vorzusehen[32]). Damit hat das praktische Bedürfnis über die juristische Konstruktion gesiegt.

---

[32]) §§ 69—73 VVG., § 899 HGB., §§ 49—51 ADS.; vgl. auch §§ 64—68 ÖVVG., Art. 54 SVVG., §§ 387, 388 Sowjet BGB., §§ 15, 50, 21 MJA.

Keinem Gesetzgeber ist es jedoch gelungen, den an und für sich einfachen Gedanken in die richtige Form zu kleiden. Die Fassung der Vorschrift, daß bei Veräußerung der versicherten Sache durch den Versicherungsnehmer an Stelle des Veräußerers der Erwerber in die während der Dauer seines Eigentums aus dem Versicherungsverhältnis sich ergebenden Rechte und Pflichten des Versicherungsnehmers eintritt, erweckt den Anschein, als ob die Veräußerung der Sache maßgebend ist, obschon den Gegenstand der Versicherung nicht mehr die Sache, sondern das versicherte Interesse bildet.

Die Erfassung des Begriffes „Veräußerung der versicherten Sache" ist theoretisch und praktisch für die Rechte und Pflichten der Parteien von gleich großer Bedeutung. Vorhandensein und Zeitpunkt der Veräußerung entscheiden über die wichtigen Fragen, ob der Anspruch auf die Entschädigungsleistung des Versicherers dem Veräußerer oder dem Erwerber zusteht, ob und wann das Kündigungsrecht des Versicherers und des Erwerbers und ob und wann die dem Erwerber und dem Veräußerer auferlegte Anzeigepflicht ausgelöst werden.

Allerdings ist das Anwendungsgebiet der Sondernormen über die Veräußerung der versicherten Sache beschränkt. Da abgesehen von Transport- und Seeversicherung der Versicherungsschutz der an beweglichen Sachen versicherten Interessen örtlich an einen bestimmten Raum gebunden zu werden pflegt, der regelmäßig bei Veräußerung der Sache aufgegeben wird, so scheidet fast ganz die Mobiliarversicherung aus. Aber bei der Versicherung von Gebäuden und bei der Transport- und Seeversicherung von Gütern und von Transportmitteln fällt die örtliche Gebundenheit des Versicherungsschutzes weg. Dazu kommt, daß Verkäufe unter Eigentumsvorbehalt und Sicherungsübereignungen infolge der wirtschaftlichen Verhältnisse anscheinend häufiger als ehedem vorkommen.

II. Die reichsgerichtliche Rechtsprechung des siebenten (sechsten) Zivilsenats über den Begriff der Veräußerung der versicherten Sache läßt eine deutliche Zäsur, die mit dem Inkrafttreten des Versicherungsvertragsgesetzes zusammenfällt, erkennen.

1. Die vorgesetzliche Rechtsprechung ist um so bemerkenswerter, als in zwei Entscheidungen, obschon sie für den Bereich des preußischen Rechtes ergangen sind, der richtige Weg eingeschlagen ist, nach dem die Sache als solche versichert ist. Die erste Entsch. v. 5. Juni 1903 (VA. 1904 S. 39 Nr. 33) erklärt den Übergang der Feuerversicherung eines Gebäudes auf den Erwerber vor der Auflassung für rechtlich bedenkenfrei. Die diese Ansicht tragende Rechtsauffassung findet ihren Ausdruck in den prägnanten Sätzen: „der Zweck und Erfolg der Versicherung geht der Natur der Sache nach nicht dahin, den Gegenstand der Versicherung gegen das Eintreten einer Zerstörung durch Brand zu schützen, sondern denjenigen, der durch die eingetretene Zerstörung geschädigt ist, von dem ihm erwachsenen Schaden zu entlasten". Erwerber ist nicht derjenige, „der das formale Eigentum der Sache durch Auflassung erhalten habe", sondern derjenige, „der die Gefahr der erworbenen Sache als ihr mit einem zum Eigentumserwerbe geeigneten Titel versehener Besitzer trage".

Die zweite Entsch. v. 14. Juni 1910 (RG. 74, 126) beschäftigt sich mit dem Schicksal der Feuerversicherung einer unter Eigentumsvorbehalt verkauften Sache. Das Reichsgericht läßt dahingestellt, ob der Käufer oder ob der Verkäufer die Gefahr der Verschlechterung oder des zufälligen Unterganges zu tragen hat, jedenfalls hat der Käufer ein der genommenen Versicherung entsprechendes Interesse. Durch Übergabe der Sache werde er zwar nicht zum Eigenbesitzer, er erlange nicht die volle rechtliche Herrschaft über die Sache, aber er „tritt doch schon in rechtliche und wirtschaftliche Beziehung zu der ihm übergebenen Sache". Er habe ein eventuelles Eigentumsinteresse.

In beiden Entscheidungen hat sich das Reichsgericht von der Auffassung freigemacht, daß die Versicherung „Pertinenz" der Sache ist, daß die Versicherung dem Eigentum an der Sache folgt. Es hat damit der Bedeutung des Interesses volle Rechnung getragen. Wer die Nutzungen der Sache zu ziehen berechtigt ist, ist der Interessent ohne Rücksicht darauf, ob ihm das Eigentum an der Sache zusteht. Ähnliche Erwägungen waren schon von dem Oberappellationsgericht in Dresden angestellt worden, das in seiner Entsch. vom Febr. 1869 (Seuffert 22, 443 Nr. 290) die Sätze prägte: Wenn von dem Eigentume des Versicherten an den versicherten Gegenständen die Rede ist, so kann der Ausdruck „Eigentum" nicht auf ein solches Recht des Versicherten bezogen werden, welches mit der rei vindicatio im technischen Sinne dieses Wortes geschützt ist; ob der Versicherte einen Schaden erlitten hat, ist keineswegs identisch mit der Frage, ob er Eigentümer der Gegenstände ist oder nicht. Klarer ist bisher in keiner oberinstanzlichen Entscheidung zum Ausdruck gelangt, daß die Versicherung des Eigentümerinteresses nicht die Versicherung des Eigentumsinteresses ist.

Der Erkenntnis des Interessebegriffes war der Weg freigelegt. Ihn weiter auszubauen, ist um so leichter gewesen, als inzwischen das Versicherungsvertragsgesetz, wie längst das Handelsgesetzbuch für die Seeversicherung, die Vorstellung aufgegeben hatte, daß die Sache versichert ist. Aber das Reichsgericht ist von dem Wege abgewichen.

2. Unter der Herrschaft des Versicherungsvertragsgesetzes hat maßgebende Bedeutung für den Begriff der Veräußerung die Entsch. v. 28. April 1914 (RG. 84, 409) erlangt. Die Besitzübergabe feuerversicherter Gebäude ist vor der Eintragung des Erwerbers erfolgt. Bevor diese vollzogen ist, brennen die Gebäude nieder. Der grundbuchmäßige Eigentümer verlangt die Entschädigungsleistung des Versicherers, die ihm von allen Instanzen zugesprochen worden ist.

Das Reichsgericht stützt seine Entscheidung auf den Wortlaut des § 69 VVG. Veräußerung im Versicherungsrecht soll dasselbe wie Veräußerung im allgemeinen bürgerlichen Recht bedeuten. Bei der „sehr sorgfältig redigierten Fassung" des Gesetzes sei anzunehmen, daß sich der Übergang des Versicherungsverhältnisses „nur und erst" vollziehe, wenn „ein Übergang des Eigentums an der versicherten Sache vom Versicherungsnehmer als Veräußerer auf den Erwerber stattgefunden hat", zumal das Gesetz an Stelle des Veräußerers den Erwerber in die „während der Dauer seines Eigentums" aus dem Versicherungsverhältnis sich ergebenden Rechte und Pflichten des Versicherungsnehmers eintreten läßt. Die beabsichtigte Anlehnung des § 69 VVG. an § 571 Abs. 1 BGB., ferner der in der Begründung mehrfach verwendete Ausdruck „Eigentumswechsel" sollen darauf schließen lassen, daß der Begriff der Veräußerung in beiden Gesetzen gleichzustellen sei. Das Reichsgericht sieht diese Gründe für gewichtig an. Das Gewicht ihrer beweisenden Kraft kann jedoch kein stärkeres sein als bei jeder nur dem Wortlaut entnommenen Auslegung.

Von größerer Bedeutung ist das zweite Argument. Das Reichsgericht geht von der zutreffenden Erwägung aus, daß die Verabredungen von Käufer und Verkäufer über die Verteilung der Gefahr ohne Einfluß auf den von dem Verkäufer mit dem Versicherer abgeschlossenen Versicherungsvertrag sind. Der Käufer, der die Gefahr trage, erlange zwar ein unmittelbares Interesse an der Erhaltung der Sache, das dem Eigentumsinteresse ähnlich sei und ihm wirtschaftlich unter Umständen gleichkommen könne, aber es seien „ausreichende innere Gründe für die gesetzliche Regelung erkennbar, welche den Besitznachfolger des Versicherungsnehmers erst mit dem Zeitpunkte seines Eigentumserwerbes in das Versicherungsverhältnis eintreten läßt". Solange der Käufer nicht alle Verpflichtungen aus dem Kauf erfüllt habe, fehle es „dem nach der Übergabe des Grundstückes an den Käufer fortbestehenden Eigentumsrecht und Eigentumsinteresse des Verkäufers nicht an sachlichem Gehalt". Auch wenn man einen rein wirtschaftlichen Maßstab anlege, sei „das für den Verkäufer am Grundstücke bestehende Interesse dem Interesse des Käufers am Grundstück überlegen".

Die Klarstellung des Problems erfordert, daß zwischen der Gefahr im versicherungsrechtlichen Sinne und der Gefahr im Sinne des Kaufrechtes (§ 446 Abs. 1 BGB.) unterschieden wird.

Das Interesse als Beziehung zwischen Rechtssubjekt und Gegenstand ist ohne Rücksicht auf die Möglichkeit seiner Verminderung oder Vernichtung durch Ereignisse, die den Gegenstand betreffen können, vorhanden. Der Eigentümer eines Schiffes steht in derselben Beziehung zu dem Schiff, ob es im Hafen liegt oder ob es den Gefahren einer Reise ausgesetzt ist. Die Beziehung und das Schicksal der Beziehung sind unabhängig voneinander. Aber im Rahmen eines Versicherungsvertrages kommt die Beziehung nur unter dem Gesichtspunkt ihrer Gefährdung in Betracht. Die Beziehung ist nur insoweit versichert, als die Möglichkeit ihrer Verminderung oder Vernichtung durch ein bestimmtes Ereignis, das den Gegenstand betreffen kann, besteht. Die Leistung des Versicherers ist die Gefahrtragung, d. h. die Übernahme der sich aus einer gewissen Gefahrslage ergebenden Folgen. Wird die versicherte Beziehung keiner Gefahr ausgesetzt, dann ist der Versicherungsvertrag wirkungslos: eine Gefahrtragung seitens des Versicherers kann nicht in Frage kommen. Die Rechtslage gleicht der, wenn die versicherte Beziehung nicht vorhanden ist oder nicht zur Entstehung gelangt oder wegfällt.

Der Zusammenhang, der hiernach zwischen Interesse und Gefahr im versicherungsrechtlichen Sinne vorhanden sein muß, bedeutet im Hinblick auf die durch Verwirklichung der Gefahr (Versicherungsfall) verursachten Folgen, welche der Versicherer nach Maßgabe des Versicherungsvertrages ausgleicht, daß das versicherte Interesse die Beziehung in unbeschädigtem Zustande, der Versicherungsschaden die Beziehung in beschädigtem Zustande darstellt. Der Versicherungsschaden ist die Negation des versicherten Interesses. Wie das versicherte Interesse des Interessenten unabhängig ist von seinem rechtlichen Verhältnisse zu dem Gegenstand, auf den sich das Interesse bezieht, ist auch die Frage, wer den Versicherungsschaden trägt, unabhängig hiervon. Der Versicherungsschaden trifft den, dem die versicherte Beziehung zusteht, insbesondere braucht der durch den Versicherungsfall geschädigte Eigentümerinteressent nicht auch das Eigentum zu haben.

Völlig unabhängig voneinander sind das Schicksal des versicherten Interesses und die Gefahrtragung im kaufrechtlichen Sinne. Wie bereits früher ausgeführt, ist die Gefahrtragung eine Folge des Rechtsverhältnisses zwischen Verkäufer und Käufer, das unberührt von dem Rechtsverhältnis zwischen Versicherungsnehmer und Versicherer bleibt.

Somit ist der Eintritt des Erwerbers in das Versicherungsverhältnis des Veräußerers nicht abhängig von dem Übergange des Eigentumes an der Sache oder von dem Übergange der Gefahrtragung im kaufrechtlichen Sinne. Entscheidend ist vielmehr der Augenblick, in dem sich die Interessenlage so gestaltet, daß durch Eintritt des Versicherungsfalles nicht mehr der Veräußerer, sondern der Erwerber wirtschaftlich geschädigt wird. Der Übergang des Versicherungsverhältnisses hat zwar in Anlehnung an eine Veräußerung im allgemeinen bürgerlich-rechtlichen Sinne zu erfolgen, braucht aber nicht zeitlich mit der Veräußerung oder mit dem Übergange der Gefahrtragung im kaufrechtlichen Sinne zusammenzufallen.

Vollziehen sich Eigentumsübergang und Gefahrübergang im kaufrechtlichen Sinne gleichzeitig, so ist über den Zeitpunkt, in dem der Erwerber in das Versicherungsverhältnis eintritt, keine Meinungsverschiedenheit denkbar. Fallen dagegen Eigentumsübergang und Gefahrübergang zeitlich auseinander, so tritt eine Spaltung der Gefahr ein: der Käufer trägt die Gefahr des zufälligen Unterganges und einer zufälligen Verschlechterung der verkauften Sache, aber auch der Verkäufer trägt die Gefahr, daß der Kaufvertrag aus irgendeinem Grunde rückgängig gemacht wird. Es mag folgerichtig sein, entsprechend der eingetretenen Teilung der Gefahr auch das Versicherungsverhältnis in der Weise zu teilen, daß es bei jeder der beiden Parteien in dem Umfange verbleibt, in dem sie die Gefahr trägt, und es gemäß dem während der Abwicklung des Geschäftes fortschreitenden Übergang der Gefahr sukzessive auf den Erwerber übergehen zu lassen[33]). Diesem sukzessiven Übergang des Versicherungsverhältnisses steht jedoch die Einsicht entgegen, daß das Versicherungsverhältnis einheitlich ist, daß aus einem Versicherungsverhältnis nicht mehrere Versicherungsverhältnisse entstehen können. Das Versicherungsverhältnis kann nur als Ganzes bei dem Veräußerer verbleiben oder als Ganzes auf den Erwerber übergehen. Ob das eine oder das andere zutrifft, bestimmt sich danach, wem die Nutzung des Gegenstandes und/oder die Verfügungsgewalt über den Gegenstand zusteht.

Der Übergang des Versicherungsverhältnisses ist ferner nicht davon abhängig, ob der Kaufpreis und die sonstigen den Käufer belastenden Nebenkosten in dem Zeitpunkte der Übergabe der Sache bezahlt sind oder nicht. Versichert ist das Eigentümerinteresse an der Sache gegen die Gefahr ihrer Beschädigung oder Vernichtung. In dieses Eigentümerinteresse ist der Erwerber mit der Übergabe der Sache eingetreten. Er hat „ein unmittelbares Interesse an der Erhaltung der versicherten Sache" erlangt (RG. 84, 412). Infolge des Kredits, den der Veräußerer dem Erwerber einräumt, bleibt jedoch der Veräußerer, solange er für seine Forderung keine restlose Befriedigung erlangt hat, weiter an dem Schicksal der Sache beteiligt. Aber dieses Interesse ist nicht gleichbedeutend mit dem versicherten Eigentümerinteresse, es ist auch kein Rest des versicherten Eigentümerinteresses, sondern es besteht unabhängig von diesem, es kann sogar auch noch vorhanden sein, wenn der Erwerber das Eigentum erlangt hat. Das dem Veräußerer verbleibende Interesse ist ein Kreditinteresse, das seine rechtliche Grundlage in der Stundung der von dem Käufer zu bezahlenden Gelder findet. Das Kreditinteresse des Verkäufers, das zwar durch die Veräußerung begründet wird, aber nicht aus der Veräußerung folgen muß, kann den Übergang des versicherten Eigentümerinteresses nicht aufhalten. Gelangt die Sache in die Gewalt des Veräußerers zurück, so liegt eine Rück-Veräußerung im versicherungsrechtlichen Sinne seitens des Erwerbers an den Veräußerer vor.

Der Fehler der reichsgerichtlichen Entsch. v. 28. April 1914 liegt ebenso wie bei seiner Auffassung über die Versicherung für Rechnung wen es angeht in der Gleichstellung von Eigentümerinteresse mit Eigentumsinteresse. Damit ist das Reichsgericht zu der Vorstellung zurückgekehrt, daß die Sache als solche versichert ist.

---

[33]) So Ritter S. 55, 708.

III. Die Entsch. v. 28. April 1914 ist der Ausgangspunkt für spätere Entscheidungen geworden.

1. Feuerversicherte Gegenstände sind unter Vorbehalt des Eigentums bis zur vollständigen Zahlung des Kaufpreises verkauft. Noch bevor die Kaufpreisschuld getilgt ist, brennen die Gegenstände nieder. Der Anspruch des Verkäufers auf die Entschädigungsleistung des Versicherers ist in allen Instanzen anerkannt worden. Das Reichsgericht beruft sich in seiner Entsch. v. 24. Sept. 1926 (RG. 114, 316) ausdrücklich auf RG. 84, 409 und meint, beim Verkauf beweglicher Sachen mit Eigentumsvorbehalt (§ 455 BGB.) bestehe ebenfalls das Interesse des Verkäufers an der Erhaltung der versicherten Gegenstände fort. Ob daneben ein in gleicher Richtung liegendes Interesse des Käufers begründet werde, erscheine unwesentlich. Das Gesetz habe den Übergang des Versicherungsverhältnisses von einem leicht zu ermittelnden Vorgang, nämlich dem Eigentumsübergang, abhängig gemacht.

Die Rechtslage ist die gleiche wie bei der Übergabe des Gebäudes vor der Eintragung. Der Käufer hat bereits die Nutzungen des Gegenstandes. Sein Interesse deckt sich daher mit dem versicherten Eigentümerinteresse des Verkäufers. Das Interesse, das dem Verkäufer verbleibt, ist ein Kreditinteresse. Solange der Verkäufer von dem Vertrage nicht zurückgetreten ist, steht dem Käufer der Anspruch auf die Entschädigungsleistung des Versicherers zu, sofern nicht der Versicherungsfall in einem Zeitpunkt eintritt, in dem der Versicherer nicht mehr die Gefahr trägt, weil entweder das Versicherungsverhältnis gekündigt oder weil die Anzeigepflicht schuldhaft verletzt worden ist.

2. Ein besonders gutes Beispiel für die Abwägung der Interessenlage und der sich hieraus ergebenden Folgen für das Versicherungsverhältnis bietet die Sicherungsübereignung. Sie hat wiederholt das Reichsgericht beschäftigt.

Nach dem Tatbestand der vor dem Inkrafttreten des Versicherungsvertragsgesetzes ergangenen Entsch. v. 4. März 1910 (RG. 73, 141) ist der feuerversicherte Erbsenschober, der auf freiem Felde hinter den Wirtschaftsgebäuden aufgestellt ist, als Sicherung übereignet worden. Der Veräußerer (Schuldner) soll den Schober für den Erwerber (Gläubiger) verwahren. Der Schober brennt vor Tilgung der Forderung, die der Erwerber gegen den Veräußerer hat, ab. Das Reichsgericht verneint, daß die Sicherungsübereignung eine Ausnahme im Sinne der die damalige Feuerversicherungspraxis beherrschenden vertraglichen Bestimmung bildet, nach der bei Veräußerung die Versicherung ruht.

In der Entsch. v. 17. Juni 1927 (RG. 117, 270) ist das gegen Einbruchdiebstahl versicherte Warenlager einem Treuhänder der Warengläubiger übereignet und mit dem Treuhänder unter anderem vereinbart, daß die ihm übergebenen Waren zur Verwahrung bei dem Veräußerer liegen bleiben. Ein Teil der versicherten Waren ist durch Einbruch gestohlen worden. Das Reichsgericht erklärt unter Bezugnahme auf seine frühere Rechtsprechung (ebenso auch ROHG. 25, 40), vor allem auf die grundsätzliche Entsch. in Bd. 84 S. 409, die Sicherungsübereignung für eine Veräußerung auch im versicherungsrechtlichen Sinne, bei der das versicherte Interesse auf den Erwerber übergeht. Denselben Standpunkt nimmt das RG. in der Entsch. v. 4. Okt. 1927 (Juristische Rundschau f. d. Privatversicherung 1927 S. 311) ein.

Geht man von der Auffassung aus, daß das versicherte Interesse Eigentumsinteresse und nicht Eigentümerinteresse ist, so ist es folgerichtig, auch bei der Sicherungsübereignung das Versicherungsverhältnis auf den Erwerber (den Sicherungsnehmer) übergehen zu lassen. Mag auch sein Eigentum einen anderen Inhalt haben als sonst, es bleibt Eigentum.

Der maßgebende Gesichtspunkt für die Entscheidung der Frage ist ebensowenig wie sonst die Gestaltung der rechtlichen, sondern die Gestaltung der wirtschaftlichen Verhältnisse. Behält der Sicherungsgeber die Nutzungen der Sache, so ist die versicherte Beziehung bei ihm verblieben. Da er bei Verschlechterung oder bei Untergang der Sache weitere Sicherheit oder eine andere Sache als Sicherheit zu beschaffen hat, so kommt ihm die durch Eintritt des Versicherungsfalles ausgelöste Entschädigungsleistung zu. Will der Sicherungsnehmer den Versicherungsschutz haben, so muß er mit dem Sicherungsgeber vereinbaren, daß dieser ihm den Anspruch auf die Entschädigungsleistung abtritt. Eine derartige Vereinbarung pflegt auch von den Großbanken mit ihren Kunden getroffen zu werden. Sie wäre überflüssig, wenn das Versicherungsverhältnis mit der Sicherungsübereignung auf den Sicherungsnehmer überginge.

Abgeschlossen: August 1928.

Meilensteine im Markenrechte

von Professor Dr. Martin Wassermann, Hamburg[1])

Eine auch nur oberflächliche Darstellung des Einflusses, den das Reichsgericht auf das Marken- und Wettbewerbsrecht ausgeübt hat, würde den Rahmen, der den einzelnen Mitarbeitern dieser Festschrift zur Verfügung steht, bei weitem überschreiten. Beschränken will ich mich daher auf einige Sätze, die im Gesetz selbst nicht erwähnt sind, sondern ihre Entstehung der höchstrichterlichen Rechtsprechung verdanken. Deren gibt es in diesem Rechtsgebiete gar manche. Das ist nicht auffallend; denn das deutsche Markenrecht war bei der Gründung des Reichsgerichtes eine noch recht zarte Pflanze. Es hatte erst wenige Jahre vorher im Jahre 1874 seine erste gesetzliche Regelung erfahren und wurde erst 20 Jahre später durch das Warenzeichengesetz vom 12. Mai 1894 in einer den Bedürfnissen eines großen Staates genügenden Weise ausgebaut; und an ein Wettbewerbsrecht dachte im Jahre 1879 in Deutschland noch niemand. Es ist erst 17 Jahre später in Angriff genommen worden, um nach weiteren 13 Jahren eine Gestalt zu empfangen, die als brauchbare Unterlage für eine Fortbildung des Rechtes dienen konnte.

Das Reichsgericht betrachtete es während des Zeitraumes der ersten Entwickelung als seine Aufgabe, die klaffenden Lücken einer sich nur schüchtern hervorwagenden Gesetzgebung nach Möglichkeit auszufüllen und der in schnellem Aufschwunge befindlichen Industrie nach Möglichkeit einen Ersatz für den nicht immer genügenden gesetzlichen Schutz zu verschaffen; es hat nach Abschluß der gesetzgeberischen Tätigkeit es für seine Pflicht gehalten, aus dem noch immer dürftigen Gesetz eine wirksame Waffe zu schmieden gegen alle Mißbräuche und Störungen, denen ehrlicher Handel und aufstrebendes Gewerbe seitens einer unlauteren Mitbewerberschaft ausgesetzt sind. Besonders in den letzten Jahren hat der 2. Zivilsenat, der vorwiegend, wenn nicht ausschließlich, berufen war, diesen Schutz zu gewähren, Leitsätze von außerordentlicher Schärfe ausgearbeitet, die nicht immer restlosen Beifall im Schrifttum gefunden haben. Aber von ganz seltenen Ausnahmen abgesehen, sind die rechtsuchenden Parteien und die an der Rechtsfindung beteiligten Berater einig darin, daß der höchste Gerichtshof mit seiner strengen Auffassung den richtigen Weg gefunden hat.

Die große Aufmerksamkeit, mit der seine Rechtsprechung verfolgt wird, und das Ansehen, welches sie auch im Auslande genießt, legen beredtes Zeugnis dafür ab, daß die Sprüche im Einklange stehen mit den Bedürfnissen des Verkehrs und den im Laufe der letzten Jahrzehnte stark veränderten und geläuterten Anschauungen über die Gebote der guten Sitten im wirtschaftlichen Wettbewerbe. Von Gesetz und Rechten, die sich wie eine ewige Krankheit forterben, ist in den Entscheidungen des 2. Zivilsenates nichts zu spüren; aus ihnen weht der frische Hauch der Gegenwart; sie zeigen, daß der Richter, abhold welt-

---

[1]) Da die Arbeit am 1. August 1928 abgeschlossen werden mußte, konnte die spätere Rechtsprechung keine Berücksichtigung finden. D. V.

fremder Paragraphenehrfurcht und Bücherweisheit, mit offenem Auge und feinem Ohr die Entwickelung von Technik, Kunst, Handel und Gewerbe verfolgt.

Ein halbes Jahrhundert hat von jeher einen gründlichen Wandel von Menschen und Anschauungen mit sich gebracht; aber eine so durchgreifende Veränderung, wie sie Deutschland in den letzten 50 Jahren erfahren hat, dürfte in der Geschichte ihresgleichen suchen. Vor dem Weltkriege ein ungeahnter wirtschaftlicher und politischer Aufstieg; darauf der mehrjährige Krieg von bisher unbekanntem Ausmaße; dann die in mancher Hinsicht noch schlimmere Nachkriegszeit mit den Schrecken der Inflation und endlich die Kräfte heischenden und Opfer fordernden Jahre langsamen Wiederaufbaues. Daß das Geschlecht, welches diese Ereignisse durchlebt und durchlitten hat, Anschauungen huldigt, die in entscheidenden Fragen von denjenigen der Vorkriegszeit erheblich abweichen, liegt auf der Hand. Der Richter, der in seinen Sprüchen sich nicht in bewußten Gegensatz zu dem Empfinden seiner Zeitgenossen setzen wollte, mußte sich dieser Entwickelung anpassen, soweit das Gesetz ihm dies nicht unmittelbar verbot. Er war berufen, neue Rechtssätze zu formen und Rechtsbegriffe zu schaffen, die den Bedürfnissen der veränderten Gegenwart entsprachen; für sie war allerdings weder im Gesetzestexte noch in den „Motiven" ein Anhalt zu finden, weil diese aus einer Zeit stammen, welche eine Umwälzung, wie wir sie erlebt haben, unmöglich vorhersehen konnte.

I. Eintragung und Benutzung

In bewußtem Gegensatz zu den Rechten anderer Staaten ist das deutsche Warenzeichengesetz vom 12. Mai 1894 aufgebaut auf dem Grundsatze der rechtschaffenden Wirkung der Eintragung. Während nach dem Markenschutzgesetze vom 30. Nov. 1874 die Anmeldung den Schutz begründete und die Eintragung nur beurkundenden Wert hatte, macht das Gesetz von 1894 in Anlehnung an das Gebrauchsmustergesetz von 1891 den Schutz von der Eintragung abhängig. Im Gegensatze zu dem Gebrauchsmustergesetz erfolgt aber die Eintragung des Warenzeichens erst nach erfolgreicher Prüfung des angemeldeten Zeichens durch das Patentamt. Den Schutz eines nichteingetragenen Zeichens kennt das Gesetz nicht; der in § 15 vorgesehene Schutz der Ausstattung beschränkt sich nach dem Willen des Gesetzgebers auf eine Entschädigungspflicht desjenigen, der „zu Zwecken der Täuschung im Handel und Verkehr" eine eingeführte fremde Ausstattung benutzt oder nachahmt. Eine solche, auch dem öffentlichen Wohle schädliche Handlung wird überdies strafrechtlich verfolgt.

Die nicht als Warenzeichen eingetragene Ausstattung war mithin gegenüber einer nicht auf Täuschung berechneten Nachahmung schutzlos und sollte es sein. Der Gesetzgeber wollte die Gewerbetreibenden zwingen oder jedenfalls veranlassen, ihre Zeichen anzumelden. Der Gesetzgeber verfolgte hier die gleiche Rechtspolitik wie im Patentgesetze, wo er das Patent nicht als Lohn für die Erfindung, sondern als Belohnung für die Anmeldung der Erfindung demjenigen in Aussicht stellt, der sie als erster der Öffentlichkeit preisgibt.

Der Wille des Gesetzgebers hat seinen unzweideutigen Ausdruck gefunden in dem Berichte der Reichstagskommission (S. 6) durch die Worte:

> „Wer ein ihm wertvolles Zeichen nicht eintragen läßt, hat die Folgen der Unterlassung sich selbst zuzuschreiben und man kann es dann nicht mehr eine Unbilligkeit nennen, wenn ihm für den Fall der Eintragung des Zeichens für einen anderen der weitere Gebrauch des Zeichens untersagt wird."

Durch diesen römisch-rechtlichen Grundsatz „vigilantibus leges scriptae sunt" sollten die Verkehrskreise dazu erzogen werden, von der neuen Einrichtung einen möglichst umfangreichen Gebrauch zu machen. Diese Wirkung hat das Gesetz in einem Maße ausgeübt, wie der Gesetzgeber sie sich im Jahre 1894 nicht hat träumen lassen. Vom Inkrafttreten des Gesetzes (1. Okt. 1894) bis zum Ausbruche des Krieges (1. Aug. 1914) sind nicht weniger als 356109 Zeichen angemeldet worden; von welchen 201075 zur Eintragung führten. Während des Krieges ist natürlich ein Rückschlag eingetreten; aber schon im Jahre 1919 betrug die Zahl der Anmeldungen 430382. Sie wuchs in den folgenden Jahren und hat im Jahre 1927 die stattliche Zahl von 667138 erreicht. Eingetragen sind bis zum 31. Dez. 1927 insgesamt 379000 Zeichen. Weitaus der größte Teil von ihnen ist noch in Kraft. Handel und Industrie sind hierbei im allgemeinen gut gefahren. Gerade in Zeiten des wirtschaftlichen Aufschwunges ist eine auf Rechtssicherheit abgestellte Gesetzgebung nützlich. Sie erleichtert es dem Gewerbetreibenden, sich über bestehende Schutzrechte schnell und sicher zu unterrichten; sie entsprach auch dem Rechtszustande auf anderen Gebieten und der Neigung des an Disziplin gewöhnten Deutschen, sich in zweifelhaften Fragen auf die Behörde zu verlassen und nur solche Rechte zu achten, die durch eine mit amtlichem Siegel versehene Urkunde verbrieft sind. Die zahlreichen Verbote, die uns in Gestalt von Polizeiverordnungen von der Wiege bis zur Bahre geleiten, hatten zu dem Satze geführt: „Was nicht verboten ist, ist erlaubt." Wer also einem anderen die Benutzung eines Zeichens verbieten wollte, konnte ohne einen solchen behördlichen Ausweis weder außergerichtlich noch im Gericht auf einen Erfolg rechnen.

Das Reichsgericht hat diesen Bedürfnissen des Verkehrs Rechnung getragen und in dem ersten Jahrzehnt (1894—1905) seine Rechtsprechung dem Willen des Gesetzgebers eng angepaßt. Es hat aus Gründen der Rechtssicherheit der Eintragung des Zeichens eine Kraft zugesprochen, die jedes andere Recht zu überwinden imstande war.

Erinnert sei an den Fall, wo die bekannte holländische Kakaofabrik van Houten vergeblich gegen einen Mann Klage erhob, der sich die bekannte, aber in Deutschland nicht eingetragene Marke dieser Firma beim deutschen Patentamte angemeldet hatte.

Bekannt ist der Fall Kodak, wo ein Hamburger Kaufmann sich das Wort „Kodak" als Warenzeichen für zahlreiche Waren hat eintragen lassen, u. a. auch für Wasserklosetts, und wo die Kodak-Gesellschaft, der das Wort zwar für photographische Artikel, nicht aber für Waren anderer Art eingetragen war, vergeblich sich bemühte, die Löschung jenes Warenzeichens durchzusetzen (RG. 3, 67; 13, 137; 15, 105; 25, 120; 29, 328; 11, 385; 18, 393).

Einen Meilenstein auf diesen Wegen bedeutete die Entsch. v. 21. Juni 1907 (II 79/07; RG. 66, 236; MuW. 7, 26 und JW. 1907 S. 507). Dort wurde zum erstenmal die Allmacht der Eintragung gebrochen und der Ausstattung auf Grund des § 826 BGB. ein Anspruch auf Löschung gegenüber demjenigen zugebilligt, der sich diese Ausstattung in Kenntnis ihrer langjährigen Benutzung zum Nachteile des bisherigen Benutzers hatte eintragen lassen. Ähnliche Erwägungen beherrschen die Entsch. v. 7. Febr. 1908 (II 296/07; JW. 1908 S. 281 und MuW. 7, 167), die die Löschung des Zeichens „Urquell" für Weine anordnet mit der Begründung:

> „Ein Zeichen darf nicht rechtswidrig sein und nicht in die Rechte eines anderen widerrechtlich eingreifen ... Wer für sich ein Zeichen eintragen läßt, um das Publikum zu täuschen, verstößt insbesondere dann, wenn er dabei die Absicht oder auch nur das Bewußtsein hat, so einen anderen zu schädigen, gegen die guten Sitten."

In gleicher Richtung bewegt sich die Entsch. v. 23. Dez. 1909 (II 158/09; MuW. 9, 252): in welcher zwar ein Verstoß gegen die guten Sitten „nach Lage der Verhältnisse" verneint wurde, aber der Grundsatz als solcher anerkannt wird.

Sogar der 3. Strafsenat des Reichsgerichtes hat sich diese Auffassung in einer Entsch. v. 26. April 1915 (3 D 140/15) zu eigen gemacht: MuW. 14, 338, in der es heißt:

> „In der Rechtsprechung des Reichsgerichtes ist zwar angenommen worden, daß der in § 15 WZG. gewährte Ausstattungsschutz gegenüber einem nach Maßgabe dieses Gesetzes geschützten Warenzeichen versagt, und zwar selbst dann, wenn mit der Eintragung des Warenzeichens in die Zeichenrolle des Patentamtes gerade der Zweck verfolgt wurde, in den fremden Ausstattungsbesitz einzugreifen (vgl. RG. 34, 275 [277]; 66 S. 236 [238] u. a.). Ob diese Rechtslage infolge des durch das Reichsgesetz vom 7. Juni 1909 gegen den unlauteren Wettbewerb erweiterten Schutzes der lauteren Erwerbstätigkeit eine Veränderung erlitten hat, wie im Schrifttum behauptet wird, kann hier auf sich beruhen. Jedenfalls folgt aus den in der neueren Rechtsprechung des Reichsgerichtes niedergelegten Rechtsgrundsätzen (vgl. RG. 48 S. 233 [237]; 75, 370; RGSt. 41, 81), daß die Eintragung des Warenzeichens „Hamburger F. K." für die Firma De Bruyn, G. m. b. H. in Emmerich a. Rhein, dem Angeklagten, der sich zum Vertriebe von Margarine jener Firma entschlossen hatte, kein Recht gab, das eingetragene Zeichen zum Zwecke des unlauteren Wettbewerbes, zu unlauterem Eingriff in die gewerbliche Tätigkeit der redlichen Mitbewerber zu mißbrauchen, und daß die Anwendung der einschlagenden Vorschriften des UnlWG. v. 7. Juni 1909 durch die Bestimmungen des WZG. nicht ausgeschlossen wird."

Seit jener Zeit hat das Reichsgericht in ständiger Rechtsprechung daran festgehalten, daß ein Zeichen, dessen Anmeldung erfolgt ist in der Absicht, fremde Arbeit zu eigenem Vorteil auszubeuten, der Löschung unterliegt, z. B. Urt. v. 4. Dez. 1925 (II 69/25; MuW. 25, 155).

Dort klagte der Inhaber der seit 1909 bestehenden Zigarettenfabrik Adria, die verschiedene Zigarettensorten unter der Bezeichnung „Blaue", „Rote", „Grüne Adria" vertrieb, gegen einen Kaufmann, der sich im Jahre 1920 das Zeichen „Blaue Adria" hatte eintragen lassen. Der Beklagte wurde verurteilt, weil er nicht nur den Besitzstand des Klägers gekannt hatte, sondern darauf ausgegangen sei, „die von dem Kläger geleistete Arbeit für sich auszubeuten". Aus welchem Grunde der Kläger sich die von ihm benutzte Bezeichnung nicht als Warenzeichen hatte eintragen lassen, wurde nicht gefragt. Das Reichsgericht ist aber weiter gegangen; es hat nicht nur den durch Benutzung erworbenen Besitzstand gegen solche fremde Zeichen verteidigt, deren Anmeldung die Ausbeutung dieser Verkehrsgeltung bezweckte, sondern auch gegen Zeichen, die schon früher in gutem Glauben angemeldet waren, deren Weiterbenutzung aber eine Ausbeutung fremder Arbeit bedeutete.

Eine der bekanntesten Entscheidungen in diesem Sinne ist das Urt. v. 14. Dez. 1926 (II 174/26; MuW. 26, 255; JW. 1927 S. 744):

Die klagende Firma hatte im Jahre 1920/21 eine teure Sorte unter der als Warenzeichen eingetragenen Bezeichnung „Batschari-Krone" für 15 Pfg. das Stück in den Handel gebracht. Die Beklagte brachte im Jahre 1924 eine 10-Pfg.-Zigarette unter der Marke „Waldorf-Krone" heraus. Das Wort „Waldorf-Krone" war von ihr bereits 1913 angemeldet und für sie 1914 als Warenzeichen eingetragen worden. Sie hatte es jedoch nicht benutzt. Klägerin behauptete, die Bezeichnung „Krone" habe sich inzwischen zum Kennzeichen ihrer Zigarette entwickelt. Die Instanzgerichte hatten die Klägerin abgewiesen.

Das Reichsgericht wies die Sache an das Berufungsgericht zurück mit der Begründung:

„Der durch die Entwickelung des Verkehrs ohne unlautere Beeinflussung seitens der Klägerin geschaffene tatsächliche Zustand verdient den Schutz vor dem formalen Zeichenrechte, das die Beklagte auf Grund ihres 10 Jahre lang nicht in Gebrauch genommenen Vorratszeichens für sich in Anspruch nimmt."

(Der Prozeß ist später verglichen worden.)

Großes Aufsehen erregt hat auch das Typobar-Urteil v. 25. Febr. 1927 (II 251/26; MuW. 26, 286ff.). Dort klagte die Inhaberin eines 1906 eingetragenen, aber nicht benutzten Zeichens „Typobar" auf Aberkennung des Schutzes einer im Jahre 1922 ohne Prüfung übernommenen internationalen Marke „Typar". Die Klage wurde abgewiesen. Auf Grund der von der Beklagten erhobenen Widerklage wurde Klägerin zur Löschung ihrer älteren Marke verurteilt. Das Reichsgericht erblickte in der Geltendmachung des Rechtes aus einem 20 Jahre nicht benutzten und im Verborgenen gehaltenen Zeichen, gleichgültig ob es ein Defensivzeichen oder ein Vorratszeichen sei, und gegenüber dem „unter starker Werbetätigkeit in den Verkehr eingeführten Zeichen der Beklagten ein Verhalten, mag es hier auch nicht auf dem gegen die guten Sitten verstoßenden Willen beruhen, fremde Arbeitsleistung für sich auszunutzen, eine unangemessene und übermäßige Beeinträchtigung des freien Wettbewerbes des anderen im eigenen Nutzen", die gegen die guten Sitten verstoße.

Noch weiter geht die in dem Falle „Sonnengold" erlassene Entsch. v. 30. April 1928 (II 542/27; RG. 120, 325ff. [329]; MuW. 27/28, 451). In ihr werden unter Bezugnahme auf die früheren Erkenntnisse folgende weit über den Einzelfall hinausragende Leitsätze aufgestellt:

„Diese Beurteilung beruht auf dem in der neueren Rechtsprechung immer mehr zur Anerkennung gelangten allgemeinen Gedanken, daß das Warenzeichenrecht nur ein Bestandteil des Wettbewerbsrechtes ist und deshalb nicht dazu dienen darf, einen Konkurrenten aus der Stellung zu verdrängen, die er sich im Verkehr geschaffen hat. Zur bewußten Herbeiführung dieses Erfolges wird aber das Zeichen nicht nur dann verwendet, wenn der Inhaber, der es dem Konkurrenten gegenüber geltend macht, dessen älteren Besitzstand nachweisbar schon bei der Anmeldung gekannt hat, sondern ebenso auch dann, wenn er erst nachträglich diese Kenntnis erhält. Daß im ersten der beiden Fälle, in dem das Reichsgericht beim Widerstreite zwischen Warenzeichen und älterem Ausstattungsbesitze (§ 15 WZG.) die Anwendbarkeit des § 1 UnlWG. schon in früheren Entscheidungen anerkannt hat, dem älteren Besitzstande der Vorrang gebührt, zieht auch die Revision nicht in Abrede. Was sie vorbringt, um die Unanwendbarkeit dieser Vorschrift im zweiten Falle zu rechtfertigen, der nach der tatsächlichen Würdigung des Berufungsgerichtes hier gegeben ist, kann nicht als durchgreifend angesehen werden. Daß es eine Erhöhung der Rechtssicherheit bedeuten würde, wenn der Vorbenutzer die Eintragung des Zeichens gegen sich gelten lassen müßte, mag zugegeben werden. Dieser Gesichtspunkt kann aber gegenüber der gebotenen Rücksichtnahme auf die Lauterkeit des Wettbewerbes nicht ausschlaggebend sein, zumal da er auch dann zutrifft, wenn das Zeichen mit der Behauptung angegriffen wird, daß die Kenntnis des Inhabers von der Vorbenutzung schon bei der Anmeldung vorhanden gewesen. Aus dem gleichen Grunde ist die Erwägung zurückzuweisen, daß der Vorbenutzer, der es versäumt habe, sich durch Eintragung in die Zeichenrolle zu sichern, selbst die Schuld daran trage, wenn ein anderer ihm zuvorkomme."

Vergleicht man diesen Satz mit den eingangs erwähnten Worten aus dem Berichte der Reichstagskommission und mit dem Urteile aus dem ersten Jahrzehnt, so erkennt man, welchen außerordentlich weiten Weg die Rechtsprechung in dieser Frage zurückgelegt hat.

II. Vorratszeichen

§ 1 WZG. gibt das Recht zur Anmeldung eines Zeichens demjenigen, der es in seinem Geschäftsbetriebe benutzen will. Daß und wann der Benutzungswille in die Tat umgesetzt werden muß, sagt das Gesetz nicht. Auch die Rechtsprechung hat hierüber keine allgemeingültigen Regeln aufgestellt. Entscheidungen aus neuester Zeit zeigen allerdings, daß eine lange Nichtbenutzung unter Umständen zur Vernichtung des Zeichens führen kann. In allen vorstehend erwähnten Fällen lagen jedoch Tatbestände vor, die eine besondere Regelung rechtfertigten.

Schon früher wurde wiederholt die Frage erörtert, ob ein Zeichen, welches lange Zeit hindurch nicht in Gebrauch genommen wird, unverändert in Kraft besteht oder etwa in rechtsähnlicher Anwendung der Grundsätze des nicht begonnenen Geschäftsbetriebes (§ 9 Nr. 2 WZG.) der Gefahr einer Löschungsklage ausgesetzt sei. Anlaß hierzu bot die Tatsache, daß unter der Herrschaft der alten Gebührenordnung mancher Gewerbetreibende glaubte, sich den billigen Luxus leisten zu sollen, sich für 30 Mark einen zehnjährigen Zeichenschutz für irgendein hübsches Wort- oder Bildzeichen zu sichern, für welches er keine Verwendung hatte, welches sich aber unter Umständen einmal als gute Kapitalanlage erweisen würde. In großem Stile betrieb solche Kapitalanlage der Kaufmann C. H., der in den Jahren 1904 bis 1906 nicht weniger als 47 Zeichen anmeldete, und, da er als seinen Geschäftsbetrieb angab „Im- und Export“, wurde ihm jedes Zeichen für alle nur denkbaren Waren eingetragen. Die „Benutzung“ der Zeichen erfolgte in der Weise, daß er gegen Anmeldungen anderer Personen Widerspruch erhob und sich diese Widersprüche abkaufen ließ. Hierdurch erregte er allmählich einen solchen Unwillen, daß einer der betroffenen Anmelder Klage auf Löschung sämtlicher 47 Zeichen erhob. Das Landgericht und Oberlandesgericht Hamburg gaben der Klage statt, und das Reichsgericht bestätigte diese Entscheidung durch Urteil v. 17. Jan. 1908 (II 256/07; MuW. 7 111/12). Die Löschung erfolgte auf Grund von § 9 Nr. 2 WZG., weil die Beweisaufnahme ergeben hatte, daß der Beklagte nur über ein Kapital von 10000 Mark verfügte, und dieses natürlich nicht ausreichte, um ernsthaft ein Im- und Exportgeschäft zu betreiben, welches schon vor der Eröffnung eines Stammes von 47 Warenzeichen benötigte. Die Gerichte nahmen deshalb an, daß der Beklagte gar nicht die Absicht gehabt habe, eine solches Geschäft einzurichten. „Dieser Zeitraum“ (von 2 Jahren), führt das Reichsgericht aus, „in dem eine tatsächliche Benutzung der Zeichen seitens des Beklagten überhaupt nicht stattgefunden hat, ist so groß, daß ihm gegenüber die bloße Möglichkeit nicht entscheidend ins Gewicht fallen kann, daß der angeblich von dem Beklagten beabsichtigte Betrieb eines Im- und Exportgeschäftes, in dem die Warenzeichen teilweise würden Verwendung finden können, nach der Klagerhebung etwa begonnen sein oder noch begonnen werden könnte. Vielmehr genügt der Nichtbetrieb eines solches Geschäftes in dem bezeichneten langen Zeitraume, um einen Löschungsanspruch Dritter gemäß § 9 Nr. 2 WZG. zu begründen“.

Seit jener Zeit ist mir ein „Zeichensammler“ nach dem Vorbilde des Herrn C. H. nicht mehr vorgekommen. Wenn man heute von Vorratszeichen spricht, versteht man darunter regelmäßig Zeichen, die zwar auch gesammelt werden, aber nicht um sie gewinnbringend zu veräußern, sondern um sie im

Falle eines künftigen Bedarfes im eigenen Betrieb in Benutzung zu nehmen. Für Vorratszeichen in diesem Sinne besteht in gewissen Geschäftszweigen eine nicht zu bestreitende Notwendigkeit. Anerkannt wurde dies z. B. für die chemisch-pharmazeutischen Fabriken, die in der Lage sein müssen, wenn sie ein neues Erzeugnis herausbringen, über eine Auswahl von Zeichenschutz genießender Namen zu verfügen. Eine Fabrik kann in solchem Falle nicht Monate warten, bis es ihr gelingt oder vielleicht mißlingt, ein neues Wort in die Zeichenrolle eintragen zu lassen; sie kann auch nicht das Risiko laufen, ein ungeschütztes Wort in Benutzung zu nehmen und Gefahr zu laufen, daß der oder die Inhaber verwechselungsfähiger Zeichen ihr dies verbieten oder gar Schadenersatzanprüche stellen. Sie muß vielmehr ein Zeichen zur Hand haben, welches bereits geprüft, eingetragen ist und sich auch einigermaßen für den neuen Artikel eignet. Deshalb haben die meisten vorsichtig geleiteten Fabriken für solche Zwecke stets eine Anzahl Zeichen auf Lager.

Eine gerichtliche Nachprüfung dieser Frage erfolgte durch die Entsch. des RG. v. 4. Nov. 1919 (II 129/19; MuW. 19, 89). Eine chemische Fabrik hatte sich das Wort „Pecose" im Jahre 1904 als Warenzeichen eintragen lassen, es aber nicht benutzt. Auf Grund dieses Zeichens erhob sie Widerspruch gegen das von einer anderen Firma angemeldete Wort „Pecho"; darauf erhob die letztere Klage auf Löschung des Zeichens „Pecose". Das Reichsgericht wies, ebenso wie das Kammergericht, die Klage ab und sagt in seinen Gründen:

„Aber auch der Umstand, daß der Beklagte das jetzt in Frage kommende Zeichen mit einer Reihe von anderen zunächst nur auf Vorrat hat eintragen lassen, ohne es bisher in tatsächlichen Gebrauch genommen zu haben, steht seiner Geltung und Wirksamkeit nach § 12 WZG. nicht entgegen. Die „auf Vorrat" eingetragenen Zeichen sind, anders als die sog. Defensivzeichen, nicht von vornherein jedem Gebrauch entzogen, vielmehr sollen sie künftigem Gebrauche dienen und werden gerade um deswillen, nur vorsorglich, jetzt schon eingetragen. Von solchen Zeichen kann dann aber nicht gesagt werden, daß sie ihrem Wesen nach keine Warenzeichen seien, des ihnen innewohnenden Zweckes, im Verkehr der Kennzeichnung von Waren und ihrer Herkunft aus einem bestimmten Geschäftsbetriebe zu dienen, schlechthin entbehren. Ihre Eintragung entspricht den in §§ 1 u. 2 WZG. an solche Zeichen gestellten Anforderungen und liegt innerhalb des Rahmens der Aufgabe, die sich das Warenzeichengesetz gestellt hat. Daher sind grundsätzlich vom Standpunkte des formalen Zeichenrechtes die Eintragungen von „Vorratszeichen" zur vorläufigen Erlangung des Rechtsschutzes nicht zu beanstanden. Es muß aber weiter ein Bedürfnis der Industrie nach solchen vorläufigen Anmeldungen von Warenzeichen auf Vorrat anerkannt werden (RG. 69, 380), so daß darin auch keine den guten Sitten des Wettbewerbes zuwiderlaufende Ausnutzung eines formalen Rechtes auf Kosten der freien gleichberechtigten Mitbewerber erblickt werden kann. Mit Recht hebt das Berufungsgericht hervor, daß es für den Vertrieb neuer Waren, insbesondere neuer chemischer Erzeugnisse, wichtig ist, sofort nicht nur ein passendes, sondern auch ein geschütztes Warenzeichen zur Hand zu haben. Den vom Berufungsgericht angestellten Erwägungen ist noch hinzuzufügen, daß namentlich auch für den im Auslande zu erwerbenden Rechtsschutz gerade die frühere Zeit der Anmeldung des Zeichens im Inlande von Bedeutung wird, so z. B. nach dem französischen Warenzeichengesetz v. 23. Juni 1857/3. Mai 1890, wo nach § 1 Abs. 4 bei Prioritätsbeanspruchung die Angabe des Datums der ausländischen — also der deutschen — Anmeldung genügt. Dasselbe gilt vom englischen Recht nach § 1 Abs. 5 des großbritannischen Gesetzes v. 11. Aug. 1905. Ebenso haben nach österreichischem Warenzeichengesetz v. 6. Jan. 1890/30. Juli 1895 § 1 Abs. 4 Ausländer den Nachweis der Eintragung des Zeichens des Heimatlandes zu erbringen."

Neuerdings ist das Reichsgericht noch einen beträchtlichen Schritt weitergegangen. Es hat auch bezüglich des Vorratszeichens das Zeichenrecht ausdrücklich dem Rechte höherer Ordnung untergeordnet. In der Entsch. v. 19. Juni 1925 (II 381/24; RG. 111, 197; MuW. 25, 72) ist dies besonders deutlich ausgesprochen. Sie behandelt das Verhältnis zwischen Gewerbetreibenden, denen das gleiche Zeichen für verschiedenartige Waren eingetragen ist.

Eine Firma hat sich im Jahre 1906 das Wort „Goldina" für Margarine usw. eintragen lassen; für eine andere Firma war es schon im Jahre 1898 für Schokolade usw. geschützt. Die Margarinefirma hat das Zeichen niemals benutzt. Die Schokoladenfabrik hat im Jahre 1922 die Firma Goldina Aktiengesellschaft angenommen und daraufhin weitere Zeichen, die das Wort „Goldina" enthielten, für eine größere Zahl von Waren, darunter auch Speiseöle, Speisefette usw. eintragen lassen. Die Margarinefabrik erhob auf Grund ihres älteren Zeichens Löschungsklage. Die Schokoladenfabrik antwortete mit einer Widerklage wegen Nichtgebrauches des Zeichens und machte geltend, daß die Klägerin ihr formales Zeichenrecht sittenwidrig ausbeute.

Das Reichsgericht gab der Schokoladenfabrik auf Grund § 826 BGB. und § 1 UnlWG. recht und erklärte:

> „Das formale Zeichenrecht darf nur innerhalb der Grenzen ausgeübt werden, die das Recht höherer Ordnung gibt, insbesondere innerhalb der Grenzen des lauteren Wettbewerbes und der guten Sitten, in deren Dienst auch das formale Zeichenrecht steht; nicht zur Verübung unlauterer Handlungen und zur Verletzung materiellen Rechtes. Verstößt die Benutzung eines Warenzeichens gegen die guten Sitten, so kann seine Löschung verlangt werden."

Dieser Grundsatz zieht sich wie ein roter Faden durch die ganze neuere Rechtsprechung. Auch in dem bereits erwähnten Falle „Typobar" (Urt. v. 25. Febr. 1927, II 251/26; MuW. 26, 287) ist er auch auf das Vorratszeichen angewendet worden; es heißt dort:

> „Auch der Wirksamkeit des Vorratszeichens ist eine Schranke gesetzt. Es muß einerseits in jedem einzelnen Falle beim Erwerb ein schutzwürdiges Bedürfnis bestehen; anderenfalls darf keine unzulässige Beschlagnahme dieses oder eines zum Verwechseln ähnlichen Zeichens erfolgen."

In einer Entsch. v. 12. Juni 1928 (II 550/27; MuW. 27/28, 488) ist das Reichsgericht allerdings zu den Grundsätzen des Pecose-Urteils zurückgekehrt und hat damit die durch obige Entscheidungen stark erschütterte Rechtssicherheit einigermaßen wiederhergestellt.

Dort wurde die Sittenwidrigkeit der Anmeldung eines Vorratszeichens verneint und die Tatsache, daß das Vorratszeichen 14 Jahre hindurch nicht benutzt war, für unbedenklich erklärt. Es heißt in den Gründen:

> „Ein Zwang für die Benutzung ihres Zeichens bestand für die Klägerin nicht. Wenn die Beklagte trotz der Möglichkeit, daß irgendein Konkurrent von ihr oder wenigstens ein Verkäufer gleichartiger Waren ein ähnlich lautendes Warenzeichen besaß, die Eintragung des Wortes Lavasan betrieb, so tat sie dies auf ihre eigene Gefahr. Der Klägerin kann sie keinesfalls den Vorwurf eines unlauteren Vorgehens machen."

III. Abwehrzeichen (Defensivzeichen)

Zu den nichtbenutzten Zeichen gehören auch die Abwehrzeichen. Sie unterscheiden sich von den Vorratszeichen dadurch, daß bei ihnen schon zur Zeit der Anmeldung mit ziemlicher Sicherheit feststeht, daß der Anmelder sie im Verkehr nicht benutzen wird. Ein Abwehrzeichen wird in der Regel nur deshalb angemeldet, weil der Anmelder fürchtet, daß ein Nachahmer ein dem eingetragenen Zeichen ähnliches Zeichen in Benutzung nehmen könnte, ohne daß es gelingen wird, ihm dies zu untersagen. Der Anmelder rechnet mit der Möglichkeit, daß die Gerichte die Verwechselungsgefahr verneinen könnten, und will sich durch die Anmeldung des Abwehr- (Defensiv-) Zeichens gegen diese Gefahr versichern. Solche Vorsicht ist nicht unberechtigt; denn da er in der Regel eine etwaige Verletzungsklage im allgemeinen Gerichtsstande, d. h. am Wohnsitze oder Niederlassungsorte des Gegners wird anstrengen müssen, so kommt der Fall unter Umständen vor ein Gericht, welches jeder Erfahrung in Fragen des gewerblichen Rechtsschutzes ermangelt und infolgedessen keine genügende Gewähr für eine sachgemäße Entscheidung bietet. Er zieht es deshalb vor, sich im voraus solche Worte und Bilder eintragen zu lassen, die etwa von einem Mitbewerber in Gebrauch genommen werden könnten, und hofft, auf diese Weise durch sein Abwehrzeichen auch bei einem wenig erfahrenen Gericht sicheren Schutz zu finden.

Das Patentamt erwähnt schon in seinem Geschäftsbericht Abwehrzeichen, die zum Schutze der Zeichen „Odol" und „Maggi" eingetragen wurden, und erkennt die Berechtigung zur Anmeldung ausdrücklich an. Auch das Reichsgericht hat ihre Gültigkeit ausdrücklich anerkannt. In der Entsch. v. 30. Okt. 1908 (GRuU. 1908 S. 353) heißt es:

„Der Ausdruck ‚Defensivzeichen' ist in dem Gesetze nicht enthalten. Man versteht darunter solche Zeichen, die der Anmelder nur eintragen läßt, um den Schutz eines anderen von ihm im Verkehr tatsächlich benutzten Zeichens nach allen Richtungen und gegen offene und versteckte Nachahmungsversuche sicherzustellen; besondere Vorschriften bestehen für sie nicht."

„Das Zeichen ist von der hierfür zuständigen Behörde, dem Patentamt, eingetragen, ist daher, solange es eingetragen ist, zeichenrechtlich wirksam, und diese Wirksamkeit kann dadurch nicht beseitigt werden, daß der Berufungsrichter angenommen hat, die Klägerin bediene sich dieses Zeichens nicht und wolle sich auch desselben nicht bedienen. Denn wenn auch das Warenzeichengesetz in seinem § 1 davon ausgeht, daß derjenige, welcher ein Zeichen für sich anmeldet, auch die Absicht hat, es in seinem Geschäftsbetriebe zu verwenden, so ist doch der durch die Eintragung gewonnene Schutz nicht von der Verwirklichung dieser Absicht abhängig. Selbst wenn der Eingetragene bei der Anmeldung gar nicht die Absicht gehabt haben sollte, das Zeichen zu gebrauchen, besteht doch die Eintragung und wirkt kraft der Bestimmungen des Warenzeichengesetzes, sofern nur der in der Anmeldung bezeichnete Geschäftsbetrieb besteht, und Waren, wofür das Zeichen bestimmt ist, zum Gegenstande hat; der Eingetragene kann dann immer noch in Abänderung seiner ursprünglichen Absicht zur Benutzung übergehen."

Dieser Standpunkt wird auch noch in der Entsch. v. 19. Dez. 1919 (II 256/19; MuW. XIX 132/33) vertreten:

„Wenn ... der Schutz am Zeichen allein mit der Eintragung entsteht, und es zur Begründung dieses Rechtes weder eines Gebrauches des Zeichens noch einer bei der Anmeldung vorhandenen Absicht, es zu gebrauchen, bedarf, so kommt es auf die Beweggründe, auf denen die Eintragung und der Nichtgebrauch im Verkehr beruht, überhaupt nicht an, und es vermag zeichenrechtlich einen Unterschied nicht zu begründen, ob die Eintragung des Zeichens zu dem Zwecke bewirkt wird, ein anderes gebrauchtes Zeichen in seiner Schutzwirkung zu verteidigen (sog. Defensivzeichen), oder ob sonstwelche andere Zwecke, etwa sich einen Vorrat sofort verwendungsfähiger Zeichen zu halten, dabei verfolgt werden (RG. 18, 96; 69, 379). Alle diese Zwecke und Beweggründe liegen außerhalb des formellen Zeichenrechtes und können von Bedeutung nur werden, soweit ihre Befolgung die Grenzen des lauteren Wettbewerbes und guter Sitten, in denen auch das formelle Zeichenrecht seine Schranken findet, überschreiten ließe. Daraus folgt, daß auch die Frage nach der Verwechselungsgefahr für jedes eingetragene Zeichen in gleicher Weise nach den Grundsätzen des § 20 WZG. zu beurteilen ist und es einen Unterschied nicht machen kann, ob das eingetragene Zeichen die zeichenrechtlich nicht in Betracht kommende Eigenschaft eines Defensivzeichens hat oder nicht. Insbesondere wird durch diesen außerzeichenrechtlichen Schutzzweck nicht objektiv der Umfang des Schutzes des sog. Defensivzeichens, der ihm nach §§ 12 u. 20 WZG. zukommt, auf den Umfang eines anderen Zeichens, dessen Schutz es dienen will, eingeschränkt. Die Entscheidung des erkennenden Senates (RG. II 190/14) v. 1. Dez. 1914 (MuW. 14 S. 187, 189) steht nicht entgegen, da sie darauf beruht, daß in dem dort behandelten besonderen Falle die Vorschrift des § 826 BGB. anwendbar sei. Des weiteren aber folgt, daß der Umstand, daß das Zeichen Nr. 16464, entsprechend seiner Eigenschaft als Defensivzeichen, nicht im Verkehr Verwendung gefunden hat, darum noch nicht den Schutzumfang nach den Grundsätzen des § 20 WZG. entbehrt. Für die noch nicht in Verkehr gebrachten sog. Vorratszeichen hat dies der Senat bereits in dem zum Abdrucke bestimmten Urt. (RG. II 129/19) v. 4. Nov. 1919 ausgesprochen. Es gilt das gleiche aber auch für die Defensivzeichen."

Ferner:

„Da im übrigen der eingetragene Inhaber auch eines Defensivzeichens nicht behindert ist, dieses jederzeit zu gebrauchen, so treffen auch für dieses die in dem angezogenen Urteile des Senats v. 4. Nov. 1919 angestellten Erwägungen zu, daß dem eingetragenen Zeichen jede Kennzeichnungskraft genommen werden würde, wenn vorher die Verwendung eines verwechselungsfähigen Zeichens dem anderen Wettbewerber nachgelassen würde, da selbstverständlich dann das eingetragene Zeichen bei seiner späteren Verwendung die Waren als von ihm herrührend kennzeichnen würde. Für diese Behandlung der Defensivzeichen spricht auch noch folgende Erwägung. Gerade weil, wie die Rechtsprechung annimmt, Wort- und Bildzeichen je ihr besonderes Gebiet haben und daher grundsätzlich als nicht verwechselungsfähig zu behandeln sind, so ergibt sich vielfach das Bedürfnis, sich zum Schutze von Wortzeichen ein Bildzeichen und umgekehrt eintragen zu lassen, da eine tatsächliche Verwechselungsgefahr unter Umständen besteht. In derartigen Fällen würde aber das Defensivzeichen nach jener Rechtsprechung völlig den Zweck verfehlen, wenn man ihm nur den Schutz des Hauptzeichens zuerkennen wollte."

Aber auch dem Abwehrzeichen hat das Reichsgericht Grenzen gesteckt. Ein Meilenstein in diesem Sinne bedeuten die Singer-Entscheidungen v. 1. Dez. 1914 (II 190/14; MuW. 14, 187ff.):

Die Singer-Nähmaschinen-Aktiengesellschaft benutzt in großem Umfange zur Kennzeichnung ihrer Waren und Betriebe ein Zeichen, bestehend aus einem großen lateinischen S in Antiquaschrift und einer an einer Nähmaschine sitzenden weiblichen Figur. Zum Schutze dieses im Jahre 1904 für sie unter Nr. 73765 in die Zeichenrolle eingetragenen Zeichens hat sie sich eine Anzahl Zeichen eintragen lassen, die aus anderen großen Buchstaben in lateinischer Antiquaschrift mit einer an einer Nähmaschine sitzenden weiblichen Figur bestehen, z. B. E, K, C, G. Diese Defensivzeichen, deren sie sich im Verkehr nicht bediente, benutzte sie, um andere Nähmaschinenfabriken zu hindern, solche Buchstabenkombination auf Plakaten zu verwenden. Hierin erblickte das Reichsgericht einen Mißbrauch seines Zeichenrechtes und erkannte auf Löschung dieser Zeichen, bei denen als feststehend anzusehen sei, daß sie mit dem zu sichernden Zeichen überhaupt nicht verwechselbar seien. Das treffe hinsichtlich des E-Zeichens zu. In den reichsgerichtlichen Gründen heißt es dann wörtlich:

„Wenn demgegenüber die Beklagte sich die von der Meinung der Gerichte abweichende Auffassung des Patentamtes (das der Klägerin und anderen Wettbewerbern der Beklagten in zahlreichen Fällen die Eintragung eines entsprechenden Zeichens versagt habe), zunutze mache, und wenn sie durch Erwirkung von solchen Defensivzeichen, die sie gar nicht benutzen wolle und deren sie auch zur Abwendung einer, wie die Gerichte festgestellt hätten, objektiv gar nicht bestehenden Verwechselungsgefahr gegenüber ihrem S-Zeichen nicht bedürfe, ihren Wettbewerbern die Verwendung der Kombination einer Maschinennäherin mit einem großen lateinischen Buchstaben (mit Ausnahme natürlich des S) unmöglich zu machen bestrebt sei, so verstoße das objektiv — was zur Erfüllung des Tatbestandes des § 826 BGB. wie des § 1 UnlWG. genüge (RG. 79, 23) — gegen die guten Sitten. Es laufe darauf hinaus, daß die Beklagte ohne berechtigtes eigenes Interesse auf Grund ihres (durch die Defensivzeichen erlangten) Formalschutzes ihre Mitbewerber verhindern wolle, gleichfalls jene Kombination anzuwenden, die nicht ein Monopol der Beklagten sei. Die Beklagte vereitele damit legitime Bestrebungen ihrer Gegner, ohne mit Grund behaupten zu können, daß durch diese Bestrebungen ihre berechtigten Interessen geschädigt würden. Dieser Standpunkt der Beklagten widerspreche den in den Kreisen gerecht und billig denkender Fabrikanten (insbesondere der Nähmaschinenfabrikanten) allgemein herrschenden Anschauungen über das, was im Verkehr als anständig angesehen werden müsse ...

So sieht sich der Senat nicht veranlaßt, dem entgegenzutreten."

Wörtlich die gleichen Gründe finden sich in dem Urteil vom gleichen Tage (II 189/14; MuW. 14, 189), welches sich auf das K-Zeichen bezog. Diese Entscheidungen des Reichsgerichtes sind vom Schrifttum bekämpft worden, z. B. von Dunkhase in MuW. 14, 286.

Ich habe sie stets für richtig gehalten, gehe allerdings nicht so weit wie diejenigen, welche aus den Entscheidungen herauslesen wollen, daß Abwehrzeichen nur insoweit zulässig seien, als sie mit dem zu schützenden Hauptzeichen verwechselungsfähig sind. Diese Forderung hat das Reichsgericht weder hier noch später aufgestellt. Das Gegenteil ist noch im Jahre 1925 ausgesprochen:

Eine Fabrik hatte sich zum Schutze ihres Hauptzeichens „Kornfrank" das Wort „Kofra" eintragen lassen und erhob, gestützt auf dieses Defensivzeichen, Klage gegen eine Firma, die für gleichartige Waren das Wort „Koffea" benutzte. Das Reichsgericht erklärt auch in dieser Entsch. v. 4. Dez. 1925 (II 93/25; RG. 112, 160; MuW. 25, 168):

„Solche sog. Defensiv- oder Abwehrzeichen sind in der Praxis zugelassen (RG. 69, 376; 97 S. 305, 94; 104, 315); das Warenzeichengesetz kennt weder den Ausdruck „Defensivzeichen" oder „Abwehrzeichen", noch stellt es besondere Vorschriften für solche Zeichen auf. Aus den Abwehrzeichen ergibt sich, daß sie dem Hauptzeichen ähnlich sein müssen. Das ist aber nicht gleichbedeutend mit zeichenrechtlicher Verwechselungsgefahr, da anderenfalls das Defensivzeichen nutzlos wäre und das Hauptzeichen seinen Schutz allein übernehmen könnte. Es genügt vielmehr, dem angegebenen Zwecke gemäß, das Hauptzeichen mit einem Schutze zu umgeben, ein weiteres Verhältnis, wenn auch in den Grenzen einer gewissen Ähnlichkeit. Aus dem selbständigen Zeichenschutze, den die Praxis aus dem dargelegten Bedürfnisse des Verkehrs dem Defensivzeichen einräumt, folgt aber, daß der Inhaber eines solchen Zeichens volles uneingeschränktes Zeichenrecht genießt, wie es das Warenzeichengesetz gewährt, gleichgültig, ob im einzelnen Falle die beanstandete Bezeichnung des anderen eine Verletzung des Hauptzeichens darstellt oder nicht. Anderenfalls läge nur ein bedingtes Zeichenrecht vor, nämlich bedingt von dem Bestehen einer Verwechselungsgefahr zwischen Hauptzeichen und beanstandeter Bezeichnung des anderen."

Nicht ganz so klar sind die Ausführungen in der berühmten Grammofox-Entscheidung v. 29. Okt. 1926 (RG. 114, 360; MuW. 25, 177). Dieses Urteil wird gern angeführt als Beweis, daß die Rechtsprechung dem Defensivzeichen ungünstiger geworden sei. Das ist in gewissem Sinne berechtigt; aber nicht etwa, weil das Reichsgericht strengere Anforderungen an die Ähnlichkeit zwischen dem Haupt- und dem Abwehrzeichen stellt, sondern weil es auf Grund des Wettbewerbsgesetzes den Formalschutz aus einem nichtbenutzten Zeichen gegenüber fremden benutzten und im Verkehr bereits eingebürgerten Zeichen glaubt einschränken zu müssen.

Es mag hinsichtlich dieser Entwickelung verwiesen werden auf die Ausführungen von Julius Seligsohn und von Wassermann über nichtbenutzte Zeichen in den „Abhandlungen zum Arbeitsgebiete des Patentamtes" (Festgabe zum 50jährigen Bestehen des Reichspatentamtes) Carl Heymanns Verlag 1927.

IV. Vorratswaren

Das Gesetz bestimmt in §§ 1 u. 2, daß der Gewerbetreibende ein Zeichen zur Unterscheidung seiner Waren anmelden kann; darunter versteht es diejenigen Waren, die in den Rahmen seines Geschäftsbetriebes fallen. Trotzdem sind von jeher und werden noch täglich in dem der Anmeldung beigefügten Warenverzeichnisse Waren aufgeführt, die von dem Anmelder bisher weder hergestellt noch vertrieben worden sind.

Anerkannt ist das Vorrecht, den Schutz für Waren beliebiger Art zu beanspruchen, zugunsten der Kaufleute, die einen Einfuhr- oder Ausfuhrhandel betreiben; die jedenfalls der Theorie nach in die Lage kommen können, mit Waren der verschiedensten Natur zu handeln. Von diesem Vorrechte wurde ein ausgiebiger Gebrauch gemacht, besonders in der Zeit von 1894 bis 1922, wo die Anmeldung eines Zeichens 30 Mark (während der Inflationszeit entsprechend mehr in Papiermark) kostete, gleichviel ob der Schutz für eine oder tausend Waren beansprucht wurde. In diesen Jahren finden wir bei den Exporteuren oder solchen, die sich dafür ausgaben, Warenverzeichnisse, die mehrere eng gedruckte Seiten des Warenzeichenblattes füllen. Gebessert haben sich die Verhältnisse, seitdem die Klassengebühr eingeführt worden ist (1922), die Kosten sich mithin nach der Zahl der in Anspruch genommenen Klassen abstufen. Aber auch jetzt noch genießt der Einfuhr- und Ausfuhrhandel eine Bevorzugung, insofern er bei Beanspruchung von mehr als zwanzig Klassen nicht mehr als die zwanzigfache Klassengebühr zu entrichten hat.

Da der Kaufmann, und besonders der Großkaufmann, gewohnt ist, jede Ausgabe auf ihre Notwendigkeit zu prüfen, so darf man in der Regel davon ausgehen, daß die seit 1922 in der sog. Exporteurklasse 42 angemeldeten Zeichen tatsächlich für eine unbegrenzte Anzahl von Waren benutzt werden sollen, d. h. daß der Anmelder bei der Anmeldung mit einer mehr oder minder großen Wahrscheinlichkeit einer künftigen Benutzung gerechnet hat.

In ähnlicher Lage wie der Ausfuhr- und Einfuhrhandel sind die Warenhäuser, die tatsächlich eine nahezu unbegrenzte Anzahl verschiedener Waren führen und die meisten auch mit ihrem Warenzeichen versehen. Für sie besteht in noch höherem Maße das Bedürfnis, den Schutz für alle Waren zu beanspruchen; denn bei einem Hause, welches Lebensmittel neben Kraftfahrzeugen, Leib-, Tisch- und Bettwäsche neben Musikinstrumenten, Seifen, Parfümerien und Schönheitsmittel neben Schuhwaren und Sportbekleidung führt, ist kaum eine Ware denkbar, die, wenn sie heute noch nicht geführt werden sollte, nicht morgen in den Geschäftsbetrieb eingezogen werden kann.

Bei geschäftlichen Unternehmungen solchen Umfanges spielt natürlich die erhöhte Gebühr keine Rolle, sie ist ein Tropfen im Meere der riesenhaften Geschäftsunkosten.

Es gibt aber andere bedeutende Unternehmungen, die nur eine Sorte von Waren herstellen, aber gern die erhöhte Gebühr zahlen würden, um sich ihr Zeichen in allen Klassen schützen zu lassen; d. h. auch für Waren, die nicht in ihren Geschäftsbetrieb fallen. Das gilt in besonders starkem Maße von altberühmten Marken, wie Henckelssche Zwillinge, Kruppsche drei Ringe, die Zahl 4711, die Phantasieworte Odol, Kodak, Gillette und Gargoyle, und vielen anderen Worten, deren Weltberühmtheit die Frucht einer jahrzehntelangen Arbeit und einer Millionen verschlingenden Werbetätigkeit darstellt.

Das deutsche Gesetz sieht solche Bedürfnisse nicht vor. Der Wortlaut des § 1 steht scheinbar entgegen, und die Rechtsprechung ist in diesem Punkte päpstlicher gewesen als das Patentamt, dessen Aufgabe in erster Linie war, als Torwächter die Warenzeichenrolle vor unbefugten Eindringlingen zu schützen.

Für jeden Kaufmann, der ein noch so unbedeutendes Exportgeschäft betreibt, trägt das Patentamt das Zeichen in Klasse 42 für alle denkbaren Artikel ein; es prüft nicht einmal den Geschäftsbetrieb, sondern begnügt sich in der Regel mit der einfachen Erklärung des Anmelders. Eine Zeitlang hat es in Zweifelsfällen eine Bescheinigung der Handelskammer verlangt; aber nur darüber, ob der Anmelder als Exporteur zu betrachten sei, nicht etwa über den Umfang seines Geschäftes und die Waren, die er tatsächlich führt.

Sobald aber eine Fabrik ein Zeichen anmeldet, gibt das Patentamt genau acht, ob die angemeldeten Waren auch in den Geschäftsbetrieb der Anmelderin fallen. Und da bei den meisten Fabriken es schon aus der Firma hervorgeht, was sie herstellen, und da dies bei den großen Fabriken urbi et orbi bekannt ist, so wird es einer angesehenen Fabrik überhaupt nicht gelingen, ihr Warenverzeichnis über ihren gegenwärtigen Geschäftsbetrieb auszudehnen; selbst für Waren, deren Herstellung sie für eine nahe Zukunft in Aussicht genommen hat, wird das Zeichen ihr nur dann eingetragen werden, wenn sie die künftige Ausdehnung glaubhaft macht. Alle Waren, die außerhalb ihres Geschäftsbetriebes liegen, sind ihr unerreichbar. Trotzdem gelingt es besonders geschäftsgewandten Fabriken oder ihren Beratern hier und da, die eng gezogenen Grenzen ein wenig zu überschreiten. Sie erhalten auf diese Weise Zeichenschutz auch für Artikel, die sie noch nicht herstellen; das bedeutet, daß sie andere an der Benutzung des gleichen Zeichens hindern können.

Man vergegenwärtige sich, welch gewaltiges Interesse ein Unternehmen vom Rang und Alter des Henckelsschen Stahlwerkes daran hat, andere Personen an der Benutzung des berühmten Zwillingszeichens zu hindern. Man vergegenwärtige sich, welche Verwirrung es in den Käuferkreisen anrichten würde, wenn das jedermann bekannte Wahrzeichen der Firma Henckels von Hinz und Kunz für minderwertige Erzeugnisse anderer Art benutzt werden dürfte; und man wird es verstehen, wenn der Inhaber einer so berühmten Marke mit allen Mitteln danach strebt, sich durch ein möglichst großes Warenverzeichnis gegen solche Einbrüche in seine Rechtssphäre zu sichern. Was aber sagt das Reichsgericht hierzu?

> „Die Beklagte kann, wenn sie auch als Verfertigerin hochwertiger Stahlwaren sich und ihrem Warenzeichen Weltruf verschafft hat, keine andere zeichenrechtliche Behandlung genießen, als die Grundsätze des deutschen Warenzeichenrechtes gestatten. Dieses hat aber eine Firmenmarke abgelehnt und nur ein Zeichen für bestimmte Waren anerkannt."

(RG. 108, 34 v. 15. Jan. 1924: II 269/23; MuW. 24, 63.)

Noch deutlicher ist die sog. „Vorratsware" verfemt worden in der Goldina-Entscheidung v. 19. Juni 1925 (II 381/24; RG. 111, 192; MuW. 25, 72/73), wo es heißt:

„Was für das Vorratszeichen gilt, muß entsprechend auch für die Aufnahme von Vorratswaren in die Anmeldung und Eintragung zutreffen; ... danach ist in erster Linie zu erfordern, daß sich die Anmeldung nach den Bedürfnissen des Verkehrs als eine nur vorsorgliche erweist, und somit vor allem schon bei der Anmeldung die Absicht vorliegt, den bezeichneten Geschäftsbetrieb in angemessener Zeit zu eröffnen und die aufgeführten Waren tatsächlich zu führen, und es muß weiter auch die Verwirklichung dieser Absicht in angemessener Zeit erfolgen; vgl. RG. 101, 373; MuW. 20, 188."

Die zuletzt angeführte Entsch. v. 1. März 1921 (II 367/20) hat heftigen Widerspruch ausgelöst. Sie bedeutet die Zurückstellung eines für eine angesehene Münchener Brauerei im Jahre 1907 eingetragenen und von ihr benutzten Zeichens gegen eine zehn Jahre später von einem Hamburger Exporteur in Klasse 42 für zahlreiche Gegenstände eingetragene Marke. Die Brauerei hatte sich das Zeichen u. a. für Bierkrüge, Tabakpfeifen, Streichholzschachteln schützen lassen, Gegenstände, die sie bei festlichen Gelegenheiten zu Reklamezwecken tatsächlich verkauft. Sie wurde zur Löschung des Zeichens für diese Gegenstände verurteilt. Das Reichsgericht erklärte, der Verkauf sei nur ein im Brauerei- und Restaurationsbetrieb erfolgter Verkauf, kein selbständiger Gewerbebetrieb, der im Handel oder gar in der Fabrikation solcher Gegenstände bestände. Die Ausdehnung des Schutzes des Warenzeichens auf Waren, die weder im Geschäftsbetriebe geführt werden noch geführt werden sollen, „stellt an sich einen Mißbrauch der Eintragung zur Vereitelung fremder Rechte und der gesetzlichen Ordnung dar".

Man vergegenwärtige sich, das fremde Recht bestand im vorliegenden Falle darin, daß zehn Jahre später in Hamburg ein Exporteur den Entschluß faßte, das gleiche Zeichen für alle Waren in Benutzung zu nehmen.

Ich war stets überzeugt und bin es auch heute noch, daß dem Gesetzgeber von 1894 nichts ferner gelegen hat als eine solche Fürsorge für einen nasciturus; aber selbst wenn das Reichsgericht dem Gesetzgeber diesen Gedanken zutraut, so brauchte es sich nach mehr als einem Vierteljahrhundert nicht mehr so ängstlich an die angeblichen Absichten zu klammern; ist es doch auch in anderen Fragen seine eigenen Wege gegangen und hat das Verständnis für die Bedürfnisse von Gegenwart und Zukunft sich mehr als Richtschnur dienen lassen als die noch nicht einmal sicheren Absichten des durch wirtschaftliche Entwickelung vielfach überholten Gesetzgebers.

Das Reichsgericht hat auch sonst keine Bedenken getragen, Gesetzen, die ihrem Wortlaute nach den Bedürfnissen des Handels nicht mehr entsprechen, eine freiere Auslegung zu geben. Die engherzige Beschränkung des Zeichenschutzes auf Waren, die gerade zur Zeit der Anmeldung in den Geschäftsbetrieb fallen oder deren Herstellung in nicht zu langer Zeit erfolgen wird, bildet ein Hemmnis und eine schwere Gefahr gerade für diejenigen, die Zeit, Arbeit und Geld anwenden, um ein Zeichen zu Ansehen zu bringen. Es liegt gewiß nicht im Sinne unserer Wirtschaft, solche Leute zu bestrafen und ihnen den wohlverdienten Lohn ihrer Arbeit vorzuenthalten zugunsten eines anderen, der es bequemer und billiger findet, sich an fremdes Vorbild anzulehnen. Wenn es der „gesetzlichen Ordnung widerspricht", das „Recht" dieses späteren Nachempfinders zu vereiteln, so entspricht die gesetzliche Ordnung nicht mehr unserem heutigen Rechtsempfinden.

Das Reichsgericht hat ein viel zu feines Gefühl hierfür, um in Überspannung des Wortlautes Recht zu Unrecht werden zu lassen. Es hat den Weg aus dieser Sackgasse gefunden, allerdings auf dem Umwege über das sog. Recht höherer Ordnung:

Es entbehrt nicht eines gewissen Reizes, daß diese Lehre gerade in dem Goldina-Urteil zum erstenmal auf das Warenzeichenrecht angewandt wurde, wo auf die Entscheidung Bezug genommen wird, die die Anmeldung eines Zeichens für betriebsfremde Waren für einen Mißbrauch zur Vereitelung fremder Rechte und der gesetzlichen Ordnung erklärt hatte.

Also anmelden darf die Schokoladenfabrik das Wort „Goldina" nicht für Margarine. Wenn die Schokoladenfabrik aber für ihre Schokolade eine sehr starke Werbetätigkeit entfaltet und dadurch das Wort „Goldina" so bekanntmacht, daß es zum Kenn- und Schlagworte für das ganze Unternehmen wird, dann gewinnt das für Margarine nicht eingetragene Wort eine solche Kraft, daß ihm sogar ein seit Jahrzehnten für Margarine eingetragenes fremdes Zeichen weichen muß. Dieses Wunder bewirkt die „höhere Rechtsordnung". Als Retter in der Not erscheint auf der Bildfläche § 826 BGB. und sogar § 1 UnlWG., obwohl doch zwischen einer Schokoladenfabrik und einem Margarinewerk von einem Wettbewerb im eigentlichen Sinne nicht wohl gesprochen werden kann. Kraft dieser Paragraphen darf „das formale Zeichenrecht nur innerhalb der Grenzen ausgeübt werden, die das Recht höherer Ordnung gibt; insbesondere innerhalb der Grenzen des lauteren Wettbewerbes und der guten Sitten, in deren Dienst auch das formale Zeichenrecht steht; nicht zur Verübung unlauterer Handlungen und zur Verletzung materiellen Rechtes (vgl. RG. 97, 93ff.). Verstößt die Benutzung eines Warenzeichens gegen die guten Sitten, so kann seine Löschung verlangt werden . . ."

Das Ergebnis der Entscheidung hat vielfach Zustimmung gefunden. Die Begründung dagegen hat Erstaunen erregt und Befürchtungen erweckt. Sie ist tatsächlich in hohem Maße geeignet, die Rechtssicherheit zu vernichten, um derentwillen das deutsche System der rechtsbegründenden Wirkung der Eintragung von seinen Anhängern gelobt und gegenüber dem reinen Anmeldeverfahren des französischen Rechtes verteidigt wird. Wäre es nicht viel einfacher, wenn man endlich die Fiktion aufgeben würde, daß die Anmeldung für betriebsfremde Waren gegen die gesetzliche Ordnung verstoße, und dem Schokoladenfabrikanten das Recht zubilligen würde, sein Zeichen auch für Margarine, Wasserklosetts und Stiefelwichse anzumelden; nicht weil er es für diese Waren benutzen will — das tut auch in 99 von 100 Fällen der Exporteur nicht —, sondern weil er ein allgemein anerkanntes großes wirtschaftliches Interesse daran hat, daß ein anderer für solche nicht appetitanregende Gegenstände nicht das gleiche Zeichen benutze und dadurch den Wert der Schokoladenmarke schwer schädige.

Wäre es nicht viel einfacher und gesünder, dem Schokoladenfabrikanten eine solche Gewähr zu bieten, ehe er mit dem Vertrieb der Schokoladenwaren beginnt und ehe der andere die Marke in Benutzung nimmt, als abzuwarten, bis der Schokoladenfabrikant jahrzehntelange Arbeit und unendliche Kosten in seinen Betrieb hineingesteckt hat?

Eine mit dem Siegel des Reichspatentamtes versehene Urkunde würde ihm einen durch drei Instanzen zu verfolgenden Rechtsstreit ersparen, dessen Ausgang immerhin unsicher bleibt, selbst wenn man damit rechnen darf, daß das Reichsgericht nicht sobald den einmal eingeschlagenen Weg wieder verläßt und zu dem Grundsatze des starren Formalismus zurückkehrt.

Das Reichsgericht kann jederzeit die von ihm gegen die Vorratsware verhängte Feme wieder aufgeben; im Gesetz ist sie nicht begründet. Der Fall Goldina und die zahlreichen anderen Fälle zeigen mit einer unüberbietbaren Deutlichkeit, daß gerade bei den wertvollsten Marken ein dringendes Bedürfnis für ein möglichst ausgedehntes Vorratswarenverzeichnis besteht, und daß es nach der Entwicklung, die der Verkehr genommen hat, heute alles eher als einen Verstoß gegen die guten Sitten bedeutet, durch eine umfassende Warenzeicheneintragung Vorsorge zu treffen, um einen Rechtsstreit zu vermeiden. Nicht nur das Reichsgericht, sondern auch die Parteien würden auf diese Weise gerade von schwierigen Prozessen entlastet werden.

Zu wie seltsamen Ergebnissen diese Rechtsprechung führen kann, zeigte die Entsch. v. 14. Okt. 1927 (II 133/27; MuW. 27/28, 165). Auch hier klagte eine bekannte Schokoladenfabrik, nämlich die Firma Gebrüder Stollwerck A.-G. wegen Eingriffes in das ihr im Jahre 1912 geschützte Zeichen „Goldkrone". Eine Kaffee- und Teehandlung hatte sich für Kaffee und Tee im Jahre 1924 das Wort „Kronengold" als Warenzeichen eintragen lassen. Hiergegen hatte Stollwerck, trotz der Benachrichtigung durch das Patentamt, keinen Widerspruch erhoben; gleichwohl erhob Stollwerck Klage. Beklagte antwortete mit einer Widerklage auf Löschung des Stollwerckschen Zeichens für Tee, weil Klägerin weder Tee noch Kaffee führe und daher keinen Anspruch auf Schutz für diese Waren habe. Die Firma Stollwerck wandte ein, sie habe vor dem Kriege auch Tee geführt, den Vertrieb aber infolge des Krieges einstellen müssen; 1920 habe sie einen Versuch gemacht, wieder ins Teegeschäft zu kommen, habe jedoch keinen Erfolg erzielt und ihre Bemühungen deshalb bald wieder aufgegeben. Während des Prozesses, genauer 1—2 Wochen vor der Verhandlung in der Berufungsinstanz, hielt sie in ihren beiden Geschäften in Köln auch Tee feil. Das Oberlandesgericht Köln wies die Klage ab und gab der Widerklage hinsichtlich der Ware Tee statt. Das Reichsgericht kam zu dem entgegengesetzten Ergebnisse. Auch hier beschritt es einen seltsamen Umweg; es erklärte nämlich im Gegensatze zu dem Oberlandesgericht und dem Patentamt Tee für gleichartig mit Kakao, Kakaoerzeugnissen und Schokolade, und meint, das Berufungsgericht habe es nicht gewürdigt, daß Tee in einen mit Kakao, Kakaoerzeugnissen und Schokolade handelnden Geschäftsbetrieb erfahrungsgemäß ohne weiteres derart hineingehört, daß mit seiner späteren Aufnahme bzw. Wiederaufnahme so gut wie sicher zu rechnen ist.

Das Reichsgericht stellt mithin seine Entscheidung auf Erfahrungen ab, die allerdings von den dem Verkehr näherstehenden Kreisen nicht bestätigt werden dürften. Die Erfahrungen haben vielmehr gelehrt, daß es sich überhaupt niemals mit Sicherheit voraussagen läßt, welche Ware ein Kaufmann später in seinen Geschäftsbetrieb aufnehmen wird. Das hängt oft von wirtschaftlichen und politischen Vorgängen, von der Zoll- und Frachtpolitik, von persönlichen Einigungen, verwandtschaftlichen Verbindungen, Vermögens- und Kreditverhältnissen ab, die sich niemals auf längere Zeit im voraus berechnen lassen. Ausschlaggebend ist in vielen Fällen sogar der Zufall. Ein vorsichtig veranlagter Kaufmann wird gern mit einer oder wenigen Warenarten beginnen und seinen Betrieb Schritt für Schritt ausbauen. Ein anderer wird es vielleicht für richtiger halten, sogleich mit einer größeren Zahl verschiedenartiger Erzeugnisse zu beginnen und sich allmählich auf eine oder wenige Waren zu beschränken, ja seine ganze Stärke nur einem einzigen Gegenstande zu widmen.

Aber nicht nur die Einstellung des einzelnen ist verschieden; auch die Gewohnheiten eines ganzen Berufskreises ändern sich, und das war gerade im Tee-, Kaffee- und Kakaohandel der Fall. Vor dem Kriege gab es viele Geschäfte, die nur Kaffee führten; andere, die nur mit Tee handelten. Im Großhandel ist dies noch heute der Fall, insbesondere in den Einfuhrstädten Hamburg und Bremen. Vor dem Kriege fand man in diesen Geschäften niemals Kakao und Schokolade, geschweige denn Schokoladenwaren; hierfür gab es zahlreiche Läden, die Schokolade, Kakao, Marzipan und andere Süßigkeiten, daneben meistens auch Keks, hier und da Marmelade, nicht dagegen Kaffee und nur ganz selten Tee führten. Im Kriege haben sich diese Verhältnisse gewandelt, und zwar aus dem einfachen Grunde, weil die Vorräte an Bohnenkaffee und echtem Tee immer mehr zusammenschrumpften, bis sie schließlich ganz verschwanden. Die Not zwang die Ladeninhaber, Ersatzmittel unseligen Angedenkens aufzunehmen und ihre Schaufenster und ausgeleerten Reole zu füllen mit allem, was einer ausgehungerten Phantasie als Nahrungs- und Genußmittel vorgetäuscht werden könnte.

Seit dieser Zeit hat sich der Verbraucher daran gewöhnt, in dem gleichen Laden Dinge zu finden, die früher streng voneinander getrennt waren. Gefördert ist diese Gewöhnung durch die großen Warenhäuser und die Konsumvereine mit ihren Lebensmittelabteilungen. Aus diesem Grunde haben sich besonders in und seit dem Kriege die Begriffe von Gleichartigkeit in manchen Handelszweigen grundlegend gewandelt; sie unterliegen aber auch aus den anderen oben bereits erwähnten Gründen einem ständigen Wechsel. Die Entwickelung wird niemals stillstehen. Es gibt hier keine unvererbbaren Grundsätze; es gibt nicht einmal logische Erwägungen; denn es regiert vielfach die Mode, deren Gesetze jeder Logik Hohn sprechen. Seit einiger Zeit geben die Fabrikanten von Krawatten und sonstigen Herrenartikeln ihren Reisenden Tee mit auf den Weg, verpackt in geschmackvoller Ausstattung, die sich für Geschenkzwecke besonders eignet. Der männliche Besucher soll beim Einkauf von Krawatten oder eines sonstigen Herrenkleidungsstückes Gelegenheit haben, ein Geschenk für seine Frau oder Freundin zu finden. Außerdem soll die mit der Schutzmarke versehene Teepackung eine unauffällige Werbetätigkeit im Familienkreise ausüben. Wenn sich diese Übung einbürgert, so wird man die Gleichartigkeit zwischen Tee und Krawatten nicht mehr bezweifeln können; und was heute dem Tee billig, wird morgen den Parfümerien, den Lederwaren und den tausend anderen Geschenkartikeln recht sein.

Da es nach der Entsch. v. 14. Okt. 1927 erlaubt ist, daß der Kaufmann sein Zeichen auch für Waren anmeldet, die er noch nicht führt, „mit deren späterer Aufnahme aber so gut wie sicher zu rechnen ist", kann man es angesichts der Erfahrungen der letzten Jahrzehnte unmöglich für eine Verletzung gegen die gesetzliche Ordnung oder gar für einen Verstoß gegen die guten Sitten erklären, wenn ein vorausschauender Kaufmann, der hinsichtlich der künftigen Entwickelung seines Geschäftes hochfliegende Pläne hegt, den Kreis der Vorratswaren weiter steckt als ein sich ängstlich an die Gepflogenheit der Vergangenheit und der engsten Gegenwart klammernder Krämer, dem die Sorgen des heutigen Tages den Blick für das Morgen verschleiern. „Freie Bahn dem Tüchtigen." Wer von der künftigen Entwickelung seines Geschäftes so überzeugt ist, daß er bei der Anmeldung eines Zeichens die Gebühr für eine größere Anzahl von Klassen zahlen möchte, den soll man nicht durch eine unnötig enge Auslegung des Gesetzestextes daran hindern. Gerade der größte Kaufmann gibt im geschäftlichen Leben nicht einen Pfennig für einen Schutz aus, den er für überflüssig hält. Die Klassengebühr bietet eine genügende Sicherheit gegen mißbräuchliche Ausdehnung der Verzeichnisse. Das Reichsgericht braucht in diesem Punkte weder die Aufgaben einer sichtenden Ordnungspolizei noch des Erziehers zu üben. Es möge diese Tätigkeit ruhig dem Patentamt und allenfalls dem Gesetzgeber überlassen, der die Klassengebühr erhöhen möge, wenn die jetzigen Sätze keine genügende Abschreckungskraft mehr besitzen sollten.

Ich halte die Rechtspolitik des Reichsgerichtes nicht für gesund[2]); sie stellt die Entscheidung zu sehr auf den Charakter des Geschäftes zur Zeit der Anmeldung des Zeichens ab. Dies wird in dem Falle Burkbraun (Entsch. vom gleichen Tage, 14. Okt. 1927, II 92/27; MuW. 27/28, 168ff.) noch deutlicher ausgesprochen. Auch hier werden nur solche Waren genehmigt, mit deren späterer Aufnahme so gut wie sicher zu rechnen ist. Allerdings zeichnet sich diese Entscheidung vorteilhaft dadurch aus, daß sie die Sonderstellung derjenigen Zeichen hervorhebt, die durch umfangreiche Werbetätigkeit eine über den Rahmen des eigenen Geschäftsbetriebes hinausreichende Verkehrsgeltung gewonnen haben.

V. Ausstattung

Das Gesetz gewährt einen bürgerlich-rechtlichen Schutz dem Inhaber eines in die Zeichenrolle eingetragenen Warenzeichens. Nach § 12 ist ausschließlich er berechtigt, das Zeichen im gewerblichen Verkehr mit Waren gleicher Art zu verwenden. § 14 schützt ihn durch Schadenersatzansprüche gegen wissentliche und grobfahrlässige Verletzer; gegen wissentliche außerdem durch Strafandrohung.

Die Untersagungsklage, die in dem Markenschutzgesetze vom 30. Nov. 1874 ausdrücklich erwähnt war, ist weder in § 12 noch an einer anderen Stelle des Warenzeichengesetzes von 1894 mehr genannt. Rechtsprechung und Schrifttum waren von Anfang an darüber einig, daß sie sich als selbstverständlicher Ausfluß des Alleinrechtes ergebe. Seit Einführung des Bürgerlichen Gesetzbuches läßt sie sich auf diese Bestimmungen stützen; aber schon vorher war sie von der Rechtsprechung anerkannt (RG. 14, 71; 15, 104; 18, 36; 25, 348; 26, 353); und die unzähligen späteren Entscheidungen, in denen eine rechtliche Begründung der Unterlassungsklage überhaupt nicht mehr für erforderlich gehalten wurde.

Anders bei der Ausstattung. Ihr Schutz gründet sich auf § 15 WZG. Auch er gewährt seinem Wortlaute nach nur eine Schadenersatzklage und eine Strafandrohung. Voraussetzung für beide ist aber die Benutzung der fremden Ausstattung „zum Zwecke der Täuschung im Handel und Verkehr".

Es genügt mithin nicht der Tatbestand der Wissentlichkeit oder gar der Grobfahrlässigkeit, sondern es muß auch zur Begründung des Schadenersatzanspruches die Täuschungsabsicht nachgewiesen werden. Die Unterlassungsklage wegen Ausstattungsverletzung wird im Gesetz ebensowenig erwähnt wie diejenige wegen Zeichenverletzung. Sie ist aber nicht von vornherein für selbstverständlich gehalten worden. In der Entsch. v. 27. Sept. 1927 (II 59/27; MuW. 27/28, 93/94) findet sich zum erstenmal der Satz:

> „Auch der Umstand, daß § 15 WZG. für die Schadenersatzklage ein Handeln zum Zwecke der Täuschung fordert, würde, soweit es sich um den Unterlassungsanspruch handelt, unerheblich sein, da die allgemein (quasinegatorische) Unterlassungsklage schon bei rein objektiver Verletzung des Ausstattungsschutzes zulässig ist (RG. 116, 151)."

Während es hier sich noch um einen hypothetischen Fall handelt, spricht das Urt. v. 2. März 1928 (II 319/27; MuW. 27/28, 335) zum ersten Male klare Worte aus:

---

[2]) In dem Schrifttum hat sie vielfach Widerspruch gefunden. Vgl. Reimer in GRuU. 1928 S. 173 und die dort angeführten Fälle.

„Aber es bedarf der Heranziehung dieses Gesichtspunktes (nämlich § 826 BGB.), jedenfalls soweit es sich um den reinen Unterlassungsanspruch handelt, nicht einmal; ein sittenwidriges Handeln zu Wettbewerbszwecken oder mit dem Bewußtsein der Schadenzufügung ist nicht erforderlich für die Unterlassungsklage aus § 15 WZG.; denn da die allgemeine (quasinegatorische) Unterlassungsklage schon bei reiner objektiv rechtswidriger Verletzung eines Rechtes gegeben oder eines Rechtsgutes ohne Einschränkung gegeben ist (vgl. RG. 116, 151), so ist sie auch gegen eine solche Verletzung des zu den Rechtsgütern zählenden Ausstattungsbesitzes zulässig."

Auch diese Entscheidung darf man als Merkstein ansprechen. Sie überhebt nicht nur den Kläger des oft schwierigen Beweises der bösen Absicht seines Gegners; sie befreit ihn von dem Übel, seinem Gegner ein Handeln „zum Zwecke der Täuschung" auch nur vorwerfen zu müssen. Sie ermöglicht es, einen Rechtsstreit um die eigene Ausstattung zu führen, ohne die Ehrenhaftigkeit des Gegners anzweifeln oder gar bestreiten zu müssen. Wer wie der Unterzeichnete aus einer langjährigen Berufstätigkeit weiß, wie qualvoll es für die Parteien und ihre Anwälte oft ist, lediglich um der rechtlichen Konstruktion wegen dem Gegner einen Verstoß gegen die guten Sitten vorzuwerfen, behaupten zu müssen, der Gegner verletze das Anstandsgefühl aller billig und gerecht denkenden Menschen, lediglich, weil das Reichsgericht seit Jahrzehnten mit diesen unglücklichen, fast niemals zutreffenden Worten den Tatbestand des § 826 BGB. zu umschreiben gewohnt ist, empfindet es als Erlösung, daß der im gewerblichen Leben nicht allzu selten vorkommende Streit zwischen achtbaren Kaufleuten künftig ausgefochten werden kann, ohne daß der Kläger seinen Gegner mit Schmutz zu bewerfen genötigt ist.

Die Entscheidung eröffnet die leise Hoffnung, daß es dem 2. Zivilsenat gelingen möge, auch für die zahlreichen anderen ähnlich gelagerten Fälle, in denen heute § 826 BGB. als Mädchen für alles herhalten muß, eine Umschreibung zu finden, die das Ehrgefühl des Verurteilten nicht allzu sehr kränkt; denn in Wirklichkeit ist es doch kein Verstoß gegen das Anstandsgefühl aller billig und gerecht denkenden Menschen, wenn jemand eine Handlung begeht, die Jahrzehnte hindurch von allen Gerichten einschließlich des 2. Senates des Reichsgerichtes gebilligt worden ist. Es ist gewiß zu begrüßen, daß das Reichsgericht einen von ihm selbst aufgestellten Satz nicht als noli me tangere behandelt, sondern mit erfreulicher Ehrlichkeit offen bekennt, es könne nach nochmaliger Prüfung die frühere Ansicht nicht aufrechterhalten. In einem Urt. v. 20. Sept. 1927 (II 409/26; MuW. 27/28, 96) ist dieses Verfahren sogar zweimal in einer Entscheidung geübt. Es ist ein Zeichen modernen Geistes und zeugt von dem Bestreben, die Rechtsprechung dem lebendigen Leben anzupassen, welches ja auch nicht stillsteht, sondern gerade in unserem Zeitalter in früher kaum geahntem Zeitmaße fortschreitet, neue Bedürfnisse weckend, neues Recht oft gebieterisch fordernd.

Nicht verstanden wird es jedoch, wenn das höchste Gericht einer Partei das Anstandsgefühl abspricht, deren Verschulden lediglich darin bestand, daß sie unter Billigung der Instanzgerichte eine Handlung begangen hat, ohne vorauszusehen, das Reichsgericht werde etwa 1—2 Jahre später einen von ihm selbst lange Jahre hindurch eingenommenen Standpunkt verlassen.

Wenige Tage später, nämlich am 17. April 1928, hat der 2. Senat eine Entscheidung gefällt (II 411/27; RG. 120, 402ff.), die das Recht an der Ausstattung auch in anderer Hinsicht dem Recht aus einem eingetragenen Warenzeichen nähert. In diesem Urteile wird die Dauer und der Verlust des Ausstattungsbesitzes an die gleichen Voraussetzungen geknüpft wie die Dauer und der Verlust des Zeichenrechtes. Die „Ausstattung" steht und fällt, ebenso wie das eingetragene Warenzeichen, mit dem Geschäftsbetriebe; das Recht erlischt, wenn der Geschäftsbetrieb dauernd eingestellt wird. Die Grundsätze des § 9 Abs. 1 Nr. 2 finden auch auf diese Ausstattung Anwendung. „Wie dadurch beim Warenzeichen jedermann im öffentlichen Interesse die Möglichkeit zur Herbeiführung der Löschung unrechtmäßiger Zeichen erhalten hat, so ist auch beim Ausstattungsschutze jedem Beliebigen eine Handhabe zur Geltendmachung des Wegfalles dieses Schutzes gegeben."

Das Reichsgericht führt mithin durch diese Entscheidung eine der Popularklage aus § 9 nachgebildete Popularklage gegen den Ausstattungsbesitzer ein, der seinen Geschäftsbetrieb dauernd aufgegeben hat. Der Popularkläger vertritt das Interesse der Allgemeinheit darin, daß ein Schutz, der aufgehört hat, nicht mehr als bestehend betrachtet wird, und daß das „betreffende Wort, Bild, die Gestaltung der Ware oder deren Verpackung usw. für den Verkehr frei wird".

Solche Popularklage auf Löschung eines eingetragenen Zeichens ist im Gesetz ausdrücklich vorgesehen; sie soll ein Scheinrecht beseitigen, ein Zeichen tilgen, welches nicht mehr zu Recht besteht; sie soll die Zeichenrolle reinigen von einer Eintragung, die ein Zeichen vorspiegelt, das nur auf dem Papier vorhanden ist, aber keine Wirkung mehr ausübt.

Die Ausstattung wird nicht in die Zeichenrolle eingetragen; ihr Schutz wird nur durch Benutzung begründet. Es ist nirgends beurkundet oder verbrieft. Infolgedessen wurde auch bisher ein Bedürfnis für eine Popularklage auf Vernichtung solcher den Tatsachen nicht mehr entsprechenden Urkunde nicht empfunden. Es sind auch selten Fälle vorgekommen, in denen ein nicht mehr bestehender Ausstattungsschutz das Interesse der Allgemeinheit beeinträchtigte und daher ein „öffentliches Interesse zur Beseitigung dieses unrechtmäßigen Zustandes" vorlag. In RG. 120, 402ff. nahm jedoch das Reichsgericht ein solches als vorliegend an und zog daraus die Folge, daß in solchem Falle jedermann zur Erhebung der Popularklage befugt sei. Welchen Antrag diese Klage haben müsse, sagt zwar das Urteil nicht; denn in dem zur Entscheidung stehenden Falle war nicht eine Klage, sondern „der ihr rechtlich gleichstehende Einwand aus § 9 Abs. 1 Nr. 2 erhoben". Aber dieser Einwand wird insofern wie die Popularklage behandelt, als die Person, die ihn erhebt, nicht als Einzelperson der Gegenpartei gegenübersteht, sondern als Vertreter allgemeiner Interessen, „die auch von Verbänden oder Organisationen des öffentlichen Rechtes, z. B. einer Handelskammer, wahrgenommen werden könnten". Aus dieser Behandlung zieht das Gericht die Folge, daß Einwendungen aus der Person (exceptio doli) gegen den Erheber der Einrede nicht zulässig sind, ja daß sogar für die exceptio pacti kein Raum sei, „weil die vertragliche Ausschließung der Klage und des Einwandes aus § 9 Abs. 1 Nr. 2, d. h. die Übernahme der Verpflichtung, ein nach dem Gesetze rechtsunwirksam gewordenes Warenzeichen oder einen nicht mehr bestehenden Ausstattungsschutz als rechtswirksam und weiterbestehend zu behandeln, nach §§ 134, 306 BGB. nichtig wäre".

Ich habe meine Bedenken gegen diese Entscheidung bereits in einer Fußnote in der Juristischen Wochenschrift geäußert; ich halte sie auch jetzt noch aufrecht; denn ich vermag nicht zu erkennen, weshalb eine Abmachung nichtig sein soll, durch die sich ein Gewerbetreibender einem anderen Gewerbetreibenden gegenüber verpflichtet, eine Ausstattung, die der letztere in den Verkehr eingeführt hat, auch dann nicht mehr zu benutzen, wenn der letztere seinen Geschäftsbetrieb aufgegeben hat. Gerade der in RG. 120, 402ff.

behandelte Fall zeigt, daß unter Umständen der Schöpfer der Ausstattung ein wirtschaftliches Interesse an solcher Abmachung haben kann, indem dadurch seine Frau oder seine Kinder die Möglichkeit erhalten, einen Ausstattungsschutz an dem gleichen Wort oder Bild usw. zu erwerben, oder indem er dadurch selbst die Möglichkeit hat, in einem neuen Betriebe, den er später eröffnet, die gleiche Ausstattung wieder zu verwenden. Ich vermag nicht einzusehen, daß ein solcher Vertrag unsittlich sei oder gegen die öffentliche Ordnung oder den Geist des Gesetzes verstoßen würde; ich möchte eher annehmen, daß er sich in der gleichen Richtung bewegt wie die Bestimmung des § 4 letzter Absatz des Warenzeichengesetzes, die zugunsten des Inhabers eines gelöschten Warenzeichens eine zweijährige Sperrfrist eingeführt hat, in der das Zeichen nicht für einen anderen eingetragen werden darf.

Will das Reichsgericht die Grundsätze, die für eingetragene Zeichen gelten, auch auf die nicht eingetragene Ausstattung ausdehnen und rechtsähnlich anwenden, so müßte es folgerichtig auch dem Gedanken, der in dieser Sperrfrist zum Ausdrucke gekommen ist, folgen und es verhindern, daß die Ausstattung eines Gewerbetreibenden, der seinen Geschäftsbetrieb aufgegeben hat, innerhalb zweier Jahre (oder eines sonst angemessenen Zeitraumes) nicht von einem anderen Gewerbetreibenden benutzt werden dürfe. Ein von der Rechtsprechung zu förderndes schutzwürdiges Interesse, es unverzüglich zu benutzen, wird in der Regel nicht anzuerkennen sein; die sofortige Inbenutzungnahme wird vielmehr in der Regel auf den Wunsch zurückzuführen sein, noch von den Früchten der Arbeit des anderen zu zehren. Solches Bestreben wird aber von der Rechtsordnung und gerade von der Rechtsprechung des 2. Senates nicht als schutzwürdig anerkannt.

VI. Die örtliche Geltung des deutschen Zeichenrechtes

Während im Patentrechte und Gebrauchsmusterrechte niemals ein Zweifel darüber bestand, daß ein deutsches Patent oder ein deutsches Gebrauchsmuster ein Alleinrecht des Inhabers nur innerhalb der Grenzen des Reiches gewährt, waren bezüglich der Reichweite eines in die deutsche Zeichenrolle eingetragenen Warenzeichens die Ansichten von jeher geteilt. Tatsache ist, daß das gleiche Wort oder Bild häufig in den verschiedenen Ländern zugunsten verschiedener Gewerbetreibender geschützt ist; Tatsache ist ferner, daß es lange Zeit hindurch in manchen Ländern einen Markenschutz nicht gab, und daß aus Deutschland Waren vielfach gerade in diese Länder ausgeführt werden. Tatsache ist ferner, daß das deutsche Warenzeichengesetz schon in einem Versehen der Ware mit dem Zeichen eine Verletzung des Zeichenrechtes erblickt, unabhängig davon, in welchem Lande die Ware in die Hände des Verbrauchers gelangt.

Angesichts dieser Umstände hat die Rechtsprechung stets den Grundsatz vertreten, daß es einen Eingriff in das Recht des eingetragenen Zeichens bedeutet, wenn ein Gewerbetreibender im deutschen Inlande die Ware mit einem für einen anderen in die deutsche Zeichenrolle eingetragenen Zeichen versieht, gleichgültig für welches Land die Ware bestimmt ist. Dies sagt noch eine Entsch. v. 2. Febr. 1924 (II 218/24; MuW. 24, 82 [84]), in der es heißt:

„Der Umstand, daß die gekauften Waren für Kalkutta und Bombay bestimmt waren, ändert nichts an der Tatsache, daß das Geschäft von beiden Teilen in Hamburg abgeschlossen und erfüllt ist. In Hamburg hat die Verkäuferin die Verpackung und die Etikettierung der Glasröhren und Flaschen mit der beanstandeten Bezeichnung vorgenommen. Danach ist die Verletzung des Zeichenrechtes . . . im Inlande begangen."

Die Rechtsprechung hat aber das deutsche Zeichenrecht auch bei Verletzungen geschützt, die außerhalb der Grenzen des Reiches begangen wurden, sofern nur ein deutscher Gerichtsstand gegeben war. Dies ist mit besonderer Deutlichkeit ausgesprochen in RG. 45, 143; 54, 414. Auch in einer Entsch. v. 19. Juni 1923 (II 92/23; RG. 108, 8; MuW. 23, 23) wird der gleiche Standpunkt vertreten:

Es hatte der Berliner Generalvertreter einer holländischen Fabrik brieflich einem Apotheker in Danzig Saccharin, Marke „Hollandia" angeboten mit dem Zusatze: „Seereise ab Rotterdam bis Danzig ca. 5 Tage". Die Saccharin-Fabrik A.-G. verklagte den Berliner Generalvertreter wegen Verletzung des für sie eingetragenen Warenzeichens „Saccharin" mit Erfolg. In den Gründen des reichsgerichtlichen Urteiles heißt es, die in Berlin bewirkte Aufgabe des Briefes zur Post stelle eine Zeichenverletzung dar. Der Umstand, daß das Angebot eine ausländische Ware betraf, die ohne Berührung deutschen Gebietes aus dem Auslande nach dem Auslande geliefert werden sollte, schließe die Verletzung nicht aus.

Einen Umschwung dieser Auffassung brachte die Entsch. v. 20. Sept. 1927 II 409/26; RG. 118, 76; MuW. 27/28, 96:

Hier hatte eine in Deutschland ansässige Fabrik auf Grund ihrer deutschen Warenzeichen Klage gegen eine in Italien ansässige Firma vor einem deutschen Gericht erhoben. Für die italienische Firma war für gleichartige Waren im Jahre 1920 eine Marke in das internationale Register in Bern eingetragen, die mit dem Warenzeichen der Klägerin im Sinne § 20 WZG. übereinstimmte. Diese internationale Marke hat als ungeprüfte Übergangsmarke mit dem Beitritte des Deutschen Reiches zum Madrider Markenabkommen am 1. Dez. 1922 in Deutschland gesetzlichen Schutz erlangt. Die deutsche Fabrik klagte auf Schutzentziehung und Unterlassung. Die italienische Fabrik erhob Widerklage gegen die Klägerin auf Verbot, Waren mit dem für sie in Deutschland eingetragenen Zeichen in diejenigen Länder auszuführen, in denen der Schutz der internationalen Marke der Beklagten Geltung habe.

Das Reichsgericht bestätigte das Berufungsurteil, welches der Klage stattgegeben und die Widerklage abgewiesen hatte. In den Gründen setzt es sich mit seiner früheren Rechtsprechung auseinander und führt aus: Durch die Schutzentziehung sei festgestellt, daß die Beklagte mangels eines ihr in Deutschland zustehenden Zeichenrechtes die Klägerin nicht hindern könne, von ihrem Zeichenrechte den ihr in § 12 WZG. gewährleisteten Gebrauch zu machen. Damit sei aber noch nicht die Frage entschieden, ob nicht Zeichenrechte, die die Beklagte kraft internationaler Registrierung in außerdeutschen Ländern erlangt hat, irgendwie in den deutschen Herrschaftsbereich hinüberwirken können oder ob etwa die von einem Deutschen im Auslande begangene Verletzung eines dort kraft internationaler Registrierung wirksamen Zeichenrechtes vor deutschen Gerichten unter Zugrundelegung ausländischen Rechtes verfolgt werden könne. In RG. 54, 114 und anderen Entscheidungen sei der Standpunkt vertreten worden, daß das deutsche Warenzeichenrecht nicht territorial beschränkt, sondern auch über die Grenzen hinaus geschützt sei, so daß der Inhaber dieses Rechtes auch dessen Verletzung im Auslande, ohne daß ihm dort ein Zeichenschutz gewährt sei, verbieten und im Inlande gerichtlich verfolgen könne, sofern nur dort ein Gerichtsstand gegeben sei.

„Diese Rechtsauffassung, die auch im Schrifttum Anhänger gefunden habe . . . läßt sich nicht mehr aufrechterhalten. Nach internationalem Privatrechte hat, wenn mehrere Berechtigungen gleichzeitig in mehreren Staaten bestehen, niemals die inländische Berechtigung der ausländischen im Inlande zu weichen; vielmehr gelten beide Berechtigungen in ihrem territorialen Herrschaftsbereiche . . . Der Satz, daß das deutsche Zeichenrecht über die Grenzen Deutschlands hinausreiche, kann überhaupt keine Geltung beanspruchen, also auch dann nicht, wenn der Störer im Auslande ein Inländer ist und er sich auf ein ihm im Auslande zur Seite stehendes Individualrecht nicht berufen kann . . . Es kann für das Warenzeichen nichts anderes gelten, als was in RG. 30, 52 für das Patentrecht ausgesprochen worden ist. Das deutsche Zeichenrecht wird von dem Prinzip der Nationalität der Marke beherrscht, und auf dem Wege zur Weltmarke sind die internationalen Verträge, wie die Pariser Union und das Madrider Abkommen, vorerst nur ein Schritt. Beiden liegt noch der Gedanke an die territoriale Begrenzung des Markenschutzes zugrunde; insbesondere geht das Madrider Abkommen, dem das Deutsche Reich beigetreten ist, gerade davon aus, daß zum Schutze des Zeichens in den anderen Ländern dieses Abkommens die Hinterlegung im Ursprungslande nicht genügt, sondern eine weitere Hinterlegung in Bern hinzukommen muß, auf Grund deren erst gleichzeitig in allen Vertragsländern das Zeichen seine Wirkung entfaltet. Damit ist es aber nicht verträglich, könnte auch als ein Übergriff in die Rechtssphäre anderer souveräner Staaten, die sich in diesen internationalen Verträgen als gleichberechtigte, völkerrechtliche Persönlichkeiten gegenüberstehen, gedeutet werden, wenn ein Staat für Rechte, die er für sein Gebiet geschaffen hat, wie das Zeichenrecht, Geltung in der ganzen Welt beanspruchen wollte, und sei es auch nur, wenn ein inländischer Gerichtsstand gegeben ist. Hieraus ergibt sich schon, daß auch die im Auslande geschützte Marke territorial begrenzt ist und daher nicht in den deutschen Herrschaftsbereich herüberwirken kann, wie denn auch schon früher das vom Reichsgerichte vertretene Universitätsprinzip zur Anerkennung eines Schutzes der Auslandsmarke als solcher nicht geführt hat und nach Lage der deutschen Gesetzgebung (§ 23 WZG.) nicht führen konnte."

Die in obiger Entscheidung niedergelegten Grundsätze sind bestätigt in einem Urt. v. 20. April 1928 (II 447/27; MuW. 27/28, 445ff.), wo es heißt:

„Allerdings hat der erkennende Senat früher den Standpunkt vertreten, daß das deutsche Warenzeichenrecht nicht territorial beschränkt, sondern über die Grenze des Reiches hinaus geschützt sei, so daß der Zeicheninhaber dessen Verletzungen im Auslande, ohne dort Zeichenschutz zu besitzen, verbieten und im Inlande verfolgen könne, sofern nur im Inlande ein Gerichtsstand gegeben sei. Dieser Standpunkt aber ist in RG. 118, 76ff. aufgegeben und die gegenteilige Meinung angenommen worden, daß auch das deutsche Zeichenrecht territorial begrenzt sei und sich, selbst wenn ein deutscher Gerichtsstand gegeben ist, nicht auf Verletzungen des deutschen Zeichenrechtes in außerdeutschen Ländern erstreckt. Der Grundsatz der Nationalität des Zeichens beherrscht nicht nur das deutsche Zeichenrecht, sondern liegt auch in den internationalen Verträgen, wie der Pariser Union und dem Madrider Abkommen, zugrunde. Diese Verträge ermöglichen nur durch die besondere Hinterlegung bzw. Eintragung des Zeichens in Bern eine Ausdehnung des Zeichenschutzes auf alle Vertragsländer, gehen also gerade davon aus, daß zum Schutze des Zeichens in anderen Ländern die Eintragung im Ursprungslande noch nicht genüge."

Obwohl die Jubelfeier, der die Festschrift gewidmet ist, erst im Herbst 1929 stattfindet, muß ich auf Wunsch der Schriftleitung diese Betrachtung schon im August 1928 abschließen. Welche Wandlung aber in den kommenden Monaten die Rechtsprechung auf dem Gebiete des Markenrechtes noch erfahren möge, das eine läßt sich schon jetzt mit Bestimmtheit sagen:

Zahlreiche Meilensteine zeigen die Länge des Weges, den das Reichsgericht in den verflossenen fünfzig Jahren zurückgelegt hat. Sie sind nicht nur Wegweiser, sondern legen ernstes Zeugnis ab für den Wanderer, der den oft recht beschwerlichen Pfad durchmessen hat.

Abgeschlossen: August 1928.

Die Sittenwidrigkeit von Generalversammlungsbeschlüssen der Aktiengesellschaften und die Rechtsprechung des Reichsgerichts

von Professor Dr. Hueck, Jena

I. Wenn man die neueren Bände der Entscheidungen des Reichsgerichtes in Zivilsachen auf aktienrechtliche Urteile hin durchsieht, so fällt sofort auf, daß die Zahl dieser Entscheidungen in der Nachkriegszeit gegenüber den in früheren Jahren veröffentlichten Urteilen stark zugenommen hat, und zwar namentlich, soweit es sich um den Kampf einzelner Aktionäre oder Aktionärgruppen gegen Generalversammlungsbeschlüsse, also um Anfechtungs- oder Nichtigkeitsklagen handelt. Darin spiegelt sich die Tatsache wider, daß die Erschütterungen des Wirtschaftslebens, die Krieg, Inflation und Stabilisierung der Währung mit sich gebracht haben, ganz besonders auch die Aktiengesellschaften ergriffen und zu starken Spannungen innerhalb der Mitgliederschaften, zu Kämpfen um die Herrschaft in den Generalversammlungen, zur Vergewaltigung der Minderheiten, zu neuartigen, rechtlich zum Teil recht zweifelhaften Maßnahmen geführt haben, die eine früher nicht bekannte Unruhe in das Leben der Gesellschaften hineingebracht haben. Aber nicht nur die genannten äußeren Erschütterungen des Wirtschaftslebens sind für diese Unruhe und die daraus entspringenden Streitigkeiten verantwortlich. Wäre dem so, dann hätte die Beseitigung der Ursachen auch ein Verschwinden dieser Erscheinungen mit sich bringen müssen, oder man könnte doch auf ein Verschwinden in allernächster Zukunft rechnen. Sondern wenn diese Unruhe, wenn auch in geringerem Grade, auch heute noch besteht, so muß neben den genannten Gründen doch noch eine tieferliegende Ursache vorhanden sein; das ist die Umgestaltung in der inneren Struktur der Wirtschaft, die sich gerade auch im Leben der Korporationen zeigt, die Konzentrationstendenz mit ihren Verflechtungen und Zusammenschlüssen in Kartellen, Konzernen, Trusts, ihren Zusammenballungen riesiger Kapitalmassen in einzelnen Gesellschaften, es ist der Übergang von einem rein individualistisch gestalteten Wirtschaftssystem zu einer kollektiv stärker gebundenen Wirtschaft, es ist letzten Endes nicht zum geringsten eine sich allmählich vollziehende Veränderung in der geistigen Einstellung des modernen Menschen gegenüber der Wirtschaft und ihren Problemen.

Aus diesem Sachverhalt heraus wird verständlich, daß das Gebäude unseres Aktienrechtes ins Wanken gekommen ist. Das zeigt sich allgemein in den Rufen nach einer Reform des Gesetzes, das zeigt sich im einzelnen an der starken Zunahme der aktienrechtlichen Streitigkeiten. Nun läßt sich aber, was die erstere Erscheinung betrifft, nicht verkennen, daß, nachdem die akuten Erschütterungen des Wirtschaftslebens durch Krieg, Inflation und Stabilisierung zurückgetreten sind, das Drängen nach einer sofortigen Reform wesentlich weniger stürmisch geworden ist. Und in der Tat, wenn es heute im wesentlichen die allmählichen Veränderungen in der Struktur des Wirtschaftslebens sind, die für die Reformwünsche die Grundlage bilden, und wenn es keinem

Zweifel unterliegt, daß diese Umwandlung noch keineswegs abgeschlossen ist, wir vielmehr mitten in dieser Entwicklung stehen, so wird man mit der Reform eines so grundlegenden Gesetzes, wie es das zweite Buch des Handelsgesetzbuches ist, außerordentlich vorsichtig sein müssen[1]). Es besteht die Gefahr, daß eine wirtschaftlich notwendige Entwicklung erschwert oder in falsche Bahnen gelenkt wird. Wenn deshalb auch die Reformbedürftigkeit des Aktienrechtes keineswegs schlechthin geleugnet werden soll, vielmehr im Gegenteil unten einige Fälle hervorgehoben werden, in denen eine Gesetzesänderung wünschenswert erscheint, so wird es in vielen Punkten doch richtiger sein, die weitere Entwicklung erst abzuwarten und zu sehen, wie die Dinge sich ohne gesetzlichen Eingriff gestalten.

Damit erwächst dann der Rechtsprechung und insbesondere derjenigen des höchsten Gerichtes eine um so wichtigere Aufgabe. Sie hat dafür zu sorgen, daß die Entwicklung möglichst von Mißbräuchen frei bleibt, daß die berechtigten Interessen der Schwächeren geschützt werden, ohne daß doch wirtschaftlich notwendige Maßnahmen unterbunden werden. Es liegt auf der Hand, daß die Gerichte derartige Aufgaben nicht mit Hilfe von mehr oder weniger formal ausgestalteten Einzelvorschriften lösen können, sondern daß in solchen Übergangszeiten allgemein gefaßte Vorschriften grundsätzlicher Art, die die nötige Elastizität und Anpassungsfähigkeit an die veränderten Umstände besitzen, von ganz besonderer Bedeutung werden.

Zu diesen Vorschriften gehören die §§ 138, 826 BGB.[2]), und daraus erklärt sich die große Rolle, die sie in den aktienrechtlichen Prozessen der neueren Zeit spielen. Es ist fast zur Regel geworden, daß in all den Kämpfen um die Gültigkeit von Generalversammlungsbeschlüssen als letzter Trumpf die Nichtigkeit des Beschlusses wegen Sittenwidrigkeit ausgespielt wird.

In der Tat ist bei der heutigen Lage unserer Wirtschaft und unseres Rechtes eine derartige allgemeine Vorschrift, ein solches letztes Sicherheitsventil, gar nicht zu entbehren. Bei der Vielgestaltigkeit des modernen Wirtschaftslebens und dem raschen Flusse der Entwicklung kann der Gesetzgeber unmöglich kasuistisch vorbeugende Vorschriften gegenüber allen denkbaren Mißbräuchen treffen. Es ist vielmehr eine in die Augen springende Erscheinung, daß solche scharf abgegrenzten Einzelvorschriften gerade auf diesem Gebiete versagen, weil sie mit Leichtigkeit umgangen werden. Ein Beispiel mag das erhärten. Es besteht die Gefahr, daß Aktionäre, die an dem Zustandekommen eines Beschlusses nicht nur in ihrer Eigenschaft als Aktionäre, sondern in sonstiger Hinsicht persönlich interessiert sind, sich bei der Beschlußfassung von diesen besonderen Interessen leiten lassen und deshalb in einem mit den Interessen der Gesellschaft in Widerspruch stehenden Sinne stimmen. Mit Rücksicht darauf hat das Gesetz vorgesehen, daß wenigstens in den wichtigsten Fällen dieser Art das Stimmrecht derartig persönlich interessierter Aktionäre ruht. Nach § 252 Abs. 3 HGB. hat vor allem kein Stimmrecht, wer an einem Rechtsgeschäft, über dessen Vornahme beschlossen werden soll, beteiligt ist. Es ist bekannt, daß die Praxis diese Bestimmung fast völlig illusorisch gemacht hat. Sieht man auch ganz davon ab, daß die Vorschrift zwar nicht in rechtlich zulässiger, aber doch tatsächlich selten zu verhindernder Weise dadurch umgangen werden kann, daß der beteiligte Aktionär sein Stimmrecht durch Strohmänner (Legitimationsaktionäre usw.) ausüben läßt, so hat die Praxis doch

[1]) Vgl. dazu Pinner, ZBH. 1926 S. 3ff.

[2]) Sie sind aber keineswegs die einzigen. Auch der Grundsatz der gleichmäßgen Behandlung der Aktionäre ist hier zu nennen, und ebenso können sonstige allgemeine Prinzipien des Aktienrechtes herangezogen werden.

auch Wege genug eröffnet, um den erstrebten Erfolg auch in rechtlich einwandfreier Weise zu erreichen. Nach der heute herrschenden, auch vom Reichsgerichte vertretenen Lehre ist die Vorschrift zunächst für alle die innere Ordnung der Gesellschaft betreffenden (sozialrechtlichen) Beschlüsse nicht anwendbar[3]), und auch bei sonstigen Beschlüssen darf der beteiligte Aktionär mitstimmen, wenn der Vorstand nicht verpflichtet, sondern nur ermächtigt werden soll, das Geschäft vorzunehmen[4]), und ebenso ist endlich das Mitstimmen zulässig, wenn das Geschäft vom Vorstande schon fest abgeschlossen war und es sich nur um die nachträgliche Genehmigung des Geschäftes, also die Entlastung des Vorstandes, handelt[5]). Es liegt auf der Hand, daß bei einer einigermaßen geschickten Regie der eine oder der andere Weg immer gangbar ist. Der Mißbrauch des Stimmrechtes durch persönlich interessierte Aktionäre wird somit praktisch nicht mehr durch § 252 Abs. 3 HGB. verhindert, er findet seine Grenze fast allein in den guten Sitten, also in §§ 138, 826 BGB. Und ähnlich ist es in zahlreichen anderen Fällen. Die Ausgabe von Mehrstimmrechtsaktien, von Schutz- und Vorratsaktien, um andere in der letzten Zeit viel erörterte Probleme zu nennen, scheitert, sofern die Mehrheit nur mit der nötigen Vorsicht vorgeht, nicht an speziellen aktienrechtlichen Vorschriften, sie findet ihre Grenze wiederum nur an den guten Sitten. In den so wichtigen Fragen des Abschlusses von Interessengemeinschaften, Konzernen, Vertrustungen, Fusionen findet die Minderheit gegenüber einer egoistisch vorgehenden Mehrheit letzten Endes fast nur in den §§ 138, 826 BGB. ihren Schutz. Damit soll nicht die Wertlosigkeit der bisherigen aktienrechtlichen Schutzbestimmungen behauptet werden; an ihrer Stelle haben sie ihre gute Berechtigung, und man kann sogar die Frage aufwerfen, ob die moderne Praxis sie nicht zum Teil viel zu weitgehend beiseite geschoben und ausgehöhlt hat[6]); aber sie versagen doch großenteils gegenüber den neuartigen Problemen der modernen Wirtschaftsentwicklung und müssen notwendig versagen, da der Gesetzgeber diese Probleme nicht voraussehen konnte. Es ist zunächst Sache der Rechtsprechung, an Hand der in anständigen Wirtschaftskreisen herrschenden ethischen Anschauungen neue Grundsätze für den Schutz der Gefährdeten herauszubilden, und eine Grundlage für eine solche Praxis kann nur eine allgemeine Vorschrift wie der § 138 oder § 826 BGB. bilden.

Sind so elastische Vorschriften zum Schutze des Verkehres in einer Übergangszeit wie der heutigen unbedingt nötig, so sind doch andererseits die Gefahren, die gerade aus der Elastizität und der daraus folgenden Unbestimmtheit dieser Vorschriften entspringen, nicht zu verkennen. Von seiten der interessierten Wirtschaftskreise ist, und nicht ganz mit Unrecht, auf die aus der mangelnden Rechtssicherheit sich ergebenden schweren Mißstände häufig genug hingewiesen worden. Es kann für eine Aktiengesellschaft von schlechthin vernichtender Wirkung sein, wenn die Gültigkeit wichtiger Beschlüsse lange Zeit zweifelhaft bleibt, weil über die Auslegung der in Betracht kommenden Rechtsvorschriften Unklarheit besteht. Gerade auf dem Gebiete des modernen Wirtschaftslebens, das schnelle Entscheidungen verlangt, ist die Rechts-

---

[3]) Vgl. Staub, HGB. § 252 Anm. 26 und die dort zitierten Entscheidungen. Abweichend Sontag, Die Aktiengesellschaften im Kampfe zwischen Macht und Recht S. 54ff.

[4]) Vgl. RG. 68, 241; 108, 326; — die abweichende Ansicht RG. 104, 131 ist offenbar wieder aufgegeben. — Ebenso Staub § 252 Anm. 25; Flechtheim, JW. 1925 S. 567. Abweichend Brodmann, Aktienrecht § 252 Anm. 5c; Sontag a. a. O. S. 58.

[5]) Vgl. RG. 115, 246; DJZ. 1924 S. 317; Flechtheim, JW. 1925 S. 569; Brodmann § 252 Anm. 5f. Abweichend Staub § 252 Anm. 25; Hachenburg, LZ. 1907 S. 463; Rosendorff, Die rechtliche Organisation der Konzerne S. 74.

[6]) Vgl. Nußbaum, JW. 1928 S. 628.

sicherheit ein gar nicht hoch genug einzuschätzendes Gut. Und daß die Rechtssicherheit um so geringer ist, je allgemeiner, je elastischer die maßgebenden Vorschriften sind, liegt auf der Hand. Deshalb ist dringend zu wünschen, daß für die Anwendung des allgemeinen Prinzipes der §§ 138, 826 BGB. auf Generalversammlungsbeschlüsse möglichst bald scharfe Grenzlinien aufgestellt werden, nur dürfen diese die Beweglichkeit und Anpassungsfähigkeit des Prinzips selbst nicht beseitigen. Eine vollständige Lösung dieses Problems ist allerdings nicht möglich, es wäre das geradezu die Quadratur des Zirkels. Es handelt sich eben um den alten Kampf zwischen Rechtssicherheit und Billigkeit der Entscheidung des einzelnen Falles. Vollständig läßt sich beides nicht vereinigen. Aber es muß doch ein möglichst gutes Kompromiß angestrebt werden. Das allgemeine Prinzip ist beizubehalten, um allen neu auftauchenden Mißbräuchen entgegentreten zu können, wobei eine andere Frage ist, ob man an der allgemeinen Fassung des § 138 BGB., der Bezugnahme auf die guten Sitten, festhalten oder eine spezieller auf das Aktienrecht zugeschnittene, aber doch ein allgemeines Prinzip enthaltende Fassung wählen soll. Für häufiger auftretende Fälle aber hat die Rechtsprechung feste Grundsätze zu entwickeln, an Hand deren die Entscheidung zu fällen und demgemäß auch, in gewissem Umfange wenigstens, im voraus zu berechnen ist, und soweit wie möglich sind auch im übrigen Richtlinien aufzustellen, die für die Anwendung des Prinzips auf neuartige Erscheinungen einen Wegweiser bieten können[7]).

Eine schwere, aber überaus wichtige Aufgabe der Rechtsprechung. Es darf an dieser Stelle ausgesprochen werden, daß das Reichsgericht bei der Lösung dieser Aufgabe erfreuliche Fortschritte gemacht hat. Darüber dürfen die mannigfachen Angriffe, die von den verschiedensten Seiten gegen die einzelnen Urteile gemacht worden sind, nicht hinwegtäuschen. Daß bei so umkämpften Fragen es nicht allen recht zu machen ist, daß die Einen die Stellung des Gerichtes zu lax, die Anderen sie zu scharf finden, daß von der einen Seite der Vorwurf einer Preisgabe der Minderheiten, von der anderen der einer Hemmung wirtschaftlich notwendiger Entwicklungen erhoben wird, ist nicht verwunderlich, zeigt aber vielleicht am besten, daß das Reichsgericht, wenn sich gewisse Schwankungen im einzelnen auch nicht verkennen lassen, im ganzen doch auf dem richtigen Wege ist.

Die folgenden Zeilen wollen versuchen, an Hand der bisherigen reich entwickelten Rechtsprechung des Reichsgerichtes einen kleinen Beitrag zu dem Problem zu geben. Eine erschöpfende Behandlung ist nicht beabsichtigt, heute wohl auch noch nicht möglich.

---

[7]) Nach Fertigstellung des Aufsatzes ist mir der Bericht der durch den 34. Juristentag zur Prüfung einer Reform des Aktienrechtes eingesetzten Kommission zugänglich geworden. Es ist interessant, daß auch in diesem Berichte die Reformforderungen stark zurücktreten. Eine Reform des Aktienrechtes an Haupt und Gliedern erscheint der Mehrheit der Kommission nicht erforderlich. Die Zeit habe die Probleme noch nicht so gereift, daß es nötig wäre, ein neues System zu schaffen. Nur einzelne Mißstände sollen beseitigt und verhütet werden. Das deckt sich mit der oben vertretenen Auffassung.

In einem der hier hauptsächlich interessierenden Punkte schlägt die Kommission allerdings eine Änderung des Gesetzes vor, nämlich eine Vorschrift, wonach die Ausübung des Stimmrechtes unzulässig sein soll, wenn der Aktionär durch sie unter Verletzung der offenbaren Interessen der Gesellschaft gesellschaftsfremde Sondervorteile für sich oder einen Dritten verfolgt. In der Begründung wird aber dargelegt, daß man sich damit nicht allzusehr von dem jetzigen Rechtszustande entferne. Man will lediglich dem Begriffe des Verstoßes gegen die guten Sitten eine für das Wirtschaftsleben geeignetere Fassung geben. Es ist interessant, daß sich schon dagegen Widerspruch erhoben hat. Und auch die für die Gesetzesänderung eintretende Mehrheit der Kommission war der Überzeugung, daß durch eine solche Generalklausel einem Mißbrauch aktienrechtlicher Institute in viel wirksamerer Weise entgegenzutreten sei, als es durch noch so viele kasuistische Bestimmungen möglich sei. Auch das entspricht wieder vollständig den Darlegungen des Textes.

Dabei sind zwei Fragen auseinanderzuhalten, einmal, wann ein Verstoß gegen die guten Sitten bei Fassung eines Generalversammlungsbeschlusses vorliegt, und sodann, welche Rechtsfolgen sich an diesen Verstoß knüpfen.

II. Man hat bei sittenwidrigen Generalversammlungsbeschlüssen unterschieden zwischen solchen, die ihrem Inhalte nach sittenwidrig sind, und solchen, bei denen der Verstoß gegen die guten Sitten in der Art des Zustandekommens liegt. Zweifellos ist diese Unterscheidung möglich. Man kann dann weiter mit Rücksicht auf die Rechtsprechung des Reichsgerichtes noch eine dritte Gruppe hinzufügen, nämlich solche Beschlüsse, bei denen die Sittenwidrigkeit nicht lediglich im Inhalt und nicht lediglich im Zustandekommen liegt, sondern im Gesamtcharakter, in der Zusammenfassung von Inhalt, Beweggrund und Zweck[8]), wobei diese Gruppe allerdings nicht scharf von der ersten abzugrenzen ist.

Im folgenden soll jedoch, wenn auch in Anlehnung an die genannte Unterscheidung, eine etwas andere Einteilung zugrunde gelegt werden. Es sollen nämlich unterschieden werden:

1. Beschlüsse, die mit Bezug auf ihren Gegenstand sittenwidrig sind;
2. Beschlüsse, bei denen die Sittenwidrigkeit darin liegt, daß die Mehrheit ihre Machtstellung mißbräuchlich ausnutzt (Mehrheitsmißbrauch);
3. Beschlüsse, die von einer Aktionärgruppe auf unlautere Weise zustande gebracht werden, obwohl ihr in Wahrheit die Mehrheit oder doch die für den speziellen Beschluß erforderliche qualifizierte Mehrheit nicht zur Verfügung steht (Mehrheitsverfälschung oder Mehrheitserschleichung).

Es scheint mir, daß diese Einteilung alle wesentlichen Fälle deckt und andererseits geeignet ist, die in Frage kommenden rechtlichen Gesichtspunkte am schärfsten hervortreten zu lassen. Denkbar ist allerdings, daß mehrere der zu 1 bis 3 genannten Momente in ein und demselben Falle gleichzeitig vorkommen. Auf solche Fälle ist später noch zurückzukommen.

III. Die Beschlüsse, die mit Bezug auf ihren Gegenstand gegen die guten Sitten verstoßen, machen rechtlich die geringsten Schwierigkeiten, spielen aber praktisch auch die am wenigsten bedeutsame Rolle. Das zeigen schon die in der Literatur genannten Beispiele, wie etwa der Beschluß, ein Bordell zu betreiben oder Schmuggelgeschäfte vorzunehmen. Es handelt sich also um Fälle, in denen der Inhalt des Beschlusses, ganz abgesehen von den Verhältnissen, unter denen er zustande kommt, und ganz abgesehen von den Motiven und Zwecken der Mehrheit, die ihn durchsetzt, einen Verstoß gegen die guten Sitten enthält, weil das Beschlossene allein für sich betrachtet schon unsittlich ist. Daß in solchen Fällen der Beschluß nach § 138 BGB. nichtig ist, ist heute wohl allgemein anerkannt[9]).

---

[8]) Vgl. z. B. RG. 107, 74.

[9]) Vgl. etwa meine Schrift „Anfechtbarkeit und Nichtigkeit von Generalversammlungsbeschlüssen" S. 116 und Staub § 271 Anm. 3. Zustimmend selbst Brodmann § 271 Anm. 1 IIb 2; Horrwitz, ZBH. 1926 S. 184 im Gegensatze zu S. 183 und Gieseke, GruchotsBeitr. 66, 22, die sonst in der Anwendung des § 138 BGB. und der Annahme der Nichtigkeit am zurückhaltendsten sind.

Sehr auffallend ist demgegenüber, daß die Note 7 genannte Kommission eine Gesetzesänderung vorschlägt, wonach die gegen die guten Sitten verstoßenden Beschlüsse schlechthin nur anfechtbar sein sollen. Es wäre dann also denkbar, daß durch Unterlassen der Anfechtung Beschlüsse, wie sie im Texte genannt sind, die also ihrem Inhalte nach mit dem Sittengesetz in Widerspruch stehen, Rechtsgültigkeit erhielten und dann doch wohl auch Vorstand und Aufsichtsrat zur Beachtung zwängen. Eine ganz unmögliche Vorstellung. Der Vorschlag der Kommission erklärt sich wohl nur daraus, daß an die hier behandelten, in der Praxis selten vorkommenden Beschlüsse gar nicht gedacht ist, die Kommission vielmehr nur die beiden anderen praktisch viel wichtigeren Gruppen von Beschlüssen hat treffen wollen. Bei einer Neufassung des Gesetzes im Sinne der Vorschläge der Kommission müßte das aber unbedingt zum Ausdruck gebracht werden.

Zu dieser Gruppe von Beschlüssen sind auch diejenigen zu rechnen, durch deren Ausführung die Mitglieder des Vorstandes oder Aufsichtsrates sich strafbar machen würden, also z. B. der Beschluß, in ein fremdes Warenzeichen, ein fremdes Patent oder Musterrecht rechtswidrig einzugreifen, unlautere Reklame zu machen, fremde Angestellte zu bestechen oder sonstige Handlungen vorzunehmen, die gegen das UnlWG. verstoßen. § 271 Abs. 4 HGB. gibt zwar in diesen Fällen den Vorstands- und Aufsichtsratsmitgliedern ein besonderes Anfechtungsrecht, und so könnte es scheinen, daß nach Ansicht des Gesetzes derartige Beschlüsse nur anfechtbar und nicht absolut nichtig seien. Das führt aber zu einem unmöglichen Ergebnis. Denn wenn die Beschlüsse rechtsgültig wären oder durch Nichtanfechtung rechtsgültig würden, so müßten sie von den Organen der Gesellschaft auch respektiert, also ausgeführt werden. Es ist aber nicht denkbar, daß die Mitglieder des Vorstandes oder Aufsichtsrates zu Handlungen rechtsgültig verpflichtet werden könnten, durch die sie sich auf der anderen Seite strafbar machen. Eine auf Grund des § 271 Abs. 4 erhobene Klage ist also trotz des Wortlautes des Gesetzes in Wahrheit keine echte Anfechtungsklage, d. h. eine Rechtsgestaltungsklage, die die Nichtigkeit des Beschlusses erst herbeiführt, sondern sie ist eine Feststellungsklage, die die ohnehin schon bestehende Ungültigkeit des Beschlusses lediglich feststellt[10]).

Da bei den zu dieser Gruppe gehörenden Beschlüssen die Sittenwidrigkeit nicht in der Schädigung einzelner Aktionäre liegt, so ist es im Gegensatze zu den zu IV zu behandelnden Fällen für die Gültigkeit des Beschlusses auch bedeutungslos, ob alle Aktionäre dem Beschlusse zustimmen, der Beschluß also einstimmig gefaßt wird. Gerade deshalb ist es nötig, diese Gruppe von der folgenden scharf zu scheiden.

IV. 1. Sehr viel bedeutsamer ist die zweite Gruppe, die die Fälle eines sittenwidrigen Mißbrauches der Mehrheit umschließt. Hier liegt, um das vorwegzunehmen, gerade umgekehrt die Sittenwidrigkeit in der Schädigung der Minderheit, und daraus folgt, daß hier im Gegensatze zu III im allgemeinen von Sittenwidrigkeit keine Rede ist, wenn die geschädigten Aktionäre

[10]) Vgl. schon Anfechtbarkeit und Nichtigkeit S. 158ff.; zustimmend im wesentlichen Goldschmit, Die Aktiengesellschaft § 271 Anm. 25.

Abweichend Brodmann § 271 Anm. 8, der aber zugibt, daß die von mir vertretene Ansicht vom Standpunkte der herrschenden Lehre zur Frage der gesetzwidrigen und unsittlichen Rechtsgeschäfte zutreffend sei. Brodmann selbst ist der Ansicht, daß Unsittlichkeit im Sinne des § 138 BGB. nur vorliege, wenn der Inhalt des Beschlusses so, wie er lautet, und ganz nur auf sich gestellt, unsittlich ist, und daß auf Beschlüsse, die in dieser Isolierung sittlich indifferent seien, der § 138 auch dann nicht anwendbar sei, wenn sie aus unsittlichen Beweggründen fließen oder auf unsittliche Zwecke abzielen (§ 271 Anm. 1 II b 2). Er will auf solche Beschlüsse nur § 826 und nicht § 138 anwenden, und er ist nun weiter der Ansicht, daß Beschlüsse, deren Ausführung den Vorstand strafrechtlich verantwortlich machen würde, an sich ganz indifferent lauten könnten und dann höchstens anfechtbar seien. M. E. wird, auch wenn man einmal die grundsätzliche Auffassung von Brodmann über die §§ 138, 826 als richtig unterstellt, doch nicht ganz klar, was mit letzterem gemeint ist. Es kann doch nicht auf den bloßen äußeren Wortlaut des Beschlusses ankommen, sondern es muß der wirkliche Sinn des Beschlusses erforscht werden. Geht der aber auf Vornahme einer strafbaren Handlung, so ist der Beschluß selbst seinem Inhalte nach und ohne Rücksicht auf Zwecke oder Motive sitten- oder gesetzwidrig und deshalb nichtig. Brodmann widerspricht sich übrigens m. E. auch selbst, da er den Beschluß als unter allen Umständen rechtswidrig bezeichnet und erklärt, daß die Mitglieder der Verwaltung auch ohne Anfechtung berechtigt seien, die Ausführung zu verweigern. Was hat aber dann die Anfechtungsklage noch für einen anderen Sinn als den, diese schon vorhandene Rechtswidrigkeit festzustellen? Ein Beschluß, den die Organe der Gesellschaft nicht zu beachten brauchen, ja den sie nicht einmal beachten dürfen, ist eben nichtig, während der bloß anfechtbare Beschluß bei Unterbleiben der Anfechtung bindende Wirkung erhält.

selbst zustimmen. Immerhin gilt das nicht ausnahmslos[11]). Wie es Fälle gibt, in denen ein Vertrag wegen Schädigung eines Vertragsgegners sittenwidrig ist, obwohl der Vertragsgegner ihm seine Zustimmung gegeben hat (Knebelungsvertrage, Wucherverträge usw.), so können auch Generalversammlungsbeschlüsse sittenwidrig sein, obwohl die geschädigten Aktionäre zugestimmt haben, z. B. wenn sie die Tragweite des Beschlusses nicht klar erkannt hatten[12]), oder wenn sie in wirtschaftlicher Zwangslage ihre Zustimmung gaben.

Es fragt sich nun, wann ein solcher sittenwidriger Mißbrauch der Mehrheit vorliegt. Ganz allgemein ist zunächst zu betonen, daß hier nicht nur der Inhalt des Beschlusses für sich allein zu prüfen ist, sondern daß es auf den Gesamtcharakter des Beschlusses ankommt, der, wie das Reichsgericht immer wieder formuliert[13]), aus der Zusammenfassung von Inhalt, Beweggrund und Zweck erhellt.

Im übrigen ist davon auszugehen, daß in der Generalversammlung grundsätzlich die Mehrheit zu entscheiden hat. Die Tatsache, daß die Mehrheit ihren Willen durchsetzt und den Willen der Minderheit beiseite schiebt, ist von unserem Rechte gewollt, darin allein kann niemals etwas Sittenwidriges liegen. Es müssen immer besondere Umstände sein, die die Ausnutzung der durch die Mehrheit der Stimmen gegebenen Macht als sittenwidrigen Mißbrauch erscheinen lassen.

Nicht zu beanstanden ist nun zunächst, daß die Mehrheitsaktionäre sich bei der Abstimmung von ihren persönlichen Interessen leiten lassen. Die Beteiligung an einer Aktiengesellschaft ist in aller Regel auf egoistische Motive zurückzuführen. Nun wird naturgemäß das Interesse der einzelnen Aktionäre dadurch gefördert, daß das ganze Unternehmen gefördert wird, da jeder einzelne Aktionär am Unternehmen beteiligt, also auch an seinem Gedeihen interessiert ist. Und das Gesetz, das die Herrschaft der Mehrheit festlegte, ist zweifellos davon ausgegangen, daß normalerweise jeder an der Aktiengesellschaft beteiligte Aktionär bei seiner Abstimmung die Interessen der Gesellschaft zu fördern suchen werde, weil das seinen eigenen Interessen entspreche, und es hat damit gerechnet, daß das, was die Mehrheit in dieser Weise beschließt, in der Regel am besten den Interessen der Gesellschaft dienen werde. Läßt sich also die Mehrheit von den Interessen des Unternehmens leiten, so handelt sie so, wie der Gesetzgeber erwartet, und es kann darin nicht ein sittenwidriger Mißbrauch der Mehrheit liegen, auch wenn dadurch die Interessen einzelner Aktionäre verletzt werden[14]).

---

[11]) Abweichend Brodmann § 271 Anm. 1 IIb 3, der aber die im Text erwähnten Fälle nicht beachtet.

[12]) Dabei ist zu beachten, daß es sich hier nicht darum handelt, daß der Verstoß gegen die guten Sitten gerade in der Täuschung liegt. Von solchen Fällen wird unter V noch zu sprechen sein. Hier stehen nur die Fälle zur Erörterung, bei denen die Sittenwidrigkeit durch die Schädigung der Minderheit bedingt wird; die Unkenntnis zustimmender Aktionäre von dieser Wirkung des Beschlusses kann auf anderen Umständen als einer arglistigen Täuschung beruhen.

[13]) Vgl. z. B. RG. 107, 74.

[14]) Der Schutz der Minderheitsaktionäre liegt in derartigen Fällen in dem Grundsatze der gleichmäßigen Behandlung der Aktionäre, einem zweiten allgemeinen Prinzip des Aktienrechtes, das noch viel zu wenig beachtet wird. Vgl. dazu „Anfechtbarkeit und Nichtigkeit" S. 111ff. sowie Haußmann, Grundlegung des Rechtes der Unternehmenszusammenfassungen S. 160. Der einzelne Aktionär kann sich nicht dagegen wehren, daß im Interesse der Aktiengesellschaft Maßnahmen getroffen werden, die für ihn nachteilig sind, sofern sie nur durch Gesetz oder Satzung nicht verboten sind. Er kann z. B. nichts einwenden gegen die Nichtverteilung des Gewinnes, um die Betriebsmittel zu stärken, falls das satzungsgemäß zulässig ist; aber er kann verlangen, daß alle Aktionäre gleichmäßig behandelt werden, er braucht sich z. B. nicht gefallen zu lassen, daß nur auf einen Teil der Aktien eine Dividende ausgeschüttet wird.

Aber es läßt sich nicht verkennen, daß in manchen Fällen sich mit dem Interesse der Aktionäre an dem Gedeihen der Gesellschaft andere Interessen kreuzen, die zum Teil geradezu entgegengesetzt gerichtet sind und häufig erheblich stärker sein können. Beispiele bieten der Abschluß eines Vertrages zwischen Aktiengesellschaft und Aktionär oder einem dem Aktionär nahestehenden Dritten, oder die Beschlußfassung über eine Ausdehnung der Tätigkeit der Gesellschaft, wenn diese erweiterte Tätigkeit für einen Aktionär eine direkte Konkurrenz bedeutet, oder die Frage der Ausschüttung von Gewinnen, die die Gesellschaft zur Stärkung ihres Betriebskapitals besser zurücklegen würde usw. usw.

Es bedeutet eine Überspannung, wenn man in allen derartigen Fällen verlangen würde, daß der Aktionär sich bei der Abstimmung lediglich von den Interessen der Gesellschaft leiten und alle sonstigen persönlichen Interessen ganz zurücktreten lasse[15]). Wie er der Aktiengesellschaft aus egoistischen Motiven beigetreten ist, so werden auch im einzelnen Falle bei der Abstimmung egoistische Motive den Ausschlag geben. Daß auch der Gesetzgeber damit gerechnet hat, beweist § 252 Abs. 3. Für die schwersten Fälle der Interessenkollision wird hier das Stimmrecht beseitigt. Daraus, daß in allen anderen Fällen das Stimmrecht bestehen bleibt, ergibt sich, daß in ihnen die Abstimmung des seine persönlichen Interessen wahrnehmenden Aktionärs vom Gesetze grundsätzlich als zulässig angesehen wird[16]). Und das muß um so mehr gelten, als, wie schon erwähnt, die Praxis sogar diese Schranke des § 252 Abs. 3 in weitgehendem Umfange durchlöchert hat und de lege ferenda vielfach ihre völlige Aufhebung gefordert wird.

Also auch die Verfolgung außergesellschaftlicher Interessen für sich allein macht die Abstimmung noch nicht sittenwidrig. Das ist namentlich sehr wesentlich für die moderne Konzentrationsbewegung. Der Abschluß einer Vereinbarung mit anderen Werken, mag es sich um Einzelverträge, mag es sich um Interessengemeinschaften, Konzernbildungen oder Fusionen handeln, liegt häufig mehr im Interesse der anderen Werke. Ein Aktionär ist noch nicht um deswillen von der Abstimmung ausgeschlossen, weil er an dem anderen Werke beteiligt ist und sich wesentlich von den Interessen des anderen Werkes leiten läßt[17]).

Die Verfolgung außergesellschaftlicher Interessen kann vielmehr nur dann als sittenwidrig angesehen werden, wenn sie zu einer Schädigung Anderer führt. Es fragt sich aber, ob dann stets Sittenwidrigkeit vorliegt und um wessen Schädigung es sich dabei handeln muß. Nehmen wir die letztere Frage vorweg.

Vielfach wird behauptet, daß die Sittenwidrigkeit durch die Schädigung

---

[15]) Anders die Formulierung bei Pinner, Beiträge S. 76: „... Es darf nicht geduldet werden, daß die Mitglieder der Mehrheit ihr etwaiges persönliches außergesellschaftliches Interesse in Angelegenheiten der Gesellschaft entscheiden lassen." Vgl. dagegen aber denselben bei Staub § 252 Anm. 31b und ZBH. 1927 S. 201.

Zu weit geht auch RG. 107, 204: „Der Gesellschafter leitet seine Rechte aus dem Gesellschaftsvertrage her; seine Befugnisse sind ihm in seiner Eigenschaft als Gesellschafter verliehen; bei Ausübung dieser Rechte hat er sich daher grundsätzlich von den Interessen der Gesellschaft und nicht von seinen privaten, außerhalb der Gesellschaft liegenden Sonderinteressen leiten zu lassen." Vgl. auch Jacobi, BankA. 10, 83; Hachenburg, LZ. 1907 S. 466.

Vgl. demgegenüber RG. 112, 14, das an sich in der Annahme der Sittenwidrigkeit sehr weit geht: „Nicht, daß die Mehrheit sich bei ihrem Vorgehen überhaupt von eigensüchtigen Beweggründen leiten läßt, wird ihr zum Vorwurfe gemacht, sondern ..." Ferner Fischer in Ehrenbergs Handb. des ges. Handelsrechtes Bd. 3 Abt. 1 S. 202 Anm. 2; Schmulewitz, Die Verwaltungsaktie S. 141; Crisolli, Der Aktionär und die Goldbilanz S. 25.

[16]) Vgl. auch RG. 68, 241.

[17]) Vgl. dazu RG. 107, 202, das in der Beschränkung des Aktionärs reichlich weit geht.

der Gesellschaft selbst bedingt werde[18]). Man spricht wohl von der Schädigung des Eigeninteresses der Gesellschaft. Ich halte das nicht für ganz zutreffend. Die Gesellschaft ist, so wie unser Aktienrecht gestaltet ist, nicht um ihrer selbst willen da, sie ist lediglich im Interesse der Gesellschafter ins Leben gerufen worden. Es ist natürlich denkbar, daß eine künftige Entwicklung den Typus eines „Unternehmens an sich" schafft, das um seiner selbst willen, richtiger im Interesse der Allgemeinheit oder doch eines unbestimmten, nicht zu den Gesellschaftern gehörenden Personenkreises (insbesondere auch der Arbeitnehmer), betrieben wird, und hier könnte in der Tat eine Schädigung des Unternehmens als solchen sittenwidrig erscheinen. Dem geltenden Recht ist diese Erscheinung fremd[19]). Nicht das Interesse des Unternehmens, sondern das Interesse der einzelnen Aktionäre ist entscheidend, und nur soweit die Schädigung des Unternehmens zugleich eine Schädigung der am Unternehmen beteiligten Aktionäre bedeutet, kann eine sittenwidrige Schädigung in Frage kommen. Das ist von Bedeutung für die Fälle, in denen die Vorteile, die durch die Schädigung der Gesellschaft erkauft werden, allen Aktionären gleichmäßig zugute kommen. So ist es bei dem Beschluß, eine Dividende zu verteilen, obwohl die Lage der Gesellschaft die Reservierung der Gewinne ratsam erscheinen ließe. Ein solcher Beschluß mag töricht sein, als sittenwirdrig kann man ihn nicht bezeichnen. Aus dem gleichen Grunde kann ein Beschluß, der die Stilllegung des Betriebes, die Aufgabe einzelner Geschäftszweige, letzten Endes auch ein Beschluß, der die Auflösung der Gesellschaft selbst zum Gegenstande hat, nicht sittenwidrig sein, wenn alle Aktionäre daran gleichmäßig interessiert sind, mag das Interesse des Unternehmens als solchen dadurch noch so schwer geschädigt werden[20]).

Ein sittenwidriger Mißbrauch kann in dem Verhalten der Mehrheit vielmehr nur dann liegen, wenn die Minderheit dadurch geschädigt wird[21]). Nur kann diese Schädigung auch darin liegen, daß durch Schädigung des Unternehmens sämtliche Aktionäre geschädigt werden, die Angehörigen der Mehrheit aber in anderer Weise Ersatz finden, während das bei den Angehörigen der Minderheit nicht der Fall ist. Also die Schädigung des Unternehmens kommt nur insoweit in Frage, als sie eine Schädigung der Minderheit zum Nutzen der Mehrheit bedeutet, was allerdings sehr häufig zutreffen wird.

---

[18]) Vgl. z. B. Pinner, Beiträge S. 71; Sontag a. a. O. S. 36; RG. 107, 75 und namentlich S. 204; auch Friedländer, Konzernrecht S. 291.

[19]) Daran ändern auch die Ausführungen Rathenaus, Vom Aktienwesen S. 38ff. über die heutige volkswirtschaftliche Bedeutung des Großunternehmens nichts. Übrigens erkennt das Rathenau selbst (S. 39) für das geltende Privatrecht an.

[20]) Ich halte es deshalb nicht für zutreffend, wenn die Note 7 genannte Kommission formuliert: „Die Ausübung des Stimmrechtes ist unzulässig, wenn der Aktionär durch diese unter Verletzung der offenbaren Interessen der Gesellschaft gesellschaftsfremde Sondervorteile für sich oder für einen Dritten verfolgt."

Wenn bei einer Konzerngesellschaft die Aufgabe eines gewinnbringenden Geschäftszweiges im Interesse einer anderen Konzerngesellschaft beschlossen wird, so verletzt das die offenbaren Interessen der Gesellschaft. Trotzdem ist der Beschluß einwandfrei, wenn etwa sämtliche Aktionäre an der anderen Konzerngesellschaft in gleicher Weise interessiert sind oder wenn die Nichtbeteiligten sonstwie entsprechend entschädigt werden.

Auf der anderen Seite ist die Formulierung zu eng. Es können die Mitglieder der Minderheit geschädigt werden, ohne daß die offenbaren Interessen der Gesellschaft verletzt werden; es kann vielmehr der Beschluß vom Standpunkte der Gesellschaft aus gesehen weder vorteilhaft noch nachteilig sein.

[21]) Fälle, in denen dritte Personen, insbesondere Gläubiger geschädigt werden, gehören nicht hierher. Um ihnen zu begegnen, sind die Gläubigerschutzbestimmungen da. Wenn darüber hinaus, was denkbar ist, der Beschluß wegen der Schädigung Dritter geradezu als sittenwidrig anzusehen ist, so würde er zu den oben zu III genannten Fällen zu rechnen sein. Es liegt dann aber die Sittenwidrigkeit nicht in dem Mißbrauche der Mehrheit.

Das Gesagte ergibt eine doppelte Voraussetzung für das Vorliegen eines sittenwidrigen Mißbrauches der Mehrheit:

1. Die Mehrheit muß außergesellschaftliche Interessen verfolgen[22]), sie darf also nicht im Interesse der Gesellschaft als solcher handeln.
2. Sie muß sie auf Kosten einer Minderheit verfolgen.

Es bleibt noch die Frage, ob, wenn diese Voraussetzungen vorliegen, unter allen Umständen ein Verstoß gegen die guten Sitten anzunehmen ist. Das ist zu verneinen. Es kommt vielmehr auf die gesamten Umstände des einzelnen Falles an. Hier wird es bedeutsam, daß der Gesamtcharakter des Beschlusses zu berücksichtigen ist. Vor allem kommt es auch auf die Motive und Zwecke der Mehrheit an. Diese muß sich bewußt sein, daß sie eigene Interessen auf Kosten der Minderheit verfolgt. Glaubt sie, daß ihre Handlungsweise das Wohl der Gesellschaft fördere, so kann von Sittenwidrigkeit keine Rede sein. Es ist nicht etwa Sache des Richters, objektiv festzustellen, welche Maßregeln im Interesse der Gesellschaft liegen. Der Richter würde damit vor eine Aufgabe gestellt, der er schwerlich gewachsen sein würde. Sondern über die Zweckmäßigkeit einer Maßregel hat ausschließlich die Mehrheit zu entscheiden; irrt sie sich, so muß die Gesellschaft den Schaden tragen, ohne dagegen etwas machen zu können. Erst wenn die Mehrheit bewußt eigene Interessen verfolgt und dafür bewußt die Interessen anderer Aktionäre aufopfert, ist ihr Verhalten sittlich und rechtlich zu mißbilligen.

Allerdings muß diese sittenwidrige Absicht nicht notwendig bei sämtlichen für den Beschluß stimmenden Aktionären vorhanden sein. Es genügt vielmehr, wenn der Vorwurf der Sittenwidrigkeit so viele Aktionäre trifft, wie zur Erzielung der Mehrheit für den betreffenden Beschluß erforderlich war[23]). Wäre der Beschluß auch ohne die Stimmen der sittenwidrig handelnden Aktionäre zustande gekommen, so beruht er nicht auf der Sittenwidrigkeit dieser Aktionäre, und ist infolgedessen weder nichtig noch anfechtbar. Waren dagegen die Stimmen der genannten Aktionäre zur Beschlußfassung erforderlich, so kommt es nicht darauf an, daß andere Aktionäre gutgläubig für den Beschluß gestimmt haben, da das sittenwidrige Handeln der erstgenannten für das Zustandekommen des Beschlusses entscheidend war und dementsprechend dem Beschluß als Ganzem einen sittenwidrigen Charakter verleiht. Der Umstand, daß eine größere Anzahl von Aktionären aus uneigennützigen Gründen für den Beschluß stimmt, wird allerdings in tatsächlicher Hinsicht dafür sprechen, daß der Beschluß seinem Inhalte nach gar nicht sittenwidrig ist, sofern nicht etwa die Stimmen dieser Aktionäre durch unlautere Mittel (Betrug, Drohung, Bestechung usw.) gewonnen sind.

Zusammenfassend läßt sich mithin formulieren, daß Sittenwidrigkeit anzunehmen ist, wenn ein für die Mehrheitsbildung notwendiger Teil der Aktionäre bewußt gesellschaftsfremde Interessen unter Schädigung der Minderheit und ohne gleichzeitige Förderung der Interessen der Gesellschaft verfolgt.

2. Betrachten wir nunmehr die Stellung, die das Reichsgericht zu diesem Problem eingenommen hat. Es fällt zunächst ins Auge, daß seine Stellungnahme nicht eine ganz einheitliche gewesen ist. Es läßt sich vielmehr eine gewisse Entwicklung in der Auffassung des Reichsgerichtes feststellen.

Zunächst hat das Reichsgericht die Machtstellung der Mehrheit sehr weit ausgedehnt. Das ist besonders in dem bekannten Hibernia-Fall geschehen. Die

---

[22]) In diesem Punkt übereinstimmend der oben Note 20 wiedergegebene Reformvorschlag der Kommission des Juristentages.

[23]) So auch RG. 68, 317. Anderer Ansicht Brodmann, GmbH. S. 183.

Entscheidung (RG. 68, 235ff.) gipfelt in folgenden Sätzen: „Die mit der erforderlichen Stimmenzahl gefaßten Beschlüsse der Mehrheit sind für die Minderheit auch dann maßgebend, wenn sie dieser als verkehrt, wirtschaftlich nachteilig und die Bestrebungen der Minderheit schädigend erscheinen. Dies ist eine unabwendbare Folge des im Gesetze zur Anerkennung gelangten Grundsatzes, daß die Mehrheit des Aktienbesitzes über die Verwaltung der Gesellschaft und darüber entscheidet, was im Interesse der Gesellschaft und ihrer Aktionäre zu tun und zu lassen ist. Mit dieser Tatsache muß sich jeder abgefunden haben, der Aktien erwirbt . . . Die Unterwerfung der Minderheit unter den Willen der Mehrheit ist, mit der hervorgehobenen Einschränkung (gesetzliche Minderheitsrechte) die unmittelbare und notwendige Folge der geltenden gesetzlichen Bestimmungen."

Diese Entscheidung ist viel kritisiert worden[24]). Und in der Tat wird sie dem Problem des Mehrheitsmißbrauches nicht ganz gerecht. Es ist allerdings nach der hier vertretenen Ansicht gegen das, was das Reichsgericht positiv ausführt, wenig zu sagen, denn darauf, ob die Minderheit einen Beschluß für verkehrt und nachteilig ansieht, also auf die subjektive Auffassung der Minderheit, kommt es in der Tat nicht an, es entscheidet vielmehr die Mehrheit, solange sie die Interessen der Gesellschaft wahrnehmen will. Auch soll nicht behauptet werden, daß das Ergebnis, zu dem das Reichsgericht im speziellen Falle gekommen ist, unrichtig sei[25]). Wohl aber fehlt in der Entscheidung jeder Hinweis auf die Grenzen der Machtstellung der Mehrheit, jedes Eingehen auf die Möglichkeit, daß die Mehrheit diesen guten Willen gar nicht hat, sondern selbstsüchtige Interessen zum Schaden der Minderheit wahrnehmen will.

Das Reichsgericht hat zunächst in einer Reihe weiterer Entscheidungen in ähnlicher Weise der Anwendung der §§ 138, 826 sehr enge Grenzen gezogen. So soll es nach RG. 68, 317 nicht gegen die guten Sitten verstoßen, wenn die Mehrheit „nur willkürlich ohne allen und jeden gerechtfertigten Grund" durch einen Entlastungsbeschluß auf ihr als wohlbegründet bekannte Regreßansprüche verzichtet. So wird in der Entsch. 81, 40 als einzige Grenze für die Ausübung des Stimmrechtes der § 226 BGB. angeführt. Auch RG. Holdheim 23, 66 gehört in diesen Zusammenhang; vgl. auch RG. 105, 375.

Ein ganz anderer Geist zeigt sich in dem Urt. v. 22. Febr. 1916 (JW. 1916 S. 575[26]). Die Ausnutzung der Mehrheit bei einer Gesellschaft m. b. H., um sich ungewöhnlich hohe Geschäftsführergehälter zu bewilligen und um sich sonstige Vorteile auf Kosten der Gesellschaft zu verschaffen, an denen die Minderheit nicht teilnehmen soll, wird als sittenwidrig gebrandmarkt, weil darin „eine Ausbeutung der Mehrheitsrechte zum Nachteile der Minderheit" liege. Damit bekennt sich das Reichsgericht in allen wesentlichen Punkten zu der Ansicht, wie sie oben entwickelt worden ist.

Und an dieser Auffassung hält dann das Reichsgericht in zahlreichen späteren Entscheidungen fest, wenigstens im Grundsatze, wenn auch mit im einzelnen voneinander abweichenden Formulierungen und jeweils unter besonderer Betonung des gerade für den konkreten Fall besonders wichtigen Punktes, übrigens auch sachlich nicht ganz ohne Schwankungen, so daß die Anwendung des Grundsatzes im einzelnen bald eine etwas schärfere, bald weniger scharf ist.

---

24) Vgl. z. B. Bondi, DJZ. 1908 S. 1007; Sontag a. a. O. S. 51; Pinner, Beiträge S. 71; Staub-Pinner, 9. Aufl., § 250 Anm. 9; Horrwitz, Schutz- und Vorratsaktien Anm. 57.

25) Ebenso wohl auch Staub-Pinner § 250 Anm. 9a und JW. 1916 S. 989.

26) Auch in RG. 80, 390 wird schon darauf hingewiesen, daß die Vergewaltigung der Minderheit sittenwidrig sein könne, ohne daß aber eine schärfere Grenze gezogen wird, was nach Lage des Falles auch nicht nötig war.

Vgl. namentlich RG. 107, 75, wo die entscheidende Frage dahin formuliert wird, ob „die Mehrheit aus eigensüchtigen Interessen unter bewußter Hintansetzung des Wohles der Gesellschaft gehandelt habe"[27]); ferner RG. 107, 204, wo gesagt wird, daß „eine Ausbeutung der Mehrheitsrechte gegenüber der Minderheit und die Verfolgung eigensüchtiger Interessen hierbei unter bewußter Hintansetzung des Wohles der Gesellschaft einen Verstoß gegen die guten Sitten enthalten könne"; ähnlich RG. 108, 42; 108, 322; 113, 14; 115, 303. Am schärfsten und kürzesten werden die von uns oben als wesentlich hervorgehobenen Voraussetzungen der Sittenwidrigkeit vielleicht in der Entsch. RG. 112, 14 formuliert, wenn diese Entscheidung sachlich allerdings auch reichlich weit in der Annahme der Sittenwidrigkeit geht[28]). „Nicht, daß die Mehrheit sich bei ihrem Vorgehen überhaupt von eigensüchtigen Beweggründen leiten läßt, wird ihr zum Vorwurfe gemacht", sondern „die einseitige Verfolgung der eigenen Interessen auf Kosten der Minderheit ohne gleichzeitige Förderung der Interessen der Gesellschaft". Eine ähnliche Formel kehrt dann später häufiger wieder; vgl. RG. 113, 188, insbes. S. 193, ein Urteil, das, vom gleichen grundsätzlichen Standpunkt ausgehend, sachlich doch eine gewisse Einschränkung gegenüber den allzu scharfen Forderungen von RG. 112, 14 bedeutet, ferner RG. 119 S. 104 u. 255, JW. 1927 S. 2986, insbes. S. 2989 1. Spalte. Die genannte Formel kann also als die heutige Auffassung des Reichsgerichtes angesehen werden, und diese deckt sich mithin im allgemeinen Prinzip vollständig mit der oben entwickelten Ansicht.

3. Mit der Aufstellung des allgemeinen Grundsatzes, der an sich ja schon im § 138 BGB. enthalten ist und hier nur auf die Besonderheiten der Generalversammlungsbeschlüsse schärfer zuzuschneiden war, sind aber die Schwierigkeiten nicht gelöst. Es fragt sich vielmehr, wie sich die Anwendung dieses Grundsatzes nun im einzelnen auswirkt. Läßt sich naturgemäß auch keine allgemeine Antwort auf diese Frage geben und ist stets zu beachten, daß jeder einzelne Tatbestand wieder etwas anders gestaltet sein kann, es hier aber gerade auf solche Einzelheiten ankommt, so daß vor einer mechanischen Nachahmung der zahlreichen Reichsgerichtsentscheidungen dringend zu warnen ist, so ist es doch andererseits von großem Interesse, an der Hand von Beispielen festzustellen, was die Rechtsprechung aus diesem allgemeinen Grundsatz in der Praxis gemacht hat. Es können an dieser Stelle naturgemäß nur einzelne besonders wichtige oder lehrreiche Fälle herausgegriffen werden.

a) Bewilligung von Gehalt oder Tantieme an Vorstand oder Aufsichtsrat. Nach der früher schon erwähnten Rechtsprechung des Reichsgerichtes kann ein Aktionär, der gleichzeitig Vorstands- oder Aufsichtsratsmitglied ist, bei der Beschlußfassung über die Höhe der Gehälter oder Tantiemen mitstimmen[29]). Das kann natürlich, da die Mitglieder des Vorstandes und Aufsichtsrates in der Regel — sei es allein, sei es zusammen mit den ihnen befreundeten Aktionären — über die Mehrheit verfügen, leicht mißbraucht werden. Ein solcher Fall ist in dem Urt. JW. 1916 S. 575, das allerdings eine Gesellschaft m. b. H. betrifft, behandelt worden[30]). Die Festsetzung eines weder

---

[27]) Im Gegensatze zu JW. 1916 S. 575 wird hier also statt von der Schädigung der Minderheit von der Schädigung der Gesellschaft gesprochen; vgl. dazu den Text oben S. 173.

[28]) Vgl. dazu die Kritik von Hachenburg, JW. 1926 S. 543.

[29]) Vgl. RG. 74, 276; LZ. 1911 S. 219; 1917 S. 394; 1919 S. 702; sowie Staub-Pinner § 252 Anm. 26; Flechtheim, JW. 1925 S. 566; abweichend Brodmann § 252 Anm. 5c.

[30]) Der Entscheidung liegt unmittelbar allerdings nur ein Vertrag zwischen den die Mehrheit bildenden Gesellschaftern zugrunde, durch den sich die Gesellschafter zu entsprechender Abstimmung in der Generalversammlung verpflichteten. Was aber für den Vertrag gilt, würde auch für die inhaltlich entsprechenden Beschlüsse der Generalversammlung gelten.

den Leistungen der Geschäftsführer noch den Umsatz- und Einnahmeverhältnissen der Gesellschaft entsprechenden Gehaltes wird mit Recht als sittenwidrig gekennzeichnet.

b) In der gleichen Entscheidung wird die Bestimmung, daß die Gesellschaft den beiden der Mehrheit angehörenden Gesellschaftern Darlehen gewähren solle, für sittenwidrig erklärt, weil das Interesse des dritten Gesellschafters schnöde hintangesetzt werde. Das führt zu der praktisch außerordentlich wichtigen Frage, wieweit in einem Beschluß über die Vornahme von Rechtsgeschäften mit einzelnen Aktionären eine Sittenwidrigkeit liegen kann. Ist auch durch § 252 Abs. 3 das Stimmrecht des Aktionärs, mit dem das Geschäft abgeschlossen werden soll, ausgeschlossen, wenn direkt über die Vornahme des Rechtsgeschäftes abgestimmt wird, so bleiben doch die zahlreichen Fälle, in denen diese Vorschrift versagt, weil nur über die Ermächtigung des Vorstandes zum Abschlusse des Geschäftes Beschluß gefaßt wird oder weil der jeweils betroffene Aktionär nicht mitstimmt, die Mitglieder der Mehrheit sich aber wechselseitig solche vorteilhaften Geschäfte zuwenden oder weil das Geschäft nicht mit dem Aktionär selbst, wohl aber mit einer anderen Gesellschaft, an der er interessiert ist, abgeschlossen wird usw. Gerade die letzteren Fälle sind heute bei der starken Verflechtung und Konzentration in der Wirtschaft außerordentlich häufig.

Man wird ähnlich wie bei der Bewilligung von Gehältern und Tantiemen sagen müssen, daß an sich gegen die Vornahme solcher Geschäfte mit einem Aktionär nichts einzuwenden ist, auch wenn diese Geschäfte für den Aktionär einen Vorteil bedeuten und auch wenn andere Aktionäre von diesem Vorteil ausgeschlossen werden[31]). Sittenwidrigkeit liegt erst vor, wenn die Gesellschaft und damit die Minderheitsaktionäre, die an diesem Geschäfte nicht beteiligt sind, geschädigt werden, wenn also die Gesellschaft das gleiche Geschäft mit Dritten zu wesentlich günstigeren Bedingungen vornehmen könnte und das nicht geschieht, weil die Mehrheit sich selbst besondere Vorteile zuschieben will, oder wenn vom Standpunkte des Gesellschaftsinteresses aus gesehen das Geschäft besser ganz unterbliebe. Die Beschlußfassung über die Gewährung von Darlehen an die Mehrheitsaktionäre ist also nicht zu beanstanden, wenn die Gesellschaft das Geld übrig hat und es anderweit nicht zu wesentlich höheren Zinsen oder wesentlich sicherer anlegen könnte; sie wird aber sittenwidrig, wenn sich die Mehrheit ganz besonders günstige Zinsbedingungen usw. bewilligt oder der Gesellschaft im eigenen Interesse Mittel entzieht, die diese als Betriebskapital braucht. Genau so ist es bei Abschluß von Kauf- und Verkaufverträgen. Gegen Lieferung an und Bestellung bei Mehrheitsaktionären ist nichts einzuwenden; die Mehrheit aber, die sich Bestellungen zu ungebührlich hohen oder Lieferungen zu ungebührlich niedrigen Preisen sichert, handelt sittenwidrig. Dabei sind aber alle Umstände des Einzelfalles zu berücksichtigen. Handelt es sich um eine langjährige Geschäftsverbindung, so kann nicht ein einzelnes Geschäft herausgegriffen werden, es müssen, was gerade bei der modernen Konzernbildung sehr wesentlich ist, auch die Vorteile berücksichtigt werden, die der Gesellschaft durch Gewinnung eines festen Kunden oder Lieferanten, durch Eingliederung in einen großen Konzern usw. erwachsen. Bestehen Zweifel, so ist immer zu beachten, daß an sich die Mehrheit berechtigt ist,

---

[31]) Das verstößt auch nicht gegen den Grundsatz der gleichmäßigen Behandlung der Aktionäre, da die Aktionäre der Gesellschaft hier nicht in ihrer Eigenschaft als Aktionäre, sondern als Dritte entgegentreten. Es ist kein Grund ersichtlich, warum die Gesellschaft, die das fragliche Geschäft mit jedem beliebigen Dritten abschließen kann, es nicht auch mit einem ihrer Mitglieder vornehmen sollte.

ihren Willen durchzusetzen, und nur die bewußte Schädigung der Minderheit aus eigensüchtigen Interessen die Ausnutzung der Mehrheitsmachtstellung sittenwidrig macht[32]).

c) Ähnlich wie der Abschluß einzelner Geschäfte mit Mehrheitsaktionären ist auch der Abschluß eines Fusionsvertrages mit einer anderen Aktiengesellschaft zu beurteilen, die selbst Großaktionär ist oder an der ein Großaktionär wesentlich beteiligt ist. Einen hierher gehörenden Fall — es handelt sich zwar nicht um eine eigentliche Fusion von Aktiengesellschaften, sondern um den Verkauf des Unternehmens einer Gewerkschaft an eine andere — behandelt RG. 107, 202. Das Reichsgericht sieht hier einen Verstoß gegen die guten Sitten nicht schon darin, daß der bei der kaufenden Gewerkschaft interessierte Gesellschafter überhaupt mitstimmt, wohl aber darin, daß beim Kauf ein ungewöhnlich niedriger Preis festgesetzt wird, so daß die übertragende Gesellschaft einen unverhältnismäßig großen Schaden erleidet. Allerdings sei keineswegs erforderlich, daß der Verkauf zu angemessenem Preise erfolge; es fänden alltäglich im Verkehr auch Verkäufe zu einem billigen und weit unter dem Werte der Sache liegenden Kaufpreise statt[33]). Die Verhältnisse der übertragenden Gesellschaft müßten dann aber den billigen Preis rechtfertigen oder wenigstens erklären können, und es dürfe nicht deshalb so billig verkauft werden, weil der an der übernehmenden Gesellschaft beteiligte Gesellschafter ein Interesse an dem möglichst billigen Erwerbe des Unternehmens habe.

Dem ist zuzustimmen. Auch ist es richtig, daß es keinen Unterschied macht, ob der Großaktionär, der in dieser Weise handelt, eine öffentliche Körperschaft ist, so daß letzten Endes der Vorteil dem Gemeinwohle zugute kommt. Denn auch die öffentliche Körperschaft, die sich an einer privaten Gesellschaft beteiligt, darf das Gemeinwohl nicht durch vorsätzliche Schädigung ihrer Mitgesellschafter fördern.

Ähnliches gilt, wenn es sich nicht um eine volle Fusion, aber doch um die Eingliederung eines Unternehmens in einen Konzern oder eine Interessengemeinschaft und die damit zusammenhängenden Maßnahmen wie Gewinngemeinschaft, Zusammenarbeit auf verschiedensten Gebieten, Patentgemeinschaft, Austausch von Fabrikationsgeheimnissen, Absatzverteilung, Stillegung einzelner Betriebe, Verpachtung derselben an ein anderes Unternehmen usw. handelt. Nicht die Tatsache, daß derartige Maßnahmen für Werke, an denen die Mehrheitsaktionäre beteiligt sind, besonders vorteilhaft sind, macht die Beschlußfassung sittenwidrig, sondern nur die bewußte Schädigung der Minderheit zugunsten der anderen Werke[34]).

d) Die oben schon erwähnte Entsch. RG. 68, 317 behandelt den Fall, daß

[32]) Von der Sittenwidrigkeit eines Generalversammlungsbeschlusses kann natürlich überhaupt nur die Rede sein, wenn über die Frage der Vornahme des Rechtsgeschäftes von der Generalversammlung selbst entschieden wird. Handelt der Vorstand, sei es allein, sei es auf Weisung des Aufsichtsrates, ohne die Generalversammlung zu befragen, so kann nur die andere Frage aufgeworfen werden, ob Vorstand und evtl. Aufsichtsrat schadenersatzpflichtig sind. Man wird hier ähnliche Gesichtspunkte zu berücksichtigen haben, muß aber beachten, daß Vorstand und Aufsichtsrat nicht nur für bewußte Schädigung der Gesellschaft, sondern auch für fahrlässige Pflichtverletzungen haften. Beispiele bieten die bei Sontag a. a. O. S. 16ff. wiedergegebenen Fälle.

[33]) Ähnlich genügt nach RG. in JW. 1927 S. 1348, insbes. S. 1350, der Umstand, daß die Gegenleistung hinter dem Werte des übertragenen Unternehmens zurückbleibt, für die Feststellung der Sittenwidrigkeit nicht. Der Fusionsvertrag sei ein Spekulationsgeschäft, und die Minderheitsaktionäre könnten ihn nicht mit der bloßen Begründung angreifen, daß die Fusion für sie schädlich sei.

[34]) Vgl. dazu Haußmann, Grundlegung S. 152, der aber die Interessen des Gesamtkonzerns m. E. zu stark in den Vordergrund stellt. Läßt sich im Interesse des ganzen Konzerns eine Schädigung des einzelnen Unternehmens und damit auch der am sonstigen Konzern nicht beteiligten Minderheitsaktionäre nicht vermeiden, so müssen doch dafür entsprechende Gegenleistungen gewährt werden. Vgl. ferner Friedländer, Konzernrecht S. 290ff.

Vorstand und Aufsichtsrat durch eine Pflichtverletzung der Aktiengesellschaft schadenersatzpflichtig geworden sind, die Generalversammlung aber trotzdem Entlastung erteilt und damit auf die Ersatzansprüche verzichtet. Es liegt auf der Hand, daß ein solcher Beschluß eine finanzielle Schädigung der Gesellschaft bedeutet. Das Reichsgericht erkennt denn auch mit Recht an, daß darin ein Verstoß gegen die guten Sitten liegen könne, nämlich dann, wenn die Mehrheit vorsätzlich zum Nachteile der Gesellschaft oder der Minderheit gehandelt habe. Es ist aber der Ansicht, daß Sittenwidrigkeit nicht bereits dann angenommen werden könne, wenn die Mehrheit nur willkürlich ohne allen und jeden gerechtfertigten Grund auf die ihr als wohlbegründet bekannten Regreßansprüche verzichtet habe. Das ist reichlich eng, und es erscheint fraglich, ob das Reichsgericht heute noch an dieser Formulierung festhalten würde. Hält die Mehrheit die Regreßansprüche für wohlbegründet, so ist sie sich selbstverständlich bewußt, daß ein Verzicht eine finanzielle Beeinträchtigung der Gesellschaft bedeutet, es liegt also eine vorsätzliche Schädigung der Gesellschaft vor. Es fragt sich dann, aus welchen Motiven diese Schädigung erfolgt. Läßt sich nachweisen, daß es eigensüchtige Motive sind, haben etwa die Mehrheitsaktionäre selbst den Vorteil von der die Gesellschaft schädigenden Handlung gehabt, haben sie den Vorstand vielleicht sogar zu dieser Handlung gezwungen[35]), so ist der Beschluß sittenwidrig. Liegen dagegen irgendwelche sonstigen Gründe vor, sei es die Furcht, daß bei Geltendmachung des Ersatzanspruches die Vorstandsmitglieder kündigen würden, sei es die Sorge um den Kredit der Gesellschaft bei Führung eines Prozesses gegen den eigenen Vorstand, sei es auch nur sachlich nicht ganz unbegründetes Mitleid mit den Vorstandsmitgliedern, so ist umgekehrt zu entscheiden. Der Schutz der Minderheit liegt im übrigen in § 268 HGB.

e) Ganz besonders umstritten ist die Frage, inwieweit Maßnahmen, die die Mehrheit trifft, um ihre eigene Machtstellung in der Gesellschaft zu sichern oder zu verstärken, sittenwidrig sind. Als solche Maßnahme kommt vor allem die Ausgabe neuer Aktien unter Ausschluß des gesetzlichen Bezugsrechtes und die Zuteilung dieser Aktien an die Mehrheitsaktionäre oder die von ihnen abhängige Verwaltung oder sonstige ihnen nahestehende Personen oder Gesellschaften in Betracht. Lediglich ein allerdings besonders wichtiger Unterfall ist die Ausgabe von Mehrstimmrechtsaktien und unter Umständen auch von Schutz- und Vorratsaktien. Es ist hier nicht der Ort, auf die Frage der Zulässigkeit derartiger Aktien nach geltendem Rechte wie de lege ferenda einzugehen. Sondern es soll hier mit der herrschenden Lehre von der grundsätzlichen Zulässigkeit ausgegangen, es sollen hier ferner nicht etwaige sonstige aus allgemeinen aktienrechtlichen Grundsätzen sich ergebende oder zu schaffende Beschränkungen besprochen, sondern es soll lediglich die Frage der Sittenwidrigkeit kurz erörtert werden. Die Frage ist schon im Hibernia-Prozeß hervorgetreten (RG. 68, 243), wenn es sich dort auch noch nicht um Mehrstimmrechtsaktien handelte, und hat dann in der Nachkriegszeit das Reichsgericht wiederholt beschäftigt[36]). Als grundsätzlicher Standpunkt des Reichsgerichtes läßt sich feststellen, daß in dem bloßen Streben nach Machterhaltung und Machtverstärkung noch keine Sittenwidrigkeit gesehen wird[37]). Das Reichs-

---

[35]) Vgl. die Beispiele bei Sontag S. 16ff.

[36]) Vgl. RG. 105, 375; 107 S. 67 u. 72; 108 S. 41 u. 322; 112, 16; 113, 193; 119, 249.

[37]) Ebenso die herrschende Lehre in der Literatur. Vgl. etwa Schmulewitz, Die Verwaltungsaktie S. 138 mit weiteren Angaben; ferner Ruth, Eigene Aktien und Verwaltungsaktien S. 58. Abweichend Sontag S. 51, der es für unsittlich erklärt, wenn die Mehrheitsgruppe die Machtmittel der Gesellschaft in den Dienst innerer Kämpfe stellt.

gericht geht in seiner neuesten Entscheidung[38]) davon aus, daß das Gesetz im § 252 Abs. 1 zwar grundsätzlich das Stimmrecht und die Herrschaftsmacht der Aktionäre sich nach der Kapitalbeteiligung und dem Kapitalrisiko richten lasse, daß aber das Gesetz selbst in Satz 3 u. 4 des genannten Paragraphen eine Durchbrechung dieses Grundsatzes zugelassen und die Entscheidung über die Stimm- und Machtverteilung der Generalversammlung und damit ihrer jeweiligen Mehrheit anheimgestellt habe. Es könne auch der Einfluß der Stammaktionäre so weit zurückgedrängt werden, daß sie tatsächlich auf die Geschicke der Gesellschaft im allgemeinen wenig mehr einwirken könnten und im wesentlichen auf die Geltendmachung gewisser unentziehbarer Minderheitsrechte und Aktionärsonderrechte, namentlich des Anfechtungsrechtes, beschränkt würden.

Das Reichsgericht erkennt aber an, daß, wenn es sich nicht um eine durch sachliche Gründe gerechtfertigte Sicherungsmaßnahme für die gedeihliche Fortentwickelung der Gesellschaft handle, sondern um die rücksichtslose Verfolgung eigennütziger Machtinteressen zum Nachteile der Minderheit und der Gesellschaft, ein Verstoß gegen die guten Sitten vorliegen könne[39]).

Es erscheint mir fraglich, ob man damit eine irgendwie wesentliche und praktisch brauchbare Schranke aufrichten kann[40]). Man wird der jeweiligen Mehrheit nie widerlegen können, daß sie die Fortdauer ihrer Herrschaft im Interesse der Gesellschaft für nötig hält. Maßnahmen also, die diese Machtstellung erhalten sollen, lassen sich mit dem Interesse der Gesellschaft, so wie es die jetzige Mehrheit versteht, verteidigen. Aber auch die Verstärkung der Machtstellung, um etwa eine drohende Bildung einer Sperrminderheit zu verhüten, kann in der gleichen Weise verteidigt werden und ist denn auch vom Reichsgericht als berechtigt anerkannt worden[41]). Geht man aber so weit, daß die Mehrheit ihre Machtstellung derart stark sichern und erweitern darf, so daß sie praktisch jeden Einfluß der Minderheit ausschließt, dann kommt es in dieser Hinsicht auf die Höhe des Mehrstimmrechtes und die Zahl der Schutzaktien auch nicht mehr an. Ob die Mehrheit sich nur eine für alle in Betracht kommenden Beschlüsse gerade ausreichende Dreiviertelmehrheit oder eine ganz überragende Majorität verschafft, ist in dieser Hinsicht ganz gleichgültig, ihre Machtstellung ist die gleiche[42]). Soweit man also nur auf die Machtverstärkung sieht, kann die Zahl der neugeschaffenen Herrschaftsaktien keine Rolle spielen. Auch die vom Reichsgerichte sonst hervorgehobenen Gesichtspunkte, ob die Machtstellung der Mehrheit wirklich so bedroht gewesen sei, daß die Anwendung der genannten Mittel erforderlich war[43]), und ob ferner gerade die gewählten, die Rechte der Minderheit beeinträchtigenden Maßnahmen für die Sicherung der Mehrheit notwendig waren und sich dasselbe Ziel nicht auf andere Weise erreichen ließe[44]), scheinen mir, soweit man nur auf die Machtsicherung sieht, kaum geeignet, eine Schranke aufzurichten. Darüber, ob eine Gefahr für die Mehr-

---

[38]) RG. 119, 253. Wesentlich weitergehend in der Annahme der Sittenwidrigkeit RG. 112, 14, dagegen einschränkend 113, 188.

[39]) Vgl. auch schon RG. 108, 327, wo die Entscheidung zweifelhaft gelassen wird für den Fall, daß „Vorzugsaktien und Stimmrecht in einem Umfange verliehen werden, der das Maß des zur Erreichung berechtigter Ziele Notwendigen übersteigt".

[40]) Vgl. auch Schmulewitz, Die Verwaltungsaktie S. 142.

[41]) Vgl. RG. 119, 256. Die von Nußbaum, JW. 1928 S. 625 im Anschluß an das Urteil erörterte Frage, ob und inwieweit den von der Verwaltung abhängigen Inhabern von Schutzaktien im allgemeinen und insbesondere bei Kapitalerhöhungen ein Stimmrecht zusteht, steht hier nicht zur Erörterung. Auch Nußbaum lehnt die Annahme einer Sittenwidrigkeit ab.

[42]) Vgl. auch Ruth a. a. O. S. 59, namentlich Note 13.

[43]) Vgl. RG. 112, 17; anders 113, 188.

[44]) Vgl. RG. 107, 75.

heit droht und wie diese Gefahr zu bannen ist, hat vielmehr grundsätzlich die Mehrheit selbst zu entscheiden. Glaubt sie an eine Gefahr und hält sie die getroffenen Maßnahmen für nötig, so muß das genügen[45]). Ganz etwas anderes aber ist es, wenn es sich in Wirklichkeit gar nicht um eine bloße Sicherung der Mehrheit handelt. Und damit kommen wir zu dem m. E. entscheidenden Punkte.

Die Sicherung der Machtstellung der Verwaltungsgruppe darf nicht zum Vorwande genommen werden, um den Angehörigen dieser Gruppe auf Kosten der Minderheit besondere Vorteile finanzieller Art zuzuführen. Das kann vor allem dadurch geschehen, daß die Aktien an die betreffenden Aktionäre zu einem ungewöhnlich niedrigen Kurse gegeben werden[46]). Es kann aber auch dadurch erreicht werden, daß die Vorzugsaktien nur deshalb mit einem besonders hohen Stimmrechte ausgestattet oder Schutzaktien nur deshalb geschaffen werden, damit die Verwaltungsgruppe einen Teil ihrer Stammaktien veräußern kann. Läßt sich feststellen, daß nur das und nicht die Sicherung der zur Zeit vorhandenen Mehrheitsverhältnisse der Zweck der Ausgabe der neuen Aktien war und kommt hinzu, daß die Mehrheit durch die Ausgabe der neuen Aktien den Wert der Aktien der Minderheit bewußt beeinträchtigt hat, so kann auch darin der Verstoß gegen die guten Sitten erblickt werden. In dieser Hinsicht kann allerdings die Ausgabe von übermäßig vielen Schutzaktien oder die Ausstattung derselben mit einem übermäßig hohen Stimmrechte von Bedeutung werden, da sie den Schluß auf derartige Absichten rechtfertigen kann[47]).

Diese Beispiele mögen genügen, obwohl sie keineswegs sämtliche vom Reichsgerichte behandelten Tatbestände[48]), geschweige denn alle in der Praxis möglichen Fälle erschöpfen.

4. Sehr umstritten und in der Tat außerordentlich zweifelhaft ist die Frage, ob der hier geschilderte Verstoß gegen die guten Sitten ebenso wie die zu III erörterte Sittenwidrigkeit unheilbare Nichtigkeit oder aber nur Anfechtbarkeit des Beschlusses zur Folge hat.

Es ist m. E. davon auszugehen, daß auch auf diese Beschlüsse der § 138 BGB. Anwendung zu finden hat. Denn es ist nicht etwa nur bei Gelegenheit der Beschlußfassung gegen die guten Sitten verstoßen worden, sondern der Beschluß selbst ist sittenwidrig, sofern man ihn nach seinem Gesamtcharakter unter Zusammenfassung von Inhalt, Zweck und Motiv ins Auge faßt. Es ist aber herrschende Lehre, daß auch bei gewöhnlichen Rechtsgeschäften die Sittenwidrigkeit nicht lediglich nach dem Gegenstande des Geschäftes zu beurteilen, sondern daß der Gesamtcharakter des Rechtsgeschäftes der Beurteilung zugrunde zu legen ist und dabei auch subjektive Momente, insbesondere Motive und Zwecke der Parteien, zu berücksichtigen sind[49]). Allerdings ist diese Lehre nicht unbestritten. Es würde aber zu weit führen, an dieser Stelle auf diese dem allgemeinen bürgerlichen Rechte angehörende Streitfrage näher einzugehen. Die m. E. zutreffende herrschende Lehre soll deshalb als richtig unterstellt werden.

---

45) So auch RG. 113, 188. Vgl. ferner Schmulewitz a. a. O. S. 142; Ruth a. a. O. S. 59.

46) Vgl. RG. 113, 195; 108, 43; Oberger. Danzig in JW. 1925 S. 1927.

47) Es sei, da gerade diese Frage besonders umstritten ist, noch einmal betont, daß die Ausführungen des Textes sich lediglich mit dem Problem der Sittenwidrigkeit beschäftigen. Ob im übrigen, namentlich de lege ferenda, eine Beschränkung der Mehrstimmrechts-, Schutz- und Vorratsaktien zu erstreben ist, ist eine ganz andere, hier nicht zu erörternde Frage.

48) Vgl. etwa RG. in JW. 1927 S. 2986, insbes. S. 2989 (Sittenwidrigkeit eines Bilanzgenehmigungsbeschlusses wegen willkürlicher Unterbewertung) oder RG. in Holdheim 23, 66 (Verdrängung eines Minderheitsaktionärs aus der Gesellschaft), dazu auch RG. in JW. 1916 S. 575.

49) Vgl. RG. 56, 230; 63, 150; 68, 98; 75, 74; 78, 263; 80, 221 usf. bis in die neueste Zeit etwa 114, 341 und 120, 148.

Daraus ergibt sich dann, daß auch die hier behandelten Generalversammlungsbeschlüsse unter § 138 BGB. zu subsumieren sind[50]).

Die Anwendung des § 138 BGB. würde nach bürgerlichem Rechte die Nichtigkeit des Beschlusses zur Folge haben. Es kann sich deshalb nur fragen, ob dem etwa besondere aktienrechtliche Bestimmungen entgegenstehen. Nun ist es zwar richtig, daß § 271 HGB. für Beschlüsse, die gegen das Gesetz verstoßen, nur Anfechtbarkeit vorsieht. Aber es ist allgemein anerkannt, daß dadurch die Fälle der Nichtigkeit eines Generalversammlungsbeschlusses nicht vollständig ausgeschlossen werden. Da aber das Gesetz keinerlei Aufschluß darüber gibt, wann nun im einzelnen der Verstoß gegen das Gesetz Anfechtbarkeit und wann er Nichtigkeit zur Folge hat, so kann die Entscheidung nur nach allgemeinen Gesichtspunkten gefällt werden. Die herrschende und m. E. richtige Auffassung geht dahin, daß Nichtigkeit dann eintritt, wenn der Beschluß „gegen zwingende, in erster Linie im öffentlichen Interesse gegebene Vorschriften verstößt, auf deren Einhaltung die Aktionäre nicht verzichten können"[51]). Nun ist § 138 BGB. ein Satz des zwingenden Rechtes, der im öffentlichen Interesse aufgestellt ist und auf dessen Einhaltung die Parteien grundsätzlich nicht verzichten können, und daraus ergibt sich, daß die hier besprochenen Beschlüsse nichtig sind.

Dagegen ließe sich allerdings einwenden, daß die Sittenwidrigkeit in den hier in Betracht kommenden Fällen in der Schädigung der Minderheitsaktionäre liege und daß deshalb der Beschluß zulässig sei, wenn diese Aktionäre freiwillig und in Kenntnis der Sachlage ihre Zustimmung gäben. Ein Beschluß aber, der mit Zustimmung aller Aktionäre gültig gefaßt werden könne, sei im allgemeinen bei fehlender Zustimmung nur anfechtbar und nicht nichtig. Das ist an sich richtig. Daraus, daß hier die Schädigung der Minderheit durch Mehrheitsmißbrauch Voraussetzung der Sittenwidrigkeit ist, folgt aber nur, daß bei freiwillig in Kenntnis der Sachlage erteilter Zustimmung der übrigen Aktionäre in Wahrheit eine Vergewaltigung der Minderheit, eine mißbräuchliche Ausnutzung der Mehrheit gar nicht vorliegt und somit der Beschluß, wie oben schon hervorgehoben wurde, seinem Gesamtcharakter nach gar nicht sittenwidrig ist. Es fällt also nicht etwa die Nichtigkeit des Beschlusses fort, weil die Aktionäre auf die Innehaltung des § 138 wirksam verzichten könnten, sondern es fehlen in diesem Falle die Voraussetzungen für einen Verstoß gegen § 138.

In der Unterlassung eines Widerspruches gegen einen Beschluß kann nun eine stillschweigende Zustimmung zu dem Beschlusse liegen, und wenn das der Fall ist, so ist der Beschluß nach dem Gesagten nicht sittenwidrig. Insofern hat die Unterlassung des Widerspruches und die Nichtanfechtung in der Tat für die Beurteilung der hier in Frage kommenden Beschlüsse im Gegensatze zu den Fällen unter III eine große Bedeutung. Aber die Nichtanfechtung ist keineswegs notwendig eine Zustimmung zu dem Beschlusse; der Aktionär kann die Anfechtung z. B. unterlassen, weil er von dem Beschlusse gar keine Kenntnis hat, oder weil er die Tragweite des Beschlusses nicht übersieht, oder weil er sich in einer Zwangslage befindet. Allerdings hat grundsätzlich die Nichtanfechtung genau so wie die ausdrückliche Zustimmung zu einem Beschlusse den Verlust des Anfechtungsrechtes zur Folge. Aber diese im Interesse der Rechtssicherheit

[50]) Abweichend namentlich Brodmann § 271 Anm. 1 IIb 2 u. 3, der nur § 826 für anwendbar hält, dabei aber von einer von der herrschenden Lehre abweichenden Auffassung des § 138 im allgemeinen ausgeht.

[51]) Diese Formulierung verwendet neuerdings das Reichsgericht in ständiger Praxis, vgl. z. B. RG. 115, 383; 120, 31; JW. 1927 S. 1677 u. 2985; sie schließt sich inhaltlich im wesentlichen an die von mir in „Anfechtbarkeit und Nichtigkeit" S. 62ff., insbes. S. 80 entwickelten Grundsätze an.

gegebene Bestimmung gilt nur, wenn der Aktionär auf die Innehaltung der gesetzlichen Bestimmungen verzichten kann. Wie aber schon gesagt wurde, kann auf die Innehaltung des § 138 BGB. nicht verzichtet werden. Bei Beurteilung der Frage aber, ob der Beschluß inhaltlich sittenwidrig ist oder ob er wegen Zustimmung der Minderheit seinen sittenwidrigen Charakter verliert, kann die Nichtanfechtung der freiwilligen Zustimmung keineswegs gleichgestellt werden. Diese Wirkung kann vielmehr nur der wirklichen Zustimmung beigelegt werden. Bloße Nichtanfechtung und wirkliche Zustimmung müssen also in dieser Beziehung scharf unterschieden werden. Es wäre ein seltsames Ergebnis, wenn die Mehrheit, die die Minderheit bewußt vergewaltigt, ihrem Vorgehen den Makel der Sittenwidrigkeit dadurch nehmen könnte, daß sie die Minderheitsaktionäre durch irgendwelche Machenschaften an rechtzeitiger Erhebung des Widerspruches in der Generalversammlung und damit an rechtzeitiger Anfechtung hinderte. Aber auch wenn die Nichtanfechtung nicht direkt auf ein unlauteres Verhalten der Mehrheit zurückzuführen ist, braucht sie keine Zustimmung zu dem Beschlusse zu bedeuten und nimmt ihm dann nicht seine Sittenwidrigkeit.

Anders könnte man entscheiden, wenn die Anfechtungsfrist erst von Kenntnis der wirklichen Sachlage an liefe, wie es nach §§ 123, 124 BGB. der Fall ist. Dann könnte man folgern, daß die Nichtanfechtung die nachträgliche Zustimmung der geschädigten Aktionäre zum Ausdruck bringe, oder daß doch dieselben auf die Geltendmachung des Mangels verzichteten[52]), und dadurch könnte der Generalversammlungsbeschluß nachträglich geheilt werden, ähnlich wie m. E. auch ein Beschluß, der ein Vorrecht eines einzelnen Aktionärs ohne Zustimmung desselben beseitigt, nach § 35 BGB. an sich unwirksam ist, aber durch nachträgliche Zustimmung geheilt werden kann[53]). De lege ferenda würde mir eine derartige Regelung wünschenswert erscheinen, weil dadurch möglichst rasch die Unsicherheit beseitigt würde, die bei Annahme unheilbarer Nichtigkeit für manche Generalversammlungsbeschlüsse eintritt, bei denen es zweifelhaft ist, ob sie einen Verstoß gegen die guten Sitten enthalten, ohne daß auf der anderen Seite die Interessen der geschädigten Aktionäre allzusehr beeinträchtigt würden. Die Rechtssicherheit könnte weiter dadurch gefördert werden, daß für die Anfechtung entsprechend der 30jährigen Frist des § 124 BGB. eine Ausschlußfrist vorgesehen würde, die unabhängig von der Kenntnis der Aktionäre liefe. Allerdings wäre diese Frist, wenn sie wirksam sein soll, viel kürzer zu bemessen, etwa auf 6 Monate. Daß den Minderheitsaktionären ohne Verschulden 6 Monate lang die die Sittenwidrigkeit des Generalversammlungsbeschlusses begründenden Tatsachen unbekannt bleiben, wird verhältnismäßig selten sein. Andererseits verlangt das Interesse der Gesellschaft wie des Publikums (Gläubiger, Aktienkäufer) die Aufrechterhaltung des einmal Beschlossenen in um so stärkerem Grade, je mehr Zeit seit der Beschlußfassung verflossen ist. Etwaige sich für die geschädigten Aktionäre ergebenden Härten werden dadurch gemildert, daß ihnen trotz des Fristablaufes der Schadenersatzanspruch aus § 826 BGB. erhalten bleibt[54]).

---

[52]) Einem nachträglichen, freiwillig und in Kenntnis der Sachlage ausgesprochenen Verzicht auf die Geltendmachung des durch Mehrheitsmißbrauch herbeigeführten Mangels eines Beschlusses ständen, mindestens de lege ferenda, keine Bedenken entgegen, während im übrigen ein Verzicht auf die Einhaltung des § 138, d. h. eine Zustimmung zu wirklich sittenwidrigen Beschlüssen nicht rechtswirksam sein würde.

[53]) Vgl. „Anfechtbarkeit und Nichtigkeit" S. 72ff. u. 95.

[54]) Dagegen scheint mir der Vorschlag der Note 7 genannten Kommission, bei Sittenwidrigkeit nur Anfechtbarkeit anzunehmen, auch für die unter IV behandelten Fälle nicht zweckmäßig, solange das Anfechtungsrecht unbedingt von der Erhebung des Widerspruches in der Generalversammlung und Innehaltung einer einmonatigen Anfechtungsfrist abhängig ist.

Für das geltende Recht muß also, solange nicht stillschweigende Zustimmung der geschädigten Aktionäre anzunehmen ist, an der Nichtigkeit der Generalversammlungsbeschlüsse festgehalten werden. Das ist auch der Standpunkt der herrschenden Lehre[55]). Auch das Reichsgericht vertritt, soweit ersichtlich, diese Ansicht im Gegensatze zu den zu V zu besprechenden Fällen, in denen es nur Anfechtbarkeit annimmt. Brodmann[56]) behauptet allerdings, daß der Stand der Rechtsprechung ganz unsicher sei. Als Entscheidungen, in denen das Reichsgericht von Anfechtbarkeit spreche, führt er RG. 68, 314; 82, 186; 108, 322, wohl auch 105, 375 und 108, 41 an. Nun ist aber zu beachten, daß das Reichsgericht in ständiger Rechtsprechung annimmt, daß die Anfechtungsklage auch auf einen Nichtigkeitsgrund gestützt werden könne[57]). In Fällen also, in denen eine ordnungsmäßige Anfechtungsklage erhoben ist, hat das Reichsgericht keinen Anlaß, dazu Stellung zu nehmen, ob die behaupteten Mängel des Beschlusses von selbst Nichtigkeit zur Folge haben; es genügt, daß jedenfalls die Anfechtung die Nichtigkeit herbeiführt. So aber ist es in den sämtlichen von Brodmann genannten Entscheidungen. Demgegenüber sprechen dafür, daß das Reichsgericht in den hier in Betracht kommenden Fällen wirkliche Nichtigkeit annimmt, RG. 68, 243; 80, 390; 107, 74; 111, 29; 115, 383; 119, 255; JW. 1927 S. 1678, 2982, insbes. S. 2985 u. 2986, insbes. S. 2989 1. Spalte. Die Entscheidung JW. 1927 S. 2982 ist für die hier vorliegende Frage besonders interessant, weil die Anfechtungsklage hier schon aus formellen Gründen abzuweisen war, es also nur auf wirkliche Nichtigkeitsgründe ankommen konnte und weil das Reichsgericht gerade in dieser Entscheidung die Nichtigkeitsgründe besonders stark einzuschränken sucht. Das Reichsgericht stellt nun ausdrücklich fest, daß der zur Kapitalerhöhung gefaßte Beschluß wegen Verstoßes gegen die guten Sitten unheilbar nichtig sein könne. Es betont allerdings, daß, soweit die Sittenwidrigkeit lediglich in der Art des Zustandekommens liege, nur Anfechtbarkeit in Frage komme, stellt aber dazu in Gegensatz die inhaltliche Sittenwidrigkeit, die also nach seiner Ansicht die unheilbare Nichtigkeit zur Folge hat. Nun kann ein Kapitalerhöhungsbeschluß im allgemeinen nicht wegen seines Gegenstandes sittenwidrig sein, es kann sich nur darum handeln, ob er nach seinem Gesamtcharakter, nach Zweck, Beweggrund und Inhalt sittenwidrig ist, und das wird denn auch vom Reichsgericht untersucht. Das ist aber der uns hier beschäftigende Fall. Und ganz ähnlich ist es in den Entscheidungen JW. 1927 S. 1678 u. 2986. Auch dort stellt das Reichsgericht fest, daß die Anfechtungsklage ausgeschlossen ist, prüft aber trotzdem die Sittenwidrigkeit des Beschlusses wegen mißbräuchlicher Ausnutzung der Mehrheit.

V. Die Sittenwidrigkeit kann endlich lediglich im Zustandekommen des Beschlusses liegen. Das ist nur so denkbar, daß eine Aktionärgruppe, die in Wahrheit nicht über eine ausreichende Mehrheit verfügt, den Beschluß durch unlautere Mittel durchsetzt. Die Mittel können sehr verschieden sein, z. B. Stimmkauf, Fernhaltung von Oppositionsaktionären von der Generalversammlung, Täuschung der Aktionäre über die Tragweite des Beschlusses, Überrumpelung der Aktionäre durch einen nicht ordnungsgemäß angekündigten Antrag, Feststellung und Verkündigung eines falschen Abstimmungsergeb-

[55]) Vgl. Staub § 252 Anm. 23 u. 23a, § 273 Anm. 17; Goldschmit § 273 Anm. 14 u. 15; Gierke, Handelsrecht, 2. Aufl., S. 247; Flechtheim, JW. 1925 S. 572; Schmulewitz a. a. O. S. 141; Ruth a. a. O. S. 53.

Abweichend Brodmann § 271 Anm. 1 IIb 3; Horrwitz, ZBH. 1926 S. 183 im Gegensatze zu „Recht der Generalversammlungen" S. 120; Gieseke, GruchotsBeitr. 66, 22, im wesentlichen auch wohl Müller-Erzbach, Deutsches Handelsrecht (2./3. Aufl.) S. 283.

[56]) Aktienrecht § 271 Anm. 1 IIb 3.

[57]) Vgl. z. B. JW. 1928 S. 1553.

nisses usw.[58]). Die Beschlußfassung wird in solchen Fällen meist ohnehin gegen Gesetz oder Statut verstoßen und deshalb der Anfechtung unterliegen, es kann darüber hinaus aber in dem Verhalten der Urheber des Beschlusses auch ein Verstoß gegen die guten Sitten liegen.

Es fragt sich, ob auch diese Form der Sittenwidrigkeit die Nichtigkeit des Beschlusses zur Folge hat. Es liegt nahe, diese Frage zu verneinen, weil grundsätzlich die Tatsache, daß beim Zustandekommen eines Beschlusses gegen gesetzliche Bestimmungen verstoßen ist, nur die Anfechtbarkeit des Beschlusses begründet, während Nichtigkeit nur dann in Frage kommt, wenn der Beschluß durch seinen Inhalt gegen das Gesetz verstößt[59]). Dementsprechend hat denn auch das Reichsgericht neuerdings mehrfach die Nichtigkeit eines Beschlusses wegen bloßer Sittenwidrigkeit im Zustandekommen verneint[60]). Insbesondere soll das dann gelten, wenn der Beschluß auf arglistiger Täuschung beruht. Zur Begründung verweist das Reichsgericht u. a. darauf, daß auch nach bürgerlichem Rechte ein durch arglistige Täuschung herbeigeführtes Rechtsgeschäft nicht unheilbar nichtig sei, sondern lediglich der Anfechtung nach § 123 BGB. unterliege.

Mit dieser Auffassung könnte man sich ohne weiteres einverstanden erklären, wenn das Anfechtungsrecht im § 271 BGB. an ähnliche Voraussetzungen geknüpft wäre wie das Anfechtungsrecht des § 123 HGB., wenn mit anderen Worten die Aktionäre noch nach Fortfall des sie zu Unrecht beeinflussenden Momentes und nach Kenntnis der wahren Sachlage anfechten könnten. Das ist aber nicht der Fall. Der Aktionär muß, abgesehen von den beiden Ausnahmefällen des § 271 Abs. 3 Satz 1, 2. Hälfte, schon in der Generalversammlung Widerspruch zu Protokoll erklären, und auch in jenen Ausnahmefällen muß er die Anfechtungsklage binnen Monatsfrist erheben. Daran wird in den hier in Betracht kommenden Fällen die Anfechtung fast immer scheitern. Ist ein Aktionär z. B. durch Betrug zur Stimmabgabe bestimmt worden, so kann er zwar seine Abstimmung anfechten, aber dadurch wird nur seine Abstimmung und nicht der Beschluß selbst vernichtet, selbst wenn ohne seine Stimme die Mehrheit nicht erreicht worden wäre; der Aktionär müßte vielmehr den Beschluß selbst noch besonders anfechten, und das ist unmöglich, wenn er nicht den Betrug schon in der Generalversammlung bemerkt und deshalb Widerspruch zu Protokoll erklärt hat[61]). Und ähnlich wird es auch regelmäßig in den anderen Fällen sein. Führt eine Aktionärgruppe einen Beschluß durch unlautere Mittel herbei, so wird sie auch die Anfechtung zu verhindern suchen, und bei der engen zeitlichen Begrenzung des Anfechtungsrechtes ist das letztere, wenn erst das erstere gelungen ist, in der Regel nicht schwer. Der Standpunkt des Reichsgerichtes führt deshalb dazu, daß in aller Regel der durch Mehrheitserschleichung oder Mehrheitsverfälschung in sittenwidriger Weise zustande gekommene Beschluß rechtsgültig sein würde. Die geschädigten Aktionäre würden auf einen Schadenersatzanspruch nach § 826 beschränkt sein.

Daß das ein sehr befriedigendes Ergebnis ist, wird man nicht behaupten können[62]). Aus diesem Grunde habe ich, ohne die dagegen bestehenden Be-

---

[58]) Ein weiteres Beispiel RG. 112, 115. Vgl. auch RG. 85, 170 (Bamag-Fall).

[59]) Vgl. „Anfechtbarkeit und Nichtigkeit" S. 65.

[60]) RG. 115, 378, ausführlicher JW. 1927 S. 1348; JW. 1927 S. 1677 u. 2985.

[61]) Vgl. „Anfechtbarkeit und Nichtigkeit" S. 119ff., jetzt auch RG. in JW. 1927 S. 1350.

[62]) Insbesondere kann der Anspruch aus § 826 keineswegs immer ausreichen. Man nehme an, daß in einer Gesellschaft zwei konkurrierende Gruppen vorhanden sind und die Minderheitsgruppe in unlauterer Weise Wahlen oder eine Fusion durchsetzt. Ein ziffernmäßig nachweisbarer Vermögensschaden braucht nicht entstanden zu sein, aber den betrogenen Aktionären ist, obwohl sie über die Mehrheit verfügen, für mehr oder weniger lange Zeit die Verwaltung des Unternehmens, im Falle der Fusion das Unternehmen selbst entrissen.

denken zu verkennen, mich früher für die Nichtigkeit auch derartiger Beschlüsse ausgesprochen[63]).

Eine wirklich befriedigende Lösung könnte in diesem Punkte m. E. nur eine Gesetzesänderung bringen, wie sie oben unter IV 4 schon angedeutet wurde, also die Beschränkung des Aktionärs auf die Anfechtung, aber mit gleichzeitiger, allerdings nur für die Fälle der Sittenwidrigkeit geltender Befreiung der Anfechtung von den allzu engen zeitlichen Schranken.

Da wir aber mit einer solchen Gesetzesänderung in nächster Zeit nicht rechnen können, so fragt sich, ob man unter Berücksichtigung des Standpunktes des Reichsgerichtes nicht auch nach geltendem Rechte zu einem annehmbaren Ergebnisse kommen kann. Da scheinen mir folgende zwei Punkte bedeutsam.

1. Einmal ist zu berücksichtigen, daß sich sehr häufig eine Sittenwidrigkeit im Zustandekommen mit der Sittenwidrigkeit im Inhalte des Beschlusses verbinden wird. Die Mehrheitserschleichung oder -verfälschung dient dazu, die erschlichene oder verfälschte Mehrheit zu mißbrauchen. Eine Aktionärgruppe wird naturgemäß ganz besonders dann beim Zustandebringen des Beschlusses zu unlauteren Mitteln greifen, wenn sie eigensüchtige Interessen verfolgt und der Inhalt des Beschlusses nicht einwandfrei ist, sie deshalb nicht auf die Zustimmung anderer Aktionäre rechnen kann. In derartigen Fällen aber tritt nach dem unter IV Gesagten Nichtigkeit ein. Die Verwendung unlauterer Mittel ist hier zwar nicht für sich allein die Ursache für die Nichtigkeit, aber sie ist ein Anhaltspunkt für den Verdacht, daß die Mehrheit unlautere Zwecke verfolgt, und sie kann darüber hinaus dazu beitragen, den Beschluß seinem Gesamtcharakter nach sittenwidrig und damit nichtig zu machen[64]).

2. Ferner aber verdienen besondere Beachtung die Beschlüsse, bei denen nicht nur ein Verstoß gegen die guten Sitten im Zustandekommen liegt, sondern weiter auch die Anfechtung in sittenwidriger Weise vereitelt wird. In solchen Fällen wollen auch Schriftsteller, die an sich bei einer Sittenwidrigkeit im Zustandekommen nur eine Anfechtung zulassen, Nichtigkeit eintreten lassen, nämlich Staub[65]) und Brodmann[66]). In diesen Fällen wird also offenbar die Aufrechterhaltung des Beschlusses als ganz unerträglich empfunden. Beide Schriftsteller geben allerdings keine nähere Begründung. Man könnte vielleicht in folgender Weise helfen: Eine Vereitelung der Anfechtung wird im allgemeinen nur möglich sein, wenn die Verwaltung der Aktiengesellschaft die Hand dazu bietet, der Verstoß gegen die guten Sitten also von der Verwaltungsgruppe ausgeht. Die die Anfechtung beschränkenden Vorschriften des § 271 HGB. sind im Interesse der Gesellschaft gegeben. Man könnte deshalb folgern, daß sie dann nicht zur Anwendung zu bringen sind, wenn die Gesellschaft den Schutz nicht verdient. Das aber ist der Fall, wenn die Gesellschaft selbst durch ihre Organe eine rechtzeitige formgerechte Anfechtung in sittenwidriger Weise verhindert hat. In derartigen Fällen müßte wenigstens dann eine Anfechtungsklage zugelassen werden, wenn die Aktionäre unverzüglich nach Behebung des Hindernisses gegen den Beschluß vorgehen.

---

[63]) Vgl. „Anfechtbarkeit und Nichtigkeit" S. 117. Zustimmend Nord, Die Rechte des Aktionärs S. 76; Ruth a. a. O. S. 60 in Verbindung mit S. 53. Zweifelnd Flechtheim, JW. 1925 S. 573. Abweichend Staub § 271 Anm. 3, aber mit der praktisch seinen Widerspruch in fast allen Fällen aufhebenden Einschränkung: „. . . es sei denn, daß es durch sittenwidriges Verhalten dem Aktionär unmöglich gemacht ist, seine Rechte wahrzunehmen", und Horrwitz, ZBH. 1926 S. 183.

[64]) So auch RG. 107 S. 76 u. 207.

[65]) Vgl. die in Note 63 zitierte Stelle.

[66]) § 259 Anm. 6b. Er nimmt „nach allgemeinen Rechtsgrundsätzen" Nichtigkeit an, wenn absichtlich Formvorschriften übertreten werden, z. B. wenn ein unliebsamer Aktionär von der Versammlung ferngehalten wird.

Ich verkenne nicht, daß gegen eine solche Auslegung des Gesetzes sehr starke Bedenken sprechen. Es steht ihr vor allem entgegen, daß die Vorschriften über die sofortige Einlegung des Widerspruches zu Protokoll und die Erhebung der Anfechtungsklage binnen Monatsfrist zwingend und von Amts wegen zu beachten sind. Aber das Reichsgericht hat auch schon in anderen Fällen sich über zwingende Schutzbestimmungen hinweggesetzt, wenn der zu Schützende des Schutzes nicht würdig und seine Berufung auf die Schutzbestimmung arglistig erschien. Erinnert sei etwa an die Entsch. RG 85, 116, in der das an sich auch zwingende Aufrechnungsverbot des § 394 BGB. für unanwendbar erklärt wurde, wenn der Arbeitnehmer durch vorsätzliche Handlung dem Arbeitgeber Schaden zugefügt hatte[67]).

Man könnte auch daran denken, daß die durch Vorstand und Aufsichtsrat handelnde Gesellschaft nach § 826 BGB. zum Schadenersatz verpflichtet sei. Der Schadenersatz aber besteht nach § 249 BGB. darin, daß der Zustand hergestellt wird, der bestehen würde, wenn der zum Ersatz verpflichtende Umstand nicht eingetreten wäre. Der zum Ersatze verpflichtende Umstand aber ist die Vereitelung der Anfechtung. Folglich bestände die Naturalrestitution darin, daß die Gesellschaft sich noch nachträglich auf eine Anfechtungsklage einläßt[68]). Auch gegenüber diesem Auswege besteht das gleiche Bedenken, daß die Voraussetzungen der Anfechtung von Amts wegen zu berücksichtigen sind. Auch kann es zweifelhaft sein, ob dem Aktionär als solchem durch eine unerlaubte Handlung des Vorstandes überhaupt ein Schadenersatzanspruch gegen die Gesellschaft erwachsen kann. Doch scheint mir letzteres Bedenken weniger wichtig, denn auch wenn man den Schadenersatzanspruch mit Rücksicht auf das Prinzip der Erhaltung des Grundkapitals im allgemeinen verneint, so gilt das doch wohl nur, soweit der Ersatz in Vermögenswerten zu leisten wäre, nicht aber hier, wo es sich um die Zulassung einer Anfechtungsklage handelt.

Es wäre sehr zu begrüßen, wenn das Reichsgericht einmal prüfte, ob man nicht in dieser oder ähnlicher Weise zu einem erträglichen Ergebnisse kommen kann.

Nimmt man aber an, daß die Verwendung unlauterer Mittel beim Zustandekommen des Beschlusses dann, wenn der Beschluß auch inhaltlich zu beanstanden ist, bei Beurteilung des sittenwidrigen Gesamtcharakters mit zu berücksichtigen ist, und daß ferner bei sittenwidriger Vereitelung der rechtzeitigen Anfechtung die Anfechtungsklage noch nach Fortfall des Hindernisses zuzulassen ist, so würden allerdings meine „Anfechtbarkeit und Nichtigkeit" S. 117 geäußerten Bedenken beseitigt sein, und es könnte im übrigen dem Reichsgerichte zugestimmt werden, wenn es im Anschluß an die im § 271 HGB. zum Ausdrucke kommende Tendenz des Gesetzgebers, im Interesse der Rechtssicherheit die Fälle der unheilbaren Nichtigkeit möglichst einzuschränken, in der lediglich im Zustandekommen des Beschlusses liegenden Sittenwidrigkeit nur einen Anfechtungsgrund sieht.

Abgeschlossen: Oktober 1928.

---

[67]) Vgl. auch die Ansicht von Nord a. a. O. S. 71, daß, wenn die Organe der Aktiengesellschaft und die Mehrheit in der Generalversammlung sich bei der Einberufung der Generalversammlung oder der Beschlußfassung absichtlich Mängel haben zuschulden kommen lassen, um die Aktionäre um die Ausübung des Stimmrechtes zu bringen, Nichtigkeit eintrete, weil nach allgemeinen Rechtsgrundsätzen ein bewußter Verstoß gegen Schutzvorschriften dann keine Wirksamkeit erlangen könne, wenn der Zweck des Verstoßes gerade die Ausschaltung der Schutzvorschriften sei.

[68]) Die gegen die Anwendung des Grundsatzes der Naturalrestitution bei Abstimmungen RG. 119, 389 geäußerten Bedenken betreffen einen ganz anderen Tatbestand und kommen hier nicht in Betracht.

Ein Rechtsfall zur schriftrechtlichen Verpflichtung des Reeders aus dem Konnossement

von Professor Dr. Hans Wüstendörfer, Hamburg

In Hamburg hat sich kürzlich ein ungewöhnlicher Rechtsfall ereignet, der für das Problem der schriftrechtlichen Verpflichtung des Reeders aus dem Konnossement, der sog. „Skripturhaftung", im geltenden wie im künftigen deutschen Rechte lehrreich ist: Ein aus Hamburg gebürtiger Kaufmann X in Haiti war dort zugleich als Agent einer deutschen Großreederei tätig. In Vermögensverfall geraten, meldete er mehrfach nicht vorhandene Warenmengen in seinem Agenturbureau zur Beförderung nach Hamburg an und stellte über diese, angeblich von ihm selber verladenen Frachtgüter Konnossemente der fraglichen Linienreederei an seine Order aus. Die Konnossementsformulare enthielten in ihrem Vordruck unter andrem die übliche Klausel:

> „Gewicht, Maß, Marken, Nummern, Qualität, Inhalt und Wert, wenngleich im Konnossement erwähnt, gelten als dem Schiffer unbekannt, es sei denn, daß das Gegenteil ausdrücklich anerkannt und vereinbart worden ist. Die Zeichnung des Konnossements gilt nicht als solche Vereinbarung."

X verschaffte sich alsdann den Gegenwert der angeblich schwimmenden Güter durch Bevorschussung seitens gutgläubiger Banken oder durch Verkauf an gutgläubige Erwerber in Hamburg und übermittelte den Banken bzw. den Ladungskäufern die ordnungsmäßig auf sie indossierten Konnossemente. Die Konnossementsinhaber machten in Hamburg Empfängerrechte gegen die Reederei geltend; ohne es zum Rechtsstreit kommen zu lassen, hielt diese es zur Wahrung ihres Geschäftsrufs für notwendig, den Konnossementsinhabern Schadensersatz in Höhe von mehreren Millionen Reichsmark zu leisten.

War sie dazu rechtlich verpflichtet? Es verlohnt sich, diese Frage nachzuprüfen.

I. Es kann keinem Zweifel unterliegen, daß der Fall ausschließlich nach deutschem Recht zu beurteilen ist: Was den Erfüllungsanspruch aus dem Konnossement anlangt, so ist für ihn nach feststehender deutscher Praxis das Recht des Bestimmungshafens maßgebend, also hier deutsches Recht. Und zwar gilt dies hinsichtlich der Schriftrechtlichkeit der Konnossementsverpflichtung im Fall der Nichtsverladung auch dann, wenn der Reeder dadurch in eine Haftung verstrickt wird, die nach dem Recht des Abladehafens nicht entstanden wäre (vgl. RG. 34, 72ff.). Will man sich statt dessen auf den anfechtbaren Standpunkt stellen, daß wenigstens für die Befugnis des Konnossementszeichners zur Ausstellung von Konnossementen das Recht der Flagge maßgeblich sei, so würde das im vorliegenden Fall auch wiederum nur die Anwendbarkeit des deutschen Rechts bedeuten. Was aber die Form des Konnossements betrifft, so könnte man vielleicht an die Anwendbarkeit der Gesetze des Abladehafens denken. Doch wird hier diese Frage abgeschnitten durch eine ausdrückliche vorgedruckte Klausel des benutzten Konnossementsformulars, wonach alle Streitigkeiten nach deutschem Rechte zu entscheiden sind. Aber auch abgesehen von dieser Klausel darf man im vorliegenden Fall aus dem deutschsprachigen Vordruck der Konnossemente, der sich inhaltlich auf deutschen Rechtsvorstellungen aufbaut, aus der Verwendung dieser Formulare seitens einer deutschen Reederei im Verkehr mit einem deutschen Ablader wie auch aus der deutschen Zielbestimmung der Konnossemente folgern, daß die Parteien sich in bezug auf die Form der Konnossementserklärung gleichfalls stillschweigend dem deutschen Recht unterwerfen wollten.

X war Reedereiagent. Als solcher hatte er, sei es kraft ausdrücklicher Abrede, sei es kraft Auslegung nach der Verkehrssitte (§ 157 BGB., § 346 HGB.), eine gewisse Vertretungsmacht für seine Reederei. Er durfte in ihrem Namen Stückgutfrachtverträge für die Dampfer der betreffenden Linie abschließen, die dazu gehörigen Konnossemente namens der Reederei oder des Kapitäns zeichnen, Stückgutfrachten einziehen usw. Er war Abschlußagent, nicht bloß Vermittlungsagent, im Sinne des § 84 HGB., ausgestattet mit einer „Artvollmacht", deren mutmaßlicher Umfang sich aus § 54 HGB. ergab. Hiernach beschränkte sich seine Vollmacht zur Konnossementszeichnung, anders als nach englischem Recht, nicht etwa auf die Ausstellung von Konnossementen mit inhaltlich richtigem Empfangsbekenntnis, sie ging auf Konnossementsausstellung über Stückgutladungen der betreffenden Liniendampfer schlechthin, mochte auch im Innenverhältnis zur Reederei eine Dienstanweisung dem Agenten jene Beschränkung als selbstverständlich auferlegen. Im Außenverhältnis zu schutzbedürftigen Dritten war eine Vollmachtsbeschränkung nur im Rahmen des § 54 Abs. 3 HGB. möglich.

X zeichnete nun in betrügerischer Absicht Konnossemente über nicht vorhandene Ladung, und diese Urkunden gelangten in die Hände gutgläubiger Indossatare. Einem solchen Konnossementserwerber können bekanntlich nur die Einwendungen aus § 364 Abs. 2 HGB. entgegengesetzt werden, also auch Einwendungen, welche die Gültigkeit der Erklärung in der Urkunde betreffen, sei es die Formgültigkeit, sei es die materielle Geltung.

Formgültig waren die Konnossemente. Auch wenn sie etwa nicht handschriftlich von X unterzeichnet, sondern nur mit seinem faksimilierten Namenszuge unterstempelt waren. Ein sehr großer Teil der im Verkehr umlaufenden Konnossemente der Linienreedereien ist heutzutage nur noch unterstempelt, nicht mehr unterzeichnet[1]). Wird, wie es die Regel bildet, das Konnossement in mehreren Exemplaren ausgestellt, so gilt dies namentlich für die Duplikate, während das erste Exemplar vielleicht noch handschriftlich vollzogen wird. Mit Notwendigkeit hat sich diese Technik im Großverkehr durchgesetzt. Handelt es sich hier doch um eine auf kurze Frist zusammengedrängte Massenausfertigung von Urkunden! Man hat die Rechtsgültigkeit dieses Verfahrens im Hinblick auf die zwingende Vorschrift des § 126 BGB. geleugnet und schriftliche Vollziehung für wesentlich erklärt[2]). Allein das hieße eine Verkehrsnotwendigkeit erdrosseln! Dann wären die meisten umlaufenden Konnossemente wertlos; die Empfänger könnten daraus keine Erfüllung verlangen! Gewiß ist das Konnossement kraft Gesetzes eine schriftliche Willenserklärung im Sinne des § 126 BGB. Es gibt nach deutschem Rechte keine mündlichen Konnossementserklärungen. Ist das auch nicht mit ausdrücklichen Worten im HGB. gesagt, so ergibt doch die Fassung des Gesetzes an mehr als einer Stelle, daß Schriftform

[1]) Von den Konnossementen z. B., die durch die Dokumentenabteilung der Deutschen Bank in Hamburg laufen, haben laut Mitteilung etwa 80 v. H. diese Form.

[2]) So Boyens, Seerecht II 309f; Wüstendörfer, Seefrachtvertrag 249ff. (anders de lege ferenda); Schaps, Seerecht[2] 18 zu § 642; Mittelstein in HansRZ. 1918, Beiheft 135f.

vorausgesetzt wird[3]). Trotzdem kommt man um die Notwendigkeit handschriftlicher Vollziehung des Konnossements herum, wenn man sich gewisser anderer Vorschriften des Gesetzes erinnert. Dem Richter fällt hier eine rechtsschöpferische Aufgabe zu, was Schaps und die anderen Anhänger der herrschenden Ansicht verkennen: In den §§ 181 u. 426 Abs. 1 Ziff. 9 HGB., § 793 Abs. 2 BGB. ist für die Ausstellung von Aktien, Frachtbriefen, Inhaberschuldverschreibungen eine „im Wege der mechanischen Vervielfältigung hergestellte Namensunterschrift" für genügend erklärt. Auch dort handelt es sich um Massenausfertigung von Urkunden großen Stils. Um der wesentlichen Gleichheit der Interessenlage willen ist daher diese Vorschrift analog auf das Konnossement anzuwenden[4]). Das bedeutet nach der herrschenden Auslegung jener Normen: ein faksimilierter Namenszug genügt als Namensunterschrift, ein bloßer Druckstempel nicht. Der Hinweis auf einen dementsprechenden Handelsbrauch reicht aber zur Rechtfertigung dieses Ergebnisses gegenüber der zwingenden Vorschrift des § 126 BGB. nicht aus (vgl. RG. 74, 340f.); von einem Gewohnheitsrecht gegen das Gesetz kann man auch noch nicht sprechen; fehlt es dazu doch, wie die Streitfrage zeigt, an der nötigen communis opinio necessitatis. Vielmehr handelt es sich um neues, fortschrittliches Richterrecht.

Es fragt sich weiter, ob jene Konnossementserklärungen materiell gültig waren. Zunächst: Daß die Ausstellung der Konnossemente jeweils vor der Übernahme von Gütern zur Beförderung erfolgte — die Güter waren ja nicht vorhanden —, ist für die Rechtsgültigkeit der Erklärungen unerheblich. Die Bestimmung des § 642 Abs. 5 HGB. darf selbstverständlich nicht zu dem falschen argumentum e contrario verleiten, daß Konnossemente, die vor der Übernahme von Gütern gezeichnet wurden, ungültig seien. Das hieße die Skripturhaftung für den Fall der Nichtsverladung von vornherein ausschalten. Zur Begründung einer Konnossementsverpflichtung gehört dagegen nach richtiger Ansicht, wie bei allen Orderpapieren, ein gültiger Begebungsvertrag. In dieser Beziehung weist der Tatbestand Besonderheiten auf: X hatte, wie es scheint, durch Anmeldung von Gütern in seinem Agenturbureau jeweils darüber Stückgutfrachtverträge in der üblichen, formlosen Art mit dem betreffenden Angestellten des Agenturbureaus als einem Unterbevollmächtigten der Reederei abgeschlossen. Zur Erteilung solcher Untervollmachten für die Reederei war X als Reedereiagent nach § 54 Abs. 1 HGB. befugt. Die in fast jeder Reedereiagentur unvermeidliche Arbeitsteilung macht die Erteilung derartiger Untervollmachten engeren Umfanges zu einem gewöhnlichen Geschäftsvorgang. Dagegen hatte X die Konnossemente selber gezeichnet und an sich selber begeben, da er zugleich der vermeintliche Befrachter und Ablader war. Dieser Vertragsschluß mit sich selbst blieb m. E. von dem Verbot der Insichgeschäfte im § 181 BGB. unberührt; er mußte im Fall der Anmeldung eigener Güter als stillschweigend erlaubt gelten: Ein Reedereiagent ist nach der Verkehrssitte befugt und, kraft seiner Treupflicht der vertretenen Linie gegenüber, sogar verpflichtet, etwaige eigene Güterabladungen seiner Reederei und nicht wettbewerbenden Schiffahrtsunternehmern anzuvertrauen. Er darf also nach Handelsbrauch solche Frachtverträge mit sich selber abschließen und die dazugehörigen Konnossemente als Vertreter der Reederei zeichnen, sei es

---

[3]) Vgl. HGB. 642 Abs. 1: „in so vielen Exemplaren auszustellen"; Abs. 2: „dasselbe Datum"; Abs. 3: „Abschrift des Konnossements"; 643: „Das Konnossement enthält"; 644 Abs. 1: „an Order . . . zu stellen"; 645 Abs. 1: „Inhaber auch nur eines Exemplares" usw.

[4]) Dafür Wüstendörfer, ArchZivPrax. 110, 349ff., dem Pappenheim, Seerecht III 230 sich anschließt. Im Ergebnis ähnlich bereits, aber mit unzulänglicher Begründung, HansOLG. in HansGZ. 1904 Nr. 141.

nach der Abladung bzw. Übernahme der Güter, sei es auch schon vor der Übernahme. Diese beiden Unterfälle hinsichtlich der Vertretungsmacht verschieden zu behandeln, ist für den Fall des Selbstkontrahierens ebenso unvereinbar mit dem Schutze gutgläubiger Dritter (vgl. § 54 Abs. 3 HGB.) wie für den Normalfall. Belanglos ist es deshalb, daß im vorliegenden Fall die Konnossementsausstellung, anders als sonst, nicht „ausschließlich in der Erfüllung einer Verbindlichkeit" bestanden hat (§ 181 BGB.), insofern sie ohne Übernahme oder Abladung von Gütern erfolgte, eine gesetzliche Verpflichtung zur Konnossementserteilung aber erst durch die Abladung oder Übernahme entsteht (§ 642 Abs. 1 u. 5 HGB.).

Die Konnossementsausstellung erfolgte zu betrügerischen Zwecken. War sie deshalb etwa als ein sittenwidriges Rechtsgeschäft nichtig (§ 138 Abs. 1 BGB.)? Das kann nicht angenommen werden. Nach ständiger und wohlbegründeter Rechtsprechung des Reichsgerichts ist es Voraussetzung für die Nichtigkeit, daß die Sittenwidrigkeit auch den Inhalt des Geschäfts ergreift; bloße Unsittlichkeit des Beweggrundes reicht nicht aus. Inhaltlich hatte aber die hier übernommene Konnossementsverpflichtung, mitsamt der Skripturhaftung für den Fall der Nichtsverladung, nichts Sittenwidriges an sich.

Zweifelhafter ist die Frage, ob eine Ungültigkeit der Konnossemente etwa aus §§ 116f. BGB. unter dem Gesichtswinkel des geheimen Vorbehaltes oder des Scheingeschäftes hergeleitet werden konnte. Es mag sein, daß X die zugrunde liegenden Frachtverträge nicht ernstlich gewollt, sondern nur ihren Schein hat schaffen wollen. Dann waren die Verträge nichtig, sofern der Angestellte des Agenturbureaus, der die Anmeldungen buchte, jenen Vorbehalt des X kannte (§ 116 Satz 2 BGB.) oder gar im Einverständnis mit ihm nur zum Schein handelte (§ 117 Abs. 1 BGB.). Dafür ergibt der Tatbestand indessen nichts. Hinsichtlich der Konnossemente dagegen ist es wahrscheinlicher, daß X ihre Vollgültigkeit ernstlich gewollt hat. Er wollte ja ihren Gegenwert erlangen, wollte, daß gutgläubige Erwerber die Papiere im Vertrauen auf ihre Echtheit und Vollwirksamkeit gegen Entgelt hinnahmen, und von der etwaigen Nichtigkeit der Frachtverträge blieben die Konnossemente in ihrer Gültigkeit grundsätzlich unberührt (§§ 651, 364 Abs. 2 HGB.). Wenn das Reichsgericht in einem Fall betrügerischer Ausstellung einer Postanweisung durch den Postbeamten ausführt (RG. 60, 24), ein gültiger Postanweisungsvertrag sei nicht zustande gekommen, da der Postbeamte nicht die Absicht eines solchen gehabt habe, so lag dieser Präzedenzfall in einem wesentlichen Punkte anders: Ein Postanweisungsvertrag ist ein Realvertrag, kommt nicht zustande ohne Einzahlung der betreffenden Summe beim Postamt, und solche Einzahlung wollte der betrügerische Postbeamte in der Tat nicht. Seefrachtvertrag und Konnossementsvertrag dagegen sind keine Realverträge. Sie sind in ihrem Zustandekommen unabhängig von der Abladung oder der Übernahme des Ladeguts. Wollte X die Abladung nicht, so konnte er trotzdem die Konnossementsverpflichtung zu Lasten seiner Reederei ernstlich wollen.

Zuzugeben ist aber, daß X auch lediglich die Vorstellung haben konnte, zur Erreichung seines Zweckes genüge es, den bloßen Schein einer vollgültigen Konnossementsausstellung zu schaffen. Stellt man sich auf diesen Standpunkt, dann hat zwar ein tatsächliches Geben und Nehmen der Konnossemente — in eigener Person des X — stattgefunden, es fehlte aber an einem gültigen Begebungsvertrag (§ 117 Abs. 1 BGB.). Entsprang hieraus ein Einwand nach § 364 Abs. 2 HGB. auch gegen dritte Erwerber des Orderkonnossements? Nach dem Buchstaben des Gesetzes sollte man das annehmen, Mit Recht aber haben das Reichsgericht und ein Teil der Rechtstheorie die dingliche Wirkung dieses

Einwandes aus Gründen der Verkehrssicherheit verneint, sofern nur ein tatsächliches Geben und Nehmen der Urkunde stattgefunden hat[5]), zumindest in dem Falle, daß — wie hier — ein Verschulden des Ausstellers der Urkunde vorliegt. Die Hamburger Konnossementsinhaber waren somit gegen den Einwand materieller Ungültigkeit der Konnossementsverpflichtung geschützt, ganz gleich, welche Auffassung man im übrigen von der Rechtslage haben mochte.

Da eine Abladung oder Übernahme von Gütern tatsächlich nicht erfolgt war, kam als Grundlage für die Einstandspflicht der Reederei nicht die Rezeptumshaftung in Frage (§§ 606ff. HGB.), wohl aber die Skripturhaftung, das Einstehenmüssen für Richtigkeit des Empfangsbekenntnisses im Konnossement. Die Rechtsnatur dieses Einstehenmüssens ist bekanntlich umstritten. Die herrschende Ansicht nimmt eine Gewährleistungspflicht an und glaubt diese bereits aus dem Wortlaut des § 651 Abs. 1 HGB. folgern zu können. Demgegenüber ist der Verfasser für eine bloße Verschuldenshaftung eingetreten, deren positive Ausgestaltung er erst in den nachfolgenden §§ 652ff. niedergelegt findet. Wie dem auch sei — für den vorliegenden Fall bedarf es keines Eingehens auf diese Frage. Unterstellt man eine Gewährleistungspflicht, so ergibt sich die Haftung der Reederei für den Fall der Nichtsverladung aus § 651 Abs. 1 HGB. Geht man von einer bloßen Verschuldungshaftung aus, so kann es nicht zweifelhaft sein, daß ein haftbarmachendes Verschulden schwerster Art gegeben war, nämlich ein Dolus in contrahendo des bevollmächtigten Reedereivertreters X. Die Haftung der Reederei hierfür läßt sich nicht aus § 831 BGB. herleiten. Zwar mag man in der Handlungsweise des X außer Betrug (§ 823 Abs. 2 BGB.) eine Schadenszufügung gegenüber den Konnossementsinhabern im Sinne des § 826 BGB. erblicken, auch annehmen, daß die Konnossementsausstellung seitens des X, obwohl arglistig, noch „in Ausführung der" aufgetragenen „Verrichtung" (§ 831 BGB.) erfolgt ist, da kraft Handelsübung auch vorzeitige Konnossementsausstellungen von der Vertretungsmacht des Agenten gedeckt sind (oben S. 192f.) und ein arglistiges Handeln nach ständiger Rechtsprechung auch „in Ausführung" übernommener Verrichtungen denkbar ist. Aber die vorsätzliche Schadenszufügung wurde erst zur Tatsache durch die entgeltliche Weiterindossierung der Konnossemente seitens des X als des Abladers, nicht als des Reedereivertreters, also außerhalb und nur bei Gelegenheit seiner Vertretungsmacht. Auch wäre die Reederei nach Lage der Umstände jedenfalls imstande gewesen, den Entlastungsbeweis des § 831 in bezug auf eigenes Verschulden zu führen. Dagegen haftet die Reederei für die Arglist ihres bevollmächtigten Vertreters bei Abgabe der Konnossementserklärungen nach dem Grundsatz des § 166 Abs. 1 BGB. Mit Recht hat das Reichsgericht die unzulängliche Fassung des Bürgerlichen Gesetzbuchs dahin klargestellt, daß der Vertretene die Arglist seines Vertreters bei Abschluß eines Rechtsgeschäfts gegen sich gelten lassen müsse[6]).

Nun enthielten aber die Konnossemente in ihrem Vordruck unter anderem die mitgeteilte Freizeichnungsklausel, auch fand sich im Text der Verpflichtungserklärung der Urkunden die vorgedruckte Bemerkung, die Güter seien abzuliefern „unter den Bedingungen dieses Konnossements". Jene Freizeichnungsklausel war somit Bestandteil der Konnossementsverpflichtung. Bewirkte sie Befreiung der Reederei von der geltend gemachten Skripturhaftung? Der Sinn der in §§ 654f. HGB. erwähnten Klauseln und ähnlicher „Unbekannt"-Klauseln ist bekanntlich ein doppelter: Sie verändern einmal die Beweislage

[5]) Vgl. RG. 14, 22; 65, 411; 87, 367; Staub[12], 6 zu § 364 HGB.; Gierke, DPrivR. II 112; Schaps[2], 13 zu § 651. Anders z. B. Staub-Stranz[11], 65ff. zu Art. 82 WO.

[6]) Vgl. RG. 58, 347; 76, 109; 83, 244; 100, 249.

hinsichtlich der Rezeptumshaftung, indem sie den Konnossementsinhaber dazu zwingen, den Beweis der betreffenden Verladungstatsachen durch andere Beweismittel als das Konnossement zu erbringen, und sie befreien andererseits den Verfrachter von der Einstandspflicht für die Richtigkeit der betreffenden Empfangserklärung, beseitigen also insoweit die Skripturhaftung.

Es fragt sich, ob sie diese befreiende Wirkung auch entfalten in den Fällen einer schuldhaft unrichtigen Konnossementserklärung. Das hat, wie bekannt, einst Schlodtmann in einem elegant geschriebenen Aufsatz (ZHR. 21, 401 ff.) bestritten. Aus den Eingangsworten der §§ 654, 655 HGB. glaubte er mit überkühnem argumentum e contrario den allgemeinen Satz ableiten zu dürfen, daß die Vertretung des Inhalts des Konnossements durch den Verfrachter vertragsmäßig nur insoweit ausgeschlossen werden könne, „als die Unbekanntschaft des Schiffers mit der Unrichtigkeit der Konnossementsangaben nicht eine Verletzung der Sorgfalt eines ordentlichen Schiffers in sich schließt". Diese Lehre ist lange Zeit die herrschende gewesen, das skandinavische Seerecht hat sie ausdrücklich zum Gesetz erhoben (Skand. Seegesetz § 145 a. E.). Erst die Entscheidung des HansOLG., 1. Senat, in der HansGZ. 1898 Nr. 37 wagte daran zu rütteln und die Unhaltbarkeit jenes Satzes darzutun. Seitdem hat das seerechtliche Schrifttum sich mehr und mehr auf den gleichen Standpunkt gestellt, Schlodtmanns Beweisgründe sind widerlegt worden, zuerst in Kürze mehrfach von Brodmann[7]), dann ausführlich vom Verfasser[8]). Wie ich damals ausführte, befassen sich die §§ 654f. HGB. nur mit dem Recht des Kapitäns zu einseitiger Klauselaufnahme ins Konnossement, ergeben somit nichts für die Frage einer vertragsmäßigen Beschränkung der Skripturhaftung. Die vertragsmäßige Freizeichnung schon für den Fall leichter Fahrlässigkeit des Kapitäns in bezug auf die Unstimmigkeit der Konnossementsangaben für unzulässig erklären, heißt sich in Widerspruch setzen zu allgemeinen Rechtsregeln, wonach die Freizeichnung bis zur Grenze der Sittenwidrigkeit (§ 138 BGB.) und der eigenen Arglist (§ 276 BGB.) zulässig ist. Es spricht nichts dafür, die Skripturhaftung in diesem Punkte strenger zu behandeln als die Rezeptumshaftung. Auch wird Schlodtmanns Theorie durch die Entstehungsgeschichte des Gesetzes auf das bündigste widerlegt: Man war sich darüber klar, daß die Klausel „Inhalt unbekannt" selbst dann von der Skripturhaftung befreie, „wenn er (der Kapitän) die Untersuchung des Frachtgutes noch so nachlässig beschafft haben würde" (Protok. S. 2281). Davon aber, daß etwa das Verkehrsbedürfnis das Gegenteil erheische, kann nicht die Rede sein. Die einseitigen Angaben des Abladers über die ins Konnossement aufzunehmenden Verladungstatsachen, wie Inhalt, Merkzeichen, Menge und Maße, auf ihre Richtigkeit genau nachzuprüfen, dazu haben vielfach in der Hast des heutigen Großbetriebes Kapitän, Ladungsoffizier und sonstige Reedereiangestellte weder Zeit noch Gelegenheit, noch Fachkenntnisse. Der Reeder bedarf daher des Klauselschutzes gegen das Risiko einer unrichtigen Empfangserklärung im Konnossemente, da diese in aller Regel auf unrichtige Angaben des Abladers zurückgeht. Die Versagung dieses Schutzes müßte dazu führen, den Ladebetrieb sehr viel umständlicher, langsamer und daher auch für die Ladungsbeteiligten kostspieliger zu gestalten. Umfangreiche Kontrollmaßregeln der Reedereien wären dann nötig, durchaus gegen das Interesse der Ablader. Und die Rechtsstellung der Konnossementsinhaber würde an Sicherheit nur verlieren, wenn die Klauseln zur Skripturhaftung bald gültig und bald ungültig wären, je nach dem Sorgfaltsgrade, der

[7]) ZHR. 52, 345; 58, 591 ff;. 70, 26; Seerecht 1 u. 3 zu § 654; 4 zu § 655; 2 zu § 658.
[8]) Seefrachtvertrag 441 ff.

bei der Nachprüfung der Verladungstatsachen und Ausstellung der Konnossemente obgewaltet hat und der für Dritte aus den Urkunden nicht ersichtlich ist. Dies die kurz zusammengefaßten Gegengründe. Schließlich hat Mittelstein die Theorie von Schlodtmann „neu nachgeprüft"[9]) und ist zu dem Ergebnis gelangt, sie sei, „wie Brodmann anerkennt, überzeugend widerlegt durch Wüstendörfer, auf dessen erschöpfende Darlegung nur verwiesen werden kann"[10]). Mittelstein hat demgemäß bei der Bearbeitung der zweiten Auflage des Schapsschen Kommentars, in Abweichung von der ersten Auflage, Schlodtmanns Lehre fallen lassen[11]). Andere Schriftsteller verwerfen sie gleichfalls. So Brandis, Sieveking, Leo, Pappenheim[12]) und für den Ladeschein Förtsch[13]).

Und wie stellte sich die Rechtsprechung zu diesen Darlegungen? Sie hat sie, trotz des sehr verheißungsvollen Anlaufs in HansGZ. 1898 Nr. 37, später vollkommen außer acht gelassen! Das Reichsgericht freilich hatte, soviel ich sehe, in den letzten Jahrzehnten keinen Anlaß, sich mit der Frage zu befassen. Das hanseatische Oberlandesgericht dagegen, der eigentliche Träger unserer Seerechtsentwicklung in der Rechtsprechung, hat bis zur Gegenwart immer wieder Schlodtmanns Ansicht vertreten, ohne auch nur mit einem einzigen Wort auf die dagegen vorgebrachten schwerwiegenden Gegengründe einzugehen! So der 1. Senat in HansGZ. 1901 Nr. 34 S. 79, der 3. Senat in HansGZ. 1906 Nr. 112 S. 242 und noch in HansGZ. 1917 Nr. 97 S. 182[14]), anscheinend auch der 5. Senat in HansRGZ. 1928 Abt. B Nr. 69 Sp. 182.

II. Man gestatte hier eine kleine Abschweifung. Die Sachlage verdient sie. Es ist leider von symptomatischer Bedeutung, wenn hier das hanseatische Oberlandesgericht die Fühlung mit den Fortschritten rechtswissenschaftlicher Erkenntnis einigermaßen verloren hat und sich um sie nicht zu kümmern scheint. Es verharrt in den alten Bahnen der Tradition, obwohl sie abwegig sind. Diese Sachlage kann man auf dem Gebiet des Seerechts mehrfach beobachten. Blättert man in der Hanseatischen Gerichtszeitung um etwa dreißig Jahre zurück und liest Entscheidungen, die in den neunziger Jahren ergingen, so fällt bei vielen von ihnen die Gründlichkeit und wissenschaftliche Gediegenheit, gepaart mit praktischem Sinne, auf. Das Schrifttum, auch das monographische, wie z. B. Ehrenbergs „Beschränkte Haftung", wird sorgfältig verwertet und angeführt; es fehlt auch nicht an Hinweisen auf englisches und französisches Seerechtsschrifttum. Vorentscheidungen finden gebührende Beachtung. Liest man heutige Urteile des Oberlandesgerichts, wie sie in der Hanseatischen Rechts- und Gerichtszeitung veröffentlicht werden, so bemerkt man einen gewissen Wandel: Die juristische Begründung hat an tiefschürfender Gründlichkeit, wie auch an praktischer Lebensnähe, vielfach eingebüßt. Man sucht nur irgendwie zu einem vernünftigen Ergebnis zu kommen. Die Zitate aus dem Seerechtsschrifttum sind dürftig geworden. Oft beschränken sie sich — wie früher nur in erstinstanzlichen Urteilen — auf ein lakonisches „vgl. Schaps² Anmerkung soundso", obwohl der Kommentar von Schaps in der zweiten Auflage jetzt bereits acht Jahre alt ist und — bei aller Vortrefflichkeit — doch wohl nicht der Weisheit letzten Schluß bedeutet. Kein Wunder, wenn die Entscheidungen

[9]) HansRZ. 1918 S. 97.
[10]) HansRZ. 1918 Beiheft S. 146.
[11]) Schaps² Anm. 11 zu § 652.
[12]) Brandis, Seerecht II 51 f.; A. Sieveking, Seerecht 295 f.; Leo, Seehandelsrecht, zu § 654 und HansRZ. 1918 S. 711; Pappenheim III 259 f. Vgl. ferner für das holländische Recht Sanders, Het cognossement (1912) 132. Abw. Holl. Seer. 1924 Art. 513.
[13]) Förtsch, Komm. zum BinnenSchG.² S. 234.
[14]) = HansRZ. 1918 S. 91 ff. (mit einer kritischen Anmerkung von Mittelstein S. 97).

des Gerichts mit den Fortschritten des lebenden Rechts und seiner wissenschaftlichen Erforschung nicht immer so Schritt halten, wie es dem hohen Ansehen entspräche, dessen sich mit vollem Recht das hanseatische Oberlandesgericht erfreut. Wie dies in der Frage der Schlodtmannschen Theorie deutlich hervortritt, so stößt man auch sonst darauf: Beispielsweise in dem Problem der Schiffsvermietung mit Dienstverschaffung (locatio navis et operarum magistri) an Linienfahrtunternehmer, die das fremde, in Zeitcharter gemietete Schiff in ihren Liniendienst einstellen. Fast die gesamte wissenschaftliche Theorie steht hier, wenn auch mit Abweichungen im einzelnen, in geschlossener Front gegen die Rechtsprechung von Reichsgericht und hanseatischem Oberlandesgericht. Die Theorie[15]) will die charternde Linienreederei als Quasireeder dem § 510 HGB. in analoger Anwendung unterstellt sehen; die Rechtsprechung lehnt dies immer wieder ab und unterwirft den Tatbestand dem § 662 HGB., so daß der geschädigte Ladungsbeteiligte hinter dem dritten Schiffseigentümer herlaufen muß, statt sich an die charternde Linienreederei halten zu können. So neuerdings wieder[15a]) das OLG., 4. Senat in HansGZ. 1916 Nr. 73 und 1925 Nr. 98; 7. Senat in HansRZ. 1920 Sp. 312, bestätigt vom Reichsgericht (= RG. 98, 186). Vergeblich, daß die Lebensfremdheit dieses altmodischen Standpunktes vom Schrifttum ausführlich dargelegt ist[16]), die Unbilligkeit des Ergebnisses, der dadurch bewirkte Anreiz zu unmoralischem Verhalten seitens charternder Linienreedereien, die Unvereinbarkeit der Heranziehung des § 662 mit elementaren und keineswegs nur dem Seerecht angehörigen Grundsätzen der Gesetzesauslegung[16]); vergeblich, daß vereinzelt einsichtsvolle Kammern für Handelssachen in vollem Verständnis für die moderne Technik des Seefrachtenmarktes wider den Stachel zu löken versuchten und die neue Rechtsansicht der Wissenschaft sich aneigneten[17]). Vergeblich auch, daß sogar die Presse sich gelegentlich der Sache annahm und der Ansicht Ausdruck gab, es müsse über diese „crux" unseres Seerechts recht bald Klarheit geschaffen werden, und zwar verdiene „die modernere Anschauung hier durchaus den Vorrang"[18]). Vergeblich! Der 4. Senat des hanseatischen Oberlandesgerichts glaubt gegenüber aller Kritik mit dem einen lapidaren Satze auskommen zu können: „Abzulehnen ist eine entsprechende Anwendung des § 510 HGB. Insoweit verharrt der Senat auf seinem in dem... Urteile von 1916 ausführlich begründeten Standpunkte, der vom Reichsgericht in RGZ. 98, 186 gebilligt ist, und zu dem weitere Ausführungen nicht zu machen sind[18a]".

Oder — um noch ein drittes Beispiel zu geben — die Ausführungen des hanseatischen Oberlandesgerichts, 5. Senat, in HansGZ. 1924 Nr. 43 zur Frage des Fobgeschäftes und des „Erfüllungsortes". Sie zeigen in der unzulänglichen Begründung des Urteils, daß das Gericht noch nicht vertraut ist mit dem vorzugsweise von Franz Leonhard[19]) angebahnten Fortschritt der Rechts-

---

15) Vgl. Wüstendörfer, Seeschiffahrtsrecht (Ehrenbergs Handbuch VII 2) S. 308ff. und die dort angeführten früheren Schriften des Verfassers; Schaps[2]-Mittelstein, 10 zu § 510; Pappenheim III 96ff.; Ritter, Komm. zu den ADSBed. S. 113; M. Leo in HansRZ. 1925 S. 422.

15a) Ältere Entscheidungen zusammengestellt bei Wüstendörfer, Seeschiffahrtsrecht S. 302 Anm. 3.

16) Vgl. namentlich Wüstendörfer a. a. O.; ArchZivPrax. 110 S. 271, 290; kritische Anmerkung zur obenerwähnten Entscheidung des RG. in HansRZ. 1920 S. 347.

17) Wie in HansGZ. 1916 Nr. 73 und vor allem, mit sehr beachtlicher Begründung, in HansRZ. 1925 Sp. 858 (LG. Hamburg, K. f. H. VII, Vors. Dr. Lindenmaier).

18) Hamburger Fremdenblatt, Abendausgabe vom 11. Jan. 1926, 4. Beilage, Aufsatz „Unterverfrachter und Ausrüster", unterzeichnet „o".

18a) HansRZ. 1925 Sp. 860.

19) F. Leonhard, Erfüllungsort und Schuldort (1907). Dazu Enneccerus[9], Schuldverhältnisse § 247 unter II.

theorie, wonach der doppeldeutige und unklare Begriff des „Leistungsortes" oder „Erfüllungsortes", entsprechend dem Gesetze zunehmender Differenzierung der Rechtstypen, der Zerlegung bedarf in die zwei klareren Sonderbegriffe des Leistungsortes (= Vollzugsort der Leistung) und des Schuldortes (= Sitz des Schuldverhältnisses im Sinne des Gerichtsstandes usw.).

Wenn in solchen und andern Fällen die heutige Rechtsprechung des hanseatischen Oberlandesgerichts, anders als vor einem Menschenalter, die Fühlung mit den Fortschritten der Rechtstheorie in etwas vermissen läßt, so soll das hier nur als Feststellung einer bedauerlichen Tatsache und als Ausdruck einer ernsten Zukunftssorge ausgesprochen werden, nicht aber als Vorwurf. Man weiß, welch übermächtige Kräfte die Entwicklung unentrinnbar bestimmen: In ganz andrem Umfang als noch vor dreißig Jahren ist heutzutage am Obergericht von Welthandelsstädten Massenarbeit zu leisten. Und Massenarbeit drückt, wie stets so auch hier, auf den Wert der Leistung. Für jede große Geistestat ist Muße nötig und Beschaulichkeit. Ein Richter, der der Muße entbehrt, der auf seinem Rücken ständig die Hetzpeitsche der Vorstellung fühlt: „Nur weiter, weiter, damit du durchkommst!", wird seine Entscheidungen bisweilen übers Knie brechen müssen, statt sie von unten her gründlich aufzubauen. Auch wirkt nachteilig vielleicht der Umstand, daß die Herabsetzung der Mitgliederzahl der Senate von fünf auf drei die Klärung schwieriger Rechtsfragen durch Austausch von Ansicht und Gegenansicht vielfach verhindert. Sind Vorsitzender und Berichterstatter in der Beurteilung des Falles einig, so ist die etwaige Gegenmeinung des dritten Richters von vornherein zur Erfolglosigkeit verurteilt. Wer aber wird das Odium auf sich nehmen wollen, angesichts der Arbeitslast des Gerichts, den Gang der Beratung aufzuhalten durch den Kampf für eine Sondermeinung, mit der er, wie er weiß, doch allein bleibt? Daß endlich die unzulängliche Besoldung der Richter erstklassige Kräfte aus diesem Berufe forttreibt und das gesellschaftliche Infühlungbleiben mit der Großkaufmannschaft und deren Anschauungen erschwert, daß die Zahl der Talente unter dem juristischen Nachwuchs in der Nachkriegszeit abgenommen hat — das alles gehört in das traurige Kapitel anscheinend unentrinnbarer Abstiegsneigungen deutscher Kultur, die sich auch hier notwendig geltend machen.

Freilich kommen bisweilen noch andere Triebkräfte hinzu, die mir weniger notwendig scheinen. Die Hemmungen, die von der äußeren Tatsachenwelt her fühlbar werden, begegnen sich nämlich gerade in Hamburg zuweilen mit einer gewissen Abneigung gegen die Rechtswissenschaft, einer Abneigung, die menschlich begreiflich und doch gefährlich ist. Mit jenem stolzen Selbstbewußtsein, das für Althamburg so kennzeichnend ist, sagte mir einmal ein hochstehender Hamburger Richter: „Was Herr Meier oder Herr Müller zu irgendeiner Frage geschrieben hat, das ist mir gleichgültig. Ich folge meinem *δαιμόνιον*." Diese Anschauung verkennt, daß, wie alles Kulturgut, so auch unser Rechtsbesitz sich aufbaut auf der Zusammenarbeit ungezählter Menschen. Es müssen viele zu dem großen Bau des Rechtes geduldig Sandkorn nur auf Sandkorn reichen, damit er langsam emporsteige. Wenn der Rechtstheoretiker auf den Schultern des Praktikers steht, so ist es nicht minder wahr, daß der Praktiker auf den Schultern einer fortschrittlichen Rechtstheorie stehen sollte. Will er statt dessen alle Rechtserkenntnis nur aus dem Reichtum des eigenen Inneren schöpfen, so wird dieser Born allgemach versiegen, es wird seine Rechtserkenntnis unversehens zurückbleiben hinter dem, was andere an neuen Einsichten inzwischen erarbeitet haben, und in dem verrosteten Triebwerk von Routine und Tradition knirschen dann die Räder der Rechtsprechung mühsam vorwärts.

Der hohe Jubilar, dem diese Festschrift gewidmet ist, kann demgegenüber für sich in Anspruch nehmen, daß er in fünfzigjähriger Wirksamkeit der Stimme der Seerechtswissenschaft im großen und ganzen — wenn auch leider keineswegs in allen Fällen — Gehör geschenkt hat. Möchte unserm Reichsgericht weder Wille noch Muße zur Wissenschaft je verlorengehn!

III. Doch zurück zu unserm Ausgangspunkt: Die Berufung des Verfrachters auf die Freizeichnungsklauseln zur Skripturhaftung wird, wie wir sahen, durch Nachlässigkeit bei der Aufnahme des unrichtigen Empfangsbekenntnisses ins Konnossement nicht gehindert. Auch nicht durch eine positive Kenntnis des Kapitäns, Ladungsoffiziers oder sonstigen Reedereivertreters von der Unrichtigkeit der Konnossementserklärung[20]). Im vorliegenden Rechtsfall aber handelte es sich um mehr als nur solche Kenntnis: es handelte sich um Arglist des Konnossementszeichners, der gleichsam im Zusammenspiel mit sich selber als betrügerischem Ablader vorging. Das Einstehenmüssen des Verfrachters für solche Arglist bei Abgabe der Willenserklärung des Konnossements kann durch die Freizeichnungsklauseln zur Skripturhaftung nicht wegbedungen werden. Zwar läßt sich dies Ergebnis nicht unmittelbar dem Gesetz entnehmen. Aber gemäß dem Vertretungsgrundsatz des § 166 Abs. 1 BGB. ist, wie oben erörtert (S. 194), eine arglistige Willenserklärung des Vertreters dem vertretenen Verfrachter zuzurechnen, d. h. so behandeln, als rühre sie von ihm selber her. Alsdann ergibt eine entsprechende Anwendung des § 276 Abs. 2 BGB., daß der Verfrachter sich von der Haftung für solche Arglist seines Vertreters nicht im voraus befreien kann. Wenn genannte Vorschrift unmittelbar nur den Vorsatz in bezug auf Schulderfüllung betrifft, so steht dahinter doch ein allgemeinerer Gedanke, welcher der analogen Anwendung auf die Schuldeingehung bedarf. Dieser allgemeinere Gedanke gelangt im Gesetz auch zum Ausdruck in den Sondervorschriften der §§ 443, 540, 651 BGB. über gewisse Fälle der Arglist bei Abschluß eines Kaufes, einer Miete, eines Werklieferungsvertrages[20a]).

Im vorliegenden Rechtsfall versagt aber die Freizeichnungsklausel zur Skripturhaftung noch aus einem andern Grunde: Nach dem Tatbestand lag nicht ein bloßes Manko der Abladung vor, d. h. ein Zurückbleiben des tatsächlich verladenen Frachtgutes hinter den Konnossementsangaben in bezug auf Menge, Maße oder Gewicht, es war vielmehr überhaupt nichts auf das Konnossement hin verladen oder übernommen worden. Mittelstein, in der zweiten Auflage des Kommentars von Schaps, läßt die Schutzwirkung der Freizeichnungsklauseln des § 655 HGB. auch für diesen Fall der Nichtsverladung gelten[21]). Mit Recht lehnt die herrschende Lehre das ab[22]). Mittelsteins Ansicht hält einer genaueren Nachprüfung nicht stand: Schon sprachlich gesehen, deuten Klauseln wie „Inhalt unbekannt" (§ 654 HGB.), „Zahl, Maß, Gewicht unbekannt" (§ 655 HGB.) auf die Tatsache einer Verladung oder Übernahme als stillschweigende Voraussetzung hin: Den Inhalt des Verladenen, das Maß des Verladenen erklärt der Konnossementszeichner als ihm unbekannt. Auch ergibt die Wortfassung des Gesetzes in den einschlägigen Bestimmungen deutlich, daß eine Verladung oder Übernahme vorausgesetzt wird. § 654: „Werden dem Schiffer Güter . . . übergeben", § 655: „Maß oder

[20]) Vgl. Wüstendörfer, Seefrachtvertrag S. 446 und die daselbst in Anm. 2 Genannten; Schaps[2] 4 zu § 655; Pappenheim III S. 259f., 297f.; Brodmann in ZHR. 70, 26f.; Mittelstein in HansRZ. 1918 Beiheft 145f.

[20a]) Vgl. Wüstendörfer, Seefrachtvertrag S. 448.

[21]) 4 zu § 655.

[22]) Boyens II 355; Schaps[1] 5 zu § 655; Wüstendörfer, Seefrachtvertrag S. 450.

Gewicht der übernommenen Güter nicht zu vertreten". Im gegenwärtigen Falle bilden, wie es der Übung entspricht, Inhaltsklausel, Markenklausel und Maßklausel Bestandteile einer einheitlichen Gesamtklausel, müssen daher in dem zur Erörterung stehenden Punkte einheitlich verstanden werden. Verlangen die Inhaltsklausel und die Markenklausel zu ihrer sinngemäßen Anwendung als Voraussetzung, daß etwas verladen oder übernommen worden ist, so muß ein Gleiches auch für die Maßklausel gelten. Soweit aber in dieser Beziehung etwa noch ein Rest von Unklarheit bestehen bleibt, geht das zu Lasten des Verfrachters, nicht des Konnossementsinhabers. Es ist ein anerkannter Grundsatz unserer Rechtsprechung, daß unklare Freizeichnungsklauseln im engeren Sinne auszulegen sind, d. h. zuungunsten des Verfrachters, der seine Rechtslage durch sie zu verbessern trachtet.

Nach alledem gewährte die erörterte Freizeichnungsklausel in unserem Hamburger Fall der Reederei keinen Schutz; diese haftete den gutgläubigen Konnossementsinhabern für die Arglist des Agenten, und es war weise von ihr, daß sie es nicht erst zum Rechtsstreit kommen ließ. Zweifelhaft war dagegen, ob die geschädigten Ladungsbeteiligten ihr volles Erfüllungsinteresse, mit Einschluß etwa entgangenen Gewinns, fordern konnten oder, wie im Fall der Rezeptumshaftung, nur den gemeinen Handelswert der fehlenden Güter. Grundsätzliche Erwägungen sprechen für die Zubilligung des vollen Interesses, wobei das Reichsgericht mit gutem Grund als Mindestmaß des Interesses den Sachwert des § 611 HGB. zuerkannt wissen will (RG. 20, 62; 39, 156). Rechtspolitische Gesichtspunkte aber, über die ich mich ausführlich an andrem Ort ausgesprochen habe[23]), lassen die Gleichstellung unseres Falles mit dem Fall der Rezeptumshaftung, also die Beschränkung der Ersatzleistungspflicht auf den Handelswert der Güter, angezeigt erscheinen. Es ist das der Standpunkt des § 652 HGB. Ihn zu verallgemeinern, dafür spricht vor allem die Erwägung, daß es rechtspolitisch ungerechtfertigt wäre, den Verfrachter im Fall der Nichtsverladung strenger haften zu lassen als im Fall des von ihm verschuldeten Gesamtunterganges der Ladung unterwegs. Man hat hierzu jedoch einschränkend geltend gemacht, wenn bei der Konnossementsausstellung ein pflichtwidriges Verhalten des Zeichners im Spiel gewesen sei, dann trete eine ergänzende Verschuldungshaftung auf das volle Interesse gemäß § 485 HGB., §§ 276, 278 BGB. ein[24]). Die Frage ist sehr zweifelhaft! Folgt man einmal grundsätzlich dem Vorbild der Rezeptumshaftung um der Ähnlichkeit der Interessenlage willen, dann sollte man sich auch dessen erinnern, daß kraft Rezeptumshaftung selbst im Fall des vorsätzlich herbeigeführten Ladungsunterganges nur der Handelswert zu vergüten ist, da es eine dem § 430 Abs. 3 HGB. entsprechende seerechtliche Norm bekanntlich nicht gibt und eine allgemeine Haftung aus dem Frachtvertrag auf das volle Interesse neben einer Sonderhaftung aus dem Rezeptum auf den bloßen Handelswert, wie M. Leo überzeugend nachgewiesen hat[25]), nicht mehr als geltendes Recht anerkannt werden kann. Es bliebe als selbständiger Haftungsgrund für Geltendmachung des vollen Interesses also nur eine unerlaubte Handlung. Sie liegt, wie oben dargelegt, in der Person des X vor, aber nicht sowohl in der Konnossementsausstellung als in der Weiterbegebung der Urkunde, und da X nicht zu den Mitgliedern der Schiffsbesatzung gehört (§ 485 HGB.), stände der Reederei auch der leicht zu führende Entlastungsbeweis des § 831 BGB. offen. Eine

---

[23]) Seefrachtvertrag S. 432f. Dort nähere Nachweise über die Anhänger der beiden Rechtsansichten. Vgl. ferner Pappenheim III 286.

[24]) So Wüstendörfer a. a. O. S. 433; Pappenheim III 286.

[25]) HansRZ. 1925 S. 417ff.

Haftung aus unerlaubter Handlung, auf das volle Interesse gehend, läßt sich somit nicht vertreten (vgl. oben S. 194).

Endlich ist zu sagen, daß die Haftung der Reederei eine dinglich beschränkte war — ein Punkt, der bei einem Millionenschaden immerhin eine Bedeutung erlangen konnte. Die Konnossemente waren „an Stelle des Schiffers" durch einen anderen dazu ermächtigten Vertreter des Reeders ausgestellt. „An Stelle des Schiffers" — das bedeutet aber im Sinne des § 642 Abs. 4: mit der nämlichen Haftungswirkung für den Reeder, als ob der Kapitän kraft seiner gesetzlichen Befugnisse die Konnossemente gezeichnet hätte. So gelangt man zu einer entsprechenden Anwendung der §§ 486 Abs. 1 Ziff. 1 und 754 Ziff. 8 HGB.[26]) und damit zu angemessenen Ergebnissen.

IV. Erwägt man den erörterten Rechtsfall in seiner Gesamtheit, so zeigt er das rechtspolitische Problem der Skripturhaftung in scharfer Beleuchtung. Die deutschen Juristen neigen dazu, der schriftrechtlichen Verpflichtung des Reeders eine erhebliche praktische Bedeutung beizumessen. Die Vorstellung, daß die kommenden Haager Regeln diese Skripturhaftung des Reeders etwa beseitigen könnten — und bei der unklaren Wortfassung jener Regeln und ihrer Herkunft aus dem englischen Recht ist solche Auslegung immerhin möglich —, hat die Gemüter beunruhigt und die Forderung laut werden lassen, bei der Einarbeitung der Haager Regeln in das Seerecht an der Skripturhaftung festzuhalten. Ich glaube, das ist eine Überschätzung der ganzen Frage, und der vorliegende Fall bestärkt mich in diesem Glauben. Man übersieht m. E. meistens zwei Punkte: Die Erfahrung lehrt, daß der Handelswert des Konnossements durch die Freizeichnungsklauseln zur Skripturhaftung nicht wesentlich leidet. Man kauft oder bevorschußt solche Konnossemente in derselben Weise wie andere. Kaufleute denken viel zu unjuristisch und viel zu praktisch, um bei Erwerb von Konnossementen darauf zu sehen, wie groß zufolge der enggedruckten Klauseln das Ausmaß des etwaigen Anspruchs aus der Skripturhaftung gegen den Reeder ist. Worauf sie achten, das ist die Firma und der Ruf der Reederei und sodann die Firma und das geschäftliche Ansehen des Abladers. Ist der Ablader ein zuverlässiges Haus? Kann man zu ihm das Vertrauen haben, daß er eine gehörige Abladung wirklich beschafft und über Art und Maß des Frachtguts der Reederei richtige Angaben gemacht hat? Oder ist es eine zweifelhafte Persönlichkeit, die vielleicht mit Hilfe von Konnossementen ein „corriger sa fortune" versucht? So fragt der Kaufmann. Es ist daher ein psychologischer Irrtum, eine Abhängigkeit des Handelswertes der Konnossemente von dem Grade der Skripturhaftung zu unterstellen.

Und noch einen zweiten Punkt übersieht man meist: Wie unser Rechtsfall deutlich zeigt, gibt es gewisse krasse Fälle der Konnossementsunrichtigkeit, in denen auch ohne jede besondere Skripturhaftungsnorm nach allgemeinen und zwingenden Rechtsvorschriften, in Übereinstimmung mit den Anforderungen der Billigkeit, der Reeder für die Unrichtigkeit des Empfangsbekenntnisses des Konnossements trotz Freizeichnungsklausel aufzukommen hat. Es sind das die Fälle arglistiger Konnossementserklärung, wozu namentlich auch der Fall der Kollusion mit einem betrügerischen Ablader gehört. Hier ist also das Problem praktisch bedeutungslos; die allgemeinen Rechtsnormen erweisen sich hier als ausreichend. Es gibt ferner den entgegengesetzten typischen Fall der Konnossementsunstimmigkeit, der so gelagert ist, daß die Reedereiorgane kein Verschulden trifft, der Ablader dagegen ein Betrüger ist, der etwa mit Hilfe

---

[26]) Vgl. Wüstendörfer, Seefrachtvertrag S. 240ff. und die dort Genannten; Wüstendörfer, Seeschiffahrtsrecht S. 340ff.; Pappenheim III 324.

gefälschter Steuermannsquittungen echte Konnossementserklärungen über nicht vorhandenes Frachtgut erschleicht (vgl. RG. 34, 72). Daß es billig sein sollte, hier den Reeder gleichsam als Kreditversicherer für den Betrug des Abladers aufkommen zu lassen, daß es ihm im künftigen Recht nicht einmal freistehen sollte, wenigstens durch Vertragsklausel diese Haftung für die Arglist eines Dritten von sich abzuwehren (!), — das will mir nicht einleuchten. Es gibt endlich die große Menge typischer Mittelfälle: Konnossementsunrichtigkeiten, die entweder einem Versehen ohne jedes Verschulden der Reedereiangestellten zu danken sind, oder Konnossementsunrichtigkeiten, zu denen eine gewisse Fahrlässigkeit der Angestellten der Reederei beigetragen hat. Nun liegt es nahe, hier zu sagen: Was in Zukunft für die Rezeptumshaftung geltendes Recht werden soll, daß nämlich eine Freizeichnung von der Haftung für nachlässige Ladungsbehandlung ungültig ist, das muß auch für die schuldhaft nachlässige Konnossementszeichnung gelten; auch sie bildet, wie jene Ladungsbehandlung, einen Fall des sog. „kommerziellen" Verschuldens des Reeders. Eine solche Beweisführung läßt aber eines außer acht: Kommt es zu einer nachlässigen Ladungsbehandlung, so handelt es sich dabei in aller Regel um ein für den Schaden allein ursächliches Verschulden der Leute der Reederei: schlechte Verstauung, unsorgsame Behandlung und Bewachung unterwegs, überhastete Löschung, falsche Ablieferung usw. Der Ablader ist an solchen Nachlässigkeiten in der Regel nicht beteiligt. Liegt dagegen eine fahrlässige Konnossementszeichnung vor, so handelt es sich dabei meist zugleich und überwiegend um ein mitwirkendes Verschulden des Abladers, um seine Fahrlässigkeit oder seinen bösen Vorsatz. Er ist es, der der Reederei falsche Angaben über Art oder Beschaffenheit, Merkzeichen oder Maße des Frachtgutes gemacht hat, der ferner durch unrichtige Ausfüllung der Formulare der Kaiempfangsscheine, Steuermannsquittungen oder Konnossemente die unrichtige Konnossementserklärung vorbereitet hat. Es ist bekannt und von mir an anderem Orte näher dargelegt [27]), wie häufig solche unrichtigen Angaben der Ablader aus frachttariflichen, zolltechnischen, verkehrstechnischen, handelspolitischen Gründen vorkommen. Die Freizeichnung des Reeders von seiner Haftung für mitwirkende Nachlässigkeit seiner Leute erscheint hiernach in einem andren und milderen Lichte als die Freizeichnung von der Haftung für nachlässige Ladungsbehandlung; vollends die Freizeichnung von einer Gewährleistungspflicht auch für Fälle einseitiger Schuld des Abladers kann nicht als unbillig bezeichnet werden.

Alles in allem: Der Beibehaltung der Skripturhaftung kommt m. E. nicht die rechtspolitische Bedeutung zu, die ihr meist nachgerühmt wird.

Abgeschlossen: Oktober 1928.

---

[27]) Veröffentlichungen der Vereinigung der Handelsrechtslehrer deutscher Hochschulen, Heft 1 (1928) S. 37f.

Die privatrechtliche Bedeutung des Arbeiterschutzrechts

von Professor Dr. Hans Carl Nipperdey, Köln

Inhalt

A. Die rechtliche Natur des Arbeiterschutzrechts

I. Es besteht heute in der Wissenschaft des Arbeitsrechts im wesentlichen Einigkeit über den Begriff des Arbeiterschutzrechts[1]) als eines Teils des Arbeitsrechts. Die älteren meist von Sozialpolitikern (von diesen allerdings auch heute noch)[2]) vertretene Meinung[3]), nach der unter Arbeiterschutz alle staatlichen Maßregeln zur Hebung der Lage des Arbeiters mit Ausnahme der Sozialversicherung[4]) oder in anderer Formulierung „die Gesetzgebung, die den Arbeiter gegen die aus dem Verhältnis zu seinem Arbeitgeber hervorgehenden Nachteile zu schützen bestimmt ist", verstanden werden soll, kommt für die Rechtswissenschaft naturgemäß nicht in Frage. Selbst für die Sozialpolitik, wenn diese nicht einfach Arbeitsrecht und Arbeiterschutz identifizieren will, scheidet sie aus, da sie keinerlei brauchbare Abgrenzung von anderen Teilen des Arbeitsrechts enthält. Diese Teile werden denn auch immer wieder durcheinandergebracht. Aber auch die von Lotmar[5]) und Jastrow[6]) vertretene Auffassung, wonach das Arbeiterschutzrecht der Teil des Arbeitsvertragsrechts sein soll, der die gesetzlichen Beschränkungen der Vertragsfreiheit enthält[7]),

---

[1]) Ich bemerke, daß ich hier ausschließlich vom staatlichen Arbeiterschutz, nicht von dem berufsgenossenschaftlichen Arbeiterschutz der Reichsversicherungsordnung — den Unfallverhütungsvorschriften — spreche. Vgl. zu dieser Scheidung Kaskel, Arbeitsrecht, 3. Aufl. S. 198f.

[2]) Bauer im Handwörterbuch der Staatswissenschaften Bd. 1 (4. Aufl. 1923), Art.: Arbeiterschutzgesetzgebung, S. 401/402.

[3]) Vgl. die zahlreichen Angaben bei Kaskel, Die rechtliche Natur des Arbeiterschutzes. Sonderabdruck aus der Festschrift für Brunner S. 7 Anm. 3 (1924).

[4]) Z. B. Zwiedineck-Südenhorst, Arbeiterschutz und Arbeiterversicherung, 2. Aufl. S. 2 und Sozialpolitik S. 244.

[5]) Lotmar, Der Arbeitsvertrag Bd. 1 (1902), Bd. 2 (1908) gibt zwar an keiner Stelle eine eigentliche Definition des Arbeiterschutzes, aber er behandelt ihn als Bestandteil des Arbeitsvertragsrechts in dem im Text wiedergegebenen Sinne.

[6]) Jastrow, Was ist Arbeiterschutz? ArchRPhilos. 6 S. 133—144, 317—333, 501—513, besonders S. 321 (1912/13).

[7]) Ähnlich auch Matthaei, Grundriß des Arbeitsrechts S. 175 (1923) und Sinzheimer, Grundzüge des Arbeitsrechts, 2. Aufl. 1927 S. 156ff., besonders S. 157 Anm. 5; Melsbach, Deutsches Arbeitsrecht S. 189ff. (1923), unterscheidet zwischen öffentlich-rechtlichem Arbeiterschutzrecht im engeren Sinne und dem auf privatrechtlichen Vorschriften beruhenden Arbeiterschutz im weiteren Sinne.

ist nicht zutreffend. Denn das jus cogens des Arbeitsvertragsrechts ist juristisch nicht dasselbe wie das Arbeiterschutzrecht, das seinem Inhalt nach über das Arbeitsvertragsrecht hinausgeht[8]). Der Hauptunterschied zwischen beiden Materien besteht aber darin, daß das Arbeiterschutzrecht durch Aufsicht, Zwang und Strafe durchgesetzt wird, während im Arbeitsvertragsrecht zur Durchsetzung von Ansprüchen Klage vor den Arbeitsgerichten zu erheben ist. Das zwingende Arbeitsvertragsrecht ist Privatrecht, das Arbeiterschutzrecht ist öffentliches Recht.

II. Es ist das Verdienst von Kaskel[9]), die Scheidung von Arbeitsvertragsrecht und Arbeiterschutzrecht scharf durchgeführt zu haben.

1. Das Arbeiterschutzrecht ist charakterisiert durch die rechtlichen Mittel, mit denen das Ziel des Schutzes der Arbeitnehmer erreicht wird. Auch das Arbeitsvertragsrecht trägt der besonderen Schutzbedürftigkeit des Arbeitnehmers Rechnung dadurch, daß es in wesentlichen Teilen jus cogens ist[10]). Es soll verhindert werden, daß der Arbeitgeber seine Überlegenheit ausnutzt, um durch sog. „freie Vereinbarung" für sich günstigere Abmachungen durchzusetzen. Aber auch diese zwingenden Vorschriften bleiben Arbeitsvertragsrecht und gewähren dem Arbeitnehmer allein vertragliche Ansprüche. Sie reichen für die Fälle nicht aus, wo der Arbeitnehmer aus Scheu vor dem Arbeitgeber, aus Furcht vor Kündigung, aus Rechtsunkenntnis oder aus Nachlässigkeit seine Ansprüche nicht geltend macht und trotzdem schutzbedürftig bleibt. Deshalb mußte der Gesetzgeber zum Teil zu stärkeren Mitteln greifen. Er schuf öffentlich-rechtliche Pflichten des Arbeitgebers dem Staate gegenüber, zugunsten des Arbeitnehmers, deren Erfüllung unabhängig von dem Willen des Arbeitnehmers durch Aufsicht, Zwang und Strafe gesichert ist, auf deren Erfüllung der Arbeitnehmer also auch kein Recht hat. Im Allgemeininteresse, das sich mit dem sozialen Interesse der Arbeitnehmer identifiziert, garantiert der Staat selbst unmittelbar die Durchsetzung des Schutzes.

Man kann sich den Gegensatz am besten klarmachen, wenn man die Beschränkung der Arbeitszeit betrachtet, wie sie im Achtstundentag ihren Ausdruck findet. Es gibt zwei Wege, die Beschränkung der Arbeitszeit zu erreichen.

a) Denkbar wäre zunächst, den Normalarbeitstag von acht Stunden als zwingendes Vertragsrecht gesetzlich festzulegen. Die Folge wäre, daß bei Vereinbarung einer Überschreitung der gesetzlichen Arbeitszeit Nichtigkeit der Abmachung (§ 134 BGB.) und daher ein Leistungsverweigerungsrecht des Arbeitnehmers gegeben sein würde. Dem Arbeitgeber stünden kein Schadensersatzanspruch und kein fristloses Entlassungsrecht zu, wenn der Arbeitnehmer vorher mit der Arbeit aufhört und die Arbeitsstätte verläßt. Diese Regelung der Höchstarbeitszeit als zwingendes Vertragsrecht ist aber wirkungslos, soweit der Arbeitnehmer tatsächlich über den Achtstundentag hinaus arbeitet.

b) Ganz anders gestaltet sich dagegen die Rechtslage, wenn die Höchstarbeitszeit als Arbeiterschutzrecht festgelegt ist[11]). Erst dann ist auch die

---

[8]) Darauf weist besonders Kaskel, Die rechtliche Natur des Arbeiterschutzes S. 9ff. mit Nachdruck hin.

[9]) Kaskel, Die rechtliche Natur des Arbeiterschutzes a. a. O. besonders S. 6f.; in der Festschrift der Berliner Juristenfakultät für H. Brunner S. 166ff. (1914).

[10]) Vgl. über diese Tendenz des Dienstvertragsrechts Nipperdey bei Staudinger, Kommentar zum BGB. 2, 689 Vorbem. II 6d (9. Aufl. 1928).

[11]) So jetzt die Verordnung über die Arbeitszeit v. 21. Dez. 1923 in der Fassung v. 14. April 1927 und der Entwurf eines Arbeiterschutzgesetzes §§ 8bff. in seiner neuesten Fassung, wie er jetzt dem Reichstag vom Reichsarbeitsminister vorgelegt worden ist, §§ 10ff. (Reichstagsdrucks. 1928 Nr. 753).

tatsächliche Durchführung der Schutzbestimmungen garantiert. Das Arbeitszeitrecht als Teil des Arbeiterschutzrechts statuiert die Pflicht des Arbeitgebers dem Staat gegenüber, jede über die gesetzlich zulässige Arbeitszeitdauer hinausgehende Beschäftigung der Arbeitnehmer zu unterlassen. Die Innehaltung der gesetzlichen Bestimmungen wird ohne Rücksicht auf den Willen des Arbeitnehmers durch die Gewerbeaufsichtsbeamten überwacht und durch Verwaltungszwang und Strafen (§ 11 ArbZVO. und § 27 ArbSchutzG.-Entw.) erzwungen (der Arbeitnehmer wird also auch „vor sich selbst" geschützt). Deshalb war es nur folgerichtig, daß die Straffreiheit des Arbeitgebers bei Entgegennahme freiwilliger Überarbeit durch das Arbeitszeitnotgesetz aufgehoben wurde[12]).

c) Charakteristisch ist auch, daß das positive Recht mehrfach beide Wege der rechtlichen Regelung gegangen ist[13]). Das Truckverbot in § 115 GewO. ist gleichzeitig eine Norm des zwingenden Arbeitsvertragsrechts und des Arbeiterschutzrechts. Einmal ist eine dem Truckverbot zuwider geleistete Zahlung nach § 116 GewO. ungültig. Der Arbeitnehmer kann nach wie vor Barlohn fordern, ohne daß ihm eine Einrede aus dem an Zahlungsstatt Gegebenen entgegengesetzt werden kann (§ 116 GewO.). Verträge, die gegen § 115 GewO. verstoßen, sind nach § 117 GewO. nichtig. Auf der anderen Seite ist die Pflicht zur Barentlohnung öffentlich-rechtlicher Natur und durch § 146 Abs. 1 Ziff. 1 GewO. strafrechtlich gesichert.

Noch charakteristischer ist die Regelung des Betriebsschutzes für Angestellte in offenen Verkaufsstellen. Nach § 62 HGB. ist der Prinzipal verpflichtet, die Geschäftsräume und die für den Geschäftsbetrieb bestimmten Vorrichtungen und Gerätschaften so einzurichten und zu unterhalten, auch den Geschäftsbetrieb und die Arbeitszeit so zu regeln, daß die Handlungsgehilfen gegen Gesundheitsgefährdung nur geschützt werden, soweit es die Natur des Betriebes gestattet. § 62 HGB. ist eine privatrechtliche Vorschrift des Arbeitsvertragsrechts, und zwar gemäß § 62 Abs. 4 HGB. zwingendes Recht. Nach § 139g GewO. dagegen können für die Angestellten in offenen Verkaufsstellen durch Verfügung der Polizei die Maßnahmen angeordnet werden, die zur Durchführung der Grundsätze des § 62 HGB. erforderlich und ausführbar erscheinen. Auch kann die Reichsregierung allgemeine Anordnungen in dieser Richtung erlassen (§ 139h GewO.). Die Zuwiderhandlungen gegen die nach § 139g GewO. erlassenen Verfügungen und gegen die auf Grund des § 139h GewO. getroffenen Bestimmungen sind nach § 147 Abs. 1 Ziff. 4 GewO. mit Strafe bedroht. Neben die bestehen bleibende privatrechtliche Bestimmung des HGB. ist also für Angestellte in offenen Verkaufsstellen ein inhaltlich gleicher öffentlich-rechtlicher Schutz gestellt. Vergleiche auch die korrespondierenden Vorschriften für gewerbliche Arbeiter in den §§ 120a—c GewO.[14]) einerseits und die §§ 120d, 147 Abs. 1 Ziff. 4 GewO. andererseits. Endlich sei noch auf die rechtliche Ausgestaltung des Verbots der gesetzwidrigen Sonntagsarbeit in der Reichsgewerbeordnung hingewiesen, das im

---

[12]) Vgl. Gesetz zur Abänderung der ArbZVO. v. 14. April 1927 Art. I Ziff. 7, wodurch § 11 Abs. 3 der ArbZVO. v. 21. Dez. 1923 ausdrücklich aufgehoben wird, jetzt § 11 der ArbZVO. in der Fassung v. 14. April 1927.

[13]) Vgl. statt anderer: Kaskel, Die rechtliche Natur des Arbeitsschutzes a. a. O. S. 14/15 und Arbeitsrecht, 3. Aufl. S. 196, Hueck bei Hueck-Nipperdey, Lehrbuch des Arbeitsrechts 1, 102 (1928); Jacobi, Grundlehren des Arbeitsrechts S. 8 1927 und Nipperdey bei Staudinger 2, 719 Vorbem. VII A 1b (9. Aufl.).

[14]) Die privatrechtliche Natur der §§ 120a—c ist allerdings sehr bestritten; vgl. hierzu unten E I 2a—c.

§ 105a GewO. als zwingendes Arbeitsvertragsrecht und durch die Strafandrohung in § 146a GewO. als Arbeiterschutzrecht gestaltet ist.

2. Wenngleich Kaskel den juristischen Kernpunkt für die richtige Unterscheidung von Arbeitsvertragsrecht und Arbeiterschutzrecht klar herausgearbeitet hat, so kann doch die von ihm gegebene Definition nicht befriedigen. Kaskel[15]) erklärt das Arbeitnehmerschutzrecht „als die Gesamtheit der Rechtsnormen über die öffentlich-rechtlichen dem Staate gegenüber begründeten Pflichten eines Arbeitgebers zur Fürsorge in bezug auf die Beschäftigung seiner Arbeitnehmer, Pflichten, welche an die Tatsache der unselbständigen Beschäftigung von Mitgliedern bestimmter sozialen Klassen geknüpft sind". Diese Definition ist in zweifacher Hinsicht zu eng[16]). Einmal begründen sehr viele Bestimmungen des Arbeiterschutzrechts nur Unterlassungspflichten der Arbeitgeber, die der Begriff der „Fürsorgepflicht" nicht mitumfaßt, da dieser nur positive Handlungspflichten (vgl. § 618 BGB., § 62 HGB., § 120a GewO.) deckt. Zum andern enthalten die an die Arbeitnehmer gerichteten Verbote und Gebote (vgl. unten B IV und F) keine Pflichten der Arbeitgeber[17]). Zwar anerkennt auch Kaskel öffentlich-rechtliche Pflichten der Arbeitnehmer im Interesse des Arbeiterschutzes, aber er glaubt diese wegen ihrer sekundären Natur aus der Begriffsbestimmung ausscheiden zu können[18]). Dem ist entgegenzuhalten, daß eine vollständige Definition allgemein und alles erfassend gehalten sein muß. Scheinbar verdankt dieser Einsicht die spätere Begriffsbestimmung Kaskels[19]) ihre Entstehung. Neuerdings bezeichnet Kaskel das Arbeiterschutzrecht als „die Gesamtheit der Rechtsnormen über das Verhältnis des Arbeitgebers zum Staat". Diese Formulierung läßt aber jede brauchbare Abgrenzung von anderen öffentlich-rechtlichen Teilen des Arbeitsrechts namentlich vom Sozialversicherungsrecht vermissen, ganz abgesehen davon, daß auch hier die Pflichten der Arbeitnehmer nicht erfaßt werden[20]).

III. Danach haben wir unter Arbeitnehmerschutzrecht die Summe der Rechtsnormen über einseitige, öffentlich-rechtliche, dem Staat gegenüber bestehende Pflichten der Arbeitgeber und Arbeitnehmer zur Abwendung der aus dem Arbeitsverhältnis für die Arbeitnehmer entstehenden Gefährdungen hinsichtlich der Art, Zeit und der Bedingungen ihrer Beschäftigung zu verstehen.

Die rechtliche Regelung ist erfolgt im 7. Titel der GewO. und den zahlreichen Ausführungsverordnungen, im Kinderschutzgesetz, in der Arbeitszeitverordnung, den landesrechtlichen Berggesetzen, der Seemannsordnung und dem Hausarbeitergesetz. Eine weitgehende Vereinheitlichung des allgemeinen Betriebsschutzes und des Arbeitszeitschutzes ist im Entwurf eines

---

15) Kaskel, Die rechtliche Natur des Arbeiterschutzes a. a. O. S. 20 VI.

16) So mit Recht Jacobi, Grundlehren des Arbeitsrechts S. 438 Anm. 22 (1927).

17) Zudem weist Jacobi, Grundlehren S. 438 Anm. 22 mit Recht darauf hin, daß die Formulierung Kaskels: „Fürsorgepflichten des Arbeitgebers", das dem Arbeiterschutzrecht entwicklungsgeschichtlich anhaftende Element der „Gefahrabwehr" zu wenig betont, vielmehr auf positive Nützlichkeit (Wohlfahrtspflege) hinzielt. Damit würde das Arbeiterschutzrecht ohne Grund aus dem Polizeirecht herausgehoben, wozu es seiner geschichtlichen Entwicklung und Natur nach gehört.

18) Kaskel, Die rechtliche Natur des Arbeitsschutzes a. a. O. S. 20 ff.

19) Kaskel, Arbeitsrecht, 3. Aufl. 1928 S. 193; vgl. aber auch dieselbe Begriffsbestimmung in: Die rechtliche Natur des Arbeitsschutzes a. a. O. S. 15 a. E.

20) Richtig Hueck bei Hueck-Nipperdey, Lehrbuch 1, 382 Anm. 2 und Jacobi, Grundlehren des Arbeitsrechts S. 438 Anm. 22 (1927).

Arbeitsschutzgesetzes[21]) (oder wie es richtiger heißen muß: Arbeitnehmerschutzgesetzes[22]) vorgesehen.

Bekannt ist die allgemein anerkannte[23]) Gliederung des Arbeiterschutzrechts in Betriebsschutz, Arbeitszeitschutz und allgemeinen Vertragsschutz.

1. Der Betriebsschutz (Betriebsgefahrenschutz) enthält Pflichten hinsichtlich der Art und Weise der Beschäftigung, um die Betriebsgefahren zu verringern.

2. Der Arbeitszeitschutz begründet die Pflicht, die Beschäftigung der Arbeitnehmer zu gewissen Zeiten und über gewisse Zeiten hinaus zu unterlassen.

3. Der allgemeine Vertragsschutz verpflichtet den Arbeitgeber, die Arbeitnehmer nur zu gewissen vom Staate aufgestellten wirtschaftlichen Bedingungen zu beschäftigen. Namentlich gehört hierhin der öffentlich-rechtliche Lohnschutz.

IV. Ist somit die Scheidung von Arbeiterschutzrecht und Arbeitsvertragsrecht scharf durchgeführt, so muß doch die Frage aufgeworfen werden, ob die Arbeitsrechtswissenschaft nicht über dem Trennenden allzusehr das Gemeinsame vernachlässigt hat, ob nicht stärker als bisher die privatrechtliche — wenn man will — arbeitsvertragliche Bedeutung der Arbeiterschutzvorschriften ins Auge gefaßt werden muß. Diesem Problem soll hier nachgegangen werden, wobei ich ausdrücklich betone, daß natürlich nicht Erschöpfendes gebracht werden kann.

B. Gruppierung der durch das Arbeiterschutzrecht auferlegten Verpflichtungen

Will man die privatrechtlichen Wirkungen der Arbeiterschutzvorschriften betrachten, so muß man erkennen, daß das Arbeitsvertragsrecht wie auch das Arbeiterschutzrecht Teile des individuellen Arbeitsrechts sind. Sie haben es zu tun mit den einzelnen Arbeitnehmern und Arbeitgebern, nicht mit den Kollektivitäten in Beruf und Betrieb. Die durch die Arbeiterschutzvorschriften auferlegten Pflichten der Arbeitgeber dem Staat gegenüber bestehen zugunsten des Arbeitnehmers, in seinem Interesse. Hier wie im Arbeitsvertragsrecht ist der Arbeitnehmer der durch die Pflichten des Arbeitgebers Begünstigte. Nur Art, Maß und Durchsetzung der Begünstigung sind verschieden. Der Arbeiterschutz knüpft an die tatsächliche Beschäftigung unselbständiger Arbeitnehmer an; diese aber erfolgt in aller Regel auf Grund von Arbeitsverträgen[24]). Schon daraus folgt, daß die Arbeiterschutzvorschriften unmittelbaren Einfluß auf die privatrechtliche Lage des Arbeitnehmers haben müssen.

Eine Systematisierung dieser privatrechtlichen Wirkungen muß anknüpfen an die verschiedenen Arten der öffentlich-rechtlichen Pflichten des Arbeitnehmerschutzes. Eine Gruppierung dieser Pflichten nach ihrem juristischen Gehalt und ihrer Bedeutung für das Arbeitsvertragsrecht führt, wenn ich

---

[21]) Abgedruckt in seiner ursprünglichen Fassung nebst Begründung im 37. Sonderheft zum RArbBl. 1926, in seiner vom Reichsrat beschlossenen, meist in nicht sehr wesentlichen Punkten veränderten Fassung im 44. Sonderheft zum RArbBl. 1928, in seiner neuesten Fassung, wie er dem Reichstag vom Reichsarbeitsminister vorgelegt ist, Reichstagsdrucksachen 1928 Nr. 753.

[22]) Vgl. Hueck bei Hueck-Nipperdey, Lehrbuch 1, 282 II.

[23]) Vgl. statt anderer: Hueck bei Hueck-Nipperdey, Lehrbuch 1, 388; Kaskel, Arbeitsrecht, 3. Aufl. 1928 S. 200.

[24]) Das Arbeiterschutzrecht gilt aber auch für die Fälle, wo ohne Vertragsabschluß eine Beschäftigung stattfindet, z. B. wenn eigene Kinder beschäftigt werden.

recht sehe, zu fünf Gruppen von Pflichten, unter denen die zweite und dritte Gruppe weitaus die bedeutendsten sind.

I. Unterlassungspflichten des Arbeitgebers (Verbote) hinsichtlich des Abschlusses von Arbeitsverträgen im Schutzinteresse des Arbeitnehmers.

II. Unterlassungspflichten des Arbeitgebers (Verbote) hinsichtlich der Art und des Umfanges der Beschäftigung, der Lohnzahlung usw.

III. Positive Handlungspflichten des Arbeitgebers (Gebote) hinsichtlich der Beschäftigung, der Lohnzahlung usw.

IV. Unterlassungspflichten und Handlungspflichten des Arbeitnehmers im Interesse des Arbeiterschutzes.

V. Pflichten des Arbeitgebers hinsichtlich der Auflösung des Arbeitsvertrages.

Diese einzelnen Gruppen von öffentlich-rechtlichen Arbeiterschutzpflichten sind nunmehr auf ihre privatrechtlichen Wirkungen zu untersuchen.

C. Die Unterlassungspflichten des Arbeitgebers hinsichtlich des Abschlusses von Arbeitsverträgen[25])

I. Hierhin gehören u. a. die Vorschriften, nach denen Gewerbetreibende, denen die bürgerlichen Ehrenrechte aberkannt sind oder denen die Befugnis dazu durch besondere Verfügung (§ 126a GewO.) entzogen ist, keine Lehrlinge halten dürfen (vgl. §§ 106, 126ff., 127c Abs. 2, 128 Abs. 1, 2. Alternative §§ 129ff. GewO. und § 81 HGB.), weiter die in der GewO. (§§ 135 Abs. 1, 137 Abs. 7, 139a Abs. 1 Ziff. 1) und im KinderschutzG. v. 30. März 1903 mit Ergänzungen v. 31. Juli 1925 enthaltenen Beschäftigungsverbote zum Schutz von Frauen[26]) und Kindern[27]). Zu nennen sind vor allem das Verbot der Untertagearbeit in Bergwerken für Frauen (§ 154a Abs. 2 GewO.), das Verbot der Frauenarbeit für Kokereien und für den Transport von Materialien bei Bauten aller Art (§ 137 Abs. 7 GewO.) und die absoluten Verbote hinsichtlich der Beschäftigung von Kindern unter 13 Jahren und volksschulpflichtigen Kindern (§ 135 Abs. 1 GewO. und §§ 4, 5 Abs. 1, §§ 6—8, 12, 13, 15—17, und 20 KinderschutzG.). Auch gehört hierhin die Verbotsnorm des § 6 Abs. 5 SchwerbeschädigtenG. Diese Abschlußbeschränkungen sind zu scheiden von den sonstigen Beschäftigungsbeschränkungen hinsichtlich der Kinder- und Frauenarbeit. Es ist stets genau zu prüfen, ob die Beschäftigung von gewissen Personen oder in bestimmten Betrieben schlechthin verboten oder nur die Heranziehung zu gewissen Arten von Arbeiten oder zu gewissen Zeiten untersagt sein soll. In den letzteren Fällen handelt es sich um Unterlassungspflichten des Arbeitgebers hinsichtlich der Beschäftigung, aber nicht um Abschlußverbote; es treten dann die unter D zu zeigenden Rechtsfolgen ein. Die genaue Unterscheidung kann häufig Schwierigkeiten machen. Man wird nicht nur den Wortlaut der Arbeiterschutzvorschriften, sondern auch ihren Sinn und

---

25) Kurze Übersicht bei Potthoff, Arbeitsrecht 1922 S. 690ff. und bei Kahn-Freund, Umfang der normativen Wirkung des Tarifvertrages und Wiedereinstellungsklausel S. 76 Anm. 116 (1928).

26) Vgl. auch das Gesetz über die Beschäftigung vor und nach der Niederkunft v. 16. Juli 1927 § 2 Abs. 2.

27) Nicht hierhin zu rechnen ist das Einstellungsverbot für ausländische Arbeiter, die nur in solchen Arbeitsstellen beschäftigt werden dürfen, für die das Landesamt für Arbeitsvermittlung die Genehmigung erteilt hat und die im Besitz bestimmter Ausweispapiere sein müssen. Es handelt sich nicht um Arbeiterschutzvorschriften, sondern um Arbeitsbeschaffungsnormen zugunsten der einheimischen Arbeitnehmer. Maßgebend ist die VO. über die Einstellung und Beschäftigung ausländischer Arbeiter v. 2. Jan. 1926. Über Einzelheiten und Literaturangaben s. Hueck bei Hueck-Nipperdey, Lehrbuch 1, 123.

Zweck zu prüfen haben. Erst wenn sich ergibt, daß nach dem Wortlaut oder nach Sinn und Zweck des Gesetzes nicht nur der mögliche Inhalt beschränkt, sondern der Abschluß des Arbeitsvertrages untersagt sein soll, liegen wirkliche Abschlußverbote der hier in Frage stehenden Art vor[27a]). Zuwiderhandlungen gegen die angeführten Arbeiterschutzvorschriften werden mit Strafe bedroht (vgl. z. B. §§ 148 Abs. 1 Ziff. 9a, 150 Abs. 1 Ziff. 1 GewO., § 82 Abs. 2 HGB., §§ 23ff. des Kinderschutzgesetzes). Die Entlassung der den Bestimmungen zuwider eingestellten Personen kann polizeilich erzwungen werden (vgl. z. B. §§ 106 Abs. 2, 144a GewO., § 81 Abs. 2 HGB.).

II. Die zivilrechtliche Bedeutung dieser Unterlassungspflichten hinsichtlich des Abschlusses von Arbeitsverträgen ist folgende:

1. Ob die der Unterlassungspflicht zuwider erfolgte Einstellung, also der Abschluß des Arbeitsvertrags nichtig ist, ist nach § 134 BGB. zu entscheiden. Danach ist Nichtigkeit zwar das Normale; aber es ist zu fragen, ob sich nicht aus dem Gesetz etwas anderes ergibt. Die Frage ist hinsichtlich des Verbots der Lehrlingshaltung bestritten. Dort lehnen viele[28]) aus dem Wortlaut z. B. des § 81 HGB. „darf nicht" und aus dem Umstand, daß bei Nichtigkeit auch während der Dauer der tatsächlichen Beschäftigung der Lehrherr die ihm im Interesse des Lehrlings auferlegten Pflichten nicht zu erfüllen habe, die Nichtigkeit ab[28a]). Sie wollen nur ein beiderseitiges sofortiges Kündigungsrecht geben. Bei dem Beschäftigungsverbot für Frauen und Kinder wird durchweg Nichtigkeit angenommen[29]). M. E. ist auch in der erstgenannten Fällen Nichtigkeit anzunehmen[30]). Es fragt sich nur, wieweit sich die Nichtigkeit erstreckt.

2. Rechtsfolgen der Nichtigkeit.

a) Die herrschende Ansicht[31]) geht dahin: Da lediglich ein tatsächliches Arbeitsverhältnis vorliege, sei kein Lohnanspruch und kein Arbeitsleistungsanspruch gegeben. Der Arbeitnehmer hat nur die condictio indebiti, den Anspruch aus ungerechtfertigter Bereicherung. Dieser braucht sich nicht mit dem ortsüblichen Lohn zu decken, wenn etwa der Arbeitgeber nachweist, daß er die Arbeit billiger hätte haben können oder, daß der Erfolg der Arbeit,

---

[27a]) Auch ist der Inhalt des Einzelarbeitsvertrages stets genau zu prüfen. Ergibt sich, daß er seinem ganzen Inhalt nach gegen eine Arbeiterschutzvorschrift verstößt, so kann selbst eine Arbeiterschutzbestimmung, die ihrer Natur nach nur eine Beschränkungsnorm ist, für den konkreten Fall ein absolutes Abschlußverbot sein. So enthält z. B. das Verbot der Nachtarbeit für Frauen (§ 137 Abs. 1 GewO.) nur eine Beschäftigungsbeschränkung. Ist aber in einem Einzelarbeitsvertrag mit einer gewerblichen Arbeiterin nur Nachtarbeit vorgesehen, so wirkt die Bestimmung des § 137 Abs. 1 GewO. wie ein Abschlußverbot in obigem Sinne.

[28]) Hueck bei Hueck-Nipperdey a. a. O. S. 221/22, und die dort Zitierten; Kaskel, Arbeitsrecht, 3. Aufl. S. 187 Anm. 1; Staub, Kommentar zum HGB. § 81 Erl. 1; Oertmann, Deutsches Arbeitsvertragsrecht S. 258 bei Anm. 1; Kahn-Freund, Umfang der normativen Wirkung des Tarifvertrages und Wiedereinstellungsklausel S. 76 Anm. 116 (1928) — anderer Ansicht vgl. Anm. 30.

[28a]) Dieser Ansicht hat sich das RAG. in seiner Entsch. v. 26. Sept. 1928, BenshSamml. Bd. 4 Nr. 34 (RAG.), für den Fall der Überschreitung der auf Grund des § 130 GewO. festgesetzten Lehrlingshöchstzahl angeschlossen, aber ohne jede Begründung.

[29]) Vgl. RG. 66, 45; Hueck bei Hueck-Nipperdey, Lehrbuch S. 102 oben und S. 122/23 mit weiteren Angaben; Oertmann, Deutsches Arbeitsvertragsrecht S. 102ff. (1923); Kahn-Freund a. a. O. S. 76 Anm. 116.

[30]) Vgl. Nipperdey bei Staudinger a. a. O. Bd. 2 Bem. III 2aa zu § 611. Ebenso Potthoff, Arbeitsrecht S. 691 (1922); Gierke, Deutsches Privatrecht 3, 684 (1917) und die Kommentare zum HGB. von Düringer-Hachenburg, Lehmann-Ring, Goldmann, alle Erl. 1 zu § 81.

[31]) Hueck bei Hueck-Nipperdey, Lehrbuch a. a. O. S. 131, JheringsJ. 74, 358ff., und bei Molitor-Hueck-Riezler, Der Arbeitsvertrag, besonders S. 148ff. unter 3; Oertmann, Deutsches Arbeitsvertragsrecht S. 102ff.; Kaskel, Arbeitsrecht, 3. Aufl. S. 258 und Kreller, ArchZivPrax. N. F. 2, 20ff., besonders Kahn-Freund a. a. O. S. 55 Anm. 80.

wenn auch ohne Verschulden des Arbeitnehmers schlecht war oder sonst für den Arbeitgeber keinen Wert hat. Außerdem genießt der Anspruch nicht die Privilegierung eines Lohnanspruchs hinsichtlich der Unpfändbarkeit und im Konkurs. Hat der Arbeitgeber die Nichtigkeit beim Vertragsabschluß gekannt oder mußte er sie kennen, war sie dem Arbeitnehmer aber ohne sein Verschulden unbekannt, so kann der Arbeitnehmer nach §§ 307, 309 BGB. das negative Interesse verlangen. Aber auch damit ist dem Arbeitnehmer kaum gedient. Denn den üblichen Lohn kann er dann nur verlangen, wenn er nachweist, daß er, wenn er den nichtigen Arbeitsvertrag nicht geschlossen hätte, anderweit zum ortsüblichen Lohn Arbeit gefunden hätte. Dieser Beweis wird in den hier zur Erörterung stehenden Fällen kaum gelingen. Hat der Arbeitgeber durch den Abschluß des nichtigen Arbeitsvertrages oder durch die Beschäftigung zu rechtsungültigen Arbeitsbedingungen gegen die guten Sitten verstoßen, so ist er dem Arbeitnehmer nach § 826 BGB. zum Schadensersatz verpflichtet, der dem ortsüblichen Lohn entsprechen kann. Aber einmal sind die Voraussetzungen des § 826 BGB. verhältnismäßig selten gegeben und im übrigen würde der Nachweis des Schadens meist schwierig sein.

b) Eine vielfach vertretene Meinung[32]) will mit der Lehre vom venire contra factum proprium[33]) helfen. Der Arbeitgeber verstoße gegen Treu und Glauben[34]), wenn er wegen Nichtigkeit des Arbeitsvertrages die Lohnzahlung verweigere, nachdem er seinerseits die Arbeitsleistung entgegengenommen habe. Daher sei ihm die Berufung auf die Nichtigkeit zu versagen.

De lege ferenda will bekanntlich § 52 ArbVertrG.-Entw. den Anspruch bei Nichtigkeit geben außer bei Arglist des Arbeitnehmers und Sittenwidrigkeit der geleisteten Arbeit.

c) M. E. ergibt sich nach geltendem Recht für die hier behandelten Fälle die Lösung einwandfrei aus § 134 BGB.[35]). Der Vertrag ist nichtig, „soweit sich nicht aus dem Gesetz ein anderes ergibt". Solche Ausnahmen können ausdrücklich angeordnet sein, sich aber auch ohne weiteres aus dem Zweck des maßgeblichen Gesetzes ergeben[36]). Die Nichtigkeit des Vertrages ist an sich zu bejahen. Aber aus dem Zweck der hier in Frage stehenden Arbeiterschutzvorschriften ergibt sich, daß die Nichtigkeit nicht in Frage kommen kann, soweit ein Lohnanspruch für die Vergangenheit erhoben wird[36a]). Der Zweck, die Beschäftigung im Widerspruch zu den Abschlußverboten zu verhindern, fordert diese Nichtigkeit keineswegs. Er fordert nur die Nichtigkeit ex nunc, d. h. für die Zunkunft aber nicht ex tunc. Die Bestimmungen dienen dem Schutz der betreffenden Arbeitnehmer. Diesem ist mit einer solchen Nichtigkeit für die Vergangenheit gar nicht gedient. Man soll die Nichtigkeit nur so weit erstrecken, als es im Interesse des Arbeitnehmers liegt und zu seinem Schutz nötig ist, aber nicht weiter. Der Wortlaut des § 134 BGB. gibt uns dazu die geeignete Handhabe. Dann kann es aber auch auf Verschulden oder Arglist des Arbeitnehmers nicht ankommen, es sei denn, daß darin

---

[32]) Besonders Potthoff, NZfAR. 1925 Sp. 582.

[33]) Riezler, Venire contra factum proprium S. 134ff. (1912); Planck, § 397 Erl. 3; Walsmann, Der Verzicht S. 210ff. (Leipzig 1912); H. Lehmann, ZfHR. 79, 80ff.; Rundstein, ArchBürgR. 43, 319ff.; Nipperdey, Beiträge zum Tarifrecht S. 51ff.

[34]) So auch Hueck bei Hueck-Nipperdey a. a. O. 1, 131.

[35]) Vgl. auch Nipperdey bei Staudinger a. a. O. Bd. 2 Bem. IV 3c zu § 611.

[36]) So ist beispielsweise in der Rechtsprechung anerkannt, daß die Überschreitung der Höchstpreise nicht das ganze Geschäft nichtig macht, sondern nur Herabsetzung des Kaufpreises bewirkt, weil dies sich aus dem Zweck des Gesetzes ergibt; vgl. RG. 88, 250; 89, 196.

[36a]) Vgl. auch die in Anm. 47a angegebenen Entscheidungen des RAG.

eine zum Schadensersatz verpflichtende Handlung liegt, so daß der Arbeitgeber mit einer Schadensersatzforderung aufrechnen kann.

Gegen die hier vertretene Auffassung kann nicht eingewendet werden, daß es gelte, die Beschäftigung im Widerspruch zu Arbeiterschutzvorschriften überhaupt zu verhindern und dieses Ziel am besten erreicht würde, wenn man keinerlei Ansprüche gebe. Diese Beweisführung trägt der Tatsache der erfolgten Arbeitsleistung und den Bedürfnissen des Dienstverpflichteten keine Rechnung. Auch wird dabei übersehen, daß das Charakteristikum des öffentlich-rechtlichen Arbeiterschutzes darin liegt, daß der durch diese Verbotsnormen erstrebte Zweck (Verhinderung der Beschäftigung) durch Aufsicht, Zwang und Strafe und weniger durch zivilrechtliche Gestaltung der Rechtslage (im Gegensatz zum zwingenden Arbeitsvertragsrecht!) erreicht werden soll. Zudem soll die absolute Durchführung nur erfolgen zum Schutze der Arbeitnehmer. Über dem Prinzip der unbedingten Beachtung der Arbeiterschutzvorschriften steht also der Grundsatz, den Arbeitnehmer zu schützen. Eine logische Durchdenkung dieser Grundeinstellung des Arbeiterschutzrechts läßt die hier vertretene eingeschränkte Zweckrichtung der genannten Vorschriften zu, da so dem Arbeitnehmer der Lohnanspruch auf jeden Fall gesichert, sein Interesse also am besten gewahrt wird.

d) Einen ähnlichen Gedankengang vertritt Sigel[37]). Es geht aber zu weit, wenn er den § 134 BGB. überhaupt für unanwendbar erklärt und daher die Gültigkeit des ganzen Vertrages annimmt, also auch eine ex-nunc-Nichtigkeit ablehnt. Von der Ansicht (vgl. Anm. 28), die für Verträge, die dem § 81 HGB., §§ 126ff., 129ff. GewO. zuwider abgeschlossen sind, keine Nichtigkeit nach § 134 BGB. annimmt, unterscheiden wir uns dadurch, daß nach jener Meinung bei Gültigkeit des Vertrages nur ein sofortiges Kündigungsrecht gegeben sein soll[38]), während nach unserer Auffassung sich jedermann auf die Nichtigkeit berufen kann[39]), die dann ex nunc eintritt, aber keine ec-tunc-Wirkung hat. Von der unter b mitgeteilten Meinung weichen wir insofern ab, als für jene das tatsächliche Arbeitsverhältnis[40]), für uns dagegen der nur ex nunc nichtige Arbeitsvertrag der Entstehungsgrund des Lohnanspruchs ist.

D. Die Unterlassungspflichten des Arbeitgebers hinsichtlich der Art und des Umfangs der Beschäftigung

I. Zahlreiche Arbeiterschutzvorschriften enthalten derartige Unterlassungspflichten des Arbeitgebers. Das gesamte Arbeitszeitschutzrecht[41]) gehört hierhin. Es begründet die öffentlich-rechtliche Verpflichtung des Arbeitgebers dem Staate gegenüber, die Beschäftigung des Arbeitnehmers zu gewissen Zeiten und über eine gewisse Zeit hinaus zu unterlassen. Aber auch im Betriebsschutz und allgemeinen Vertragsschutz finden sich solche Unterlassungspflichten, so z. B. die Beschäftigungsverbote hinsichtlich bestimmter Arten von Arbeiten zugunsten bestimmter Personen (vgl. z. B. die Beschränkungen hinsichtlich

[37]) Sigel, Der gewerbliche Arbeitsvertrag S. 40ff. (1903).

[38]) Vgl. z. B. Hueck bei Hueck-Nipperdey a. a. O. S. 122 Anm. 17.

[39]) Praktisch wird die Nichtigkeit nur eintreten, wenn sich eine der Parteien darauf beruft, da sie von dritter Seite fast nie geltend gemacht wird.

[40]) Vgl. vor allem Potthoff, NZfAR. 1925 Sp. 582 und Arbeitsrecht 1922 Sp. 651.

[41]) Eine Zusammenstellung sämtlicher Arbeitszeitschutzvorschriften geben Syrup, Bücherei des Arbeitsrechts, N. F. Bd. 9; Regelung des Arbeitsschutzes, insbesondere der Arbeitszeit (Berlin 1928) und Meißinger, Das gesamte neue deutsche Arbeitszeitrecht in der Sondernummer zu der Zeitschrift Arbeitsrecht 1927 Heft 6. Eine Vereinheitlichung der in vielen Gesetzen und Verordnungen verstreuten Bestimmungen bringt der Entwurf eines ArbSchG. in den §§ 10ff. seiner neuesten Fassung, Reichstagsdrucksachen Nr. 753.

der Mitgabe von Hausarbeit für Arbeiterinnen und Jugendliche in § 137a GewO.)[42]) und das Maßregelungsverbot des § 95 BRG.

II. Die privatrechtliche Bedeutung dieser Unterlassungspflichten ist erheblich.

1. Eine der merkwürdigsten Verkennungen dieser Pflichten — um das vorwegzunehmen — ist die von manchen vertretene Auffassung[43]), daß die bestehende Arbeitszeitregelung eine Verpflichtung des Arbeitnehmers begründe, während der gesetzlich zulässigen Arbeitszeit Arbeit zu leisten, so wenn z. B. die Arbeitszeitverordnung in gewissen Fällen Mehrarbeit gestattet (§§ 3—10 ArbZVO.). Es bedarf hier gar nicht der Beweisführung aus dem öffentlich-rechtlichen Schutzcharakter des Arbeitszeitrechts[44]), das niemals Leistungspflichten des Arbeitnehmers im Arbeitsvertrag begründen kann. Es genügt der Hinweis darauf, daß es sich um eine Unterlassungspflicht des Arbeitgebers handelt, die durch zugelassene Mehrarbeit zu seinen Gunsten abgeschwächt wird. Diese Unterlassungspflicht des Arbeitgebers begründet keine Leistungspflicht des Arbeitnehmers bis zu der Grenze, wo die Unterlassungspflicht anfängt. Ob in gewissen Fällen die Auslegung des Arbeitsvertrages eine Verpflichtung zur Mehrarbeit ergeben kann, so z. B. in Notfällen, (für die Fälle des § 10 ArbZVO.) ist eine ganz andere Frage[45]).

2. Die Unterlassungspflichten (Verbote) beschränken den Inhalt des Arbeitsvertrages. Vertragliche Abmachungen, die diesen Verpflichtungen zuwiderlaufen, sind nichtig (§ 134 BGB.)[46]).

a) Aber es besteht Teilnichtigkeit, d. h. nur die den Verbotsnormen zuwiderlaufenden Abreden sind nichtig. Im Gegensatz zu der Regel des § 139 BGB. zieht ein Verstoß gegen die Unterlassungspflichten keine Nichtigkeit des ganzen Vertrages nach sich. Denn mit Vollnichtigkeit ist dem Arbeitnehmer nicht gedient. Er würde mehr geschädigt, als wenn die Abrede gültig wäre. Da es sich um Verbotsgesetze handelt, die den Schutz des Arbeitnehmers bezwecken, würde die Vollnichtigkeit zum entgegengesetzten Ergebnis führen. Nach § 139 BGB. würde unter Umständen der ganze Vertrag nichtig sein, da kaum anzunehmen ist, daß die Parteien den Vertrag ohne die Klausel abgeschlossen haben würden. Das widerspricht aber dem Zweck des Schutzgesetzes. Der Vertrag ist vielmehr ohne die Klausel aufrechtzuhalten. Etwaige Lücken sind durch die gesetzlichen Bestimmungen auszufüllen[47]). Diese Auslegung ist im § 8

---

[42]) Über die Abgrenzung der Unterlassungspflichten von den Abschlußverboten vgl. oben C I.

[43]) So Landmann, GewKfmG. 30, 24; Lange, NZfAR. 1925 S. 583 ff.; Erdmann, Die VO. über die Arbeitszeit, 4. Aufl. 1928 § 1 Erl. 5, § 5 Erl. 3, besonders § 3 Erl. 4 S. 59 ff.; Klehmet, Arbeitszeitrecht 1924 § 3 Erl. 2 und NZfAR. 1925 S. 257; vgl. auch die bei Erdmann (S. 59 ff.) abgedruckten Entscheidungen und LAG. Essen, BenshSamml. 2, 123.

[44]) Hierzu besonders Jäckel, Die gesetzliche Regelung der Arbeitszeit S. 11 (1926); Literaturzusammenstellungen bei Jäckel S. 67 ff. und Nipperdey, Gutachten über Kurzarbeit S. 7 f. (Chemnitz 1928); aus der neuesten Rechtsprechung RAG. v. 10. Okt. 1928, BenshSamml. Bd. 4 Nr. 37 und RAG. v. 11. Juli 1928, ebenda Bd. 3 Nr. 51, LAG. Gleiwitz, ebenda 3, 173 (LAG.) und LAG. Kassel, ebenda 3, 222 (LAG.).

[45]) Vgl. hierüber Nipperdey bei Staudinger Bd. 2 Bem. V 6c zu § 611 und in dem angeführten Gutachten a. a. O.; Hueck bei Hueck-Nipperdey a. a. O. 1, 137 ff.; Kaskel, Arbeitsrecht, 3. Aufl. S. 114, 213, 214 und die bei diesen zitierten, vgl. auch die Anm. 44 angeführten Entscheidungen.

[46]) Vgl. über die Behandlung des § 107 GewO., wonach minderjährige Personen als gewerbliche Arbeiter nur beschäftigt werden dürfen, wenn sie mit einem Arbeitsbuch versehen sind, Hueck bei Hueck-Nipperdey a. a. O. 1, 116.

[47]) Vgl. Nipperdey bei Staudinger Bd. 2 Bem. IV 3a zu § 611; Hueck bei Hueck-Nipperdey a. a. O. 1, 128/29; Titze, Ehrenbergs Handbuch 2, 660/61; Potthoff, Die Bestimmungsgründe des Arbeitsvertrages, JW. 1921 S. 1286; Sigel, Der gewerbliche Arbeitsvertrag S. 36 ff. (1903); Staub, Kommentar zum HGB. § 62 Anhang Erl. 2.

des Entwurfs eines allgemeinen Arbeitsvertragsgesetzes zum Rechtssatz erhoben. § 8 bestimmt:

„Ist ein Teil des Arbeitsvertrages nichtig, so bleibt im Zweifel der übrige Vertrag gültig. Er ist so zu ergänzen, wie ihn die Beteiligten bei Beachtung der zur Nichtigkeit führenden Rechtsvorschriften mutmaßlich abgeschlossen hätten."

b) Die Folgen der Nichtigkeit sind schon erörtert. Die Nichtigkeit hat nur ex nunc-Wirkung, sie besteht also nicht für die Vergangenheit. Der Arbeitnehmer ist hinsichtlich der geleisteten Arbeit nicht auf Kondiktionsansprüche beschränkt. Vielmehr müssen ihm diese versagt werden, da ein vertraglicher Lohnanspruch gegeben ist. Dies ergibt sich, wie oben unter C II 2c gezeigt, zwanglos aus § 134 BGB., da der Gesetzeszweck die Nichtigkeit für die Vergangenheit nicht fordert[47a]).

3. Die Unterlassungspflicht des Arbeitgebers bedeutet weiter, daß der Arbeitnehmer nicht verpflichtet ist, unter Bedingungen zu arbeiten, die mit den Arbeiterschutzbestimmungen in Widerspruch stehen. Voraussetzung für die Erfüllung der Arbeitspflicht ist die Erfüllung der Arbeiterschutzbestimmungen durch den Arbeitgeber. Der Arbeitnehmer kann seine Leistung verweigern. Das folgt aus §§ 242 u. 273 BGB., dagegen nicht aus § 320 BGB. (vgl. unten E VI 1). Er kommt also nicht in Verzug. Das gilt natürlich nur, soweit durch die Unterlassung des Arbeitgebers die Lage des einzelnen Arbeitnehmers betroffen wird[48]).

4. Dagegen gerät der Arbeitgeber, der den Unterlassungspflichten zuwiderhandelt, die die Lage des einzelnen Arbeitnehmers berühren, in Annahmeverzug, da er eine notwendige Mitwirkungshandlung nicht vornimmt. In der Zuwiderhandlung gegen die Unterlassungspflicht liegt die Verweigerung der Mitwirkungshandlung und darin zugleich die Nichtannahme der Arbeitsleistung. Das Verbalangebot des Arbeitnehmers genügt (§ 195 BGB). Verlangt der Arbeitgeber also 10 Stunden Arbeit (z. B. weil das im Arbeitsvertrag vereinbart ist) und will der Arbeitnehmer nur 8 Stunden arbeiten, so kommt der Arbeitgeber in Annahmeverzug. Er muß nach § 615 BGB. den Lohn bezahlen, ohne daß der Arbeitnehmer verpflichtet ist, die Arbeitsleistung nachzuholen. Der Lohn braucht natürlich nur soweit gezahlt zu werden, als der Vertrag gültig ist und die Arbeitsleistung, die auf Grund des gültigen Vertrages vorgenommen werden muß, infolge des Annahmeverzuges nicht geleistet worden ist.

5. Endlich sind die Unterlassungspflichten Schutzgesetze nach § 823 Abs. 2 BGB. Es ist bei ihrer Verletzung ein Anspruch auf Schadensersatz aus unerlaubter Handlung gegeben[49]). Zu beachten ist, daß bei dieser Schadensersatzgrundlage (§ 823 Abs. 2 BGB.) der Arbeitgeber für seine Hilfspersonen nur nach § 831 BGB. haftet. Es steht ihm also der Entlastungsbeweis zu, und zwar in der vom Reichsgericht[50]) anerkannten Form der sog. dezentralisierten

47a) Die gleiche Ansicht wird bei unzulässiger Überarbeit vom RAG. vertreten, wenn auch ohne nähere Begründung. Vgl. RAG. BenshSamml. Bd. 4 Nr. 32 (RAG.) S. 111 und Bd. 5 Nr. 8 (RAG.) S. 25.

48) Vgl. Hueck bei Hueck-Nipperdey, Lehrbuch 1, 102; Kaskel, Arbeitsrecht, 3. Aufl. S. 258; Nipperdey bei Staudinger a. a. O. Bd. 2 Bem. II 1b zu § 615; Sinzheimer, Grundzüge, 2. Aufl. S. 159 u. 162; Kahn-Freund a. a. O. S. 26.

49) Vgl. RG. in NZfAR. 1923 Sp. 768.

50) RG. 78, 107; 79, 201; 87, 1 und WarnRechtspr. 1920 Nr. 30. Gegen die plutokratisch wirkende Rechtsprechung des Reichsgerichts mit Recht Deetz, GruchotsBeitr. 64, 161 ff.; Meyer, Recht 1924 S. 277 ff. und Weigert, Die außervertragliche Haftung von Großbetrieben für ihre Angestellten (1925), die fordern, daß der Entlastungsbeweis hinsichtlich des Täters selbst zu führen ist. Vgl. auch Nipperdey, Gutachten zum 34. Deutschen Juristentag 1, 411 ff. (1926).

Exkulpationsmöglichkeit, die für die auf Zwischenpersonen aufgebauten Betriebe die Entlastung bedeutend erleichtert. Wird eine Mehrheit von Personen in der Weise beschäftigt, daß eine der anderen nachgeordnet ist und der mit einem Kreis von Verrichtungen betraute höhere Angestellte die zur Ausführung erforderlichen Verrichtungen einem Untergegebenen nach seiner Auswahl überträgt, so richtet sich nach der Meinung des Reichsgerichts und der herrschenden Lehre der Sorgfaltsbeweis des Geschäftsherrn auf die Auswahl und die Überwachung des von ihm selbst ausgewählten höheren Angestellten. Das Reichsgericht steht, vom Verschuldungsprinzip ausgehend, auf dem Standpunkt, daß es in großen Verhältnissen dem Geschäftsherrn nicht möglich und nicht zuzumuten sei, daß er das ganze Personal selbst auswählt und selbst beaufsichtigt. Allerdings muß in diesem Falle der Nachweis einer genügenden Organisation geführt werden, die die ordentliche Geschäftsführung und Beaufsichtigung gewährleistet. Zu beachten ist aber, daß das Reichsgericht unabhängig von der Haftung aus § 831 BGB. eine allgemeine Aufsichtspflicht entwickelt hat, derart, daß Unterlassungen widerrechtlich (und bei Verstößen gegen die guten Sitten wohl auch unsittlich) sind, wenn eine nach der Verkehrsauffassung anzunehmende allgemeine, fortlaufende Überwachungspflicht verletzt ist. Hier trifft den Geschädigten die Beweislast der Verletzung der Aufsichtspflicht, und es haftet der Geschäftsherr dann unmittelbar aus den §§ 823, 826 BGB.[51])

Der Anspruch auf Schadensersatz wird unter Umständen durch mitwirkendes Verschulden des Arbeitnehmers (§ 254 BGB.) ausgeschlossen oder erheblich gemindert sein. Aber bei der Annahme eines Mitverschuldens sind die beiderseitigen Interessen zu berücksichtigen. Die Anwendung des § 254 BGB. darf nicht zu einer ungerechten Benachteiligung des Arbeitnehmers führen (vgl. hierüber unten E VI 5c).

6. In diesem Zusammenhang ist die Frage aufzuwerfen, ob die dem Staate gegenüber bestehenden Unterlassungspflichten etwa den Inhalt des Arbeitsvertrages in dem Sinne positiv beeinflussen, daß der Arbeitnehmer einen arbeitsvertraglichen Anspruch auf Erfüllung, d. h. auf Unterlassung erwirbt. Die Frage ist m. E. zu verneinen[52]).

a) Es handelt sich um eine Pflicht, die in keiner Weise geeignet ist, den Inhalt eines Arbeitsvertrages zu bilden. Denn die Unterlassungspflicht bezieht sich auf die Person des Vertragsgegners selbst. Ein Leistungs- oder Feststellungsanspruch darauf, daß der Arbeitgeber z. B. eine bestimmte Beschäftigung zu unterlassen habe, ist perplex. Der Arbeitnehmer hat sein Leistungsverweigerungsrecht und seinen Lohnanspruch.

b) Es ist auch nicht anzunehmen, daß derartige Unterlassungspflichten stillschweigend zu arbeitsvertraglichen Pflichten gemacht werden. Daß dies auch niemals ausdrücklich geschieht, bedarf keiner besonderen Hervorhebung.

c) Allerdings ist stets genau zu prüfen, ob es sich wirklich um eine echte Unterlassungspflicht (so zweifellos beim gesamten Arbeitszeitschutz!) oder nicht in Wahrheit doch um eine positive Handlungspflicht handelt, wie meist beim Betriebsschutz. In diesem Falle gelten die sogleich darzulegenden Grundsätze.

---

[51]) Vgl. dazu Weigert a. a. O. S. 22ff. und Nipperdey, Gutachten zum 34. Deutschen Juristentag a. a. O. S. 412 bei Anm. 65, sowie die dort zitierten Entscheidungen.

[52]) Insofern stimme ich mit der herrschenden Lehre überein; vgl. statt anderer: Kaskel, Arbeitsrecht, 3. Aufl. S. 156 Anm. 2 und S. 258; Hueck bei Hueck-Nipperdey, Lehrbuch I, 102 und S. 383 IV; Sinzheimer, Grundzüge, 2. Aufl. S. 162.

E. Die positiven Handlungspflichten des Arbeitgebers (Gebote) hinsichtlich der Beschäftigung und der Lohnzahlung

Diese machen namentlich das Wesen des Betriebsschutzes aus[53]). Es handelt sich um die Verpflichtung der Arbeitgeber, die Beschäftigung ihrer Arbeitnehmer so zu gestalten, daß diese gegen Gefahren für Leben, Gesundheit und Sittlichkeit geschützt sind, d. h. alle Maßnahmen zu treffen, die erfahrungsgemäß einem solchen Schutze dienen. Diese Handlungspflichten, die namentlich für die gewerblichen Arbeiter ihre nähere Ausgestaltung durch allgemeine Verordnungen und Einzelverfügungen auf Grund der gesetzlichen Ermächtigung in den §§ 120d u. e GewO. gefunden haben, sind ihrem Inhalte nach zunächst nicht zu scheiden von den im Arbeitsvertrag vorgesehenen sog. Fürsorgepflichten der §§ 618 BGB., 62 HGB.[54]).

So gewinnt die Betrachtung ihrer privatrechtlichen Bedeutung besondere Beachtung.

I. Die §§ 618 BGB., 62 HGB. sind unbestritten arbeitsvertragliche Vorschriften[55]). Dagegen herrscht Streit über die rechtliche Bedeutung der inhaltlich gleichen Regelung der §§ 120aff. GewO.

1. Für die letzteren Vorschriften nimmt eine verbreitete, namentlich von Kaskel, Hueck u. a. vertretene Meinung[56]) an, daß es sich nicht um arbeitsvertragliche Normen, sondern um reine Arbeiterschutzvorschriften handelt. Man schließt das einmal aus § 120d GewO., wonach die zuständigen Polizeibehörden befugt sind, im Wege der Verfügung für einzelne Anlagen die Ausführungen derjenigen Maßnahmen anzuordnen, welche zur Durchführung der in den §§ 120a—120c enthaltenen Grundsätze erforderlich und nach der Beschaffenheit und Anlage ausführbar erscheinen (vgl. auch §§ 120e u. g GewO.), zum anderen aus § 147 Abs. 1 Ziff. 4 GewO., wonach Strafe angedroht ist für die Zuwiderhandlung gegen die auf Grund der §§ 120d usw. erlassenen Verfügungen.

Wäre diese Ansicht richtig, so wäre der Betriebsschutz für gewerbliche Arbeitnehmer auf der einen Seite und für die Angestellten und Arbeitnehmer, die unter das BGB. und HGB. fallen, auf der anderen Seite rechtlich verschieden geregelt. Sieht man zunächst von der auch für das Gebiet der §§ 618 BGB., 62 HGB. umstrittenen Erfüllungsklage ab, so würde sich der Schadensersatzanspruch bei Zuwiderhandlung nach dem BGB. und HGB. aus Vertragsverletzung, die Haftung für Hilfspersonen also aus § 278 BGB., dagegen nach der GewO. aus Schutzgesetzverletzung nach § 823 Abs. 2 BGB. und die Haftung für Hilfspersonen aus § 831 BGB. ergeben. Daß das praktisch von großer Bedeutung sein kann, leuchtet ein (vgl. oben D II 5).

---

[53]) Einzelheiten bei Kaskel, Arbeitsrecht, 3. Aufl. S. 200ff., und Hueck bei Hueck-Nipperdey, Lehrbuch 1, 391ff.

[54]) Hier ist nur der gegenständlich gleiche Inhalt der Handlungspflichten als solcher abstrahiert vom Berechtigten gemeint. Wir bleiben uns also sehr wohl bewußt, daß die öffentlich-rechtlichen Pflichten dem Staat gegenüber, die privatrechtlichen Pflichten nur dem Arbeitnehmer gegenüber bestehen. Insoweit besteht zwischen öffentlich-rechtlichen und privatrechtlichen Handlungspflichten im Sinne von Rechtsbeziehungen zum Berechtigten „inhaltlich" ein Unterschied. Dies steht aber dem im Text Gesagten nicht entgegen.

[55]) Vgl. Nipperdey bei Staudinger Bd. 2 Bem. I 7 zu § 618; Planck, Kommentar zum BGB., 4. Aufl. 1928 Erl. 4a zu § 618; Oertmann, Kommentar zum BGB. Anm. 5 zu § 618.

[56]) Kaskel, Arbeitsrecht 3. Aufl. S. 156 Anm. 2, S. 258, auch S. 194ff. u. 257 ff.; Hueck bei Hueck-Nipperdey, Lehrbuch 1, 101; Jacobi, Grundlehren S. 8; Stier-Somlo, Gewerbeordnung, 2. Aufl. Anm. 2 zu § 120a; anderer Ansicht Landmann-Rohmer, Kommentar zur GewO. Bd. 2. (1925) Bem. 3a zu § 120a und Hoffmann, Die Reichsgewerbeordnung, 28.—30. Aufl. 1927 Anm. 5 zu § 120a; Kahn-Freund a. a. O. S. 26 Anm. 46.

2. Die vertretene Ansicht ist aber m. E. nicht richtig. Was ihre Anhänger vorbringen, ist nicht überzeugend.

a) Zunächst ist die Strafdrohung des § 147 GewO. nicht bei der Übertretung der §§ 120aff. GewO. selbst ausgesprochen, sondern bei der Übertretung der auf Grund dieser Paragraphen erlassenen Vorschriften des besonderen Betriebsschutzes, die wie gesagt entweder auf allgemeiner Verordnung oder Einzelverfügung beruhen. Die Befugnis zum Erlaß von Durchführungsbestimmungen braucht man sich nur ganz oder zum Teil nicht ausgeübt zu denken, um sich darüber klar zu werden, daß die §§ 120aff. eine selbständige Bedeutung haben und aus sich heraus ausgelegt werden müssen.

b) Wäre die kritisierte Ansicht richtig, dann würde aus den erwähnten §§ 139g u. h GewO. (vgl. oben A II 1c) zu schließen sein, daß für Gehilfen und Lehrlinge in offenen Verkaufsstellen § 62 HGB. seine privatrechtliche Bedeutung verloren hätte. Denn nach der herrschenden Meinung soll ja aus der Delegation an die Polizeibehörden, der Anwendung polizeilichen Zwangs auf Grund des § 120d GewO. und der Strafdrohung in § 147 Abs. 1 Ziff. 4 GewO. die öffentlich-rechtliche Natur der Pflichten aus den §§ 120a—c folgen. Die Konsequenz dieser Beweisführung wäre die gleiche Behandlung des § 62 HGB. wegen der Vorschriften in §§ 139g u. h, 147 Abs. 1 Ziff. 4 GewO. Ein Schluß, den aber mit Recht niemand zieht. Als weiteres Beispiel sei auf den beabsichtigten Schwangerenschutz verwiesen, dessen Ausgestaltung gleichfalls im Rahmen des Arbeiterschutzgesetzes mit weitgehend privatrechtlichem Charakter erfolgt[57]).

c) Die §§ 120aff. sind also Arbeiterschutzvorschriften, zugleich aber Arbeitsvertragsregeln. Dafür spricht die Stellung in der GewO. innerhalb eines Abschnitts, der von den Beziehungen der Arbeitgeber und Arbeitnehmer handelt, dafür spricht auch die dem BGB. und HGB. inhaltgleiche Regelung und schließlich folgt dies auch aus dem Wesen der Sache, da die Fürsorgepflicht mit das Wesen des deutschrechtlich-sozialen Arbeitsvertrags ausmacht.

II. Damit komme ich zu dem Kernpunkt der privatrechtlichen Bedeutung des Arbeiterschutzrechts. Die herrschende Meinung, nach der die positiven Handlungspflichten des Arbeiterschutzrechts normalerweise den Inhalt des Arbeitsvertrages positiv nicht beeinflussen[58]), ist m. E. nicht zutreffend. Daß es sich um öffentlich-rechtliche, dem Staate gegenüber bestehende Pflichten handelt, schließt nicht aus, daß diese Pflichten auch als private Vertragspflichten dem Arbeitnehmer gegenüber bestehen. Diese Auffassung verwirrt nicht etwa die Grenze zwischen Arbeitsvertrag und Arbeiterschutz. Sie behauptet nur, daß die Normen des Arbeiterschutzrechts auch für das Arbeitsvertragsrecht von Bedeutung sind, daß sie zur Auslegung des Arbeitsvertrages und der arbeitsvertraglichen Vorschriften herangezogen werden müssen. Das folgt für die Handlungspflichten des Arbeiterschutzrechts, die einen typisch arbeitsvertraglichen Charakter tragen, also ebenso zum gegenständlichen Inhalt eines Arbeitsvertrages gemacht werden könn-

[57]) Vgl. § 23 des Entwurfs eines Arbeiterschutzgesetzes in seiner neuesten und § 22 in seiner früheren Fassung und die Begründung zu der Reichstagsvorlage, Reichstagsdrucksachen 1928 Nr. 753 S. 30.

[58]) Vgl. statt anderer: Hueck bei Hueck-Nipperdey, Lehrbuch 1, 102; Kaskel, Arbeitsrecht, 3. Aufl. S. 194/95 unter D und S. 258; Kahn-Freund a. a. O. S. 25ff.; anderer Ansicht: v. Gierke, Berliner Festschrift für Brunner S. 63. Die herrschende Lehre ist aber auch nicht konsequent. Denn wenn sie z. B. bei Nichterfüllung der Arbeiterschutzpflichten dem Arbeitnehmer ein Leistungsverweigerungsrecht gibt und den Arbeitgeber in Annahmeverzug geraten läßt, so bejaht sie eine unmittelbar privatrechtliche Bedeutung des Arbeiterschutzes.

ten[59]), aus dem Wesen des Arbeiterschutzes und der Fürsorgepflicht im Arbeitsvertragsrecht, läßt sich aber auch dogmatisch begründen.

1. Die natürlichste Anknüpfung bieten die §§ 618 BGB., 62 HGB., 120a GewO. mit ihrer weiten Fassung, die nach ausfüllenden Anordnungen geradezu ruft. Die genannten Vorschriften enthalten nur eine allgemeine Klausel. Was im einzelnen Gegenstand der Fürsorgepflicht ist, bestimmen sie nicht. Welche Pflichten der Arbeitgeber in concreto zum Schutze der Arbeitnehmer zu erfüllen hat, entscheidet sich nach der Verkehrsauffassung, Üblichkeit und ähnlichen Gesichtspunkten. Was hindert dann aber, diejenigen Pflichten, die der Gesetzgeber im öffentlich-rechtlichen Arbeiterschutzrecht als notwendig anerkannt und vorgeschrieben hat, zugleich zur Auslegung der §§ 618 BGB., 62 HGB., 120a GewO. heranzuziehen. Damit gewinnt man zugleich eine feste Grundlage für die Mindestforderungen der privatrechtlichen Fürsorgepflicht. Die Arbeiterschutzvorschriften, die positive Handlungspflichten anordnen, verstärken zunächst den Schutz dieser privatrechtlichen Normen, sind aber zugleich ihre konkretisierende Ausfüllung. Es wird bestimmt, in welcher Weise die Fürsorgepflichten zu erfüllen sind. Diese Arbeiterschutznormen werden damit zugleich Bestandteil der §§ 618, 62, 120a und damit Arbeitsvertragsrecht. Die Arbeiterschutzbestimmungen, die sich in den Rahmen der §§ 618, 62 einfügen und diesen konkretisieren, bestimmen Maß und Grenze dieser Fürsorgepflichten. Der Arbeitnehmer, der Rechte aus den §§ 618 BGB., 62 HGB. geltend macht, braucht sich nicht mit weniger zu begnügen, kann aber auch nicht mehr verlangen, als für die betreffende Lage durch Arbeiterschutzvorschriften vorgeschrieben ist. Wer das leugnet, kommt zu einem ganz sonderbaren Ergebnis, zu einer unerträglichen Disharmonie von Arbeitsvertrag und Arbeiterschutz[60]). Das ist meiner Ansicht nach für die §§ 618 BGB., 62 HGB. kaum zu bestreiten[61]). Aber auch wer entgegen der hier vertretenen Ansicht (vgl. oben I 2a—c) in dem § 120a GewO. keine auch privatrechtliche Norm sieht, muß für die gewerblichen Arbeitnehmer zu dem gleichen Ergebnis kommen. Die privatrechtliche Fürsorgepflicht läßt sich für die gewerblichen Arbeitnehmer nicht einfach leugnen. § 120a GewO., rein öffentlich-rechtlich aufgefaßt, ist keine sie ausschließende lex specialis. Es müßte für gewerbliche Arbeitnehmer § 618 BGB.

---

[59]) Über die Abgrenzung von anderen hierzu nicht geeigneten Arbeiterschutzvorschriften vgl. unten III.

[60]) Dies zeigt sich besonders deutlich, wenn man bedenkt, daß der Entwurf eines Arbeiterschutzgesetzes im § 4 Abs. 2 dem Arbeitgeber die öffentlich-rechtliche Pflicht auferlegt für Gelegenheit zur sicheren und fachgemäßen Aufbewahrung der von den Arbeitnehmern abgelegten Kleidung zu sorgen. Eine dahingehende öffentlich-rechtliche Verpflichtung hat bisher nie bestanden. Wohl hat die überwiegende Meinung mit Recht, wenn auch nicht unbestritten, aus §§ 618, 242 BGB. (vgl. Hueck-Nipperdey a. a. O. 1, 223) eine entsprechende arbeitsvertragliche Verpflichtung des Arbeitgebers hergeleitet. Es ist aber nicht einzusehen, weshalb künftig allein deswegen, weil der Gesetzgeber diese Pflicht in das Arbeiterschutzrecht einbezogen hat, die privatrechtliche Verpflichtung nicht mehr bestehen soll. Die positive Stellungnahme des Arbeiterschutzgesetz-Entwurfes ist gerade ein Zeichen für die Notwendigkeit derartiger Verpflichtungen und kann die Annahme einer arbeitsvertraglichen Pflicht gemäß § 618 BGB. nur noch bestärken. Deshalb muß die privatrechtliche Pflicht auch künftig bestehen bleiben. Dies wird am besten und ehesten durch die im Text dargelegte Auffassung erreicht, jedenfalls solange der Arbeitsvertragsgesetz-Entwurf noch nicht Gesetz geworden ist, der im § 90 Abs. 2 eine entsprechende privatrechtliche Vorschrift enthält.

[61]) Sinzheimer, Grundzüge S. 162 kommt zu einem ähnlichen Ergebnis. Jedoch geht seine Ansicht zu weit, wenn er alle öffentlich-rechtlichen Arbeiterschutzbestimmungen in den Arbeitsvertrag eingehen läßt. Auch ist seine Begründung verfehlt, die darauf fußt, daß er die Arbeiterschutzvorschriften als Beschränkungen der Gewaltherrschaft des Arbeitgebers im Arbeitsvertrage ansieht. Vgl. auch Anm. 7.

gelten, da die allgemeinen Vorschriften des BGB. neben den Vorschriften der GewO. für die Rechtsverhältnisse der gewerblichen Arbeiter subsidiär gelten. Und endlich folgt die Fürsorgepflicht für gewerbliche Arbeitnehmer aus den §§ 157, 242 BGB., aus Treu und Glauben.

2. Schließlich sei noch auf die naheliegende, mir allerdings weniger sympathische Konstruktion verwiesen, daß die Arbeitsvertragsparteien stillschweigend die positiven Arbeiterschutznormen zum Vertragsinhalt gemacht haben. Es muß angenommen werden, daß die Arbeitsvertragsparteien sich an diese Norm halten und sich verpflichten wollen, sie zu erfüllen. Diese Konstruktion scheint der Begründung zum Entwurf eines Arbeiterschutzgesetzes (Reichstagsdrucksachen Nr. 753 S. 29), der sonst eine scharfe Scheidung zwischen den öffentlich-rechtlichen und arbeitsvertraglichen Schutzbestimmungen durchgeführt wissen will, zugrunde zu liegen, wenn dort ausgeführt wird:

„Selbstverständlich sind die Beteiligten berechtigt, auch Fragen des Arbeitsschutzes, die im vorliegenden Entwurfe nur öffentlich-rechtlich geregelt sind, zum Gegenstande privatrechtlicher Vereinbarung zu machen."

3. Gegen die hier vertretene Auffassung kann man nicht einwenden, daß durch die Eingliederung der positiven Handlungspflichten des Arbeiterschutzrechts in den Rahmen der §§ 618 BGB., 62 HGB., 120a GewO. eine unbillig gesteigerte Haftung des Arbeitgebers herbeigeführt werde. Auf Grund der Arbeiterschutzvorschriften kann nur eine Schadenshaftung aus unerlaubter Handlung (§ 823 Abs. 2 BGB.) mit der Exkulpationsmöglichkeit des § 831 BGB. bei Verletzung entstehen, dagegen richtet sich die Haftung für Hilfspersonen, wenn man der hier vertretenen Ansicht folgt, nach § 278 BGB. Der Entlastungsbeweis wird dem Arbeitgeber also genommen. Darin liegt keine ungerechtfertigte Benachteiligung des Arbeitgebers. Die Arbeiterschutzvorschriften sind erlassen, damit sie befolgt werden. Der Staat geht gegen die Zuwiderhandlung mit Zwang und Strafe vor. Die verschärfte privatrechtliche Haftung (§ 278 statt § 831 BGB.) unterstützt das Bestreben des Arbeiterschutzrechts nach stärkster Rechtswirkung. Der Zweck des Arbeitnehmerschutzrechts besteht darin, den Arbeitnehmer zu schützen. Dem einzelnen Arbeitnehmer, der durch die Nichterfüllung einer positiven Handlungspflicht des Arbeitgebers zu Schaden gekommen ist, nützt der öffentlich-rechtliche Schutz, die Bestrafung des Arbeitgebers nicht viel, wenn er keinen zivilrechtlichen Ersatzanspruch gegen den schuldigen Arbeitgeber hat. Bejaht man nur die Haftung aus § 831 BGB., so wird in den meisten Fällen, namentlich in größeren, auf Zwischenpersonen aufgebauten Betrieben[62]) dem Arbeitgeber die Exkulpation gelingen und der Arbeitnehmer (abgesehen von den Ansprüchen auf Grund der Sozialversicherung) leer ausgehen. Dem Zweck des Gesetzes entspricht mehr das hier gefundene Ergebnis, d. h. eine Haftung nach § 278 BGB. Dabei ist allerdings zu beachten, daß bei der strengeren vertraglichen Haftung Unbilligkeiten dadurch vermieden werden, daß von der Rechtsprechung mit Recht die Erfüllungsgehilfenqualität im Sinne des § 278 BGB. mit besonderer Sorgfalt nachgeprüft wird. Es können nicht etwa alle Arbeitnehmer als Gehilfen des Arbeitgebers bei Erfüllung der Fürsorgepflicht angesehen werden[63]). Schließlich entspricht eine Haftungsverschärfung,

---

[62]) Vgl. RG. 78, 107; 79, 101; 87, 1 und WarnRspr. 1920 Nr. 30. Vgl. dagegen meine Ausführungen und Hinweise, Gutachten zum 34. Deutschen Juristentag in Köln 1, 411 (1926) und oben Anm. 50.

[63]) Vgl. über die Grenzen dieser Haftung RG. 103, 374; 106, 293 und NZfAR. 1923 Sp. 559 — dazu Dersch-Flatow-Hueck-Nipperdey, Rechtsprechung des Reichsgerichts zum Arbeits-

wie sie die Folge der hier entwickelten Grundsätze ist, der Tendenz der modernen Rechtsentwicklung, namentlich der Rechtsprechung des Reichsgerichts. Es sei an das in der Rechtsprechung entwickelte Institut der culpa in contrahendo[64]) und der vom Reichsgericht anerkannten Aufsichtspflicht im Rahmen des § 823 Abs. 1 BGB.[65]) erinnert, die auch in der Hauptsache nur der teleologischen Erwägung einer gerechtfertigten Haftungsverschärfung entspringen. Es soll entweder eine Verschiebung der Haftung aus dem Gebiet des Delikts in das des Vertrages oder eine selbständige Haftung aus § 823 Abs. 1 statt aus § 831 BGB. erreicht werden. Auch liegt die Bekämpfung des dezentralisierten Entlastungsbeweises innerhalb des § 831 BGB. in der Richtung einer Haftungsverschärfung. Denn die Gegner des Reichsgerichts gehen davon aus, daß die Exkulpationserleichterung in den meisten Fällen zum Ausschluß der Haftung aus § 831 BGB. führt[66])[67]).

III. Die hier vertretene Ansicht kann nicht schlechthin für alle positiven Fürsorgepflichten des Arbeiterschutzrechts gelten. Es kommen nur die Normen mit arbeitsvertraglichem Charakter in Frage, d. h. solche Bestimmungen, die geeignet sind im Arbeitsvertrag vereinbart zu werden und ebensogut im Arbeitsvertrag vereinbart sein könnten, die also im engsten Zusammenhang mit der Erfüllung arbeitsvertraglicher Pflichten stehen. Oder die — noch konkreter gesprochen — sich einwandfrei als Ausfüllung der Rahmenbestimmungen der §§ 618 BGB., 62 HGB., 120a GewO. darstellen. Am klarsten wird das, wenn wir einige Gruppen von Pflichten ausscheiden.

1. Es scheiden aus die positiven Handlungspflichten, die zwar im wohlverstandenen Schutzinteresse der Arbeitnehmer erlassen sind, aber sich zunächst gegen sie richten. Sie können nicht Gegenstand einer dem Arbeitnehmer gegenüber bestehenden Vertragspflicht sein. So die Pflicht, die Arbeitnehmer in gewissen Fabriken ärztlich überwachen zu lassen, Arbeiter, die mit Krankheiten behaftet sind oder sich den Gefahren bestimmter Betriebe gegenüber nicht widerstandsfähig zeigen, von der Arbeit auszuschließen, den Arbeitnehmern den Aufenthalt in bestimmten Räumen zu verbieten, das Mitbringen von Nahrungsmitteln in den Arbeitsraum oder das Verzehren dort zu untersagen, die Pflicht, Vorschriften über das persönliche Verhalten der Arbeitnehmer zu erlassen und ihre Durchführung zu überwachen, das Anhalten zum Fortbildungsschulbesuch[68]). Es kann auch nicht angenommen werden, daß diese Pflichten als Vertragspflichten den übrigen nicht betroffenen Arbeitnehmern gegenüber bestehen, da die genannten Pflichten mit unbedeutenden Ausnahmen lediglich zum Schutze des betroffenen Arbeiters selbst statuiert sind und nicht im Interesse seiner Mitarbeiter liegen.

---

recht 1, 360ff. und Nipperdey bei Staudinger a. a. O. Bd. 2 Bem. IV 2f zu § 618, vgl. im übrigen unten VI 5a und c.

[64]) Vgl. RG. 78, 239; 95, 58; 97, 337; 103 S. 47, 157; 104, 267; 105, 183ff.; 106, 386; 107 S. 240ff., 362ff.; 108, 410ff.; 114, 159ff.; JW. 1927 S. 262 und Recht 1927 Sp. 17.

[65]) RG. in WarnRspr. 1914 Nr. 13, besonders aber RG. 113, 293; 73, 57; 82, 218; 78, 107 und LZ. 1914 Sp. 1718.

[66]) Vgl. besonders Weigert, Die außervertragliche Haftung von Großbetrieben für Angestellte S. 22ff. (Berlin 1925) und oben bei Anm. 50.

[67]) Gegen die Einwendungen, die etwa aus der Begründung zum Entwurf eines Arbeiterschutzgesetzes hergeleitet werden könnten, vgl. unten IV 2.

[68]) Vgl. insbesondere die auf Grund des § 120e GewO. erlassenen VO. über Bleifarben (§ 19), Bleihütten (§ 19), Thomasschlacke (§ 10) usw. Einzelheiten und sonstige einschlägige Gesetzesstellen bei Kaskel, Die rechtliche Natur des Arbeiterschutzes a. a. O. S. 9/10 und bei Syrup, Die Regelung des Arbeiterschutzes S. 100ff. (1928).

2. Es scheiden aus die Pflichten, die mit der Erfüllung der Pflichten aus dem Arbeitsvertrag nichts zu tun haben, z. B. die Pflicht, Kontrollbücher über Erkrankungen zu führen und dem Aufsichtsbeamten vorzulegen.

3. Ebensowenig sind hierhin zu rechnen (und diese Abgrenzung spielt im Tarifvertragsrecht für die Scheidung zwischen normativem und obligatorischem Teil eine große Rolle) diejenigen Arbeiterschutznormen, die reine Solidarnormen sind, die ausgesprochenermaßen Pflichten der Arbeitgeber zum Schutze der Gesamtheit der Arbeitnehmer begründen, ohne zugleich einen individuellen Schutz zu enthalten. Diese sind allerdings sehr selten, da meist Solidarnormen auch individuelle Schutznormen sind. Ausscheiden würde aber unter Umständen eine Bestimmung über die Zusammensetzung der Arbeitnehmerschaft[69]). Dagegen würden hierhin gehören die Verpflichtung zur Errichtung einer Bauhütte, die Anbringung von Schutzvorrichtungen an Maschinen, die Verpflichtung, für hinreichende Größe der Räume, für Wärme, Sauberkeit, Lüftung, Beleuchtung und Feuersicherheit zu sorgen, kurz die nach den Grundsätzen der Gewerbehygiene erforderlichen Maßnahmen zu erfüllen[70]). Ebenfalls sind hierhin zu rechnen die Pflicht, eine bestimmte Zahl von Arbeitnehmern zu bestimmten Arbeiten heranzuziehen usw., die Pflicht zur Übergabe der Arbeitsordnung beim Eintritt (§ 134e Abs. 2 GewO.), zur Übergabe des Lohnbuches (§ 114a—e GewO.).

IV. Merkwürdig ist die Stellung der Entwürfe zu unserem Problem.

1. Der Entwurf eines allgemeinen Arbeitsvertragsgesetzes (abgedruckt im 28. Sonderheft zum RArbBl. 1923 nebst Denkschrift) hat die allgemeinen Fürsorgepflichten der §§ 618 BGB., 62 HGB. nicht übernommen. Er kennt sie nur bei Aufnahme in die häusliche Gemeinschaft (§§ 105ff., besonders § 106 ArbVertrG.-Entw.). Vielmehr verweist der Entwurf auf das Arbeiterschutzrecht[71]). Darin liegt ein bedenklicher Mangel, auf den Jacobi, Hueck u. a.[72]) schon hingewiesen haben. Auch gegenüber dem ausländischen Recht würde das einen Rückschritt bedeuten[73]). Überdies bleibt nach dem Entwurf unklar, ob nicht § 618 BGB. subsidiär gilt[74]). In § 169 ArbVertrG.-Entw., der die einschlägigen Bestimmungen des HGB. außer Kraft setzt, ist über die Aufhebung der Regeln des Dienstvertragsrechts des BGB. nichts gesagt. Nach § 169 Abs. 3 ArbVertrG.-Entw. finden die Reichsgesetze ergänzend auf den Arbeitsvertrag Anwendung, soweit sich aus dem Arbeitsvertragsgesetz nichts anderes ergibt. Man könnte also annehmen, daß somit auch § 618 Abs. 1 u. 3 BGB. weiter gilt, worauf die Denkschrift (a. a. O. S. 14 Sp. 1 a. E.) als selbstverständlich hinweist. Dem steht aber das Bedenken entgegen, daß § 618 Abs. 1 BGB. absichtlich nicht in das Arbeitsvertragsgesetz aufgenommen, dessen Regelung vielmehr dem Arbeiterschutzgesetz überlassen werden sollte.

---

[69]) Zu weit geht Kahn-Freund a. a. O. S. 29 bei Anm. 55; richtiger Jacobi, Grundlehren S. 190 bei Anm. 24. Beachte aber auch unten V, 2 S. 223.

[70]) Vgl. hierzu Thiele, Gewerbehygienisches im Tarifvertrag, RArbBl. 1923 NAT. S. 282; Potthoff, Arbeitsrecht Sp. 445 (1926).

[71]) Vgl. die Denkschrift zum Entwurf im 28. Sonderheft zum RArbBl. 1923 S. 21 unter V. Hierzu Molitor, RArbBl. 1924 NAT. S. 80f.

[72]) Jacobi, Grundlehren S. 188 Anm. 18; Hueck bei Molitor-Hueck-Riezler, Der Arbeitsvertrag S. 173 und Molitor, ebenda S. 33, 36.

[73]) Vgl. z. B. Art. 1638x des holländ. BGB. in der Fassung der Novelle v. 13. Juli 1907; § 1157 des österr. ABGB. in der Fassung der 3. Teilnovelle v. 19. März 1916; § 18 österr. Privatangestelltengesetz v. 11. Mai 1921 und Art. 339 des schweiz. OblR. v. 30. März 1911; vgl. auch § 14 des finnischen Gesetzes betr. den Arbeitsvertrag v. 1. Juni 1922; §§ 7 u. 8 des dänischen Gesetzes betr. das Rechtsverhältnis zwischen Dienstgeber und Dienstnehmer v. 6. Mai 1921.

[74]) Richter, RArbBl. 1924 NAT. S. 231ff. und Hueck bei Molitor-Hueck-Riezler a. a. O. S. 172.

Man müßte also die Unanwendbarkeit des § 618 BGB. aus dem Arbeitsvertragsgesetz entnehmen, wenn man nicht — was m. E. richtiger ist — den § 618 Abs. 1 u. 3 BGB. als ein im Entwurf überhaupt nicht geregeltes Spezialgebiet auffassen will. Betrachtet man dagegen das für alle Arbeitnehmer geltende Arbeitsvertragsgesetz als eine die Anwendung des § 618 Abs. 1 u. 3 BGB. ausschließende Sonderregelung, so würde künftig also für die Haftung nur § 831, nicht § 278 BGB. gelten und somit dem Arbeitnehmer für viele Fälle der Schadensersatzanspruch mangels vertraglicher Haftung (§§ 276, 278 BGB.) genommen (vgl. oben E II 3). Darin liegt eine bedenkliche Denaturierung des Persönlichkeitselements im Arbeitsvertrag. Auch erzieherische Gründe sprechen für die Beibehaltung einer dem § 618 BGB. entsprechenden Regel.

2. Der Arbeiterschutzgesetz-Entwurf sieht in den §§ 4ff. (Betriebsschutz) eine den §§ 120a ff. GewO. entsprechende Regelung vor, die er als reine öffentlich-rechtliche Arbeiterschutznormen aufgefaßt wissen will. In der Begründung (Reichstagsdrucksachen 1928 Nr. 753 S. 29) heißt es:

„In das Arbeitsvertragsrecht will der Entwurf grundsätzlich nicht eingreifen. Die dem Arbeitgeber auferlegten Verpflichtungen sind solche gegenüber dem Staat und nicht gegenüber dem einzelnen Arbeitnehmer. So soll die Durchführung des Betriebsschutzes (Gefahrenschutzes) im Wege der Überwachung durch die Arbeitsschutzbehörden nach den §§ 47ff. und durch Zwang und Strafe gemäß §§ 6—9 des Entwurfs erfolgen. Den einzelnen Arbeitnehmern sollen vertragliche Ansprüche aus den Vorschriften des Arbeiterschutzgesetzes nicht zustehen. Für diese Ansprüche sind in Zukunft lediglich die §§ 618 des Bürgerlichen Gesetzbuchs und 62 des Handelsgesetzbuches entscheidend[75])."

Der Entwurf verweist darauf, daß bereits im geltenden Recht die Trennung zwischen öffentlich-rechtlichen und privatrechtlichen Vorschriften für die Angestellten in offenen Verkaufsstellen bestehe (§ 62 HGB. gegenüber den §§ 139g u. h GewO.). Aber nun kommt das Merkwürdige. Die Begründung steht, ebenso wie es hier vertreten wurde, auf dem Standpunkt, daß die §§ 120a—c GewO. (die durch das Arbeiterschutzgesetz bekanntlich aufgehoben werden sollen) nicht nur öffentlich-rechtliches Schutzrecht enthalten, sondern auch vertragliche Ansprüche der Arbeitnehmer begründen. Aber für die Zukunft erscheine es im Interesse einer systematischen Gestaltung des Arbeiterschutzgesetzes notwendig, eine klare Scheidung zwischen den öffentlich-rechtlichen und den arbeitsvertraglichen Schutzbestimmungen eintreten zu lassen. Die endgültige Regelung des arbeitsvertraglichen Schutzes bleibe dem Arbeitsvertragsgesetz vorbehalten. Bei Verstoß gegen Arbeitsschutznormen liege nur Schutzgesetzverletzung nach § 823 Abs. 2 BGB. vor.

Diese Grundeinstellung der Begründung zum Arbeitsschutzgesetz-Entwurf ist bedenklich. Niemand denkt daran, die Scheidung zwischen den öffentlich-rechtlichen und privatrechtlichen Schutznormen zu verwischen. Wogegen hier Stellung genommen wird, das ist die Denaturierung des Arbeitsvertragsrechts und damit verbunden die Verschlechterung der Rechtslage der Arbeitnehmer, die darin liegt, daß eine Haftung aus Delikt statt aus Vertrag, § 831 statt § 278 BGB., Platz greift. Nun ist die Begründung natürlich nicht maßgebend. Und auch sie erkennt an, daß § 618 BGB. nach dem Wegfall der §§ 120a ff. GewO. für alle Arbeitnehmer gilt. Alsdann bleibt aber Raum für die

---

[75]) § 62 HGB. soll aber nach dem Arbeitsvertragsgesetz-Entwurf überhaupt nicht mehr gelten, während die Weitergeltung des § 618, wie schon hervorgehoben, zweifelhaft ist.

hier vertretene Auslegung. Jedenfalls ist es bedauerlich, daß die Begründung über dem Trennenden das Gemeinsame übersieht.

V. Mit der hier vertretenen Meinung ist nun die Frage noch nicht entschieden, ob ein Erfüllungsanspruch des Arbeitnehmers aus dem Arbeitsvertrag besteht. Denn auch für das Anwendungsgebiet der §§ 618 BGB., 62 HGB. sind die Meinungen sehr geteilt.

1. Zuzugeben ist, daß die Frage praktisch keine erhebliche Bedeutung hat. Der vertragliche Schadensersatzanspruch des Arbeitnehmers bei Verletzung der Pflicht, das Leistungsverweigerungsrecht des Arbeitnehmers und die sich aus dem Annahmeverzug des Arbeitgebers ergebende Lohnzahlungspflicht (§ 615 BGB.), schließlich die Möglichkeit einer Feststellungsklage, daß der Arbeitgeber verpflichtet ist, gewisse Maßnahmen zu treffen, sind für den Arbeitnehmer wirksame Hilfsmittel. Bei den Arbeiterschutzvorschriften, die hierhin gehören, ist schließlich die Anrufung der Gewerbeaufsicht und der Verwaltungszwang ein schnelleres und doch sicheres Hilfsmittel als der Gerichtsschutz, wobei allerdings die Möglichkeit, schnell eine einstweilige Verfügung zu erzielen, nicht außer acht zu lassen ist. Trotzdem überzeugen die Gründe, die gegen den Erfüllungsanspruch vorgebracht werden, nicht.

2. Die Gegner[76]) meinen: da ein Recht zur Beschäftigung fehle, so könne der Arbeitnehmer z. B. auch nicht verlangen, daß Arbeitsräume zur Verfügung gestellt würden, erst recht also nicht, daß der Arbeitgeber die Räume ihm in ordnungsmäßigem Zustand zur Verfügung stellt. Schließt man sich der herrschenden merkwürdigen[77]) Ansicht an, daß zwar Schauspieler, nicht aber Werkmeister und Maschinisten Beschäftigung verlangen können, an, so besteht doch nicht das geringste Bedenken dagegen, den Arbeitgeber zu verurteilen, bei der Beschäftigung, d. h. wenn er beschäftigt, bestimmte Betriebsschutzmaßnahmen zu treffen. Es ist doch reine Theorie, wenn man sagt, der Arbeitgeber beschäftigt dann einfach nicht oder braucht nicht zu beschäftigen. Er kann doch nicht ewig Lohn zahlen, ohne arbeiten zu lassen. Die kritisierte Auslegung der §§ 618 BGB., 62 HGB. ist geeignet, die Bedeutung des § 618 BGB. herabzudrücken und dadurch dem Vorwurf des unsozialen Geistes im BGB. neue Nahrung zu geben. Man denke z. B. an solche Verletzungen, bei denen kein Vermögensschaden entsteht, z. B. der Pflichten zur Aufrechterhaltung der guten Sitten und des Anstandes (§ 120b Abs. 1 GewO. und § 62 Abs. 1 HGB.) sowie der Pflicht hinsichtlich der Religion (§ 618 Abs. 2 BGB. und § 62 Abs. 2 HGB.)[78]). Einige Gegner des Erfüllungsanspruchs wollen eine Feststellungsklage geben[79]), daß der Arbeitgeber verpflichtet sei, die nötigen Maßnahmen zu treffen, falls er beschäftigen will. Dann ist aber nicht einzusehen, warum nicht auf Leistung geklagt werden kann. Siber hat in seiner Rektoratsrede den vermeintlichen Gegensatz treffend dahin formuliert:

> „Das Bürgerliche Gesetzbuch hilft also erst, obwohl dann ausgiebiger, wenn das Kind in den Brunnen gefallen ist. Die Gewerbeordnung deckt vorher den Brunnen zu."

---

[76]) Hueck bei Hueck-Nipperdey, Lehrbuch S. 224; Planck, Kommentar z. BGB. § 611 Bem. 5b; Titze, Ehrenbergs Handbuch 2, 856; Jacobi, Grundlehren S. 189; Sinzheimer, Grundzüge, 2. Aufl. S. 158, 162; Müller-Erzbach, JheringsJ. 73, 174ff.; Kahn-Freund a. a. O. S. 25ff. und die bei diesen Zitierten. Das Reichsgericht scheint den Anspruch gleichfalls verneinen zu wollen (RG. 106, 274), etwas anders allerdings RG. 103, 374.

[77]) Vgl. hiergegen meine Ausführungen bei Staudinger a. a. O. Bd. 2 Bem. IX, besonders 4 mit ausführlichen Literaturangaben und § 46 ArbVertrG.-Entw.

[78]) Ebenso Kaskel, Arbeitsrecht, 3. Aufl. S. 155.

[79]) Z. B. Jacobi, Grundlehren S. 189.

Nach der hier vertretenen Auffassung besteht auch nach bürgerlichem Recht die Möglichkeit, die Bedeckung des Brunnens zu erreichen, bevor jemand zu Schaden gekommen ist. Schon dieses Ergebnis rechtfertigt unsere Auslegung[80]. Ist aber der Erfüllungsanspruch für die §§ 618 BGB., 62 HGB., 120a GewO. gegeben, so folgt aus dem hier eingenommenen Standpunkt, daß auch auf Erfüllung positiver Arbeiterschutzvorschriften z. B. die Beschaffung von Sitzgelegenheit[81] geklagt werden kann.

Die Bejahung des Erfüllungsanspruchs bedeutet nun allerdings nicht, daß dieser Anspruch immer dann gegeben ist, wenn eine positive Arbeiterschutznorm arbeitsvertragliche Bedeutung erhält. Das gilt namentlich bei den oben unter III 3 erwähnten Solidarnormen. Hier wird es häufig nicht dem Willen des Gesetzgebers entsprechen, daß der Einzelne auf Erfüllung klagen kann, da die Norm in erster Linie im Gesamtinteresse der Belegschaft ergangen ist. Wohl aber können bei Verletzung derartiger Solidarnormen die übrigen privatrechtlichen Rechtsbehelfe erwachsen, die im folgenden unter VI aufgezählt sind (wie Leistungsverweigerungsrecht, Schadensersatzanspruch und Kündigungsrecht).

VI. Zusammenfassend ist danach die privatrechtliche Bedeutung der positiven Handlungspflichten des Arbeiterschutzes, die arbeitsvertragliche Natur haben, folgende:

1. Erfüllt der Arbeitgeber die ihm durch die Arbeiterschutzvorschriften auferlegten positiven Handlungspflichten nicht, so hat der Arbeitnehmer, da es sich zugleich um eine privatrechtliche Pflicht handelt, ein Leistungsverweigerungsrecht. Dies ergibt sich einmal aus § 242 BGB., denn es kann dem Arbeitnehmer nicht zugemutet werden, Arbeit unter gefährlichen und den Arbeiterschutzvorschriften widersprechenden Verhältnissen mit dem Risiko zu leisten, sich für einen etwaigen Schadensfall dem Einwand des Mitverschuldens (§ 254 BGB.) auszusetzen. Zudem steht dem Arbeitnehmer schon nach § 273 BGB. ein Zurückbehaltungsrecht an der geschuldeten Leistung, d. h. der Arbeitsleistung zu. Dagegen ist es zweifelhaft, ob er sich auch auf die Einrede des nichterfüllten Vertrages aus § 320 BGB. berufen kann[82]. Dies ist nicht etwa deshalb zu verneinen, weil der Arbeitnehmer nach § 614 BGB. vorleistungspflichtig ist. Die Vorleistungspflicht des § 614 BGB. gilt nur im Hinblick auf die Lohnzahlung, aber nicht auch hinsichtlich der sonstigen Verpflichtungen, z. B. aus § 618 BGB. Die Anwendbarkeit des § 320 BGB. wird aber deshalb zu verneinen sein, weil die in § 320 gegebene Einrede nur hinsichtlich der sich gegenüberstehenden Hauptleistungen, der synallagmatischen Verpflichtungen, dagegen nicht für Nebenleistungen — wie sie hier in Frage stehen — erhoben werden kann.

2. Der Arbeitgeber, der die positiven Handlungspflichten nicht erfüllt, unterläßt damit eine für die Bewirkung der Leistung des Arbeitnehmers erforderliche Mitwirkungshandlung und kommt somit durch bloßes Verbalangebot (§ 295 BGB.) des Arbeitnehmers in Annahmeverzug. Er muß deshalb nach § 615 BGB. den Lohn zahlen.

3. Der Arbeitgeber kann auf Erfüllung verklagt werden. Damit ist die Möglichkeit gegeben, schnell eine einstweilige Verfügung zu erwirken.

[80] Im Ergebnis bejahen den Erfüllungsanspruch: Kaskel, Arbeitsrecht, 3. Aufl. S. 155, NZfAR. 1922 S. 8 Anm. 12; Oertmann, Kommentar z. BGB. Bem. 4 zu § 618, Deutsches Arbeitsvertragsrecht 1923 S. 201; Lotmar, Der Arbeitsvertrag 2 S. 262, 278, die Kommentare zum HGB. von Staub § 62 Anm. 7, Düringer-Hachenburg § 62 Anm. 4, ebenso Landmann-Rohmer, Komm. z. GewO. § 120a Anm. 3d und Bewer, RArbBl. 1922 NAT. S. 702.

[81] Vgl. die vom Bundesrat auf Grund des § 139a GewO. erlassene VO. v. 28. Nov. 1900.

[82] So Jacobi, Grundlehren S. 188 Anm. 18.

4. Die Abdingung der Handlungspflichten ist unzulässig (§§ 134, 619 BGB.). Es tritt aber nur Teilnichtigkeit ein, d. h. nur Nichtigkeit der mit den Arbeiterschutzvorschriften in Widerspruch stehenden Abreden. Ein nachträglicher Verzicht auf den bereits entstandenen Schadensersatzanspruch ist aber auch während Bestehens des Arbeitsverhältnisses möglich[83]).

5. Bei Verletzung der positiven Handlungspflichten ist auch ein Schadensersatzanspruch gegeben. Dabei ist der Doppelcharakter, der diesen Pflichten nach der hier vertretenen Auffassung beizumessen ist, stets im Auge zu behalten. Einmal liegt in dem Verstoß gegen diese Vorschriften eine Vertragsverletzung, da die Bestimmungen die konkretisierende Ausfüllung der §§ 618 BGB., 62 HGB., 120a GewO. bilden; auf der anderen Seite ist ein deliktischer Anspruch auf Grund des § 823 Abs. 2 BGB. gegeben. Beide Ansprüche bestehen nebeneinander. Es liegt ein Fall der sog. Anspruchskonkurrenz, nicht Gesetzeskonkurrenz vor.

a) Der vertragliche Anspruch ist insofern von besonderer Bedeutung, als die Verjährungsfrist 30 Jahre beträgt (§ 195, nicht § 196 Ziff. 8—10 oder § 852 BGB.) und für Gehilfen nach § 278 BGB. ohne jede Exkulpationsmöglichkeit gehaftet werden muß. Es ist aber nicht etwa jeder Arbeitnehmer hinsichtlich der Fürsorgepflicht Erfüllungsgehilfe des Arbeitgebers. Daher haftet der Arbeitgeber nicht aus § 278 BGB., wenn ein Arbeiter bei der Ausführung der Arbeitsleistung die Verletzung eines Mitarbeiters verschuldet[84]). Solchenfalls kann aber eine Haftung aus eigenem Verschulden des Arbeitgebers in Frage kommen (§ 276 BGB.), z. B. wegen mangelhafter Beaufsichtigung, ungenügender Aufklärung, Übertragung einer Arbeit an einen nichtgeschulten Arbeiter usw.

Der Schadensersatzanspruch geht in erster Linie nach § 249 BGB. auf Naturalrestitution. Es ist demnach der Zustand herzustellen, der bestehen würde, wenn der Arbeitgeber die ihm auferlegte Verpflichtung erfüllt hätte. Es kann also Beseitigung des Zustandes verlangt werden, der durch den Verstoß gegen die Arbeiterschutzvorschriften herbeigeführt worden ist. Es kann mit anderen Worten Erfüllung der Arbeitgeberpflichten verlangt werden. Dagegen kann nicht eingewendet werden, daß darin die Ersetzung eines Nichtvermögensschadens liege und dieser nur in den durch das Gesetz bestimmten Fällen (§ 253 BGB.) gefordert werden könne. Dieser Einwand ist insofern unbeachtlich, als § 253 BGB. nur für den Fall gilt, daß Ersatz in Geld verlangt wird. Die Möglichkeit, im Wege der Naturalrestitution die Erfüllung der Arbeitgeberpflichten zu erreichen, ist besonders wichtig für diejenigen, die den unmittelbaren Erfüllungsanspruch ablehnen.

Im übrigen ist nur der wirkliche Schaden zu ersetzen. Schmerzensgeld kann aus Vertragsverletzung nicht verlangt werden. Dies ergibt sich aus § 618 Abs. 3 BGB., indem § 847 BGB. für den vertraglichen Anspruch nicht bezogen ist. Nur die §§ 842—846 BGB. sollen nach der ausdrücklichen Vorschrift in Abs. 3 Anwendung finden.

b) Neben dem vertraglichen Anspruch besteht ein Schadensersatzanspruch aus unerlaubter Handlung (§ 823 Abs. 2 BGB.). Denn die Arbeiterschutzvorschriften bleiben trotz ihrer privatrechtlichen Bedeutung Bestimmungen des Arbeiterschutzrechts. Sie verlieren durch ihre Eingliederung in § 618 BGB., der als rein privatrechtliche Norm selbst kein Schutz-

[83]) Vgl. hierzu meine Ausführungen bei Staudinger a. a. O. Bd. 2 Bem. II zu § 619 und Beiträge zum Tarifrecht S. 44ff.

[84]) Vgl. RG. 103, 374; 106, 293, und Dersch-Flatow-Hueck-Nipperdey, Rechtsprechung des Reichsgerichts zum Arbeitsrecht 1, 360ff.

gesetz im Sinne des § 823 Abs. 2 BGB. ist[85]), nicht etwa ihren öffentlich-rechtlichen Charakter. Die öffentlich-rechtlichen Arbeiterschutzvorschriften bleiben Schutzgesetze. Für diesen deliktischen Anspruch ist aber nur eine Haftung für Gehilfen nach § 831 BGB. mit dezentralisiertem Entlastungsbeweis gegeben (nicht § 278 BGB.) und es gilt die dreijährige Verjährung des § 852 BGB. Dieser Anspruch enthält also insofern erhebliche Beschränkungen gegenüber dem vertraglichen Anspruch. Andererseits geht der deliktische Anspruch weiter, denn für ihn gilt § 847 BGB. Es kann also Schmerzensgeld verlangt werden[86]).

c) Eine besondere Rolle spielt im Bereich der Schadensersatzpflicht nach § 618 BGB. wie nach § 823 Abs. 2 BGB. die Minderung oder Beseitigung des Ersatzanspruchs durch konkurrierendes Verschulden nach § 254 BGB. Es kann von dem Arbeitnehmer im allgemeinen nicht verlangt werden, daß er sich selbst Schutzmittel beschafft. Aber der Arbeitnehmer ist gehalten, den Arbeitgeber auf den Mangel etwaiger Schutzvorrichtungen und auf Gefahren aufmerksam zu machen, wenn er fähig ist, sie zu erkennen[87]). Das gilt aber nicht, wenn die Gefährlichkeit oder der Mangel offensichtlich vom Arbeitgeber oder seinem Erfüllungsgehilfen (§ 278) zu erkennen war[88]). Auch muß der Arbeitnehmer sich selbst durch Anstrengung seiner Aufmerksamkeit vor Schaden zu schützen suchen[89]). In der Übernahme einer gefährlichen Arbeit liegt aber noch kein Mitverschulden. Auch ist bei der nach § 254 BGB. erforderlichen Abwägung des beiderseitigen Verschuldens zu beachten, daß in der Regel den Arbeitgeber dann das entscheidende Verschulden trifft, wenn er gefahrbringende Räume oder Gerätschaften dem Arbeitnehmer zur Verfügung stellt (RG. WarnRspr. 1917 Nr. 12; 1919 Nr. 33). Die Ausführung von Anweisungen des Arbeitgebers ist dem Arbeitnehmer regelmäßig nicht als Verschulden anzurechnen (RG. WarnRspr. 1914 Nr. 249). Mit Recht betont darüber hinaus der RGRKomm. § 618 Bem. 7, daß bei der Prüfung, ob und inwieweit den Arbeitnehmer wegen der Übernahme einer gefährlichen Arbeit ein Verschulden trifft, seine Gewöhnung an die seinem Berufe eigentümlichen gefährlichen Verrichtungen und die dadurch hervorgerufene Abstumpfung gegen die Gefahr, seine Gepflogenheit, den Arbeitgeber bei der Arbeit für sich denken zu lassen, und namentlich die Zwangslage in Betracht zu ziehen ist, die ihn, wenn er nicht seine Stelle verlieren will, häufig nötigt, trotz besserer Einsicht gefährliche Beschäftigungen zu übernehmen. Bei einem Ausharren im gesundheitsschädlichen Dienstverhältnis ist zu beachten, daß für die Annahme eines stillschweigenden Verzichts auf Beseitigung und damit eines eigenen Verschuldens, das etwa in der Fortsetzung des Dienstverhältnisses an sich gefunden werden könnte, die gleichen Erfordernisse aufzustellen sind wie für die Zulässigkeit eines ausdrücklichen Verzichts auf den Ersatzanspruch. Auch hier wird stets von Einfluß sein, ob sich der Arbeitnehmer der in der Zukunft liegenden schweren Folgen seiner Gesundheitsbeschädigung bewußt war (RG. SeuffA. 68, 306)[90]).

---

85) Vgl. hierzu Nipperdey bei Staudinger a. a. O. Bem. I 7c zu § 618.

86) A. M. Titze, Ehrenbergs Handbuch 1, 858.

87) RG. in Recht 1911 Nr. 1922 und 1912 Nr. 1290.

88) RG. JW. 1912 S. 529, OLG. 9, 287; 28, 183.

89) RG. SeuffA. Bd. 57 Nr. 1071; GruchotsBeitr. 48, 910; JW. 1904 S. 290; 1907 S. 249 und 1911 S. 757.

90) Vgl. im übrigen meine Ausführungen bei Staudinger a. a. O. Bem. IV 2f zu § 618, und unten F II 4b und Dersch-Flatow-Hueck-Nipperdey, Rechtsprechung des Reichsgerichts zum Arbeitsrecht 1, 363.

d) Besonders ist darauf hinzuweisen, daß durch die Unfallversicherungsregeln der Reichsversicherungsordnung der Schadensersatzanspruch aus § 618 wie aus § 823 Abs. 2 BGB. erheblich eingeschränkt wird [91]). Ist der Schaden nämlich durch einen versicherungspflichtigen Unfall im Sinne der §§ 544, 546 RVO. herbeigeführt, so haftet der Arbeitgeber auf Schadensersatz nur dann, wenn strafrechtlich festgestellt worden ist, daß er den Unfall vorsätzlich herbeigeführt hat. Selbst bei grober Fahrlässigkeit besteht solchenfalls eine Haftung nicht. Auch bei Vorsatz des Arbeitgebers ist ein Anspruch nur auf den Betrag gegeben, um den der eingetretene Schaden die Entschädigung aus der Unfallversicherung übersteigt (beachte aber § 847 BGB.) [91]).

6. Schließlich hat der Arbeitnehmer bei Nichterfüllung der positiven Handlungspflichten ein sofortiges Kündigungsrecht aus den §§ 626 BGB., 71 Ziff. 3 HGB. und bei Gesundheitsgefährdung § 124 Ziff. 5 GewO.

F. Pflichten des Arbeitnehmers aus Gründen des Arbeiterschutzes

I. Eine Anzahl von Pflichten des Arbeitgebers zur Verhütung von Betriebsgefahren läßt sich nur verwirklichen, wenn der Arbeitnehmer an der Erfüllung mitwirkt. So ist im Betriebsschutz die Verpflichtung der Arbeitgeber zur Anbringung von Schutzvorrichtungen, die Unfallverhütung bezwecken, durch die Pflicht der Arbeitnehmer ergänzt, diese Schutzvorrichtungen auch zu benutzen. Solche Pflichten zum Schutze von Leben und Gesundheit können den Arbeitnehmern in bezug auf ihr Verhalten im Betrieb durch Verordnung der Reichsregierung nach § 120e GewO. auferlegt werden. Beispiele dieser Art sind das Verbot des Rauchens bei der Arbeit, des Mitbringens von Nahrungsmitteln in die Arbeitsräume, des Betretens bestimmter Räume sowie die Pflicht, sich ärztlich untersuchen zu lassen [92]). Die Übertretung dieser Vorschriften durch die Arbeitnehmer ist mit Strafe bedroht (z. B. § 150a GewO.). Diese korrespondierenden Pflichten sind natürlich nur sekundärer Natur und sind den Arbeitnehmern in erster Linie um ihrer selbst willen, nicht im Interesse der anderen Vertragspartei, des Arbeitgebers, auferlegt.

II. Die privatrechtliche Bedeutung der Arbeitnehmerverpflichtungen.

1. In vielen Fällen werden über die hier behandelten Arbeitnehmerpflichten Bestimmungen im fakultativen Teil der Arbeitsordnung oder entsprechende Dienstvorschriften im Wege der Betriebsvereinbarung (§ 134aff. GewO., § 78 Ziff. 3, §§ 75, 80, 104 Ziff. 4 BRG. und § 66 Ziff. 5, §§ 75, 80 BRG.) erlassen. Dann besteht ohne weiteres auch eine privatrechtliche Verpflichtung des Arbeitnehmers zur Erfüllung dieser Pflichten. Dies folgt für die Bestimmungen der Arbeitsordnung aus § 134c GewO. und für die Dienstvorschriften aus der Gehorsamspflicht des Arbeitnehmers gegenüber dem Arbeitgeber auf Grund des Anstellungsvertrages. Häufig stellen sogar die Arbeiterschutzgesetze, namentlich die älteren Verordnungen, auf Grund des § 120e Abs. 1 GewO. [93]) nicht selbst die Vorschriften über die Arbeitnehmerpflichten auf, vielmehr legen sie nur dem Arbeitgeber die Verpflichtung zum Erlaß bestimmter Dienstvorschriften auf (vgl. z. B. § 16 Abs. 8 der BleiVO. v.

---

[91]) Vgl. hierüber und über die abändernden Beschlüsse auf dem Deutschen Juristentag in Salzburg meine Ausführungen im Arbeitsrecht 1928 S. 661ff. und bei Staudinger a. a. O. Bem. IV 2i zu § 618.

[92]) Vgl. z. B. § 19 der BleiVO. v. 27. Jan. 1920 (RGBl. 1920 S. 109) — vgl. auch Hueck bei Hueck-Nipperdey, Lehrbuch S. 394 und Jacobi, Grundlehren S. 333 Anm. 2.

[93]) Vgl. die Angaben bei Jacobi, Grundlehren S. 333/34 Anm. 2.

27. Jan. 1920, RGBl. 109). Nur die Pflicht des Arbeitgebers zum Erlaß der Dienstvorschriften ist mit Strafe bedroht, dagegen nicht die in den Dienstvorschriften enthaltenen Arbeitnehmerpflichten, diese begründen vielmehr nur privatrechtliche Pflichten der Arbeitnehmer[94]). Diese Arbeitnehmerpflichten gehören also überhaupt nicht zum Arbeiterschutzrecht. Sie werden aber hier erwähnt, um zu verdeutlichen, daß auch für die übrigen Fälle meist durch entsprechende Bestimmungen in Betriebsvereinbarungen eine arbeitsvertragliche Verpflichtung zur Erfüllung der Pflichten im Interesse des Arbeiterschutzes begründet ist.

2. Aber auch wenn keine entsprechenden Bestimmungen in der Arbeitsordnung und keine inhaltlich gleichen Dienstvorschriften bestehen, ist anzunehmen, daß es sich hier zugleich um arbeitsvertragliche Pflichten des Arbeitnehmers handelt. Wie ausgeführt, sind die den Arbeitgebern durch die Vorschriften des öffentlich-rechtlichen Arbeitsschutzrechts auferlegten positiven Handlungspflichten zugleich als Inhalt der §§ 618 BGB., 62 HGB., 120a GewO. anzusehen. Besteht aber eine privatrechtliche Verpflichtung des Arbeitgebers, Schutzvorrichtungen anzubringen und instand zu halten, so ergibt sich aus Treu und Glauben auch eine arbeitsvertragliche Verpflichtung des Arbeitnehmers, seinerseits von diesen Einrichtungen Gebrauch zu machen (§ 242 BGB.). Danach begründen alle positiven Handlungspflichten der Arbeitnehmer im Arbeitssschutzrecht gleichzeitig eine privatrechtliche Verpflichtung. Aber auch hinsichtlich der Unterlassungspflichten, z. B. des Verbots, während der Arbeit zu rauchen, wird man aus § 242 BGB. eine vertragliche Verpflichtung zur Einhaltung dieser Bestimmungen herleiten können. Dies gilt natürlich nur, soweit die Verpflichtungen geeignet sind, in den Einzelarbeitsvertrag aufgenommen zu werden und der Arbeitgeber (als Gegenkontrahent) ein schutzwertes Interesse an der Durchführung hat. Deshalb wird man die öffentlich-rechtliche Pflicht des Arbeitnehmers, sich einer ärztlichen Untersuchung zu unterziehen, beispielsweise nicht auch als vertragliche Pflicht ansehen können.

Damit ist auch zugleich der Einwand, der gegen unsere Auffassung erhoben werden könnte, entkräftet, daß den Arbeitnehmerpflichten im Arbeiterschutzrecht ein ähnlicher Gedanke wie dem nach § 254 BGB. zu berücksichtigenden Mitverschulden zugrunde liege. Es könne deshalb aus den hier in Frage stehenden Arbeiterschutzvorschriften ebensowenig wie aus § 254 BGB. eine Verpflichtung hergeleitet werden, vielmehr handele es sich bei Verletzung der Arbeitnehmerpflichten lediglich um einen Verstoß gegen das Gebot des eigenen Interesses. Einmal ist diese Einwendung unberechtigt, weil die Erfüllung und tatsächliche Durchführung der Arbeitnehmerpflichten, auch wenn diese nur den Schutz des Arbeitnehmers bezwecken, trotzdem im Interesse des Arbeitgebers liegen kann. Die Zweckrichtung dieser Vorschriften schließt keineswegs aus, daß der Arbeitgeber ein erhöhtes Interesse an ihrer Beachtung hat, man denke z. B. an das Verbot des Rauchens. Widersinnig wäre sonst auch ihre Aufnahme in die Arbeitsordnung und in die Dienstvorschriften. Der Einwand ist aber auch noch aus einem zweiten Grunde nicht stichhaltig. Der Hinweis auf § 254 BGB. verkennt, daß nach § 254 BGB. ein tatsächliches Verhalten ohne Rücksicht auf irgendeine Verpflichtung des Geschädigten berücksichtigt werden muß, während hier immer eine Verpflichtung wenigstens öffentlich-rechtlicher Natur besteht. Es soll also

[94]) Richtig Jacobi, Grundlehren S. 333/334 Anm. 2 und Hueck bei Hueck-Nipperdey a. a. O. 1, 394 Anm. 8.

nicht eine Verpflichtung des Arbeitnehmers gegen sich selbst, sondern eine dem Staate gegenüber bestehende Pflicht des Arbeitnehmers zur arbeitsvertraglichen Pflicht gemacht werden (§ 242), soweit deren Erfüllung im Interesse des Arbeitgebers liegt.

3. Soweit danach die Arbeitnehmerpflichten auch als Inhalt des Einzelarbeitsvertrages anzusehen sind (§ 242 BGB.), kann der Arbeitgeber auf Erfüllung klagen. Solange der Arbeitnehmer diese Bestimmungen nicht beachtet, steht die von ihm geschuldete Leistung noch aus.

4. Weitere Rechtsfolgen bei Nichterfüllung der dem Arbeitnehmer obliegenden Verpflichtungen.

Nach der herrschenden Lehre[95]), nach der die Arbeiterschutzvorschriften den Inhalt des Arbeitsvertrages positiv nicht beeinflussen, könnte der Arbeitgeber keine Rechte aus der Zuwiderhandlung der Arbeitnehmer gegen die Arbeiterschutzvorschriften herleiten. Bei den öffentlich-rechtlichen Pflichten der Arbeitgeber begründet die herrschende Lehre das Leistungsverweigerungsrecht des Arbeitnehmers und den Annahmeverzug[95a]) des Arbeitgebers (§ 615 BGB.) damit, daß dem Arbeitnehmer nicht zugemutet werden könne, in Verhältnissen zu arbeiten, die mit den Arbeiterschutzvorschriften in Widerspruch stehen. Es geht aber nicht an, für die hier behandelten Fälle ähnlich, etwa folgendermaßen zu argumentieren: Weil der Arbeitnehmer die ihm auferlegten Pflichten nicht erfüllt, z. B. die Schutzvorrichtungen nicht benutzt, kann dem Arbeitgeber nicht zugemutet werden, den Lohn zu zahlen oder den Arbeiter weiterzubeschäftigen. Darin würde keine negative, sondern eine positive Einwirkung der Arbeiterschutzbestimmungen liegen, denn die Lohnzahlung wird durch die Verletzung der Arbeitnehmerpflichten nicht erschwert. Aber weil der Arbeitnehmer nicht so leistet, wie er es nach § 242 BGB. müßte, braucht keine Annahme der Arbeit zu erfolgen.

a) Der Arbeitgeber kann bei Nichtbeachtung der fraglichen Normen durch den Arbeitnehmer die Annahme der Arbeit verweigern, ohne in Annahmeverzug zu geraten (§§ 242, 294 BGB.).

b) Ein Ersatzanspruch des Arbeitnehmers würde unter Umständen an mitwirkendem Verschulden scheitern (§ 254 BGB.).

c) Es ist ein Kündigungsrecht des Arbeitgebers nach den §§ 626 BGB. 72 Ziff. 2 HGB., 123 Ziff. 3 GewO. („beharrliche Pflichtverweigerung") gegeben.

G. Arbeiterschutzvorschriften hinsichtlich der Beendigung des Arbeitsvertrages[96])

I. Die verschiedenen Arten der Vorschriften.

1. Die Schutzvorschriften. Auch bei Beendigung des Arbeitsverhältnisses soll der Arbeitnehmer im Hinblick auf seine wirtschaftliche Abhängigkeit vom Arbeitgeber weitgehend geschützt werden. Deshalb soll auch die Auflösung des Arbeitsvertrages nicht „freier Vereinbarung" und damit dem freien Spiel der wirtschaftlichen Kräfte überlassen bleiben. Zu diesem Zweck hat der Gesetzgeber die Kündigungsfrist des Arbeitgebers zugunsten des Ar-

---

[95]) Vgl. Kaskel, Arbeitsrecht, 3. Aufl. S. 194/95 unter D, besonders S. 258 und Hueck bei Hueck-Nipperdey, Lehrbuch 1, 102.

[95a]) Daß es sich bei der Begründung des Annahmeverzugs wegen Unterlassung einer (positiven) Mitwirkungshandlung (§ 295 BGB.) schon um eine stark positive Beeinflussung des Arbeitsvertrages durch die Arbeiterschutzvorschriften handelt, sei nur nebenbei erwähnt.

[96]) Einzelheiten hierzu bei Hueck, Hueck-Nipperdey, Lehrbuch 1, 302ff.

beitnehmers weitgehend eingeschränkt. Dieser sog. Kündigungsschutz ist rechtlich sehr verschieden gestaltet[97]). Um dem Arbeitnehmer die Arbeitsstelle bis zu einem gewissen Grade zu erhalten und ihn gegen willkürliche Kündigungen zu schützen, sind zunächst privatrechtliche Vorschriften ergangen (vgl. z. B. §§ 122 GewO., 67 HGB., ferner das sog. Kündigungsschutzgesetz v. 6. Juli 1926). Diese privatrechtlichen, zwingenden Vorschriften fallen nicht unter das Arbeiterschutzrecht und müssen deshalb unberücksichtigt bleiben. Aber darüber hinaus besteht eine Reihe öffentlich-rechtlicher Kündigungs- und Entlassungsbeschränkungen, die Pflichten dem Staate gegenüber begründen. Die Übertretung dieser Vorschriften, d. h. die im Widerspruch zu diesen Bestimmungen erfolgende Kündigung seitens des Arbeitgebers wird bestraft. Diese Entlassungsverbote haben durch Strafsanktion den Charakter von Arbeiterschutzvorschriften erhalten[98]). In Frage kommt u. a. der § 95 BRG., wonach es den Arbeitgebern und ihren Vertretern untersagt ist, ihre Arbeitnehmer in der Ausübung des Wahlrechts zu den Betriebsvertretungen oder in der Übernahme und Ausübung der gesetzlichen Betriebsvertretung zu beschränken oder sie deswegen zu benachteiligen (Strafandrohung in § 99 BRG.). Betroffen wird hiervon namentlich die Maßreglungskündigung[99]) (vgl. auch § 26 ArbGG.). Weiter sind hier zu erwähnen die Entlassungsverbote nach der StillegungsVO. v. 8. Nov. 1920/15. Okt. 1923 (§ 2 und Strafdrohung in § 7), und die Kündigungsbeschränkungen nach dem G. v. 16. Juli/29. Okt. 1927 über die Beschäftigung vor und nach der Niederkunft (§ 4, Strafe § 5), sowie im SchwerbeschädigtenG. v. 12. Jan. 1923 (§§ 13ff. mit der Strafdrohung in § 18).

2. Der Entlassungszwang. Eine zweite Gruppe, die hierhin gehört, sieht den Entlassungszwang vor. Das ist z. B. für Bleifabriken in § 17 Abs. 2 der VO. v. 27. Jan. 1927, für Anlagen zur Herstellung von Alkali-Chromaten in den §§ 13, 14 Abs. 2 der VO. v. 15. Juni 1907 und in den Spiegelbeleganstalten vorgesehen. Hier hat der Arbeitgeber solche Arbeitnehmer, die bestimmten Vorschriften des Gesetzes oder den Anordnungen über die Ordnung im Betriebe (z. B. Einnehmen von Speisen, Benutzung der Waschgelegenheit) zuwiderhandeln, sofort zu entlassen. Ferner kann nach den §§ 106 Abs. 2, 128 Abs. 1, 1. Alternative, 144a GewO. ein Entlassungszwang gegenüber einem Arbeitgeber oder Lehrherrn ausgeübt werden, der jugendliche Arbeitnehmer und Lehrlinge den obengenannten Vorschriften zuwider hält oder anleitet.

II. Die privatrechtliche Bedeutung der Arbeiterschutzvorschriften hinsichtlich der Beendigung des Arbeitsvertrages bietet keine besonderen Schwierigkeiten.

1. Die Kündigungsbeschränkungen des Arbeiterschutzrechts.

a) Die Entlassungsvorschriften (Kündigungsbeschränkung) enthalten gesetzliche Verbote. Daher ist die im Widerspruch zu diesen Bestimmungen

---

[97]) Die Kündigungsbeschränkungen unterscheiden sich sowohl der Form wie der Art nach. Über die verschiedenen Formen vgl. meine Übersicht bei Staudinger a. a. O. Bd. 2 Vorbem. VI 2 vor § 620. Über die Verschiedenheit ihrer Art, d. h. ihrer juristischen Natur vgl. den weiteren Text.

[98]) Irreführend Hueck bei Hueck-Nipperdey, Lehrbuch 1, 388 Anm. 6.

[99]) Vgl. RAG. BenshSamml. Bd. 3 Nr. 8, Bd. 4 Nr. 13 und Nr. 84, sowie LAG. Hannover BenshSamml. Bd. 1 Nr. 70, a. A. LAG. Aschaffenburg ebenda Nr. 69, vgl. an diesen Stellen auch die Anmerkungen von Flatow. Nicht hierhin gehört § 96 BRG., der rein privatrechtlichen Charakter hat.

erfolgende Kündigung oder Entlassung nach § 134 BGB. nichtig[100]). Der Arbeitnehmer muß natürlich bei der Tendenzkündigung (§ 95 BRG.) die Tendenz nachweisen. Ist aber ein Verstoß gegen die Entlassungsvorschriften nachgewiesen, so ist die Kündigung unwirksam. Der Arbeitgeber kommt in Annahmeverzug und muß gemäß § 615 BGB. den vollen Lohn zahlen[101]).

b) Darüber hinaus haftet der Arbeitgeber dem betroffenen Arbeitnehmer für allen durch die unrechtmäßige Entlassung entstandenen Schaden. Denn die öffentlich-rechtlichen Arbeiterschutzvorschriften sind zugleich Schutzgesetze im Sinne des § 823 Abs. 2 BGB. Praktisch wird dieser Schadensersatzanspruch allerdings eine weniger große Rolle spielen, da der zu Unrecht gekündigte Arbeitnehmer seinen vollen Lohnanspruch behält und darüber hinausgehenden Schaden in den seltensten Fällen nachweisen kann.

2. Der Entlassungszwang.

a) Der Entlassungszwang hat insofern privatrechtliche Bedeutung, als der Arbeitnehmer sich die fristlose Entlassung gefallen lassen muß. In den meisten Fällen wird sie auch durch sein eigenes Verschulden, jedenfalls durch einen in seiner Person liegenden Grund veranlaßt sein.

b) Der Entlassungszwang richtet sich gegen den Arbeitnehmer. Deshalb kann er keine vertragliche Verpflichtung des Arbeitgebers gegenüber dem Arbeitnehmer begründen.

c) Kommt der Arbeitgeber seiner Verpflichtung, einen bestimmten Arbeitnehmer zu entlassen, nicht nach, so kann er sich dadurch unter Umständen nach § 823 Abs. 2 BGB. gegenüber anderen Arbeitnehmern schadensersatzpflichtig machen.

d) Auch kann ein Leistungsverweigerungsrecht anderer beteiligter Arbeitnehmer gegeben sein, wenn sie durch die Nichtentlassung betroffen, z. B. in ihrer Gesundheit gefährdet werden. Dies folgt aus Treu und Glauben (§ 242 BGB.), da ihnen ein Weiterarbeiten nicht zugemutet werden kann. Dagegen kann man das Leistungsverweigerungsrecht nicht aus den §§ 320 oder 273 BGB. herleiten, denn es ist nicht anzunehmen, daß die Entlassungspflicht des Arbeitgebers gleichzeitig eine Vertragspflicht gegenüber den übrigen Arbeitnehmern begründet. Der Gesetzgeber hat durch den Entlassungszwang keineswegs eine unmittelbare Begünstigung der übrigen Arbeitnehmer herbeiführen wollen. Deshalb ist auch eine ihnen gegenüber bestehende Arbeitsvertragspflicht zur Entlassung des Mitarbeiters abzulehnen.

Abgeschlossen: März 1929.

---

[100]) Unberührt bleibt durch die öffentlich-rechtlichen Entlassungsverbote im allgemeinen das Recht zur fristlosen Kündigung aus wichtigem Grund. Vgl. § 96 Abs. 2 Ziff. 3 BRG., § 2 Abs. 4 StillegungsVO., § 13 Abs. 2 Satz 1 SchwerbeschädigtenG., § 4 Ziff. 5 des Gesetzes über die Beschäftigung vor und nach der Niederkunft. Vgl. auch § 23 Abs. 3 ArbSchutzG.-Entw., Reichstagsdrucksachen Nr. 753 S. 11. Bezüglich der Anwendbarkeit der §§ 123, 124a GewO. auf Schwerbeschädigte vgl. RAG. BenshSamml. Bd. 2 Nr. 8, 38 u. 39 RAG., Lothar Richter, Das Gesetz über die Beschäftigung Schwerbeschädigter in: Bücherei des Arbeitsrechts Bd. 7 1928 Anm. 13 zu § 13, Hueck bei Hueck-Nipperdey, Lehrbuch 1, 370 und Nipperdey bei Staudinger Bd. 2 Bem. IX 1 zu § 626 und Vorbem. VIc S. 877 vor § 620.

[101]) Zu § 95 BRG. vgl. Anm. 99; zu § 13 SchwerbeschädigtenG. vgl. Lothar Richter a. a. O. Anm. 3 zu § 13; zu § 2 StillegungsVO. vgl. Hueck bei Hueck-Nipperdey, Lehrbuch 1, 309; Häußner, Betriebsstillegung, 2. Aufl. 1926 zu § 2; Weigert, Betriebsstillegungen und Arbeitsstreckung, 2. Aufl. 1924 mit Nachtrag 1926 zu § 2; Erdmann-Anthes, BetriebsstillegungsVO. 1926 zu § 2 und Sinzheimer, Grundzüge, 2. Aufl. S. 203 unter γ.

Das Reichsgericht und die Kartelle

von Professor Dr. Otto Eger, Gießen

Hinsichtlich der Rechtsprechung des Reichsgerichts auf dem Gebiete des Kartellwesens sind zwei Zeiträume zu trennen, die durch das Inkrafttreten der Verordnung gegen Mißbrauch wirtschaftlicher Machtstellung (sog. Kartellverordnung) v. 2. Nov. 1923 voneinander geschieden werden. Während in der ersten Periode nur die Anwendung der allgemeinen Rechtsvorschriften auf die Kartelle zu prüfen war, wobei es galt, die Grundlagen für die rechtliche Beurteilung dieser so wichtigen Erscheinungen des Wirtschaftslebens zu schaffen, erscheinen in der zweiten daneben auch kartellrechtliche Sonderbestimmungen, und es tritt neben die des Reichsgerichts auch die Rechtsprechung des Kartellgerichts mit seinen nach § 12 KVO. endgültigen und auch das Reichsgericht bindenden Entscheidungen.

1. Das allgemeine Recht

Es sind vor allem drei Fragenkomplexe, mit welchen sich das Reichsgericht auf der Grundlage des allgemeinen Rechts zu beschäftigen hatte. Zunächst galt es zu der Frage der Zulässigkeit der Kartelle überhaupt Stellung zu nehmen. Daneben war das Verhalten der Kartelle gegenüber den Außenseitern und Dritten (Abnehmern und Lieferanten) sowie gegenüber ihren Mitgliedern, Fragen des äußeren und inneren Kartellzwangs, zu prüfen. Schließlich waren auch noch weitere mit der rechtlichen Organisation der Kartelle in Zusammenhang stehende Probleme zu lösen[1]).

Von „Syndikaten und Kartellen" ist zum ersten Male in einem Urt. v. 4. Febr. 1897 (RGZ. 38, 155ff.) die Rede[2]). Dagegen findet sich bereits in der Entsch. v. 5. Juli 1890 (RGZ. 28, 244) die Beschreibung des Buchhändlerbörsenvereins — einer landesrechtlichen Genossenschaft, die zweifellos als „Kartell" anzusprechen ist — als einer „Vereinigung von Gewerbsgenossen zu dem in gutem Glauben verfolgten Zweck, einen Gewerbebetrieb durch Schutz gegen Entwertung der Gewerbeerzeugnisse und die sonstigen aus Preisunterbietungen einzelner hervorgehenden Nachteile lebensfähig zu erhalten" — wo-

---

[1]) Für die Zeit bis zum Jahre 1905 gibt einen wertvollen Überblick der zweite Teil der Denkschrift über das Kartellwesen v. 25. März 1906, Reichstagsdrucksache Nr. 531, 11. Leg.-Per., 2. Sess. 1905/06.

[2]) In RGZ. 28, 243 (v. 5. Juli 1890) wird erwähnt, daß die Klägerin von einem „Ring" gesprochen habe, und es wird weiter gesagt, daß die von der Klägerin in Zusammenhang damit geltend gemachten Gesichtspunkte (rechtswidrige Beeinflussung der freien Preisbildung, auf welche der Konsument ein Recht habe, Beeinträchtigung der Gewerbefreiheit und somit eine Verletzung der öffentlichen Ordnung und der guten Sitten) nur zutreffend sein möchten bei einer Vereinigung von Personen, welche wegen eines spekulativen Zwecks die Beherrschung des Marktes für eine Ware und die Unterdrückung freier Betätigung wirtschaftlicher Kräfte, welche sich diesem Zweck entgegenstellen könnten, zum Gegenstand hat. — Vgl. auch RGZ. 20, 117 (v. 11. Febr. 1888), wo von der Bildung eines „Rings" nach amerikanischem Vorgang die Rede ist. Weiter RGZ. v. 16. März 1912 (Recht 1912, 2660): Von den Veranstaltern eines „Rings" . . .

bei ein solcher Zusammenschluß als genossenschaftliche Selbsthilfe charakterisiert wird[3]).

Auf diese Beschreibung wird dann auch verwiesen in dem schon erwähnten, grundlegenden Urt. v. 4. Febr. 1897 (RGZ. 38, 155ff.), welches sich auf den Holzstoffabrikantenverein[4]) bezieht und weiterhin von Zusammenschlüssen der an einer gewerblichen Branche beteiligten Unternehmer, um die gegenseitigen Preisunterbietungen und das dadurch herbeigeführte Sinken der Preise ihrer Produkte zu verhindern oder zu mäßigen, spricht.

Hierauf nimmt dann wieder das Urt. v. 14. Dez. 1902 (RGZ. 56, 271 ff.) Bezug, das sich erneut mit dem Buchhändlerbörsenverein beschäftigt, wobei von genossenschaftlichen oder vertraglichen Vereinigungen von Gewerbetreibenden zur Herbeiführung und Erhaltung angemessener Preise für ihre Gewerbserzeugnisse und Handelsartikel, auch wenn sie die Bedeutung eines gewerblichen Kartells haben, die Rede ist.

Erst in dem Urt. v. 7. Nov. 1912 (VI 151/12)[5]), welches in Sachen des Verbandes deutscher Damen- und Mädchenmäntelfabrikanten e. V. ergangen ist[6]), wird neben die eben wiedergegebene, in RGZ. 28, 244 enthaltene Beschreibung eine umfassendere Begriffsbestimmung gestellt, wonach das Kartell erscheint als eine Vereinigung von Gewerbetreibenden gleichartiger oder verwandter Gewerbezweige zur Ausschaltung oder Minderung des Wettbewerbs unter seinen Mitgliedern[7]).

Die Frage nach der Zulässigkeit der Bildung von Kartellen wird zum ersten Male in dem schon mehrfach erwähnten Urt. v. 4. Febr. 1897 (RGZ. 38, 155ff.) grundsätzlich und eingehend erörtert[8]). Da keine Sonderbestimmungen in Betracht kommen, wird insbesondere die Frage geprüft, ob ein derartige Zwecke verfolgender Verband das in der Gewerbeordnung zur Geltung gebrachte Prinzip der Gewerbefreiheit[9]) verletzt.

---

[3]) Vgl. dazu RGZ. 51, 396ff. (v. 29. März 1902), wo in Zusammenhang mit den wirtschaftlichen Kämpfen auch von genossenschaftlicher Selbsthilfe die Rede ist und unter Bezugnahme auf RGZ. 38, 155ff. auch die Kartelle erwähnt werden; s. unten S. 238 Anm. 35.

[4]) Dieser Verband verfolgte nach den Statuten den Zweck, einen verderblichen Wettbewerb der Holzstoffabrikanten zu verhindern und höhere Preise, als sie bei unbeschränkter Konkurrenz erreicht werden würden, zu ermöglichen.

[5]) Teilweise abgedruckt WarnRspr. 13 Nr. 82 S. 108 und JW. 13, 134 Nr. 11.

[6]) Nach den Satzungen hat der Verband den Zweck, die gemeinsamen Interessen der deutschen Damen- und Mädchenmäntelfabrikanten zu fördern; er sucht diesen Zweck durch gemeinsame Stellungnahme zu den Forderungen der Lieferanten und Abnehmer zu erreichen. Nach § 12 sind die Verbandsmitglieder verpflichtet, nur von denjenigen Fabrikanten und Grossisten zu kaufen, die ihrerseits sich verpflichten, nur den Konventionsmitgliedern zu liefern, während nach § 14 die Verbandsmitglieder weder an Fabrikanten noch Grossisten, die dem Verband nicht angehören, Waren liefern dürfen.

[7]) Ein näheres Eingehen auf diese Definition erübrigt sich an dieser Stelle. Die im folgenden berücksichtigten Entscheidungen beziehen sich auf die verschiedensten Kartellarten von der losen Preiskonvention bis zu dem aufs straffste organisierten Syndikat in Form der Einheits-GmbH. mit den verschiedenartigsten Kartellpflichten der Mitglieder. Nicht nur Verbände von Produzenten, sondern auch von Händlern und Abnehmern (Einkaufskartelle) begegnen dabei, s. RGZ. 76, 7ff., RG. v. 24. März 1911 in RdschGmbH. 1911, 209. — Über Handwerkerkartelle: LZ. 1922, 584[1], KartRdsch. 23, 28ff.

[8]) Siehe auch schon RGZ. 28, 238ff. (v. 5. Juli 1890): Aus dem Prinzip der Gewerbefreiheit folgt keine Unantastbarkeit des freien Spiels der Kräfte in dem Sinn, daß den Gewerbetreibenden der Versuch untersagt wäre, im Wege genossenschaftlicher Selbsthilfe die Betätigung ihrer Kräfte zu regeln und von Ausschreitungen, die schädlich wären, abzuhalten.

[9]) Es kommen vor allem §§ 1 und 10 GewO. in Betracht. — Zu letzterem vgl. auch RGZ. 2, 118ff., insbesondere S. 120 (v. 20. Okt. 1880): Verträge, durch welche ein Kontrahent dem anderen Kontrahenten gegenüber sich Beschränkungen in seinem Gewerbebetrieb unterwirft, sind nicht nach §§ 1, 10 GewO. ungültig, sofern sie nicht dem öffentlichen Interesse zuwiderlaufen ... Die GewO. hat die Vertragsfreiheit nicht in weiterem Umfang, als durch das öffent-

Es werden dabei zwei Gesichtspunkte berücksichtigt:

1. Wird durch Vereinigungen von Gewerbetreibenden, welche die Festhaltung gewisser Mindestpreise für ihre Produkte erstreben, den Intentionen des Gesetzgebers insoweit, als er durch die Gewerbefreiheit die Interessen der Gesamtheit fördern will, in unzulässiger Weise entgegengearbeitet? Diese Frage wird für die oben näher charakterisierten Zusammenschlüsse grundsätzlich verneint unter Hinweis darauf, daß sie volkswirtschaftlich berechtigt erscheinen. „Sinken in einem Gewerbezweig die Preise der Produkte allzu tief herab, wird hierdurch der gedeihliche Betrieb des Gewerbes unmöglich gemacht oder gefährdet, so ist die dann eintretende Krisis nicht nur für einzelne, sondern auch für die Volkswirtschaft im allgemeinen verderblich, und es liegt daher im Interesse der Gesamtheit, daß nicht dauernd unangemessene Preise in einer Gewerbebranche bestehen. Hiernach kann es auch nicht schlechthin und im allgemeinen als den Interessen der Gesamtheit zuwiderlaufend angesehen werden, wenn sich die an einer Gewerbebranche beteiligten Unternehmer zusammenschließen, um die gegenseitigen Preisunterbietungen und das dadurch herbeigeführte Sinken der Preise ihrer Produkte zu verhindern oder zu mäßigen; es kann vielmehr, wenn die Preise wirklich dauernd so niedrig sind, daß den Unternehmern der wirtschaftliche Ruin droht, ihr Zusammenschluß nicht bloß als eine berechtigte Betätigung des Selbsterhaltungstriebs, sondern auch als eine dem Interesse der Gesamtheit dienende Maßregel erscheinen. Es ist denn auch von verschiedenen Seiten die Bildung von Syndikaten und Kartellen der hier fraglichen Art geradezu als Mittel bezeichnet worden, das bei sachgemäßer Anwendung der ganzen Volkswirtschaft durch Verhütung unwirtschaftlicher, mit Verlust arbeitender Überproduktion und der an diese sich knüpfenden Katastrophen Nutzen zu schaffen besonders geeignet ist[10])." Nur dann können Verträge der in Rede stehenden Art vom Standpunkt des durch die Gewerbefreiheit geschützten allgemeinen Interesses beanstandet werden, wenn sich im einzelnen Fall aus besonderen Umständen Bedenken ergeben, namentlich, wenn es ersichtlich auf die Herbeiführung eines Monopols und die wucherische Ausbeutung der Konsumenten abgesehen ist oder diese Folgen doch durch die getroffenen Vereinbarungen und Einrichtungen tatsächlich herbeigeführt werden[11]).

2. Auch die Frage, ob durch Verträge der in Rede stehenden Art die individuelle Freiheit des einzelnen in einer der Absicht des Gesetzgebers zuwiderlaufender Weise geschmälert wird, wird unter Hinweis darauf, daß § 1 GewO. nicht

---

liche Wohl, das Interesse des Publikums geboten wird, beschränken wollen. Durch Stipulationen des angegebenen Inhalts wird eine ausschließliche Gewerbeberechtigung im Sinne des § 10 GewO. nicht begründet ... nicht rechtsungültig, solange nicht ein öffentliches Interesse, welches die GewO. schützen will, verletzt wird. — Vgl. ferner RGZ. 79, 224 (v. 13. April 1913), wo ein Verstoß gegen § 10 GewO. verneint wird: „es liegt nur (vielleicht) ein im wirtschaftlichen Erfolg auf das gleiche hinauslaufendes tatsächliches Monopol vor, das jedoch hinsichtlich seiner Entstehung wie seiner rechtlichen Konstruktion nach sich von jenen Rechten wesentlich unterscheidet und daher nicht unter § 10 GewO. fällt"; auch eine entsprechende Anwendung wird abgelehnt.

[10]) Siehe aber auch RGZ. 56, 271 ff. (v. 14. Dez. 1902): „Hier ist nicht der Ort zu untersuchen, ob diese Bestrebungen volkswirtschaftlich gerechtfertigt sind und zu dem neuerdings deshalb entbranntem Kampf der wirtschaftlich und wissenschaftlich sich entgegenstehenden Meinungen prinzipiell Stellung zu nehmen. Soviel steht außer Frage usw.". Das Folgende ist unten S. 235 wiedergegeben.

[11]) Vgl. auch RGZ. 28, 243, oben S. 237 Anm. 2, dazu weiter RG. v. 16. März 1912 (Recht 1912 Nr. 2660, WarnRspr. 1912 Nr. 253): Klägerin hat jedenfalls nicht behauptet, daß der Beklagte zu spekulativen Zwecken den Markt beherrschen wolle (RGZ. 28, 243) oder übermäßige Preise vorgeschrieben hat. Die Frage bedarf daher keiner Erörterung, ob eine Vereinigung, die eine Monopolstellung einnimmt, für Waren des allgemeinen und unentbehrlichen Bedarfs unter dem Zwang der Sperre unangemessene Preise festsetzen darf.

die Bedeutung habe, daß sich der Einzelne vertragsmäßig schlechterdings einer Beschränkung in der Richtung, ob, wo und wie er ein Gewerbe betreibe, nicht wirksam unterwerfen könne, grundsätzlich verneint[12]) — allerdings mit dem Vorbehalt, daß dabei die für die Konkurrenzverbote außerhalb des Kartells vom Reichsgericht entwickelten Grundsätze zu berücksichtigen seien, und danach zu prüfen sei, ob nicht im einzelnen Fall doch eine die individuelle Gewerbefreiheit des Einzelnen in unzulässiger Weise einengende Beschränkung vorliege.

In dem gleichen Urt. (RGZ. 38, 155ff.) wird weiter auch die Anwendbarkeit des — inzwischen durch Art. 159 RV. aufgehobenen[13]) — § 152 Abs. 2 GewO. auf die in Rede stehenden Verbände verneint[14])[15]), und auch der Ansicht von Kohler, daß jedem an einem solchen Vertragsverhältnis Beteiligten das Recht zugestanden werden müsse, durch beliebigen Rücktritt „seine natürliche Freiheit wiederzuerlangen[16])", mit Recht entgegengetreten.

Es ergibt sich ohne weiteres die außerordentliche Tragweite dieser Entscheidung und ihre Bedeutung für die weitere rechtliche Beurteilung der Kartelle.

In dem oben[17]) bereits angezogenen Urt. v. 7. Nov. 1912 heißt es denn auch, daß unter der Herrschaft des bis zum 1. Januar 1900 geltenden Rechts das Reichsgericht wiederholt ausgesprochen habe, daß die Bildung derartiger Vereinigungen an sich zulässig sei und nicht gegen die Rechtsordnung, insbesondere auch nicht gegen den im § 1 GewO. aufgestellten Grundsatz der Gewerbefreiheit verstoße; es seien auch unter der Herrschaft des geltenden Rechts solche Vereinigungen an und für sich nicht zu beanstanden[18]), insbesondere könne auch in einem solchen Zusammenschluß von Gewerbegenossen nicht etwa ein Verstoß gegen § 138 BGB. gefunden werden. Im übrigen wird auf das Reichsgesetz v. 25. Mai 1910 (Kaligesetz) zum Beweis dafür verwiesen, daß der Rechtsordnung die Bildung von Kartellen grundsätzlich nicht widerstreite, und aus der Tatsache des Bestehens zahlreicher Kartelle, welche durch die Denkschrift über das Kartellwesen nachgewiesen werde, darauf geschlossen, daß diese Art des Zusammenschlusses von Gewerbsgenossen einem wirtschaftlichen Bedürfnis entspräche.

Der in RGZ. 38, 155ff. aufgestellte, oben S. 233 bereits mitgeteilte Grundsatz, daß ein Kartell von dem Standpunkt des durch die Gewerbefreiheit gemäß der

---

[12]) Siehe jetzt auch die Entscheidung des Staatsgerichtshofs in RGZ. 112 Anh. S. 25, wonach der § 1 GewO., in welchem das Prinzip der Gewerbefreiheit ausgesprochen ist, sich nur auf die obrigkeitliche Zulassung des Einzelnen zum Gewerbebetrieb bezieht und Beschränkungen auf vertraglicher Grundlage zur Fernhaltung vom Wettbewerb nicht berührt.

[13]) RGZ. 111, 199 (v. 2. Juli 1925).

[14]) „Speziell in Deutschland bestanden, als der Entwurf der GewO. vorgelegt und beraten wurde, mehrere Verbände der in Rede stehenden Art. Es kann nicht angenommen werden, daß diese Bildungen dem Gesetzgeber unbekannt geblieben seien; wenn gleichwohl die GewO. eine Bestimmung über solche Vereinigungen und Verabredungen nicht enthält, muß hieraus gefolgert werden, daß man eine gleiche Regelung bezüglich der hier in Frage stehenden Vereinigungen nicht hat eintreten lassen wollen." — A. A. allerdings Kestner, Organisationszwang S. 199: „Die Gesetzgeber von 1869 kannten keine Kartelle und haben mit ihnen nicht gerechnet." Dazu erscheinen beachtlich die Nachrichten, die sich bei Klotzbach, Der Roheisenverband S. 1ff. (1926) finden über den Verein zum Verkauf von nassauischem Roheisen, Oberlahnstein, ein in seiner Organisation ganz neuzeitlich anmutendes Kartell mit Verkaufsstelle, das wohl seit 1857 in Tätigkeit war.

[15]) Siehe auch RGZ. 53, 19ff. (v. 6. Nov. 1902).

[16]) ArchBürgR. 5, 218ff., Studien aus dem Patent- und Industrierecht 1, 87.

[17]) S. 232 Anm. 5.

[18]) Siehe für die Zeit nach dem 1. Jan. 1900 bereits RGZ. 56, 271ff. (v. 14. Dez. 1902); darüber alsbald im Text; ferner RG. v. 24. Okt. 1902 in JW. 1900/02 Beilage Nr. 237 S. 283 (ebenfalls den Buchhändlerbörsenverein betreffend).

Gewerbeordnung geschützten allgemeinen Interesses zu beanstanden sei, wenn es dabei ersichtlich auf die Herbeiführung eines tatsächlichen Monopols und die wucherische Ausbeutung der Konsumenten abgesehen sei oder diese Folgen doch durch die getroffenen Vereinbarungen und Einrichtungen tatsächlich herbeigeführt würden, ist alsbald in den Hintergrund getreten. Es wird statt dessen in der Folgezeit geprüft, wieweit ein Verstoß gegen die guten Sitten vorliegt und danach ein Eingreifen von §§ 138, 826 BGB. in Frage kommt.

Schon unter dem gemeinen Recht hatte das Reichsgericht in RGZ. 28, 238ff. den Gesichtspunkt der Verletzung der guten Sitten berührt und ausgeführt, daß eine solche nur gegeben sei bei einer Vereinigung von Personen, welche wegen eines spekulativen Zwecks die Beherrschung des Marktes für eine Ware und die Unterbindung freier Betätigung wirtschaftlicher Kräfte, welche sich dieser entgegenstellen könnten, zum Gegenstand haben.

Für das Recht des BGB. sagt RGZ. 56, 274 (v. 14. Dez. 1902, betr. Buchhändlerbörsenverein) über die Frage eines Verstoßes gegen die guten Sitten[19]:

„Soviel steht außer Frage, daß der von dem Beklagten im Kampf gegen die sog. Schleuderer nach seinen Angaben verfolgte Zweck, den Buchhändler gegen Entwertung der Bücher und die sonstigen Nachteile aus Preisunterbietungen einzelner hervorgehende Nachteile zu schützen — rechtlich ein völlig erlaubter und keinesfalls unsittlicher Zweck ist.

An sich verstößt es weder gegen die Rechtsordnung noch gegen die guten Sitten, wenn der Beklagte das in gutem Glauben erstrebte Ziel im Wege der genossenschaftlichen Selbsthilfe zu erreichen sucht. Eine derartige genossenschaftliche oder vertragliche Vereinigung von Gewerbetreibenden zur Herbeiführung und Erhaltung angemessener Preise für ihre Gewerbserzeugnisse und Handelsartikel würde, auch wenn sie die Bedeutung eines gewerblichen Kartells hätte, darum allein noch nicht als gesetzlich unstatthaft oder sittlich verwerflich zu betrachten sein.

Es kann also nur darauf ankommen, ob der Beklagte in der Wahl und Anwendung der Kampfmittel — abgesehen von dem Zusammenschluß der in und mit ihm verbundenen Gewerbegenossen an sich — die Grenzen des Erlaubten überschritten, unberechtigterweise in die Rechtssphäre Dritter — hier der klagenden Buchhändlerfirma — eingegriffen hat."

Neben dem bereits angeführten[20]) Urt. v. 7. Nov. 1912 mag hier noch verwiesen sein auf das Urt. v. 6. Nov. 1923 (II 689/22)[21]), wo ausgeführt wird, daß in dem in der Hauptsache selbstischen und eigennützigen Zweck des beklagten Vereins (der Baumwollespediteure), die bisherige wirtschaftliche eigene Macht, den Kundenkreis und die Tarifsätze, für deren Unbilligkeit nicht das geringste vorgebracht sei, aufrechtzuerhalten — nichts Unerlaubtes oder Unsittliches zu erblicken sei.

Ausdrücklich wird vom Reichsgericht anerkannt, daß auch das Streben nach einer Monopolstellung nicht gegen die guten Sitten verstößt[22]). So heißt es im Urt. v. 17. Juni 1921[23]):

---

[19]) In besonders gelagerten Fällen kann allerdings ein Verstoß gegen die guten Sitten gegeben sein, wie dies z. B. zutrifft für RGZ. 79, 279, wo der Kartellvertrag eine Verpflichtung zum Vertragsbruch enthält, die unsittlich und unverbindlich ist.

[20]) S. 234: „In einem solchen Zusammenschluß von Erwerbsgenossen könne nicht etwa ein Verstoß gegen § 138 BGB. gefunden werden."

[21]) KartRdsch. 1924, 169.

[22]) Vgl. dazu aber ROHG. Bd. 7 Nr. 108 (v. 5. Nov. 1872): „... zu tatsächlichen Monopolen führen, welche nur auf Kosten des durch die Gewerbefreiheit zu fördernden öffentlichen Interesses gedeihen."

[23]) KartRdsch. 1922, 142.

„Dafür, daß in dem Streben der Beklagten nach Monopolisierung des Benzolhandels etwas Sittenwidriges zu erblicken sein sollte, fehlt jeder Anhalt. Das Berufungsgericht erblickt in dem Streben der Beklagten ohne weiteres ein verwerfliches Ziel, das dem geschäftlichen und dem allgemeinen Anstandsgefühl aller billig und gerecht Denkenden widerspräche. Das ist verfehlt."

Das Gleiche besagen auch die Urt. v. 24. April 1922[24]), v. 10. Dez. 1925[25]) und v. 21. Sept. 1927[26]). Nur bei einem Mißbrauch der auf eine Monopolstellung gegründeten Macht kommt ein Verstoß gegen die guten Sitten und damit die Anwendung von §§ 138, 826 BGB. in Frage[26a]).

So erscheint es als unzulässig, die durch ein tatsächliches Monopol oder den Ausschluß einer Konkurrenzmöglichkeit begründete Machtstellung dazu auszunutzen, dem allgemeinen Verkehr unbillige, unverhältnismäßige Opfer aufzuerlegen.

Schon in RGZ. 20, 115ff. wird bezüglich der vertragsmäßigen Beschränkung einer Haftung durch Frachtführer ausgeführt, daß hierin ein Verstoß gegen die guten Sitten liegt, wenn dem Publikum die Möglichkeit der anderweitigen Wahrung seiner Interessen nicht oder nur unter unverhältnismäßig schweren Bedingungen geboten, oder wenn die Absender infolge besonderer Umstände (z. B. Bildung eines sog. Rings nach amerikanischem Vorgang) gezwungen würden, sich dem Verlangen der Frachtführer zu fügen.

Ferner RGZ. 62, 266: Wo der Einzelne ein ihm tatsächlich zustehendes Monopol oder den Ausschluß einer Konkurrenzmöglichkeit dazu mißbraucht, dem allgemeinen Verkehr unbillige, unverhältnismäßige Opfer aufzuerlegen, unbillige, unverhältnismäßige Bedingungen vorzuschreiben, da können diese rechtliche Anerkennung nicht finden.

Weiter noch 79, 229 (tatsächliches Monopol hinsichtlich der Lieferung von elektrischem Strom), 99, 107 (wo hervorgehoben ist, daß es gleichgültig ist, ob das Monopol einem einzelnen Unternehmer zusteht oder ob eine Gruppe von Unternehmern es sich durch Zusammenschluß erworben hat); 102, 396 (Transportgewerbe); 103, 82 (Spediteur); 106, 387 (Spediteur); 115, 218 (Spediteur) u. a.[27]).

Nach RGZ. 118, 84ff. erscheint das Erstreben einer Monopolstellung dann als rechtswidrig, wenn die Zwecke des Monopols gegen die guten Sitten verstoßen, wobei für den vorliegenden Fall festgestellt wird, daß ein sittenwidriger Zweck, insbesondere die Berechnung unbillig hoher Frachten nicht angestrebt wird.

---

[24]) KartRdsch. 1923, 28ff.: „Der beklagte Verband ... ist ein Kartellverband selbständiger Unternehmer, der durch satzungsmäßigen Zwang gegenüber den Mitgliedern und durch vertragsmäßige Bindung außerhalb stehender Lieferanten die Preisregulierung für Dachdeckerarbeiten zu monopolisieren sucht. Das ist an sich nicht sittenwidrig."

[25]) HGZ. 1926 Nr. 20: „Ein sittlich verwerfliches Ziel ist nicht anzuerkennen. Ein solches läßt sich auch nicht aus dem Gesichtspunkt einer erstrebten Monopolstellung der Beklagten begründen."

[26]) RGZ. 118, 84ff.: „Die Erstrebung einer Monopolstellung enthält nichts Rechtswidriges, solange erlaubte Kampfmittel benutzt werden und die Zwecke des Monopols nicht gegen die guten Sitten verstoßen."

[26a]) S. auch RGZ. 278, 199: Nun ist es durchaus zulässig, daß sich eine Interessentengruppe zur Erlangung wirtschaftlicher Vorteile als eine Vereinigung mit erhöhter finanzieller Leistungsfähigkeit zusammenschließt und von dieser Machtstellung zum Abschluß günstiger Verträge Gebrauch macht. Auf diesem Rechtsgedanken beruhen die Kartelle und Syndikate und Verbände verwandter Art. Nur wenn ein Mißbrauch der durch die Kräftezusammenfassung erlangten Macht stattfindet, liegt ein Verstoß gegen die guten Sitten vor.

[27]) Zur Frage des Kontrahierungszwangs sei verwiesen z. B. auf die Urt. v. 19. Nov. 1926 (II 108/26) in KartRdsch. 1927, 193, JW. 1927, 789[1], dazu Nipperdey, KartRdsch. 1927, 258ff.; und v. 12. März 1928 in KartRdsch. 1928, 290.

Diese Grundsätze gelten auch für die Prüfung der Frage der Sittenwidrigkeit und des Eingreifens der §§ 138, 826 für Kartelle, bei welchen auch nur der nach den allgemein bestehenden sittlichen Anschauungen unbillige und ungerechte Gebrauch ihrer Monopolstellung einen Verstoß gegen die guten Sitten darstellt[28]). Dementsprechend wird in dem Urt. v. 6. Nov. 1923 (KartRdsch. 1924 S. 169) die Sittenwidrigkeit des von dem Verein erstrebten Zwecks, der unter anderem in der Aufrechterhaltung der Tarife besteht, verneint, weil für die Unbilligkeit dieser Sätze nicht das geringste vorgebracht sei.

In den seither erörterten Fällen ist es die Verletzung des öffentlichen Interesses, die zur Annahme eines gegen die guten Sitten verstoßenden Mißbrauchs der Monopolstellung führt.

Dieser gleiche Gedanke kehrt auch in denjenigen Entscheidungen wieder, welche sich mit einer Monopolstellung bei der Erzeugung und Verbreitung für die Allgemeinheit notwendiger oder wichtiger Verbrauchs- oder Gebrauchsgegenstände beschäftigen[29]). Auf Kartelle beziehen sich in diesem Zusammenhang die beiden Entsch. v. 5. Jan. 1925 (IV 305/24)[30]) und v. 16. März 1912 (VI 272/11)[31]). Von diesen hebt die erstere allerdings nur hervor, daß es sich in dem zur Beurteilung stehenden Fall nicht um ein Streben Einzelner nach einer Monopolstellung in der Erzeugung und Verbreitung für die Allgemeinheit notwendiger oder wichtiger Gebrauchs- oder Verbrauchsgegenstände handle, und in dem letzteren bedurfte es nach Lage des Falls keiner Erörterung, ob eine Vereinigung, die eine Monopolstellung einnimmt, für Waren des allgemeinen und unentbehrlichen Bedarfs unter dem Zwang der Sperre unangemessene Preise festsetzen darf. Die hier aufgeworfene Frage ist aber zweifellos zu verneinen[32]).

---

[28]) RG. im Recht 1906 S. 854 Nr. 2066.

[29]) Vgl. Urt. v. 7. Okt. 1907 (WarnRspr. 1908 S. 5) in einem Markenartikelfall: An diesem Recht vermag auch der Umstand, daß ein unverhältnismäßig hoher Preis künstlich aufrechterhalten und dem Publikum die Möglichkeit genommen wird, die Ware zu einem angemessenen Preis sich zugänglich zu machen, jedenfalls dann nichts zu ändern, wenn es sich um Waren der hier fraglichen Art handelt, die nicht zu den notwendigen Lebensbedürfnissen gehören und an deren Stelle leicht ähnliche Waren von gleicher oder ähnlicher Bschaffenheit, oft auch billiger zu haben sind.

Urt. v. 6. Juli 1914 (VI 205/04) in KartRdsch. 1922, 178: Der mit der Sperre angestrebte Zweck, durchzuführen, daß Waren nicht unter einem bestimmten Preise verkauft werden, kann jedenfalls so lange nicht als unsittlich angesehen werden, als nicht dadurch unter dem Zwang der Sperre unangemessene Preise für Waren des allgemeinen und unentbehrlichen Bedarfs festgesetzt werden.

RGZ. 120, 47ff. (v. 24. Jan. 1928): Die Übung, dem Wiederverkäufer bestimmte Preise vorzuschreiben, ist nach geltendem Recht jedenfalls so lange nicht zu beanstanden, als hierdurch nicht eine künstliche unbillige Hochhaltung der Preise für den Verbraucher bewirkt wird. Dies gilt selbst dann, wenn die wirtschaftliche Macht der den Zwang ausübenden Partei infolge einer auf einem Zusammenschluß aller Interessenten beruhenden monopolartigen Stellung dem Gegner sehr überlegen ist. Das Verlangen der Fabrikanten nach Einhaltung ihrer Preisbestimmung ist weder gegenüber dem Beklagten als Abnehmer noch auch von dem Standpunkt des allgemeinen Wohls aus ungerechtfertigt.

RGZ. 104, 306 (v. 9. Mai 1923) „... daß es sich mittelbar um eine Knebelung durch den Wirtschaftsverband der deutschen Uhrenfabriken, um einen Mißbrauch des tatsächlichen Monopols handelt, könnte die Anwendung des § 138 BGB. nur dann rechtfertigen, wenn wirklich eine mißbräuchliche, d. h. den Verhältnissen nicht entsprechende Preisgestaltung dieses Verbandes in Frage käme."

Urt. v. 26. Okt. 1928 (II 27/8), JW. 1929, 249: „... müßten die Verbandsbedingungen wegen Knebelung der Abnehmer oder schrankenloser Ausnutzung einer Monopolstellung, untragbarer Ausnutzung des Zwischenhandels oder des Publikums als gesetz- und sittenwidrig angesehen werden ..."

[30]) KartRdsch. 1925, 152ff.

[31]) Recht 1912 Nr. 2660, WarnRspr. 1912 Nr. 253 S. 291.

[32]) Vgl. auch Urt. v. 29. Mai 1916 (VI 13/16), zum Teil abgedruckt bei WarnRspr. 1916 Nr. 193: Das Berufungsgericht hatte angeführt, daß die Unterdrückung einer neuen Erfindung zu dem Zweck, um eine bequeme Ausnutzung der bisher gebräuchlichen Artikel zu ermöglichen, eine

Es ist auch weiter zu sagen, daß ein Kartellvertrag als gegen die guten Sitten verstoßend den § 138 verletzt, wenn bei seinem Abschluß bereits die Absicht bestand, die durch das Kartell erstrebte Monopolstellung in einer solchen Weise zum Schaden der Allgemeinheit zu mißbrauchen[33]). Eine Vereinbarung, wodurch sich die Kartellmitglieder einander verpflichten, ein solches sittenwidriges Verhalten Dritten gegenüber zu beobachten, ist nichtig.

Wenn nun im einzelnen Fall ein Kartellvertrag auch hinsichtlich des allgemeinen, durch den Zusammenschluß erstrebten Zwecks und Ziels nach dem eben Dargelegten nicht zu beanstanden ist[33a]), so erhebt sich doch noch die Frage, inwieweit einzelne von dem Kartell gegen Außenseiter oder Dritte (insbesondere Kunden und Lieferanten) ergriffene Maßnahmen — also Akte des äußeren Kartellzwangs — als zulässig erscheinen[34]).

Das Reichsgericht hat hier keine besonderen, nur für Kartelle geltenden Rechtssätze herausgearbeitet; vielmehr wendet es diejenigen Normen an, die es für die wirtschaftlichen Kämpfe im allgemeinen entwickelt hat[35]). Es hat

---

dem öffentlichen Interesse zuwiderlaufende Hemmung des gesunden gewerblichen Fortschritts und deshalb eine Sittenwidrigkeit bilde. Das Reichsgericht beanstandet diese Auffassung als in ihrer Allgemeinheit zu weitgehend. Die Frage, ob ein Kartell sittenwidrig handelt, wenn es sich gegen eine neue, seinen Mitgliedern schädliche oder nur unbequeme Erfindung eines Außenseiters mit der Sperre zur Wehr setzt, werde nicht schlechthin zu verneinen sein. Ihre Beantwortung hänge indessen wesentlich von den Umständen des einzelnen Falles ab und werde sich nach einer verständigen und billigen Abwägung der Interessen bestimmen. Der Satz des Berufungsgerichts könnte vielleicht bei Gegenständen des allgemeinen, unentbehrlichen Bedarfs, die durch die Erfindung verbessert oder verbilligt werden, gewisse Geltung beanspruchen. Hier bedürfe diese Frage keiner Entscheidung. (Es) hat weder die „öffentliche Wohlfahrt" etwas damit zu tun usw.

[33]) Vgl. dazu auch RGZ. 56, 271ff. (oben S. 235), wonach eine Vereinigung von Gewerbetreibenden zur Herbeiführung und Erhaltung angemessener Preise nicht als gesetzlich unstatthaft oder sittlich verwerflich zu betrachten ist, ferner RGZ. 38, 155 (vom Jahre 1897, oben S. 233), wo allerdings nicht von einem Verstoß gegen die guten Sitten die Rede ist, sondern nur gesagt wird, daß der Mißbrauch der Monopolstellung zur wucherischen Ausbeutung der Konsumenten vom Standpunkt des durch die Gewerbefreiheit geschützten allgemeinen Interesses zu beanstanden sei.

[33a]) Über die grundsätzliche Zulässigkeit von Submissionskartellen vgl. z. B. RG. in JW. 1914, 976 und die dort zitierten Entscheidungen: „In ein gegen die guten Sitten verstoßendes Beginnen arten solche Unternehmerkartelle erst dann aus, wenn es die Beteiligten darauf abgesehen haben, durch derartige Machenschaften übermäßige Preise zu erzielen, insbesondere wenn sie dies durch planmäßige Irreführung des Bestellers zu erreichen suchen oder wenn sie in unlauterer Weise danach trachten, jeden auf gesunder wirtschaftlicher Betätigung beruhenden Mitbewerb anderer Unternehmer auszuschließen."

[34]) Vgl. schon RGZ. 56, 271ff. (v. 14. Dez. 1902): Für die Frage, was erlaubt, was unerlaubt ist, ist einerseits auf den von dem Beklagten verfolgten Zweck, andererseits aber auf die von ihm hierzu gewählten Kampfmittel zu sehen (s. weiter oben S. 235). — Urt. v. 16. März 1912 (Recht 1912 Nr. 2660): Ist hiernach das Ziel, das der Beklagte sich setzte, nicht zu beanstanden, so überschreiten doch die gebrauchten Mittel die Grenzen des Wirtschaftskampfes.

[35]) Vgl. z. B. RGZ. 51, 369ff., bes. S. 384 (IV. v. 29. Mai 1902): Die in den heutigen gewerblichen Lohnkämpfen von der einen wie von der anderen Seite zur Anwendung gebrachten Maßregeln, wie Streik und Aussperrung, werden gewöhnlich die Bedeutung eines auf den anderen Teil ausgeübten Drucks oder Willenszwangs haben und auf die materielle Schädigung des Gegners, soweit solche mit der zeitweiligen Beeinträchtigung seiner Erwerbslage verknüpft ist, abzielen, ohne daß man deshalb solchen Maßregeln immer den Charakter einer sittlich verwerflichen Handlung beilegen dürfte. Es wird auch hier von der Rechtsordnung wie von der herrschenden sittlichen Anschauung in weitem Maße dem Selbstschutz und den gewerblichen Bestrebungen, das freie Spiel der wirtschaftlichen Kräfte und ihre Betätigung durch genossenschaftliche Selbsthilfe zu regeln, Rechnung getragen, wie dies auf der anderen Seite gegenüber Organisationen geschieht, welche die eigenen Gewerbsgenossen einer Beschränkung der Erwerbsfreiheit im Interesse gemeinsamen Vorgehens mittels gewerblicher Kartelle usw. unterwerfen wollen. — Vgl. weiter RGZ. 38, 155ff.: hier wie dort bietet auch der § 826 ein Mittel, um Ausschreitungen und Auswüchsen des gewerblichen Wett- oder Lohnkampfes entgegenzutreten. — Ferner Urt. v. 7. Nov. 1912 (WarnRspr. 1913 Nr. 82; JW. 1913 Nr. 134).

dabei nicht die Anwendung bestimmter Kampfmittel schlechthin als unerlaubt verworfen, sondern unter Anerkennung der grundsätzlich allgemeinen Zulässigkeit des Wirtschaftskampfes Regeln aufgestellt, die unter sorgsamer Berücksichtigung und Abwägung der einander gegenüberstehenden Interessen eine maßvolle und anständige Führung des Kampfes gewährleisten sollen. In Betracht kommt dabei vor allem die Anwendung von § 826 BGB. und § 1 UnlWG.[36][37][38]).

An sich ist kraft der allgemeinen Gewerbefreiheit jeder Wettbewerb erlaubt, der die Förderung gewerblicher Ziele bezweckt, mag er für die Mitbewerber noch so unbequem, ja sogar verhängnisvoll werden[39]), es handelt sich um die Verfolgung berechtigter, eigener Interessen. Es hat niemand Anspruch darauf, daß er in der freien Entschließung über seine gewerbliche Betätigung nicht gestört wird. Die Freiheit wird eben von der Entschließungsfreiheit des Gegners beschänkt und es ist klar, daß der erlaubte Wirtschaftskampf unausgesetzt Hemmungen für die freie Entschließung der Beteiligten mit sich führt[40]). Entsprechend dem Grundsatz der Gewerbefreiheit hat niemand bei der Bekämpfung wirtschaftlicher Interessen die Pflicht, sein erlaubtes eigenes Interesse dem eines anderen nachzusetzen oder die Ausübung eines Rechts zu unterlassen, weil dadurch die Interessen eines anderen geschädigt werden[41]). Die erfolgreiche Betätigung des eigenen geschäftlichen Interesses wird regelmäßig mit der Schädigung der Konkurrenten verbunden sein, und das Bewußtsein dieser Schädigung allein kann noch nicht die Annahme begründen, daß die Be-

---

[36]) In RGZ. 56, 271ff. wird festgestellt, daß hier die Anwendung des UnlWG. ausgeschlossen sei, weil das fragliche Vorgehen nicht von den Beklagten „zum Zwecke des Wettbewerbs" betätigt sei (S. 276/77). „Das Bestreben des Beklagten ging nicht dahin, den Wettbewerb einzelner Buchhändler oder einer ganzen Interessentengruppe von solchen auf Kosten der Gegner zu fördern. Vielmehr wollte der Beklagte den den Interessen der gesamten Buchhändlerschaft, zu deren Vertretung er sich berufen glaubte, nach seiner Meinung schädlichen Wettbewerb der sog. Schleuderer von den Gewerbegenossen abwehren, einen Wettkampf durch Unterbieten ausschließen. Ein Interessenkampf ist nicht notwendig ein Wettbewerb im Sinne des Gesetzes.

In anderen Fällen hat das Reichsgericht bei Kartellen die Anwendung des § 1 UnlWG. abgelehnt, weil es einen Verstoß gegen die guten Sitten im einzelnen Fall nicht als vorliegend erachtete, so Urt. v. 6. Nov. 1923 (KartRdsch. 1924, 168ff.); v. 10. Dez. 1925 (HGZ. 1926 Nr. 20); v. 22. Jan. 1926 (KartRdsch. 1926, 407ff.); s. auch RGZ. 79, 224.

[37]) Weiter kommen noch in Frage § 823 Abs. 1 u. 2, § 824 BGB., s. dazu RGZ. 56, 271ff., wo insbesondere auch das Vorliegen eines Verstoßes gegen § 823 Abs. 1 verneint wird. Das Reichsgericht erkennt ja zwar den eingerichteten und ausgeübten Gewerbebetrieb als ein sonstiges Recht im Sinne von § 823 Abs. 1 BGB. an, aber als eine widerrechtliche Verletzung eines fremden Gewerbebetriebs ist ein Eingriff nur dann zu erachten, wenn er sich unmittelbar gegen dessen Bestand richtet, so RGZ. 102, 223ff. und oft; insbesondere auch Urt. v. 10. Dez. 1925 (HGZ. 1926 Nr. 20), wo es weiter heißt: dagegen bedarf es eines unmittelbaren Eingriffs zur Begründung der quasinegatorischen Unterlassungsklage nicht. Bei ihr wird mehr nicht gefordert als die widerrechtliche und weiter drohende Störung des allgemeinen Rechtskreises des Geschädigten, wie sie bei der Beeinträchtigung seiner geschäftlichen Stellung und Erwerbstätigkeit z. B. infolge einer Kundensperre in Erscheinung tritt. Mit Recht habe aber hier der Berufungsrichter die objektive Rechtswidrigkeit des Vorgehens des Beklagten verneint, weil es sich um einen an sich erlaubten Wirtschaftskampf handle, der regelmäßig mit einer Schädigung des Wettbewerbers verbunden sei und in dessen Verlauf er keinen Anspruch darauf habe, in seiner gewerblichen Betätigung nicht gestört zu werden.

[38]) Die Anwendbarkeit von § 253 StGB. wird bejaht in RGSt. 34, 15ff. (v. 29. Nov. 1900) für den Fall der Ankündigung der Verweigerung weiterer Lieferungen von seiten der Kartellmitglieder an einen Abnehmer, falls dieser Waren von dem Verband nicht angehörigen Fabrikanten bezieht. Die Begründung ist nicht haltbar.

[39]) Vorbehaltlich der Prüfung der Zulässigkeit der Mittel, insbesondere nach dem Grundsatz der Verhältnismäßigkeit der angewandten Mittel zum Ziel, Urt. v. 6. Nov. 1923 (KartRdsch. 1924, 168ff.; JW. 1927, 112[16]).

[40]) Urt. v. 16. März 1912, Recht 1912 Nr. 2660, WarnRspr. 1912 Nr. 253.

[41]) Urt. v. 22. Jan. 1926 (KartRdsch. 1926, 407).

tätigung gegen die guten Sitten verstoße[42]), selbst dann nicht, wenn die eine Partei infolge einer auf dem Zusammenschluß der Interessenten beruhenden monopolartigen Stellung dem Gegner gegenüber sehr überlegen ist[43]).

Die Eingriffe in den Geschäftskreis eines anderen, welche diesen in der einen oder anderen Weise zur wirtschaftlichen Angliederung an ein Unternehmen zwingen sollen, wie diese der Wirtschaftskampf häufig mit sich bringt, verstoßen nach der Rechtsprechung des Reichsgerichts[44]) nicht gegen die guten Sitten, so daß § 826 nicht zur Anwendung kommt, wenn:

der verfolgte Zweck ein erlaubter ist[45]),

das angewandte Mittel als solches erlaubt, keine an sich rechtswidrige Handlung ist,

das Mittel in seiner Anwendung auf den besonderen Fall nicht die völlige oder nahezu völlige Vernichtung der wirtschaftlichen Existenz des Betroffenen herbeiführt oder doch eine so schwere Schädigung, daß die dadurch bewirkten Nachteile zu dem erstrebten Vorteil in keinem angemessenen Verhältnis stehen.

Es darf aber, wie in dem Urt. v. 12. März 1928 (KartRdsch. 1928, 290) betont wird, doch aus letzterem nicht geschlossen werden, daß jedes Verhalten gegen die guten Sitten verstoße, welches die wirtschaftliche Existenz eines anderen gefährdet[46]). Es ist auch hier danach zu fragen, welche berechtigten Interessen zu diesem Verhalten Veranlassung geben und durch dasselbe geschützt werden sollen.

Als allgemeine Sätze ergeben sich noch folgende:

Solange noch den Gegner weniger schädigende Kampfmittel zur Verfügung stehen, ist die schärfste Waffe im wirtschaftlichen Kampf, hier die Sperre, nicht anzuwenden. Das ist zu schließen aus dem Urt. v. 7. Okt. 1907 (VI 489/06), WarnRspr. 1908 S. 5, wo erwähnt wird, daß ein anderes Mittel als die Sperre dem Beklagten gegenüber der Klägerin, damit diese von dem Absatz zu geringeren Preisen lasse, nicht zu Gebote stand, vgl. ferner RGZ. 28, 238.

---

42) Urt. v. 13. Mai 1909 (RGZ. 71, 173).

43) Urt. v. 9. Jan. 1928 (RGZ. 119, 366); s. auch Urt. v. 10. Dez. 1925 in HGZ. 1926 Nr. 20 und Urt. v. 21. Sept. 1927 (RGZ. 118, 84ff.); Urt. v. 22. Jan. 1926, KartRdsch. 1926, 407; JW. 1926, 1982.

44) Vgl. z. B. Urt. v. 7. Nov. 1912 (JW. 1913, 134; WarnRspr. 1913 Nr. 82), v. 6. Juli 1914 (KartRdsch. 1922, 178), v. 3. April 1916 (JW. 1916, 906), v. 6. Juni 1922 (RGZ. 104, 327ff.), v. 8. Nov. 1922 (KartRdsch. 1923, 119**), v. 6. Nov. 1923 (KartRdsch. 1924, 170), v. 22. Jan. 1926 (KartRdsch. 1926, 407), v. 21. Sept. 1927 (RGZ. 118, 84ff.).

45) Es ist hier auch der besondere bei der Anwendung des Kampfmittels verfolgte Zweck zu berücksichtigen. — Vgl. Urt. v. 21. Sept. 1927 (RGZ. 118, 84ff.): Maßnahmen sind nicht rechtswidrig, welche nicht ausschließlich der Schädigung des Betroffenen, sondern der Ausdehnung und Sicherung des Unternehmens im wirtschaftlichen Kampf zu dienen bestimmt sind. — Über Sittenwidrigkeit, falls der das Mittel Anwendende nur von der Absicht geleitet ist, den Betroffenen zu schädigen, s. RGZ. 60, 104; Urt. v. 16. Juni 1924 (KartRdsch. 1924, 166ff.), Urt. v. 12. März 1928 (KartRdsch. 1928, 290). — Vgl. weiter Urt. v. 6. Nov. 1923 (KartRdsch. 1924, 168ff.): der Zweck des Vereins, die bisherige, eigene wirtschaftliche Macht aufrechtzuerhalten, ist nichts Unerlaubtes und Sittenwidriges. In diesem Zweck ist zugleich der Nebenzweck, die Klägerin nach Möglichkeit zu hindern, sich auf dem Gebiet der Baumwollespedition überhaupt zu betätigen, enthalten. Dieser Nebenzweck ist nicht unerlaubt. — Urt. v. 22. Jan. 1926 (KartRdsch. 1926, 407): auch daß der Zweck und das Ziel dahin geht, den Gegner zum Nachgeben zu zwingen, macht die Handlungsweise, sofern die Zwangsmittel als solche nicht zu beanstanden sind, nicht zu einer gegen die guten Sitten verstoßenden. — Urt. v. 7. Nov. 1912 (JW. 1913, 134; WarnRspr. 1913 Nr. 82 S. 108): erstrebter Zweck (Herbeiführung der Beitrittserklärung) zulässig.

46) „Der Beklagten kann nicht zugemutet werden, daß sie unter Hintansetzung ihrer eigenen Interessen die Klägerin beliefere, nur um deren Geschäft am Leben zu erhalten. Die Klägerin kann nicht verlangen, daß sie auf dem Wege des § 826 so behandelt wird, als bestände ein solches Vertragsverhältnis."

Die Sperre erscheint nur dann berechtigt, wenn eine schwere wirtschaftliche Notlage nach Erschöpfung aller Verständigungsversuche zu dem außerordentlichen Druck zwingt, um maßvolle Forderungen zu verwirklichen, so Urt. v. 22. Jan. 1926 (KartRdsch. 1926, 407)[47]. — Weiter besagt das Urt. v. 16. März 1912 (WarnRspr. 1912 Nr. 253; Recht 1912 Nr. 2660), daß von den Veranstaltern und Leitern eines Rings im allgemeinen verlangt werden muß, daß sie, bevor sie zur Sperre schreiten, sich bemühen, den Widerstrebenden auf gütlichem Wege durch Vorstellungen und angemessenes Entgegenkommen zu gewinnen, ebenso auch Urt. v. 3. April 1916 (KartRdsch. 1922, 178).

Für die Entscheidung der Frage nach der Zulässigkeit der angewandten Mittel ist es von Bedeutung, ob der Betreffende sich in Verteidigungsstellung befindet. Zwar können, wie das Urt. v. 6. Nov. 1923 (KartRdsch. 1924, 170) besagt, an sich auch Abwehrmaßnahmen gegen die guten Sitten verstoßen. Der Zweck der Abwehr rechtfertigt es nicht, zu unzulässigen Mitteln zu greifen[48]. Insoweit sind auch für Abwehrhandlungen die gleichen Grenzen wie für den Wettbewerb überhaupt maßgebend. Aber bei der Prüfung der Frage, ob die angewandten Mittel als zulässig zu betrachten sind, muß der Abwehrzweck wesentlich berücksichtigt werden. Mittel, die ohne den Abwehrzweck nicht mehr als zulässige Wettbewerbshandlungen anzusehen wären, können als Abwehrmaßnahmen erlaubt sein (RGZ. 92, 113). Grundsätzlich ist eine weitgehende Zulassung von Abwehrhandlungen geboten (RG. in JW. 1915, 915).

Für das Verhalten des Kartells gegenüber den Außenseitern ergeben sich folgende Regeln:

Der Außenseiter hat keinen Anspruch auf Aufnahme in das Kartell und demgemäß auch keinen Schadensersatzanspruch bei deren Verweigerung, auch wenn diese für ihn erhebliche, geschäftliche Nachteile mit sich bringt[49].

Dagegen ist es grundsätzlich zulässig, daß das Kartell auf den Außenseiter einen Druck ausübt, um ihn zum Beitritt (oder Wiederbeitritt) zum Kartell zu veranlassen, nur dürfen sich die Mittel nach dem soeben darüber Ausgeführten nicht als unzulässig darstellen[50]. Auch die Verhängung der Sperre gegen den Außenseiter ist zu diesem Zweck statthaft, vorausgesetzt, daß vorher auf gütlichem Weg auf den Außenseiter eingewirkt und seinen berechtigten Interessen Rechnung getragen ist[51], und daß auch die Sperre nicht zu seinem geschäftlichen Ruin führt[52].

---

[47]) Urt. v. 29. Mai 1916 (WarnRspr. 1916 Nr. 193): Die Sperre, die von einem die Gewerbetreibenden eines Geschäftszweiges vollständig oder fast vollständig umfassenden Kartell ausgeht, ist vermöge der wirtschaftlichen Macht der dadurch geschaffenen ausschließlichen Beherrschung des Marktes (Monopols) eine den Gesperrten treffende so gefährliche Waffe, daß davon im allgemeinen nur in den für den Kartellzweck unbedingt notwendigen Grenzen Gebrauch gemacht werden darf.

[48]) Siehe auch Urt. v. 16. März 1912 (Recht 1912 Nr. 2660, WarnRspr. 1912 Nr. 253): Selbst wenn der Kläger sich unerlaubter Mittel bedient hätte, so würde der Beklagte noch nicht befugt sein, auch seinerseits anstößige Waffen zu gebrauchen. — Vgl. weiter RGZ. 56, 271; 71, 171; 120, 47 und Urt. v. 7. Okt. 1907 (VI 489/06), WarnRspr. 1908 S. 5.

[49]) Urt. v. 2. Febr. 1905 (RGZ. 60, 94). — Vgl. zu der Frage, inwieweit in der Nichtaufnahme eine sittenwidrige Schädigung des organisationswilligen Außenseiters erblickt werden kann, Nipperdey, Kontrahierungszwang S. 65; KartRdsch. 1927, 258ff.

[50]) Urt. v. 5. Jan. 1925 (KartRdsch. 1925, 152).

[51]) Urt. v. 16. März 1912 (Recht 1912 Nr. 2660; WarnRspr. 1912 Nr. 253).

[52]) Urt. v. 11. Jan. 1917 (Recht 1917 Nr. 398), aber dazu auch Urt. v. 12. März 1928 (KartRdsch. 1928 S. 290, oben S. 241), s. weiter Urt. v. 7. Nov. 1912, JW. 1913, 134, WarnRspr. 1913 Nr. 82 S. 108: Der Berufungsrichter übersieht, daß auch ein erlaubter Zweck mit unerlaubten Mitteln verfolgt werden kann und daß schon die Anwendung unerlaubter Mittel, auch wenn diese einem an sich erlaubten Zweck dienen, die Anwendbarkeit des § 826 zu rechtfertigen vermag. Die bloße Tatsache, daß die Kläger sich weigern, die von ihnen geforderte Beitrittserklärung

Für zulässig erachtet das Reichsgericht[53]) auch eine Lieferanten- und Abnehmersperre gegenüber einem aus dem Verband ausgeschiedenen Außenseiter, weil dieser seinerseits an Außenseiter lieferte. Es wird dabei bemerkt, daß der mit der Sperre angestrebte Zweck, durchzuführen, daß Waren nicht unter einem bestimmten Preis verkauft werden, jedenfalls so lange nicht als unsittlich angesehen werden könne, als nicht dadurch unter dem Zwang der Sperre unangemessene Preise für Waren des allgemeinen und unentbehrlichen Bedarfs festgesetzt werden.

Dagegen erscheint das Vorgehen als sittenwidrig, wenn es sich darum handelt, daß durch eine Absatzsperre hinsichtlich von Waren, die von Mitgliedern des Verbandes nicht hergestellt werden und wegen des Patents des Außenseiters gar nicht hergestellt werden dürfen, der Außenseiter an dem Vertrieb dieser nicht kartellierten Ware gehindert wird[54]). Es handelt sich um einen Tapetenfabrikantenverband, ein Kartell. „Der Verband ist befugt, den Kläger, wenn er seine Bestrebungen dadurch zu untergraben sucht, daß er beim Verkauf von Tapeten die Bedingungen des Verbands unterbietet, mit der Absatzsperre zu bekämpfen. Die Sperre erfüllt ihre Aufgabe, wenn sie die Waren trifft, die Gegenstand des Kartellvertrages sind und geschützt werden sollen. Sie hindert den Kläger am Absatz von Tapeten und damit an der Durchkreuzung der Preispolitik des Beklagten. Sie überschreitet jedoch ihr Ziel, wenn sie sich auf Waren erstreckt, für die der Kartellvertrag keinen Schutz vorsieht und die keinen Schutz bedürfen."

Hinsichtlich des Verhaltens des Kartells gegenüber Dritten (vor allem Lieferanten und Abnehmern) ist es von grundlegender Bedeutung, daß das Reichsgericht die Anwendung der Sperre auch gegenüber Personen, die außerhalb des Verbandes stehen, grundsätzlich für zulässig erachtet[55]), so im Urt. v. 3. April 1916 (KartRdsch. 1922, 178; JW. 1916, 906, Geschäftssperre gegenüber einem Kommissionär), weiter im Urt. v. 18. Juni 1914 (RGZ. 85, 177ff.), wo bei einer Lieferungssperre gegenüber dem Abnehmer des Kartells ausgeführt wird, daß nach ständiger Rechtsprechung des Reichsgerichts die Verhängung und Androhung der Lieferungssperre an sich nicht als unsittlich anzusehen sei, wenn auch im besonderen Fall die Androhung und Verhängung der Sperre als eine gegen die guten Sitten verstoßende Handlung erscheint, weil sie lediglich zu dem Zweck erfolgte, um von dem Gesperrten die Anerkennung eines ungültigen Schiedsspruchs zu erzwingen; vgl. auch schon RGZ. 56, 271 (v. 14. Dez. 1902), wo die „Schleuderer", gegen welche sich das Vorgehen des Buchhändlerbörsenverbands richtet, als Dritte (Abnehmer) erscheinen.

---

abzugeben, leiht dem Beklagten nicht die Befugnis, mit unerlaubten Mitteln einen Druck auf die freie Willensentschließung der Kläger auszuüben, um sie auf diese Weise zum Beitritt zu zwingen. Die gänzliche Unterbindung jeglichen Geschäftsverkehrs der Kläger durch die von dem Beklagten in einer ganz ungewöhnlichen Häufung angewandten Arbeiter-, Lieferanten- und Kundensperre kann an und für sich als zulässiges Mittel im Konkurrenzkampf nicht angesehen werden, zumal wenn diese Häufung von Druckmitteln dahin führt, den wirtschaftlichen Ruin der Kläger herbeizuführen, wie diese behauptet haben.

[53]) Urt. v. 6. Juli 1914 (KartRdsch. 1922, 178).

[54]) Urt. v. 29. Mai 1916 (WarnRspr. 1916 Nr. 193; Recht 1916 Nr. 1890).

[55]) Siehe aber auch Urt. v. 6. Juli 1914 (KartRdsch. 1922, 178: „Ein Bedenken gegen die Zulässigkeit der Sperre läßt sich nach Lage der Sache nicht daraus herleiten, daß der Kläger nicht eigentlicher Berufsgenosse der Beklagten ist. Denn mag es vielleicht auch zu weit gehen, wenn das Berufungsgericht allgemein ausspricht, es bestehe kein begründeter Anlaß, die rechtliche Zulässigkeit der Sperre auf die Fälle zu beschränken, in denen sie sich gegen einen unmittelbaren Berufsgenossen richtet, so kommt hier in Betracht, daß der Kläger ein dem Gastwirtsgewerbe verwandtes, mit diesem in enger Fühlung stehendes Gewerbe betreibt und durch dessen Betrieb den Zwecken der Konvention förderlich oder nachteilig erachtet werden kann.

In zwei von den hier einschlägigen Entscheidungen sind Fälle behandelt, in welchen die Absicht des Kartells bei seinem Vorgehen gegen den Lieferanten bzw. die Kunden dahingeht, hierdurch einen Druck auf Außenseiter auszuüben. Einmal in dem Urt. v. 24. April 1922 (KartRdsch. 1923, 28ff.; JW. 1924, 1155[19]; LZ. 22, 584). Es sollte sich hier der Lieferant verpflichten, an Nichtverbandsmitglieder um mindestens 25 Prozent teurer zu verkaufen als an die Verbandsmitglieder. Durch die infolge dieser Preisdifferenzierung eintretende Verteuerung ihres Gewerbes sollte ein Druck auf die Außenseiter zum Beitritt zu dem Verband ausgeübt werden. Da der Lieferant diese Vereinbarung ablehnte, wurde von seiten des Kartells über ihn die Geschäftssperre verhängt, indem der Verband seinen Mitgliedern den Ankauf bei dem Lieferanten verbot. Das Reichsgericht hat dieses Vorgehen des Verbandes gegen den Lieferanten für sittenwidrig erklärt, weil diesem zugemutet wurde, bei Lieferung an Nichtverbandsmitglieder seine Preise wucherisch zu übersetzen, was er mit Recht als anständiger Kaufmann abgelehnt habe[56]).

Eine zulässige Kundensperre begegnet in dem Urt. v. 6. Nov. 1923 (KartRdsch. 1924, 168ff.; JW. 1927, 112[15]). Ein Verein der Baumwollespediteure hat seinen Kunden, den Baumwollehändlern, mitgeteilt, daß seine Mitglieder für solche Händlerfirmen keine Aufträge mehr ausführen würden, die eine dem Verein nicht angehörende Speditionsfirma in der Baumwollespedition beschäftigen würden. Es sollte dadurch ein Außenseiter getroffen werden, welcher die Tarifsätze des Vereins, deren Angemessenheit nicht bestritten wurde, unterboten hatte. Im Verhältnis zu dem Außenseiter erscheint das Vorgehen des Vereins als eine zulässige, nicht gegen § 826 BGB. und § 1 UnlWG. verstoßende Abwehrmaßregel, da für den fraglichen Außenseiter, wenn er seine Tarifsätze bis zum Betrag derjenigen der Vereinsmitglieder erhöhte, allem Anschein nach kein vernünftiger Grund bestand, noch länger Außenseiter zu sein; das Bestreben des Vereins ging eben nicht dahin, jeden anderen Baumwollespeditionsbetrieb einfach unmöglich zu machen. Wenn es in dem Urteil weiter heißt: „Ein Verstoß gegen die guten Sitten wäre an sich hier auch denkbar insofern, als durch die fragliche Androhung ein Zwang auf die Baumwollehändler ausgeübt wird, indem sie mit Boykott bedroht werden, falls sie mit dem Beklagten arbeiten; dem steht aber entgegen, daß jene Androhung vor den Beteiligten niemand als Zwang empfunden hat" — so kann dem nicht zugestimmt werden. Auch im Verhältnis zu den Kunden ist das Vorgehen des Kartells in diesem Fall nicht sittenwidrig, selbst wenn diese es als Zwang empfinden; selbst dann handelt das Kartell auch den Kunden gegenüber zum Schutze seiner berechtigten Interessen. Es ist hier die Sachlage eine wesentlich andere als z. B. in RGZ. 48, 122, wo es sich um die mißbräuchliche Ausnutzung einer Monopolstellung handelt. Hier wird in dem Verhalten eines Transportunternehmers, welcher einen Einzelnen oder eine bestimmte Gruppe von Einzelnen von dem allgemeinen, dem Publikum angekündigten Tarif ausschließt, ein Verstoß gegen die guten Sitten dann erblickt, wenn es zum Zweck des unlauteren Wettbewerbs geschieht, was dann zuträfe, wenn das Unternehmen lediglich zu dem Zweck, eine ihm unbequeme Konkurrenz zu verdrängen oder zu unterdrücken, durch Ausnahmetarife die Interessenten ihrer Konkurrenz zu schädigen unternähme.

---

[56]) Vgl. dazu auch Urt. v. 13. Mai 1909 (RGZ. 71, 170), welches allerdings kein Kartell betrifft; es hat hier ein Kaufmann seine Lieferanten durch die Androhung des Abbruchs der Geschäftsverbindung veranlaßt, einem Konkurrenten nicht mehr zu liefern. Das Reichsgericht hat hier angenommen, daß der die Lieferungssperre Veranlassende nach Lage des Falls ein berechtigtes, eigenes Interesse verfolgt und nicht wider die guten Sitten verstoßen habe.

Eine andere Gruppe der Entscheidungen, welche sich mit dem Verhalten des Kartells gegenüber seinen Abnehmern befassen, stehen in Zusammenhang mit der Absatzorganisation und der Marktkontrolle von seiten der Kartelle[57]). Grundlegend ist hier RGZ. 56, 271ff. in Sachen des Buchhändlerbörsenvereins gegen die „Schleuderer", wobei das Reichsgericht von dem Grundsatz ausgeht[58]), daß es einem Gewerbetreibenden oder einem gewerblichen Verband nicht verwehrt werden könne, Dritten für die Eingehung von Geschäften oder die Aufrechterhaltung geschäftlicher Beziehungen Bedingungen zu stellen und bei Nichterfüllung solcher die Lieferung ihrer Erzeugnisse und Handelsartikel zu verweigern. Der gleiche Gesichtspunkt kehrt auch wieder bei der Entscheidung über die Zulässigkeit einer Sperre gegen den Wiederverkäufer von Markenartikeln, welcher die Waren unter dem von den Fabrikanten festgesetzten Preis verkaufte, im Urt. v. 7. Okt. 1907 (WarnRspr. 1908 Nr. 8 S. 5)[59]). In diesen Fällen ist aber stets zu prüfen, ob die Maßnahmen des Kartells nicht § 826 BGB. verletzen, wobei sich insbesondere ein gegen die guten Sitten verstoßender Mißbrauch der Machtstellung des Kartells dadurch ergeben kann, daß es unter dem Zwang der Sperre unangemessene Preise für Waren des allgemeinen und unentbehrlichen Bedarfs festsetzt[60]).

Auch für die Zulässigkeit der Verweigerung der Aufnahme in einen Gegenseitigkeitsvertrag im Urt. v. 16. Juni 1924 (KartRdsch. 1924, 166ff.; JW. 1924, 1592[8]) erscheint als Begründung, daß die vereinigten Fabrikanten über ihre Erzeugnisse beliebig verfügen können. Aber auch hier ist zu prüfen, ob nicht der einzelne Fall so gelagert ist, daß bei Anwendung der allgemeinen Grundsätze in der Verweigerung der sog. Vertragsware ein Verstoß gegen die guten Sitten zu erblicken ist, was insbesondere dann der Fall wäre, wenn die Verweigerung der Aufnahme durch den Verband nicht mit Rücksicht auf dessen eigene, berechtigte Belange, insbesondere nicht von einem wirklichen Mißtrauen gegen die Leistungsfähigkeit und Zuverlässigkeit des Zurückgewiesenen, sondern lediglich von der Absicht diesen zu schädigen geleitet gewesen wäre[61]).

Was das Verhältnis des Kartells zu seinen Mitgliedern anlangt, so kann sich Nichtigkeit des Kartellvertrags daraus ergeben, daß dieser eine unzulässige Knebelung der Mitglieder, einen allzu starken, gegen die guten Sitten verstoßenden Eingriff in die wirtschaftliche Freiheit derselben enthält. Jedoch ist RGZ. 73, 432 zu entnehmen, daß Nichtigkeit aus diesem Grund im allgemeinen nicht gegeben ist, soweit die den Mitgliedern auferlegten Kartellpflichten sich in dem üblichen Rahmen halten.

Auch eine Bestimmung, wonach das Mitglied sich für den Fall der Zuwider-

---

[57]) Vgl. Kestner, Organisationszwang (2. Aufl., insbes. S. 98ff., 311).

[58]) Vor allem S. 277; ferner RGZ. 63, 399; auch RGZ. 79, 224: „... wie es überhaupt im Belieben eines jeden Gewerbetreibenden steht, ob, mit wem und unter welchen Bedingungen er Kauf- oder sonstige Verträge abschließen will."

[59]) Siehe auch Urt. v. 26. Okt. 1928 (II 27/8) in JW. 1929, 249. Vgl. weiter die ebenfalls auf den Verkauf von Markenartikeln bezügliche Entsch. in RGZ. 120, 47ff., in welcher die Androhung einer Liefersperre, der sich der Beklagte für den Fall der Nichteinhaltung der Markenpreise unterworfen hat, für zulässig erklärt wird.

[60]) Vgl. außer dem angezogenen Urteil („wenn es sich um Waren der hier fraglichen Art handelt, die nicht zu den notwendigen Lebensmitteln gehören") auch Urt. v. 6. Juli 1914 (KartRdsch. 1922, 178, oben S. 237 und RGZ. 120, 47: „... keine sittenwidrige, den Abwehrzweck überschreitende Handlungsweise, denn das Verlangen der Fabrikanten nach Einhaltung ihrer Preisbestimmung ist weder gegenüber dem Beklagten als ihrem Abnehmer noch auch vom Standpunkt des Allgemeinwohls aus ungerechtfertigt.

[61]) Den Fall einer Sperre gegenüber einem Lieferanten, um diesen zur Einstellung des direkten Verkaufs an Private zu veranlassen, behandelt noch Urt. v. 22. Jan. 1926 (KartRdsch. 1926, 407; JW. 1926 S. 1982); hier hätte bereits die KVO. berücksichtigt werden müssen.

handlung gegen rechtsgültig übernommene, vertragliche Verpflichtungen einer Sperre unterwirft, erscheint grundsätzlich nicht als ein Verstoß gegen die guten Sitten[62]), und zulässig ist auch eine solche, gemäß der sich die Mitglieder für alle sich ergebenden, die Satzung berührenden Streitigkeiten mit dem Kartell einem Schiedsgericht unterwerfen, wobei diese Schiedsgerichtsklausel auch dann nicht als nichtig erscheint, wenn satzungsgemäß sämtliche Mitglieder des Schiedsgerichts Syndikatsmitglieder sein müssen (RGZ. 113, 921 ff.).

Dagegen besagt RGZ. 87, 261, daß es eine schrankenlose und deshalb unsittliche Unterwerfung unter den Willen des Verbandes darstellen würde, wenn das Kartellmitglied sich allgemein zur Übernahme aller Leistungen verpflichtet, welche die Gesellschafterversammlung beschließen wird. Es muß in dem Gesellschaftsvertrag ein fester Rahmen gegeben sein, durch den die Macht des Verbandes begrenzt ist[63]) [64]).

Als Mittel, um sich von den Kartellpflichten zu befreien, falls es diese als zu drückend empfindet, kommt für das Mitglied vor allem der Austritt aus dem Kartell in Frage. Wieweit derselbe zulässig ist, hängt nach dem allgemeinen Recht von der für das Kartell im einzelnen Fall gewählten Rechtsform ab, doch wurde schon vor dem Erlaß der KVO. die Kündbarkeit aus wichtigen Gründen entsprechend dem § 723 BGB. als notwendiges Korrelat der Kartellpflichten für jedes Kartell, insbesondere auch für die Einheits-GmbH. vor allem von Flechtheim[65]) gefordert.

Das Reichsgericht hat nun zwar für die Doppelgesellschaft die Möglichkeit der Kündigung aus wichtigem Grund für den Syndikatsvertrag, der hier eine Gesellschaft des bürgerlichen Rechts darstellt, in dem Urt. v. 4. Jan. 1905 (Denkschr. Nr. 17 S. 123 ff.) anerkannt, dagegen hat es für die Einheitskartell-GmbH., bei welcher das Kartell selbst als Neben- (oder hier besser: Sonder-) leistungs-GmbH. organisiert ist, in RGZ. 73, 429 (v. 7. Okt. 1910) die Auffassung vertreten, daß hier eine Kündigung ausgeschlossen sei, und zwar sowohl eine solche hinsichtlich des Sonderleistungsverhältnisses entsprechend § 723 BGB., da die Regelung dieses Verhältnisses mit den Bestimmungen über die Gründung der Gesellschaft einen einheitlichen Vertrag bilde und es sich um Teile der Mitgliederpflichten und -rechte handle, als auch eine Kündigung der GmbH. als solcher, da hier als Ersatz für die Kündbarkeit die besonderen Auflösungsgründe in §§ 60, 61 GmbHG. aufgestellt seien. An dieser Auffassung hat das Reichsgericht auch in den Entsch. v. 30. Okt. 1923 (RGZ. 108, 20 ff.; JW. 1924, 681) und v. 5. Mai 1925 (JW. 1925, 1636) festgehalten. Es werden dabei die Lösungsversuche von Kaufmann[66]) und Flechtheim[67]) abgelehnt, wonach in dem Sonderleistungsverhältnis ein selbständiges Rechtsverhältnis innerhalb des GmbH.-Vertrags erblickt wird, das in entsprechender Anwendung von § 723 BGB. selbständig kündbar sei, und zwar aus wichtigem Grund, wenn es auf bestimmte Zeit eingegangen sei und — wenigstens nach Kaufmann —

---

[62]) Vgl. dazu RGZ. 81, 4, auch RGZ. 120, 47 ff.

[63]) Vgl. darüber, daß das Urt. v. 20. Febr. 1914 (KartRdsch. 1914, 174 ff.; GruchotsBeitr. 58, 965; Holdheim 1914, 152) gegenüber RGZ. 87, 261 nicht mehr haltbar erscheint, Flechtheim, Rechtliche Organisation S. 253 ff.

[64]) Dem Konzernrecht gehört an RGZ. 82, 308 ff., worin ein Interessengemeinschaftsvertrag wegen Knebelung einer Partei für unsittlich und nach § 138 Abs. 1 BGB. nichtig erklärt wird; die im Ergebnis zutreffende Entscheidung hat mit Recht wegen ihren zu weitgehenden Verallgemeinerungen Widerspruch erfahren, z. B. bei Flechtheim, Rechtliche Org. S. 273, KartRdsch. 1928 S. 23.

[65]) Rechtliche Organisation der Kartelle S. 44.

[66]) SächsArch. 1912, 409 ff.

[67]) Rechtl. Org. S. 286 ff.

auch ohne wichtigen Grund bei Bindung auf unbestimmte Zeit. Dabei sollte eine solche Kündigung nur das Sonderleistungsverhältnis des Kündigenden zum Erlöschen bringen, ohne die Sonderleistungspflichten der übrigen Gesellschafter oder den Bestand der GmbH. selbst zu berühren, der Kündigende bliebe mit seiner Stammeinlage an der Gesellschaft beteiligt. Dem gegenüber betonte das Reichsgericht, daß diese Lösung dem Wesen der gesellschaftlichen Verpflichtung widerspräche; die Mitgliedschaft ohne Sonderleistungspflicht, eine Trennung der Sonderleistungspflicht aus § 3 Abs. 2 GmbHG. von der Mitgliedschaft sei nach dem Vertragsgedanken schlechthin nicht möglich[68]).

Ein weiteres Eingehen auf diese Fragen erübrigt sich heute angesichts der Tatsache, daß durch den § 8 der KVO. die Kündigung aus wichtigem Grunde wie für alle Kartelle im Sinne dieser Verordnung so auch für die als Einheits-GmbH. organisierten gegeben ist.

Im übrigen ist für die einzelnen Rechtsformen der Kartelle aus den Entscheidungen folgendes hervorzuheben:

In der Form der bürgerlich-rechtlichen Gesellschaft erscheint z. B. in dem Urt. v. 20. Febr. 1917, II 356/16 (WarnRspr. 1917 Nr. 289 S. 453; Holdheim 1917, 107) ein Kontingentierungs- und Preiskartell. Es wird hier angenommen, daß für den einzelnen Gesellschafter ein wichtiger Grund zur vorzeitigen Kündigung gemäß § 723 BGB. gegeben sei, wenn bei Fortsetzung des Kartells sein Geschäftsbetrieb deshalb einen Verlust bringen würde, weil durch zufällige Ereignisse (z. B. Krieg) der Gesamtabsatz verringert worden ist[69]).

Ebenfalls eine bürgerlich-rechtliche Gesellschaft ist das Preis- und Konditionenkartell in RGZ. 82, 395, wonach eine für eine bestimmte Zeit eingegangene Gesellschaft vorliegt, wenn der Vertrag zunächst auf eine Reihe von Jahren gelten und unter denjenigen Mitgliedern, die nicht mit Ablauf der Zeit infolge von Kündigung ausscheiden, wiederum mit Kündigungsrecht auf jeweilige spätere Termine fortgesetzt werden soll.

In RGZ. 53, 19ff. wird für eine Preiskonvention, ein reines Unterlassungskartell, gesagt, daß dieses (nach gemeinem Recht) keine Gesellschaft im eigentlichen Sinn des Wortes sei, dieser aber nach seiner rechtlichen Natur nahestehe, weshalb auch ein Rücktritt aus wichtigem Grund zugelassen wird. Den Grund für das Bestreiten des Bestehens einer Gesellschaft im eigentlichen Sinn hat augenscheinlich der Umstand gebildet, daß „der Vertrag überhaupt nicht eine Vermögensgemeinschaft irgendwelcher Art unter den Beteiligten zu begründen bezwecke[70]). In dem Urt. v. 12. Juli 1912 (LZ. 1912, 757[25]; DJZ. 1912, 1409; Recht 1912 Nr. 2655) wird in einem gleichgelagerten Fall ausgeführt, daß wegen Mangels einer gemeinschaftlichen Organisation und eines gemeinschaftlichen Vermögens das Kartell zwar mit Rücksicht auf den erstrebten Erfolg einer Gesellschaft nach §§ 705ff. BGB. ähnlich sei, aber nicht eine solche Gesellschaft darstelle[71]). Zutreffender erscheint es, hier das Vorliegen einer — wenn auch anormalen — Gesellschaft zu bejahen[72]).

Als nichtrechtsfähiger Verein erscheint die Feingoldschlägervereinigung in

---

[68]) Zu dem Lösungsversuch von Hachenburg in Staub-Hachenburg, Komm. z. GmbHG. (4. Aufl.) Exk. zu § 3 Anm. 10 u. 12, der nur eine erleichterte Auflösungsklage gibt, hat das Reichsgericht nicht Stellung genommen.

[69]) Siehe aber dazu Flechtheim, Rechtl. Org. S. 257ff.

[70]) Es kann deshalb auch jeder Beteiligte seinen Anteil an einer verfallenen Vertragsstrafe einfordern.

[71]) In dem Urt. v. 11. Juli 1908 (JW. 1908, 544) bleibt es dahingestellt, ob durch den Kartellvertrag eine eigentliche Gesellschaft errichtet wurde oder ob der Vertrag nur gesellschaftsähnlichen Charakter habe.

[72]) Siehe auch Flechtheim, Rechtl. Org. S. 143ff., 317.

RGZ. 60, 94ff., wo sich die bekannte, in ihren Einzelheiten vielfach angegriffene, aber doch auch in späteren Entscheidungen festgehaltene Aufzählung der Begriffmerkmale des nichtrechtsfähigen Vereins findet[73]).

Von rechtsfähigen Vereinen begegnen in den Entscheidungen nur eingetragene; so Konditionenkartelle in RGZ. 95, 91ff., wo betont wird, daß die Eintragung dadurch nicht ausgeschlossen wird, daß der Verein den Schutz der gewerblichen Interessen aller Beteiligten verfolge, der Verein habe es nicht auf einen wirtschaftlichen Geschäftsbetrieb abgesehen — und ein reines Kontingentierungskartell ohne zentralisierte Absatztätigkeit im Urt. v. 30. Sept. 1915 (KartRdsch. 1916, 80), wo es sich um die Frage handelt, wieweit eine Geschäftsordnung Verpflichtungen enthält, die nur im Wege einer Satzungsänderung hätten auferlegt werden dürfen[74]). Die Frage, ob eine Satzungsänderung vorliegt, stand auch in RGZ. 88, 395ff. hinsichtlich einer nachträglich erlassenen Schiedsgerichtsordnung zur Entscheidung, sie wurde bejaht[75]).

Mit Kartellen in Form der Doppelgesellschaft hat sich das Reichsgericht häufig beschäftigt[76]) Für die Frage nach der rechtlichen Natur des Syndikatsvertrags bei der Doppelgesellschaft und der Rechtsstellung der Verkaufsstelle sind die Urt. v. 4. Jan. 1905 und v. 21. Juni 1918 von besonderer Bedeutung. Nach ersterem erscheint der Syndikatsvertrag als ein Vertrag zwischen der Syndikats-AG. und den Werkbesitzern, durch den ein Gesellschaftsverhältnis begründet wird; auch die Syndikats-AG. ist Gesellschafterin, denn auch sie verfolgt mit dem Vertrag gemeinschaftliche Ziele für Rechnung der hinter ihr stehenden, mit den übrigen Kontrahenten identischen Aktionäre. Es wird hier auch die Kündbarkeit des ganzen Kartellvertrags wegen wesentlicher Verletzung der Gesellschaftsrechte eines Kartellmitgliedes durch einen Beschluß der Werkeversammlung anerkannt. In der zweiten Entscheidung wird die Verkaufsstelle des Kartells als geschäftsführendes Organ der durch den Syndikatsvertrag begründeten Gesellschaft des bürgerlichen Rechts bezeichnet[77]). An der Anwendbarkeit des § 315 BGB. auf die von den Syndikatsorganen zu treffenden Bestimmungen hinsichtlich des Lieferungsverhältnisses hat das Reichsgericht trotz erhobenen Widerspruchs festgehalten, vgl. Urt. v. 14. Juni 1913 (Holdheim 23, 104) und v. 29. Okt. 1925 (RGZ. 87, 261ff.)[78]).

Das wesentliche Kennzeichen der Einheitskartell-GmbH. gegenüber der Doppelgesellschaft ist klar hervorgehoben in RGZ. 73, 429ff. „Der Vertrag

---

[73]) Ein Kartell in Form des nichtrechtsfähigen Vereins findet sich auch im Urt. v. 22. April 1922 (KartRdsch. 1923, 28); dagegen bleibt in RGZ. 95, 192ff. (Urt. v. 21. März 1919) bei einer Preiskonvention die Frage offen, ob ein nichtrechtsfähiger Verein oder eine Gesellschaft vorliegt; eine Entscheidung dieser Frage erklärt hier das Gericht für nicht erforderlich, weil die Vertragsauslegung ohne weiteres ergäbe, daß auf jeden Fall die Vertragsstrafe in die Kasse der Vereinigung fließt und daneben für Ansprüche seitens der einzelnen Mitglieder gegenüber dem mit der Strafe Belegten kein Raum bleibt.

[74]) Vgl. Flechtheim, Rechtl. Org. S. 321ff.

[75]) Siehe auch RGZ. 88, 177ff. und Urt. v. 7. Nov. 1912, teilweise abgedr. JW. 1913, 134 und WarnRspr. 1913 S. 108 Nr. 82, s. oben S. 232.

[76]) Z. B. in den Urt. v. 19. Febr. 1901 (RGZ. 48, 306), v. 28. Febr. 1903 (Denkschr. 2, 95), v. 14. Okt. 1903 (Denkschr. 2, 98ff.), v. 4. Jan. 1905 (Denkschr. 2, 123ff.), v. 5. Sept. 1911 (RGZ. 77, 71), v. 20. Febr. 1914 (KartRdsch. 14, 174ff.), v. 21. Juni 1918 (teilweise abgedr. Recht 1919 Nr. 1083, MarkschWettbew. 1918 S. 17), Diese Urteile haben vor allem Flechtheim das Material gegeben zu seiner juristischen Analyse der Doppelgesellschaft (Rechtl. Org. S. 25—42, 250ff.), wo diese Entscheidungen eingehend behandelt sind.

[77]) In RGZ. 48, 306 ist gesagt, daß es sich bei dem Vertrag zwischen Aktiengesellschaft und den einzelnen Zechenbesitzern um kein reines Kommissionsgeschäft handle; vgl. dazu (und zu den Ausführungen von Flechtheim über diese Fragen) jetzt auch Schmidt-Rimpler, Ehrenbergs Handbuch V 1 S. 529ff.

[78]) Vgl. JW. 1916, 126 mit Anm. von Hachenburg und Flechtheim.

über die Gründung der Gesellschaft und der Lieferungsvertrag bilden zusammen den Syndikatsvertrag[79])." Es müssen hier die Kartellpflichten in dem GmbH.-Gesellschaftsvertrag als Sonderleistungen nach § 3 Abs. 2 GmbHG. erscheinen. Dabei genügt es aber nach RGZ. 87, 261, daß in dem Gesellschaftsvertrag ein fester Rahmen für die Art der übernommenen Verpflichtungen aufgestellt wird, innerhalb dessen dann die im einzelnen nähere Ausgestaltung der übernommenen Verpflichtungen stattfinden kann.

In den Entscheidungen begegnet neben Doppelgesellschaft und Einheits-GmbH. noch eine dritte Form: Errichtung einer Aktiengesellschaft oder GmbH. als Verkaufsstelle und Abschluß von Separatverträgen hinsichtlich der Lieferungspflichten[80]). Hierauf bezieht sich RGZ. 74, 33. Die Syndikatsmitglieder haben danach einen Vertrag geschlossen, durch welchen sie eine GmbH. ins Leben riefen, sodann wurde ein weiterer Vertrag zur Ordnung des Lieferungsverhältnisses abgeschlossen. Das Reichsgericht führt nun aus, daß bei diesem letzteren Vertrag sich nicht mehr die einzelnen Syndikatsmitglieder als Vertragsparteien gegenüberstanden, daß vielmehr der Vertrag geschlossen wurde zwischen der GmbH. einerseits und den Mitgliedern des Syndikats andererseits. Damit sei die Annahme, daß der Lieferungsvertrag als solcher ein Gesellschaftsvertrag allgemeinen bürgerlichen Rechts sei, unvereinbar. Die einzelnen Syndikatsmitglieder seien in dem Lieferungsvertrag überhaupt in kein weiteres Vertragsverhältnis zueinander getreten, sondern hätten sich nur der GmbH. verpflichtet. Der Lieferungsvertrag als solcher sei nicht ein neben der GmbH. selbständig stehender weiterer Gesellschafts- oder gesellschaftsähnlicher Vertrag, vielmehr diente sein Abschluß nur der Ausführung des in dem anderen Vertrag Vereinbarten.

Trotzdem diese Auffassung insbesondere von Flechtheim[81]) lebhaft bekämpft wurde, hat das Reichsgericht daran festgehalten in dem Urt. v. 14. Juni 1913 (Holdheim 23, 104), wo es die Ausführungen des Berufungsgerichts bestätigte. Diese gingen dahin, daß die zwischen der GmbH. und ihren Gesellschaftern abgeschlossenen Normallieferungsverträge nicht einen Bestandteil des Gesellschaftsvertrags bildeten und daß die Lieferungsverpflichtungen außerhalb des Gesellschaftsvertrags vollständig geregelt und den Gesellschaftern nicht als Verpflichtungen gesellschaftlicher Art auferlegt worden seien. Bei den Lieferungsverträgen seien die Gesellschafter als einzelne Lieferanten der Beklagten gegenüber aufgetreten. Unter sich hätten die Gesellschafter keinerlei Abkommen getroffen. Das Reichsgericht findet diese Erwägungen in Übereinstimmung mit RGZ. 74, 34; 79, 332 und 418.

---

[79]) Eine Einheitskartell-GmbH. findet sich noch in dem Urt. v. 5. Mai 1925 (JW. 1925, 1636, s. oben S. 245); ferner in RGZ. 108, 20, wonach die Sonderleistungsverpflichtungen sich als Teil der Mitgliederpflichten darstellen, als solche sind sie bezeichnet und ausgebaut; weiter RGZ. 111, 274 (v. 16. Juni 1925), wo die Ansicht, daß hier die Beitrittserklärung nach § 138 Abs. 1 BGB. nichtig sei, weil die Zugehörigkeit zu dem Verband eine übermäßige, mit den guten Sitten unvereinbarliche Beschränkung der wirtschaftlichen Bewegungsfreiheit zur Folge hätte, abgelehnt wird.

[80]) Daß die Lieferungsverträge nicht immer Bestandteil des Gesellschaftsvertrags sein müssen und nicht nur in der Form des Gesellschaftsvertrags geschlossen werden können, betont RGZ. 79, 332ff. Nur wenn die Lieferungsverpflichtungen gesellschaftlicher Natur sein sollen, d. h. wenn sie den Gesellschaftern der GmbH. als solchen auferlegt, auf ihrer Mitgliedschaft beruhen, Bestandteil ihres Geschäftsanteils bilden sollen, so daß eine Einheits-GmbG. vorliegt, dann ist Aufnahme der wesentlichen Bestandteile in den Gesellschaftsvertrag nötig. Ob die Lieferungspflichten gesellschaftlicher Natur sein oder ob sie in einem rein schuldrechtlichen, selbständigen Nebenvertrag festgesetzt werden sollten, ist im einzelnen Fall oft sehr schwer festzustellen. Vgl. weiter RGZ. 79, 418 (dazu Flechtheim, Rechtl. Org. S. 281); RGZ. 83, 216; 111, 274.

[81]) Rechtl. Org. insbes. S. 89.

Es sprechen aber doch zwingende Gründe dafür, auch in diesen Fällen neben dem GmbH.-Gesellschaftsvertrag eine bürgerlich-rechtliche Gesellschaft, also eine Doppelgesellschaft anzunehmen, wie dies auch der herrschenden Meinung im Schrifttum entspricht.

Mit der Fusion zweier Aktiengesellschaften, von denen nur eine einem Syndikat angehört, beschäftigt sich das RG. in RGZ. 89, 354 und 108, 20, und zwar ist es beide Male ein Außenseiter, der ein Syndikatsmitglied aufnimmt. Nach der Ansicht des Reichsgerichts, die aber nicht unbegründet Widerspruch erfahren hat[82]), ist der Außenseiter nur mit den Erzeugungen der Anlagen der von ihm aufgenommenen Gesellschaft den Kartellpflichten unterworfen.

Die Zulässigkeit der Anfechtung der Beitrittserklärung bei einer Kartell-GmbH. wird in RGZ. 88, 187 entsprechend der ständigen Rechtsprechung für die GmbH. im allgemeinen verneint, wobei aber der Tatsache nicht Rechnung getragen wird, daß durch die Aufnahme der wirtschaftlich an Bedeutung weit überwiegenden Verpflichtungen zu den Sonderleistungen die Gesellschaft ihr rein kapitalistisches Gepräge verloren hat[83])[84]).

2. Entscheidungen zur Kartellverordnung

Das Reichsgericht hatte seither noch nicht allzu oft Gelegenheit, Vorschriften der Kartellverordnung zur Anwendung zu bringen. Es sind im ganzen sechs Entscheidungen. Abgesehen von der Frage nach der Gültigkeit der Verordnung selbst beschäftigen sie sich vor allem mit dem Kartellbegriff, dem § 8, der mit der Gewährung der Kündbarkeit aus wichtigem Grund in das Privatrecht eingreift, und dem § 9, der die Präventivkontrolle bei der Verhängung der Sperre oder von Nachteilen von ähnlicher Bedeutung einführt.

Die Gültigkeit der Verordnung wird in zwei Entscheidungen vom 1. Dez. 1925 (VI 336/25) und vom 9. Juli 1926 (RGZ. 114, 263ff.) mit Recht bejaht.

Hinsichtlich des für die Anwendung der Verordnung maßgebenden Kartellbegriffs besteht in der Rechtsprechung des Reichsgerichts bisher noch eine Unsicherheit insofern, als noch keine bestimmte Stellung zu der im Schrifttum bestrittenen Frage genommen wurde, ob die Absicht der Marktbeeinflussung notwendige Voraussetzung für das Vorliegen eines Kartells im Sinne des § 1 KVO. ist. Nach RGZ. 114, 263ff. (2. Senat) soll die KVO. dann Anwendung finden, wenn es sich um einen Gesellschaftsvertrag rechtlich und wirtschaftlich selbständig bleibender Unternehmungen handelt, der die im § 1 KVO. erwähnten Kartellpflichten enthält, und wenn weiterhin feststeht, daß der Vertrag in der Absicht und zu dem Zweck der Marktbeeinflussung geschlossen ist. Ob aber diese Absicht der Marktbeeinflussung eine wesentliche Voraussetzung für das Eingreifen der Verordnung bildet — wie dies allerdings in dem Urt. v. 1. Dez. 1925 (6. Senat) in Übereinstimmung mit der im Schrifttum herrschenden Ansicht ausgesprochen ist — wird dahingestellt gelassen; betont wird nur, daß es nicht notwendig sei, daß die Parteien mit dem Vertrag monopolistische Tendenzen verfolgten oder daß die getroffenen Abmachungen an und für sich geeignet seien, den Markt tatsächlich zu beeinflussen. In der dritten, diese Frage

---

[82]) Siehe Flechtheim, Rechtl. Org. S. 306; JW. 1917, 469; Isay, ABG. II, 416.

[83]) Vgl. Flechtheim, JW. 16, 937 und Rechtl. Org. S. 293; Isay, ABG. II 427.

[84]) Über das Stimmrecht der Kartell-GmbH. auf Grund ihres Geschäftsanteils handelt RGZ. 103, 64ff.; s. dazu Isay in KartRdsch. 1922, 202.

Über die Unzulässigkeit der Vereinbarung von Vertragsstrafen im Nebenvertrag RGZ. 79, 332; s. dagegen Isay, ABG. S. 428; Flechtheim, Rechtl. Org. S. 277.

Über die Beteiligungsziffer und die einschlägigen Entscheidungen s. Flechtheim, Rechtl. Org. S. 118ff., 302ff.

berührenden Entsch. v. 9. Jan. 1928 (RGZ. 119, 360) wird noch einmal — unter Hinweis auf RGZ. 114, 263 — zutreffend erklärt, daß ein Vertrag auch zwischen nur zwei gewerblichen Unternehmungen den Kartellbegriff der KVO. erfüllen könne.

Durch § 8 KVO. wird jedem Kartellmitglied ein außerordentliches Kündigungsrecht gegeben, das in allen Fällen, ohne Rücksicht auf die jeweils gewählte Rechtsform eingreift. Hier ergeben sich insbesondere für die Einheits-GmbH. ungewöhnliche Schwierigkeiten, für welche in dem Urt. v. 2. Juli 1926 (RGZ. 114, 212) eine befriedigende Lösung gesucht und im Anschluß an die Ausführungen von Isay[85]) auch gefunden wurde. Das Kartellgericht hatte in seiner Entsch. v. 3. März 1924, in welcher es die in Frage stehende Kündigung für zulässig erklärte, folgendes ausgeführt: „Nur diese (gemeint sind die im § 1 KVO. beschriebenen) vertragsmäßigen Kartellbindungen, die den Inhalt des Kartellvertrags bestimmen, will die KVO. der Kündigung unterwerfen, und nur von ihnen will sie, sofern ein wichtiger Grund vorliegt, das Mitglied befreien. Sind daher, wie in der vorliegenden Übereinkunft, die Kartellverpflichtungen in einem besonderen, wenn auch mit dem Gesellschaftsvertrag der GmbH. verbundenen (Kartell-) Vertrag geregelt, so kann sich eine auf § 8 KVO. gestützte Kündigung wirksam nur auf den Kartellvertrag erstrecken und die GmbH. sowie der ihr zugrunde liegende Gesellschaftsvertrag bleiben von der Kündigung des Kartellvertrags rechtlich unberührt. Die Frage, wie sich das Verhältnis der auf Grund der Kündigung ausscheidenden Kartellmitglieder zu der GmbH. gestaltet, ist nicht nach der KVO. und nicht von dem Kartellgericht, sondern nach Maßgabe der Vorschriften des bürgerlichen Rechts bzw. des Gesetzes über die GmbH. von den ordentlichen Gerichten zu entscheiden." Das Reichgericht hält nun an seiner schon früher, bei der Frage nach der Möglichkeit einer gesonderten Kündigung des Sonderleistungsverhältnisses vertretenen Ansicht[86]) fest, daß nach dem Aufbau des gesamten, gesellschaftliche Organisation und Kartellvertrag umfassenden Rechtsverhältnisses die Zugehörigkeit zu der GmbH. ohne die Sonderleistungspflichten unmöglich sei. Auch jetzt noch erscheint ihm die Fortdauer der Mitgliedschaft bei der gesellschaftlichen Organisation (der GmbH.) mit dem Erlöschen der Kartellverpflichtungen des Kündigenden nicht vereinbar. Es nimmt allerdings nicht an, daß durch die Kündigung gemäß § 8 die Auflösung der GmbH. im ganzen herbeigeführt werde[87]). Vielmehr hält es für die angemessenste Lösung, wenn nur das kündigende Mitglied aus der GmbH. ausscheidet. Allerdings erscheint ein automatisches Ausscheiden wegen der Eigenart der Gesellschaftsform der GmbH. ausgeschlossen. Aber es tritt zugleich mit der Befreiung von den Kartellverpflichtungen auch ein Ruhen seiner Mitgliedschaftsrechte und -pflichten bei der gesellschaftlichen Organisation ein. Der Kündigende nimmt an den durch die Mitgliedschaft der GmbH. bedingten vermögensrechtlichen Vergünstigungen nicht weiter teil, wie er z. B. ein der GmbH. gehöriges Patent, dessen Benutzung sie ihren Mitgliedern überlassen hatte, weiterhin nicht mehr benutzen darf. Die Gesellschaft kann dann unter entsprechender Anwendung des § 34 GmbHG. den Geschäftsanteil des Kündigenden zur Einziehung bringen gegen Leistung eines entsprechenden Entgelts[88]).

In RGZ. 114, 327 wird zutreffenderweise die auch im Schrifttum am mei-

---

[85]) Isay-Tschierschky zu § 8 S. 262ff.

[86]) RGZ. 108, 20ff.; s. oben S. 245.

[87]) So Hachenburg, Komm., 5. Aufl., Exk. zu § 3 Anm. 11a.

[88]) Vgl. auch die Ausführungen von Flechtheim, KartRdsch. 1927, 57 zu diesem Urteil.

sten geteilte Ansicht vertreten, daß die gemäß § 8 KVO. ergehende Entscheidung des Kartellgerichts nicht rechtsgestaltende, sondern nur deklaratorische Bedeutung habe. Weiter wird in dieser Entscheidung, wie auch schon in RGZ. 114, 262 eine fristlose Kündigung nach § 8 KVO. mangels rechtzeitig bei dem Kartellgericht gestellten Antrags für wirksam erklärt. Obwohl das Kartellgericht den gleichen Standpunkt in seiner Entscheidung v. 20. Aug. 1927 (KartRdsch. 1927, 561ff.) vertritt, so ist doch nicht zu leugnen, daß hier eine Unklarheit über die Abgrenzung der Zuständigkeit der ordentlichen Gerichte und des Kartellgerichts vorhanden ist und daß die Anschauung die besseren Gründe für sich hat, die dahin geht, daß das Kartellgericht ausschließlich zuständig ist, wenn die Frage, ob die Kündigung durch Fristablauf wirksam geworden ist, streitig wird[89]).

Mit dem § 9 KVO. und dem dort vorgesehenen Eingreifen der Präventivzensur des Vorsitzenden des Kartellgerichts beschäftigen sich die beiden Urt. v. 9. Jan. 1928 (RGZ. 119, 360) und v. 14. Dez. 1928 (RGZ. 122, 260) — allerdings insofern nur mit negativem Ergebnis, als sie zutreffend feststellen, daß in der Gewährung eines sog. Mengenrabatts, einer einfachen Umsatzvergütung ohne Treuverpflichtung des Abnehmers nicht die Verhängung einer sperrähnlichen Maßnahme gegen den Außenseiter, sondern nur eine auch dem Kartell erlaubte Preisunterbietung, bzw. in dem Verlangen der Rückerstattung eines auf Grund eines sog. Treurabattvertrages mit Exklusivklausel gewährten Rabattes wegen Verstoß gegen die ausschließliche Bezugspflicht vom Kartell ebenfalls nicht die Verhängung von Nachteilen von ähnlicher Bedeutung wie eine Sperre gegenüber dem Kunden, sondern die Einforderung einer Vertragsstrafe zu erblicken sei, so daß in beiden Fällen die Einwilligung des Vorsitzenden des Kartellgerichts nicht einzuholen ist. In RGZ. 122, 260 finden sich neben der zu billigenden Feststellung, daß § 9 Abs. 1 auch Maßnahmen des äußeren Kartellzwangs erfaßt, einige programmatische Sätzes[90]), welche die Auffassung des Reichsgerichts von der Rechtsstellung der Kartelle im heutigen Recht widerspiegeln und denen voll zuzustimmen ist:

„Die Kartellverordnung verbietet die Kartelle nicht, sondern erkennt sie an und unterwirft sie nur in gewissen Richtungen Sondernormen, die allerdings ihre Rechtsstellung im Vergleich zu derjenigen anderer Rechtsträger wesentlich beeinflussen. Trotzdem muß grundsätzlich angenommen werden, daß auch Kartelle und Kartellverbände im Rahmen des allgemeinen Rechts von den vorhandenen Rechts- und Rechtsschutzeinrichtungen ebenso Gebrauch machen können wie andere Rechtssubjekte. Wo diese allgemeine Gleichheit vor Recht und Gesetz zum Nachteil solcher Vereinigungen durchbrochen sein soll, muß dies nach allgemeinen Grundsätzen, wenn nicht ausdrücklich verordnet, so doch zweifelsfrei zu erschließen sein."

Abgeschlossen: März 1929.

---

[89]) Vgl. Flechtheim, JW. 1926, 2915; 1927, 1080; Blum, KartRdsch. 1927, 610; Hollaender, ZBl. f. HR. 1927, 364.

[90]) Bedeutsam ist noch die Feststellung, daß mit dem Eintritt des Kartells in die Liquidation der „wirtschaftliche Sondertatbestand" beseitigt ist, auf dem § 9 Abs. 1 KVO. beruht.

Das Urheberpersönlichkeitsrecht in der Rechtsprechung des Reichsgerichts

von Dr. Alexander Elster, Berlin.

I. Vom Begriff des Urheberpersönlichkeitsrechts

1. Der Anteil der reichsgerichtlichen Rechtsprechung an der Entwicklung leitender Rechtsgrundsätze ergibt sich in seiner vollen Größe meist erst dann, wenn man einen längeren Zeitraum der Judikatur auf eine bestimmte Frage hin durchsieht und ihn innerlich zu durchdringen versucht. Dann wird man meist eine — trotz kleiner Schwankungen im einzelnen — starke traditionelle Verbundenheit gewahr, die dabei nicht starr an älteren Sprüchen haftet, sondern eine Evolution zeigt. Es liegt auf der Hand, daß die Kasuistik zu Wandlungen zwingt und einer Starrheit vorgefaßter theoretischer Meinungen abhold ist; das RG., das an neuen Fällen jeweils die früher als richtig befundene Meinung nachzuprüfen in der Lage ist, wird dadurch von einem dauernd falschen Weg wohl immer abgehalten und gewinnt eine steigende Festigkeit der einmal als Rechtssatz ausgesprochenen Überzeugung.

Dies ist ganz besonders auf dem Gebiete des Immaterialgüterrechts der Fall gewesen, wo es auf weiten Strecken Neuland zu befahren galt. Wie beispielsweise die ethischen §§ 138 BGB. und 1 UnlWG. ihr Fleisch und Blut erst durch die reichsgerichtliche Rechtsprechung empfangen haben, so ist dies auch vielfach mit dem Urheberrecht, dem Erfinderrecht und dem Warenzeichenrecht der Fall gewesen. Denn hier handelt es sich um Gebiete, auf denen keine lange römischrechtliche, auch keine deutschrechtliche Entwicklung vorherging, die viel mehr aus einer modernen Bewertung persönlichen Schaffens und aus der Verbindung dieses Schaffens mit neuzeitlicher Technik der Vervielfältigung und Verwertung ihr Recht gewannen. Die Gesetze, die dieses Recht festlegten, zeigten sich elastisch genug, daß sie der Vertiefung durch Rechtsprechung und Wissenschaft nicht im Wege waren, aber andererseits doch auch lückenhaft genug, um solche Vertiefung und Fortbildung zu fordern. Der Wandel nicht nur der Technik, sondern auch der sozialethischen Anschauungen gab hier immer neue Probleme auf, und man darf ganz allgemein behaupten, daß gerade das RG. diesen Problemen in hervorragender Weise gerecht geworden ist.

Ein besonders interessantes — und wohl noch auf lange Zeit hinaus aktuell bleibendes — Teilgebiet jenes größeren Komplexes ist das Urheberpersönlichkeitsrecht — ein Begriff, der nicht neu, aber doch erst in letzter Zeit besonders deutlich erkannt worden ist. Er ist auch nicht völlig abhängig von der neueren Gesetzgebung über das Urheberrecht, also etwa vom Jahre 1901 an; er spielte schon zuvor eine Rolle und es ist gerade von besonderem Interesse, in den Frühzeiten der reichsgerichtlichen Judikatur zu sehen, wie sich der Höchste Gerichtshof mit immanenten Urheberrechtsfragen auseinandersetzte, für deren Behandlung weder im Gesetz noch im Schrifttum sehr starke Anhaltspunkte gegeben waren. So ist es insbesondere höchst anziehend, das in RGZ. 12, 50 abgedruckte Urt. v. 1. Juli 1884 nachzulesen, das aus dem Unterschied zwischen dem „individualrechtlichen" und dem „vermögensrechtlichen" Teil des Urheberrechts Schlüsse für die Urteilsfindung zieht und entgegen den Vorinstanzen die Honorarfrage als vermögensrechtliche Gegenleistung für eine nach dem Tode des Verfassers nicht mehr mögliche Leistung scharf schied von der auf die Erben als die Vertreter der Persönlichkeit des verstorbenen Verfassers übergegangenen persönlichkeitsrechtlichen Seite des Urheberrechts, aus der sie nach wie vor Änderungen an dem Werke, die durch Dritte vorgenommen werden sollten, in gewissem Umfange verbieten konnten. „Es entspricht vollkommen dem höheren Standpunkte, von welchem die neuere Doktrin und mit ihr das Reichsgesetz das sog. geistige Eigentum auffaßt, den Geisteswerken nicht lediglich, soweit sie Gewinn bringen, sondern auch soweit mit ihnen Ehre und Ansehen verbunden ist, einen über die Lebensdauer des Schriftstellers hinausreichenden Schutz zu verleihen, den Autor in der nächsten Generation der Erben noch fortleben zu lassen" (RGZ. 12, 53). Manches, ja vieles an diesen Problemen mußte dann später noch geklärt und gefestigt werden; die Männer, die jene ersten Urteile gefällt haben, sind nicht mehr; aber der Geist ist geblieben, der schon von Anfang an — im Verein mit dem sich entwickelnden Schrifttum und der sich festigenden Methodik — gerade im Urheberrecht das Recht der Persönlichkeit als etwas Immanentes erblickte und diese Entelechie, die den Körper belebende seelische Kraft, mit schönstem Erfolge und immer sicherer zu erkennen versuchte. Und wenn man dann allmählich sich weiter vorwagte und in den RG.-Urteilen vom Persönlichkeitsrecht des Urhebers sprach, so gebrauchte man dann, soweit ich sehe, erstmalig den Ausdruck „Urheber-Persönlichkeitsrecht" in der Entsch. v. 26. Jan. 1929 I 227/28 (GRUR. 1929 S. 509).

Ist ja doch dieses Persönlichkeitsrecht im Urheberrecht von besonderer Eigenart! Das „per-sona", der Ton, der durch die Maske hindurchklingt, der das wahre Wesen hinter dem nach außen gekehrten Gesicht bedeutet — das kommt ja bei dem Persönlichkeitsrecht des Urhebers zu spezifischer Gestalt: in seinem Werk, das wie eine Maske seiner Person ist, spricht sich diese Person, künstlich-gestaltet, aus. Schon wenn man dieses sprechende Bild klar erfaßt, zeigt sich — was im weiteren Verlauf unserer Darlegungen noch eingehend zu besprechen ist — die Doppelfunktion des Persönlichkeitsrechtes für das Urheberrecht: einmal als Persönlichkeitsrecht des Urhebers als eines Menschen außerhalb seines Werkes, und zu zweit das Persönlichkeitsrecht des Urhebers als solchen, also als des Schöpfers seines Werkes. Das ist durchaus zweierlei, wie noch näher zu zeigen sein wird, wobei das sprachliche Bild der „persona" mehr der zweiten (speziellen) Funktion zugehört.

Man sieht, daß der französische Ausdruck „droit moral" weit weniger prägnant, ja eigentlich recht unzulänglich ist[1]); und noch irreführender ist die laute Anpreisung, die seit einiger Zeit, besonders anläßlich der Rom-Konferenz zur Revision der Berner Übereinkunft 1928, für dieses „droit moral"

---

[1]) Vgl. Hoffmann in der Fragebogenbeantwortung ArchUrhR. 1929 S. 158: „Das droit moral ist lediglich eine der Eingebungen, mit denen die romanische Jurisprudenz sich selbst zu glorifizieren nicht genug tun kann. Der wichtigste Kern an dieser Idee ist dem deutschen Rechtsempfinden wie auch der deutschen Rechtsfindung längst geläufig." Vgl. auch Elster. Urheber- und Erfinder-, Warenzeichen- und Wettbewerbsrecht (1928) S. 45.

geschieht[2]), als sei es eine ganz neue Erkenntnis und als sei mit diesem Schlagwort schon irgendeine erhebliche Klärung des Begriffes gegeben, die an den Stand der deutschen Rechtsprechung und Wissenschaft heranreicht oder sie gar überholt.

Dabei taucht auch noch die Frage der deutlichen Abgrenzung des Urheberpersönlichkeitsrechts gegenüber dem Urhebervermögensrecht insoweit auf, als ja in manchen ausländischen Gesetzen (s. unten zu 2) und in der reichsgerichtlichen Rechtsprechung der Übergang zwischen beiden Arten des Urheberrechts oft fast unmerklich ist und auch für Verwertungsrechte, die im Zweifel dem Urheber vorbehalten sind, keine klare Scheidung geschieht, ob der Rechtsgrund für die ihm vorbehaltene Verwertung wirklich nur auf seinem idealen Interesse an dem Werk beruht oder auch auf einer wirtschaftlichen Dynamik für die Person des Urhebers. Denn wenn im Art. 58 des polnischen Gesetzes von 1926 neben wirklich persönlichkeitsrechtlichen Schutzmaßnahmen es auch als „persönliche Beeinträchtigung" bezeichnet wird, „wenn das Werk in offenbar unzweckmäßiger Weise herausgegeben wird", und wenn es in RGZ. 123, 320 heißt, „dem persönlichkeitsrechtlichen Kerne des Urheberrechts wächst an, was etwa nach dem Vertragsabschlusse an vermögensrechtlichen Urheberbefugnissen durch gesetzliche Neuschöpfung in der Person des Veräußerers entsteht" — so ist da die Grenze verwischt und diese Stellen stehen einer klaren Absteckung des Urheberpersönlichkeitsrechts im Wege. Indessen brauchen diese gelegentlichen und vielleicht als kleine Irrtümer sich erweisenden Sätze nicht allzu schwer genommen zu werden. Denn man hat ja in der deutschen Rechtswissenschaft die Unterscheidung zwischen Persönlichkeitsrecht und Vermögensrecht — z. B. im Allgemeinen Teil des Bürgerlichen Rechts und bei den §§ 823, 826 BGB. — schon vielfach behandelt[3]), immerhin aber auch erkennen müssen, daß dieses ganze Gebiet noch recht unzureichend geklärt ist und daß in den Immaterialgüterrechten Besonderheiten in dieser Hinsicht gegeben sind. Man wird also, wenn Personenrechte (Individualrechte) mit Vermögensrechten (materiellen Rechten) sich in einem Falle eng verknüpfen, z. B. wenn die Wahrung des immateriellen Rechts zugleich von erheblichem materiellen (Verwertungs-) Wert ist, immer fragen müssen, welche Rücksicht oder welcher Zweck dabei im Vordergrunde steht und ausschlaggebend ist. Dies kann für das Urheberrecht gelingen, auch ohne daß man das allgemeinere Persönlichkeitsrecht völlig klargestellt hat, bei welchem man nicht recht weiß, wo die äußeren Grenzen zu ziehen sind; denn wir bewegen uns im Urheberrecht auf einem engeren, von vornherein teils immateriell, teils materiell beschaffenen Gebiet, was ich wohl hier nicht näher auszuführen brauche, da dies schon verschiedentlich geschehen ist[4]).

---

[2]) Hoffmann, ebenda.

[3]) Vgl. u. a. H. Lehmann, Allgemeiner Teil des Bürgerlichen Rechts (1928) S. 372 ff. und das dort zitierte Schrifttum. Ferner die Abhandlung von W. Schönfeld, Rechtsperson und Rechtsgut im Lichte des Reichsgerichts, in dieser Festschrift Bd. II S. 191 ff. Vgl. auch die unten in Fußnote 6 genannte Arbeit von Smoschewer. Ferner Art. „Personenrechte" von Friedrichs und „Vermögen und Vermögensrecht" von Elster im HdR. 4, 433 und 6, 452.

[4]) Auch Smoschewer a. a. O. S. 502 zielt darauf ab, „das Urheberrecht als ein einheitliches Herrschaftsrecht über das Werk anzusehen, von dem gleicherweise der Schutz der Vermögensrechte als auch der Schutz der Persönlichkeitsrechte umschlossen wird"; vgl. auch Michaelis, Persönlichkeitsrechtliche Befugnisse im deutschen Urheberrecht und droit moral des französischen Rechts, Berlin 1926. — In meinem Buch (s. oben Fußnote 1 a. E.) ist der Gegenstand auf S. 21 ff., 43 ff., 49 ff. ausführlich behandelt.

Michaelis in seiner trefflichen Schrift sagt ganz richtig[5]): „Wenn man ein verkehrsfähiges Herrschaftsrecht von einem Individualrecht extra commercium scheidet, so ist es nicht nur möglich und verständlich, daß beide ihre eigenen Wege gehen, sondern es ist dies sogar ihr regelmäßiges Schicksal. Daß beide Rechte gleichzeitig Angriffen ausgesetzt sein können, daß der Urheber, solange er auch noch Inhaber des Immaterialgüterrechtes ist, mehrfach Ansprüche aus beiden Rechten herleiten kann, tut der begrifflichen Trennung keinen Abbruch."

2. Was in dieser Hinsicht in neueren ausländischen Kodifikationen festgelegt ist, mag als kühne Programmatik und als ein gewisser Fortschritt gebucht werden, wenn auch wohl eine solide Prüfung, wie wir dergleichen im deutschen Recht pflegen, nicht bei jenen ausländischen Kodifikationen alles Bedenkliche vermieden hat[6]). Im tschechoslowakischen Gesetz von 1926 ist von dem Schutz der „immateriellen Urheberinteressen" die Rede, die dem Übertrager des Urheberrechts vorbehalten bleiben, im italienischen Gesetz von 1925 ist neben den Vermögensrechten des Urhebers ihm das Recht gegeben, „zu verhindern, daß seine Urheberschaft an seinen Werken unterdrückt wird oder daß das Werk so umgearbeitet, geändert oder verunstaltet wird, daß seine moralischen Interessen in schwerer und ungerechter Weise beeinträchtigt werden". Insbesondere aber hat der schon erwähnte Art. 58 des polnischen Gesetzes einen Definitionsversuch des Urheberpersönlichkeitsrechts durch folgende Aufzählung gemacht: „Eine persönliche Beeinträchtigung liegt vor, wenn sich jemand die Urheberschaft, den Namen des Urhebers oder das Pseudonym beilegt; wenn jemand in seinem Werke den Urheber oder die Quelle nicht angibt, welcher er den Inhalt oder Auszüge entnommen hat, so daß dadurch ein Irrtum bezüglich der Urheberschaft entstehen kann, oder den Urheber oder die Quelle falsch angibt; wenn jemand ein Werk veröffentlicht, welches vom Urheber nicht zur Veröffentlichung bestimmt ist; wenn jemand in der Veröffentlichung Änderungen und Zusätze einfügt oder Kürzungen vornimmt, welche den Inhalt entstellen oder das Aussehen und den Wert des Werkes herabsetzen; wenn das Werk in offenbar unzweckmäßiger Weise herausgegeben wird; wenn jemand am Originalwerk Änderungen vornimmt oder das Original eines Kunstwerkes mit dem Namen des Urhebers wider dessen Willen bezeichnet oder auf andere Weise gegen den Willen des Urhebers die Urheberschaft preisgibt; wenn jemand in der Kritik den Wert des Werkes durch bewußt falsche Sachdarstellung u. ä. herabsetzt." Ich halte diesen Paragraphen des polnischen Gesetzes nicht für das Vorbild einer Gesetzesbestimmung, weil er mir in der praktischen Anwendung recht viel Schwierigkeiten und Gefahren zu bergen scheint und Aufzählungen stets unvollkommen sind. Aber ein Gutes bringt dieser Art. 58: er umschreibt verhältnismäßig gut, was zum Urheberpersönlichkeitsrecht gehört, so daß man einen Überblick über das immaterielle Interessengebiet erhält, das da geschützt werden soll. Ob man es nun mit Michaelis als ein geistiges Herrschaftsrecht bezeichnet oder ihm eine andere Kennzeichnung gibt, jedenfalls scheiden alle materiellen Inter-

---

[5]) A. a. O. S. 25.

[6]) Näheres s. Elster, „Die sachlichen Grenzen des Urheberrechts", ZAuslIntPrR. 1928 S. 25ff.; Riezler, Zur gesetzlichen Neugestaltung des schweizerischen, italienischen, polnischen und tschechoslowakischen Urheberrechts, ebda. 1928 S. 1ff.; ferner namentlich Smoschewer, Der Persönlichkeitsschutz in der neuesten Urheberrechts-Gesetzgebung des Auslandes und die Lehren für den deutschen Gesetzgeber. Mit Nachtrag: Der Persönlichkeitsschutz in den Beschlüssen der Urheberrechtskonferenz in Rom, ArchUrhR. 1, 491ff.

essen aus dem Umkreis dieses Persönlichkeitsrechts aus, selbst wenn sie sich in der Praxis mit ihm berühren[7]).

Der Umkreis dieses Urheberpersönlichkeitsrechts bezieht sich mithin auf folgende Hauptfälle: Schutz der Eigensphäre, Schutz des Namens in Verbindung mit dem Werk (Urheberschaft), Integrität des Werkes[8]), dazu kommt aber wohl noch: Zitatmißbrauch u. dgl. sowie als ganz besonders wichtig und bisher noch ungenügend beachtet der Schutz gegen Beeinträchtigung der Dynamik des Werkes, was nicht (s. unten die Fußnote) durch Smoschewers zu knapp im Umkreis gefaßten „Schutz gegen Geheimhaltung" gedeckt wird, sondern wesentlich weiter geht. Man kann aber auch hieran erkennen, daß das Wettbewerbsmoment, das zum Immaterialgüterrecht so eng gehört, sich sowohl auf die geistige, die persönlichkeitsrechtliche wie auf die vermögensrechtliche Seite des Urheberrechts bezieht[9]) (vgl. unter Abschnitt II).

In Ländern mit jener neuen, das Persönlichkeitsrecht des Urhebers umfassend ordnenden Gesetzgebung braucht die Rechtsprechung nur diese Spezialbestimmungen auszulegen und wird vermutlich in der Praxis auf sehr viele Schwierigkeiten und Zweifel stoßen. Für uns in Deutschland ist das Urheberpersönlichkeitsrecht[10]) aus drei ganz verschiedenen Quellen, aber sehr viel kritischer und somit innerlich, wenn auch nicht äußerlich, sicherer — zu entnehmen:

a) aus der allgemeinen Gesetzgebung über das Recht der Persönlichkeit, das noch nicht unmittelbar etwas mit Urheberschaft zu tun zu haben braucht, also als Auslegung a generali ad speciale, wobei sich neben dem Persönlichkeitsrecht ein Urheberpersönlichkeitsrecht ergeben muß (Spezialisierung),

b) aus dem allgemeinen Charakter des Urheberrechts, der sich aus der deutschen Gesetzgebung als einem wohldurchdachten Ganzen erschließen läßt, also als Auslegung a speciali ad specialissimum, wobei sich neben dem Urheberrecht ein Urheberpersönlichkeitsrecht ergeben muß (Klassifizierung),

c) aus speziellen Rechtssätzen der deutschen Urhebergesetzgebung, also als Auslegung a specialissimo ad speciale, wobei sich die Kodifizierung des Urheberpersönlichkeitsrechts erweisen muß (Prinzipialisierung).

Es ist von höchstem Interesse, zu sehen, wieweit die reichsgerichtliche Rechtsprechung hier Wege gewiesen und diese Wege befolgt hat.

Die Herleitung des Urheberpersönlichkeitsrechts aus diesen Quellen bedarf aber dann für die Erkenntnis der Stärke dieses Rechtes auch noch der Ermittlung, wie es sich gegenüber Urheberrechtsübertragungen und anderen Ver-

---

7) Smoschewer a. a. O. S. 495, dessen Skepsis ich nicht teile; ich glaube durchaus, daß man zu einer klaren Erkenntnis der Unterschiede und zu befriedigenden Ergebnissen gelangen kann.

8) Michaelis teilt sein 3. Kapitel „System der Befugnisse des Urhebers auf Grund des Persönlichkeitsrechts" ein in a) Schutz der Eigensphäre, b) Schutz der Urheberschaft, c) Schutz der Integrität des Werkes; und Smoschewer unterscheidet (S. 500) folgende Hauptgruppen: 1. Schutz gegen Unwahrheit, 2. Schutz gegen Minderung der Geltung (Ansehen, Ehre), 3. Schutz gegen Veröffentlichung, 4. Schutz gegen Geheimhaltung, 5. Schutz gegen Veränderung der das persönliche Gepräge des Betroffenen tragenden Schöpfungen.

9) Vgl. Elster, Art. „Wettbewerb" in HdR. 6, 892 und „Der geistige und körperliche Wettbewerb als Faktor der Sozialgestaltung im Rechts- und Wirtschaftsleben" im Arch. f. angewandte Soziologie 1929 H. 6 S. 1 ff.

10) Ich akzeptiere diesen Ausdruck, den Marwitz empfiehlt, und der ein — nach den termini von mir und Michaelis — „Urheberschaftsrecht" bedeutet.

trägen verhält, also wieweit es deren Auslegung beeinflußt; dies ist sogar eine besonders wichtige Probe auf das Exempel, so daß im Anschluß an a—c noch zu behandeln ist:

d) das Verhältnis des Urheberpersönlichkeitsrechts zur Vertragsauslegung einschlägiger Übertragungen (spezielle Dynamik des Urheberpersönlichkeitsrechts).

Daß die vier Gruppen a—d in der Praxis (und auch theoretisch) vielfach ineinander übergehen, ist verständlich; trotzdem wird die Gruppierung zur Klärung dienen.

II. Erster Kreis: Die Herleitung des Urheberpersönlichkeitsrechts aus Rechtssätzen des allgemeineren[11]) Persönlichkeitsrechts

Daß ein „allgemeineres Persönlichkeitsrecht" und ein „Urheberpersönlichkeitsrecht" zwei verschiedene Größen sind, wird, wenn auch das RG. sich bekanntlich bisher ex professo und umfassend über diese Fragen nicht ausgesprochen hat, vom RG. ganz deutlich schon in der Entsch. des 1. ZS. v. 7. Nov. 1908 (RGZ. 69, 401) im Fall der Nietzsche-Briefe gesagt; denn dort heißt es S. 403: „Ein allgemeines subjektives Persönlichkeitsrecht ist dem geltenden bürgerlichen Rechte fremd. Es gibt nur besondere, gesetzlich geregelte Persönlichkeitsrechte, wie das Namensrecht, das Warenzeichenrecht, das Recht am eigenen Bilde, die persönlichkeitsrechtlichen Bestandteile des Urheberrechts." Es soll hier nicht näher untersucht werden, ob das Warenzeichenrecht so paritätisch in diese Gruppe gehört (und nicht eher ein Immaterialgüterrecht vorwiegend wettbewerblicher Natur ist[12]), und weiter, ob nicht aus der Liste der „besonderen, gesetzlich geregelten Persönlichkeitsrechte" sich doch, wie viele annehmen, so etwas wie ein methodisch zusammenzufassendes allgemeineres Persönlichkeitsrecht herauskristallisiert, zu welchem der Schutz der Ehre, der Freiheit, des Geheimnisses der privaten Sphäre und Ähnliches gehört, was aus einem einzigen Urquell fließt. Für eine solche Lehre spricht aber auch die vom RG. hier gutgeheißene Auffassung von „persönlichkeitsrechtlichen Bestandteilen des Urheberrechts". Denn wenn im Urheberrecht persönlichkeitsrechtliche Bestandteile enthalten sind, so ergibt sich aus dieser Lehre mit zwingender Logik einerseits, daß im Urheberrecht noch andere Bestandteile enthalten sind, und andrerseits, daß es außerhalb des Urheberrechts ein Persönlichkeitsrecht mehr allgemeiner Natur geben müsse. Denn wie könnte man andernfalls diese „persönlichkeitsrechtlichen" Bestandteile näher erkennen und fassen?

Es bedarf hier keiner Wiederholung dessen, was ich über diese Fragen an anderer Stelle[13]) ausführlich dargelegt habe. Nur um des Zusammenhanges willen muß hier daran erinnert werden, daß diese Erkenntnis durch die Geistesgut-Wettbewerbstheorie mancherlei Klarheit zu gewinnen vermag. Denn mit der monistischen Theorie vom ganz einheitlichen Urheberrecht und etwa

---

[11]) Ein „allgemeines" Persönlichkeitsrecht wäre ein — von der herrschenden Lehre nicht anerkanntes — ganz allgemeines oder unbeschränktes Persönlichkeitsrecht; hier handelt es sich nur um ein allgemeineres Recht im Gegensatz zum speziellen Urheberpersönlichkeitsrecht.

[12]) Vgl. insbesondere Hagens, Warenzeichenrecht (1927) S. 32 und die neuere Rechtsprechung des RG.

[13]) „Urheber- und Erfinder-, Warenzeichen- und Wettbewerbsrecht" S. 21ff., 43ff. (1928); „Das Persönlichkeitsrecht im geistig-gewerblichen Rechtsschutz", GRUR. 1927 S. 431ff.; „Die sachlichen Grenzen des Urheberrechts", ZAuslIntPrR. 1928 S. 25ff. Ferner Michaelis a. a. O. und Smoschewer a. a. O.

de Boors Lehre vom Sprachgut kommt man heute immer weniger aus. Die schon genannten beiden neueren Arbeiten, die sich mit dem Urheberpersönlichkeitsrecht näher befaßt haben, von Michaelis und von Smoschewer, lehnen die monistische Theorie ab und klären in ganz ähnlichem Sinne, wie ich dies verschiedentlich dargelegt habe, den Begriff des Urheberrechts als eines Herrschaftsrechtes über das Werk aus den beiden Bestandteilen des materiellen und des Individualrechts und kommen auf diese Weise zu sehr brauchbaren Ergebnissen. Beide leiten das Urheberpersönlichkeitsrecht einerseits aus dem allgemeineren Persönlichkeitsrecht ab, während sie es andrerseits aus dem (gesetzlichen) Urheberrecht herausdestillieren. So erblickt Michaelis (S. 33) den Inhalt des Persönlichkeitsschutzes in der „Herrschaft der Person über ihre eigene Wesenheit", „das Immaterialgüterrecht erfaßt das Werk als Ganzes und in seinen Teilen und gibt die Befugnis, über dieses Werk als über ein verkehrsfähiges Gut zu schalten und zu walten. Das Individualrecht ergreift den Menschen; sein Bereich ist überall da, wo sich der Schöpfer im Werke findet. Da er das Werk gebildet, ihm von seiner Wesensart Charakterzüge aufgeprägt hat, erscheint es notwendig allenthalben als Ebenbild seines Geistes . . .". Das ist vorzüglich gesehen und trifft das Richtige. Und ähnlich sagt Smoschewer (S. 497): „Der Schutz, den die Rechtsordnung dieser Persönlichkeitssphäre gewähren kann, liegt in dem Schutz derjenigen Beziehungen des Menschen zu der Umwelt, die seine Persönlichkeit ausmachen, in dem Schutz seiner Beziehungen zu alledem, was ihm das besondere individuelle Gepräge verleiht. Gegenstand des Rechtsschutzes ist also nicht ein Gut, das aus der Herrschaftssphäre des Geschützten entfernt, das veräußert oder vertauscht werden kann" . . . und weiter (S. 500): „In die Persönlichkeitssphäre fällt u. a. die Urheberschaft, d. h. die Beziehung des geistigen Urhebers zu seinem Werk." Aber dies ist dann eben das besondere Urheberpersönlichkeitsrecht geworden, und was außerhalb dieses steht, gehört als allgemeineres Persönlichkeitsrecht nicht (wie Smoschewer S. 502 meint) zum Urheberschutz als solchem.

Wichtig ist für die methodische Erkenntnis des Unterschiedes des „allgemeineren" Persönlichkeitsrechts im Gegensatz zum Urheberpersönlichkeitsrecht, daß auch beim Urheber ein Schutz der persönlichkeitsrechtlichen Sphäre bestehen kann, der nicht zum speziellen Urheberpersönlichkeitsrecht gehört: so der Anspruch, daß der Name richtig angegeben wird, daß nichts Unrichtiges über die Person des Urhebers öffentlich behauptet wird, daß in seine Privatsphäre nicht widerrechtlich eingedrungen wird. Dies wird namentlich beim Briefschutz praktisch. Zugleich wird aber auch klar, wie leicht diese beiden methodisch verschiedenen Rechtsschutzsphären doch im Einzelfall ineinander übergehen: so wenn der Namenschutz sich als ein besonderer Autorennamenschutz, nämlich gerade in engster Verbindung mit dem Werk, auswirkt, oder wenn die Ehre sich zu der besonderen Schriftstellerehre, in engster Beziehung zu seinem Werk, spezialisiert, oder wenn der Einbruch in die private Sphäre sich beim Briefschutz oft unlöslich mit urheberrechtlichen Gedanken vermischt oder dieser Einbruch die Veröffentlichung eines Werkes ohne oder gegen den Willen des Urhebers betrifft. Auch die allgemeine Forderung, daß nichts Falsches über eine Person veröffentlicht werden darf, kann sich spezialisieren auf den Fall, daß ihre Taten nicht falsch dargestellt werden und somit daß ihre Werke und Äußerungen nicht in falscher Fassung (Wortlaut) mitgeteilt werden, so daß dies vollkommen in das speziell urheberpersönlichkeitsrechtliche Änderungsverbot übergeht — freilich nur „übergeht". Denn es ist nicht das gleiche. Es ist vielmehr bei dieser Spezialisierung zugleich ganz außerordentlich verfeinert, empfindlicher gemacht worden. Die Urheberpersönlichkeit reagiert schon auf geringere Änderungen in der wahrhaftigen Wiedergabe, als es das allgemeinere Persönlichkeitsrecht tut.

Aber auch diese hier festzustellenden Unterscheidungen und Übergänge befestigen nur die Auffassung, daß die Quelle des Urheberpersönlichkeitsrechts in dem allgemeinen Schutze der Persönlichkeit liegt.

Besonders schwierig und bedeutsam ist diese Frage, wie schon angedeutet, beim Schutz der Briefe.

Bei der Entscheidung „Wagner-Briefe" in RGZ. 41, 43 (1. ZS. v. 28. Febr. 1898) hat das RG. die Frage nach dem Persönlichkeitsrecht direkt nicht zu beantworten brauchen, weil es die Ablehnung des Schutzes der vom Briefempfänger in England herausgegebenen und dann in deutscher Übersetzung veröffentlichten Briefe auf folgende drei Gründe stützen konnte: 1. Die Erben haben durch Stillschweigen — wo sie andernfalls hätten reden müssen — die Veröffentlichung gestattet; 2. diese Briefe, die vorwiegend Tatsächliches enthalten, sind keine Schriftwerke im Sinne des Urheberrechtsschutzes; 3. das Persönlichkeitsrecht ist nach hier in Betracht kommendem sächsischen und preußischen Recht ein höchstpersönliches Recht und auf die Erben nicht übergegangen. — Würde also heute in der einen oder anderen Hinsicht eine andere Entscheidung möglich sein[14]), für diesen damals zu entscheidenden Fall war auf diese Weise keine Notwendigkeit gegeben, die Frage des Persönlichkeitsrechts an Briefen ex officio zu beantworten, und so ergibt diese Entscheidung nichts Wesentliches für unser Problem. Anders liegt es mit der zehn Jahre später ergangenen Entscheidung über das Urheberrecht an den „Nietzsche-Briefen" in RGZ. 69, 401 (1. ZS. v. 7. Nov. 1908) insofern, als zwar an der urheberrechtlichen Voraussetzung für den Schutz, nämlich dem Vorhandensein eines literarischen Charakters der Briefe als von Erzeugnissen „individueller Geistesschöpfung", festgehalten, aber das rein persönlichkeitsrechtliche Moment ausdrücklich zurückgewiesen wird. „Der urheberrechtliche Schutz von Briefen," sagt das RG., „auch von Vertrauensbriefen (!), hat keine anderen Voraussetzungen als der von anderen Schriftwerken. Der Grund zum urheberrechtlichen Schutze kann nur in einer objektiven, inneren Eigenschaft des Schriftwerkes gefunden werden." „Unter Ausscheidung des etwaigen historischen oder biographischen Interesses ist vielmehr zu fragen, ob sie auch abgesehen von den bekundeten Tatsachen und als Erzeugnisse eines beliebigen Verfassers literarisch bedeutsam sein würden."

Das ganze Für und Wider in der Briefschutzfrage, das im Anschluß an diese RG.-Urteile und später im Jahre 1921 im Anschluß an den Rechtsstreit um die Kaiserbriefe an Bismarck viel erörtert worden ist[15]), soll hier nicht aufgerollt werden. Man hat sich überwiegend an die reichsgerichtliche Auffassung angeschlossen, so daß die Ablehnung eines Persönlichkeitsrechts herrschende Meinung geblieben ist[16]); man hat aber andrerseits auch starken Widerspruch erhoben und hat auch neben der Forderung eines rein persönlich-

[14]) Nicht nur die Entscheidung nach sächsischem oder preußischem Recht ist weggefallen und die Auffassung, ob hier wirklich höchstpersönliches oder doch vielleicht auf die nächsten Erben übergehendes persönliches Recht vorliegt, dürfte sich geändert haben, sondern man kann überdies dem nicht literarischen Brief nicht den Schriftwerkcharakter ganz absprechen, da man doch z. B. auch Gebrauchsanweisungen als Schriftwerke schützt. Das RG. hat also hier und in dem sogleich noch zu besprechenden Nietzsche-Briefe-Urteil ein Kriterium herangezogen, das vielleicht erst die Zukunft des deutschen Rechts nach dem Muster des österreichischen bringt: die Beschränkung des Schutzes auf Schriftwerke der „Literatur".

[15]) Vgl. z. B. die Literaturnachweise bei Allfeld, Komm. 2. Aufl. (1928) S. 45/46.

[16]) So auch noch bei Marwitz-Möhring, Komm. (1928) S. 9.

keitsrechtlichen Briefschutzes[17]) — gewissermaßen als Schutz der privaten Sphäre des Menschen — die Frage aufgeworfen, ob denn wirklich der „literarische" Charakter eines Briefes allein ausschlaggebend sein könne oder nicht. Der Rechtsstreit um die Kaiserbriefe ist ja nicht bis ans RG. gelangt, und daher ist die Frage nicht vom RG. entschieden, ob nicht die Bedeutung der Persönlichkeit des Briefschreibers den sog. „literarischen" Charakter als Positivum der Schutzfähigkeit zu beeinflussen oder gar zu ersetzen vermöge[18]). Dies aber ist ein Prüfstein für das Verhältnis von allgemeinerem Persönlichkeitsrecht zum Urheberpersönlichkeitsrecht. „Nicht unmittelbar führen hier urheberrechtliche Sätze zu dem richtigen Ziel, sondern mittelbar über das Persönlichkeitsrecht, das hier zum Bestandteil urheberrechtlichen Wirkens wird. Wenn das RG. in dem Nietzsche-Urteil ‚von einem rechtlich geschützten Interesse, insbesondere von der Ehre und dem Vermögen' spricht, so kommt bei der Rechtspersönlichkeit des Kaisers noch ein anderes rechtlich geschütztes Interesse, ein größeres Rechtsgut in Frage, welches seinerseits mitbestimmend sein muß für die Frage, ob, unabhängig von dem literarischen Charakter eines Briefes, diesem ein urheberrechtlicher Schutz gebührt oder nicht. Mit dem bescheidenen Merkmal des geistig beedeutsamen Schriftwerkes ist es hier nicht getan[19])" — es sind andere Lebensverhältnisse und Beziehungen des Briefschreibers, die den Schutz zu beeinflussen haben[20]), und es ist schade, daß das RG. dieses schwierige Problem bisher noch nicht grundsätzlich und endgültig zu entscheiden hatte.

Man vergleiche dieses Problem nur einmal mit dem Problem des Rechts am eigenen Bilde — und man wird das Unbefriedigende der herrschenden Meinung alsbald erkennen. Das „Recht am eigenen Bilde", das, obschon im Kunsturhebergesetz geregelt, gar kein Urheberrecht ist, sondern immer mehr als reines Persönlichkeitsrecht erkannt wird, schützt des Menschen Äußeres gegen ungenehmigte Wiedergabe — sein Inneres aber, das sich in Briefen ausdrückt, und wären diese noch so sachlich und real, sein nicht bildhaftes Leben soll nicht gegen ungenehmigte Wiedergabe geschützt sein? — Das RG.-Urt. v. 28. Dez. 1899 in RGZ. 45, 170, das die Vernichtung widerrechtlich hergestellter Photographien der Leiche des Fürsten Bismarck ausspricht, kann hier für unsere Frage leider nicht herangezogen werden, einmal weil es vor dem Erlaß der deutschen Gesetze über Urheberrecht und Bildnisschutz erging und sich auf gemeines Recht stützen mußte, insbesondere aber deshalb, weil es die Widerrechtlichkeit der photographischen Aufnahme nicht auf Bildnis- oder Persönlichkeitsschutz, sondern ausreichend auf Hausfriedensbruch gründen konnte. So lassen sich keine grundsätzlichen Erwägungen über den Schutz der äußeren und der inneren Persönlichkeit aus jenem Urteil ziehen. Der in dieser Hinsicht sehr interessante, vom Kammergericht entschiedene Piscator-Fall (4. Mai 1928, 27/20, JW. 1928 S. 376) warf die Frage auf, ob der Bildnisschutz sich auch auf die Darstellung der Person

---

[17]) Kohler, Recht an Briefen (1893); Urheberrecht (1907) S. 441; sein dort geäußerter Optimismus, das Persönlichkeitsrecht an Briefen als Schutz der Geheimsphäre sei „nahe daran, überall zum Siege zu kommen", hat sich bezüglich der herrschenden Meinung im deutschen Recht noch nicht verwirklicht — trotz 25. DJT. 2, 42ff., 118ff.; 3, 141ff.

[18]) Elster, Vom Urheberrecht der kaiserlichen Briefe an Bismarck, MuW. 20 (1921), 149.

[19]) Wörtlich aus meinem eben zitierten Aufsatz S. 151.

[20]) Meine Äußerung in GRUR. 1927 S. 433 „Das Persönlichkeitsrecht im geistig-gewerblichen Rechtsschutz": „Der Brief, der urheberrechtlich gleichgültig erscheint, wird zu einem wertvollen, zu schützenden Geistesgut, wenn der Schreiber berühmt wird und seine Briefe herausgegeben werden sollen", wird von Allfeld (Komm. S. 45) abgelehnt, da er ja die Verkehrsgutqualität als Komponente des Schutzes überhaupt ablehnt.

auf der Bühne erstrecke; mit Recht hat das Kammergericht dies bejaht, aber es hat in seiner Entscheidung auch sehr starkes Gewicht auf den Umstand gelegt, daß die wahren Begebenheiten dort gefälscht waren; letzteres betraf also die innere Persönlichkeit, und es ist sehr die Frage, ob der auf der Bühne dargestellte lebende Mensch nicht als Person der Zeitgeschichte sich auch dieses „Abgebildetwerden" gefallen lassen müsse, wenn es der Wahrheit entspricht. Es handelt sich also in dem Piscator-Fall sehr deutlich um das Bild des inneren Menschen, und man sieht, wie wichtig dieses Problem ist, dessen Weiterführung vielleicht in dem hier von mir angedeuteten Sinne Klärung zu bringen verspricht.

Wenn es also ein anerkannter Rechtssatz ist, daß das sichtbare Bild dem Menschen geschützt wird, so liegt die Forderung nicht fern, daß auch das unsichtbare Bild des Menschen Schutz genieße. Gegen Beleidigung ist ein solcher Schutz gegeben. Auch gegen Entstellung und Unwahrhaftigkeit ist er gegeben. Ein zwiefacher Schutz ist also diskutabel, ja mehr als das: teilweise unstreitig vorhanden: einmal gegen Einbruch in die Geheimsphäre, zweitens gegen Fälschung des unsichtbaren Bildes. Aus beidem leiten sich wichtige Sätze des Urheberpersönlichkeitsrechtes her: z. B. gegen unbefugte Veröffentlichung von noch in der Sphäre des Schaffenden gebliebenen Werken, gegen Veränderung dieser Werke, gegen Verunglimpfung von Namen und Ehre in Verbindung mit dem Werk u. dgl. Die Verselbständigung dieser Dinge ist nun im Folgenden zu betrachten.

III. Der zweite (engere) Kreis: Das spezialisierte Urheberpersönlichkeitsrecht als Teil des ganzen Urheberrechts

Das schon erwähnte Wort des RG. von den „persönlichkeitsrechtlichen Bestandteilen des Urheberrechts" (RGZ. 69, 403) bleibt ein rocher de bronce. Es beruht auf dem Gesetz von 1901, da das Urteil, in welchem dieses Wort vorkam, im Jahre 1908 gefällt worden ist; aber es äußert sich dort nicht darüber, ob oder wieweit es seine Kraft aus einzelnen Paragraphen des Urheberschutzgesetzes oder ob es sie mehr oder gar vorwiegend aus dem allgemeinen Geiste des Urheberrechts herleitet. Auch das eine der beiden Rundfunkurteile, 12. Mai 1926, I 422/1925 (JW. 1926 S. 1665 und GRUR. 1926 S. 343) spricht eingangs ausdrücklich davon, daß ein allgemeines Persönlichkeitsrecht des Urhebers oder ein allgemeines, umfassendes Urheberrecht dem deutschen Recht unbekannt sei, also die Rechte des Urhebers sich in den Einzelbefugnissen erschöpfen (vgl. RGZ. 69, 401 [403]; 79, 397 [398, 400]; 107, 277 [281]). Ob aus anderen Entscheidungen Deutlicheres hervorgeht, werden wir jetzt zu prüfen haben. Betont aber sei, daß es sich im Folgenden nicht mehr um Fragen des allgemeineren Persönlichkeitsrechts, sondern um das sich in dem Werk des Urhebers, also in der Urheberschaft, ausdrückende Persönlichkeitsrecht handelt. Daß dieses im innersten Kern nicht etwas wesentlich anderes als das allgemeine Persönlichkeitsrecht sein kann, sondern nur eine Spezialisierung, eine Bindung in dem Rahmen des ganzen Urheberrechts sein muß, dürfte zweifelsfrei sein. So werden auch auf diese spezialisierte Funktion des Persönlichkeitsrechts die Gruppierungen von Bedeutung sein müssen, die wir für das allgemeinere Persönlichkeitsrecht gefunden haben: 1. die Beziehung zur Geheimsphäre bzw. zur richtigen Abgrenzung der Eigensphäre (auch wenn diese nicht gerade als „Geheim"-sphäre bezeichnet zu werden braucht), 2. weiter die Beziehung zur Wahrhaftigkeit des unsichtbaren Bildes der Person, das sich in dem Schaffen ausdrückt, 3. weiter auch in bezug auf den Namen der Person und ähnliche Imponderabilien und 4. namentlich auf die Dynamik des Schaffens, die wir als ein ganz besonders empfindliches Recht der Persönlichkeit noch erkennen werden.

In diesen vier Gruppen werden wir die Frage des Urheberpersönlichkeitsrechts näher zu betrachten haben:

1. Das Urheberpersönlichkeitsrecht in seiner Beziehung zum Schutz der Eigensphäre. Der markanteste Satz dieses Rechtes ist der Schutz des Urhebers gegen unbefugte Veröffentlichung seines Werkes. Das ist sicherlich nicht in erster Linie ein Vermögensrecht, ja im wesentlichen überhaupt kein Vermögensrecht. Jener Rechtssatz ist zwar im Urhebergesetz ausgesprochen und gehört insoweit zu unserem unten sub IV zu besprechenden Komplex der positiven Einzelvorschriften; aber es wird nicht bestritten werden, daß dies — auch wenn es nicht speziell im Gesetz genannt wäre — aus dem Urheberrechtsgedanken an sich ohne weiteres hervorgeht. Es ist ein Urheberschafts-, ein Urheberpersönlichkeitsrecht κατ᾽ ἐξοχήν, daß der Urheber sein Werk geheimhalten darf und daß, selbst wenn er es vertraulich seinen Freunden vorgelesen hat, niemand es gegen seinen Willen der Öffentlichkeit preisgeben darf. Ebenso entspringt es aus dem Urheberrecht an sich, daß es dem Urheber vorbehalten bleiben muß, die Art zu bestimmen, wie er sein Werk, in welcher geistigen und äußeren Form er es hinausgehen lassen will. (Mit diesen Worten ist nicht die „innere" und „äußere" Form gemeint, deren verschwommene Begriffe zu der Abgrenzung von unfreier Bearbeitung und eigentümlicher Neuschöpfung eines Werkes ohne rechten Erfolg verwendet worden sind; hier handelt es sich vielmehr darum, wieweit der Urheber außer der geistigen Form seines Werkes auch noch die reale Erscheinungsform als Buch oder Aufsatz, ja etwa auch in seiner rein technischen Veröffentlichung zu bestimmen habe.)

Das geht nicht so weit, daß der Urheber die Beigabe von Annoncen, die ein Lesezirkelinhaber dem Buche beilegt, verbieten darf, wie das RG. (in RGZ. 69, 242) entschieden hat. Aber es war in dieser Entscheidung nicht einmal hinreichender Anlaß, die schwierige Frage generell zu entscheiden, wieweit der Urheber die technische Erscheinungsform seiner Arbeit zu bestimmen hat und wo die Grenze läuft, an der sein Bestimmungsrecht notgedrungen aufhört. Vielmehr genügte es in diesem Fall schon, sich darauf zu berufen, daß das einzelne technische Stück (Exemplar) des Werkes, nachdem es mit seiner Zustimmung in den Verkehr gebracht worden ist, von nun an seinem Bestimmungsrecht entzogen ist. Ein außerhalb der Einzelbestimmungen des Urheberschutzgesetzes stehendes Persönlichkeitsrecht erkannte das OLG. Dresden und mit ihm das RG. nicht an; „allein die dem Urheber erteilte ausschließliche Befugnis, sein Werk gewerbsmäßig zu verbreiten, ist in betreff des einzelnen Exemplars erschöpft, sobald es von ihm in den Verkehr gebracht und Eigentum eines Anderen geworden ist". Beilagen von Annoncen im Journallesezirkel ist keine Änderung der Form des Werkes. Auch in RGZ. 63, 397 kommt zu deutlichem Ausdruck, daß es eine urheberrechtlich unzulässige Verbreitung nicht gibt, wenn urheberrechtlich die Vervielfältigung zulässig war, und daß das Recht des Urhebers sich so weit nicht in die ganz äußere Form und Verbreitung des im übrigen ordnungsmäßig hergestellten Exemplars erstreckt — eine Erkenntnis, die dem Rundfunkurteil RGZ. 113, 413, auf das wir noch einzugehen haben werden, seine Schwächen hätte nehmen können! Damit ist jedoch noch keineswegs die Frage geklärt, wieweit positiv sich dieses Recht in die verschiedenen Phasen der Formgebung erstreckt. Denn ein Teil der so schwierigen Frage der „Formgebung“ liegt auch hier vor.

Eine Betrachtung der Rundfunkurteile (RGZ. 113, 413 und [Busch] 123, 312) wird uns hier weiterführen. In beiden Fällen hat das RG. — ohne einen deutlichen Gesetzeswortlaut zur Stütze zu haben, also aus allgemeinen Rechtssätzen des Urheberrechts — dem Urheber die Sendung seiner Werke durch Rundfunk vorbehalten. Mit Recht, soweit es sich um Grundsätzliches handelt; anfechtbar aber insofern, als RGZ. 113, 413 es nur unter dem Gesichtspunkt der Verbreitung tut, was wir, da es keine unzulässige Verbreitung zulässiger Vervielfältigung gibt, als nicht ausreichend bezeichnen mußten, und weiter insofern, als RGZ. 123, 312 die Vertragsbestimmung zu sehr außer acht ließ. Auf ersteres will ich nicht näher eingehen, da ich mich darüber an anderer Stelle aufs eingehendste geäußert habe[21]), und auf das andere muß ich unten zu V zurückkommen. Hier interessiert zunächst nur, daß das RG. das Urheberpersönlichkeitsrecht als Rechtsgrund herangezogen hat, in RGZ. 123, 312 m. E. mit Unrecht, da es sich bei der Rezitation von Gedichten von Wilhelm Busch vor dem Mikrophon und bei dieser Sendung durch den Rundfunk um keinerlei Eingriff in die Formgebung des Werkes handelt (was bei musikalischen und anderen Werken, bei denen die Klangwirkung eine besondere Rolle spielt, durchaus der Fall sein kann), vielmehr nur ein Vermögensrecht in Frage stand[22]). Um so wichtiger für unser Problem ist es, daß das RG. mit feinem Gefühl seinen Spruch gerade auf das Persönlichkeitsrecht stützt! Ein Vermögensrecht hätte gegenüber dem starken Wortlaut des Übertragungswillens im Vertrag nicht soviel Kraft gehabt. Es bleibt also der maßgebende und uns hier allein interessierende Rechtsgedanke übrig, daß der Einfluß auf die Form der Fassung wie auch der Vervielfältigung und Verbreitung des Werkes sich aus dem Urheberpersönlichkeitsrecht herleitet, welches die dynamische Funktion hat, die Grenzen der Eigensphäre gegenüber der Öffentlichkeit auch hinsichtlich der Geisteswerke zu bestimmen.

Es mag hier dahingestellt bleiben, wieweit auch die Verbreitungsart vom urheberpersönlichkeitsrechtlichen Moment bestimmt wird. Sicher ist, daß eine Verbreitungsart, die dem Ansehen, dem Schutz der Persönlichkeit des Verfassers nicht entspricht, ähnlich wie Graf Zeppelin die Verwendung seines Bildnisses als Zigarrenmarke verbieten durfte[23]), auch von dem Recht des „inneren“ Bildes des Menschen (s. oben S. 261) zum mindesten mitbestimmt zu werden hat. Die Grenze freilich, wo sich hier bloß unwillkommene Verbreitungsarten von rechtlich unzulässigen scheiden, wird sehr schwer zu ziehen sein. Es liegt dies ähnlich wie bei der Veränderung und „Verschandelung“ des Werkes selbst; Treu und Glauben mit Rücksicht auf die Verkehrssitte müssen in solchen Fällen herangezogen werden, um ein Urteil zu finden, das der persönlichen Rechtssphäre gerecht wird, ohne Überempfindlichkeiten großzuziehen. Und immer muß gerade auch bei der Frage der zulässigen, dem Werke wie dem Vertrage adäquaten Verbreitungsart, die ja geschäftliche (materielle) Praktiken sowie technische (ideelle) Arten des Ausdrucksmittels umfassen kann, zwischen persönlichkeitsrechtlichen und vermögensrechtlichen unterschieden werden, also zwischen der geistigen Zumutbarkeit

---

[21]) Die Vervielfältigungstheorie als Begründung des Rundfunkurheberschutzes, ArchFunkR. 1 (1928) 214ff.

[22]) In dem Rundfunkurteil JW. 1926 S. 1665, GRUR. 1926 S. 343 — Rundfunk-A.-G. gegen Gerhart Hauptmann — spricht das RG. von der wirtschaftlichen Ausbeute, die voll dem Schöpfer des Schriftwerks zukommen solle.

[23]) RGZ. 74, 311.

einer Verbreitungsart und der wirtschaftlichen Zuständigkeit einer solchen. Wenn ein Urheberrecht auf einen Anderen übertragen oder wenn ein Verlagsrecht bestellt ist, wird es in praxi von Wichtigkeit sein, diese Unterscheidung vorzunehmen, da die geistige Zumutbarkeit zur Sphäre des Urheberpersönlichkeitsrechts, die wirtschaftliche Zuständigkeit aber dem Erwerber des Urheberrechts bzw. den Lizenzen oder Verlagsrechten (in deren Rahmen) zugehört.

Das berühmte Rundfunkurteil in RGZ. 113, 413, dem wir das schöne Wort von den „persönlichkeitsrechtlichen Bestandteilen des Urheberrechts" entnehmen durften, hat Vermögens- und Persönlichkeitsrechte der Urheber tatsächlich gerettet — daran ist kein Zweifel. Ein ausgezeichnetes Rechtsgefühl hat das Ergebnis diktiert und hat dann allerdings dazu gezwungen, eine Begründung aus dem Wortlaut des Gesetzes zu suchen, die nicht darin stand, sondern durch sehr geistvolle Auslegung gefunden werden mußte. Ein „allgemeines" Persönlichkeitsrecht wird in diesem Urteil ausdrücklich abgelehnt, ein „allgemeines" Urheberrecht (im Sinne eines unbeschränkten „droit d'auteur") ebenfalls — und beides mit vollem Recht. Aber die Entscheidung, daß die Rundfunksendung nicht erlaubter Vortrag, was sehr nahe gelegen hätte, sei, sondern etwas dem Urheber Vorbehaltenes, wird auf § 11 LitUrhG., also auf den allgemeinsten Schutzparagraphen des Gesetzes, auf den allgemeinen Grundsatz dieses Urheberschutzgesetzes gestützt. Das ist das, was ich meine: Die allgemeine Grundlage des Urheberrechts gemäß diesem Gesetz hat die Entscheidung geleitet und macht ihre Stärke aus! Die Begründung auf „Verbreitung" schlechthin hat ihre Bedenken. Aber offen blieb dabei die Frage, ob durch dieses rettende Urteil nur die Vermögensrechte des Autors gegenüber einem neuen, wirtschaftlich sehr aussichtsreichen Zweig der Werkwiedergabe geschützt werden sollten, oder ob der Autor in erster Linie davor bewahrt werden sollte, daß sein Werk durch unzureichende Technik in der Rundfunksendung, durch Klangunkorrektheit und durch Unsichtbarkeit litte, oder ob ihm überall jede Art der Verbreitung, mag sie auch von Verträgen gedeckt erscheinen, zur Genehmigung vorbehalten bleiben soll! Dies blieb offen. Das obenerwähnte Urteil RGZ. 123, 312 scheint nur das Vermögensrecht zu retten, da durch Klangunkorrektheit und Unsichtbarkeit für Gedichte von Wilhelm Busch keine Beeinträchtigung eines Persönlichkeitsrechtes zu befürchten ist — aber ausdrücklich betont ja, wie wir sahen, dieses Urteil das Gegenteil, nämlich daß es das Persönlichkeitsrecht des Urhebers schützen wollte. Ist letzteres dort, wie ich darzulegen versuchte, fehl am Ort, so ist es um so richtiger am Ort in der allgemeineren Rundfunkentscheidung (113, 413), wo es nach meiner immer mehr bestärkten Überzeugung den eigentlich tragenden Gedanken der Entscheidung bedeutet. Wenn es aber richtig ist, daß das Urheberpersönlichkeitsrecht als ein Wächter der Form des Werkes erscheint — im Gegensatz zum vermögensrechtlichen Teil des Urheberrechts, der gerade damit weit weniger zu tun hat —, dann spielt dieser Schutz der Eigensphäre des Urhebers schon hinüber in die jetzt zu behandelnde zweite Gruppe, die Wahrheit des unsichtbaren Bildes des Werkes und des in ihm sich äußernden Urhebers, also die Fragen des Änderungsrechts.

2. Das Urheberpersönlichkeitsrecht in seiner Beziehung zur Wahrheit des (unsichtbaren) Bildes des Werkes und seines Urhebers. Das RG. hat sich als starker Hüter vor die echte Form des Werkes gestellt. Echt heißt dabei die Form, die der Urheber seinem Werke gab. Das RG. hätte dies gewiß nicht mit soviel Energie und auch wohl kaum mit so

starkem Erfolg getan, wenn es damit nicht etwas so grundsätzlich Bedeutsames schützte. Der Wahrheitscharakter des eigenen Schaffens, um einen von mir schon in ähnlichem Zusammenhange gewählten Ausdruck[24]) zu gebrauchen, ist es, was hier den Schutz so stark macht. Ein lediglich vermögensrechtlicher Schutz hätte diese Kraft, gegen jede Änderung des Werkes von dritter Seite sich durchzusetzen, zweifellos nicht. Dies ergibt sich aus einer Reihe sehr bedeutsamer, hierhergehöriger RG.-Entscheidungen.

Von der Frühentscheidung in RGZ. 12, 50 war schon oben sub I die Rede und die Frühentscheidung in RGZ. 4, 133, die eine Änderung in einem Schulbuch durch einen Bearbeiter, dessen Ansichten von denen des ursprünglichen Verfassers erheblich abweichen, verbot, ist bedeutsam insofern, als gerade dadurch sich zeigt, wie es auf das unsichtbare, das immanente Bild des Werkes und seines Verfassers ankommt, das, solange es mit dem Namen des ursprünglichen Verfassers verbunden bleibt, ohne Einwilligung der Erben nicht durch Neubearbeitung geändert werden darf. Dieser Grundsatz hat für die Dichtung wohl unbedingte Geltung. In der wissenschaftlichen und Schulbücherliteratur, wo seine Durchführung Schwierigkeiten mit sich bringen kann, die sogar geradezu dahin führen können, der Geltung des Namens des ursprünglichen Verfassers zu schaden anstatt zu nützen, wird von der Einsicht der Erben oder von den Rechten des Verlegers zu erwarten sein, daß vertraglich diese Schwierigkeiten behoben werden: nämlich daß unter Umständen durch Änderungen, durch Neubearbeitung, ja nötigenfalls durch erhebliche, auch innerliche Umgestaltung das Buch für weitere Geltungsdauer gerettet werden muß, sobald es veraltet ist. Aber das ist eher eine lex contractus als ein urheberrechtlicher Lehrsatz; der urheberrechtliche Grundsatz kann nur auf Erhaltung der vom Urheber dem Werke gegebenen Form lauten, solange das Werk als ein Werk dieses Urhebers ausgegeben wird; der Nachweis, daß der Urheber es „heute" anders geschrieben hätte, kann nicht erbracht werden und vermag also nicht jenen Grundsatz zu durchkreuzen.

Das RG. hält denn auch mit Recht daran fest. Schon in der überaus wertvollen Entscheidung des 1. ZS. v. 10. Juli 1886 (RGZ. 18, 10) tritt dies hervor, und zwar auf grundsätzliche Auffassung des Urheberrechts „im Sinne des Reichsgesetzes v. 11. Juni 1870" und nicht auf den Wortlaut eines Paragraphen gestützt[25]). Dort hatte Beklagter das Werk, das vom Kläger herausgegeben war, mit einem veränderten Titelblatt versehen und es so vertrieben. Der Herausgeber, die Züricher Liederbuchanstalt, klagte und wurde von der ersten Instanz teilweise, vom Berufungsgericht ganz abgewiesen. Das RG. aber — und sein Spruch wirkt gerade nach dieser Vorgeschichte um so bahnbrechender — verurteilte den Beklagten wegen Nachdrucks, und zwar unter Betonung des immateriellen Grundes im Gegensatz zu dem vermögensrechtlichen Grunde: „Auf die Erlangung eines Vorteils aus solchen Vorgängen ist es seitens des Autors oder Verlegers bei dem Vertriebsgeschäfte nicht abgesehen. Vielmehr kommt es darauf an, ob durch den neuen Druck mit Ab-

[24]) Vgl. Urheber- und Erfinder-, Warenzeichen- und Wettbewerbsrecht (1928) S. 31ff.

[25]) Dieses RG.-Urteil eilt überhaupt seiner Zeit schon voraus; es enthält u. a., wie ich jetzt erst sehe, einen starken Vorklang der Geistesgut-Wettbewerbstheorie, indem es sagt: „Die dem Nachdrucke eigentümliche Verletzung des Urheberrechts setzt voraus, daß Vervielfältigungen des Nachdruckers dem Berechtigten in bezug auf seine Vervielfältigungen Konkurrenz machen." Und es spricht sich auch gegen enge Auslegung von Zuständigkeitsfragen wie folgt aus: „Obwohl die Entscheidung nach dem nichtrevisiblen sächsischen Bürgerlichen Gesetzbuche zu treffen war, so war das Berufungsgericht doch nicht davon entbunden, für dieselbe seine Gründe in solcher Vollständigkeit darzulegen, daß sich erkennen ließ, ob die maßgebenden Gesichtspunkte wirklich aufgefunden und gewürdigt worden seien."

änderungen wegen der eigentümlichen Wirkung der letzteren eine Beeinträchtigung des klägerischen Autorrechtes bewirkt worden ist." Das RG. führt dann in seiner Begründung weiter ausdrücklich eine Stelle aus Kohlers „Autorrecht" (S. 152) an, die lautet: „Es ist ein unveräußerliches Individualrecht des Autors, zu bestimmen, ob eine Gedankenäußerung aus dem Geheimnisse seines Innenlebens hervortreten soll oder nicht. Dem entspricht dann auch sein weiteres Recht, zu verlangen, daß niemand sein Werk ohne seinen Willen anders, als er es geschaffen, namentlich nicht mit Entstellungen, Änderungen, Zusätzen, Auslassungen publizieren darf; er kann dies verlangen, wenn er auch auf das Autorrecht verzichtet hat oder dessen verlustig gegangen ist" — und gestützt auf diese Äußerung Kohlers fährt das RG. (S. 18) fort: „Aus den Gründen des Berufungsurteiles ist nicht erkennbar, ob das Bedürfnis eines solchen Schutzes des Autors geleugnet werden soll, oder ob dem anzuwendenden Gesetze nicht die entsprechende Elastizität und Fortentwicklungsfähigkeit zugeschrieben wird, um für dieses Bedürfnis den geeigneten Behelf zu gewähren."(!) . . . „Bei dieser Annahme (des Berufungsgerichts) bleibt unberücksichtigt, daß es schwerlich einem Dritten zustehen kann, das Werk in der veränderten Gestalt als vom Autor herrührend erscheinen zu lassen, auch wenn dabei eine Vermögensbeschädigung, sei es des Autors oder des abnehmenden Publikums, nicht beabsichtigt ist, da sich das Interesse des Autors schlechterdings nicht in einem bloßen Vermögensinteresse erschöpft, das ideelle Interesse, sich eben nur so, wie er es beschlossen, kundzugeben, vielmehr durchaus im Vordergrunde steht." (!)

So gab das RG. der Klage statt, und gerade aus diesem Fall ergibt sich der persönlichkeitsrechtliche Bestandteil des Urheberrechts um so reiner, weil es sich nicht um spezielle, um schwere, die Person berührende Eingriffe, sondern ganz allein um den Grundsatz der persönlichen Bestimmung der Form des Werkes in jeder Hinsicht handelt. Die grundsätzliche Bedeutung wäre nicht so groß, wenn es sich um Verstümmelungen und Verschandelungen des Werkes handelte, wo jeder leichter geneigt ist, einen nichtvermögensrechtlichen Autorschutz gutzuheißen[26]). So kann das Urheberpersönlichkeitsrecht gegen verstümmelnde und verschandelnde Änderungen a potiori aus jener Entscheidung mit Leichtigkeit hergeleitet werden und erscheint nun vollends selbstverständlich.

Als ein Kernstück, als sedes materiae, für das Urheberpersönlichkeitsrecht gilt seit 1912 die Entscheidung über das Freskogemälde „Felseneiland mit Sirenen" (RGZ. 79, 397). Der Eigentümer, der dieses Gemälde im Treppenflur seiner Villa hat, ließ das Bild so übermalen, daß die nackten Sirenen nachträglich mit Kleidung versehen wurden. Der Künstler klagte auf Beseitigung dieser Übermalung, und Kammergericht und Reichsgericht entschieden in diesem Sinne, gestützt auf die schon in RGZ. 69, 242 und 69, 403 hervorgehobenen persönlichkeitsrechtlichen Bestandteile des Urheberrechts. Und hier tritt nun der in unserem Zusammenhang so wichtige Gedanke, daß sich das Urteil nicht so sehr auf den Wortlaut des Gesetzes als auf den in ihm liegenden Sinn des Urheberrechts stütze, recht deutlich hervor, wenn es in

---

[26]) So lag der Fall RGZ. 119, 401 sehr klar und man wundert sich fast, daß er bis vors RG. kommen konnte. Methodisch bietet er nichts Besonderes und das RG. hat auch irgendeine Berufung auf Urheberpersönlichkeitsrecht vermeiden können, weil es auf § 9 UrhG. und § 13 VerlG. gestützt ohne weiteres zu dem Ergebnis kommen mußte, daß nach einer Treu und Glauben berücksichtigenden Auslegung der Abmachung Schriftleiter und Verleger einer Zeitschrift nicht berechtigt sind, einen ihnen zum Abdruck überlassenen Aufsatz erheblich zu kürzen und zu ändern und ihn sogar mit abfälligen Besprechungen der in ihm enthaltenen Darlegungen zusammenzustellen.

dem Urteil heißt: „Die ausdrücklichen Bestimmungen der §§ 12, 13, 15ff., § 18 Abs. 3, § 19 Abs. 2, § 21 (des Kunstschutzgesetzes) erschöpfen die urheberrechtlichen Befugnisse nicht. Sie lassen aber erkennen, daß der Künstler, dem modernen Rechtsempfinden entsprechend, ein gesetzlich geschütztes Recht darauf hat, daß das von ihm geschaffene Werk, als ein Ausfluß seiner individuellen künstlerischen Schöpferkraft, der Mit- und Nachwelt nur in seiner unveränderten individuellen Gestaltung zugänglich gemacht bzw. hinterlassen werde." Der 1. ZS. betont hierbei, daß das Gesetz ein Änderungsverbot nur für den Fall der Urheberrechtsübertragung ausdrücklich zuspreche; daß aber neben dieser ausdrücklichen Vorschrift auch für den Eigentümer des Werkes Ähnliches gelte, muß „den der Ergänzung bedürftigen Bestimmungen des Kunstschutzgesetzes selbst entnommen werden". Der Eigentümer hat hier „in die künstlerische Eigenart des fortbestehenden Werkes und damit in das Persönlichkeitsrecht des Künstlers" eingegriffen (S. 401). In dieser Entscheidung schält sich das alles, was sich als ein festumgrenztes, auf Gesetzessinn beruhendes Urheberpersönlichkeitsrecht darstellt, klar und schön heraus.

Ein kleines, unveröffentlichtes Urteil (I 75, 1904 v. 18. Mai 1904 — also schon vor langer Zeit) steht auf einem ganz anderen Standpunkt, der sonst nirgends wiederholt wird und wohl als verlassen betrachtet werden darf. Dort wurde der Anspruch eines Schriftstellers gegen seinen Verleger, daß dieser sich eigenmächtiger Änderungen an dem Werk enthalte, als ein vermögensrechtlicher bezeichnet und gesagt, daran ändere auch das Motiv des klagenden Schriftstellers nichts, daß durch diese Änderungen sein schriftstellerischer Ruf geschädigt würde. Der Schriftsteller wurde also mit seiner Klage abgewiesen. Das Urteil ist aber doch sehr interessant, weil es in jenem Fall im Ergebnis richtig erscheint, nur die Begründung verfehlt ist. Der Verlag hatte der zweiten Auflage einer Jugendschrift zwei zur Sache gehörige, allerdings der Zeitgeschichte angehörige Porträts und einen Dankesbrief einer politischen Persönlichkeit beigegeben (des Kabinettchefs des Präsidenten Krüger von Transvaal), ohne den Verfasser zu fragen. Das RG. hat wohl diesen „urheberpersönlichkeitsrechtlichen" Grund als nicht stichhaltig angesehen, daß er den schriftstellerischen Ruf schädige, und hat wohl eher gemeint, daß dies unter § 13 Abs. 2 VerlG. falle, hat es aber mit einer Begründung von reinem Vermögensrecht versehen, die damals nicht und heute noch weniger zutreffend ist. Dies geht auch aus einer kritischen Betrachtung eines neueren RG.-Urteils (I 227/28, v. 26. Jan. 1929) hervor, welches sich zu der Erlaubtheit eines entgegen dem Willen des Verfassers vom Verleger veranstalteten Manuldruckes seines Buches zu äußern hatte. Hier hat das RG. dem Verfasser — m. E. auf Grund nicht ausreichender Tatsachenwürdigung des OLG.[27]) — recht gegeben, also das Verbot von Änderungen für den Verleger auch auf den Fall erstreckt, daß dem Verfasser nicht hinreichend Gelegenheit zu Änderungen seines Werkes für eine neue Auflage gegeben wurde und der Verleger im Interesse des Absatzes des Buches vorübergehend einen Manuldruck der soeben vergriffenen Auflage hatte herstellen lassen. Das RG. weist auf eine Vertragsabrede der Parteien hin, von der es sagt: „Diese bezweckt, dem Verfasser sein Urheberpersönlichkeitsrecht[28]) in gewisser Richtung zu seinen Gunsten abzugrenzen und diese Grenze zu sichern. Es geht nicht an, es wiederum einzuschränken auf Grund einer Gesetzesvorschrift, bei der man in der Regel an unbedeutende Änderungen durch den Verleger zu denken hat (RGZ. 119, 404 und

[27]) Vgl. Elster in Buchh.-Börsbl. 1929 Nr. 113.

[28]) Hier kommt wohl zum erstenmal in einem RG.-Urteil dieser prägnante Ausdruck „Urheberpersönlichkeitsrecht" vor.

dort angeführte Urteile)." Das ist ein sehr starker Beweis für die vom RG. anerkannte Dynamik eines Urheberpersönlichkeitsrechts. (Bemerkenswert aber ist zugleich, daß das RG. sein Urteil nur mit dem Recht des Autors auf die geistige Gestaltung seines Werkes begründet hat, aber nichts zu der oben [S. 262] erwähnten Frage gesagt hat, wieweit dem Urheber auch auf die drucktechnische Gestaltung seines Werkes ein bestimmender Einfluß zusteht.)

In RGZ. 102, 140 (Strindberg-Urteil) wird der Grundsatz, daß „der Urheber einen Rechtsanspruch auf unveränderte Wiedergabe seines Werkes hat", schon ausdrücklich auf § 9 LitUrhG. gestützt, und so gehört diese Entscheidung teilweise in die unten zu IV zu besprechenden Fälle. Aber das Urteil bietet insofern wieder etwas Besonderes in freier Würdigung urheberrechtlicher Grundsätze, als es sich noch etwas mehr um die theoretische Herkunft dieser Grundsätze kümmert. Es sagt in dieser Hinsicht, daß die Weglassung auch unwesentlicher Stellen doch nicht zulässig sei, weil sie „immerhin zur Kennzeichnung der Persönlichkeit und der Lebensanschauungen einer Hauptperson (des Romans) und dadurch mittelbar zur Charakterisierung Strindbergs selbst dienen". Das ist das, was ich oben als die Wahrheit des (unsichtbaren) Bildes des Werkes und damit seines Urhebers bezeichnete und die enge persönliche Zusammengehörigkeit von Urheber und Werk kennzeichnet. Nach diesem RG.-Urteil stützt sich der Anspruch des Urhebers auf unveränderte Wiedergabe „auf das Urheberrecht als solches". „Mindestens solange dies zu Recht besteht, kann der Urheber auch gegenüber einer zur Übersetzung an sich berechtigten Person verlangen, daß sie sein Werk in unverstümmelter Form bringe." Dieses „mindestens" deutet wieder auf ein neues Problem hin, nämlich ob dieses Urheberpersönlichkeitsrecht nur innerhalb des Urheberrechts und seiner Dauer oder ob es auch darüber hinaus anzuerkennen sei. Dieses Problem spielt in der ausländischen Gesetzgebung und bei den Fragen der Reform des deutschen Urheberrechtsgesetzes eine erhebliche Rolle. Ich habe über dieses „mindestens" in dem RG.-Urteil schon an anderer Stelle gesprochen[29]) und möchte einiges davon hier wiederholen: „Das RG. hält es danach jedenfalls nicht für ausgeschlossen, daß auch nach Aufhören des Urheberrechts das Recht auf Integrität des Werkes bestehen bleibt, d. h. doch wohl auch für die zum Schutz solcher Güter berufenen Familienerben . . . Da wir neben dem Urheberrecht, das persönlichkeitsrechtliche Bestandteile enthält, noch Bestandteile des Persönlichkeitsrechts außerhalb des Urheberrechts anerkennen müssen, so ist für gewisse Äußerungen des Persönlichkeitsrechts auch Raum noch nach dem Erlöschen des Urheberrechts" . . . „Das Persönlichkeitsrecht verträgt innerhalb der von der Gesetzgebung festgelegten kasuistischen Begrenzung des gewöhnlichen Urheberrechts keine weitere Begrenzung, weil es eben den lebendigen Kern des Urheberrechts ausmacht. Da dieser Kern besteht trotz Übertragung ‚des' Urheberrechts, so ist er bereits vor und außerdem noch nach dem Hinzutreten des wettbewerblichen Moments, das aus dem bloßen Persönlichkeitsrecht das Immaterialgüterrecht ‚nach Maßgabe des Gesetzes' gemacht hat, wirksam." Besteht aber nach Erlöschen des kombinierten Persönlichkeits- und Vermögensrechts, als das sich „das" gesetzliche Urheberrecht darstellt, nach dem Gesetz (z. B. § 9 LitUrhG.; § 12 KunstUrhG.; vgl. unten zu IV) ein gewisses Recht beim „Urheber" weiter, so ist dies eben ein Urheberpersönlichkeitsrecht, das nicht

[29]) „Das Persönlichkeitsrecht im geistig-gewerblichen Rechtsschutz" in GRUR. 1927 S. 437 und „Die sachlichen Grenzen des Urheberrechts" in ZAuslIntPrR. 1928 S. 49.

etwa (vgl. oben zu II) mit dem allgemeinen Persönlichkeitsrecht, das auch der Nichturheber hat, identisch, und es bleibt nur der — von mir bereits an den erwähnten Stellen gezogene — Schluß übrig, daß das deutsche Gesetz zwei verschiedene Arten Urheberrecht kennt[30]).

Von der Anerkennung des Rechtes, daß Urheber und Werk in der reinen und wahrhaftigen Gestalt, wie sie geschaffen sind, wiederzugeben sind, ist es nicht weit zu der Lösung des Problems der Karikatur, der Parodie und Verschandelung, zu dem sich eingehend zu äußern das RG. noch keine Gelegenheit hatte. Aus dem jedoch, was wir bisher der reichsgerichtlichen Rechtsprechung im Hinblick auf persönlichkeitsrechtliche Fragen entnehmen konnten, kann man sich wohl ein ungefähres Bild machen, wie zu solchen Fragen — natürlich je nach Lage des betreffenden Falles — das RG. Stellung nehmen würde. Es würde vermutlich einerseits in der wirklich künstlerischen Karikatur oder Parodie die erlaubte Kritik und die schöpferische Formgebung erblicken und dadurch die Grenze für das angegriffene Persönlichkeitsbild enger ziehen[31]); andrerseits wird man zu unterscheiden haben zwischen der Karikatur des äußeren (sichtbaren) Bildes eines Menschen, die nur das allgemeinere Persönlichkeitsrecht, nicht jedoch das Urheberpersönlichkeitsrecht berührt, einerseits und der parodistischen Karikatur des Werkes andrerseits[32]), durch die man das innere Bild des Urhebers und seines Werkes berührt und mit fließenden Grenzen in die Verschandelung übergeht. Soweit man dies mit dem kombinierten Persönlichkeits-Vermögensrecht, als das sich das volle Urheberrecht nach dem Gesetz darstellt, bekämpfen will, ist alles klar. Ein Problem wird es erst, wenn der Urheber tot oder gar das Urheberrecht erloschen ist und wenn sich Jazzkapellen an Trauermärschen oder Pilgerchören vergreifen oder Bearbeiter die klassischen Werke gewaltsam für eine hypermoderne Bühnenauffassung zurechtmachen[33]). Denn da erheben sich die beiden Fragen, die wohl zum Teil, aber keineswegs völlig Fragen de lege ferenda sind: a) ob die Erben auch den persönlichkeitsrechtlichen Bestandteil des Urheberrechts aus dem ihnen vererbten Urheberrecht heraus zu wahren haben, und b) ob nach Erlöschen des Urheberrechts (z. B. nach Ablauf der Schutzdauer) das immanente Urheberpersönlichkeitsrecht noch fortbesteht, aus dem gewisse Sach- und Kulturwalter gegen Verschandelungen vorgehen können. Es sei hierauf, da das RG. zu diesen beiden Problemen bisher nicht Anlaß hatte sich zu äußern, im Rahmen dieses Aufsatzes nicht näher eingegangen, vielmehr darf ich auf eine andere Veröffentlichung, in der ich zu diesen Fragen Stellung nahm, verweisen[34]). Indessen sei doch hier auf den inneren Zusammenhang solcher Urheberschaftsverletzungen

---

[30]) Näher dargelegt in „Der Schutz des Urhebers gegen Verschandelung seiner Werke außerhalb des gewöhnlichen Urheberrechtsschutzes", GRUR. 1928 S. 35.

[31]) Aber nicht aufheben; vgl. Elster, Urheber- und Erfinder-, Warenzeichen- und Wettbewerbsrecht S. 186. — Schünemann, Karikatur und Recht am eigenen Bilde, GRUR. 1929 S. 81.

[32]) Ebenda S. 90.

[33]) Man wird in diesen Dingen keinen engherzigen Standpunkt einnehmen dürfen, denn es wäre verfehlt, rein formal und sklavisch die Form des Geschaffenen konservieren zu wollen, wenn es sich überlebt hat und durch Modernisierung gerade sein innerster Kern noch zu erhalten ist, wodurch dem Geiste des Urhebers besser gehuldigt wird als durch kleinliche Pietät; wohl aber wird man allem Umbiegen des Sinnes, allem Verballhornen und allem Entweihen um so stärker entgegenzutreten haben, und es bleibt eine Aufgabe des Urheberrechts, hier die richtigen Grenzen zu finden (s. auch weiter unten im Text).

[34]) Elster, Der Schutz des Urhebers gegen Verschandelung seiner Werke außerhalb des gewöhnlichen Urheberrechtsschutzes, GRUR. 1928 S. 34ff. — Vgl. auch Goldbaum, Komm. z. UrhG. Anm. 2 zu § 29.

mit dem echten Plagiat (im Gegensatz zur bloßen vermögensrechtlich schädigenden Vervielfältigung) hingewiesen und nur daran erinnert, daß das RG. in Plagiatprozessen früher (RGZ. 63, 158 und 82, 16) die Frage der „eigentümlichen Schöpfung" mit fremden Stoffen und Motiven zu vorsichtig und für die Nachempfinder zu günstig angepackt hat, während das Kammergericht einen strengeren, dem literarischen Diebstahl unbequemeren Standpunkt einnahm[35]). Es handelte sich in den beiden vom RG. abgeurteilten Fällen nicht um solche, in denen sich ein Autor mit den Federn eines anderen schmückt in dem Sinne, daß er sich dessen Leistung als Gloriole ums eigene Haupt legt, vielmehr nur um Motiv- und Arbeitsentnahme, so daß ein Anlaß, die Beurteilung auf urheberpersönlichkeitsrechtliche Gründe abzustellen, nicht vorlag. Diese Fälle müssen also aus unserer Betrachtung ausscheiden, und es würde ein Anlaß zu solcher methodischen Stellungnahme dem RG. erst gegeben sein, wenn etwa ein Plagiat so gestaltet wäre, daß der Plagiator sich gewissermaßen Urheber- und Erfinderehre gerade aus der fremden Leistung, die er als eigene ausgibt, gewinnen wollte. Es liegen da sehr feine Unterschiede vor — ähnlich wie die es sind, die zwischen erlaubter Neugestaltung älteren Geistesgutes bzw. unerlaubter Verschandelung bestehen, also etwa für die schon oben kurz berührten Fragen der Modernisierung Shakespearescher oder Schillerscher Schauspiele (Hamlet im Frack usw.). Ich habe in GRUR. 1928 S. 39 versucht, die Grenze so zu zeichnen, daß maßgebend ist: a) der Wert des Originalwerkes, b) die Bekanntheit und Geltung dieses Werkes und seiner Urheberschaft, c) die zeitliche Entfernung von der Zeit seiner Schöpfung, d) die allgemeine Berechtigung zur Abwandlung und e) das Maß solcher Abwandlung bezüglich Erhaltung oder Fälschung des innersten Ideengehalts. Ein Querschnitt durch diese Momente unter besonderer Betonung des letzten (e: Erhaltung des inneren Ideengehaltes) wird das rechte Ergebnis liefern; wenn ein Werk ein Kulturgut eines Volkes ist, so verlangt es oft, um seinen Ideengehalt und die innerste Art, wie es vom Urheber persönlich erfühlt war, eine Anpassung an eine veränderte Zeit, damit der Urheberpersönlichkeit sogar besser als in der ursprünglichen Fassung gedient werde. Doch dies liegt schon außerhalb des eigentlichen Urheberrechts.

3. Das Urheberpersönlichkeitsrecht in seiner Beziehung zu Namen und Ehre des Urhebers. Im Urheberrecht wie namentlich im Erfinderrecht (wo Konflikte dieser Art häufiger sind als im Urheberrecht) ist seit langem ein lebhafter Streit unter dem Stichwort „Erfinderehre" oder „Urheberehre" geführt worden, der mit der Anerkennung des Anspruchs auf Wahrung der Erfinderehre trotz Übertragung des Erfinderrechts (bzw. trotz Entstehung des Erfinderrechts für einen Anderen, namentlich für den Unternehmer) endete. Ähnliches hat für die Urheberehre zu gelten, d. h. für den Anspruch des wahren Urhebers eines Werkes, als solcher genannt zu werden, auch wenn er das Urheberrecht als Ganzes, also insbesondere in seinem vermögens- und wettbewerbrechtlichen Teil einem Anderen übertragen hat oder es laut Vertrag „originär" für den Anderen entstehen sollte. Diese Frage hat das RG. ebenfalls in diesem, dem Urheberpersönlichkeitsrecht entsprechenden Sinne entschieden. In RGZ. 110, 397 (Entsch. des 1. ZS. v. 8. April 1925) ist einem angestellten Architekten, der auf einer von ihm für seine Firma geschaffenen Inneneinrichtung seinen Namen angebracht wissen wollte, dieses Recht zugesprochen worden. „Ist er nicht durch einen Arbeitsvertrag gebunden, so bedarf dieses Recht nach der positiven Seite, im Gegensatz zum

---

[35]) Vgl. namentlich Goldbaum, Komm. (1927) S. 153ff.

Untersagungsrecht des § 13 KunstUrhG., überhaupt keiner Erörterung, und er mag sich im Falle nachträglicher Anbringung seines Namens mit dem Erwerber des Kunstwerks auseinandersetzen. Anders, wenn der Künstler, wie hier, im Angestelltenverhältnis tätig war. Aber auch dann wird man ihm das Recht auf Anbringung seines Namens grundsätzlich zugestehen müssen. Diese Befugnis ist ein Ausfluß des Persönlichkeitsrechts[36]; das zwar insoweit im Kunstschutzgesetz nicht besonders geregelt, aber in dieser Ausstrahlung durch die Vorschrift des § 13 als an sich bestehend stillschweigend anerkannt worden ist, wenn es dort heißt, der Name oder Namenszug des Urhebers dürfe auf dem Werk von einem Anderen als dem Urheber selbst nur mit dessen Einwilligung angebracht werden." Durch diesen letzten Satz, der das Ergebnis aus § 13 herholt, ist etwas Schiefes in das sonst so gerade Urteil gekommen. Die negative Vorschrift, daß kein Anderer als der Urheber den Namen des Urhebers auf dem Werk anbringen darf, besagt etwas ganz Anderes und weit Geringeres als das Recht auf den Namen als Ausfluß des Urheberpersönlichkeitsrechts in dem Sinne, daß der Urheber die Anbringung seines Namens auf dem Werk verlangen darf, auch wenn ihn das Urheberrecht als Ganzes (namentlich als Vermögensrecht) nicht gehört. In Wahrheit also hat das RG. die — richtige! — Entscheidung aus dem Geist des ganzen Gesetzes, aus dem Geist des Urheberrechts und nicht aus einer Einzelbestimmung des Gesetzes erschlossen.

In gewisser Weise hierher gehört auch die (schon oben zu 2) behandelte Entsch. RGZ. 18, 10 (Titelblattänderung, Züricher Liederbuchanstalt).

Wenn das RG. (1. ZS. v. 28. Mai 1913, RGZ. 82, 333) einem Architekten die Nennung seines Namens als Urheber von Fassaden an Bauwerken untersagte, so steht diese Entscheidung keineswegs mit der soeben besprochenen in RGZ. 110, 397 in Widerspruch. Denn hier wurde dieses „Persönlichkeitsrecht" des Architekten nur deshalb abgelehnt, weil er überhaupt nicht als selbständiger Urheber, sondern nur als Gehilfe seines Auftraggebers diese Fassaden entworfen hatte und dessen Weisungen im einzelnen unterworfen war. „Der Kläger hat, indem er sein künstlerisches Können in den Dienst des Beklagten stellte und sich dabei dem künstlerischen Können des letzteren unterordnete, auf die Hervorbringung einer eigenen und individuellen Gestaltung verzichtet." Die Formgebung ist also dann gar nicht von ihm; er ist nicht Urheber; und wo kein Urheberrecht ist, kann auch kein urheberrechtliches Persönlichkeitsrecht sein, denn es besteht, wie das RG. völlig zutreffend sagt, kein „besonderes, neben dem Urheberrechte selbständiges Urheberschaftsrecht".

4. Das Urheberpersönlichkeitsrecht in seiner Beziehung zur Dynamik des geschaffenen Werkes. Was bisher vom Urheberpersönlichkeitsrecht in bezug auf den Schutz der Eigensphäre, den Schutz von Namen und Ehre und den Schutz der Fassung des Werkes gesagt werden mußte und im wesentlichen in harmonischem Einklang mit der reichsgerichtlichen Rechtsprechung dargelegt werden konnte, ist verhältnismäßig wenig umstritten und wird ziemlich leicht Anerkennung finden, zumal wenn es sich als folgerichtige Entwicklung aus anerkannten Grundsätzen erweist. Weit schwieriger stellt sich nun das weitere Problem dar, zu dem wir jetzt notwendigerweise aufsteigen müssen: nämlich ob und in welcher Weise das Ur-

---

[36]) Gemeint ist hier nicht das allgemeinere Persönlichkeitsrecht, das keinen hinreichenden Anhalt für den Anspruch auf spezielle Namenverbindung mit dem Werk gewährt, sondern das Urheberpersönlichkeitsrecht.

heberpersönlichkeitsrecht dazu herangezogen werden kann, dem Geisteswerk und dadurch zugleich seinem Urheber seine Wirksamkeit zu sichern. Dieses größere Problem der Dynamik grenzt — und darin liegt seine besondere Schwierigkeit und seine Gefahr — an die Schranke des uferlosen droit d'auteur, das im deutschen Recht nicht vorhanden ist und auch nicht gewünscht wird, nämlich daß dem Urheber alles unbesehen, ohne Rücksicht auf Formgebung u. dgl., geschützt werde, so daß es überhaupt keinerlei Benutzung fremder Geisteswerke mehr ohne Genehmigung und Entgelt geben würde und der Begriff des Urhebers sich gar nicht mehr abgrenzen ließe. Diese Gefahr, daß jede Äußerung geistiger Art mit Schutzmauern umgeben wird, gilt es — im Sinne der unbestrittenen allgemeinen Ansicht — zu verhüten und dennoch die sehr ernste Frage aufzuwerfen und zu beantworten, bis zu welchem Grade dem Urheber die Wirksamkeit seines Werkes außerhalb der vermögensrechtlichen Motivierung, also aus urheberpersönlichkeitsrechtlichen Erwägungen und Sätzen geschützt werden soll.

Diese Frage entwickelt sich leicht aus derjenigen über den Schutz der Fassung des Werkes, ist aber keineswegs mit ihr identisch, sondern umfassender, wie sich auch aus der hierhergehörigen reichsgerichtlichen Judikatur ergibt. Es ist von vornherein wichtig, zu betonen, daß sie aus dem Schutz der Formgebung zu entwickeln und nicht aus einem diffusen droit d'auteur bequem herzuleiten ist; wäre letzteres der Fall, dann gäbe es ja gar nicht die Schwierigkeiten und Hemmungen, mit denen wir es hier zu tun haben und die darin liegen, daß wir aus Sinn und Wort des nur bestimmte urheberrechtliche Tatbestände schützenden Gesetzes die Ergebnisse schrittweise erringen müssen.

Es handelt sich dabei um die Grenzen des Urheberrechts, um den Umfang des Urheberrechts, und dies ist namentlich dann deutlich geworden, wenn eine neue Technik des Ausdrucksmittels erfunden worden ist, von der Gesetz, Rechtsprechung und Rechtswissenschaft zuvor noch nichts wissen konnten: also als mechanische Musikspielapparate mit Rollen und gelochten Scheiben erfunden wurden, bei denen es sich fragte, ob das „Nachdruck" sei, oder als die Kinematographie zu einem Ausdrucksmittel von Geisteswerken wurde oder der Rundfunk die Aufführung zu ersetzen begann. Jedesmal trat an die Rechtsprechung die Aufgabe heran, zu entscheiden, ob dieses neue Ausdrucksmittel, noch ehe das Gesetz die Antwort geben konnte, in den Kreis der ausschließlichen Rechte des Urhebers einzuschließen sei. Und es waren, das muß betont werden, nicht etwa nur vermögensrechtliche Erwägungen, die für die Entscheidung in Betracht zu kommen hatten, sondern es mußte zumeist auch gefragt werden, ob denn dem Urheber als schaffender Persönlichkeit überhaupt zuzumuten war, daß er die neue und zumeist im Anfang noch unvollkommene Ausdruckstechnik für sein Werk zulassen müsse. Aber in den Kreis der Dynamik des Werkes, die dem Urheber gewahrt werden soll, gehört auch noch Anderes: nämlich ob er die Freiheit hat, sein eigenes Werk noch einmal zu bearbeiten, ob Andere das Recht haben, sein Werk, an dem sie Rechte erwarben, irgendwie an der größtmöglichen Ausbreitung und Wirkung zu hindern; schließlich auch jener Kreis von Beeinträchtigungen der Wirksamkeit des Werkes, der durch Zitatmißbrauch, durch referierende Ausschlachtung und wettbewerbliche Ideennutzung geschieht. Das alles sind verschiedene Arten eines einheitlichen Problems: wie dem Urheber die aus dem Sinn des Gesetzes sich ergebende größtmögliche Wirksamkeit seines Werkes, u. a. auch durch vernünftige

Auslegung undeutlicher oder unglücklicher Vertragsabmachungen, gewahrt werden kann und soll.

Dies ist nun für die drei Gruppen, die sich da unterscheiden lassen, zu besprechen.

A. Der Schutz des Urhebers gegenüber neuen technischen Ausdrucksmitteln

Die Pioniertätigkeit des RG. ist hier ganz offensichtlich. Als das alte Gesetz noch von „Nachdruck" redete, wo wir heute „Vervielfältigung" sagen und künftig wohl „Wiedergabe" sagen werden, da erwuchs dem RG. die Aufgabe, den Sinn des „Nachdrucks" zu erweitern auf Vervielfältigungs- und Wiedergabemethoden, die nicht mehr buchstabenmäßig unter das Wort Nachdruck fielen, aber gleiche Funktionen hatten. Die Brücke schuf der Exemplarbegriff, d. h. der Begriff des mechanisch vervielfältigten Gegenstandes.

In den Entsch. des 1. ZS. v. 19. Dez. 1888 (RGZ. 22, 174) und v. 31. Jan. 1891 (RGZ. 27, 60) handelte es sich um mechanische Musikapparate (Herophon und Clariophon), die vermittels durchlochter Scheiben, die auf Walzen gelegt wurden, Drehorgelmusik machten — eine Technik, die ja später eine weitere Entwicklung zu Phonola- und anderen Kunstspielapparaten erlebte. Die Frage war, ob das nur eine Form des Selbstspielwerkes war oder ob es den Noten als eine Art „Nachdruck" Konkurrenz machte. Das RG. entschied sich mit Recht für das letztere. Ja, in der Entsch. 22, 174 wird schon der Ausdruck „Vervielfältigung" gebraucht. Und wenn auch hier noch das vermögensrechtliche Moment im Vordergrunde steht, so spricht doch das Urteil auch von der schlechten Wiedergabe, von der raschen Abnutzung des Publikumsinteresses für das Werk durch solche schlechte Wiedergabe — also von Momenten, die urheberpersönlichkeitsrechtlicher Natur sind und die die innere Dynamik des Geistes- oder Kunstwerkes betreffen. Die grundsätzliche Bedeutung dieser Entscheidung geht weiter auch aus der sie bestätigenden Entscheidung in RGZ. 27, 60 hervor, wo es S. 65/66 u. a. heißt: „Die Wissenschaft, auch die wissenschaftliche Jurisprudenz, hält sich nicht an Äußerlichkeiten, sondern sie sucht das Wesen der Dinge zu ergründen. Hat das Gesetz die Feststellung des Begriffes der mechanischen Vervielfältigung, wie sie dem Nachdrucke zugrunde liegt, der Wissenschaft überlassen, so wird eine verständige Handhabung des Gesetzes derartige Formen der mechanischen Vervielfältigung, welche dem Zwecke, dem Wesen und der Natur der Sache nach der Vervielfältigung durch Drucklegung gleichstehen, auch in bezug auf die Frage des Nachdruckes den Druckwerken gleich behandeln" . . . „Durch die Erfindung und Ausbildung dieser mechanischen Vervielfältigung ist es erst möglich geworden, das geistige Eigentum zu sichern und verwertbar zu machen. Ist es diese Funktion (!) des Mittels, wodurch das geistige Eigentum gangbar und umsetzbar gemacht wird, so stehen darin die Notenblätter der mechanischen Musikwerke den gedruckten Noten gleich, und deshalb sind sie ihnen auch für den Schutz des geistigen Eigentums und das Verbot des Nachdruckes gleichzustellen. Die Rechtsprechung ist zu dieser Gleichstellung befugt, auch wenn dem Gesetzgeber diese neue Form der Fixierung eines Musikwerkes und die neue Art ihrer mechanischen Vervielfältigung nicht bekannt war." Der Wert dieser programmatischen Sätze einer dem Sinne eines Gesetzes entsprechenden Rechtsprechung ist um so höher einzuschätzen, als das RG. damit (s. S. 69 a. a. O.) von den damaligen vorinstanzlichen Urteilen und dem Gutachten des musikalischen Sachverständigenvereins zu Weimar abwich. Der persönlichkeitsrechtliche Gedanke, daß diese mechanischen Musikwerke schlechtere Musik liefern, wird in dieser zweiten Entscheidung jedoch beiseite gesetzt, wie denn immer eine gewisse Zurückhaltung des RG. in dieser Hinsicht trotz eindringendster Erkenntnis der Probleme nicht zu verkennen ist. Auch in den Grammophon-Entscheidungen von 1909 und 1911 (RGZ. 71, 127 und 77, 8) kommt der persönlichkeitsrechtliche Gesichtspunkt nicht in Betracht, so daß auf sie hier nicht näher eingegangen zu werden braucht.

So blieb es, als durch Film und Funk neue technische Ausdrucksmittel hinzukamen. Das subjektive Film- und Funkrecht wurden dem Urheber gewahrt. Dieses Ergebnis ist für den Film im wesentlichen der Gesetzgebung, die damals (1910) sehr schnell den Wünschen entsprach, zu verdanken, für den Rundfunk aber der Rechtsprechung. Auch hier in RGZ. 113, 413 lehnt das RG., wie schon oben zu I erwähnt, das „allgemeine" Persönlichkeitsrecht als Grundlage der Entscheidung mit vollem Rechte ab, spricht von persönlichkeitsrechtlichen Bestandteilen des Urheberrechts, die es jedoch nicht zur Entscheidung mit heranzieht, weist auch die Idee eines umfassenden „droit d'auteur" mit Recht ab und sucht die Entscheidung aus dem Verbreitungsbegriff des Gesetzes, den es z. T. mit wirtschaftlichen Erwägungen stützt, zu finden, freilich hierbei sich in nicht beifallswürdiger Weise zu bescheiden. Die verbesserte Gesetzgebung entband hier das RG. von der früher mehr geübten Pionierarbeit auf Grund urheberpersönlichkeitsrechtlicher Erwägungen. Aber es hat diese doch keineswegs ganz vergessen, wie aus den Entscheidungen hervorgeht, die die Auslegung von Übertragungsverträgen betreffen (vgl. unten zu V) — nur geht es ihnen anscheinend überall dort geflissentlich aus dem Wege, wo es auch ohne sie zu einer intuitiv gefühlten richtigen Entscheidung zu gelangen vermag.

Das ist selbstverständlich durchaus berechtigt, und es liegt für das urteilende Gericht kein Anlaß vor, die Norm, die es im Gesetz vorfindet und nach dem Sinne des Gesetzes auslegend anwenden kann, auch jedesmal noch daraufhin zu prüfen, ob es der vermögensrechtliche (wirtschaftliche) oder der urheberpersönlichkeitsrechtliche (ethische) Teil des Urheberrechts war, der in dieser Gesetzesbestimmung zum Ausdruck kommen sollte. Aber damit ist noch nicht gesagt, daß dieser Hintergrund nicht vorhanden, mindestens latent vorhanden ist. Irgendein Rechtsfall kann sehr leicht den Vorhang vor diesem Hintergrund mit zwingender Gewalt zurückreißen. Es ist dies auch schon geschehen, freilich zumeist in solchen Fällen, in denen ein Konflikt zwischen dem Erwerber von Urheber- oder Verlagsrechten und dem Urheber entstanden war. Da drängte sich die Frage der Abgrenzung von vermögens- und persönlichkeitsrechtlichen Bestandteilen des Urheberrechts spontan hervor und konnte in der Entscheidung nicht unbeachtet bleiben, so z. B. im Wilhelm Busch-Senderecht-Fall (RGZ. 123, 312) und in der Frage der Sittenwidrigkeit eines Verlagsvertrags (RGZ. 112, 173).

Doch da dies mit Verträgen und ihrer Auslegung zusammenhängt, soll dieser Faden unten im Abschnitt V, wo von diesen Dingen die Rede ist, wieder aufgenommen werden. Aber auch im folgenden (B), wo von der innerlichen Expansionsdynamik des Urheberrechts beim Berechtigten die Rede ist, macht sich dieser Übergang ins Vertragsrechtliche bemerkbar. Das alles wäre nicht zu verstehen, wenn es sich wirklich nur oder vorwiegend um vermögensrechtliche Werte handelte und nicht ein „droit moral" hier die Kraft wäre, die die Urheberrechtszelle von innen heraus wachsen läßt.

B. Der Schutz des Urhebers gegen Beeinträchtigung der immanenten Dynamik seines Werkes

a) Beeinträchtigung durch einen bestimmten Vertragsgegner

Es ist eine rechtshistorische Tatsache, daß neue Ausdrucksmittel[37]), wie wir soeben zu A gesehen haben, dem Urheber und nicht dem fremden Erwerber oder Verwerter des Urheberrechts zufließen. Das hat das Gesetz schleunigst beim Film, das hat die Rechtsprechung beim Rundfunk, der häufig auch ein neues Ausdrucksmittel des Geisteswerks ist, und anderen Neuerungen festgelegt, und das RG. hat den Rechtsgrundsatz aufgestellt und durchgeführt, daß „in Zweifelsfällen anzunehmen ist, eine Befugnis sei beim Urheber verblieben". Ich erinnere an die Entscheidungen im „Musikantenmädel"-Fall (RGZ. 118, 282), im „Schlagerliederbuch"-Fall (RGZ. 122, 66), auch im Rundfunkstreit (RGZ. 113, 413), im „Elfenreigen"-Fall (RGZ. 119, 408) und insbesondere in dem Wilhelm Busch-Senderecht-Fall (RGZ. 123, 312). Die Fälle lagen ganz verschieden und nach meiner Ansicht war in einigen dieser Fälle die Anwendung dieses Grundsatzes angebracht, in anderen jedoch fehl am Ort. Das hängt jedoch nicht von dem Grundsatz, sondern von den Umständen des speziellen Vertrages ab, der dem Fall zugrunde lag. Aber ganz mit Recht hat das RG. diesen Rechtsgrundsatz auf das Urheberpersönlichkeitsrecht basiert — sogar da, wo diese Basierung anfechtbar erschien (RGZ. 123, 312)! Jedenfalls fühlte, wie ich schon oben einmal sagte, das RG.-Urteil hier durchaus das Richtige, wenn es sich bemühte, seinen Spruch durch das Urheberpersönlichkeitsrecht zu rechtfertigen. Der Rechtsgrundsatz dürfte also in seiner ganz unanfechtbaren Form etwa so lauten: Im Zweifel bleibt eine Urheberrechtskategorie trotz Übertragung des Urheberrechts beim Urheber zurück, wenn dieses Zurückbleiben zur Wahrung urheberpersönlicher Rechte dient. Denn ich möchte nicht glauben, daß der wirtschaftliche, der vermögensrechtliche Faktor so stark sein kann und darf, daß er in jedem „Zweifel" das unbedingte Übergewicht auf die Seite des Autors legt. „Zweifel" sind dazu zu billig und zu häufig. Man denke an die vorgekommenen Fälle, wo es einen Streit darüber gab, ob eine bestimmte neue Verwertungsmöglichkeit zu der Sphäre des Urhebers oder zu der des Erwerbers einer Lizenz, eines Verlagsrechts oder des „ganzen" Urheberrechts gehört — das RG. selbst wird, wie ich annehmen möchte, nicht geneigt sein, bei nur vermögens- und wirtschaftsrechtlichen Momenten in jedem „Zweifel" das Recht dem Autor zuzusprechen.

Ein sehr eindrucksvolles Beispiel ist der „Elfenreigen"-Fall (RGZ. 119, 408). Die begrüßenswerte Stütze dieses Urteils ist der Gedanke, daß der schöpferische Urheber die Freiheit haben soll, sein schon einmal geschaffenes Werk in veränderter Gestalt zu wiederholen, und daß gegenüber dieser urheberpersönlichen Freiheit vermögensrechtliche Ansprüche Anderer — hier des verlegerischen Vertragsgegners — zurückzustehen haben. Wenn ich diesem Urteil — im Gegensatz zu Kobel[38]) und James

---

[37]) Der Unterschied zwischen neuem Ausdrucksmittel und neuer Verbreitungsart liegt darin: Jedes neue Ausdrucksmittel eines Werkes (Film, Pianola-Aufführung, Tonfilm) bedeutet auch eine neue Verbreitungsart, aber nicht jede neue Verbreitungsart (Funk, Schallplatte) braucht notgedrungen ein neues Ausdrucksmittel für das Geisteswerk zu bedeuten. Verbreitungsart ist der weitere Begriff.

[38]) Kobel, Anm. in JW. 1928 S. 1215. Seine Ausführungen kann ich als Widerlegung meiner Auffassung nicht ansehen; er ist in grundsätzlichen Ansichten über Urheberrecht, Wettbewerbsrecht und Verlagsrecht so weit von mir entfernt, daß eine Verständigung ausgeschlossen erscheint. Widersprechen muß ich ausdrücklich nur seinem Satz, daß ich dem Verleger bei der Übertragung

Breit[39]) kritisch gegenübertrat[40]), so geschah das, weil vertragsrechtliche und wettbewerbrechtliche Bestandteile dieses Falles etwas zu sehr in den Hintergrund gedrängt worden waren gegenüber dem urheberpersönlichkeitsrechtlichen Bestandteil. Das RG. hat den so richtigen Grundsatz, daß der Künstler und sonstige geistige Schöpfer befugt sei zu umarbeitenden Wiederholungen seines Werkes, zu stark wirken lassen in einem Fall, in welchem die zugrunde liegenden Verträge eine stärkere wettbewerbliche Einschränkung nach Treu und Glauben m. E. verlangten, zumal es sich nicht so sehr um ein Ausleben der Persönlichkeit des Künstlers als um eine Geschäftstüchtigkeit in der ungefähren Wiederholung einer erprobten Schöpfung handelte. Also gerade das Moment, das dem persönlichkeitsrechtlichen im Wege steht, es geldlich färbt, war es, was mich gegenüber dem Endergebnis jenes Urteils und den Äußerungen von Breit und Kobel kritisch stimmt. „Es fragt sich doch," sagte ich in GRUR. 1928 S. 364, „ob die stark persönlichkeitsrechtliche Bevorzugung des Künstlers (oder jedes Urhebers) bezüglich der Gestattung des Selbstplagiats angebracht ist in solchen Fällen, in denen das bescheidene Neugestalten nicht so sehr auf Persönlichkeitsmomenten des Sichauslebens als auf Wettbewerbsmomenten geschäftlicher Ausnutzung beruht." Dem Persönlichkeitskreis bleibe, was ihm zugehört, aber man störe und gefährde ihn nicht durch Dinge, die zum rein materiellen und finanziellen Kreise gehören! Denn dann wird man nie zu einer klaren Anschauung des Urheberpersönlichkeitsrechts kommen, mit welchem, wenn es einmal klar erkannt ist, dem Urheber ein großer Nutzen geschehen kann. Übersteigerungen in der Art, daß „trotz weitgehendster Übereinstimmung jedes neue Werk eine Neuschöpfung eigentümlicher Art sei" (wie das RG. sich ausdrückt), tragen die Gefahr in sich, die hohe Stellung und die innere Dynamik des Urheberrechts auszuhöhlen.

Ein interessantes — und wohl längst vergessenes — Gegenstück zu dieser „Elfenreigen"-Entscheidung steht in RGZ. 36, 46 und betraf ein Bild von J., „Die heilige Familie", das 1862 gemalt war und 1865 „frei wiederholt" wurde mit etlichen Änderungen. Es mag wohl anzunehmen sein, daß diese beiden Bilder desselben Meisters einander noch ähnlicher waren als „Elfenreigen" und „Blumenreigen" des modernen Genremalers. Aber in dem Reproduktionsrechtsstreit zwischen zwei photographischen Gesellschaften hat damals (9. Nov. 1895) der 1. ZS. die urheberrechtliche Zweiheit der beiden Bilder verneint und hat u. a. gesagt: „Mag vom künstlerischen Standpunkte aus jedes der beiden Bilder, weil von der Hand des Meisters herrührend, den Wert eines Originals haben, für die rechtliche Beurteilung in bezug auf das Urheberrecht

---

des Urheberrechts auch den persönlich-rechtlichen Bestandteil des Urheberrechts übertragen „wissen wolle". Das ist in dieser Form ausgesprochen eine Verschiebung; ich habe in dem betr. Fall etwas Derartiges als geschehen feststellen müssen, weil sogar Änderungsrecht und Namenunterdrückung übertragen waren, und das gehört natürlich zu dem persönlichkeitsrechtlichen Bestandteil des Urheberrechts. Ebenso unverständlich ist, wie Kobel mir nachsagen kann, ich zöge für den in Rede stehenden Fall den § 16 UWG. heran (was er natürlich hier für ganz verfehlt halten muß). Man lese meine Anm. in JW. 1928 S. 795 nach und man wird sehen, wie ungenau Kobel gelesen hat; ich zitierte einen Satz des RG., der für §§ 1 u. 16 UWG. von Bedeutung sei; aber daß für den vorliegenden Fall § 16 UWG. heranzuziehen sei, ist von mir selbstverständlich nirgends gesagt worden. Das alles steht auf gleicher Stufe mit dem Satze Kobels, Urheberrecht habe rechtlich mit Wettbewerb nichts zu tun! Ich verweise nur auf meine späteren Darlegungen zu diesem Thema in Ztschr. f. schweiz. Recht 1929 S. 117 ff., Art. „Wettbewerb" im HdR. 6, 891 ff.

[39]) James Breit in GRUR. 1928 S. 265 ff.

[40]) Elster in JW. 1928 S. 795 ff., in GRUR. 1908 S. 362 ff. („Selbstplagiat und Motivschutz") und in Buchh.-Börsenbl. 1928 Nr. 32.

wird hierdurch nichts geändert. In dieser Hinsicht ist entscheidend, daß zwar die beiden Bilder unzweifelhaft nicht identisch sind, daß aber in beiden dieselbe künstlerische Konzeption und mit unbedeutenden Abweichungen auch in derselben Gestaltung wiedergegeben sind." Erleichternd war für diese Stellungnahme des RG. natürlich — außer der sehr nahen Ähnlichkeit der beiden Gemälde —, daß nicht der Künstler hier um sein Wiederholungsrecht rang, sondern es sich um rein wettbewerblich-urheberrechtliche Fragen zwischen zwei Reproduktionsgesellschaften handelte.

b) Beeinträchtigung durch einen beliebigen Dritten

Die Beeinträchtigung der Dynamik des Geisteswerks durch einen beliebigen Dritten ist eigentlich das Thema des ganzen Urheberrechtsschutzes. Die „Ausschließlichkeit" des Urheberrechts ist einer der Ausdrücke dafür. Der Prototyp solcher Beeinträchtigung ist das Plagiat, nicht der Nachdruck. Der Nachdruck ist in der Regel eine vermögensrechtliche Schädigung, da ja der persönliche Konnex des Autors mit seinem Werk dabei nicht gestört wird. Ganz anders beim Plagiat, wo sich der Dritte das Geisteswerk auch persönlich zueignet, den echten Autor von seinem Geisteskind trennt bzw. nach außen hin zu trennen strebt. Hier tritt, was niemand leugnen kann, neben die vermögensrechtliche (wirtschaftliche) Schädigung die urheberpersönlichkeitsrechtliche (ethische). Daß es zu echten Plagiatprozessen so wenig kommt, jedenfalls daß das RG. damit nur selten befaßt worden ist, ist gewiß darauf zurückzuführen, daß solcher geistiger Diebstahl für gewöhnlich sehr klar liegt und der Täter allen Anlaß hat, die Sache höchstfalls mit der ersten Instanz erledigt sein zu lassen. Gegebenenfalls aber müßte m. E. das RG. — ob expressis verbis oder zwischen den Zeilen, bleibt sich dann gleich — in einem solchen Falle das persönlichkeitsrechtliche Moment als Qualifikation der Urheberrechtsverletzung beachten, wenn es sich nicht um bloße vermögensrechtliche Urheberrechtsverletzung oder um Ideenentnahme zu zweifelhaft neuer andersartiger Gestaltung, sondern um ein die Urheberehre angehendes Sichschmücken mit fremden Federn zum eigenen Urheberruhme handelt[41]) [42]).

In die gleiche Gruppe gehört aber auch der Zitatmißbrauch, der dem Plagiat sehr ähnlich ist; d. h. ein Zitieren ohne rechte Quellenangabe oder ein übermäßiges Ausbeuten fremder Geistesarbeit im Gewande des Zitierens oder des „Referierens" — also in der Form eines Wettbewerbs, der sein Rüstzeug aus der Person und dem Geisteswerk des Anderen nimmt.

Dies alles bedarf hier keiner weiteren Ausführung, würde vielmehr leicht in die allerverschiedensten, nicht mehr streng zu unserem Thema gehörenden Gebiete des Urheberrechts führen. Der Grundgedanke, der auch hier wirksam wird, ist ja ohnedies klar und wichtig genug und wird nie außer acht gelassen werden dürfen.

IV. Der dritte (engste) Kreis: Das auf spezielle Gesetzesparagraphen zu stützende Urheberpersönlichkeitsrecht

Es ist im Vorangegangenen mehrfach Anlaß gewesen, auf Entscheidungen hinzuweisen, in denen das RG. seinen Spruch und seine Auffassung über urheberpersönlichkeitsrechtliche Grundsätze aus dem Sinn des Gesetzes

---

[41]) Vgl. oben S. 270.

[42]) Gegen ein Urteil vom OLG. Hamburg, mit dem ich gutachtlich befaßt worden bin, ist Revision eingelegt worden, doch ist mir bisher nichts wieder davon bekanntgeworden.

hergeleitet hat. Das betrachte ich als eine der vornehmsten Aufgaben eines hohen Gerichts, und solche Entscheidungen werden dem Juristen, der den komplexen Sinn eines Gesetzes wirklich kennt, besonders eindrucksvoll und überzeugend erscheinen. Denn Natur und Geist eines Gesetzes sind ja doch die dynamischen Faktoren, die die Einzelbestimmungen geschaffen haben. Jedoch — „Natur und Geist, so spricht man nicht zu Christen", heißt es im „Faust", und das Schwarz auf Weiß, das man getrost nach Hause tragen kann, wird von vielen Juristen nur in dem Wortlaut der einzelnen Paragraphen erblickt, während der Geist und Sinn des betreffenden Gesetzes ihnen mehr ein Homunkulus scheint.

Es ist daher für die Lehre vom Urheberpersönlichkeitsrecht sehr wichtig, daß man auch versucht, auf die Frage: „Wo steht das?" die Gesetzesstelle zu bezeichnen, die urheberpersönlichkeitsrechtliche Sätze enthält.

Da sind es, wie schon oben (S. 268) kurz erwähnt, in erster Linie die §§ 9 und 14 LitUrhG., § 12 KunstUrhG. und § 13 VerlG. — aber sie sind es nicht allein, wie wir noch sehen werden, doch müssen wir diese zunächst betrachten.

Aus ihnen geht das Gemeinsame hervor, daß nicht nur bei der Bestellung von Verlagsrechten oder Lizenzen, sondern auch „bei Übertragung des Urheberrechts" noch Urheberrecht in gewissem Umfange beim Urheber zurückbleibt, nämlich bezüglich gewisser Ausnutzungsmöglichkeiten und bezüglich der Änderungsbefugnis (Formgebung). Die hierhergehörigen RG.-Entscheidungen sind schon oben sub III 2 besprochen worden und das RG. hat die betreffenden Paragraphen natürlich seinen Entscheidungen zugrunde gelegt. Daß aus dem Wortlaut dieser Paragraphen die Existenz eines Urheberpersönlichkeitsrechtes als gesetzlich fundiertes Recht hervorgehe, diese theoretische Lehre auszusprechen, hat das RG. zunächst keinen Anlaß, und es ist begreiflich, daß es sich in dieser methodischen Hinsicht nicht festlegen wollte. Da aber die Ergebnisse seiner hierhergehörigen Entscheidungen dieser Lehre, wie ich behaupten möchte, zum mindesten nicht widersprechen, so glaube ich hier im Zusammenhange kurz darlegen zu dürfen, wie ich dieses Urheberpersönlichkeitsrecht als gesetzlich (de lege lata) vorliegend begründe[43]). Wir brauchen nur die §§ 9 u. 14 LitUrhG. genau zu lesen, um zu erkennen, daß das deutsche Gesetz von zwei subjektiven Urheberrechten spricht: demjenigen, von dem das Gesetz im allgemeinen und durchgängig handelt, und demjenigen, das trotz Übertragung des ersteren beim Urheber zurückbleibt. Denn das Gesetz spricht von Übertragung „des" Urheberrechts und läßt doch ganz wesentliche Befugnisse beim Urheber zurück. Diese zurückbleibenden Befugnisse sind, wie jeder zugeben wird, nichts absolut Persönliches, was mit der Urheberschaft nichts zu tun habe. Vielmehr ist es etwas, was man Urheberschaftsrecht oder Urheberpersönlichkeitsrecht nennen mag, aber jedenfalls dem Urheber in seiner Eigenschaft als Urheber eignet. Mithin ist es eine Art des Urheberrechts. Aber welches Urheberrechts? Denn jenes andere Urheberrecht, das durchgängig im Gesetz geregelt ist, ist eines, das sich aus persönlichkeitsrechtlichen und vermögensrechtlichen Bestandteilen zusammensetzt. Es liegt also sicherlich am nächsten, anzunehmen, daß jenes Urheberschaftsrecht dasjenige Urheberpersönlichkeitsrecht ist, das außerhalb des zusammengesetzten Urheber-

---

[43]) Vgl. Elster, Das Persönlichkeitsrecht im geistig-gewerblichen Rechtsschutz, GRUR. 1927 S. 431 ff. — Michaelis, Persönlichkeitsrechtliche Befugnisse im deutschen Urheberrecht und droit moral des französischen Rechts, Berlin 1926. — Smoschewer, Der Persönlichkeitsschutz in der neuesten Urheberrechtsgesetzgebung des Auslandes und die Lehren für den deutschen Gesetzgeber, ArchUrhR. 1, 491 ff.

rechts besteht und das vom Gesetz zwar anerkannt und angedeutet, aber nicht näher geregelt ist. Dies ist die einfachste Lösung der durch die §§ 9 u. 14 aufgegebenen Probleme: es gibt nach deutschem Gesetz zwei Urheberrechte, ein in extenso geregeltes und daneben ein tatsächlich vorhandenes, aber noch teilweise methodisch dunkel gelassenes, das aufzuhellen der Wissenschaft und der Rechtsprechung vorbehalten bleibt. Diesem etwa jede gesetzliche Grundlage abzusprechen, geht mithin nicht an; im Gegenteil, das Gesetz zwingt sogar dazu, ein solches Urheberschaftsrecht anzuerkennen und weiter auszubauen, wo es zum Zweck der Rechtspflege erforderlich ist. Blickt man dabei noch auf die internationalen Anregungen und die Lösungen dieser Frage in einigen neueren ausländischen Gesetzen[44]), so fällt vollends jeder Anlaß dahin, für das deutsche Recht etwa jegliche gesetzliche Grundlage des sog. „droit moral" zu leugnen. In der Regel ist das aus Persönlichkeitsrecht und Wettbewerbsrecht zusammengesetzte Vermögensrecht das volle Urheberrecht im Sinne unseres deutschen Gesetzes, und daneben besteht das Urheberschafts- oder spezielle Urheberpersönlichkeitsrecht, dessen Methodik noch ausgearbeitet werden muß.

Dazu kommt aber, daß noch andere Gesetzesstellen nur durch die Annahme eines Urheberpersönlichkeitsrechts zu verstehen sind. Michaelis, „Persönlichkeitsrechtliche Befugnisse usw." S. 40ff., weist noch mit Recht auf § 10 LitUrhG., der die Zwangsvollstreckung in das Recht oder das Werk des Urhebers verbietet, und auf § 25 LitUrhG., der deutliche Quellenangabe vorschreibt, hin, zwei Bestimmungen, die lediglich persönlichkeitsrechtlicher Natur seien, sowie auf § 13 KunstUrhG. Da ist ferner z. B. der § 28 des VerlG., der dem Verfasser das Recht gibt, aus einem wichtigen Grunde die Übertragung des Verlagsrechtes an einen anderen Verleger zu untersagen (falls nicht der ganze Verlag oder ganze Gruppen übertragen werden). Der Grund für diese Bestimmung liegt gewiß einerseits in wirtschaftlich-vermögensrechtlichen Rücksichten, aber keineswegs allein in diesen; der „wichtige Grund" kann auch jeder persönlich wichtige Grund sein, und er wird meistens diese mehr „moralische" Färbung haben, daß dem Verfasser jener andere Verleger wegen Namen, Ansehen oder aus sonstigen erheblichen Gründen einfach nicht paßt. Doch weit wichtiger ist der § 17 des VerlG., der lautet: „Ein Verleger, der das Recht hat, eine neue Auflage zu veranstalten, ist nicht verpflichtet, von diesem Rechte Gebrauch zu machen. Zur Ausübung des Rechtes kann ihm der Verfasser eine angemessene Frist bestimmen. Nach dem Ablaufe der Frist ist der Verfasser berechtigt, von dem Vertrage zurückzutreten, wenn nicht die Veranstaltung rechtzeitig erfolgt ist. Der Bestimmung einer Frist bedarf es nicht, wenn die Veranstaltung von dem Verleger verweigert wird."

Dieser Gesetzesparagraph hat zwei Inhalte: einen verlagsrechtlichen und einen urheberrechtlichen[45]). Der verlagsrechtliche Inhalt lautet auf einen Schutz des Verlegers, daß dieser nicht gezwungen werden soll, eine ihm unrentabel erscheinende neue Auflage herauszubringen; der urheberrechtliche Inhalt aber lautet auf einen Schutz des Urhebers, daß dieser nicht

---

[44]) Vgl. oben S. 255 und Elster, Die sachlichen Grenzen des Urheberrechts, ZAuslIntPrR. 1928 S. 25ff.

[45]) Ich darf in diesem Zusammenhang hinweisen auf die Ausführungen in meinem Buch „Urheber- und Erfinder-, Warenzeichen- und Wettbewerbsrecht" (1928) S. 204, wo das dingliche Verlagsverhältnis in seiner Wesenheit klarzustellen versucht wird. Über den urheberrechtlichen Inhalt des § 17 VerlG. findet man bisher in den Kommentaren zum Verlagsgesetz nichts.

durch die Weigerung des Verlegers in die Gefahr kommen soll, die noch mögliche Wirksamkeit seines Werkes zu verlieren, also daß er das Recht haben soll, ohne Rücksicht auf den durch Vertrag berechtigten Verleger die Lebensfähigkeit seines Geisteswerks mit Hilfe Anderer zu erweisen. — Wenn sein Rücktrittsrecht, das ihm das Gesetz gibt, verlagsrechtlich als ein Rücktrittsrecht des Verlegers sich auswirkt (da dieser ja die Veranstaltung der neuen Auflage weigert), so ist die urheberrechtliche Wirkung doch die, daß trotz Verlagsvertrags der Urheber wieder über sein Werk verfügen, es also gegen Totschweigen durch den ersten Verlagsrechtserwerber wirksam schützen kann.

Der urheberrechtliche Grundsatz, daß das Geisteswerk nicht durch einen Dritten, und sei dies auch der Erwerber eines Urheberrechts, eines Verlagsrechts oder gar nur eines Bearbeitungsrechts, in seiner Wirkungsmöglichkeit oder Lebensdauer eingeschränkt werden darf, dieser Grundsatz ist über die Kategorieen — ob Verlag, Verfilmung oder etwas Anderes vorliegt — erhaben; er ist generell!

Vielleicht hat etwas Ähnliches der beklagten Partei und ihrem Gutachter[46]) in dem Fall des sog. „sittenwidrigen" Verlagsvertrags auf alle Auflagen (RGZ. 112, 173) vorgeschwebt. Nur hat er die Ideen, soweit sie im Sinne eines schutzwürdigen Urheberpersönlichkeitsrechts zutreffend sind, am untauglichen Objekt und in einer Überspitzung vorgetragen, die nicht die Zustimmung des RG. finden konnten. Auf die Lagerung dieses Falles hier einzugehen, ist für unser Thema kein Anlaß, nur auf den Gedanken des Schutzes der Wirkungsmöglichkeit des Werkes kommt es an, die durch den Vertragsgegner (insbesondere den Verleger) nicht beeinträchtigt werden darf. Daher hat ja der Verleger die Hauptpflicht der Vervielfältigung und Verbreitung des Werkes, und wenn er (nach § 17 VerlG.) eine neue Auflage nicht machen will, so muß er den Verfasser freigeben, damit dieser die weitere Wirksamkeit seines Werkes bei einem anderen Verleger versuchen könne. Von einer „Sittenwidrigkeit" der Bindung auf alle Auflagen an einen bestimmten Verleger kann aus diesem Gesichtspunkt jedenfalls keine Rede sein, und die in Verlagsverträgen vorkommende Abmachung, daß im Behinderungsfalle des Autors das Werk von dritter Hand weitergeführt werden dürfe und solle, ist in aller Regel im Interesse der Wirksamkeit des Werkes und seines Autors auch weiter nach dem Eintritt des Verhinderungsfalles, als welcher zumeist der Tod in Betracht kommt, gedacht, aber keineswegs behufs Verfälschung des Werkes oder Mundtotmachung des ursprünglichen Verfassers. Sollte derlei etwa vorkommen, so wäre das ein Anlaß, mit dem Urheberpersönlichkeitsrecht des Urhebers dagegen zu operieren, aber die bloße Pflicht des Verfassers, seinem Werk die Treue zu halten, wenn eine neue Auflage nötig wird (auch wenn ihm einmal die Arbeit daran zur Zeit nicht recht paßt), kann weder als sittenwidrig noch als eine Verletzung des Urheberpersönlichkeitsrechts angesehen werden, so wichtig ein solches auch gerade für die Erhaltung der Wirkungsmöglichkeit des Werkes ist. Verletzungen dieses Rechts liegen vielmehr dann vor, wenn Bestimmungen eines Verlagsvertrags, eines Lizenzvertrags oder eines Urheberrechtsübertragungsvertrags dazu benutzt werden, das Werk zu sekretieren, zu sabotieren, es der Öffentlichkeit vorzuenthalten, neue Auflagen, die an sich notwendig wären, ohne hinreichenden Grund zu unterdrücken und der Freiheit des Urhebers in dieser wichtigeren Hinsicht, daß er dauernd die Gelegen-

---

[46]) Prof. Herbert Meyer, vgl. dessen Buch „Sittenwidrige Verlagsverträge", Leipzig 1926; Elster in Buchh.-Börsenbl. v. 6. April und 5. Okt. 1926, und Elster, Urheber- und Erfinder- usw. Recht (1928) S. 224.

heit zur Dynamik seines Werkes haben soll, Fesseln anzulegen. Dies geht in die Fragen der Vertragsauslegung über, die unten im Abschnitt V noch näher zu besprechen sind.

Von besonderer Bedeutung ist aber für die Frage der gesetzlichen Fundierung des Urheberpersönlichkeitsrechts die Auslegung der §§ 12 u. 14 LitUrhG. in der Hinsicht, welche neuen Ausdrucksmittel denn nun hiernach dem Urheber vorbehalten, welche neuen Verwendungsmöglichkeiten seines Werkes ihm, d. h. seinem Urheberrecht, zuwachsen, wenn nichts Besonderes darüber in den betreffenden Verträgen ausgemacht ist oder es sich um versuchte Eingriffe Dritter handelt.

Diese Frage ist beim Film und Rundfunk aufgetreten und kann immer wieder auftreten, sobald neue technische Verwertungsmöglichkeiten des Geisteswerkes erfunden werden. Diese Frage allein und rein zu beantworten, hat das RG. bisher noch nicht Gelegenheit gehabt, denn die Fälle lagen stets so, daß andere Gesichtspunkte (Verbreitungs- und Vervielfältigungsbegriff, vertragliche Positionen) die Entscheidung beeinflußten. Wenn aber diese Frage einmal als solche — ohne die Nebenfragen — zu beantworten sein wird, so kann dies m. E. nur aus dem Gesichtspunkt des Urheberpersönlichkeitsrechts geschehen, und ich habe an anderer Stelle bereits[47]) dafür folgende Lehre vorgetragen: In den in §§ 12 u. 14 LitUrhG. aufgezählten Formen (Kategorieen) der Bearbeitung liegt trotz ihrer anscheinenden Uneinheitlichkeit doch ein völlig einheitlicher Sinn, nämlich daß alle diejenigen neuen technischen Formen, Ausdrucks- und Verwertungsmöglichkeiten dem Urheberrecht ohne weiteres zuwachsen, bei denen eine Gefahr der Veränderung des Werkes gegeben erscheint, also das Urheberpersönlichkeitsrecht berührt wird. „Solche Gefahr liegt grundsätzlich vor, wenn das Werk übersetzt, dramatisiert, verfilmt wird, wenn Auszüge aus ihm hergestellt, wenn es auf Schallplatten übertragen wird. Solche Gefahr liegt aber nicht grundsätzlich vor, wenn es vorgelesen, aufgeführt, gespielt wird u. dgl." Die sendemäßige Übertragung hat man also nur dann unter die urheberpersönlichen Vorbehaltsrechte zu rechnen, wenn das Werk in seiner wirkenden Gestalt beeinträchtigt wird und wenn dem Autor nicht zugemutet werden kann, es ohne weiteres verfunken zu lassen; daß daneben das Urheberrecht als vermögensrechtliches ihm zur Seite steht, ist ja selbstverständlich (RGZ. 113, 413), nur ob bei Übertragung des Urheberrechts das Senderecht ihm verbleibt, ist urheberpersönlichkeitsrechtlicher Natur (RGZ. 123, 312; vgl. unten zu V) und kann nicht allein auf vermögensrechtliche Belange, denen vermutlich ebenfalls vermögensrechtliche Belange des Anderen gegenüberstehen, gegründet werden.

V. Die Probe auf das gelöste Exempel: Das gegenüber Vertragsabmachungen sich durchsetzende Urheberpersönlichkeitsrecht

Wenn das RG., wie aus manchen Anzeichen hervorgeht, des Glaubens ist, es habe sich von dem schwierigen Problem des Urheberpersönlichkeitsrechts im wesentlichen ferngehalten, so ist das doch, wie sich aus den bisherigen Darlegungen ergeben hat und nun im Folgenden sich vollends zeigen wird, ein frommer Wahn. Der Wille dazu mag wohl dagewesen sein, aber die Verhältnisse waren stärker. Der 1. ZS., dem dieses Problem besonders nahetrat, mag ohne volle Absicht in seine Lösung hineingeraten sein — er hat aber Stellung dazu nehmen müssen, weil es eben nicht anders ging, und hat es in dankens-

[47]) Mein mehrfach zitiertes Buch S. 105.

werter Weise getan. Am deutlichsten ist dies in den Fällen geworden, wo es sich um die Auslegung verschiedener Urheberrechtsübertragungsverträge handelte. Da kam es ja auf die oben zu IV besprochenen §§ 9, 12 u. 14 im wesentlichen an, und da mußte Farbe bekannt werden. Ja dies geschah in so starkem Maße, daß nach meinem Dafürhalten sogar der Vertragswille hier und da zu kurz kam gegenüber der dogmatischen Grundüberzeugung vom Vorhandensein eines starken Urheberpersönlichkeitsrechts. Und so sind diese Fälle die sprechendsten Beweise.

Der schon mehrfach kurz erwähnte Fall „Busch-Senderechte" (RGZ. 123, 312) zeigt dies sehr deutlich. Im Rundfunk trug Resi Langer Werke von Wilhelm Busch vor. Die Genehmigung war der Gesellschaft für Senderechte durch die Friedr. Bassermannsche Verlagsbuchhandlung erteilt, weil dieser durch Verträge von 1896 und von 1918 „die unbeschränkten dinglichen Urheberrechte an sämtlichen bei ihr erschienenen Werken von Wilhelm Busch" übertragen worden sind. Die Erben von Wilhelm Busch klagten aber, weil sie die Erteilung der Genehmigung der Rundfunkwiedergabe trotz dieses Vertrages ihnen selbst vorbehalten behaupteten. Alle drei Instanzen gaben ihnen recht, indem sie, von den übertragenen „unbeschränkten dinglichen Urheberrechten" doch das zur Zeit des Vertragsabschlusses unbekannte Rundfunksenderecht ausnahmen — eine Auslegung, deren Begründung gewiß nicht ganz leicht ist. Das RG. stützt sie u. a. auf folgende Erwägungen: „Die sachlichen Grundlagen und Voraussetzungen für Verträge, die der Mitteilung von Geisteswerken dienen, sind auf ungeahnte Weise dadurch verändert, daß allerorten für sie ein neues Mittel zu Gebote steht; und zwar eines, das seiner Wirkung nach zu einer neuen Gattung gehört. Eine solche durchaus umwälzende Verwandlung läßt sich nicht auf die Formel bringen: Der Bassermannsche Verlag habe die unbeschränkten dinglichen Urheberrechte und somit sämtliche damals und später erwachsende wirtschaftliche Befugnisse aus diesen Rechten erworben; alles, was an Verwertungsmöglichkeiten durch die nachfolgende Entwicklung sich herausgestellt habe, falle nach allgemeinen Rechtsregeln (§§ 398ff. BGB.) ihm zu. Dem wäre unbedenklich beizustimmen, wenn die neu entstandene Möglichkeit der Verwertung als Spielart oder Abspaltung bereits vorhandener Gattungen etwa darin bestände, daß ein neues Druckverfahren, eine Art, Werkexemplare auf ehedem unbekannte Weise herzustellen, das Gebiet vorteilhafter Ausnutzung erweiterte. Damit läßt es sich aber nicht gleichsetzen, wenn die Technik durch derart umwälzende Neuerungen wie den Rundfunk eine außerhalb alles Berechnens und Vermutens liegende Bahn eröffnet, ein ganz neues Wirkungsfeld des geistigen Verkehrs erschließt. Hier widerspräche es dem Vertragszweck, dem wahrscheinlichen Parteiwillen und der Billigkeit, der von der Revision vertretenen Auslegung zu folgen. Wohl bedarf das Gesetz, um in veränderter Umwelt, mit neuen Verkehrserscheinungen und wirtschaftlichen Gebilden seinem Zwecke zu genügen, einer anpassenden Auslegung . . . Aber auf die Auslegung von Verträgen läßt sich dies nicht schlechthin übertragen."

Dies sind die wesentlichen Erwägungen des RG., die dann noch weiter ausgeführt und in ihren Hauptsätzen wiederholt werden. Niemand wird bestreiten, daß der Rundfunk ein neuer Akt der urheberrechtlichen Nutzbarmachung ist, und niemand wird dem Verleger bei der Einräumung von Verlagsrechten oder u. a. auch bei einer sog. Übertragung von Urheberrechten das Recht der Rundfunkwiedergabe als ohne weiteres mit überlassen behaupten. Wenn sich die Schriftstellerkreise und die Gerichte gegen solche Auffassung wenden, so haben sie völlig recht. Aber hier lag es doch anders! Hier handelt es sich doch gerade um die richtige Auslegung eines Vertrags, der mit sehr umfassenden Ausdrücken das gesamte Urheberrecht übertragen hatte. Wenn das RG. dann sagt: „Dem Vertragsgegenstande darf nicht nachträglich ein Sinn und Umfang gegeben werden, der, statt auslegend jenen Willen nach Treu und Glauben weiter zu entwickeln, zu ihm in Widerspruch gerät", so kann dieser richtige Satz genau so gut zu dem gegenteiligen Ergebnis verwendet werden, als es vom RG. hier geschieht. Denn ebensogut, wie man sich auf den Standpunkt stellt, der Urheberrechtsübertrager habe bei „den damaligen Umständen" spätere größere Ausdehnungen des Urheberrechts nicht mit einschließen wollen, kann man sich bei der gänzlichen Unbeweisbarkeit dieses imaginären Willens auf den Standpunkt des Urheberrechtsempfängers stellen, der mit den „unbeschränkten dinglichen Urheberrechten" wirklich solche unbeschränkte dingliche Urheberrechte erworben zu haben glaubte. Und obschon noch andere Momente vorlagen (wie z. B. ein größeres Entgelt in Rücksicht auf eine Ausdehnung des § 53 KunstUrhG., aber ohne daß die Rechtsverbindlichkeit anerkannt werden sollte, und Ausschluß des Verfilmungsrechts nur wegen seiner praktischen Unverwendbarkeit), die tatsächlich dafür sprachen, daß, wie das RG. selbst sagt, „allerdings die Gesamtheit urheberrechtlicher Befugnisse" übertragen sein sollte, hat es doch einen „Zweifel" über den Vertragswillen geäußert und rein vermögensrechtliche Befugnisse trotz Weggabe des Urheberrechts den Erben zugesprochen. So sucht man unter solchen Umständen nun doch nach dem tieferen Grund, der das RG. zu seinem Spruch bewogen haben mag — und dieser Grund findet sich denn auch am Schluß der Begründung, wo das RG. sagt: „Selbst wenn das Urheberrecht ausdrücklich unbeschränkt überlassen wird, so darf dies nicht ausnahmslos so verstanden werden, als verbleibe nichts beim veräußernden Urheber, und der Erwerber habe mit dem Inbegriff erworbener Rechte auch alle unvorhersehbaren künftigen Ausnützungsmöglichkeiten überkommen, welche das Gesamtbild der Verwertung völlig verändern, bei der Entgeltbemessung aber gar nicht in Betracht gezogen werden konnten. Der Urheber behält in jedem Fall ein unveräußerliches Persönlichkeitsrecht, das der Vertrag unberührt läßt, auch wenn der andere die unbeschränkten dinglichen Urheberrechte und damit alle vermögensrechtlichen Bestandteile des urheberrechtlichen Befugniskreises erwirbt; ein Recht, das sich vornehmlich in der Abwehr gegen entstellende Veränderungen des Werkes (§ 9 LitUrhG.) zeigt (RGZ. 69, 244; 79 S. 398—402). Dem persönlichkeitsrechtlichen Kerne wächst an, was etwa nach dem Vertragsabschlusse an vermögensrechtlichen Urheberbefugnissen durch gesetzliche Neuschöpfung in der Person des Veräußerers entsteht. Gleiches gilt von jenen ihrer Art und wirtschaftlichen Wirkung nach völlig neuen Möglichkeiten der Ausnutzung, die (wie der Rundfunk) keine bloße Weiterbildung oder Abspaltung bisheriger Verwertungsarten sind."

Diese Herleitung der letzten Stütze dieses Urteilsergebnisses aus dem Urheberpersönlichkeitsrecht ist für die reichsgerichtliche Anerkennung eines Urheberpersönlichkeitsrechtes von typischer und außerordentlich großer Bedeutung. Denn gerade weil hier nach Lage der Dinge — wo kein Persönlichkeitsmoment berührt ist, keine Veränderung des Werkes droht, der Autor nicht mehr lebt und mit seinem Werke keine Erniedrigung geschieht! — gar nichts Persönliches, sondern nur Geldliches in Frage steht, ist die Heranziehung des Persönlichkeitsrechts als Begründung des Spruches geradezu konstituierend für die unvergleichliche Dynamik dieses Urheberpersönlichkeitsrechts! Sonst hätte man es in diesem Falle sicherlich nicht als Argument bemüht und hätte nicht den m. E. ganz anfechtbaren Satz geschrieben: „Dem persönlichkeitsrechtlichen Kerne wächst an, was etwa nach dem Vertragsabschlusse an vermögensrechtlichen Urheberbefugnissen durch gesetzliche Neuschöpfung in der Person des Veräußerers entsteht"; denn einmal wirft das die mühsam gefundene klare Scheidewand zwischen Persönlichkeits- und Vermögensurheberrecht wieder um, und zweitens ist es eine ziemlich gewaltsame Auslegung eines Vertrages wie des hier vorliegenden. Gerade weil also in diesem Fall die Heranziehung des Urheberpersönlichkeitsrechtes verfehlt erscheint, ergibt sich daraus die große Kraft dieses grundsätzlichen Rechtes, ohne dessen Heranziehung die Entscheidung eben hätte unbedingt anders ausfallen müssen!

Im „Musikantenmädel"-Fall (RGZ. 118, 282), wo es sich um das Verfilmungsrecht handelte, lag die Auslegung des Vertrages nur insofern etwas anders, als die Verfilmungsmöglichkeit damals bekannt war, die Vertragschließenden aber vielleicht subjektiv nicht daran gedacht haben, über die Übertragung des Verfilmungsrechtes etwas zu bestimmen. Der Unterschied gegenüber dem soeben behandelten Fall ist also ganz geringfügig; beide Fälle haben das Gemeinsame, daß der Begriff „im Zweifel" wiederum sehr weit, die Übertragung sachlich aber sehr eng ausgelegt wurde. An sich bleiben Rechte wie das Verfilmungsrecht beim Verfasser, wenn sie nicht ausdrücklich übertragen sind; darüber besteht kein Zweifel. Aber der Wortlaut des Vertrages lautete auch hier sehr umfassend. Nach ihm „verkauften die Librettisten an den Musikverleger das Text- und Regiebuch zu der Operette ‚Das Musikantenmädel' für alle Zeiten und mit allen gegenwärtig und künftig fließenden Rechten, auch den sämtlichen Übersetzungs- und Aufführungsrechten sowie dem Rechte des Bühnenvertriebs und der Aufführung für alle Länder". „Dies könnte", sagt das RG., „nach dem sehr weit gefaßten Wortlaut so verstanden werden, daß der Wille dahin gegangen sei, alle damaligen und künftigen Urheberrechte, gleichviel welcher Art, sollten übertragen werden" — und so würde ich jenen Wortlaut in der Tat auffassen und keinen „Zweifel", der in dem Vertrage offengelassen wäre, feststellen. Aber solche Auffassung wird vom RG. wie vom KG. abgelehnt. Das KG. (als Vorinstanz) sagte: „Die Befugnis, Werke durch kinematographische Darstellung wiederzugeben und öffentlich aufzuführen, sei zur Zeit des Vertragsabschlusses immerhin schon bekanntgewesen und hätte den Gegenstand vertraglicher Abmachungen bilden können. Durch die nachträglich in das Gesetz betr. Urheberrecht an Werken der Literatur und der Tonkunst eingefügten Vorschriften (§ 12 Abs. 2 Nr. 6, § 14 Nr. 5; vgl. VerlG. § 2 Abs. 2 Nr. 5) sei sie nicht als etwas völlig Neues, als ein dem Verkehr bis dahin unbekanntes oder wenigstens ungeläufiges Gebilde aufgetaucht. Aber nach Zweck und Umständen des Vertrags über Text- und Regiebuch habe es dem Parteiwillen nicht entsprochen, die Verfilmungsbefugnis in die übertragenen Urheberrechte einzubeziehen. Denn . . . der Musikverleger habe das Verlagsrecht an der Operette erwerben wollen; . . . selbständige Verwertung dieses Schriftwerkes sei nach dem Vertragszweck gar nicht in Frage gekommen." Das RG. heißt solche Auffassung gut. Aber woher entnehmen beide Gerichte die Auffassung, daß der „Vertragszweck" hier gegen den sehr deutlichen und sehr umfassenden Wortlaut die Auslegung leitet? Der Vertragszweck, der anscheinend lediglich aus der wirtschaftlichen Tatsache hergeleitet wird, daß der Erwerber des Urheberrechts Musikverleger sei und daher nur den Erwerb des Verlagsrechts bezweckt habe? Kann solches Quiproquo zwischen Urheberrecht und Verlagsrecht wirklich trotz entgegenstehenden Wortlauts auf die Verlegereigenschaft des Urheberrechtserwerbers gestützt werden? Ich halte diesen Stützpunkt für zu schwach. Er kann nur durch die grundsätzliche Auffassung des RG., daß urheberpersönlichkeitsrechtliche Elemente hier für die Librettisten sprechen, gestützt werden; also daß der tiefere Grund für jene etwas gewaltsame Auslegung des Vertragswortlauts im Urheberpersönlichkeitsrecht liegt, das a) „im Zweifel" jedes nicht ausdrücklich genannte Verwendungsrecht beim Urheber zurückläßt, und b) diesem „im Zweifel" eine überaus weite Auslegung gibt, eine so weite, daß sie schon das bloße Nichtdarangedachthaben als hinreichenden „Zweifel" gelten läßt, mögen auch „alle gegenwärtigen und künftigen Urheberrechte" übertragen worden sein. Worin das RG. m. E. zu weit geht, ist eben dies, daß es den Umstand des „Zweifelsfalls" zu weit auslegt und einen Zweifelsfall schon dann als vorliegend annimmt, wenn der Berechtigte des Urheberrechts nachträglich „zweifelt" oder mehr erwartet hat oder Ansprüche stellt, ohne daß der Vertragswortlaut an sich nach den Grundsätzen objektiver Auslegung (nach Treu und Glauben) einen „Zweifelsfall" darstellt.

Das ist dasselbe dynamische Ergebnis, welches in dem schon oben besprochenen „Elfenreigen"-Fall (RGZ. 119, 408) zu einer fast unbedingten Freiheit des Urhebers und zu einem sehr bedingten Gegenanspruch des Urheberrechts- oder Verlagsrechtserwerbers geführt hat und in seiner starken Dynamik nur aus dem Urheberpersönlichkeitsrecht zu erklären ist, da rein vermögensrechtliche Gesichtspunkte vermutlich zu einer neutraleren Abwägung der gegenseitigen „Interessen" geführt haben würden.

In dem Urt. I 237/27 v. 3. März 1928 waren zwei Verträge in ihrer urheberrechtlichen Wirkung auszulegen, in denen „sämtliche Autor- und Verlagsrechte an den im Besitz der beklagten Verlagsfirma befindlichen Werken Wilhelm Buschs zugesichert" sowie „das Recht der beliebigen Verwendung einschließlich der Verfilmung", und es war Streit, entstanden, ob diesem Verlag die Befugnis zustehe, aus diesen Werken eine Sammelausgabe zu machen, da bei den vertraglichen Abmachungen vom Einschluß einer Sammel- oder Gesamtausgabe nicht die Rede gewesen sei. Das OLG. München hatte für Einschluß dieser Befugnis sich ausgesprochen, das RG. aber meinte: „Auch mit einer sehr allgemein gehaltenen Überlassung urheberrechtlicher Befugnisse verträgt es sich, daß gleichwohl nach dem Willen der Beteiligten aus besonderen Gründen und zu besonderem Zweck ein gewisser, vielleicht geringer Rest beim Urheber oder seinem Rechtsnachfolger verbleibt (RGZ. 118, 286/7)." Es ist dort nicht gesagt, welcher methodischen Art diese „besonderen Gründe" sind, die aus den Vereinbarungen entnommen sind (vom OLG. freilich im entgegengesetzten Sinne entnommen waren); nach meiner Kenntnis des Falles lagen sie in zwei Momenten: einmal vertragsrechtlich darin, daß in einem früheren zwischen den Parteien geschlossenen Vertrage die Befugnis zu einer Sammelausgabe ausdrücklich ausgeschlossen war, so daß dies etwa zu der Geschäftsgrundlage des Urheberrechtsübertragungsvertrages gehörte, zweitens aber urheberrechtlich darin, daß der § 4 VerlG., der dem Verleger eine Gesamtausgabe der Werke eines Autors nur mit dessen Genehmigung gestattet, dem § 9 LitUrhG. sehr nahesteht, der jede Änderung an dem Werk durch den Verleger verbietet[48]); eine Änderung der Form, in der dem Verleger das Werk zur Veröffentlichung übergeben ist, bedeutet es aber, wenn es nicht als Einzelwerk, sondern in einer Sammelausgabe herausgegeben wird — und so gehörte auch in diesem Fall die Versagung solcher Änderungsbefugnis zu dem Schutz des Urheberpersönlichkeitsrechts.

Ob die betreffenden Entscheidungen im einzelnen Ergebnis und allerseits richtig und gerecht sind, steht hier nicht zur Erörterung, hier interessiert nur

---

[48]) Vgl. mein „Urheber- und Erfinder-, Warenzeichen- und Wettbewerbsrecht" (1928) S. 216.

die sich in ihnen kundtuende Stärke des Urheberpersönlichkeitsrechts auch da, wo dieses Wort nicht einmal gebraucht wird und das RG. ihm sogar anscheinend mit Bedacht aus dem Wege geht. Aber als Ergebnis der Untersuchung bleibt doch übrig, daß das RG. das Urheberpersönlichkeitsrecht nicht nur anerkennt, sondern es auch zu einer starken Stütze mehrerer sehr wichtiger Entscheidungen gemacht hat. Das Problem liegt heute also nicht mehr so, daß wir fragen müssen, ob es ein Urheberpersönlichkeitsrecht gibt, sondern so, daß wir dessen Wesen und Grenzen zu erkennen haben, damit es überall, wo es in Frage kommt, richtig herangezogen und in seiner Dynamik gewürdigt wird, aber zugleich vor der Gefahr bewahrt wird, als Schlagwort auch die rein vermögensrechtliche Seite des Urheberrechtes zu decken. Das RG. ist also in dieser Erkenntnis schon viel weiter vorausgedrungen, als es zuzugestehen scheint, und hat schon jenes Problem der Umgrenzung, ohne es allerdings ganz gelöst zu haben, klar und deutlich gemacht.

Abgeschlossen: März 1929.

Wechselzeichnung der Sparkassen

von Professor Dr. Ernst Heymann, Berlin

I.

1. Die Frage nach der Vertretungsbefugnis der Sparkassenverwaltungen und ihrer Beamten bei Wechselzeichnungen ist seit einiger Zeit Gegenstand ernster und zum Teil sogar heftiger Erörterungen geworden. Im Mittelpunkt steht dabei die Rechtsprechung des Reichsgerichts und jetzt auch die neue, vom deutschen Sparkassen- und Giroverbande ausgearbeitete Mustersatzung für Sparkassen, welche durch Runderlaß des Preußischen Ministers des Innern vom 6. Juli 1927 (MBliV. S. 760) veröffentlicht worden und den Sparkassen empfohlen worden ist, insbesondere der die Vertretungsverhältnisse regelnde § 11 dieser Satzung. Die Vertretungsfrage geht dabei über die Fälle der Wechselzeichnungen weit hinaus und betrifft alle Verpflichtungserklärungen. Indessen ist Eingehung von Wechselverpflichtungen praktisch der Hauptfall; er hat vorzugsweise die Judikatur beschäftigt und wird im folgenden unter Beschränkung auf das für Preußen geltende Recht in erster Linie ins Auge gefaßt.

Die Bedeutung, welche die Frage hat, erklärt sich aus der neueren Entwicklung des Sparkassenwesens und zugleich aus der regelmäßigen unselbständigen Stellung der Sparkassen als bloßer Teile eines gewöhnlich öffentlichrechtlichen Verbandes. Was diesen letzteren Punkt anlangt, so fehlt den Sparkassen in den meisten Fällen die juristische Persönlichkeit. Sie sind Einrichtungen eines Kommunalverbandes, vornehmlich eines Kreises, einer Stadtgemeinde, auch einer Landgemeinde. Ihre Geschäfte sind daher Geschäfte des Kommunalverbandes, des ungenau so genannten Garantieverbandes, Gewährverbandes, der allein Träger aller Rechte und Pflichten ist und innerhalb dessen die Sparkasse nur eine statio fisci mit Verwaltung durch einen Ausschuß, eine Deputation des Kommunalverbandes darstellt. Das Reichsgericht formuliert dies (68, 280) dahin: die auf Grund des Preußischen Reglements v. 12. Dez. 1838 errichteten Sparkassen der Stadtgemeinden haben, wie dieses Reglement ergibt, keine eigene Rechtspersönlichkeit, sind vielmehr Anstalten der Gemeinden, und ihr Vermögen bildet nur „einen besonderen, von anderen Kassen der Stadtverwaltung unvermischt zu erhaltenden Fonds des Gemeindevermögens", und zwar nimmt das Reichsgericht dies auch an, wenn das Statut der Sparkasse einmal die Wendung gebraucht, daß die Sparkasse „eine selbständige Anstalt unter Gewähr der Stadt" sei. Den gleichen Standpunkt vertritt das Preußische Oberverwaltungsgericht (50, 94ff.), und die gesamte Literatur stimmt dem zu. Daher schneiden in das Statut der Sparkassen und in die Frage ihrer Vertretung unvermeidlich die Normen ein, welche für die sog. Garantiekörperschaften gelten, und hieraus ergeben sich notwendig schwere Zweifelsfragen, je mehr die Geschäfte der Sparkassen handelsmäßig betrieben werden und die Sparkassen selbst als Kaufleute auftreten.

Dies aber ist durch die wirtschaftliche Entwicklung der deutschen Sparkassen[1]) zwangsläufig hervorgerufen worden. Die Sparkassen erscheinen in Deutschland seit etwa 1765, und zwar als Wohltätigkeitsanstalten, als gemeinnützige Unternehmungen zugunsten der ärmeren Volksklassen. Dabei haben sie von Anfang an neben dem Spargeschäft und als dessen Gegengeschäft die Geschäfte der Darlehnskassen gepflegt, und zwar keineswegs beschränkt auf den Immobiliarrealkredit, sondern sie haben von vornherein auch den kurzfristigen Personalkredit für kleine Leute, insbesondere kleine Gewerbetreibende, in den Bereich ihrer Tätigkeit gezogen. Von hier aus hat sich die bankenmäßige Gebarung immer mehr verbreitert, zumal die Sparkassen durch das Scheckgesetz 1908 das Scheckprivileg erhielten und mit dem Scheckverkehr der Giro- und Kontokorrentverkehr sowie der schon lange bestehende Wechselverkehr sich immer mehr ausdehnte. Die Inflationszeit drängte vielfach zu einer Betonung dieser bankartigen Geschäfte, die über den eigentlichen Zweck der Sparkassen hinausging; seither sind aber wieder die normalen Bahnen innegehalten und es ist auch eine Verständigung mit den Großbanken über die wechselseitige Abgrenzung ihrer Tätigkeitsgebiete erfolgt. Der zunehmende Wechselverkehr der Sparkassen führte nun immer wieder Fälle herbei, in denen die Sparkassen und namentlich ihre Garantieverbände die von ungetreuen oder sonst im Innenverhältnis nicht befugten Angestellten abgegebenen Wechselerklärungen beanstandeten, so daß die Frage der Vertretungsmacht akut wurde.

Die Stellungnahme zu diesen Fragen ist nicht allein vom rechtlichen Standpunkt erfolgt. Vielmehr zeigen sich Strömungen, welche, getragen von dem vermeintlichen Interesse der Banken, den Sparkassen die freie Konkurrenz gegenüber den Banken durch Erschwerung der Vertretungsbefugnisse ihrer Beamten und Angestellten möglichst einschränken möchten, während die Sparkassen selbst begreiflicherweise nach tunlichster Freiheit der Geschäftsgebarung unter Anwendung der allgemeinen bürgerlich-rechtlichen und handelsrechtlichen Vertretungsgrundsätze streben; auf der anderen Seite taucht aber gerade auch in den Kreisen ihrer Gegner der Wunsch auf, sie diesen Grundsätzen schlechthin zu unterwerfen, damit sie sich nicht durch Berufung auf öffentlich-rechtliche Vorschriften der Kommunalgesetze der Haftung für Wechselschulden entziehen können. Diese, vielfach nur unklar hervortretenden Wünsche, müssen bei der rechtlichen Betrachtung der Vertretungsfrage ausscheiden; es kann sich hier nur darum handeln, die reine Rechtsfrage zu erörtern, was natürlich nicht ausschließt, daß man sich die wirtschaftlichen Konsequenzen der Entscheidungen vergegenwärtigt.

2. Der Ausgangspunkt der Entwicklung wie der Betrachtung des geltenden Rechts ist das Preußische Sparkassen-Reglement vom 12. Dez. 1838. Dort heißt es:

17. Unter Beobachtung der in diesem Reglement aufgestellten Grundsätze soll für jede Sparkasse ein vollständiges Statut errichtet, in solches auch aus obigen Bestimmungen dasjenige, was des Zusammenhanges wegen erforderlich ist, aufgenommen und mit der Bestätigung des Oberpräsidenten jedem Sparkassenbuche vorgedruckt werden.

18. In jedem Statute sind auch wegen der Verwaltung der Sparkasse, wegen der dabei zu beschäftigenden Personen, ihrer Anstellung und der von ihnen zu leistenden Kautionen, wegen des Ortes, an welchem die Sparkasse sich befindet, und wegen der Tage und Stunden, an welchen die Ein-

[1]) Vgl. E. Heymann, Kontokorrentgeschäfte der deutschen Sparkassen, S. 5ff., Berlin 1929 und dazu das zustimmende Gutachten des Reichsfinanzhofs Bd. 13 S. 342 vom 12. Nov. 1926. — Eberstadt, Öffentl. Hand im Bankgewerbe (Bank.-Tag 1928).

zahlung und Rückzahlung stattfindet, die erforderlichen Bestimmungen aufzunehmen ...

Auf Grund dieser Bestimmungen haben die Kommunen, welche Sparkassen errichteten, für diese als Kommunalinstitute die nötigen Satzungen erlassen. Dabei hat in neuerer Zeit meist die Mustersatzung der Sparkassen zugrunde gelegen, welche auf Grund eines Erlasses des Ministers des Innern vom 27. Jan. 1922 umgebildet worden ist und welche für die Vertretung bestimmte:

§ 4. Der Vorstand hat die Eigenschaft einer öffentlichen Behörde. Er vertritt die Sparkasse gerichtlich und außergerichtlich. Öffentliche Urkunden, durch welche die Sparkasse verpflichtet werden soll, müssen vom Vorsitzenden oder seinem Stellvertreter und einem zweiten Vorstandsmitgliede vollzogen und mit dem Stempel der Sparkasse versehen sein. Quittungen der Sparkasse sind gültig, wenn sie von zwei vom Vorstande dazu bestimmten Beamten oder Angestellten der Sparkasse gemeinschaftlich vollzogen sind. Die Namen dieser Beamten oder Angestellten sind durch Aushang im Kassenraum bekanntzumachen.

Diese Mustersatzung war während der Verhandlungen über die Neuformulierung, welche wegen der hier erörterten Fragen nötig erschien, provisorisch abgeändert worden und wurde von Cremer in seinem Leitfaden für Sparkassen 1926 mit folgender Fassung veröffentlicht:

1. Die Sparkasse verpflichtende Urkunden, insbesondere Urkunden in Grundstücks- und Grundbuchangelegenheiten, Vollmachten und Bürgschaftserklärungen (§ 22c), müssen von dem Vorsitzenden des Vorstandes und dem Leiter der Sparkasse oder ihren Stellvertretern vollzogen und mit dem Sparkassenstempel versehen werden.
2. Unterschriften auf Wechseln, Schecks, Anweisungen, Ausweisen, Quittungen, Bescheinigungen, Schriftstücken über Geschäfte nach § 22 (ausgenommen Bürgschaftsübernahmen, vgl. § 11 Ziffer 1), sowie Eintragungen in den Sparbüchern müssen von zwei vom Vorstande dazu bestellten Beamten oder Angestellten vollzogen werden.
3. Die Unterschriften nach Ziffer 1 stehen unter der Überschrift: „Der Vorstand der ... Sparkasse zu ...", die nach Ziffer 2 unter der Überschrift: „... Sparkasse zu ...".

Die bereits erwähnte, durch Runderlaß des Ministeriums des Innern vom 26. Juli 1927 dann veröffentlichte, jetzt gültige Mustersatzung bestimmt dagegen in ihrem § 11:

1. Für Urkunden, welche die Sparkasse verpflichten, sowie für sämtliche Urkunden in Grundstücks- und Grundbuchangelegenheiten, Vollmachten und Bürgschaftserklärungen genügt unbeschadet der Bestimmungen des folgenden Satzes die Unterschrift des Vorsitzenden des Vorstandes oder seines Stellvertreters gemeinsam mit der des Leiters der Sparkasse oder seines Stellvertreters unter Beifügung des Siegels der Sparkasse. Auf Wechseln, Schecks, Akkreditiven, Anweisungen, Ausweisen, Quittungen, Bescheinigungen, Schriftstücken über Geschäfte[2]) nach §§ 22 u. 34 sowie bei Eintragungen in den Sparbüchern (§ 14) genügen die Unterschriften von zwei vom Vorstand bestellten Beamten oder Angestellten.
2. Urkunden, die den vorstehenden Formvorschriften genügen, sind für die

[2]) In der Mustersatzung steht: Geschäfte nach §§ 22 u. 33; jedoch ist 33 ein Druckfehler und muß 34 heißen; berichtigt MbliV. 1928 S. 905, vgl. Simon, Sparkasse S. 27 (1929); derselbe, Das neue Sparkassenrecht, 1928, S. 132.

Sparkasse ohne Rücksicht auf die Innehaltung sonstiger satzungsmäßiger Bestimmungen im Einzelfall rechtsverbindlich.

3. Die Unterschriften nach Abs. 1 Satz 1 sollen unter der Bezeichnung „der Vorstand der ... Sparkasse zu ...“, die Unterschriften nach Abs. 1 Satz 2 unter der Bezeichnung „die ... Sparkasse zu ...“ erfolgen.
4. Namen und Unterschriften der nach Abs. 1 Zeichnungsberechtigten sind durch Anschlag im Kassenraum bekanntzugeben.
5. Die Berechtigung, Urkunden und Unterschriften nach Abs. 1 zu vollziehen, wird erforderlichenfalls durch den Vorsitzenden des Verwaltungsorgans des Gewährverbandes bescheinigt.

Diesen und ähnlichen Satzungsbestimmungen aber stehen die in der Zeit nach dem Sparkassenreglement von 1838 entstandenen Vertretungsvorschriften der Kommunalgesetze gegenüber. Sie regeln die Vertretung der Kommunen selbst, aber treffen damit grundsätzlich auch die Vertretung der kommunalen Deputationen und Institute. Die Regelung ist in den verschiedenen Gesetzen etwas verschieden. Es kommt hauptsächlich die Östliche Kreisordnung und die Östliche Städteordnung Preußens in Betracht. Die Kreisordnung für die östlichen Provinzen (1872), jetzt vom 11. März 1881 (GS. 155), bestimmt in § 137, daß der Landrat den Kreisausschuß vertritt, den Schriftwechsel führt und alle Schriftstücke namens des Ausschusses zeichnet. Es heißt dann weiter (§ 137^3):

> Urkunden über Rechtsgeschäfte, welche den Kreis gegen Dritte verbinden sollen, ingleichen Vollmachten, müssen unter Anführung des betreffenden Beschlusses des Kreistages beziehungsweise Kreisausschusses von dem Landrate und zwei Mitgliedern des Kreisausschusses, beziehungsweise der mit der Angelegenheit betrauten Kommission unterschrieben und mit dem Siegel des Landrats versehen sein.

Die gleichen Bestimmungen enthalten die Kreisordnungen für Hannover v. 6. Mai 1884 (GS. 181) § 92, Hessen-Nassau v. 7. Juni 1885 (GS. 113) § 94, Westfalen v. 31. Juli 1886 (GS. 217) § 81, Rheinprovinz v. 30. Mai 1887 (GS. 209) § 81, Schleswig-Holstein v. 26. Mai 1888 (GS. 189) § 124.

Ferner bestimmt die Städteordnung für die östlichen Provinzen Preußens v. 30. Mai 1853 (GS. 261) in § 56 Nr. 8, daß der Magistrat die Aufgabe hat:

> die Stadtgemeinde nach außen zu vertreten und namens derselben mit Behörden und Privatpersonen zu verhandeln, den Schriftwechsel zu führen und die Gemeindeurkunden in der Urschrift zu vollziehen. Die Ausfertigungen der Urkunden werden namens der Stadtgemeinde von dem Bürgermeister oder seinem Stellvertreter gültig unterzeichnet; werden in denselben Verpflichtungen der Stadtgemeinde übernommen, so muß noch die Unterschrift eines Magistratsmitgliedes hinzukommen; in Fällen, wo die Genehmigung der Aufsichtsbehörde erforderlich ist, muß dieselbe in beglaubigter Form der gedachten Ausfertigung beigefügt werden.

Dieselben Vorschriften finden sich in der Westfälischen Städteordnung v. 19. März 1856 (GS. 237) § 56 Nr. 8, in dem Gemeindeverfassungsgesetz für Frankfurt a. M. v. 25. März 1867 (GS. 401) § 63 Nr. 8, der Schleswig-Holsteinischen Städteordnung v. 14. April 1869 (GS. 589) § 60 Nr. 7, der Hessen-Nassauischen Städteordnung v. 4. Aug. 1897 (GS. 254) § 61 Nr. 8.

Dagegen heißt es abweichend in der Rheinischen Städteordnung v. 15. Mai 1856 § 53 Nr. 8, der Bürgermeister „als Ortsobrigkeit und Gemeindeverwaltungsbehörde“ habe

> die Stadtgemeinde nach außen zu vertreten und namentlich mit Behörden und Privatpersonen zu verhandeln, den Schriftwechsel zu führen und die

Gemeindeurkunden in der Urschrift zu vollziehen. Die Ausfertigungen der Urkunden werden namens der Stadtgemeinde von dem Bürgermeister oder seinem Stellvertreter gültig unterzeichnet; in Fällen, wo die Genehmigung der Aufsichtsbehörde erforderlich ist, muß dieselbe in beglaubigter Form der gedachten Ausfertigung beigefügt werden.

Abweichend auch die aus hannöverscher Zeit stammende Hannöversche Städteordnung v. 24. Juni 1858 (Hann. GS. 141 ff.) § 71: Alle Gemeindeurkunden werden von ihm (sc. dem Magistrat) allein ausgefertigt ... § 74: ... Von ihm (sc. dem Bürgermeister) werden alle Ausfertigungen des Magistrats unterzeichnet.

Weiterhin bestimmt die Östliche Landgemeindeordnung v. 3. Juli 1891 § 88 Nr. 7, daß der Gemeindevorsteher die Gemeinde nach außen vertritt und namens derselben mit Behörden und Privatpersonen verhandelt.

Urkunden über Rechtsgeschäfte, welche die Gemeinde gegen Dritte verbinden sollen, ingleichen Vollmachten, müssen unter Anführung des betreffenden Gemeindebeschlusses und der dazu etwa erforderlichen Genehmigung oder Entschließung der zuständigen Aufsichtsbehörde im Namen der Gemeinde von dem Gemeindevorsteher und einem der Schöffen unterschrieben und mit dem Gemeindesiegel versehen sein. Eine den vorstehenden Bestimmungen gemäß ausgestellte Vollmacht ist auch dann ausreichend, wenn die Gesetze sonst eine gerichtliche oder Notariatsvollmacht erfordern" (etc.).

Ebenso Hessen-Nassauische Landgemeindeordnung v. 4. Aug. 1897 (GS. 301) § 59 Nr. 7 (der Gemeindevorsteher heißt Bürgermeister).

Entsprechend heißt es in der Rheinischen Landgemeindeordnung v. 23. Juli 1845 (GS. 523) § 102:

Urkunden, welche die Gemeinde verbinden sollen, müssen namens derselben vom Bürgermeister und Vorsteher unterschrieben werden; die Beschlüsse des Gemeinderats und die Genehmigung der Staatsbehörden sind in den geeigneten Fällen der Urkunde in beglaubigter Form beizufügen (§ 66).

Ebenso sagt die Westfälische Landgemeindeordnung v. 19. März 1856 (GS. 265) § 65:

Urkunden, durch welche die Gemeinde verpflichtet werden soll, ingleichen Prozeßvollmachten, müssen von dem Amtmann und dem Gemeindevorsteher vollzogen werden. Die Genehmigung der Aufsichtsbehörde ist in denjenigen Fällen, in welchen solche gesetzlich notwendig ist, in beglaubigter Form beizufügen. Ist der Amtmann zugleich Gemeindevorsteher, so muß statt des letzteren der Stellvertreter unterzeichnen.

Dagegen genügt nach der Schleswig-Holsteinischen Landgemeindeordnung v. 4. Juli 1892 (GS. 147) § 88 die Unterschrift durch den Gemeindevorsteher allein unter Beifügung des Siegels, und zwar auch für Vollmachten. Der Gemeindebeschluß und die etwa erforderliche Genehmigung der Aufsichtsbehörde müssen angeführt werden. Die aus hannöverscher Zeit stammende Hannöversche Landgemeindeordnung v. 28. April 1859 (Hann. GS. 393) enthält eine entsprechende Bestimmung nicht, sondern bestimmt nur, daß die Verwaltung „durch den Vorsteher geschieht" (§ 40).

Von den hier weniger interessierenden preußischen Provinzialordnungen bestimmt diejenige für die östlichen Provinzen v. 29. Juni 1875, neu gefaßt 22. März 1881 (GS. 234) § 91:

Urkunden, mittels deren der Provinzialverband Verpflichtungen übernimmt, müssen unter Anführung des betreffenden Beschlusses des Provinziallandtages beziehungsweise des Provinzialausschusses von dem Landesdirektor (Landeshauptmann) und von zwei Mitgliedern des Provinzialausschusses unterschrieben und mit dem Amtssiegel des Landesdirektors versehen sein. In denjenigen Fällen, in denen es der Genehmigung der Staatsbehörde bedarf, ist dieselbe der Ausfertigung in beglaubigter Form beizufügen.

Dem Provinziallandtage bleibt es vorbehalten, für einzelne Verwaltungszweige und Anstalten in betreff der Vollziehung von Urkunden und Vollmachten zur Vereinfachung der Geschäfte anderweite statutarische Bestimmungen zu treffen.

Im wesentlichen übereinstimmend die Provinzialordnungen (§ 91) für Westfalen v. 1. April 1886 (GS. 256), Rheinprovinz v. 1. Juli 1887 (GS. 252), Schleswig-Holstein v. 27. Mai 1888 (GS. 194), Hannover v. 7. Mai 1884 (GS. 243), Hessen-Nassau v. 8. Juli 1885 (GS. 247).

Ähnliche Bestimmungen finden sich in den kirchlichen Gesetzen[3]).

3. Es handelt sich um die Frage, ob alle diese Vertretungsbestimmungen für die Kommunalverbände, wenn sie als sog. Gewährverbände der Sparkasse auftreten, auch in Ansehung der Sparkassenverwaltung und insbesondere ihrer Wechselverpflichtungen gelten, ob ihnen gegenüber abweichende Satzungsbestimmungen der Sparkassen Gültigkeit haben und ob die allgemeinen bürgerlich-rechtlichen und besonders die handelsrechtlichen Vorschriften über ausdrücklich und stillschweigend erklärte Vollmachten ihnen gegenüber zur Anwendung zu kommen haben oder nicht.

Das Reichsgericht hat in einer Entscheidung des I. Zivilsenats v. 23. Nov. 1901 (50, 23ff.) sich auf den Standpunkt gestellt, daß für die Indossierung eines Wechsels durch eine Landgemeinde die Erfüllung der Erfordernisse des § 88 (Abs. 4 Nr. 7 u. Abs. 2) der Landgemeindeordnung nicht erforderlich sei, daß insbesondere die Anführung des Gemeindebeschlusses und das Siegel wie auch die Mitunterschriften der Schöffen fehlen können, weil sich die Form der Indossierung lediglich nach der Wechselordnung richte und diese einfache Schriftlichkeit vorschreibt, der Gemeindevorsteher als solcher aber die Gemeinde zu vertreten in der Lage sei. Danach sollte also die reichsrechtliche Vorschrift der Wechselordnung die Anwendung der Formvorschriften der Landgemeindeordnung ausschließen. Indessen hat der III. Senat des Reichsgerichts in einer Entsch. v. 2. Juni 1905 (JW. 1905 S. 446) den allgemeinen Satz aufgestellt, daß eine Landgemeinde sich rechtsgeschäftlich überhaupt nur in der Form des § 88 der Landgemeindeordnung verpflichten könne; das Gesetz habe durch diese Vorschrift ebenso wie durch die entsprechende Vorschrift der Östlichen Städteordnung „schützende Formen aufgestellt", durch deren Innehaltung die Überschreitung der Vertretungsbefugnis des Gemeindevorstehers verhindert werden sollte und deren Erfüllung jeder Dritte nachprüfen könne, derart, daß es insbesondere nicht auf das wirkliche Vorhandensein des angeführ-

[3]) So in dem Gesetz über die Vermögensverwaltung der katholischen Kirchengemeinden v. 20. Juni 1875 § 19, jetzt v. 24. Juli 1924 (GS. S. 585) § 14; Evangelische Kirchengemeinde- und Synodalordnung v. 10. Sept. 1873 § 22, für Hannover v. 12. April 1882 § 27, für Schleswig-Holstein v. 4. Nov. 1876 § 36, für Wiesbaden v. 4. Juli 1877 § 26, für Kassel v. 16. Dez. 1885 § 15, für Hohenzollern v. 1. März 1897 § 21, für Frankfurt a. M. v. 27. Sept. 1899 § 13; Kirchengesetz für Westfalen über schriftliche Willenserklärungen v. 8. Juni 1821 § 2; jetzt: Verf. der altpreußischen Kirche v. 29. Sept. 1922 § 35; Kirchenordnung für Westfalen und Rheinprovinz v. 16. Nov. 1923 §§ 30, 48 Abs. 3; Vf. für Hannover v. 20. Dez. 1922 § 88, Kirchengemeindeordnung für Hannover v. 20. Dez. 1922 § 34; Ev.-ref. Verf. für Hannover v. 24. Sept. 1922 §§ 30, 75, 97, für Schleswig-Holstein v. 20. Sept. 1922 §§ 45, 97, 149, für Hessen-Kassel v. 17. Febr. 1923 §§ 23, 117, für Nassau v. 5. Dez. 1922 §§ 33, 136, für Frankfurt a. M. v. 12. Jan. 1923 §§ 29, 64.

ten Beschlusses ankommt. Zu diesen Grundsätzen hat der II. Zivilsenat am 4. Dez. 1906 (RG. 64, 409) in einer eingehenden Entscheidung sich bekannt, ohne trotz des Vorliegens der ersterwähnten Entscheidung (50, 23ff.) eine Plenarentscheidung herbeizuführen, weil (S. 414) es sich dort um den besonderen Fall der Wechselordnung handelte[4]). Von da an hat das Reichsgericht wiederholt den Grundsatz der Geltung der Kommunalgesetze für die Verpflichtungserklärungen der Sparkassen seinen Entscheidungen zugrunde gelegt. Am 20. Dez. 1907 hat der VII. Zivilsenat (67, 269) sich die Gründe des II. Senats (64, 414) vollkommen angeeignet, und zwar mit Bezug auf die Unterzeichung eines Jagdpachtvertrags einer Landgemeinde. Den Fall des Jagdpachtvertrags betrifft auch eine Entscheidung desselben Senats v. 22. Mai 1908 (68, 407), wobei betont wird, daß die Formen der Kommunalgesetze nur auf der Seite der Gemeinde, nicht auch des Vertragsgegners innegehalten zu werden brauchen, daß die Urkunde aber in die Verfügung des Vertragsgegners gelangt sein muß. Ebenfalls der VII. Senat hielt am 1. März 1910 (73, 73) den Grundsatz des Formerfordernisses der Kommunalgesetze anläßlich eines Vertrages zwischen den Gemeinden Berlin und Reinickendorf über das Gasrohrnetz aufrecht, schränkte ihn aber dadurch ein, daß er die Anführung des Gemeindebeschlusses trotz § 88 der Östlichen Landgemeindeordnung auf Seite Reinickendorfs nicht für wesentlich erklärte, weil die Anführung des Beschlusses nicht eine „reine und strenge Formalvorschrift" sei, sondern „eine sachliche Bedeutung" habe, so daß statt der Anführung auch die Mitteilung des Beschlusses durch den Gemeindevorsteher an den Vertragsgegner vor Abschluß des Vertrages genüge. Am 6. April 1910 (73, 205) wiederholte der V. Senat das Grundprinzip und führte aus, daß bei einem Vertrag einer Landgemeinde mit einer Terraingesellschaft, in dem die erstere Verpflichtungen übernahm, das Fehlen des Gemeindesiegels den Vertragschluß (trotz § 40 ALR. I 3) nichtig mache, auch dem gegenüber Berufung auf Treu und Glauben (§§ 242, 157 BGB.) bedeutungslos sei, weil sonst die Formvorschriften des Kommunalgesetzes vereitelt würden. Der VII. Senat und ebenso der III. Senat schlossen sich 1912 (JW. 1912 S. 96 Nr. 53 und PrVBl. 34, 263) dem Grundprinzip, daß die Kommunalgesetze bei allen Verpflichtungserklärungen anzuwenden seien, an, und zwar lagen auch hier nicht wechselrechtliche Fälle vor; beidemal aber wurde betont, daß es sich nicht um reine Formvorschriften handle und daß nicht nur urkundlich zu errichtende Geschäfte in Frage kommen. Auch in seiner Entscheidung vom 7. Mai 1910 (GruchotsBeitr. 55, 388) stellte sich der I. Senat auf den gleichen Standpunkt, forderte insbesondere die Beifügung des Gemeindesiegels und begnügte sich mit der nach außen erfolgten Kundbarmachung des Gemeindebeschlusses in korrekter Form vor Abschluß eines notariellen verpflichtenten Vertrags. Derselbe Senat betonte am 24. Febr. 1917 (89, 433) dasselbe Prinzip und erklärte neben der dem Kommunalgesetze entsprechenden Auflassungsvollmacht eine besondere, ebenso formgerechte Vollmacht für die Übernahme von Verbindlichkeiten aus einem Kaufvertrage für erforderlich, forderte vor allem die kommunalrechtlichen Formen auch für die Verpflichtungserklärungen einer städtischen Deputation und bemerkte, daß dahingestellt bleiben solle, ob ein in corpore gefaßter Beschluß des Magistrats die kommunalrechtliche Form ersetze, daß aber ein solcher Beschluß als bloßes Internum jedenfalls keine Wirkung habe, sondern kundgetan werden müsse.

---

[4]) Dieses Argument wiederholt der V. Senat am 6. April 1910 (73, 206).

Während noch ein Urteil des VI. Senats v. 24. Nov. 1925 (JW. 1926 S. 1450) das Grundprinzip annahm, aber die Auffassung des I. Senats v. 23. Nov. 1901 (50, 23; s. oben S. 292) unangefochten ließ, daß die Formvorschriften der Kommunalgesetze sich auf Wechselverpflichtungen nicht beziehen, weil das Wechselrecht (im Sinne der Entscheidung des II. Senats, 64, 414) vorgehe, trat dann in einer grundlegenden Entscheidung des II. Senats v. 7. Dez. 1926 (RG. 115, 313 = JW. 1927 S. 779) die Wendung ein, daß das Reichsgericht die Vorschriften der Kommunalgesetze auch auf Wechselverpfichtungen für anwendbar erklärte. Eine Plenarentscheidung wurde unterlassen, weil der I. Senat erklärt hatte, daß er seine gegenteilige Ansicht (50, 23) nicht mehr aufrechterhalte (115, 314). Die Entscheidung des II. Senats, in einem der bekannten Liebenwerdaer Wechselprozesse ergangen, stellte zugleich fest, daß ein Gewohnheitsrecht im Sinne der Auffassung des I. Senats von der Nichtanwendbarkeit der Kommunalgesetze auf Wechselverpflichtungen sich bisher nicht gebildet habe, weil die allgemeinen Ausführungen der hier vorerwähnten Entscheidungen und eine Anzahl von Äußerungen des Schrifttums (Mansfeld, Staub, Genzmer) entgegenständen. Ferner erkannte das Urteil an, daß laufende Geschäfte nach bisgeriger Judikatur des Reichsgerichts (104, 205; JW. 1912 S. 96 u. 925) nicht unter die Vorschriften der Kommunalgesetze fallen, und ließ die Frage offen, ob Kaufmannseigenschaft der Sparkasse vorliege und deshalb etwa bei den fraglichen Wechselgeschäften ohne Rücksicht auf die Höhe der Beträge laufende Geschäfte vorlagen. Ebenso unterließ das Urteil eine Entscheidung darüber, ob etwa stillschweigende Vollmachterteilung, insbesondere durch Aushang der Namen zweier zeichnungsfähigen Beamten gegeben sei. So kommt der Senat zur Ablehnung einer Haftung des Kreises für die Wechselerklärungen. Der II. Senat wiederholte in einer Entscheidung v. 11. Febr. 1927 (JW. 1927 S. 1251; vgl. S. 1471 u. 2214, irrtümlich in der JW. als von 1926 bezeichnet) den Grundsatz, daß die Kommunalgesetze für Wechselverpflichtungen anwendbar seien, weil sie nicht bloße Formvorschriften, sondern eine Beschränkung der Verfügungsmacht der kommunalen Organe enthielten. Denselben Standpunkt nahm es in den weiteren beiden Liebenwerdaer Urteilen v. 1. März 1927 (116 S. 227 u. 247) ein, die sich in der Hauptsache mit der Kaufmannseigenschaft der Sparkassen, der Möglichkeit stillschweigender Vollmacht und dem Begriff der laufenden Geschäfte befassen. Eingehend wiederholt der II. Senat fast alle seine Grundgedanken dann in der Entscheidung v. 30. Sept. 1927 (LZ. 1928 S. 56); in einem Urteil v. 26. Okt. 1928 (122, 175; JW. 1929 S. 1132) wiederholte er sie in anderem Zusammenhange für Wechselverpflichtungen. Das Prinzip wiederholt der Senat auch in den Entscheidungen v. 20. Nov. 1928 (JW. 1929 S. 1002) und v. 23. Nov. 1928 (JW. 1929 S. 1134 = 122, 351, etwas veränderte Form), welche in der Hauptsache Einzelfolgerungen behandeln.

Die Auffassung des Reichsgerichts hat vielfach Widerspruch erfahren. Insbesondere sind die Oberlandesgerichte und Landgerichte oft anderer Meinung gewesen, und das hat zu immer neuer Feststellung des Grundprinzips durch das Reichsgericht geführt. Besonders aus der Verwaltung und von verwaltungsrechtlicher Seite her sind Bedenken geäußert worden, die auf die Undurchführbarkeit des Systems in den Einzelanwendungen sich stützten. Es wurde immer wieder geltend gemacht, daß die Kommunen gar nicht in der Lage seien, alle ihre Verpflichtungserklärungen in den strengen Formen der Kommunalgesetze abzugeben, weil sonst eine Durchführung der Verwaltung unmöglich sei und insbesondere der leitende Beamte wie der Oberbürgermeister und Landrat den ganzen Tag nichts zu tun hätte, als Verpflichtungsurkunden auszustellen, und daß jede vernunftgemäße Dezentralisation dadurch unmöglich werde; die Deputationen und die Einzelbeamten müßten Erklärungen bindend abgeben können, insbesondere auch da, wo das bürgerliche und Handelsrecht formlose Erklärungen genügen lassen; diese Erwägungen kommen natürlich gerade auch für die Sparkassen in Betracht. Das Reichsgericht hatte — worauf sogleich näher zu kommen ist — dem zu genügen gesucht, indem es im Anschluß an die Kommunalgesetze die „laufenden Geschäfte" von den strengen Vorschriften ausnahm (vgl. RG. in JW. 1912 S. 96 u. 925; PrVBl. 34, 263; RG. 104, 206; 115, 316; 116, 253; JW. 1926 S. 1450; LZ. 1928 S. 57, wo auch ungedruckte Urteile angegeben sind). Indessen hielt man dies für die Bedürfnisse der Verwaltung nicht für ausreichend. Besonders Helfritz in seinem Buche über die Vertretung der Städte und Landgemeinden nach Außen in dem Gemeinderecht der östlichen Provinzen Preußens, 1916, wendete sich gegen das Reichsgericht unter eingehender Würdigung seiner Gründe; auch andere Schriftsteller erhoben Bedenken, unter denen von Verwaltungsrechtslehrern besonders Stier-Somlo (Handbuch des kommunalen Verfassungsrechts in Preußen S. 121 [1928]) und Genzmer (Landgemeindeordnung zu § 88) zu nennen sind. Das Preußische Oberverwaltungsgericht (70, 263ff.) stellte sich im Anschluß besonders an Helfritz auf den Standpunkt, daß die Formvorschriften der Kommunalgesetze nur dann Bedeutung haben, wenn über die Verpflichtung der Kommunen Urkunden ausgestellt werden; daß aber aus dem Wortlaut und dem Sinne der Bestimmungen nicht zu entnehmen sei, die Gemeinden könnten sich überhaupt nur in jener Form verpflichten. Das Reichsgericht hat sich durch diese Darlegungen in seiner Haltung, wie sich aus den obenerwähnten späteren Entscheidungen ergibt, nur wenig beeinflussen lassen. Auf der anderen Seite fand die Auffassung des Reichsgerichts die Zustimmung von Simonson (BankA. 27, 205ff. [1928]), der aber darüber hinausgehend die Zulässigkeit von abweichenden Statutenbestimmungen der Sparkassen bezweifelte. Hierdurch fühlten sich begreiflicherweise die Sparkassen beunruhigt, da dadurch die Gültigkeit der Mustersatzung in Ansehung der Vertretungsverhältnisse in Zweifel gezogen war. Unter zahlreichen Meinungsäußerungen, welche hierauf im Sinne der Gültigkeit abweichender Statutarbestimmungen ergingen, sind besonders die Ausführungen von L. Simon, Das neue Sparkassenrecht 1928 S. 125ff., von P. Mitzlaff, Sparkasse, Zeitschrift für das Sparkassen- und kommunale Bankwesen 48, 233ff., 259ff. (1928) und von Peters, Reichsverwaltungsblatt 50, 407ff. (1929) hervorzuheben. Zu alledem kommen zahlreiche Äußerungen über die in Betracht kommenden Fragen, namentlich im Reichsverwaltungsblatt, im Bankarchiv, in der Sparkasse sowie in einer großen Reihe von Noten zu den hierhergehörigen Entscheidungen in der Juristischen Wochenschrift[5]).

Im folgenden soll es versucht werden, der Frage an der Hand der Reichs-

---

[5]) Vgl. aus neuester Zeit insbesondere Bonnem, Sparkasse 1925 S. 201, 268; Knopp, PrVBl. 46, 265 (1925); Citron, Sparkasse 1925 S. 172; Löwe, JW. 1926 S. 1450; Korn, Sparkasse 1926 S. 216; Bernstein, JW. 1927 S. 1471; Bonnem, JW. 1927 S. 2214, 2215; Stoll, JW. 1925 S. 2118; Citron, Sparkasse 1927 S. 133; Staege, JW. 1927 S. 2998; Titze, JW. 1927 S. 2417; Henle, JW. 1928 S. 1813; Friedrich, JW. 1928 S. 2433; Korn, PrVBl. 49, 568 (1928); Karger und Cremer, BankArch. 27, 274 (1928); L. Simon, Sparkasse 1928 Nr. 2 und 1929 Nr. 25; Helfritz, JW. 1929 S. 1134; Brandis, JW. 1929 S. 1002 sowie die sonst im folgenden angeführten Schriftsteller.

gerichtsjudikatur nachzugehen. Dabei wird, wie schon erwähnt, im Interesse einfacher Fragestellung und wegen der besonderen praktischen Wichtigkeit die Wechselzeichnung zum Hauptpunkt der Betrachtung gewählt, aber die sonstigen Rechtsgeschäfte werden im Anschluß daran mitbehandelt.

II.

1. Zunächst ist hier zu prüfen, ob und wieweit für die Sparkassen die Bestimmungen der Kommunalgesetze, auch gegenüber der neueren Gesetzgebung gelten und insbesondere welchen Einschränkungen sie unterliegen.

Die oben angeführten Bestimmungen der Kommunalgesetze bestimmen Formen für die Verpflichtungserklärungen der Kommunalverbände, und man muß, wenn man den Wortlaut ansieht, dem Preußischen Oberverwaltungsgericht dahin beipflichten, daß sie danach nur Fälle betreffen, in denen sei es wegen gesetzlichen Zwanges oder — was nicht uneingeschränkt gilt — freiwillig gerade Urkunden ausgestellt werden. Es heißt in § 137 der Kreisordnung von 1872 bzw. 1881: Urkunden, welche den Kreis gegen Dritte verbinden sollen, ... müssen ... vom Landrat und zwei Mitgliedern des Kreisausschusses ... unterschrieben sein; entsprechend ist schon in der Östlichen Städteordnung von 1853 § 56 Nr. 8 nur davon die Rede, daß „der Magistrat ... die Gemeindeurkunden ... zu vollziehen hat" und es folgt die nähere Angabe der Form; ganz ebenso formuliert aber auch die Rheinische Städteordnung von 1856 § 53 Nr. 8; die Östliche Landgemeindeordnung von 1891, die Westfälische von 1856 und schon die Rheinische von 1845 haben einen der Kreisordnung von 1872 ganz ähnlichen Wortlaut, und im wesentlichen ebenso lauten auch die Provinzialordnungen (s. oben). Wer das unbefangen liest, kann darin nicht ohne weiteres eine Anordnung finden, daß Gemeinden sich überhaupt nur schriftlich verpflichten können. Es kommt dazu, daß, wie in der Literatur vielfach hervorgehoben worden ist, dieser Satz unbeschränkt zu geradezu grotesken Ergebnissen führen müßte[6]) und daß nicht angenommen werden kann, daß der Gesetzgeber ihn immer und immer wieder in dieser uneingeschränkten Form ausgesprochen habe, wenn doch ganz allgemein in der Praxis der Kommunen schwere Bedenken entgegengehalten wurden und der Satz als uneingeschränkter niemals befolgt worden ist, wie denn schließlich ja auch vom Reichsgericht selbst die Unvermeidlichkeit einer Einschränkung anerkannt wurde. Das Reichsgericht hat sich denn auch — wie Helfritz (Vertretung S. 15) hervorhebt — in seiner ersten Entscheidung, welche die Anwendbarkeit des kommunalrechtlichen Satzes auf jederlei Verpflichtungserklärungen der Kommune ausspricht (2. Juni 1905, JW. 1905 S. 746), keineswegs auf die Fassung des Gesetzes zu stützen vermocht, sondern hat aus dem Zwecke deduziert. Es betont und hat dies immer wieder hervorgehoben, daß durch die strenge ausnahmslose Einhaltung der Form die nötige Sicherung erreicht wird, so daß dadurch die jedesmalige Nachprüfung des ordnungsmäßigen Vorliegens der zugrunde liegenden Rechtsakte, insbesondere der Beschlüsse der kommunalen Körperschaften erspart wird. Es ist sehr fraglich, ob diese Überlegung für die sämtlichen Kommunalgesetze von vornherein zutraf. Denn es muß sich der Gesetzgeber von Anfang an ja auch gesagt haben, was das Oberverwaltungsgericht betont, daß die restlose Anwendung auf alle und jedes Rechts-

---

[6]) Vgl. neuestens Stier-Somlo, Handbuch des kommunalen Verfassungsrechts I S. 121 (1928) mit besonderem Hinweis auf die Zwangsversteigerung.

geschäfte praktisch für die Kommunen undurchführbar ist und daß dadurch gerade wieder Unsicherheiten schlimmer Art entstehen müssen. Indessen wird man die Ansicht des Reichsgerichts für das heutige Recht auf Grund einer geschichtlichen Erwägung rechtfertigen können. Die kommunalrechtlichen Formvorschriften sind aus dem Gebiete des preußischen Allgemeinen Landrechts heraus entstanden. Schon die Steinsche Städteordnung v. 19. Nov. 1808 enthält in § 134 die Bestimmung:

> Berichte, Urkunden und Instruktionen werden außer dem Vorsteher und Protokollführer von drei anderen Mitgliedern, die übrigen Ausfertigungen und alle Beglaubigungen aber bloß von jenem unterschrieben. Urkunden werden jedesmal besiegelt.

Es handelt sich um den Vorsteher und Protokollführer der Stadtverordnetenversammlung, die aus deren Mitte auf ein Jahr gewählt wurden. Die Stadtverordnetenversammlung führte nach der Ordnung von 1808 die Verwaltung, die erst später mehr und mehr in die Hände des Magistrats glitt. Übrigens mußten Spezialvollmachten für Bevollmächtigte der Stadtverordnetenversammlung vom Vorsteher und sogar sechs Mitgliedern vollzogen, gesiegelt und vom Magistrat durch ein Zeugnis bestätigt werden (§ 133). Diese Sätze finden sich, auf den Magistrat zugeschnitten, dann in der Revidierten Städteordnung v. 17. März 1831 § 127 in der Form, daß „Urkunden, welche die Stadtgemeinde verbinden sollen, vom Magistrat ausgestellt und vom Bürgermeister oder Oberbürgermeister unterschrieben werden", es muß in Angelegenheiten des Stadthaushalts ihnen der Genehmigungsbeschluß der Stadtverordnetenversammlung beigefügt werden, evtl. auch die beglaubigte Bestätigung der Regierung. Aus diesen Grundsätzen ist dann der jetzt noch geltende § 56 Nr. 8 der Östlichen Städteordnung entwickelt, indem man neben dem Bürgermeister ein zweites Magistratsmitglied, in offensichtlicher Anlehnung an die Grundgedanken der Städteordnung von 1808, hinzuzog und im übrigen die alte, jetzt bekanntlich schwer verständliche Unterscheidung zwischen Vollziehung der Urschrift und der Ausfertigung der Gemeindeurkunden beibehielt sowie die Notwendigkeit der Beifügung einer etwa nötigen Bestätigung der Aufsichtsbehörde. Diese Vorschriften sind dann in den verschiedenen Gesetzen, wie das oben Mitgeteilte ergibt, etwas variiert. Sie erscheinen in offenbarer Anlehnung an die altpreußische Gesetzgebung auch schon in der Rheinischen Landgemeindeordnung v. 23. Juli 1845 (Bürgermeister und Vorsteher); die französische Gesetzgebung scheint sie in dieser Art nicht gehabt zu haben, der Maire unterschreibt nach Art. 12 des Gesetzes v. 12. Juli 1837 die Gemeindeurkunden allein[7]). Auch in die anderen nichtlandrechtlichen Gebietsteile Preußens gingen die Vorschriften mit Variationen über. Im landrechtlichen Gebiet mit seinen strengen Formvorschriften nun hätte man allerdings dem Wortlaut der gesetzlichen Bestimmungen entsprechend die Anwendung der kommunalen Formvorschriften auf die ohnehin schriftlich abzufassenden Verpflichtungserklärungen beschränken können, es blieben nur geringfügige Geschäfte übrig. Auch im Gebiete des französischen Rechts war das mit Rücksicht auf die dort geltenden Beweisvorschriften allenfalls möglich. Größere Schwierigkeiten aber mußten sich bei der Ausdehnung der kommunalgesetzlichen Prinzipien auf gemeinrechtliche Gebiete mit ihrer weitgehenden Formfreiheit ergeben und ganz besonders bei Einführung des

---

[7]) So noch das geltende G. v. 5. April 1884 a. 90. Nichts enthält das G. v. 28. Pluviose VIII sowie die Gemeindegesetze von 1855 und 1867.

Bürgerlichen Gesetzbuchs und dessen voller Formfreiheit sowie bei der allmählichen Entstehung handelsrechtlicher Unternehmungsformen in den Händen der Kommunalverbände. So erklärt es sich, daß das Reichsgericht im Gegensatze zum Oberverwaltungsgericht die Formvorschriften auf all und jedes Geschäft der Kommunen im Wege einer Zweckinterpretation ausgedehnt hat — allerdings gelegentlich mit einer nicht zutreffenden geschichtlichen Begründung[8]) — und daran dauernd festgehalten hat, so daß gegenüber dieser festen und angesichts des heutigen Rechtszustandes innerlich gerechtfertigten Praxis die Frage im Sinne des Reichsgerichts als erledigt gelten kann. Die Erwägung des II. Senats (4. Dez. 1906, RG. 64, 409) paßt zu der heutigen Zivilgesetzgebung durchaus, nämlich daß der Gesetzgeber doch nicht dem Gemeindevorsteher mündliche Verträge ganz uneingeschränkt überlassen konnte, während für schriftliche hohe Kautelen gegeben waren. Übrigens, für die hier in erster Linie ins Auge gefaßten Wechselerklärungen, die ja jedenfalls schriftlich sein müssen, spielt natürlich die ganze Frage überhaupt keine Rolle.

Nur kurz erwähnt sei hier, daß das Reichsgericht in fester Praxis die exceptio doli generalis gegenüber dem Einwande aus mangelnder Form für unzulässig erklärt, sie kommt nur da in Betracht, wo der Verpflichtete zur Außerachtlassung der Form geradezu verleitet hat und den Formmangel nachher doch vorschützt[9]). Dies gilt auch für alle hier folgenden Ausführungen.

Die Schwierigkeiten, welche durch unbeschränkte Anwendung der Formvorschriften auf alle, auch die nach bürgerlichem und Handelsrecht nicht notwendig schriftlichen Geschäfte entstehen mußten und die bei restloser Durchführung des Reichsgerichtssatzes zu unerträglichen Ergebnissen führen würden, hat das Reichsgericht in anderer Weise abzuschneiden gesucht, indem es, worauf sogleich zurückzukommen ist, die Geschäfte der laufenden Verwaltung freigab.

2. Vorher ist aber zunächst zu erörtern, wieweit die Formvorschriften der Kommunalgesetze, die sämtlich vor dem Inkrafttreten des Bürgerlichen Gesetzbuchs und des jetzigen Handelsgesetzbuchs bestanden und zum großen Teil schon beim Inkrafttreten des Allgemeinen Deutschen Handelsgesetzbuches und einige sogar schon bei der Einführung der Wechselordnung in Preußen bereits erlassen waren, gegenüber dieser Gesetzgebung fortdauern. Da Reichsrecht vor Landesrecht geht, würden sie ihm gegenüber nicht aufkommen können. Das Reichsgericht hat aber immer wieder betont, daß sie keine reinen Formvorschriften sind, sondern den Rahmen der Vertretungsmacht der korporativen Organe abgrenzen, daher dem öffentlichen Recht angehören, und Art. 55 EG. BGB. auf sie keine Anwendung findet, so daß sie fortgelten, weil die Regelung der öffentlichen Korporationen dem Landesrecht zusteht[10]). Diese Auffassung ist, wohl unter dem Einfluß der scharfen Kritik von Helfritz (Vertretung S. 14ff.) in neuerer Zeit immer

---

[8]) RG. 64, 412; dort wird ausgeführt, daß die Einführung der kommunalen Formprinzipien in Neuvorpommern und Schleswig-Holstein dafür spricht, daß von Anfang an der Gesetzgeber diese Ausdehnung der Form auf jederlei Geschäfte gewollt haben müsse; es ist gerade umgekehrt; aus der allmählichen Ausdehnung auf die neuen Provinzen erklärt sich die nachträgliche Ausdehnung des Satzes infolge der Veränderung des Rechtssystems.

[9]) Vgl. RG. 107, 181 und besonders Friedrichs, JW. 1928 S. 2433, Brandis, JW. 1929 S. 1004.

[10]) Vgl. RG. 115, 313 und die dort angeführten Entscheidungen: JW. 1905 S. 446; RG. 67, 269; 68, 407; 73 S. 73 u. 205; 82, 7; 83, 396; 89, 433; 104, 205; JW. 1926 S. 1450; WarnRspr. 1923/24 Nr. 157.

mehr der Bezugnahme auf die Vollmachtgrundsätze entkleidet und auf die Frage der Zuständigkeit der Organe abgestellt worden, so daß die wegen der Heranziehung der bloßen Vertretungsgrundsätze erhobenen Bedenken fortgefallen sind. Man muß ferner dem Reichsgericht (115, 314) recht geben, daß die gegenteilige Meinung des I. Senats in RG. 50, 23 gewiß nicht zum Gewohnheitsrecht erstarkt ist, weniger wegen der zum Teil widersprechenden Haltung der Literatur (Rehbein-Mansfeld, Staub-Stranz, Genzmer), sondern vor allem wegen der immer fester werdenden und immer wieder geäußerten Meinung des Reichsgerichts. Aber umgekehrt ist auch diese letztere Meinung angesichts der vielfältigen Erörterungen als Gewohnheitsrecht noch nicht anzusprechen; es genügt hierfür, auf die in der Literatur wenigstens zu Einzelheiten immer wieder geäußerten Bedenken hinzuweisen. Daher ist die Frage immerhin aufzuwerfen, ob die Auffassung der kommunalgesetzlichen Bestimmungen als Beschränkungen der Zuständigkeit der Organe berechtigt ist. Helfritz hat in eingehenden Darlegungen, gestützt auf die Organeigenschaft der nach den Kommunalgesetzen mit der Beurkundung betrauten Stellen ausgeführt, daß die Formen des öffentlichen Rechts begrifflich durchaus von denen des Privatrechts zu scheiden sind, daß die hier in Betracht kommenden Vorschriften der Kommunalgesetze die Zuständigkeit der kommunalen Organe regeln, und für die Feststellung ihrer Tätigkeit auf Grund ihrer behördlichen Zuständigkeit und in ihrer behördlichen Eigenschaft besondere Formen vorgeschrieben werden, und daß „in jedem Falle, in dem das bürgerliche Recht die Schriftlichkeit oder eine andere Form der Beurkundung verlangt, auch den Erfordernissen des öffentlichen Rechts genügt sein muß". Die Erfüllung der öffentlichen Formvorschrift ergibt somit nach außen den Charakter der Handlung als Organhandlung; bei Nichtinnehaltung der Form ist das Rechtsgeschäft für die Gemeinde belanglos (Helfritz, Vertretung S. 121). Diese Auffassung teilt z. B. nicht Schreiber (DNotV. 11, 495ff. [1911], insbesondere S. 544), der den Formen der Verwaltungsgesetze nur die Bedeutung des Beweises und gegenüber dem Gutgläubigen des Ersatzes der Legitimation der handelnden Personen zubilligen will. Indessen erscheint es doch natürlicher und auch dem Wortlaute der Kommunalgesetze entsprechend, anzunehmen, daß die urkundlichen Handlungen der Kommunalorgane an die vorgeschriebenen Formen in dem Sinne geknüpft sind, daß die öffentlich-rechtliche Wirksamkeit ihrer Urkundshandlung schlechthin von der Form abhängt. Wenngleich dies nicht mit Helfritz ohne weiteres aus dem Begriff der Zuständigkeit gefolgert werden kann, so scheint mir doch diese schlichtere Auslegung dem Zwecke der Vorschrift mehr zu entsprechen, zumal die lästige Anwendung der doppelten Form des Kommunal- und des Privatrechts durch Vorschriften wie Art. 9 des preußischen Ausführungsgesetzes zur Grundbuchordnung erspart werden kann[11]). Diese Auffassung der kommunalen Formvorschrift als eines Bestandteils der öffentlich-rechtlichen Zuständigkeitsbestimmungen rechtfertigt sich aber entscheidend gerade daraus, daß — ein Gedanke, der ja in anderer Beziehung auch in Erwägungen des Reichsgerichts hervortritt — der leitende Zweck für die Kommunalgesetze die Garantie der Rechtsgültigkeit des Aktes für Dritte in dem Sinne ist, daß sie mit O. v. Gierke (Genossenschaftstheorie S. 678f. Note 2) eine formelle Legitimation der Organpersonen bieten, welche die Nachprüfung der Legitimität des Aktes für den Dritten entbehr-

[11]) Es genügt hier im Grundbuchrecht im allgemeinen die kommunale Form. AG. z. GBO. Art. 9, vgl. auch Brand-Schnitzler, Die Grundbuchsachen §§ 52 u. 144ff.

lich[12]) und dem Kommunalverband die nachträgliche ausdrückliche oder still-schweigende Genehmigung möglich macht. Wird aber dieser Zweck durch die gesetzlichen Bestimmungen verfolgt, so bilden die Vorschriften über die Form (z. B. Siegelung, Anführung des Beschlusses) einen integrierenden Bestandteil der Zuständigkeitsbestimmungen, und es läßt sich die Frage der materiellen Zuständigkeit der Personen (Landrat und zwei Kreisausschußmitglieder usw.) nicht von der Form, in der sie urkunden müssen, trennen[13]): die kommunalrechtlichen Formen sichern nicht das privatrechtliche Rechtsgeschäft als solches, sondern sie sichern die Rechtsgeschäfte der Kommunalorgane als solcher.

Von diesem Standpunkt kommt man also dazu, daß bei allen urkundlichen Verpflichtungen der Kommunen die Formen der Kommunalgesetze voll eingehalten werden müssen, da sie als öffentlich-rechtliche durch die Vorschriften des Bürgerlichen Gesetzbuchs, des Handelsgesetzbuchs, der Wechselordnung usw. nicht aufgehoben sind. Die sonst etwa erforderlichen privatrechtlichen Formen sind außerdem zu erfüllen, soweit sie nicht besonders gesetzlich oder gewohnheitsrechtlich außer Kraft gesetzt sind. Dies stimmt im Ergebnis mit der Auffassung des Reichsgerichts überein.

Die Folge speziell für das Wechselrecht ist, mit dem Reichsgericht, daß für die kommunalen Verpflichtungserklärungen auf Wechseln die Vorschriften der Kommunalgesetze innegehalten werden müssen.

3. Es ist nun aber ganz allgemein für das Kommunalrecht wie insbesondere für den Wechselverkehr der Sparkassen von großer Bedeutung, ob das Erfordernis der kommunalen Formen für alle urkundlichen Verpflichtungen ausnahmslos gilt oder ob Einschränkungen zu machen sind. Dabei ist zunächst zu prüfen, ob sich solche Einschränkungen aus allgemeinen Erwägungen des Kommunalrechts ergeben, und erst dann ist auf die besonderen Verhältnisse der Sparkassenstatuten und der Vollmachtserklärungen durch Sparkassen einzugehen.

Man hat, wie schon erwähnt[14]), bereits seit längerer Zeit Einschränkungen des Grundprinzips gefordert, weil der unbedingten Durchführung unüberwindliche praktische Schwierigkeiten entgegenstehen. Das Reichsgericht hat nun, wie ebenfalls schon erwähnt[15]), diese Schwierigkeiten durch die Freigabe aller „laufenden Geschäfte" von den kommunalrechtlichen Formvorschriften in fester Praxis zu begegnen unternommen. Der Begriff der laufenden Geschäfte oder der laufenden Verwaltung ist den Kommunalgesetzen geläufig (z. B. Östliche Kreisordnung § 137 Abs. 1, Östliche Landgemeindeordnung § 88). Die Heranziehung des Begriffs wird dem Gedanken gerecht, daß zweckgemäß die kommunalen Formvorschriften nur wichtigere Geschäfte treffen sollen, namentlich solche, denen besondere Beschlüsse der kommunalen Körperschaften zugrunde liegen. Die Freigabe der laufenden Geschäfte ist vom Reichsgericht im wesentlichen aus Zweckerwägungen gewonnen worden, und zwar nach Einführung des Bürgerlichen Gesetzbuchs, dessen weitgehende Formfreiheit die Unterstellung sämtlicher Verpflichtungserklärungen der Kommunen unter die kommunalen Form-

---

[12]) Vgl. RG. 31, 322, von älterer Judikatur die dort auch angeführten Entscheidungen des Obertribunals in Striethorst 79, 193 (20. Sept. 1870), des ROHG. 13, 333, des RG. in Gruch-Beitr. 26, 1078. Vgl. Förster-Eccius IV § 282 VII. Der Legitimationsgedanke ist besonders betont auch von Helfritz l. c. und von Schreiber l. c.

[13]) Das wollte z. B. Nußbaum 1902 im BürgArch. 21, 1ff.

[14]) Vgl. S. 294.

[15]) Vgl. die Entscheidungen oben S. 295.

vorschriften doch als allzu singulär erscheinen lassen mußte. Diese freiere Behandlung der laufenden Geschäfte ist praktisch genommen ein integrierender Bestandteil der hier in Betracht kommenden Reichsgerichtsjudikatur, und nur im Zusammenhange mit ihm ist diese zu würdigen und als Rechtschaffung zu verstehen, wie sie in der ganzen Frage überhaupt nur in ihrer historischen Fortentwicklung verständlich ist und nur unter dem Gesichtspunkt der vielgeschmähten rechtsgeschichtlichen Betrachtung gerecht gewürdigt werden kann. Die Ausscheidung der laufenden Geschäfte führt dazu, daß die kommunale Form für die Geschäfte des täglichen Lebens entbehrlich ist, also für kurzfristige Annahme von Arbeitskräften zum Schneeschippen, Ankauf von untergeordnetem Material für eine Parkverwaltung, Bücherbestellungen für eine Schulbibliothek usw., daß aber die nach dem Bürgerlichen Gesetzbuche hinreichende mündliche Form nicht genügt, wenn es sich um verpflichtende Abmachungen über erhebliche Werte handelt. Soweit liegt hier eine aus der Not und dem Gesetzeszweck geborene dankenswerte Fortbildung des Rechts unzweifelhaft vor.

Schwierigkeiten aber entstehen in den zahlreichen Grenzfällen, in denen man auch bei wiederkehrenden Geschäften unsicher sein kann, ob sie zu den laufenden gehören, abgesehen davon, daß gegebenenfalls auch einzeln auftauchende Geschäfte rechtlich sehr wohl zu der laufenden Verwaltung zu rechnen sind. Das Reichsgericht hat bisher die Frage mehr als Tatfrage behandelt, obwohl der Begriff der laufenden Geschäfte ein Rechtsbegriff ist. Das Reichsgericht (VI. Senat) hat in der grundlegenden Entscheidung v. 11. Nov. 1911 (JW. 1912 S. 96) nur kurz gesagt, daß für die kommunalen Formvorschriften nur die „über den Kreis der dem Gemeindevorsteher zugewiesenen, keines Gemeindebeschlusses bedürftigen Geschäfte der laufenden Verwaltung hinaus" gehenden gehören, es nimmt dabei aber auf die Bestimmung des § 88 der Landgemeindeordnung Bezug, wonach der Gemeindevorsteher die von ihm nicht beanstandeten Beschlüsse der Gemeindeversammlung (Gemeindevertretung) zur Ausführung zu bringen und demgemäß die laufende Verwaltung . . . zu führen hat. Dies ließe darauf schließen, daß es sich bei den laufenden Geschäften um die Ausführungsgeschäfte handelt. Dagegen spricht der III. Senat in dem Erkenntnis v. 5. Juli 1912 (JW. 1912 S. 926, PrVBl. 34 S. 263) davon, daß für die Ausnahme da Raum sein möge, wo es sich um die laufenden Geschäfte der Verwaltung handelt, „die eines besonderen Beschlusses der Gemeindeverwaltung nicht bedürfen". Hier könnte man glauben, daß die einen wichtigen besonderen Beschluß ausführenden Geschäfte nicht zu den laufenden gehören; die Anwendbarkeit der Ausnahme wird im vorliegenden Falle in der Tat geleugnet, obwohl ein Gemeindebeschluß ergangen war, weil es sich „bei der Größe der zu übernehmenden Verpflichtung um einen schwerwiegenden Entschluß, um ein Rechtsgeschäft handelt, das weit außerhalb des Kreises der laufenden Verwaltung liegt". Hier wird die ursprünglich gewählte formale aus § 88 LGO. abgeleitete Einstellung des Ausführungsbeschlusses verlassen und außerdem noch hinzugefügt: „ob nicht sonst noch eine besondere Lage des Falles eine Ausnahme von dieser grundsätzlichen Auffassung rechtfertigen könnte, kann dahingestellt bleiben." In der Entscheidung des III. Senats v. 21. März 1922 (104, 206) aber wird wieder nur auf den Ausführungscharakter des laufenden Geschäfts abgestellt, und zwar wird betont, daß es sich hier bei der Verpflichtungserklärung nur um Ausführung der Bedingungen eines mit Zustimmung des Magistrats abgeschlossenen Kaufvertrags handle; gegenüber diesem Zusammenhange aber könne dahingestellt werden, daß es sich um einen erheblichen Wert handle. Andererseits wird der Wert zum entscheidenden Kriterium in dem Liebenwerdaer Urt. v 7. Dez. 1926 (115, 316) gemacht, wo es heißt, daß mit Rücksicht „auf die außerordentlich hohen Wechselsummen beider Wechsel" keine Geschäfte der laufenden Verwaltung vorliegen. Dagegen wurde in einem Urteil desselben II. Senats v. 20. Dez. 1918 (94, 253) aus dem hohen Wert des Geschäfts (Ankauf von 80 Zentner Käse für 18000 M.) geschlossen, daß der Entschluß der Nahrungsmittelkommission und ihres Vorsitzenden nicht genüge, vielmehr ein Gemeindebeschluß nötig sei und deshalb das Geschäft nicht zu den laufenden gehöre. Am 1. März 1927 sagt der II. Senat (116, 249) schließlich, daß Wechseldiskontierung und Girierung zum Betriebe einer Sparkasse gehören können, aber nicht dazu zu gehören brauchen; es „können immer nur die besonderen Verhältnisse von Bedeutung sein", wie die Höhe der Wechselsumme, das Risiko, der erhoffte Gewinn. Ein ganz festes Prinzip liegt also nicht zugrunde: bloße Ausführungsgeschäfte gehören zu den laufenden, sie gehören aber nicht zu den laufenden, wenn sie einen besonderen Beschluß des Kommunalorgans erfordern; der Wert kann ausschlaggebend sein, dann aber wieder ist er bei bloßen Ausführungsgeschäften nicht maßgebend. Dazu kommt die generelle Klausel, daß auch die besondere Lage eine Ausnahme sonst rechtfertigen könne, und schließlich der ganz offene Hinweis auf die besonderen Verhältnisse des Einzelfalls. Das Oberverwaltungsgericht (70, 271) hat demgegenüber im Anschluß an Genzmer erklärt, daß durch diese Stellungnahme des Reichsgerichts, insbesondere auch durch „die als möglich zugegebene Zulässigkeit sonstiger Ausnahmen in besonderen Fällen" die Auslegung der Formvorschriften und ihr Anwendungsgebiet „derart ins Ungewisse gestellt" sei, „daß nicht mehr erkennbar ist, in welchen Fällen jener Grundsatz zweifellos Geltung haben soll" und es schließt sich Helfritz dahin an, „daß durch diese Durchbrechung des Grundsatzes die Geltung der Regel zur Ausnahme werde"; vor allem aber werde durch diese Unsicherheit der Anwendung der von dem Reichsgericht für seine Auslegung als hauptsächlich bestimmend angeführte Zweck des Schutzes der Gemeinden gegen willkürliche Handlungen der Gemeindevorsteher und der Sicherung Dritter gegen die Rechtsungültigkeit von Willenserklärungen der Gemeinde geradezu vereitelt.

Man kann nicht leugnen, daß diese Bedenken gerade für eine Formvorschrift einen guten Sinn haben. Es muß für den Dritten, aber auch für die Parteien selbst häufig schwer erkennbar sein, ob es der kommunalen Form bedurfte. Nicht einmal die Höhe der Summe ist nach dem Reichsgericht immer ein entscheidendes Argument, und wäre sie es auch, so ist gewiß schwer zu sagen, wann eine unverhältnismäßig hohe Summe vorliegt, zu schweigen von der Undurchschaubarkeit für Dritte, ob ein besonderer Beschluß der Gemeindeorgane nötig war oder nicht usw. Aber trotz alledem kann man nicht leugnen, daß in der vom Reichsgericht statuierten Ausnahme ein vernünftiger Sinn liegt. Das ist um so mehr der Fall, wenn man mit dem Reichsgericht alle und jede Geschäfte, also auch die privatrechtlich ganz formlosen der kommunalen Form unterstellt. Gerade von diesem Standpunkte aus muß man unbedingt aus dem Zwecke heraus eine Einschränkung machen, und es ist ja in vielen Fällen die Unterscheidung zwischen laufendem Geschäft und formbedürftigem Urkundsakt ganz einfach — daß die Annahme eines Schneeschippers für einen Tag zu den laufenden und die lebenslängliche Anstellung eines Vertrauensarztes mit hohem Gehalt nicht dazu gehört, wird kaum unsicher sein. Es kommt dazu, daß der Begriff des laufenden Geschäfts für den internen Pflichtenkreis ja dem Kommunalrecht längst geläufig und auch in den erwähnten Gesetzesstellen in dieser Hinsicht verwendet ist. Endlich sind wir heute überhaupt gewöhnt, mit elastischen Formeln im Recht zu arbeiten, ich brauche hier nur an den „wichtigen Grund" im Arbeitsrecht und im Kartellrecht zu erinnern. Aber immerhin wird man nach einer festeren Abgrenzung des Begriffs suchen. Für die öffentlichen Korporationen im allgemeinen wird kaum mit Sicherheit eine unbedingt gültige Formel zu finden sein; denn wo, wie in § 137 der Kreisordnung, der Begriff auftaucht, ist er wohl auch grundsätzlich von vornherein als elastischer gedacht, im internen Pflichtenkreis also so, daß für den Handelnden freies, d. h. pflichtmäßiges Ermessen besteht derart, daß das übergeordnete Kommunalorgan (Magistrat, Stadtverordnetenversammlung, Kreisausschuß, Kreistag usw.) im Einzelfalle eingreifen kann. Daher ist auch der Vorschlag (vgl. Löwe, JW. 1926 S. 1450), die Abhängigkeit vom Haushaltsplan entscheiden zu lassen, wohl zu eng, da sehr wohl wichtige Geschäfte im Rahmen des Haushaltsplans außerhalb der laufenden Verwaltung liegen können, wie etwa Grundstückserwerbungen, Anstellungen mit hohem Gehalt usw. Man wird sich daher mit der Erwägung begnügen müssen, aber auch können, daß da, wo die Rechtsordnung nur einen unbestimmten Rahmen bietet oder überhaupt keine festen Bestimmungen trifft (wie z. B. bei der Frage der Veräußerung eines Handelsgeschäfts im Innenverhältnis zwischen Erwerber und Veräußerer oder bei der „Angemessenheit" der Gewinnbeteiligung eines Kommanditisten), der Ausgleich im vorsorglichen Handeln der Parteien liegt, und dieses gerade durch solche unbestimmte Vorschriften erzwungen werden soll. Die Parteien werden also sich selbst in Zweifelsfällen durch die Verwendung der kommunalen Urkundsformen sichern müssen und werden[16]) beim Abschluß in solchen Fällen die Statuten usw. genau zu prüfen haben.

Bei den kaufmännischen Betrieben der Kommunen freilich, insbesondere bei den Sparkassen, wird man einen Anhaltspunkt für die Abgrenzung in dem Begriff der „gewöhnlichen" Geschäfte, wie sie das Handelsgesetzbuch mehrfach bezeichnet (§§ 54, 56, 116 HGB., regelmäßiger Geschäftsbetrieb § 226 HGB.), finden können. Sie entsprechen, wie Löwe (l. c.) mit Recht hervorgehoben hat, in der Tat den laufenden Geschäften des Verwaltungsrechts[17]); besser, sie sind die laufenden Geschäfte des Handelsbetriebs. Die Eigenart der gewerblichen, handelsrechtlich zu beurteilenden Unternehmungen einer Kommune fordert eine dem Handelsverkehr angepaßte Formulierung des Begriffs der laufenden Geschäfte und die Vermeidung ihrer Abgrenzung auf rein verwaltungsmäßiger, insbesondere etatmäßiger Grundlage, da sonst im Verkehr die schwersten Unklarheiten zu befürchten sind. Sofern also die Sparkassen Kaufleute sind, worauf noch zurückzukommen ist — und sie sind es heute immer oder doch im weitesten Umfange —, wird man die „gewöhnlichen" Geschäfte als laufende von den kommunalen Formvorschriften ausnehmen müssen. Stellt man sich auf den hier abgelehnten Standpunkt, daß die privatrechtlich formlosen Geschäfte ohnehin nicht unter die kommunalen Formvorschriften fallen, so ist der Kreis der

---

[16]) Vgl. auch z. B. Brandis, JW. 1929 S. 1003. Dazu auch die weiter unten zu erwähnende Haftung für Verschulden der Kommunalorgane beim Vertragsschluß, falsche Auskünfte über die Tragweite der Form, exceptio doli generalis bei doloser Herbeiführung einer ungenügenden Form.

[17]) Auch Brandis (JW. 1929 S. 1003) stellt den laufenden die außergewöhnlichen gegenüber. Ebenso spricht in der Entscheidung RG. in LZ. 1928 S. 58 das Berufungsgericht von Geschäften, die der Betrieb eines Bankgeschäftes gewöhnlich mit sich bringt.

in Betracht kommenden Geschäfte nicht groß; es handelt sich hauptsächlich um die kaufmännischen Verpflichtungsscheine, Anweisungen, Wechsel, Schecks usw. Anders liegt es, wenn man mit dem Reichsgericht alle Verpflichtungserklärungen den kommunalen Formvorschriften unterstellt; dann erhält man einen sehr weiten Kreis „gewöhnlicher Geschäfte", die dieses ihres Charakters wegen dann als „laufende" von den kommunalen Formvorschriften auszunehmen sind. Doch braucht hierauf nicht im einzelnen eingegangen zu werden. Was aber speziell den Wechsel anlangt, so ist schon mehrfach erörtert worden[18]), ob er überhaupt nicht oder nur bei Inkassogiro oder nur bei Diskontierungen oder auch bei Ausstellungs- und Akzepterklärungen zu den laufenden Geschäften der Sparkassen gehören kann und gehört. Dabei muß man sich aber natürlich des Fließenden dieser Erscheinungen bewußt sein. Vor dem Kriege waren Übernahme von Wechselverpflichtungen durch Sparkassen in der Tat selten und man konnte sie daher selten zu den laufenden Geschäften rechnen. Seit der Inflation sind sie infolge der immer stärkeren Entwicklung der Sparkassen nach der bankmäßigen Richtung[19]) immer mehr angewachsen und man kann wenigstens für die größeren Sparkassen heute einen Wechselverkehr, und zwar über den bloßen Inkassoverkehr hinaus durchaus als gewöhnliche Geschäftsgebarung bezeichnen. Damit bleiben die Entscheidungen des Reichsgerichts, wonach die Verpflichtung zur Zahlung ungewöhnlich hoher Wechselsummen nicht zu den laufenden Geschäften gehören, unberührt; der II. Senat sagt auch (116, 249) ausdrücklich, daß Diskontierung und Girierung von Wechseln gewiß zum Betrieb einer sich mit Bankgeschäften abgebenden Sparkasse gehören können. Es bleibt nach wie vor in jedem Falle zu prüfen, ob das Regelmäßige, Gewöhnliche überschritten ist. Daß man dabei sehr vorsichtig sein muß, ist sicher. Die Sparkassen selbst haben in ihrer neuen Mustersatzung (§ 8 mit § 27 Nr. 4; vgl. L. Simon, Das neue Sparkassenrecht 1928 S. 115, der den Begriff tunlichst eng auslegen will) die Wechselzeichnung im allgemeinen von den laufenden Geschäften, welche dem Sparkassenleiter zugewiesen sind, ausgenommen; sie stehen der Auffassung als gewöhnliche Geschäfte also zurückhaltend gegenüber. Dies erklärt sich zunächst aus der nicht immer vorhandenen hinreichenden kaufmännischen Vorbildung der Leiter. Ferner gestattet die Mustersatzung in § 8, durch eine von der Aufsichtsbehörde ausdrücklich genehmigte Geschäftsanweisung dem Leiter der Sparkasse die Befugnis zur Kreditgewährung (also auch zur Eingehung von Wechselverbindlichkeiten) für kleinere Kredite unter Festsetzung eines Höchstsatzes zu übertragen, so daß in diesem Rahmen die Wechselzeichnung zu den laufenden Geschäften gehören kann. Endlich ist die Bestimmung des § 8 zunächst für die Pflichtabgrenzung, nicht sowohl für das Außenverhältnis gegeben, und es ist andererseits in dem noch zu behandelnden § 11 eine Regelung getroffen, welche statutenmäßig die kommunalen Formvorschriften ausschaltet. Die Möglichkeit dieser Ausschaltung ist unten zu erörtern; hier genügt es, für die Fälle, in denen die Mustersatzung nicht in Frage kommt, darauf hinzuweisen, daß auch in ihr der Gedanke, daß Wechselzeichnungen zu den laufenden Geschäften der Sparkassen gehören können, zum Ausdrucke gelangt. Sofern eine Sparkasse nicht Kaufmann wäre, würde man übrigens den Gedanken des gewöhnlichen Geschäfts analog

[18]) Z. B. Heilfron, Sparkasse 1922 S. 351; Hein, Sparkasse 1923 S. 21; Korn, Sparkasse 1926 S. 217. Das Reichsgericht hat in den obenerwähnten Entscheidungen die Wechsel nicht grundsätzlich von den laufenden Geschäften ausgeschlossen.

[19]) Vgl. oben S. 288.

zur Bestimmung der laufenden Geschäfte heranziehen können, wie er auch für alle gewerblichen und gewerbeähnlichen Betriebe der Kommunen, z. B. landwirtschaftliche Betriebe oder sonstige nichteingetragene Betriebe reiner Urproduktion infolge Gleichheit des Grundes zur Anwendung zu kommen hat.

Das Ergebnis ist, daß Wechselverpflichtungen der kommunalen Sparkassen den kommunalen Formvorschriften unterliegen, daß sie aber dann in freier Weise nach den allgemeinen privatrechtlichen und handelsrechtlichen Vorschriften vorgenommen werden können, wenn sie zu den laufenden, d. h. zu den gewöhnlichen Geschäften der Sparkasse zu rechnen sind. Wann das letztere der Fall ist, bleibt letzten Endes Frage des Einzelfalls; die Höhe der Wechselsumme, die Etatsmäßigkeit der Verpflichtung, der Ausführungscharakter gegenüber Beschlüssen der kommunalen Körperschaften und gegenüber zugrunde liegenden Verträgen bilden wichtige Anhaltspunkte. Je einheitlicher, namentlich infolge der Wirksamkeit der Girozentralen die Verkehrsübung der verschiedenen Sparkassen sich gestaltet und je mehr dabei die bankmäßige Usance zum Durchbruch kommt, desto mehr wird sich allmählich ein fester Begriff des laufenden, des gewöhnlichen Geschäfts herausbilden.

III.

Die Sparkassenverwaltung wird wohl höchst selten, jedenfalls nur in den allerkleinsten Verhältnissen von den leitenden Gemeindeorganen selbst geführt, sondern sie ist in aller Regel einem Ausschusse der Gemeinde, einer Deputation, dem Sparkassenvorstand zugewiesen, der die Geschäfte wieder durch Beamte und Angestellte führen läßt. In Preußen sind solche Deputationen nach den erwähnten Kommunalgesetzen allgemein zulässig, und für Sparkassen insbesondere besteht das bereits angeführte Preußische Sparkassen-Reglement v. 12. Dez. 1838, welches die Verhältnisse der Sparkassen näher regelt. Es fragt sich — und dies ist praktisch die Hauptfrage —, wie sich die Vertretungsbefugnis, insbesondere die Möglichkeit von Wechselzeichnungen unter Berücksichtigung dieser Organisationsformen und der Satzungen gestaltet.

1. Zunächst drängt sich die Frage auf, ob die kommunalen Formvorschriften ein dem Wortlaut der Kommunalgesetze gemäßes Handeln gerade der in ihnen ausdrücklich bezeichneten Amtsträger fordern — also des Landrats und zweier Mitglieder des Kreisausschusses, des Bürgermeisters und eines Magistratsmitgliedes, des Gemeindevorstehers und eines Schöffen, des Amtmanns und des Gemeindevorstehers, des Landesdirektors und zweier Mitglieder des Provinzialausschusses usw. —, oder ob nicht auch der Vorsteher und ein bzw. zwei Mitglieder der Sparkassendeputation, des Sparkassenvorstandes, an ihrer Statt gültig urkunden können oder ob und unter welchen Voraussetzungen die Beamten der Sparkasse an ihre Stelle zu treten vermögen. Sieht man dabei zunächst von besonderen Statutenbestimmungen der Sparkassen ab, so handelt es sich um eine Frage der kommunalen Organisationsgesetze allein. Das Reichsgericht hat durch den III. Senat am 12. Sept. 1912 (JW. 1912 S. 1064) entschieden, daß die Innehaltung der Urkundsform der Städteordnung (§ 56 Ziff. 8) auch in den Fällen geboten sei, in denen eine zur dauernden Verwaltung einzelner Geschäftszweige oder zur Erledigung vorübergehender Aufträge eingesetzte besondere Deputation (§ 59) für die Stadtgemeinde handelt, wenn auch vielleicht derart, daß an die Stelle der Unterschrift eines Magistratsmitgliedes auch die eines dem Magistrat nicht angehörigen Deputationsmitgliedes treten könne. Denn es

gehe nicht an, diesen dem Magistrat untergeordneten Verwaltungsbehörden und ihren Mitgliedern größere Befugnisse zuzuerkennen als dem Magistrat und dessen Mitgliedern selbst. In einer Entscheidung v. 24. Febr. 1917 (89, 433) hat es dann (S. 436ff.) diesen Standpunkt aufrechterhalten und eingehend begründet. Es wird dabei festgestellt, daß der Vorsitzende der Deputation als Stellvertreter des Bürgermeisters handelt, derart, daß der Bürgermeister auch selbst den Vorsitz übernehmen kann; die Deputation aber ist ein dem Magistrat untergeordnetes Hilfsorgan, eine erweiterte Abteilung des Magistrats, die Rechte und Pflichten der Deputationsmitglieder in ihrem Tätigkeitsbereich sind daher dieselben wie die der Magistratsmitglieder (§ 59 Abs. 2 der Städteordnung und §§ 27, 28, 29 der Magistratsinstruktion von 1835 bzw. 1853). Infolgedessen wird die kommunale Urkundsform durch die formgerechte Beurkundung seitens des Deputationsvorsitzenden und eines Deputations- oder Magistratsmitgliedes gewahrt. Das Reichsgericht konnte sich dabei auch auf die Literatur: Örtel, Städteordnung; Jebens gegen Ledermann berufen. Es betont, damit sei das Bedenken beseitigt, daß der Bürgermeister nicht alle Schreiben selbst unterzeichnen könne. Ob für die Landgemeinden, welche ihrer Ausdehnung wegen besondere Verwaltungsdeputationen bilden, die Grundsätze für städtische Deputationen analog anzuwenden sind, ist streitig, aber anzunehmen[20]). Auch für die Kreissparkasse wird es bezweifelt, ob man den Vorstand als Kreisdeputation (Kreiskommission) ansprechen darf, weil die Mitglieder meist teils vom Kreistag, teils aber vom Kreisausschuß bestimmt werden und vor allem weil der Vorstand regelmäßig dem Kreisausschuß untergeordnet ist, im Gegensatz zur unmittelbaren Unterordnung unter den Kreistag; vgl. § 167 der Östlichen Kreisordnung[21]). Immerhin ist auch hier die Analogie möglich, und jedenfalls hat das Reichsgericht eine starke Milderung seines Standpunkts gebracht, die besonders für die als Deputation erscheinende kommunale Sparkassenverwaltung in Betracht kommt.

Viel weitergehend hat mit tiefer Begründung aus dem Organgedanken und dem Verwaltungsbegriff Helfritz ungefähr gleichzeitig mit dem Erkenntnis v. 24. Febr. 1917 ausgeführt, daß es sich bei der Schaffung von Deputationen und auch bei der Betrauung einzelner Magistratsbeamter mit bestimmtem Geschäftskreise um Zuständigkeitsübertragungen durch Verwaltungsakt handelt, welche ihnen ohne weiteres das Recht geben, für die Gemeinde Rechte zu erwerben und Verbindlichkeiten einzugehen[22]); daher sei die Bezeichnung „Magistrat" in der Formvorschrift (§ 56 Ziff. 8) ausdehnend auszulegen und treffe zugleich die Verwaltungsdeputationen und auch die dem Magistrat unterstellten Gemeindebeamten. Infolgedessen treffen die Vorschriften über die Gemeindeurkunde nur diejenigen Fälle, in denen der Magistrat in seiner Gesamtheit in die Erscheinung tritt, und damit nur die schwerstwiegenden Rechtsakte[23]). Es ist kein Zweifel, daß die Begründung bei Helfritz vorzuziehen ist, da sie über die Auslegung der einzelnen Gesetzesparagraphen hinaus aus dem Wesen der Korporation folgert und damit zugleich den praktischen Vorteil bietet, daß sie für alle irgendwelchen kommunalen Korporationen die Frage einheitlich beantwortet. Im Zu-

[20]) So Helfritz, Vertretung S. 93 auf Grund von § 6 Landgemeindeordnung, § 3 PrAG. z. Unterstützungswohnsitzgesetz, § 61 Kommunalabgabengesetz. Vgl. dazu auch Peters, Reichsverwaltungsblatt S. 409ff.

[21]) Simon, Das neue Sparkassenrecht S. 98ff.; Peters l. c. S. 410 oben.

[22]) Helfritz, Vertretung S. 93, 100, 103, 104.

[23]) S. 115, 117.

sammenhang mit seinen Darlegungen findet man in der Deduktion des Reichsgerichts aber die erwünschte Begründung aus den Einzelbestimmungen der Gesetzgebung, und so vereinigt sich beides zu einem guten Ergebnis. Dieses entspricht auch der allgemeinen Entwicklung des Kommunalrechts, welches infolge des Umfangs und der Vielgestaltigkeit der Geschäfte heute zu immer größerer Selbständigkeit der Kommissionen gelangen muß — charakteristisch ist dafür die Entwicklung des englischen Kommunalrechts nach dem die einzelnen Boards des Municipal Council fast ganz selbständig sind, jedoch durch die Abstimmung der Gesamtversammlung ihre Richtung und durch die Bürokratie der Clerks ihren inneren einheitlichen Halt gewinnen[24]).

Indessen gilt dies alles nur für die Handlungen der Deputationen[25]), bei denen man auf Grund der allgemeinen Begründung Helfritz' den Schluß aus dem vom Reichsgericht beigebrachten Gesetzesmaterial unschwer ziehen kann. Anders liegt es aber für die Einzelbeamten. Für diese ist die Anwendung der kommunalen Urkundsbestimmungen nicht möglich, weil sie in aller Regel (anders z. B. die Rheinische Städteordnung von 1856, vgl. oben S. 290) die Mitwirkung mehrerer Beamter bei der Beurkundung voraussetzen und weil gerade darin ihr Sicherungscharakter liegt. Auch wenn man Helfritz sonst folgt, ist doch anzuerkennen, daß die kommunalen Urkundsvorschriften in ihrer Gesamtheit ganz bestimmte sichernde Formalitäten für die maßgeblichen Organe vorschreiben, welche das im Einzelfall auch sind und gleichviel, ob sie ihre Zulässigkeit originär aus dem Gesetze oder derivativ aus einem die Zuständigkeit übertragenden Verwaltungsakt herleiten. Wenn daher ein solches Organ seiner ganzen Beschaffenheit nach — eben als Einzelbeamter — diese Formalitäten nicht erfüllen kann, muß der Beamte, soweit Verpflichtungserklärungen in Betracht kommen, auf die laufenden Geschäfte beschränkt bleiben, in anderen Fällen aber, falls er nicht eine besondere Vollmacht besitzt (worauf später noch zu kommen ist), muß er sich die Beurkundung durch den Korporationsvorstand und ein bzw. zwei Mitglieder verschaffen. Dies letztere würde also, soweit lediglich die allgemeine gesetzlichen Normen in Betracht kommen, auch vom beamteten Leiter einer Sparkasse gelten.

2. Aber es kommen so gut wie niemals lediglich die gesetzlichen Bestimmungen in Betracht, sondern es bestehen in aller Regel besondere statutarische Bestimmungen, und gerade auf die damit geschaffenen Verhältnisse kommt es hier besonders an. Von hier aus ist insbesondere auch die im Mittelpunkt des Interesses stehende Frage zu beantworten, ob die Bestimmungen der Sparkassenmustersatzungen, insbesondere der § 11 der neuesten Mustersatzung, rechtsgültig sind oder nicht.

Zunächst ist es nach den Kommunalgesetzen den Kommunalverbänden gestattet, durch statutarische Vorschriften die Verhältnisse ihrer Deputationen (Kommissionen) und Institute zu regeln. Solche Statuten sind für die Städte zugelassen (Östliche Städteordnung §§ 11, 49, 74, 75, 118; Zuständigkeitsgesetz § 16 Abs. 3; ferner Rheinische Städteordnung § 10, Schleswig-Holsteinische §§ 17, 18; Hessen-Nassauische § 13), ferner erscheinen sie in der Landgemeindeordnung (Östliche Landgemeindeordnung §§ 49, 74, 75, 118),

[24]) Vgl. E. Heymann, Englisches Recht im Handwörterbuch der Rechtswissenschaften von Stier-Somlo und Elster 2, 254.

[25]) Und zwar wird man von dem Standpunkt, welchen Helfritz vertritt, auch für Kreiskommissionen die obenerwähnten Bedenken jedenfalls zurückzustellen haben. Immerhin ist die Anerkennung dieser Sätze durch die Praxis noch nicht gesichert.

für die Kreise (Östliche Kreisordnung § 20), für die Provinzen (Östliche Provinzialordnung §§ 8, 35, 38, 46, 91, 93 usw.). Die Östliche Städteordnung § 10 läßt statutarische Regelung für „sonstige eigentümliche Verhältnisse und Einrichtungen" zu, die Östliche Kreisordnung für „Angelegenheiten, hinsichtlich deren die Kreisordnung Verschiedenheiten gestattet" oder hinsichtlich deren sie auf statutarische Anordnungen verweist, sowie über solche Angelegenheiten, deren Gegenstand nicht durch Gesetz geregelt ist, sowie Reglements für „besondere Einrichtungen des Kreises". Ähnlich formuliert für die Provinzen § 8 der Östlichen Provinzialordnung. Die Rheinische Landgemeindeordnung läßt Statuten (in § 11) zu: wo eigentümliche Verhältnisse es nötig machen, zur Ergänzung und näheren Bestimmung der Vorschriften (nicht im Widerspruch mit den Gesetzen). Es ist hiernach den Kommunalverbänden möglich, nicht nur durch Verwaltungsakt eine Sparkasse einzurichten, sondern auch statutarisch, also durch objektive Rechtssätze ihre Verhältnisse zu regeln. Bei Organisation einer solchen Einrichtung wird die statutarische Regelung fast immer unvermeidlich sein, sei es, daß es sich um ein eigentliches Statut oder um ein Reglement handelt. Zweifelhaft kann aber sein, ob daraus gefolgert werden darf, daß durch das Statut die Vertretungsverhältnisse, insbesondere die Formalvorschriften für Verpflichtungsurkunden, von den allgemeinen kommunalgesetzlichen Regeln abweichend gestaltet werden können. Wenn, wie in § 91 der Östlichen Provinzialordnung (Abs. 3) gesagt ist: dem Provinziallandtage bleibt vorbehalten, für einzelne Verwaltungszweige und Anstalten in betreff der Vollziehung von Urkunden und Vollmachten zur Vereinfachung des Geschäftsgangs anderweite statutarische Bestimmungen zu treffen, so ist auf dieser Grundlage eine besondere Regelung der Vertretungsverhältnisse selbstverständlich möglich. Ein solcher Vorbehalt fehlt aber sowohl in § 56 Nr. 8 der Östlichen Städteordnung wie in § 137 der Östlichen Kreisordnung und in § 88 Nr. 7 der Östlichen Landgemeindeordnung und sonst. In diesen Fällen könnte man sagen, daß die Zulassung beliebiger, abweichender Vertretungsbestimmungen im Widerspruch zu den allgemeinen kommunalen Vertretungsregeln stehe; denn die den Kommunalverbänden heute zustehende Autonomie ist nicht so frei wie etwa die Korporationsautonomie im Mittelalter, sondern sie erscheint als Delegation der Gesetzgebungsgewalt und hat sich im Rahmen der zwingenden Rechtssätze des staatlichen Rechts zu bewegen, es bedarf nur eines Blickes auf das Aktienrecht, um sich von der Richtigkeit dieser Erwägung zu überzeugen. Daß aber die kommunalen Urkunds- und Vertretungsgrundsätze zwingende Normen sind, darüber kann kein Zweifel sein.

Es bedarf also einer besonderen gesetzlichen Ermächtigung der Kommune für Aufstellung abweichender Vertretungsgrundsätze. In der Literatur[26]) scheint man eine solche Ermächtigung zu vermissen, und man gelangt daher gelegentlich dazu, die statutarische Aufstellung besonderer Vertretungsgrundsätze für Sparkassen auf Grund lediglich der Kommunalgesetze abzulehnen. So besonders Korn (Reichsverwaltungsblatt 1928 S. 568); er beruft sich darauf, daß es sich hier nicht um Fälle handelt, „in denen die Gesetze Verschiedenheiten gestatten" (nach dem Wortlaute der Hessen-Nassauischen Städteordnung § 13) und daß auch ein Reglement als bloße interne Verwaltungsverordnung über die zwingenden Vertretungsnormen nicht hinweg-

[26]) Äußerungen zu der Frage sind sehr selten, weil man sie weder in der Literatur noch in der Judikatur von der weiter unten zu besprechenden Frage des Reglements von 1838 zu trennen pflegt. Sie kann nur für die neuen preußischen Provinzen auftauchen, für den Fall, daß das Reglement in ihnen nicht gilt.

gehen könne. Korn scheint Mitzlaff (Sparkasse l. c. S. 263 Spalte 2, Mitte) zu folgen, doch läßt sich dessen Äußerung auch anders deuten. Das Reichsgericht dagegen (V. Senat, 24. Febr. 1917, RG. 89, 433) spricht nur davon, daß die Abänderung der Vertretungsgrundsätze für eine Sparkasse nicht möglich sei durch bloße Verwaltungsanordnung des Bürgermeisters oder durch lange fortgesetzten Geschäftsgebrauch. Von einer Abänderung durch ortsstatutarische Festsetzung spricht das Reichsgericht nicht, und es ist auch nicht anzunehmen, daß es beim Geschäftsgebrauch etwa an eine autonome Observanz denkt, vielmehr handelt es sich lediglich um Geschäftsstil der Behörde. Zweifellos können Ortsstatuten nicht allgemein in die Vertretungsbestimmungen der Kommunalgesetze eingreifen. Aber trotz der sehr verschiedenen Fassung der einzelnen Vorschriften, welche zum Erlaß von Ortsstatuten ermächtigen, ist in ihnen allenthalben die Tendenz zu sehen, daß für eigentümliche Einrichtungen eine besondere Regelung getroffen werden kann. Solche eigentümlichen Einrichtungen sind aber gerade die Sparkassen. Sie heben sich durch die besondere Art ihres Geschäftsbetriebs ganz wesentlich von dem regulären Amtsbetriebe der Kommunen ab, da sie — auch wenn, worauf noch zu kommen ist, sie nicht immer als Bankbetriebe Kaufmannseigenschaft haben sollten — jedenfalls einen dem privatwirtschaftlichen Betriebe eng verwandten Charakter aufweisen und deshalb auch organisatorisch aus dem Rahmen der Kommunalverwaltung heraustreten. Es kommt dazu, daß mehrfach der Erlaß von sog. Reglements besonders gestattet ist, und es ist doch fraglich, ob diese Reglements wirklich[27]) immer im Sinne bloß interner Verwaltungsinstruktionen, also als bloße interne Verwaltungsverordnungen zu verstehen sind und nicht im Sinne des für die Kommunalgesetze noch maßgeblichen älteren Sprachgebrauchs auch im Sinne von Rechtsverordnungen, eigentlichen Statuten. Man wird dabei allerdings auf die verschiedene Fassung der Kommunalgesetze Rücksicht nehmen müssen, und insbesondere ist offensichtlich für die Landgemeinden die potestas statuendi eine eingeschränktere als für die Städte, die Kreise und die Provinzen. Bei diesen aber wird man dem Sinne der Kommunalgesetze, wie mir scheint, nur gerecht, wenn man da, wo organisatorisch getrennte Institute wie die Sparkassen geschaffen werden (wenn auch ohne besondere Rechtspersönlichkeit), die dafür nötige Freiheit der Autonomie auch in den Kommunalgesetzen gewährt sieht. Es entspricht das dem Umstande, daß hier in weitem Umfange Zuständigkeitsübertragungen notwendig sind und daß andererseits die Vorschriften der Kommunalgesetze — wie hier ihre Verpflichtungs- und Urkundsregeln — auf die so geschaffenen „eigentümlichen Verhältnisse" der Sonderinstitute und ihren Betrieb von vornherein nicht passen. Ohnehin ist ja, wie oben dargelegt, volle Freiheit für Anordnungen über die Durchführung der laufenden Geschäfte solcher Institute gegeben. Daher wird man gegen Korn die Zulässigkeit von Sonderanordnungen über die Vertretungsbefugnisse der Sparkassen auf Grund der kommunalen Verfassungsgesetze annehmen können, um so mehr, als die nötige Sicherheit durch die notwendige Genehmigung des Statuts durch die Aufsichtsbehörde gegeben ist.

3. Vollkommen hiervon zu trennen ist eine andere Konstruktion, die neuerdings besonders durch Mitzlaff und L. Simon[28]) vertreten worden ist: nämlich die Auffassung, daß durch den ein solches Statut feststellenden

[27]) Helfritz, Grundriß S. 119.

[28]) L. Simon, Das neue Sparkassenrecht S. 130; ferner in Sparkasse 1929 S. 27. Eingehend Mitzlaff, Sparkasse 1928 S. 263; dagegen aber Peters, Reichsverwaltungsblatt 1929 S. 409 und Korn, Reichsverwaltungsblatt 1928 S. 568f. und auch schon Löwe, JW. 1924 S. 1520.

formellen Kommunalbeschluß jedenfalls eine Vollmacht an die betreffenden Beamten erteilt sein kann, da der Beschluß die höchste Form der Willenserklärung der Kommune ist und daher das majus gegenüber den Urkundsformen der Kommunalgesetze, welche an sich bei Vollmachtserteilungen als verpflichtenden Rechtsakten zu befolgen sein würden. Es kann hier vorläufig dahingestellt bleiben, ob auf Grund einer solchen Vollmacht die Bevollmächtigten für ihre auf Grund der Vollmacht vorgenommenen Handlungen von den kommunalen Formvorschriften frei sein würden, was mit dem Reichsgericht (89, 437) anzunehmen ist. Es handelt sich hier nur darum, ob im kommunalen Organisationsbeschluß für eine besondere Einrichtung, insbesondere für eine Sparkasse, eine solche Vollmacht liegen kann. Es läßt sich dafür mancherlei sagen. Sicher ist der Beschluß der statutenfeststellenden Korporationsversammlung ein majus gegenüber der Vollmachtserklärung durch die nach den Kommunalgesetzen zur Mitwirkung beim Urkundsakt berufenen beiden Kommunalbeamten (Bürgermeister und Magistratsmitglied usw.); sicher kann man auch sagen, daß ein solcher Beschluß äußerlich die Erfordernisse einer privatrechtlichen Vollmachtserteilung erfüllt, insbesondere die Veröffentlichung auch die Erfordernisse der öffentlichen Bevollmächtigung; man wird auch annehmen können, daß die Ausfertigung eines solchen Beschlusses mit Siegel und etwaiger Genehmigungserklärung der Aufsichtsbehörde praktisch an sich geeignet ist, eine Vollmachtsurkunde der kommunalen Form zu ersetzen; man kann auch nicht eine Gesetzesumgehung in solcher Form der Bevollmächtigung erblicken, da der Zweck der vorgeschriebenen Urkundsform nur der ist, nach außen volle Sicherheit für Dritte zu geben, und dieser Zweck keineswegs vereitelt wird. Bei Beschränkung des Satzes auf privatrechtliche Vollmachten werden auch keine öffentlich-rechtlichen Ermächtigungen erteilt, welche sich in Ausübung von Hoheitsrechten auswirken könnten und daher nicht von Bevollmächtigten, sondern nur von Organen ausgeübt werden können. Aber mit Recht hat Peters betont, daß die Vollmacht ein Rechtsgeschäft ist, also subjektives Recht unmittelbar verändert und schafft, während die Statuten zunächst nur objektive Rechtssätze erzeugen. Man kann weitergehen und mit Helfritz betonen, daß diese Rechtssätze Organe oder meist Unterorgane der Kommune für das zu begründende Institut schaffen und daher ihrem Wesen nach nur Organstellungen, nicht Vollmachten erzeugen wollen. Wäre dabei infolge der fehlenden Autonomie die Schaffung der beabsichtigten Organstellung mit voller Wirkung, hier also mit der kommunalen vollen Vertretungsmacht, im Zusammenhange des Gesamtaufbaues der Korporation sonst nicht möglich, so ist es angesichts dieses verschiedenen Willensinhalts solcher Akte in der Tat bedenklich, durch eine Art Konversion die Organbestellung in eine Vollmachterteilung umzudeuten. Auch ist nicht zu verkennen, daß die Zurücknahme einer nach Maßgabe der kommunalen Formvorschriften ausgestellten Vollmacht viel einfacher ist als die Rücknahme einer statutarisch erteilten Vollmacht, deren Rücknahme ja immer eine Statutenänderung oder doch einen den Erfordernissen der Statutenänderung entsprechenden Beschluß voraussetzt und daher nur mit Schwerfälligkeit erfolgen kann, ja infolge der Majoritätsverhältnisse auch einmal mißlingen mag. Schließlich würde eine solche Bevollmächtigung mittels statutarischer Bestellung zum Organ eines Sonderinstituts doch regelmäßig nicht auf bestimmte Personen gerichtet werden können, sondern eine Ergänzung durch die Bestallung der betreffenden Beamten erfordern, so daß die Erkennbarkeit der Vollmacht, welche durch die kommunalen Formbestimmungen angestrebt ist, leidet. Das Reichsgericht[29]) hat durch ein Urteil des V. Senats v. 20. Jan. 1923 (JW. 1924 S. 1520) ausgesprochen, daß es genügen müsse, wenn der Gemeindevorsteher eine Ausfertigung oder Abschrift des die Erteilung der Vollmacht beschließenden Gemeindevertretungsbeschlusses durch seine Unterschrift beglaubigt, mit dem Gemeindesiegel versieht und auf diese Ausfertigung oder Abschrift die Genehmigungsverfügung der Aufsichtsbehörde in Urschrift setzen läßt. Aber diese Entscheidung bezieht sich auf die Schleswig-Holsteinische Landgemeindeordnung, welche sich mit der Unterschrift des Gemeindevorstehers begnügt (vgl. oben S. 291), so daß im vorliegenden Falle alle Erfordernisse erfüllt waren und nur die Vollmachtserteilung als Willenserklärung nicht des Gemeindevorstehers, sondern der Gemeindevertretung zum Ausdrucke gebracht war, derart, daß sich der Gemeindevorsteher durch seine Beglaubigung und Verwendung der Urkunde offensichtlich anschloß[30]). Nur übergroßer Formalismus wird solcher Form der Bevollmächtigung widersprechen wollen. Man wird auch weit darüber hinaus anerkennen müssen, daß in einem Statut und in einem einzelnen Ergänzungsbeschluß zu einem Statut eine konkrete Vollmacht für eine bestimmte Person enthalten sein kann. Aber ob man in bloßer Bestellung von Unterorganen eine gültige kommunale Vollmachtserteilung erblicken kann, wird Frage des Einzelfalles sein, und es ist, soweit ein allgemeiner Satz in Betracht kommt, nicht von der Hand zu weisen, wenn Peters (S. 409) zweifelt, ob die Meinung von Simon bei den höchsten Gerichten durchdringen wird.

4. Man bedarf aber aller dieser Erwägungen regelmäßig überhaupt nicht, da die Möglichkeit der Aufstellung besonderer, von den allgemeinen kommunalen Formvorschriften abweichenden Vertretungsbestimmungen im Statut einer Sparkasse durch die Bestimmungen des Sparkassenreglements vom 12. Dez. 1838 vollkommen sichergestellt ist.

Durch Nr. 17 und 18 dieses Reglements, die oben (S. 288) wörtlich wiedergegeben sind, ist bestimmt, daß für jede Sparkasse ein Statut errichtet werden muß, in welches alle wegen des Zusammenhangs erforderlichen Sätze, auch solche des Reglements aufzunehmen sind und in denen auch die erforderlichen Bestimmungen über die „Verwaltung" und „wegen der dabei zu beschäftigenden Personen, ihrer Anstellung und der von ihnen zu leistenden Kautionen" aufzunehmen sind. Hierin wird die Ermächtigung zur Schaffung eines Statuts gegeben, welches die gesamte Organisation der Sparkasse, also auch die Vertretungsgewalt und die Vertretungsformen der Organe regelt. Dies ist auch stets so aufgefaßt und gehandhabt worden. Zweifelhaft ist neuerdings nur erschienen, wie sich diese Anordnung des Reglements zu den Kommunalgesetzen verhält, die sämtlich jünger sind. Simonson (BankA. 28, S. 210 mit 208 [1928]) hat sich auf den Standpunkt gestellt, daß die Sparkassensatzungen nicht gesetzliche Bestimmungen seien, sondern im Verwaltungswege getroffene, auf dem gleichen Wege abänderbar; daher könne auch nicht durch ministerielle Genehmigung der Satzungen eine gesetzliche Bestimmung — gemeint sind die Vertretungsvorschriften der Kommunalgesetze — abgeändert werden. Dieser Deduktion liegt die Anschau-

[29]) RG. im Recht 1926 S. 49 Nr. 196, welches Korn l. c. dafür anführt, daß eine formlose Erklärung des gesamten Magistrats nicht die Verpflichtungsformen der Städteordnung ersetzen kann, enthält lediglich den Satz, daß der Betrieb eines Handelsgewerbes durch eine Stadt ihre Geschäfte nicht von der Form befreit.

[30]) Wenn Löwe l. c. S. 1520 annimmt, daß die Vollmacht von der Gemeindeversammlung immer nur zu genehmigen, vom Gemeindevorsteher aber stets zu erteilen sei, so kann ich dies nicht zugeben. Auch die Generalversammlung einer Aktiengesellschaft kann als höchstes Willensorgan durch einen Beschluß eine Vollmacht erteilen.

ung zugrunde, daß das Sparkassenreglement von 1838 durch die Kommunalgesetze seine Bedeutung verloren hat, diese ihm also vorgehen. Damit würde auch § 11 der Mustersatzung ungültig sein. Diese Auffassung ist aber — wie denn auch die ganz überwiegende Meinung in Praxis und Wissenschaft annimmt — unhaltbar. Schon 1891 hat das Preußische Oberverwaltungsgericht (21, 32) dahin erkannt, daß die Vertretungsbestimmungen der Städteordnung gegenüber dem Reglement „überhaupt nur eine subsidiarische Bedeutung haben, indem zunächst die Bestimmungen des Reglements vom 12. Dez. 1838 als des die Einrichtung des Sparkassenwesens betreffenden Gesetzes zur Geltung zu bringen sind". Das Kammergericht steht von jeher auf dem gleichen Standpunkt (KG. 11, 144; 28, 246; 30, A. 162).

Auch das Reichsgericht aber vertritt diesen Standpunkt durchaus; in den Liebenwerdaer Fällen geht der II. Senat überall davon aus, daß die Vertretungsbefugnis der Sparkassenbeamten nicht in erster Linie nach den Kommunalgesetzen, sondern zunächst nach den Satzungen der Sparkasse zu beurteilen ist (115, 315; 116, 250f.), und er unterscheidet in diesem Sinne zwischen den Wechselerklärungen der Sparkassen, die er nach dem Statut beurteilt, und den Wechselerklärungen des Kreises als Kommunalverband, die nach der Kreisordnung beurteilt werden. Auch in der Entscheidung des II. Senats v. 23. Nov. 1928 (122, 351) wird ausdrücklich betont, daß die Satzungsbestimmungen der Sparkassen ebenso wie die gesetzlichen Vorschriften über Rechtsgeschäfte von Städten und sonstigen öffentlich-rechtlichen Verbänden zu beurteilen sind, und zwar erging die Entscheidung unter der Herrschaft der Hessen-Naussauischen Städteordnung. In der Literatur findet sich die gleiche Beurteilung ausdrücklich bei v. Knebel-Döberitz (Sparkassenwesen 1907 S. 12), Korn (Reichsverwaltungsblatt 49 S. 568), L. Simon (Neues Sparkassenrecht S. 128), Helfritz (Vertretung S. 117), Peters (l. c. S. 410). Der Grund für diese Auffassung liegt darin, daß das Sparkassenreglement ein Spezialgesetz ist und durch die generellen Kommunalgesetze daher nicht aufgehoben worden ist. Dies um so mehr, als das Reglement sich auf alle öffentlichen preußischen Sparkassen bezog, und für diese ein einheitliches Recht schaffen wollte und mit glänzendem Erfolge geschaffen hat, auch für diejenigen, welche nicht eine Kommune als sog. Gewährverband hinter sich haben. Am allerwenigsten lag es daher im Sinne der preußischen Gesetzgebung, durch den ja über viele Jahre sich ausdehnenden sukzessiven Erlaß der einzelnen Kommunalgesetze stückweise einzelne Sparkassengruppen vom Reglement abweichend behandeln zu wollen. Es kommt dazu, daß sich z. B. aus der Kreisordnung selbst die Zulässigkeit abweichender Statutarbestimmungen auf Grund eines anderen Gesetzes ergibt (§ 20 unterscheidet im Abs. 1 zwischen dem gegenwärtigen Gesetz, d. i. die Kreisordnung, und dem Gesetz überhaupt, welches auf statutarische Regelung verweist; vgl. dazu KG. 34, 224). Neben den allgemeinen Ermächtigungen zum Erlaß autonomer Satzungen in den Kommunalgesetzen stehen denn auch sonst eine ganze Reihe von Ermächtigungen durch Spezialgesetze[31]), unter denen das Sparkassenreglement zeitlich und sachlich eine führende Stellung einnimmt.

5. Damit erledigt sich die Frage für das altpreußische Gebiet, für welches das Sparkassenreglement zunächst erlassen worden war. Aber auch für die später hinzugekommenen preußischen Länder ist das Ergebnis das gleiche. Obwohl das Kammergericht[32]) in einigen Entscheidungen für die Frage der

---

[31]) Vgl. Stier-Somlo im Handwörterbuch der Rechtswissenschaft 1, 302.

[32]) JohowsJ. 26, 254 (1903); 38 A. 200 (1909); 43, 174 (1912).

Behördeneigenschaft des Sparkassenverbandes die Geltung des Reglements für die neuerworbenen Gebietsteile ohne nähere Begründung geleugnet hat, ist es herrschende Meinung, daß das Sparkassenreglement auch in den neuen Provinzen gilt. Die Ansichten gehen darüber auseinander, ob diese Geltung als gewohnheitsrechtliche aufzufassen ist oder etwa nur eine tatsächliche Anwendung bedeutet; doch ist Gewohnheitsrecht anzunehmen, da die tatsächliche Anwendung seit vielen Jahren erfolgt[33]) und als rechtlich bindende von der Praxis behandelt wird. Mindestens aber steht die Ermächtigung zur autonomen Regelung gerade der Vertretungsverhältnisse der Sparkassen in gewohnheitsrechtlicher Geltung; selbst wenn die öffentlich-rechtlichen Vorschriften über die Behördeneigenschaft durch die tatsächliche Befolgung des Reglements seitens der Sparkassen nicht gewohnheitsrechtlich anerkannt sein sollten, wäre dies jedenfalls in Ansehung der Vertretungsformen der Fall, da hier die tatsächliche Übung bei den Sparkassen und Gewährverbänden allein lag. Diese gewohnheitsrechtliche Geltung hat im einzelnen neuestens — gegenüber Korn (l. c. S. 568f.) — Peters (l. c. S. 410ff.) dargetan, gestützt auch auf v. Knebel-Döberitz, Sparkassenwesen (S. 12); wo auf die Verhandlungen der Kommission des Abgeordnetenhauses über das Zuständigkeitsgesetz (Komm.-Ber. 1880/81 Nr. 103 S. 45) und die entsprechende Erklärung des Ministers des Innern verwiesen ist, der die Anordnungen der Staatsaufsichtsbehörde durch die Grundsätze über Annahme von Mündelgeld jederzeit erzwingen kann; danach hat sich die tatsächliche Anordnung des Reglements überall glatt durchgesetzt; ebenso ferner Simon, Das neue Sparkassenrecht (S. 45), Stier-Somlo, Handwörterbuch d. Rechtswissenschaft 5, 562) u. a.

Schließlich aber verweist Peters noch auf die bereits erwähnte Entscheidung des Reichsgerichts (122, 351) in einem kurhessischen Falle, wo die Geltung des Reglements oder doch einer ihm entsprechenden Behandlung der Statuten vorausgesetzt wird[34]). Ein näheres Eingehen auf diese Frage erübrigt sich angesichts der Darlegungen von Peters.

Wollte man aber auch die Geltung des Reglements für die neueren Provinzen nicht annehmen, so kommt man zu dem gleichen Ergebnis auf Grund der obigen Darlegungen über die Zulässigkeit statutarischer Bestimmungen in Ansehung der Vertretung der Sparkassen auf Grund lediglich der Kommunalgesetze, zumindest für die Sparkassen der Provinzen, Kreise und Städte; dies muß vernünftigerweise schließlich zur analogen Ausdehnung des Gedankens auch auf Landgemeinden führen, zumal die kommunalrechtliche Literatur deutlich die Tendenz zeigt, die Landgemeinden da, wo es sich um ausgedehnte Gemeinden, namentlich in den Industriegegenden und im Umkreis großer Städte handelt, den anderen Kommunen gleich zu behandeln, da hier die Landgemeindeordnungen in ihrem ursprünglichen Zuschnitt auf die einfacheren ländlichen Verhältnisse nicht mehr passen. Daraus erklärt sich auch, daß in der Entscheidung des Reichsgerichts nicht deutlich hervortritt, ob die Autonomie in Ansehung der Vertretungsverhältnisse der Sparkassen auf Grund des Reglements von 1838 oder auf Grund

[33]) Auch KG. 30 A. 164 (1905) erkennt an, daß die Gemeinden der neueren Provinzen den von ihnen eingerichteten Sparkassen eine „ähnliche" Organisation gegeben haben, wie sie das Reglement vorschreibt.

[34]) Die von Stier-Somlo l. c. als besondere Bestimmungen für Hessen-Nassau angezogenen Gesetze v. 25. Sept. 1869 beziehen sich nur auf die Landeskreditkasse in Kassel und auf die Wiesbadener Landesbank und deren Sparverkehr, weitere Sparkassenvorschriften bestehen, soweit ich sehe, für Hessen-Nassau nicht; vielleicht käme für Kurhessen das alte kurhessische Gesetz von 1832 in Betracht.

der Kommunalgesetze zugebilligt wird — es trifft eben beides zu. Dieser Umstand hat Simonson den äußeren Anschein eines berechtigten Angriffs auf das Reichsgericht geliefert, der aber des inneren Grundes doch entbehrte.

Schließlich ist zu bemerken, daß sowohl in den alten wie in den neuen Provinzen auf alle Fälle bindende statutarische Anordnungen für die Vertretung in laufenden Geschäften der Sparkassen möglich sind, da für diese ja vollkommene Freiheit besteht, wie oben dargelegt wurde. Für diejenigen Geschäfte, welche über den Kreis der laufenden Geschäfte hinausgehen, lassen sich dann, freilich nur in dem oben angenommenen eingeschränkten Umfange, die Bestimmungen der Sparkassensatzungen über Vertretungsverhältnisse auch noch als Erteilung einer privatrechtlichen Vollmacht aufrechterhalten.

Das Reichsgericht hat also in seiner Liebenwerdaer Entscheidung vom 1. März 1927 (RG. 116, 247) mit Recht ausgeführt, daß, soweit durch Beschränkungen der Vertretungsmacht die freie Entfaltung des Geschäftsverkehrs der Sparkassen behindert werde, die betreffenden öffentlichen Körperschaften (sc. die sog. Gewährverbände) durch entsprechende Satzungsänderung dem begegnen und ihre Beamten mit weitreichenden Vollmachten ausrüsten können, was freilich im Fall des Mißbrauchs zum Schaden der Sparkasse ausschlagen könne.

6. Aus allen diesen Darlegungen folgt die allgemeine Gültigkeit der ordnungsmäßig zustande gekommenen, insbesondere von der Aufsichtsbehörde genehmigten Vertretungsvorschriften der Sparkassensatzungen und insbesondere die restlose Gültigkeit des § 11 der neuen Mustersatzung. Auch bei vorsichtigster Abwägung kann man den Bedenken Simonsons (BankA. 1928 S. 210) gegen die Rechtsgültigkeit dieses § 11 nicht zustimmen; und man kann auch Korn (l. c. S. 569) nicht zustimmen, wenn er sagt, daß „die Annahme der neuen Satzungen den Sparkassen dieses Gebietes (d. i. der neueren Provinzen) nur dringendst widerraten werden kann, wenn nicht die bisherigen Schwierigkeiten, die zu den bekannten oberstgerichtlichen Entscheidungen bezüglich der von Sparkassen ausgestellten Wechsel geführt haben und die die Mustersatzung gerade beseitigen wollte, noch weiter vermehrt werden sollen".

Es bedarf aber noch eines kurzen Blickes auf die Tragweite des § 11 der Mustersatzung im allgemeinen.

Die alte Mustersatzung von 1922 forderte für Verpflichtungserklärungen der Sparkassen grundsätzlich die Unterschrift des Vorsitzenden des Vorstandes und eines weiteren Vorstandsmitgliedes, für Quittungen ließ sie die Unterschrift eines vom Vorstande bestellten Beamten oder Angestellten genügen. Dies ist in der neuen Mustersatzung — nachdem man es schon vorher mehrfach verändert hatte[35]) — im § 11 der neuen Mustersatzung erheblich umgestaltet. Danach ist grundsätzlich die Unterschrift des Vorstandsvorsitzenden und des Leiters der Sparkasse (der nicht Vorstandsmitglied ist) erforderlich, für untergeordnete Geschäfte aber, die jetzt sehr erweitert sind, nämlich

> Wechsel, Schecks, Akkreditive, Anweisungen, Quittungen, Bescheinigungen, Eintragungen in Sparbücher, alle Geschäfte des Depositen-, Giro- und Kontokorrentverkehrs und für eine ganze Reihe (in § 38 aufgezählter) Bankgeschäfte[36])

---

[35]) Vgl. Cremer, Leitfaden für Sparkassen S. 88 (1926).

[36]) Mitzlaff, Sparkasse 1928, S. 235 zählt „vorübergehende Anlegung flüssiger Bestände der Banken" auf und übersieht dabei die oben S. 289 Anm. 2 erwähnte Berichtigung des Druckfehlers „§ 33" in „§ 34".

genügt die Unterschrift zweier vom Vorstande bestellter Beamten oder Angestellten. Diese Bestellung erscheint prima facie im Sinne des bürgerlichen Rechts als eine Vollmachtserteilung, welche durch Erklärung an die betreffenden Beamten und Angestellten erfolgen kann und durch Aushang (§ 11 Abs. 4) publiziert werden soll; doch ist sie nicht sowohl privatrechtliche Vollmacht, sondern vielmehr Delegation der Zuständigkeit an Unterorgane, wofür man die Vollmachtsgrundsätze nur analog heranziehen kann. Für die Beurkundung der wichtigeren Geschäfte durch Vorsitzenden und Leiter ist die Siegelung vorgeschrieben; für die untergeordneten Geschäfte dagegen nicht, so daß sich die Siegelung auch dann erübrigt, wenn eine solche untergeordnete Erklärung vom Vorsitzenden und Leiter selbst gemeinsam abgegeben wird, wie es gelegentlich umfassender Transaktionen oder auch in kleineren Verhältnissen vorkommen kann. Der Name der Zeichnungsberechtigten für beide Kategorien von Geschäften ist im Kassenraum auszuhängen; doch hängt davon die Vertretungsbefugnis nicht ab. Die Bestellung der Beamten oder Angestellten kann jederzeit widerrufen werden; zur Sicherung hiergegen dient der Aushang und ferner die Möglichkeit, erforderlichenfalls eine Bescheinigung des Vorsitzenden des Verwaltungsorgans des Gewährverbandes (nicht des Sparkassenvorstandes), also des Landrats, Bürgermeisters, Gemeindevorstehers gemäß § 11 Abs. 5 herbeizuführen. Die Ermächtigung an die beiden Beamten oder Angestellten kann, worauf Mitzlaff (Sparkasse 1928 S. 235) hingewiesen hat, auch auf einzelne Arten der namentlich genannten Geschäfte beschränkt, auch der Höhe nach begrenzt werden. Dies wird aus dem Aushange oder aus der etwa eingeforderten Bescheinigung des Gewährsverbandsvorsitzenden erhellen. Wieweit dies nach außen wirkt, ist weiter unten zu behandeln.

Nach alledem ist die Vertretungsbefugnis für die wichtigeren Geschäfte den Vorschriften der Kommunalgesetze annähernd nachgebildet, aber im Gegensatze zu der alten Mustersatzung von 1922 mit der starken Abweichung, daß nicht ein Vorstandsmitglied, sondern der Leiter der Sparkasse — sehr zweckmäßiger Weise — mitzeichnet; während daher die alte Mustersatzung ohne weiteres von den vom Reichsgericht angenommenen, oben dargelegten Grundsätzen über die Beurkundung durch Deputationen getragen wurde, ist das für die jetzige Mustersatzung nicht der Fall, und es bedarf für sie der oben angestellten Erwägungen über die potestas statuendi der Kommunen zugunsten ihrer Sparkassen. Für die statutarische Anordnung der leichteren Form einer Vertretung durch zwei Beamte oder Angestellte andererseits ist in vielen Fällen eine besondere rechtliche Regulierung nicht erforderlich, weil es sich um laufende Geschäfte handelt und diese nach der oben näher dargelegten Praxis des Reichsgerichts nicht der Formen der Kommunalgesetze bedürfen und die Statuten insoweit ihnen gegenüber freie Hand haben. Indessen ist zu beachten, daß die untergeordneten Geschäfte, für welche die leichtere Form zugelassen ist, keineswegs sämtlich ohne weiteres unter den Begriff der „laufenden Geschäfte" in dem oben näher erörterten Sinne gehören. Schecks, Akkreditive, Beseheinigungen und Anweisungen, vor allem die im § 38 der Satzung aufgezeichneten Bankgeschäfte können schon wegen des in Betracht kommenden Wertes sehr wohl ganz außerhalb der „laufenden Geschäfte" liegen, und das gilt ganz besonders von den Wechselzeichnungen, für welche die leichtere Vertretungsform ganz ohne Einschränkung zur Verfügung gestellt ist. Daß Wechsel nicht immer zu den laufenden Geschäften gehören, zeigt die oben wiedergegebene Praxis des Reichsgerichts. Es ist sogar kein Zweifel, daß es auch heute noch primitive Sparkassenbetriebe[37]) geben kann, in denen Wechsel überhaupt nicht gezeichnet werden. Für alle diejenigen Fälle, in denen diese untergeordneten Geschäfte nicht zu den „laufenden" gehören, rechtfertigt sich die Vertretungsanordnung der Mustersatzung ebenfalls aus den oben angestellten Erwägungen über die Zulässigkeit autonomer Statuten der Kommunalverbände.

Die Bestimmungen der Mustersatzung beziehen sich übrigens trotz ihres zur gegenteiligen Ansicht leicht hinleitenden Wortlauts („Urkunden", „Bescheinigungen") — ebenso wie nach den obigen Darlegungen die Bestimmungen der Kommunalgesetze — auf jederlei Geschäfte, auch solche, welche nach bürgerlichem und Handeslrecht nicht schriftlich zu sein brauchen. Sonst würde der Leiter der Sparkasse oder der Vorstandsvorsitzende zusammen mit dem Leiter beliebige verpflichtende Geschäfte in großem Umfange eingehen können. Man kann auch nicht sagen, daß von den Bestimmungen der Mustersatzung die laufenden Geschäfte der Sparkasse ausgenommen sind. Denn diese sind nur so weit privilegiert, als durch den Satz 2 die leichtere Urkundsform für sie zugelassen worden ist; eine Ausdehnung der Vorschrift über den Kreis der ausdrücklich angeführten Geschäfte hinaus auf alle sonst als gewöhnliche Geschäfte etwa wirkenden Geschäfte ist nach dem klaren Wortlaut nicht möglich. Die laufenden Geschäfte also generell freizugeben, hindert gerade der Umstand, daß ein Teil (und zwar der wichtigste Teil) von ihnen der leichteren Urkundsform ausnahmsweise unterworfen ist, so daß man die sonstigen laufenden Geschäfte notwendig der schwereren Urkundsform als der regulären zu unterstellen hat. Die mißliche Folge, daß nach dem Statut danach auch die untergeordnetsten Geschäfte, wie die Annahme einer Reinigungsfrau, der erschwerten Urkundsform unterliegen würden, kann durch Erteilung einer Vollmacht in der regulären Form an den Leiter oder einen Angestellten für solche Geschäfte der Hausverwaltung und für ähnliches vorgebeugt werden, die ihn dann, worauf noch zu kommen ist, zum formlosen Abschluß ermächtigt.

Von größter Bedeutung aber, insbesondere auch für Wechselzeichnungen, ist im Rahmen des § 11 der Mustersatzung dessen Abs. 2:

> Urkunden, die den vorstehenden Formvorschriften genügen, sind für die Sparkassen ohne Rücksicht auf die Innehaltung sonstiger satzungsmäßiger Bestimmungen im Einzelfalle rechtsverbindlich.

Diese Bestimmung schließt sich an den längst anerkannten, oben (S. 299 erwähnten Satz an, daß die Innehaltung der kommunalen Formvorschriften eine formelle Legitimation gewährt, welche die Nachprüfung der Legitimität der beurkundeten Erklärungen entbehrlich macht. Dieser schon von O. v. Gierke näher dargelegte Satz (Gen.-Th. S. 678ff.) ist vom Oberverwaltungsgericht (27, 91) anerkannt[38]) und ebenso aber auch in der Praxis der Oberlandesgerichte (vgl. Schneider, VerwArch. 15, 256), des Reichsoberhandelsgerichts (13, 333) und des Reichsgerichts (31, 322); auch die Literatur hält durchgängig an diesem Satze fest[39]). In neuerer Zeit ist der Satz auch in der Gesetzgebung ausdrücklich hervorgehoben worden, so im Anschluß an die evangelischen Kirchengemeinde- und Synodalordnung v. 10. Sept. 1873,

[37]) Solche, für welche nach der Ausdrucksweise der Mustersatzung von 1922 (Vorbemerkung) „nicht das Bedürfnis nach voller zeitgemäßer Ausgestaltung der Geschäfte besteht".

[38]) Unter Berufung auf das Obertribunal, Striethorst 79, 193.

[39]) JR. Schreiber, DNotZ. S. 511; Örtel, Städteordnung, 6. Aufl., S. 406; Ledermann-Brühl, Städteordnung S. 310; Helfritz, Vertretung S. 126f., wo weitere Anführungen.

wo es hieß, daß durch die Beurkundung „die ordnungsmäßige Fassung des Beschlusses festgestellt wird" mehrfach in den neuen Kirchengesetzen der evangelischen Kirche, so in § 35 der Verfassung der altpreußischen Union[40]) v. 29. Nov. 1922, in § 34 der Hannöverschen Kirchengemeindeordnung v. 20. Nov. 1922, § 23 Abs. 4 der Verfassung der Hessen-Kasselschen Landeskirche v. 17. April 1923, § 29 der Landeskirchenverfassung für Frankfurt a. M. v. 12. Jan. 1923 und sonst, aber auch in dem Gesetz über die Vermögensverwaltung der katholischen Kirchengemeinden v. 24. Juli 1924 § 14: Hierdurch wird nach außen die Ordnungsmäßigkeit des Beschlusses festgestellt. Dieser Legitimationsgedanke ist in § 11 scharf ausgedrückt. Er macht alle formgerechten Erklärungen der zuständigen Personen von den internen Vorgängen ganz unabhängig, insbesondere ganz unabhängig von der Innehaltung der den inneren Pflichtenkreis bestimmenden Statutenvorschriften. Mitzlaff[41]) hat in eingehender Darstellung die verschiedenen Arten von Statutenbestimmungen des Musterstatuts erörtert, welche durch die korrekte Vertretungsform gedeckt werden; es handelt sich neben den rein instruktionellen Vorschriften (§ 25 Abs. 4, § 29; § 27 Abs. 2, § 28) um solche, welche absolute Anordnungen treffen, insbesondere gewisse Geschäfte gestatten oder ausschließen (§ 23 Abs. 1 u. 2, § 21 Abs. 3, §§ 24, 31, 33, § 34 Abs. 1, 2, 7) oder für den individuellen Fall zwingende Richtlinien geben (§ 25, § 26, § 27, § 33) oder aber Genehmigungen durch Vorstand, Ausschüsse oder Aufsichtsbehörde vorschreiben (§ 15 Abs. 1 u. 3, § 16 Abs. 5, § 17 Abs. 2, § 18 Abs. 2, §§ 20, 21, 23, 26, 27, 33, 34). Für den Wechselverkehr nun bestimmt § 34, daß die Sparkasse als Geschäft betreiben darf:

> nach Nr. 2: An- und Verkauf von Devisen ... für fremde Rechnung ... (und zwar nach Nr. 1 Kauf nur nach vorheriger Deckung, Verkauf nur nach vorheriger Lieferung; Erwerb von Devisen für eigene Rechnung kommt nicht in Betracht);
>
> nach Nr. 5: Ein- und Auszahlungsverkehr sowie Einziehung von Forderungen (was das Inkassogiro ermöglicht);
>
> nach Nr. 7: Weiterbegebung von Wechseln, die den Bestimmungen des § 27 Abs. 4 oder § 33 entsprechen, jedoch nur an die im § 33 bezeichneten Stellen — (nämlich an öffentliche Bankanstalten insbesondere Girozentralen und Landesbanken, ausnahmsweise an benachbarte Sparkassen und von der Aufsichtsbehörde zugelassene Privatbanken; und zwar handelt es sich dabei nach § 27 um gute Handelswechsel mit drei, mindestens zwei sicheren Verpflichteten, in Deutschland zahlbar und innerhalb drei Monaten fällig, welche zur Erlangung von Kredit diskontiert werden; und nach § 33 um Wechsel, die an der Börse oder im offenen Markt als Privatdiskonten gehandelt werden und die zum Zwecke der vorübergehenden Anlegung verfügbarer Gelder von der Sparkasse gekauft werden. Die Bestimmung fährt dann fort:) Ausstellung und Akzeptierung von Wechseln ist unzulässig.

Danach können also Darlehen gegen Hingabe oder Verpfändung sicherer Wechsel gewährt werden (§ 27 Nr. 3), ein altes Geschäft der Sparkassen (vgl. Simon, Das neue Sparkassenrecht, S. 218), und sonstige Kredite durch Diskontierung von Wechseln gegeben werden (§ 27 Nr. 4), sowie Wechsel aus verfügbaren Mitteln erworben werden (§ 33); die beiden letzteren Arten

[40]) § 35 Abs. 2: Dadurch wird Dritten gegenüber die Gesetzmäßigkeit der Beschlußfassung festgestellt.

[41]) Mitzlaff, Sparkasse 1928 S. 259ff.; gegenüber seinen eingehenden Darlegungen erübrigt sich hier eine nähere Erörterung der Einzelheiten, abgesehen vom Wechselverkehr.

von Wechseln können weiterindossiert werden (§ 34 Nr. 7), so daß die Sparkasse die Haftung als Indossant übernimmt. Ferner kann die Sparkasse die Avalhaftung bei Indossamenten übernehmen (Simon l. c. S. 250), dagegen ist ihr die Eingehung der Aussteller- und der Akzeptantenverpflichtungen überhaupt untersagt, folgeweise ebenso die Übernahme der Bürgschaft für Ausstellung und Akzept. Sie ist also auf das Rediskontierungsgeschäft beschränkt.

Alle diese Beschränkungen aber, und insbesondere diese letzterwähnten Wechselbeschränkungen sind reine Interna infolge der Legitimationsvorschrift des § 11 Abs. 4. Also auch Akzepte und Ausstellungserklärungen verhaften die Sparkasse und ihren Gewährverband, wenn sie von den beiden bestellten Beamten und Angestellten unterzeichnet sind. Es ist daher ganz gleichgültig, ob die Wechselzeichnungen zu den laufenden Geschäften der Sparkasse zu rechnen sind oder ob sie außergewöhnliche Geschäfte, z. B. wegen der Höhe der Wechselsumme darstellen. Dabei gilt diese Haftung nicht nur zugunsten gutgläubiger Dritter, sondern, wie sich aus der unbeschränkten Fassung der Satzung ergibt und wie Mitzlaff (l. c. S. 261f.) und Simon (Neues Sparkassenrecht S. 134f. und Sparkasse 1929 S. 27) des näheren ausgeführt haben, auch zugunsten desjenigen, der mit der Überschreitung der Satzung bekannt war (vgl. §§ 49, 50, 126, 235 HGB., § 376 GmbHG., anders § 54 HGB., aus dem aber angesichts der Fassung der Mustersatzung § 11 und der kommunalrechtlichen Vorbilder keine Analogie gezogen werden kann). Man kann für die Wechselfrage auch nicht eine Ausnahme dann machen, wenn das Geschäft seiner Art nach nicht zu den Geschäften einer Sparkasse gehören kann[42]); denn Wechselgeschäfte können ihrer Art nach immer zu dem Geschäftsbereich einer Sparkasse gehören (Mitzlaff S. 261). Nur im Falle der Kollusion ist, der allgemeinen Praxis[43]) entsprechend, der kolludierende Dritte nicht geschützt. Simon sucht die unbeschränkte Haftung durch die stillschweigende Unterwerfung der Sparkasse unter sie zu erklären; mir scheint, daß es genügt, auf den Charakter der Satzung als objektiver Rechtsnorm hinzuweisen, die ebenso wie das Gesetz selbst die Haftung zwingend regelt. Selbstverständlich können die Statuten der einzelnen Sparkassen die in § 11 vorgesehene Haftung mildern. Doch haben die Aufsichtsbehörden in Preußen hinreichende Handhaben; um unangemessene Milderungen der Legitimationswirkung zu hindern. De lege ferenda betrachtet liegt in der unbeschränkten Haftung der Sparkasse und ihrer Gewährverbände für alle Wechselzeichnungen der beiden bestellten Beamten oder Angestellten natürlich eine Gefahr und zugleich ein weitgehendes Entgegenkommen gegenüber den Wünschen auf scharfe Haftung der Sparkassen für Wechselverbindlichkeiten. Die Haftung geht über die bei den Banken vorkommende insofern hinaus, als dort für die Wechselverbindlichkeiten, welche Angestellte, die nicht Prokuristen sind, eingehen, die Milderung des § 54 HGB. gilt, wonach der Dritte Beschränkungen der

---

42) Diese Einschränkung ist freilich im allgemeinen im Interesse des Gewährverbandes zu machen, da dieser durch die Sparkassenverwaltung wie durch die Verwaltung jeder sonstigen Deputation nur im Rahmen des ihm gesteckten Zweckes verpflichtet werden kann. Das heißt aber nicht, daß hierfür die im Musterstatut abgegrenzten einzelnen zulässigen Geschäfte maßgeblich sind, sondern es handelt sich lediglich darum, daß die getätigten Handlungen im Rahmen des allgemeinen Zwecks einer Sparkasse und des mit ihr mindestens potentiell zusammenhängenden Bankbetriebes liegen müssen, also z. B. nicht Übernahme des Betriebes eines Elektrizitätswerks, einer Gasanstalt, einer Kreisbahn; das wäre ultra vires im Sinne unseres Rechts.

43) Mosse-Heymann, HGB. zu § 50 Anm. 3, § 126 Abs. 3, 10, § 235 Anm. 4.

Handlungsvollmacht gegen sich gelten lassen muß, wenn er sie kannte oder kennen mußte[44]).

Nun kann, wie schon erwähnt, die Vertretungsmacht der beiden Beamten oder Angestellten, welche vom Vorstand für die leichtere Form der Beurkundung bestellt sind, der Art und dem Umfange nach beschränkt werden. Das folgert Mitzlaff mit Recht aus dem Umstande, daß ihre Vertretungsmacht auf jeweiliger Betrauung beruht; dieser Schluß ist um so berechtigter, als die Bestallung jederzeit trotz Fortbestehens des Beamten- oder Angestelltenverhältnisses zurückgenommen werden kann. Es liegt anders wie beim Vorstandsvorsitzenden und Sparkassenleiter, deren Vertretungsmacht auf ihrer Organstellung beruht und so lange dauert, wie die sonstige Tätigkeit in dieser Stellung, die ihnen allerdings jederzeit durch den Gewährverband entzogen werden kann. Kann die erwähnte Beschränkung der Vertretungsmacht der zwei Beamten oder Angestellten Dritten gegenüber seitens der Sparkasse irgendwie geltend gemacht werden? Abgesehen von dem seltenen und schwer nachzuweisenden Falle der Kollusion, steht der Geltendmachung auch hier die unbedingte und uneingeschränkte Legitimationsvorschrift des § 11 Abs. 2 der Satzung gegenüber. Es sollte absichtlich durch diese Vorschrift der Sparkasse jeder Einwand ebenso abgeschnitten werden, wie er im Handelsverkehr einer Bank dann abgeschnitten ist, wenn Vorstandsmitglieder und Prokuristen den Wechsel gezeichnet haben. Daß man man diese weitgehende, der Prokura ähnliche Vertretungsmacht bei Wechselzeichnungen nicht für den Vorsitzenden und Leiter reservierte, erklärt sich aus der Notwendigkeit, bei Sparkassen oft Hunderte von kleinen Kundenwechseln an einem Tage zu indossieren. Eine Beschränkung auf eine bestimmte Maximalsumme ließe sich aber schon wegen der Verschiedenartigkeit der Verhältnisse nicht durchführen. Auch ist für spätere Indossatare die Unterscheidung, ob „der Vorstand" oder die beiden Beamten unter der Bezeichnung „die Sparkasse" (vgl. § 11 Abs. 3) gezeichnet haben, nicht ganz leicht. Immerhin kann man ja zweifeln, ob die Sparkasse durch diese Regelung — welche Urteilen ähnlich dem Liebenwerdaer gründlichst vorbeugen sollen — nicht allzuviel Kulanz entwickelt haben, aber das ist eine Frage de lege ferenda. De lege lata könnte man höchstens zweifeln, ob nicht die Haftung der Sparkasse für Zeichnungen der zwei Beamten oder Angestellten, soweit sie die Beschränkungen ihrer Vertretungsmacht verletzen, dann wenigstens ausgeschlossen werden kann, wenn die Sparkasse durch Vermerk im Aushang oder durch die dem Gegenkontrahenden vorgelegte, die Beschränkung betonende Bescheinigung des Gewährverbandvorsitzenden ausdrücklich auf die Beschränkung aufmerksam gemacht hat. Dies scheint Mitzlaff (S. 235) anzunehmen (obwohl er später, S. 262, sehr scharf für den Schutz auch des bösgläubigen Dritten im Interesse der Rechtssicherheit eintritt). Man könnte es vielleicht damit begründen, daß die Legitimationsvorschrift des § 11 Abs. 2 sich nur auf die Nichtinnehaltung sonstiger „satzungsmäßiger Bestimmungen" bezieht, während es sich hier um konkrete Beschränkungen der „Bestellung" handelt. Indessen eröffnet man damit die Möglichkeit der Berufung auf das Kennen oder Kennenmüssen des Dritten von allen internen Sonderweisungen, in die dann wieder mittelbar sogar die Satzungsbestimmungen über die Geschäftsgebarung hineingezogen werden könnten. Daher wird man vom Standpunkt des von der Mustersatzung befolgten Zweckes der Vermeidung jeder Unsicherheit die

---

[44]) Vgl. auch RG. 86, 89.

Beschränkung der Bestellung der zwei Beamten nach Art und Umfang ihrer Geschäfte als Internum behandeln müssen. Natürlich gilt auch hier aber die oben bereits erwähnte allgemeine Ausnahme der Kollusion, und es wird sehr leicht der Umstand, daß der Dritte durch Aushang oder Bescheinigung des Gewährverbandsvorsitzenden Kenntnis von der Beschränkung hatte, ein Anhalt für die Annahme fraudulösen Handelns auf seiner Seite sein. Damit wird man die schlimmsten Auswüchse beseitigen können.

IV.

Es erübrigt noch, einen Blick darauf zu werfen, wie sich die Rechtslage gestaltet, wenn Verpflichtungserklärungen, insbesondere Wechselverpflichtungserklärungen von Personen abgegeben werden, welche nicht nach dem Vorstehenden zur Vertretung der Sparkasse ermächtigt sind. Es handelt sich besonders um die Fälle von Vollmachtserteilungen und Fälle der sog. stillschweigenden Vollmacht, Fragen, die immer wieder erörtert worden sind und auch unter der Herrschaft der neuen Mustersatzung vorkommen können, ganz abgesehen davon, daß sie da erscheinen können, wo noch alte Satzungen gelten, oder wo es an einer Satzungsbestimmung überhaupt fehlt oder aber die Satzung nicht genau der Mustersatzung angepaßt ist.

1. Zunächst ist zu betonen, daß die Sparkassen in der für Urkundsakte vorgeschriebenen Form auch Vollmachten ausstellen können. Diese gehören ihrem Wesen nach zu den verpflichtenden Erklärungen[45]) und unterliegen daher der Form[46]) des § 11 der Mustersatzung, und zwar immer der schwereren Form (Vorsitzender und Leiter), da unter den durch die zwei Beamten oder Angestellten zu erledigenden Geschäften Vollmachten nicht aufgezählt sind. Soweit § 11 der Mustersatzung oder eine ähnliche Satzungsvorschrift nicht in Betracht kommt, würden sie den Formen der Kommunalgesetze unterliegen und als Vollmachten für laufende Geschäfte lediglich den allgemeinen bürgerlich-rechtlichen und handelsrechtlichen Regeln, also den Regeln für die bürgerliche und die Handlungsvollmacht, da die Vollmacht insoweit selbst zu den laufenden Geschäften zu rechnen ist[47]); dagegen kann unter dem Gesichtspunkte der laufenden Geschäfte niemals die Prokura in Betracht kommen, da diese immer über den Kreis der laufenden Geschäfte hinausgeht und sich auf alle zum Betriebe gehörigen Geschäfte bezieht, so daß diese immer in der Form der Kommunalgesetze beurkundet werden muß. Das Statut kann übrigens die Ausstellung einer Vollmacht ganz ausschließen[48]). Wenn eine solche Vollmacht ausgestellt ist, so können von dem Bevollmächtigten dann die verpflichtenden Rechtsgeschäfte in der allgemeinen bürgerlichen oder handelsrechtlichen Form vorgenommen werden, es bedarf für die Durchführung der einzelnen Geschäfte nicht wiederum der Form der Kommunalgesetze oder der Form des § 11 der Mustersatzung. Das

---

[45]) Gleichstellung der Vollmacht mit verpflichtenden Urkunden: Östl. Kreisordnung § 137 Abs. 3, Landgemeindeordnung § 88 Nr. 7, vgl. auch Provinzialordnung § 91. Vgl. RG. 116, 252, es sagt mit Recht: Aus der Natur der Vollmacht, welche weitgehende Verpflichtungen der Sparkasse als Vollmachtgeberin erzeugen kann, folgt, daß die Bevollmächtigung im allgemeinen ähnlich behandelt werden muß wie eine sonstige urkundliche Verpflichtung der Sparkasse. Ebenso RG. II. ZS. v. 30. Sept. 1927 (LZ. 1928 S. 60).

[46]) Ersetzbar durch eine formgerechte Erklärung des Vertretungsorgans des Gewährverbandes selbst (Magistrat), vgl. RG. in JW. 1929 S. 1132 Nr. 12 a. E.

[47]) So auch Brandis, JW. 1929 S. 1003 (der Wechselunterschriften aber anscheinend schlechthin für ungewöhnliche Geschäfte hält); anders Örtel, § 56 Nr. 8 der Städteordnung Anm. 4.

[48]) Dies kann auch in der Form geschehen, daß eine bestimmte Art der Bevollmächtigung, z. B. an einen bestimmten Beamten (Leiter) und durch ein bestimmtes Organ (Verwaltungsrat) als ausschließlich möglich im Statut bezeichnet wird (RG. in LZ. 1928 S. 59).

Reichsgericht (89, 437ff.) hat diesen Satz seinen Ausführungen zugrunde gelegt (S. 440, vgl. S. 435, 437); er ist auch sonst feste Praxis (vgl. Örtel, Städteordnung, 1914⁶, § 56 Nr. 8, S. 408 Anm. 4; Ledermann-Brühl, Städteordnung, 1913², S. 312 Anm. 5) und kommt in Form von Vollmachten der Kommunalverbände für einzelne ihrer Beamten zu Vertragsabschlüssen, gerichtlichen oder außergerichtlichen Geschäften, auch von generellen Vollmachten für bestimmte Arten von Geschäften fortdauernd vor; die Durchführung von Prozessen, Konkursverfahren, der Zwangsvollstreckung in das unbewegliche Vermögen, der Auflassung (vgl. Örtel l. c. und Ledermann l. c. Anm. 4) usw. wäre sonst nicht möglich. Durch die Vollmacht ist auch der Zweck der kommunalgesetzlichen Vorschriften und ebenso der Vorschrift des § 11 der Mustersatzung oder sonstiger ähnlicher Statutenbestimmungen voll gewahrt, da es nur darauf ankommt, Sicherheit über die korporative Erklärung zu schaffen.

2. Es ist hiernach sowohl die Ausstellung einer handelsrechtlichen Prokura wie die Ausstellung von Handlungsvollmachten möglich, sofern die Sparkasse oder, genauer, infolge ihres Betriebes der Gewährverband Kaufmann ist. Über die Kaufmannseigenschaft der Sparkasse ist viel gestritten worden, was solange leicht erklärlich war, als das Sparkassengeschäft sich öfter lediglich in der Form von Annahme der Spargelder und ihrer Anlegung in Hypotheken und eines mäßigen, für die notwendige Liquidität der Gelder erforderlichen Bestandes von mündelsicheren Wertpapieren erschöpfte. Rein hat eine solche Form des Betriebes bei den Sparkassen aber niemals bestanden; vielmehr hat man von Anfang an auch darauf Bedacht genommen, im Gegengeschäft durch Darlehen an kleinere und mittlere Leute die Interessen der Allgemeinheit zu fördern. Die Sparkassen waren von Anfang an auch Darlehnskassen, Leihkassen, und sie haben diesen Charakter bis heute erhalten und immer mehr ausgebaut. Dabei sind in steigendem Maße kaufmännisch-technische Einrichtungen verwendet worden; seit die Sparkassen durch das Scheckgesetz das Scheckprivileg erhalten haben und durch den preußischen Ministerialerlaß v. 20. April 1909 in Preußen für sie der Giroverkehr eingeführt wurde, haben sie in großem Umfange den Kontokorrentverkehr durchgeführt; sie haben neben dem Scheck- und Giroverkehr einen starken Wechselverkehr, der ihnen neben dem durch Hypothek, Faustpfand und Bürgschaft gesicherten Kredit in den oben geschilderten Formen ermöglicht ist, und sind, abgesehen von ganz kleinen Verhältnissen, überall schon infolge der vereinheitlichenden Wirkung der Girozentralen bankmäßig ausgestaltet[49]); immer liegt ihrem Betriebe dasselbe Prinzip zugrunde wie allen Bankbetrieben, nämlich als Mittelpunkt des Betriebs die Annahme von Geldern gegen Zins und ihre Verwertung zur Gewährung von Kredit, womit sich dann weiter die sämtlichen Geschäfte des Zahlungs-, Kredit- und Finanzierungsverkehrs einschließlich des Wertpapierhandels verbinden. Damit ist die Kaufmannseigenschaft gegeben, vorausgesetzt, daß dies alles gewerbsmäßig, d. h. zum Zweck der Erzielung dauernden Gewinns erfolgt. Dieses Gewinnstreben wird nicht ausgeschlossen durch die Gemeinnützigkeit des Betriebes, d. h. durch die mit dem Betriebe verfolgte Förderung des öffentlichen Wohls, insbesondere des Wohls der weniger bemittelten Klassen; diese Gemeinnützigkeit liegt sowohl im allgemeinen wie im steuerrechtlichen Sinne bei allen öffentlichen Sparkassen vor (ebenso Simon, Das neue Sparkassenrecht S. 60ff., vgl. RFinH. 22 S. 204). Damit ist gewerbsmäßiger Betrieb

[49]) Dazu E. Heymann, Kontokorrentgeschäfte der Sparkassen III u. VI (1926). Vgl. auch Nissen, Bankmäßige Betätigung der Sparkassen (1926) u. Fritz, Kampf zwischen Sparkassen und Banken (1927).

aber durchaus vereinbar, nämlich zumindest dann, wenn auch die Überschüsse wieder für gemeinnützige Zwecke verwendet werden. Das ist der Fall, wenn sie zur Vergrößerung und zum Ausbau des Betriebs der Sparkasse oder für besondere, von dem Sparkassenzweck verschiedene Wohlfahrtszwecke bestimmt sind. Dementsprechend bestimmt das neue Musterstatut in § 34, daß die Überschüsse, soweit sie nicht der Sicherheitsrücklage, der Kursrücklage und dem Aufwertungsfonds zuzuweisen sind, „an den Gewährverband zur Verwendung für nicht zu dessen gesetzlichen Aufgaben gehörende[50]) gemeinnützige oder mildtätige Zwecke im Sinne der Vorschriften der Steuergesetze und der zu ihrer Ausführung erlassenen Bestimmungen" abzuführen sind. Es wird also mit Überschüssen durchaus gerechnet, und es muß mit Überschüssen — und zwar nicht nur mit zufälligen — gerechnet werden, da der heutige Betrieb einer Sparkasse, wenn er nicht zu sicherem Ruin führen soll, auf maßvolle[51]) Überschüsse zugeschnitten sein muß; schon die Notwendigkeit, jederzeit größere liquide Beträge zur Verfügung zu haben, die Unsicherheit der Zinsgestaltung, das dauernde Schwanken der Kreditbedürfnisse zwingt zu einer solchen Tendenz des Betriebs, ja man kann sagen, daß ein moderner Wirtschaftsbetrieb irgendwelcher Art vernunftgemäß nur mit Gewinnstreben geführt werden kann. Dabei kann dieses Streben maßvoll bleiben und braucht nicht in rein spekulativen Bankbetrieb überzugehen, wenngleich natürlich jedes Gewinnstreben spekulativen Charakter haben wird, und anderseits eigentlich spekulativer (und dann sog. sparkassenfremder) Bankbetrieb sich häufig und zwangsläufig mit der Sparkasse verbinden wird. Es ist aber ein feststehender bekannter Satz, daß für den Begriff der Gewerbsmäßigkeit und insbesondere daher auch für die dem Kaufmannsbegriff nötige Gewerbsmäßigkeit jeder auf Gewinn gerichtete Betrieb genügt, gleichviel zu welchen Zwecken der Gewinn verwendet wird, und auch wenn die Gewinnerzielung nicht der Hauptberuf des Betreibenden ist (Entscheidungen bei Mosse-Heymann, HGB. § 1 Anm. 7). Die Gewerbsmäßigkeit wird auch nicht dadurch ausgeschlossen, daß im Einzelfall kein Gewinn gemacht wird; es kommt lediglich auf die Richtung des Betriebs an, und diese ist nicht durch die Erforschung der verborgenen inneren Absichten der Betreibenden zu bestimmen, sondern durch den ganzen Aufbau und die Ausgestaltung des Betriebs, woraus sich dann umgekehrt auf die innere Absicht, soweit das erforderlich ist, schließen läßt. Da potentiell jede Sparkasse in diesem Sinne auf Gewinn ausgehen muß, wird man sagen können, daß alle öffentlichen Sparkassen Kaufleute sind. Dies ist aber nicht herrschende Meinung, vielmehr steht man in verschiedener Abstufung der Kaufmannseigenschaft der Sparkassen zum Teil zögernd gegenüber, obwohl das Reichsgericht nicht allzuweit von dem hier vertretenen Standpunkt entfernt ist. Das Preußische Oberverwaltungsgericht (11, 56ff.) hatte am 20. Nov. 1884 lediglich auf Grund der Interpretation eines Kreissparkassenstatuts dahin entschieden, daß weil als Zweck die Hebung des Sparsinns der Kreiseinwohner und die sichere Anlegung ihrer Ersparnisse bezeichnet war, sowie auf Grund des sonstigen Inhalts des Statuts die Kasse sich nicht „als eine auf Erwerb gerichtete, sondern als eine öffentliche, ge-

[50]) Dies deshalb, damit die Überschüsse nicht den bemittelten Kommunalangehörigen Steuervorteile bringen — es ist also zur Erhaltung der Gemeinnützigkeit die höchste, wie mir scheint sogar zu weitgehende Vorsicht aufgewendet. Nicht beitreten kann ich der Polemik F. v. Lilienthals (BankArch. 1928 S. 286) gegen den Reichsfinanzhof.

[51]) Ein „unbeschränktes Gewinnstreben", wogegen sich Lohe, BankArch. 1924 S. 115, offenbar unter den seelischen Eindrücken der Inflation mit scharfen Worten wendet, wird sich für die wirklich gemeinnützig arbeitenden Unternehmungen ganz von selbst verbieten; hier besteht ein tatsächlicher, wenn auch nicht ein für die Rechtsbegriffe entscheidender Kausalzusammenhang.

meinnützige Anstalt darstelle" (woraus das Gericht die Freiheit von Kommunaleinkommensteuer folgerte). Nun ist man sich heute darüber klar, daß weder die Öffentlichkeit noch die Gemeinnützigkeit die Gewerbsmäßigkeit ausschließt. Im Anschluß an das OVG. und an eine Äußerung der Denkschrift zum HGB. von 1896 (S. 11) ist mehrfach[52]) die Kaufmannseigenschaft der Sparkassen überhaupt in Abrede gestellt worden (Nicolai, Reichsverwaltungsblatt 49, 455 [1928]; besonders jetzt Simon, Neues Sparkassenrecht S. 62ff.). Demgegenüber steht wohl die Mehrzahl der Schriftsteller und auch der Judikatur seit längerer Zeit auf dem vermittelnden Standpunkt, daß die Sparkassen sehr wohl Kaufleute aus § 1 HGB. sein können, es aber nicht in allen Fällen sein müssen, so daß die Kaufmannseigenschaft Tatfrage des Einzelfalles ist. Es genügt hier, auf Staub (HGB. § 1 Anm. 7, 10 u. 69) sowie auf Könige-Teichmann-Köhler (HGB. § 1 Abs. 2 Nr. 4 S. 12f., §§ 36, 343 [1929]) und die dort angegebene reiche Judikatur zu verweisen. Der Grundgedanke ist vom Reichsgericht übernommen und besonders eingehend in der Entscheidung des II. Senats v. 1. März 1927 (RG. 116, 227) ausgeführt; der Senat hebt hervor, daß die neuere Entwicklung der Sparkassen, die sich „den wesentlichen Geschäften des Bankverkehrs zugewendet haben, während früher ihre Tätigkeit fast ausschließlich auf das Depositengeschäft ... beschränkt war" von Bedeutung sei, und daß es auf das Bestreben nach regelmäßigen Überschüssen ankomme, möge auch der eigentliche Zweck ein gemeinnütziger sein. Zweifellos ist der Entwicklungsgedanke für die Frage als Argument von Bedeutung und die Überwindung der älteren, primitiveren Zustände in Geschäftstechnik und in Zielstreben füglich entscheidend. (Vgl. auch RG. 116, 252; LZ. 1928 S. 56; RG. 115, 318, wo aus den Statuten allerdings die Kaufmannseigenschaft wohl hätte gefolgert werden können.) Weitergehend hatten der I. Senat (24. Febr. 1923, RG. 106, 318) und der V. Senat (31. Jan. 1924, WarnRspr. 1923/24 Nr. 157 S. 187) ohne weiteres aus dem Vorliegen von Bankgeschäften bei Sparkassen die Kaufmannseigenschaft gefolgert, was angesichts des Geschäftsbetriebs der Sparkassen folgerichtig zur Annahme der Kaufmannseigenschaft in jedem Falle führen muß. Wenn das Reichsgericht jetzt die Frage als Tatfrage des Einzelfalls — obwohl mit einer praesumptio facti für die Gewerbsmäßigkeit (so mit Recht Nicolai) — behandelt, so hat das den Nachteil, daß nun doch im einzelnen Falle leicht Bedenken und Unsicherheiten bestehen können[53]), die auch nur beschränkt ihre Behebung durch die Registrierung finden können, da die Kaufmannseigenschaft nach § 1, nicht nach § 2 des HGB. in Betracht kommt und da zudem das Privileg der Kommunalverbände auf bloß fakultative Eintragung (§ 36 HGB.) besteht. Vor allem aber passen die Erwägungen, die das Reichsgericht anstellt, heute nach dem oben Gesagten auf alle öffentlichen Sparkassen, und man braucht kein Prophet zu sein, um auf Grund der bisherigen Entwicklung der Frage vorauszusagen, daß entsprechend dem Verkehrsinteresse[54]) der

[52]) Eine Reihe von Erlassen der preußischen Aufsichtsbehörde beruhen auf der Ablehnung der Kaufmannseigenschaft; Nicolai, Reichsverwaltungsblatt 49, 455 führt an: 24. Aug. 1847, 16. Nov. 1877, 6. Dez. 1889, 3. April 1895, 4. Dez. 1924 (MBliV. S. 1165). Vgl. aber OVG. VIII. G.St. 150/27.

[53]) Vgl. auch Citron, Sparkasse 1927 S. 134; er weist mit Recht auf die Möglichkeit der Eintragung hin; aber sie ist freiwillig und nicht immer werden sich die Kommunen dazu entschließen; zudem kann die Kaufmannseigenschaft trotz Nichteintragung bestehen.

[54]) Gegenüber dem vom Reichsgericht hervorgehobenen Gedanken des Verkehrsinteresses an der Kaufmannseigenschaft der Sparkassen kann man sich nicht, wie Nicolai S. 456 mit der Annahme begnügen, daß nach dem von ihm so genannten Sparkassenzivilrecht die Grundsätze des HGB. trotz mangelnder Kaufmannseigenschaft auf die Sparkassen anzuwenden wären. Ich kann keinen Anhaltspunkt dafür finden, und wenn man ihn fände, was wäre dann anders? Nico-

Gedanke der Kaufmannseigenschaft aller öffentlichen Sparkassen — die mit wenigen Worten auch V. Ehrenberg (Handbuch II S. 17) und J. v. Gierke (Handelsrecht S. 26) vertreten — sich durchsetzen wird. Die Sparkasse ist ihrem Wesen nach eine eigenartig ausgestaltete Bank. Es wird durch diese Erkenntnis auch mancher Streitstoff mit den Banken beseitigt werden, und für Steuerzwecke genügt der Gesichtspunkt der Gemeinnützigkeit, dem die Auslegung und Fassung der Steuergesetze Rechnung zu tragen hat. Das Reichsgericht läßt, indem es die Frage den Oberlandesgerichten zuschiebt, für eine solche Entwicklung auch freie Hand.

3. Es kann hier im übrigen dahingestellt bleiben, ob in allen oder nur in den meisten Fällen Kaufmannseigenschaft der Sparkassen, genauer ihrer Gewährverbände, vorliegt. Soweit es der Fall ist, erhebt sich aber die Frage, ob bei Erteilung von Vollmachten die handelsrechtlichen Grundsätze Anwendung finden, so daß also eine Prokura mit voller Wirkung durch ausdrückliche, im übrigen aber formlose Erklärung erteilt werden kann, und entsprechend eine Handlungsvollmacht durch einfache formlose Erklärung. Es bedarf nach dem oben Gesagten keiner weiteren Darlegung, daß dies nicht der Fall ist. Vielmehr konkurrieren hier ebenso wie bei der an sich formlosen Bevollmächtigung des bürgerlichen Rechts die öffentlich-rechtlichen Formen der Kommunalgesetze und der Sparkassenstatuten, und es kann sich der Dritte niemals auf die handelsrechtlichen Vorschriften allein berufen[55]). Wohl aber ist es, wie schon erwähnt, möglich, in diesen öffentlichrechtlichen Formen sowohl eine Prokura und eine Handlungsvollmacht wie auch eine Vollmacht des bürgerlichen Rechts zu bestellen. Dabei genügt bei der Prokura die formgerechte schriftliche gesiegelte Erklärung durch die zuständigen Personen (Vorstand und Leiter nach der Mustersatzung), die Eintragung ist rechtsbestärkend. Die Wirkung der Prokuraerteilung geht weiter als die der Bestellung zweier Beamter oder Angestellter zu der sog. leichteren Vertretungsmacht, da die Prokura schlechthin alle Geschäfte und Rechtshandlungen, die der Betrieb der Sparkasse mit sich bringt, umfaßt. Dagegen geht die formgerechte Bestellung eines Handlungsbevollmächtigten weniger weit, weil diese Handlungsvollmacht nur die „gewöhnlichen" Geschäfte umfaßt und für Wechselverpflichtungen insbesondere Spezialvollmacht erfordert (§ 54 Abs. 2 HGB.). Man wird auch nicht etwa sagen können, daß nach Analogie der kommunalrechtlichen und satzungsmäßigen Formen etwa immer Kollektivvollmacht für zwei Prokuristen oder Handlungsbevollmächtigte oder etwa für einen von ihnen in Verbindung mit einem Vorstandsmitgliede bestellt werden muß; es wird das nach fester Praxis auch nicht für die Erteilung einer Auflassungsvollmacht oder Prozeßvollmacht durch die kommunalen Organe nach den Kommunalgesetzen verlangt. In der Möglichkeit solcher handelsrechtlichen Vollmachten liegt auch keineswegs ein besonderes Privileg für die Sparkassen; denn sie teilen diese Form mit allen Kaufleuten. Eine andere Frage ist, ob die Sparkassenvorstände vom Standpunkt ihrer internen Pflicht als öffentliche Behörden solche Vollmachten, insbesondere

---

lais Auffassung spricht gerade für die hier vertretene Meinung. Im Grunde spielt wohl die Sorge vor Steuereingriffen eine große, stille Rolle für die Leugnung der Kaufmannseigenschaft, m. E. mit Unrecht.

[55]) In einer Entsch. v. 30. Sept. 1927 (LZ. 1928 S. 57) berührt der II. Senat auch die Frage, ob handelsrechtliche Vollmachten genügen, wenn eine Stadt „neben der Sparkasse und ganz unabhängig von dieser einen Bankbetrieb eröffnet" hat (aber mit demselben Personal). Die Frage wird nicht entschieden; doch sind in einem solchen Fall für den Bankbetrieb die kommunalen Formvorschriften zu erfüllen, so daß für laufende Geschäfte eine formlose Handlungsvollmacht möglich ist.

Prokuren, angesichts der gesetzgeberischen Motive des § 11 der Mustersatzung im allgemeinen erteilen dürfen — der Aufbau der Mustersatzung (vgl. z. B. § 8) steht dem wohl entgegen, doch wird bei großem, besonders bei stark bankmäßigem Betriebe namentlich die (evtl. kollektive) Prokuristenbestellung unter Umständen unentbehrlich sein. Hier liegen Keime einer Fortentwicklung der Frage.

4. Aus diesen Erwägungen heraus erledigt sich zugleich die weitere Frage nach Zulässigkeit der Erteilung einer stillschweigenden Vollmacht, wenigstens im eigentlichen Sinne. Nach dem Bürgerlichen Gesetzbuch und ebenso als Handlungsvollmacht — im Gegensatz zu der ausdrücklich zu erteilenden Prokura — kann die Vollmacht auch stillschweigend erteilt werden, d. h. ohne ausdrückliche, unmittelbar auf die Erteilung gerichtete Worterklärung. Die Erteilung kann danach durch Worte erfolgen, welche nur mittelbar auf die Vollmachtserteilung hinweisen oder aber auch durch konkludente Handlungen anderer Art. Immer aber handelt es sich — wenn auch nur eine mittelbare Erklärung vorliegt — um die Äußerung eines Bevollmächtigungswillens[56]). Es ist nach dem eben Ausgeführten klar, daß in dieser Weise die Vollmacht für eine Sparkasse nur ganz ausnahmsweise (vgl. Anm. 47) bestellt werden kann, da regelmäßig die öffentlich-rechtlichen Formen zu wahren sind.

Damit aber ist die Frage nach der stillschweigenden Vollmacht keineswegs erledigt. Denn man versteht darunter vielfach in den Erörterungen der Literatur und Judikatur noch etwas ganz anderes als das eben Erwähnte und vermischt beides in oft kaum trennbarer Weise. Man denkt nämlich auch daran, daß durch irgendein Verhalten einer Person ein Dritter veranlaßt wird, an eine von ihr erteilte Vollmacht zu glauben, und daß sie deshalb nach Treu und Glauben durch die Rechtshandlungen des sog. Bevollmächtigten verhaftet wird, mag auch ihr Verhalten keineswegs als vollmachterteilende Willenserklärung gemeint gewesen sein. In diesem Sinne erwähnt insbesondere das Reichsgericht immer wieder die Frage der sog. „stillschweigenden Vollmacht". Dies gesellt sich den Fällen zu, welche Manigk unter dem Gesichtspunkte behandelt hat, daß in ihnen „Rechtswirkungen überhaupt nicht mit Rücksicht auf einen dabei erheblichen Parteiwillen eintreten, sondern ... auf Grund von Tatbeständen anderer Art[57])". Daß auf solcher Grundlage eine „Vertretung" möglich sei, ist namentlich für das Handelsrecht allgemein anerkannt und wird unter dem Stichwort der stillschweigenden Erteilung einer Handlungsvollmacht allenthalben in der Literatur erörtert[58]). Das Reichsgericht hat in fester Praxis dieses Prinzip angenommen und gerade bei Gelegenheit der Sparkassenfälle es oft in fester Formulierung wiederholt. Besonders klar ist das Prinzip in einer Entscheidung des II. Senats v. 27. Mai 1927 (RG. 117, 165) formuliert, wo es heißt: „Im Verkehr unter Kaufleuten muß die Frage, ob ein Kaufmann einem seiner Angestellten Vollmacht zur Vornahme von Rechtsgeschäften, insbesondere zur Eingehung von Wechselverbindlichkeiten, erteilt hat, und ebenso der Umfang dieser Vollmacht nach dem in die äußere Erscheinung getretenen Verhalten des Kaufmanns beurteilt werden ... Es kommt daher für die Frage nach der still-

[56]) Vgl. in diesem Sinne z. B. ROHG. 8, 316 (1873); 12, 277; RG. 50, 75; RG. in Gruchots-Beitr. 52, 937; RG. 73, 347.

[57]) Manigk, Willenserklärung und Rechtsgeschäft S. 226 (1907); vgl. auch Kipp in Windscheid-Kipp 1906[9] I S. 339.

[58]) Vgl. Düringer-Hachenburg, HGB. I Vorbem. zu § 48 Anm. 36 u. 48 (S. 352, 356); Staub-Bondi § 54 Anm. 5ff., vgl. § 125 Anm.. 10; Planck, BGB. § 167 Anm. 6 S. 449; Staudinger § 167 Anm. 5 S. 701; KommRGR. § 167 Note 1.

schweigenden Vollmachtserteilung nicht sowohl darauf an, ob der Vertretene die rechtsgeschäftliche Tätigkeit des Vertreters gekannt und geduldet hat, als vielmehr darauf, wie das Verhalten des Vertretenen gegenüber den Handlungen des Vertreters von den mit diesem abschließenden dritten Personen aufgefaßt werden mußte, d. h. ob es von ihnen nach Treu und Glauben dahin gedeutet werden durfte, daß dem Vertretenen bei Anwendung der im Verkehr erforderlichen Sorgfalt das Verhalten des Vertreters nicht habe verborgen bleiben können und daß es daher von ihm geduldet wurde." Der Senat beruft sich dabei aber auf das vielfach als Leitentscheidung zitierte Urteil des II. Senats v. 14. März 1907 (RG. 65, 292), in welchem besonders betont wird, daß es auf das subjektive Verhalten, das Willensmoment[59]), des Vertretenen überhaupt nicht ankommt; es heißt dort: „Es kommt daher darauf, ob der Vorstand des verklagten Vereins, indem er duldete, daß W. in Fällen, wo es der Zustimmung des Vorstandes bedurft hätte, ohne solche Gelder für den Verein annahm und darüber quittierte, den Willen gehabt hat, damit ein gleiches Verfahren auch für künftige Fälle gutzuheißen, überhaupt nicht an und entscheidend ist auch nicht ohne weiteres, ob er von solchem Verfahren des W. Kenntnis gehabt hat oder nicht. Fand dieses Verfahren unter Umständen statt, daß es die Mitglieder des Vorstandes wahrnehmen mußten, so kann der Beklagte mit der Entschuldigung, die Vorstandsmitglieder hätten es gleichwohl nicht wahrgenommen, oder es sei ihnen nicht bewußt geworden, nicht gehört werden; er muß das Verhalten seines Vorstandes so gegen sich gelten lassen, wie es von denen, die mit dem Verein in geschäftlichen Beziehungen standen, nach Treu und Glauben aufgefaßt werden durfte." Der hier deutlich ausgedrückte Gedanke, daß es nur auf den äußeren Tatbestand ankommt, auf welchen der Dritte vertraute oder vertrauen durfte, ist aber schon vom II. Senat des Reichsoberhandelsgerichts in einer Entscheidung v. 26. Mai 1873 (ROHG. 10, 142) deutlich zum Ausdruck gebracht worden, indem dort betont wird, daß die handeltreibende Ehefrau für die Geschäfte ihres als Handlungsbevollmächtigten aufgetretenen Ehemanns haften müsse, weil der Dritte guten Grund hatte, an eine Vollmacht zu glauben, „wenn auch in Wirklichkeit ihr Ehemann nicht zu demselben (dem Kauf) ermächtigt gewesen sein, sondern durch Abschluß desselben seine Vollmacht überschritten haben sollte". Treu und Glauben hätten gefordert, daß die Frau eine Beschränkung der Vollmacht ihres Mannes öffentlich kundgetan hätte. Schon das Reichsoberhandelsgericht konnte sich auf eine Anzahl vorausgegangener ähnlicher Entscheidungen berufen[60]), und der Satz ist im Handelsrecht schon alt[61]). Das Reichsgericht aber hat den Satz immer wieder hervorgehoben, so RG. 1, 8; 50, 75 (1902); 100, 48 (der Dritte muß nach dem äußeren Anschein berechtigt sein anzunehmen, daß der Auftraggeber den Vertreter zu decken

[59]) Wenigstens nicht im Sinne des rechtsgeschäftlichen Willens. Davon zu unterscheiden ist der Standpunkt des Reichsgerichts, ein Verschulden (Wissenmüssen) auf seiten des Vertretenen als Haftungsgrundlage anzunehmen; doch tritt dies nicht überall in den Entscheidungen hervor. Vgl. dazu die Stellungnahme Manigks, Irrtum und Auslegung S. 250ff. Zustimmend auch Titze, Ehrenbergs Handb. S. 957 und Schmidt-Rimpler, JW. 1927 S. 1249f., während dessen Darlegung in Ehrenbergs Handb. V 1 S. 220 auf die Frage des Verschuldens nicht eingeht. Vgl. unten S. 329 Anm. 74.

[60]) ROHG. 1, 152; 4, 294; 5, 207; 6, 400; 9, 104.

[61]) Vgl. J. Marquard, Tractatus de Jure Mercatorum, Frankfurt 1662, I 8 § 17 S. 62: Bestellung tacite sei zulässig, ne cogantur, qui cum Institoribus contrahunt, veram et expressam praepositionem docere, vel si non adsit, ne contrahentes facile decipiantur et praeponenti sit parata via fraudandi, unter Berufung auf Ronchegallus und Rota Genuensis.

gewillt ist); WarnRspr. 1923/24 Nr. 157 S. 188 (V. Senat, wo ein Kennen oder Kennenmüssen des Vertretenen von der Gestion deutlich vorausgesetzt wird); WarnRspr. 1926 Nr. 154 (II. Senat, ebenso); JW. 1928 S. 1054 und sonst. Überall ist die Meinung, daß dem bösgläubigen und grob fahrlässigen Dritten der Schutz zu versagen ist.

Dieser zunächst handelsrechtliche, jedenfalls im Handelsverkehr entwickelte Satz steht heute völlig fest und er kann als Gewohnheitsrecht[62]) betrachtet werden. Das enthebt aber nicht der Frage seiner inneren Rechtfertigung. Es ist nach dem Gesagten klar, daß diese nicht fiktiv durch eine stillschweigende Vollmachterklärung gegeben werden kann. Es gibt natürlich Grenzfälle, in denen dies zweifelhaft erscheinen mag; aber die Gerichte neigen nicht selten dazu, auch sonst die Fiktion zu verwenden. Dies rührt aus der alten gemeinrechtlichen Theorie her, welche nach römischem Vorbilde möglichst alles aus dem Parteiwillen erklären wollte[63]). Aber die angeführte Judikatur zeigt, daß die Haftung auch in Fällen gegeben wird, wo keine Rede auch nur von einem eventuellen Bevollmächtigungswillen sein kann. Vielmehr handelt es sich um den ganz selbständigen Gedanken des Vertrauensschutzes, der aus deutschrechtlichen Gedankengängen, wenn auch nicht ohne Anlehnung an römische Vorstellungen erwachsen ist. Die Selbständigkeit des Schutzes ist in der Rechtslehre auch längst erkannt.

Nachdem Schloßmann (Stellvertretung II, 504ff.) gegen die bis dahin übliche Lehre von der stillschweigenden Vollmacht als fiktiver Willenserklärung seine scharfe Kritik gerichtet hatte, und Ehrlich (1893) allgemein die stillschweigende Erklärung erörtert hatte, hat dann besonders Dernburg (Bürgerliches Recht § 163, V [1902]) den Gedanken der Vertrauenshaftung vertreten, H. Isay (Die Geschäftsführung S. 239 [1900]) sprach von einer Vertretungsmacht des Geschäftsführers gegenüber Gutgläubigen auf Grund eines typischen objektiven Moments, Rümelin hat Vertrauensschutz als selbständigen Haftungsgrund des Vertretenen erkannt und durch ausdehnende Interpretation des § 171 BGB. zu rechtfertigen gesucht (ArchZivPr. 93, 301 [1902]), Hupka (Vollmacht S. 120 [1900]) führte, gestützt besonders auf handelsrechtliche Judikatur, aus, daß der Vertretene auch bei nicht vorhandenem Bevollmächtigungswillen haften müsse, wenn sein Verhalten die Überzeugung des Dritten von der Gutheißung des Geschäfts zu rechtfertigen geeignet sei, Manigk (Anwendungsgebiet S. 297ff., 312 [1901]) betont, daß die Fälle der notwendigen Stellvertretung keine Stellvertretung seien und hat später (Irrtum und Auslegung S. 250ff. [1918]) die Notwendigkeit hervorgehoben, die Haftung des Vertretenen aus Verschulden zu begründen. Vor allem hat Wellspacher (Vertrauen auf äußere Tatbestände S. 95ff. [1906]) die Frage eingehend behandelt und den Gedanken des Schutzes auf Grund der Analogie der §§ 172, 171 BGB. klar herausgearbeitet. Regelsberger hat diese Gedankengänge gebilligt und in scharfer Weise (Dogm. Jahrb. 58, 166 [1911]) dargelegt[64]), daß der Schutz des Vertrauens nicht nur für die Fortdauer, sondern auch für das Entstehen der Vollmacht zu gewähren sei, unabhängig von der Willensfrage und auf Grund der allgemeinen, in einer von ihm angezogenen Reichsgerichtsentscheidung (24, 50) gebilligten Erwägung, daß es Sache der Jurisprudenz und daher

---

[62]) Befolgt auch OLG. 13, 328 (Stettin); OLG. 18, 13 (Braunschweig); LZ. 1919 S. 166 (Jena).

[63]) Vgl. Windscheid-Kipp, Pandekten I § 72 Anm. 12, die diese fiktive Behandlung aber mißbilligen, und die dort Zitierten; Siber, Römisches Privatrecht S. 126 (1928).

[64]) Regelsberger auch schon KrVJSchr. 47 H. 4 S. 294ff.; ferner BayZ. 1908 S. 258. — Vgl. auch Goldberger, Schutz gutgläubiger Dritter 1908 S. 75ff.

auch der Judikatur sei, die „im Gesetz nicht in einer allgemeinen Norm konzentriert ausgesprochenen Grundprinzipien des Gesetzes zutage zu fördern und auf die im Leben hervortretenden, im Gesetz nicht besonders hervorgehobenen Fälle anzuwenden"[65]). In neuester Zeit haben sich besonders Titze (Ehrenbergs Hdb. II 956) und Schmidt-Rimpler (daselbst V 1 S. 220) gegen die Fiktion der „stillschweigenden" Erklärung geäußert, auch Müller-Erzbach (HR. 130) folgt Wellspacher. Die Verwendung des Vertrauensschutzes bekämpft haben aber besonders der Plancksche Kommentar (§ 167 Anm. 6 S. 449) und wohl auch Enneccerus (I § 171). Jedoch mit Unrecht. Der Gedanke ist vielen Rechtsordnungen, wenn auch in verschiedenem Umfange, geläufig. Schon das gemeine Recht kannte ihn im Anschluß an l. 11 § 5 de inst. act. 14, 3; im preußischen ALR. erscheint er in Einzelanordnungen (ALR. I, 13 §§ 129ff.); das Handelsgesetzbuch kennt ihn besonders in der sog. gesetzlichen Vollmacht des Ladenangestellten (jetzt § 58 HGB.; vgl. auch § 85 HGB.); dem österreichischen Recht ist er geläufig (§§ 1027ff. BGB.; Wellspacher S. 235ff.); das französische Recht kennt ihn in seinen pouvoirs apparents und vor allem hat ihn das englische Recht in seiner Estoppel-Lehre durchgeführt. Der tiefere Grund aber ist für alle diese Erscheinungen der germanische Gedanke der Verschweigung. Dieser ist besonders ausgebaut in der englischen Lehre vom estoppel, und zwar für die hier interessierende Lehre in der agency bei estoppel. In einem der Leitfälle dieser Lehre, Freeman v. Cooke 1848, 2 Exch. 654 (Exch. Reports, Welsby etc., English Reports 154, 654), sagt der Richter Tacke[66]):

> Where a man represents another as his agent, in ordre to procure a person to contract with him as such, and he does contract, the contract binds in the same manner as if he made himself, and is his contract in point of law; and no form of pleading could leave such a matter at large, and enable the jury to treat it as no contract.

Das Erkenntnis beruft sich dann weiter hierfür auf den allgemeinen Estoppel-Satz, der in Pickard v. Sears (1837, O. Adolphus and Ellis Rep., English Reports 112, 179) erscheint, wo es heißt:

> But the rule of law is clear, that, where one by his words or conduct wilfully causes another to believe the existence of a certain state of the things, and induces him to act on that belief, so as to alter his own previous position, the former is concluded from averring against the latter a different state of things as existing at the sane time.

In einem anderen Leitfall für die agency by estoppel, Summers v. Samuel Solomon, 1857 (26 L. J. Q. B. 301, 7 El und Bl. 880, Engl. Rep. 119, 1474), heißt es:

> It was laid down in very early times that one instance of authorizing an agent to pledge the employers credit was enough to justify a party dealing with the employer in assuming that the authority continued. It is no answer, that the employer here would find it difficult to give notice of withrawing the agency. As soon as you have given the agent authority to pledge your credit, you render yourself liable to parties who have acted upon notice of such authority until you find the means of giving them notice that the authority is determined.

---

[65]) Vgl. Wellspacher l. c. S. 95ff.; Riezler, Venire contra factum proprium 1912, behandelt die englische Estoppel-Lehre eingehend, ohne sonst gerade die Vollmachtsfrage zu erörtern.

[66]) Farqharson Brothers v. King (1902, Law Reports, App. Cases since 1891, S. 325).

Hierher gehören ferner Biggs v. Evans 1893 (Q. B. 1894 S. 88); Farqharson v. C. King (unten Anm. 66) und andere Entscheidungen[67].

Diese englische Estoppel-Lehre und mit ihr ihr Anwendungsfall der agency by estoppel beruht auf denselben Gedanken wie der Satz des Sachsenspiegels[68], daß derjenige, welcher einer Übereignung, die er sieht, oder einem Urteil, das er finden hörte, widersprechen könnte, aber nicht sofort widerspricht, mit seinem Widerspruch ausgeschlossen wird, er hat sich verschwiegen. Der Gedanke des estoppel ist aus der Verschweigung[69] gegenüber der Record-Schuld erwachsen, wie Brunners Darlegungen über den Record ergeben (Forschungen S. 269), und ist über diese Fälle hinaus allmählich ausgedehnt worden. Der Verschweigungsgedanke verknüpfte sich dabei mit dem Gedanken des Veranlassungsprinzips[70] und das führte dazu, daß man sich wie dem fremden auch dem eigenen Handeln gegenüber verschwieg, wenn man nicht rechtzeitig widersprach. So mündet diese Verschweigungswirkung zugleich in den allgemeineren Gedanken des Rechtsscheins ein. Das gilt auch für das deutsche Recht. Herbert Meyer[71] sagt zutreffend von der heutigen sog. gesetzlichen Vollmacht, sie sei nicht stillschweigende Vollmacht, sondern der aus den äußeren Umständen sich ergebende Rechtsschein einer Vollmacht, auf die sich ein Dritter verlassen kann. Otto Fischer[72] hat die hierhergehörigen Vollmachtsfälle in seine Rechtsscheinlehre eingereiht. Es liegt in dem Vertrauensschutz der Scheinvollmacht wie sonst bei der Verschweigung eine Wirkung der Publizität[73], der Gebundenheit an offenkundige Vorgänge vor; und zwar an sich ohne Rücksicht auf Verschulden des Vertretenen, doch läßt die Praxis Entschuldigung mit Nichtwissenkönnen zu[74]. Den Einfluß der Publizität hat man schon im Mittelalter erkannt. Es sei gestattet, dafür auf eine Ausführung des größten mittelalterlichen Juristen, Bartolus (zu l. 11 § 5 D. de inst. act. 14, 3, Lugduni

---

[67]) Vgl. Bowstead, Law of Agency 1924 S. 300ff.; Everest and Shrode, Law of Estoppel 1923 S. 269; Bowstead, On Agency 1924 S. 270, Halsbury (1907), s. v. Agency Nr. 346 Wellspacher l. c. S. 114ff.; Riezler, Venire S. 101f..; E. Heymann, Engl. Recht in Holtzendorff-Kohlers Enzykl. 1914[2] S. 299.

[68]) Ssp. II 6 § 3.

[69]) E. Heymann l. c. S. 299. Sie ist in der Ausschlußwirkung stehengeblieben, ohne zur konstitutiven Wirkung sich zu entwickeln. Die Engländer behandeln sie theoretisch sogar als prozessuales Institut, als Teil der Evidence-Lehre, die Ausschlußwirkung hat aber materiellrechtliche Bedeutung. Über die Record-Entwicklung Mendelssohns-Bartholdy, Rechtskraft passim.

[70]) Qui sentit commodum, sentire debet et onus, Everest and Shrode l. c. S. 271; diese Vorstellung vom bösen Tropfen erklärt sich aus dem Veranlassungsgedanken, und dies zeigt sich besonders deutlich in den Agency-Fällen.

[71]) Herbert Meyer, Publizitätsprinzip S. 95 Anm. 1 1909; Riezler, Venire contra factum proprium S. 65 1912 hat unter Hinweis auf die Rechtsscheinarbeit von Naendrup die englische Estoppel-Lehre unter den Rechtsscheingedanken gebracht.

[72]) Otto Fischer, Sein und Schein im Rechtsleben, Rektorrede 1909 S. 1456 (Internat. Wochenschrift Jahrg. 3).

[73]) Über die Publizitätsidee Herbert Meyer l. c. und die dort angegebenen Schriften von Huber, Gierke, Alfred Schultze usw.

[74]) Gegen das reine Veranlassungsprinzip besonders Manigk, Irrtum und Auslegung S. 250ff., der als Rechtsgrundlage des Schutzes lediglich Verschuldung anerkennt. Ebenso Titze und etwas zurückhaltender Schmidt-Rimpler (vgl. oben S. 326 Anm. 59). Abgesehen davon, daß mit Anerkennung des Verschuldungsgedankens im heutigen Recht der entwicklungsgeschichtliche Einfluß der germanischen Rechtsprinzipien keineswegs ausgeschlossen ist, gibt weder Veranlassungs- noch Publizitätsprinzip Anlaß zur Gewährung der Exkulpation (wofür der Hinweis auf § 892 BGB. und § 58 HGB. genügt). Indessen ist durch die Praxis die Haftung mittels Aufpfropfung des romanistischen Verschuldungsgedankens im Laufe der Zeit gemildert worden, wie parallel die Entwicklung der Lehre vom sog. öffentlichen Glauben des Handelsregisters zeigt (Judikatur bei Mosse-Heymann, HGB. § 15).

1562) hinzuweisen. Er sagt bei Besprechung der von der Theorie als stillschweigende Vollmacht bezeichneten Rechtsfigur.

Qui preposuit aliquem certo loco, videtur permittere cum eo contrahi, nisi contrarium litteris publice et legitime prescribat, contra quam scripturam non cedit ignorantia, donec durat (d. h. scriptura): secus, si fuerit extincta, nisi dolus contrahentis affuerit ... ... Et nota, quod iste § allegatur ad unum effectum, quod sic baculus regius fuerit appositus in aliqua possessione, ut ibi nihil novi fiat, et baculus est in loco remoto, vel in loco ubi aperte videri non potest: et ibi aliquid novi factum est: opponitur, quod salvagardia est fracta: quaeritur numquid ille fregerit. Et dicitur quod non (arg. istius §), cum non in loco manifesto, sed occulto positus fuerit. Vide versiculum „proscriptum", ibi[75]): institoria locum habebit etc.; et hoc intellige, quamdiu ille prohibitus in statione moratur. Nam tacite videtur de novo preponi, vel permissio renovata ... Si autem moraretur extra stationem, tunc non obligaret dominum, ex quo semel potuit venire in notitiam contrahentium. Sufficit enim semel prohiberi ...

Also Anstellung im Laden gibt tacite Vollmacht, die durch sichtbaren Anschlag ausgeschlossen wird, bei vorübergehender Entfernung des Anschlags aber tacite erneuert wird; dies steht nach Bartolus gleich dem Falle der Publizitätswirkung der auf das beschlagnahmte Grundstück aufgesteckten Wiffa, welche nur so lange gegen den Arrestbrecher wirkt, als sie offensichtlich angebracht ist. Die sog. stillschweigende Handlungsvollmacht durch Anstellung im Laden und überhaupt durch Überlassung eines Tätigkeitsbereichs[76]) (officium) ist also auf dem Publizitätsgedanken aufgebaut und kann nur durch Publizität der Beschränkungserklärung eingeschränkt werden. Diese Grundgedanken haben sich durch alle Rechte europäischer Kultur hindurch in verschiedenen Abschattierungen erhalten.

Das Reichsgericht beschränkt im allgemeinen den Satz von der Haftung wegen eines äußeren Verhaltens, aus dem der Gutgläubige auf die Vollmacht schließen konnte, auf Kaufleute. Offensichtlich geschieht dies in Anlehnung an die Entwicklung des Satzes gerade im Handelsrecht und weil im Handelsverkehr solche Erscheinungen leicht vorkommen können. Da nach dem hier Dargelegten alle Sparkassen als Kaufleute zu behandeln sind, muß der Satz auf Sparkassen immer Anwendung finden. Wenn man jedoch mit dem Reichsgericht die Frage der Kaufmannseigenschaft als Tatfrage behandelt, so blieben unter Umständen nichtkaufmännische Sparkassen übrig. Indessen hat[77]) in einer neueren Entscheidung der VI. Senats, ohne eine Plenarentscheidung einzuholen, dahin erkannt, daß der Satz zwischen Nichtkaufleuten anzuwenden ist, wenn in einem Betriebe, der handelsrechtlich nicht zu den kaufmännischen gehört, der „aber in kaufmännischer Art geleitet wird, wie dies bei größeren land- und forstwirtschaftlichen Betrieben zu geschehen pflegt", der Betriebsinhaber oder Betriebsleiter durch sein Verhalten den Anschein einer Vollmacht des Angestellten erweckt (JW. 1927 S. 1089, 25. Jan. 1927). Darunter würden (trotz RG. VI BankA. 1929 S. 387)

[75]) D. h. § 4 l. 11 zit., wo gesagt ist, daß der Anschlag am Laden, durch welchen der Abschluß mit dem Institor ausgeschlossen wird, deutlich und sichtbar sein muß; Abschluß während vorübergehender Verdunklung des Anschlags führt zur actio institoria.

[76]) Die Überlassung eines Tätigkeitsbereichs wirkt sich auch entsprechend für die Haftung des Herrn wegen der Delikte des famulus aus; es genügt dafür die exercitio officii. Vgl. die wegen der Gehilfenhaftung interessante Stelle des Bartolus zu § familiae (5) l. 1 D. de publicanis 39, 4.

[77]) Vgl. auch KommRGR. I S. 291 zu § 167 Anm. 1.

auch etwaige nichtkaufmännische Sparkassen fallen. Man wird aber weiter gehen müssen. Der Satz ist heute ganz allgemein für das bürgerliche Recht aufzustellen; denn die Analogie der §§ 172, 171 BGB. kommt mit gleichem Grunde für alle Vertretungsverhältnisse in Betracht, und die angegebene Literatur des bürgerlichen Rechts läßt auch keinen Zweifel darüber, daß sie allgemeingültige privatrechtliche Gedanken darlegen will (so Rümelin, Wellspacher, Regelsberger l. c. usw.). Der Verschweigungsgedanke aber, als innerer Grund des Satzes, spricht, wie sich aus dem oben Gesagten ergibt, ganz allgemein für ihn. Gerade darum schien es nötig, diesen inneren Grund hier in seinem Gesamtzusammenhange zu betonen. Denn eine gewohnheitsrechtliche Anerkennung ist für den Haftungssatz wohl für das Handelsrecht erfolgt, nicht aber für das Gebiet des sonstigen bürgerlichen Rechts zu konstatieren. Hiernach gilt der Satz für alle Sparkassen.

5. Es fragt sich nun, in welchem Ausmaße er zur Geltung kommt. Das Reichsgericht hat in konstanter Rechtsprechung das Prinzip festgehalten, daß da, wo die kommunalgesetzlichen und entsprechende statutenmäßige Formvorschriften gelten, der Satz von der sog. stillschweigenden Vollmacht nicht angewendet werden könne (RG. VI. Senat 24. Nov. 1925, JW. 1926 S. 1450; RG. II. Senat 1. März 1927, 116, 252; RG. II. Senat 30. Sept. 1927, LZ. 28, 60; RG. II. Senat 16. Dez. 1927, JW. 1928 S. 1954; RG. II. Senat 20. Nov. 1928, JW. 1929 S. 1002; RG. II. Senat 23. Nov. 1928, JW. 1929 S. 1134). Daß die ständige Rechtsprechung festgehalten wird, ist unter Bezugnahme auf Simonson (B. Art. 1928 S. 209ff.) vom II. Senat besonders betont JW. 1929 S. 1135. Das Reichsgericht deduziert dabei so, daß auch stillschweigende Vollmachten den gesetzlichen und satzungsgemäßen Vorschriften für Vollmachten überhaupt unterliegen. Dies steht — wie nach dem Gesagten keiner weiteren Darlegung bedarf — im Widerspruch damit, daß bei der Vertrauenshaftung aus dem bloßen objektiven Verhalten kraft der Verschweigung — im Gegensatz zu den Fällen eigentlicher stillschweigender Willenserklärungen — gar keine Vollmacht erteilt wird. Es erscheint[78]) aber auch die Deduktion, daß jeder Dritte, welcher mit einer Sparkasse in Verbindung tritt, insbesondere aber Kaufleute und namentlich Banken sich um die gesetzlichen und statutarischen Vorschriften über Vertretung kümmern müssen und sie leicht in Erfahrung bringen können, so daß auch ein entgegengesetztes Verhalten der Sparkassenleitung, z. B. ein Anschlag mit den Namen unzuständiger Beamter oder dauernde Duldung der formell unzulässigen Geschäfte des Sparkassenleiters usw. der Sparkasse und ihrem Gewährverbande vom Vertretungsgesichtspunkte aus nicht schaden könne. Diese letztere Deduktion hat ihre gute Berechtigung. Denn da der Dritte gutgläubig sein muß, so schadet es ihm, wenn er bei Aufwendung der ordnungsmäßigen Sorgfalt das Fehlen der Vollmacht erkennen konnte und nicht erkannt hat. Indessen wird es Tatfrage sein, ob ihm im Einzelfalle die nähere Prüfung der Satzung zuzumuten war, z. B. wird das im Wechselverkehr der gewöhnlichen Art nicht der Fall sein, wenn die Namen unzuständiger Beamter oder Angestellter im Kassenraume ausgehängt sind oder wenn[79]) von seiten des Bürgermeisters des Gewährverbandes selbst eine unzutreffende Auskunft über die Satzungsmäßigkeit einer Vertretung gegeben ist. Vor allem aber wird das Statut nur da unbedingt entgegenstehen, wo es Erteilung von Vollmachten überhaupt verbietet oder an bestimmte

---

[78]) Z. B. LZ. 1928 S. 59.

[79]) Z. B. Fall des RG. in JW. 1929 S. 2435.

Einschränkung nach Person, Art, Erteilung usw. knüpft. Ist das nicht der Fall, so können Vollmachten — nach dem oben Dargelegten — ausgestellt werden, wenn auch z. B. nach § 11 des Musterstatuts nur in der schwereren Form, und, soweit lediglich die Kommunalgesetze Anwendung finden und — was bei älteren, insbesondere der Mustersatzung noch nicht angepaßten Statuten möglich ist — Statutenbestimmungen nicht hindern, in der Form der Kommunalgesetze, für Wechsel im laufenden Geschäfte daher in der gewöhnlichen handelsrechtlichen Weise der Handlungsvollmacht. Gerade der Glaube an solche besonders erteilten Vollmachten kann für den gutgläubigen Dritten in Betracht kommen. Soweit danach die schwere kommunalrechtliche oder satzungsgemäße Form der Bevollmächtigung zu wählen war, bleibt für den Dritten der Glaube an die Möglichkeit offen, daß die Vollmachtsurkunde dem Vertreter ausgehändigt worden sei, wenn aus dem Verhalten, insbesondere dem Anschlag, Zeitungsveröffentlichung, Auskunft des Sparkassenvorstandes, auf einen solchen Vorgang zu schließen ist. Bei größeren Transaktionen wird er allerdings, da solche Vollmachten selten sein werden, auf die Vorlegung der Urkunden dringen müssen; bei den zahlreichen untergeordneten Wechselgeschäften aber wird dies nicht immer verlangt werden können, z. B. nicht, wenn der Sparkassenvorstand dauernd die Gestion durch einen nicht bevollmächtigten Beamten für bestimmte wiederkehrende Geschäfte duldet. Es bleiben hiernach Fälle übrig, in denen der Satz von dem Vertrauen des Dritten auf das äußere Verhalten der Sparkasse praktisch werden kann. Am häufigsten können sie beim Fehlen hindernder Statutenbestimmungen auf Grund der bloßen Anwendung der Kommunalgesetze für Geschäfte der laufenden Verwaltung in Betracht kommen. Seltener werden alle die Fälle sein, in denen eine in schwererer Form auszustellende Vollmacht, also insbesondere eine Vollmacht nach § 11 Abs. 1 Satz 1, der Mustersatzung vorliegen müßte und fehlt. Die Mustersatzung in ihrer jetzigen Form ist daher geeignet, die Sparkassen und ihre Gewährverbände aus Ansprüchen auf der Grundlage des Vertrauensschutzes weitgehend zu sichern. Aber restlos ist diese Sicherung nicht und darf sie auch im Interesse einer gerechten Handhabung des Geschäfts- und insbesondere des Wechselverkehrs nicht sein. Wenn ein restloser Schutz für die Sparkassen in dieser Hinsicht, also z. B. auch gegen irreführende falsche Anschläge oder Zeitungs- und Zirkularmitteilungen der Sparkassenverwaltungen gewährt werden soll, so müßte im Musterstatut und entsprechend in den einzelnen Satzungen die Ausstellung einer jeden Vollmacht (außerhalb der Fälle des § 11) verboten werden[80]). Das aber würde mit den Bedürfnissen namentlich eines größeren Sparkassenverkehrs unvereinbar sein. — Wie sich aus dem Gesagten von selbst ergibt, erstreckt sich der Vertrauensschutz auch auf Fälle, wo der Dritte nicht gerade auf eine Vollmacht des angeblichen Vertreters, sondern auf die der Vollmacht in dieser Hinsicht gleich zu behandelnde öffentlich-rechtliche „Bestellung" eines oder mehrerer Vertreter — also insbesondere der zwei Beamten oder Angestellten des § 11 Abs. 1 Satz 2 der Mustersatzung — etwa auf Grund eines unzutreffenden Anschlags sich verlassen hat.

6. Soweit der Vertrauensschutz die Grundlage der Haftung der Sparkassen bildet, ist zu beachten, daß nicht etwa die Rechtsgeschäfte mit dem Pseudovertreter rechtlich wirklich zustande kommen. Vielmehr tritt die Haftung

---

[80]) Auch dann würde es immer noch Tatfrage sein, ob nicht das Verhalten der Sparkassenverwaltung, z. B. durch individuelle Auskunftserteilung so war, daß der Dritte von der Nachprüfung der Statuten Abstand nehmen konnte, soweit deren Kenntnis wie bei Banken nicht ohne weiteres zuzumuten ist.

der Sparkasse auf Grund des Veranlassungsprinzips ein. Der gutgläubige dritte Kontrahent hat mit einem falsus procurator abgeschlossen, er hat infolgedessen zunächst die Möglichkeit des Widerrufs des ganzen Geschäfts (§ 178 BGB.), womit auch sein Anspruch aus Vertrauensschutz erlischt; dieses Widerrufsrecht ist aber nicht mehr möglich, wenn die Sparkasse genehmigt. Diese Genehmigung (§ 177 BGB.), für die der Dritte die Frist des § 177 Abs. 2 BGB. setzen kann, bedarf keiner Form; wird sie erteilt, so wird das ganze Geschäft gültig; die Genehmigung kann auch durch den Gewährverband direkt erteilt werden, insbesondere auch durch ein Akzept auf dem von dem falsus procurator ausgestellten Wechsel[81]). Wird die Genehmigung verweigert oder ist sie nach § 177 Abs. 2 als verweigert anzusehen, so ist die Sparkasse nach § 177 BGB. aus dem Geschäft ausgeschieden. Indessen besteht dann gerade immer noch der Grundsatz der Haftung der Sparkasse aus Vertrauensschutz, an sich ein einseitiger Anspruch des gutgläubigen Dritten auf Erfüllung. Dieser Anspruch kann nicht weiter gehen, als der Anspruch aus dem Vertrage gegangen wäre. Daher ist der Dritte mit der etwa nach dem Vertrage ihm obliegenden Gegenleistung bei gegenseitigem Vertrag belastet. Man wird nicht umhin können, auch die sonstigen Haftungswirkungen des Vertrags, etwa aus Verzug, Unmöglichkeit, positiver Vertragsverletzung auf beiden Seiten eintreten zu lassen. Dieses kommt aber nach dem Zwecke des Vertrauensschutzes darauf hinaus, daß der gutgläubige Dritte durch seine Erklärung das ganze Rechtsgeschäft zwischen sich und der Sparkasse zum Leben bringt. Das wird man auch annehmen können, wenn die Sparkasse oder der Gewährverband vorher die Genehmigung verweigert hatte. Doch wird dieser Fall selten eintreten, da regelmäßig der gutgläubige Dritte durch Geltendmachung des Anspruchs die Verweigerung der Genehmigung durch die Sparkasse abschneidet. Sein Anspruch unterliegt den allgemeinen Verjährungsgrundsätzen, für Wechsel also der Wechselverjährung, für das zugrunde liegende Zivilrechtsverhältnis der für dieses bestehenden bürgerlich-rechtlichen Verjährung. Eine Frist zur Erklärung, ob er den Anspruch geltend macht, kann ihm nicht gesetzt werden (woran man etwa nach Analogie des § 177 Abs. 2 denken könnte), da das Interesse der Sparkassen hinreichend durch die Genehmigungsmöglichkeit und die Verjährungsgrundsätze geregelt ist, und auch für die Erklärung des Widerrufs aus § 178 keine Frist gesetzt werden kann. Die Durchführung des Vertrauensschutzes kommt also auf eine Durchführung des Vertrages hinaus, welche der Gutgläubige erzwingt. Dies entspricht der oben mehrfach angerufenen Analogie aus § 172 BGB., wo auch die Vertretungsmacht — hier trotz internen Widerrufs — fortwirkt. Mit einem bloßen Schadensersatzanspruch wäre dem Interesse des gutgläubigen Dritten nicht gedient.

7. In neuester Zeit hat das Reichsgericht, offenbar weil infolge seiner starken Zurückhaltung gegenüber dem Vertrauensschutz die Ergebnisse, wie es in den Liebenwerdaer Urteilen besonders hervorgehoben war, unbefriedigend wurden, mit dem Mittel der Haftung der Sparkasse und ihres Gewährverbandes aus den Handlungen der Sparkassenbeamten zu helfen gesucht. Für den besonderen Fall, daß die Sparkasse mit dem Empfänger der Wechselzeichnung in engem dauernden Geschäftsverkehr steht, im gegebenen Falle mit ihrer Girozentrale, hat der II. Senat (23. Nov. 1928, JW. 1929 S. 1134) den alten Grundsatz des Reichsgerichts (RG. 27, 118;

---

[81]) RG. 122, 181; vgl. RG. in JW. 1928 S. 2626. Simonson, BankA. 1929 S. 193.

65, 141; 67, 395) angewendet, wonach aus solcher dauernder Geschäftsverbindung ein Vertrauensverhältnis erwächst, welches zu einer Haftung nach Vertragsgrundsätzen führt. Daher läßt es die Sparkasse und ihren Gewährverband wegen positiver Vertragsverletzung für die unbefugte Wechselzeichnung ihres Beamten gemäß § 278 BGB. (als gesetzlichen Vertreter, evtl. als Erfüllungsgehilfen) auf Schadensersatz einstehen. Es hebt aber hervor, daß es sich dabei nur um besonders gelagerte Fälle handelt und daß seine sonstigen Grundsätze unberührt bleiben. Man kann zu einem günstigeren Ergebnis durch Anwendung der Vertrauensgrundsätze kommen, aber es kann im Einzelfalle zweifelhaft sein, ob diese anwendbar sind, wenn z. B., wie im konkreten Falle, die Statuten die Vollmachtserteilung auf Vorstandsmitglieder ausdrücklich beschränken[82]). So bildet die Auffassung des Reichsgerichts eine wertvolle Ergänzung[83]) der Haftungsgrundsätze, zumal wenn man sie nicht zu engherzig auf Beziehungen zu Girozentralen und enge Bankverbindungen beschränkt, sondern jeden ständigen Geschäftsverkehr mit dem Wechselzeichnungsempfänger hierher zieht.

Außerdem hat das Reichsgericht auch wiederholt betont, daß eine Haftung der Sparkasse und des Gewährverbandes für unerlaubte Handlungen ihrer Organe und Angestellten auf dem Wege über §§ 31, 89 und andererseits § 831 BGB. in Betracht kommen kann, wenn diese nicht nur bei Gelegenheit, sondern in Verrichtung ihrer Geschäfte durch unbefugte Vertretungshandlungen, durch falsche Auskünfte, Erweckung des falschen Anscheins der Vertretungsmacht eines Beamten oder Angestellten durch unzutreffende Anschläge, offensichtliche Duldung ihrer Geschäfte usw. den Dritten schädigen. Hierher ist besonders die Entscheidung[84]) des VI. Senats vom 26. März 1928 (JW. 1928 S. 2433) zu rechnen. Es ist kein Zweifel, daß hier wichtige Ergänzungsmittel liegen, und es ist durchaus unbedenklich, wenn dabei auf diesem „Umwege" die Gemeinde, welche durch die Formvorschriften gerade geschützt werden sollte, für die Vollmachtserteilung einstehen muß. Das Reichsgericht hat demgegenüber ganz zutreffend auf den verschiedenen Charakter der privatrechtlichen Grundsätze über unerlaubte Handlungen der Organe und Gehilfen und andererseits der öffentlich-rechtlichen Vorschriften hingewiesen, die gerade durch § 89 BGB. durchbrochen sind. Aber freilich, diese Grundsätze führen nicht zur Erfüllungsklage, sondern immer nur zum Schadensersatz, und bei ihrer Durchführung erheben sich mannigfache schwierige Fragen über den Organcharakter der handelnden Personen, über die Exkulpationsmöglichkeit nach § 831 BGB., über die Frage, ob die Handlung erwa nur bei Gelegenheit der Verrichtung[85]) vorgenommen worden ist und andere. Daher wird man diese Grundsätze — ebenso wie natürlich die Bereicherungsklagen — nur als einen Notbehelf neben der Haftung aus Vertretung und Vertrauensschutz heranziehen kön-

---

82) Im konkreten Falle freilich hatte der Bürgermeister eine stark irreführende Auskunft gegeben und er bewegte sich dabei nach Ansicht des Reichsgerichts im Rahmen laufender Geschäfte. Eine solche Auskunft überhebt vom Standpunkt der Verschuldungsfrage den Dritten weiterer Nachforschungen über die Statuten, vgl. RG. in JW. 1928 S. 2435.

83) Dies betont mit Recht Simonson, BankA. 1929 S. 193ff., während Helfritz JW. 1929 S. 1134 die Abhilfe als ein Abbiegen von den Grundsätzen des Reichsgerichts mißbilligt und die Außerachtlassung der öffentlich-rechtlichen Erwägungen tadelt, was aber die Brauchbarkeit der Deduktion nicht ausschließt.

84) Dazu Friedrichs eingehend, JW. 1929 S. 24; ferner Brandis, JW. 1929 S. 1002, Helfritz, JW. 1929 S. 1134 (122, 351) und soeben Hedemann, Reichsgericht und WR. S. 147.

85) Vgl. RG. 117, 65.

nen. Nicht zu handeln ist hier von den Klagen, welche gegen die schuldhaft handelnden Beamten persönlich zustehen.

Erwähnt sei aber noch zum Schluß die namentlich von Helfritz (JW. 1929 S. 1136, vgl. auch Friedrichs, JW. 1928 S. 2434) betonte Möglichkeit eines Vorgehens gegen den Gewährverband aus Art. 131 RVerf. in Verbindung mit dem preußischen Beamtenhaftungsgesetz v. 1. Aug. 1909 mit Rücksicht auf die Aufsichtspflicht gegenüber den Sparkassen. Hier liegt überall da, wo Verschulden des Bürgermeisters, Landrats, Gemeindevorstehers sowie der Kollegien des Gewährverbandes und des als Deputation zu betrachtenden Sparkassenvorstandes in Betracht kommt, ein weitreichendes, dem ordentlichen Rechtswege durch die Landesgesetzgebung nicht entziehbares Mittel des vermögensrechtlichen Schutzes. Aber es handelt sich nicht um Schutz gegen die privatrechtlichen Akte der Beamten[86]) selbst, also nicht gegen die Wechselzeichnungen und sonstigen Vertretungshandlungen als solche, sondern nur um die Haftung für Ausübung der öffentlichen Gewalt, zu welcher aber neben der eigentlichen Aufsicht (im Sinne Triepels) — wie beim Dulden unzulässiger Vertretungshandlungen — auch unzutreffende amtliche Auskünfte über Vertretungsmacht, wie sie in vielen hierhergehörigen Fällen vorkommen, zu rechnen sind.

Im ganzen erweist sich der jetzt gegebene Rechtszustand als befriedigend, namentlich wenn man den Vertrauensschutz ernst durchführt, die Geschäfte der laufenden Verwaltung durch die Heranziehung der handelsrechtlichen Grundgedanken klar abgrenzt, die einzelnen Statuten auf Grund der Mustersatzung ausbaut. Zu begrüßen ist besonders, daß die Sparkassen durch den § 11 der Mustersatzung in ihrem eigenen Interesse eine scharfe Haftung für sich selbst statuiert haben, und daß das Reichsgericht in seiner neuesten Rechtsprechung diese Haftung gegenüber einem formalistischen Standpunkt auch sonst schärfer ausbaut, was um so besser gelingen wird, wenn man über die romanistische Gedankenwelt der fiktiven Vollmacht und der Haftung aus unerlaubter Handlung sich immer mehr zu den heimischen Rechtsgedanken durchringt. Der Fortentwicklung des Sparkassenwesens, die sich im einzelnen nicht voraussehen läßt, kann dadurch sicher nur genützt werden, und es wird damit zugleich der ja schon gedämpfte Gegensatz zwischen Banken und Sparkassen allmählich beseitigt werden.

---

[86]) Vgl. Anschütz, RVerf. Art. 131 Anm. 3.

I.

Namenregister zu den Bänden I—VI

L

M

Q

R

S

II.

Sachregister zu den Bänden I–VI

B

F

I

J

K

O

Q

R

S

V

W

Z

FSC
www.fsc.org
MIX
Papier | Fördert gute Waldnutzung
FSC® C083411

Kolibri 360 GmbH
Ferdinand-Jühlke-Straße 7
99095 Erfurt, Deutschland
produktsicherheit@kolibri360.de